国家出版基金项目
NATIONAL PUBLICATION FOUNDATION

世界常用农药
色谱-质谱图集

Chromatography–Mass Spectrometry Collection of World Commonly Used Pesticides

第五卷

Volume V

气相色谱-四极杆-飞行时间质谱
及气相色谱-质谱图集

Collection of Gas Chromatography Coupled with Quadrupole
Time-of-flight Mass Spectrometry (GC-Q-TOFMS) and
Gas Chromatography-Mass Spectrometry (GC-MS)

庞国芳 等著

Editor -in-chief   Guo-Fang Pang

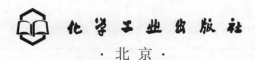

化学工业出版社

·北京·

《世界常用农药色谱-质谱图集》由 5 卷构成，书中所有技术内容均为作者及其研究团队原创性科研成果，技术参数和图谱参数与国际接轨，代表国际水平；图集涉及农药种类多，且为世界常用，参考价值高。

本分册为《世界常用农药色谱-质谱图集》第五卷，包括两部分内容，第一部分是气相色谱-四极杆-飞行时间质谱图集，包括 543 种农药化学污染物和 208 种 PCB 化学污染物中英文名称、CAS 登录号、理化参数（分子式、分子量、结构式）、色谱质谱参数（母离子、子离子、离子源及源极性、保留时间）、一级质谱图；第二部分是气相色谱-质谱图集，包括 586 种化学污染物中英文名称、CAS 登录号、理化参数（分子式、分子量、结构式）、色谱质谱参数（母离子、子离子、离子源及源极性、保留时间）、总离子流图、碎片离子质谱图。

本书可供科研单位、质检机构、高等院校等从事农药残留与食品安全检测的科研人员、专业技术人员参考使用。

图书在版编目（CIP）数据

世界常用农药色谱-质谱图集. 第五卷，气相色谱-四极杆-飞行时间质谱及气相色谱-质谱图集/庞国芳等著.
北京：化学工业出版社，2013.10
ISBN 978-7-122-18494-8

Ⅰ.①世…　Ⅱ.①庞…　Ⅲ.①农药-质谱-化学分析-图集　Ⅳ.①TQ450.1-64

中国版本图书馆 CIP 数据核字（2013）第 223750 号

责任编辑：成荣霞　　　　　　　　　　文字编辑：向　东
责任校对：边　涛　　　　　　　　　　装帧设计：王晓宇

出版发行：化学工业出版社（北京市东城区青年湖南街 13 号　邮政编码 100011）
印　　装：北京盛通印刷股份有限公司
880mm×1230mm　1/16　印张 56　字数 1749 千字　2014 年 1 月北京第 1 版第 1 次印刷

购书咨询：010-64518888（传真：010-64519686）　　售后服务：010-64518899
网　　址：http://www.cip.com.cn
凡购买本书，如有缺损质量问题，本社销售中心负责调换。

定　　价：168.00 元　　　　　　　　　　　　　　　版权所有　违者必究

《世界常用农药色谱－质谱图集》编写人员（研究者）名单

第一卷：液相色谱－串联质谱图集

庞国芳　常巧英　范春林　连玉晶　胡雪艳　曹新悦　赵淑军　王志斌

第二卷：液相色谱－四极杆－飞行时间质谱图集

庞国芳　范春林　康　健　彭　兴　赵志远　王　伟　常巧英　石志红

第三卷：线性离子阱－电场回旋共振轨道阱组合质谱图集

曹彦忠　庞国芳　李　响　常巧英　刘晓茂　张进杰　李学民　葛　娜

第四卷：气相色谱－串联质谱图集

庞国芳　曹彦忠　刘永明　常巧英　纪欣欣　姚翠翠　崔宗岩　陈　辉

第五卷：气相色谱－四极杆－飞行时间质谱及气相色谱－质谱图集

庞国芳　范春林　李　岩　李晓颖　常巧英　郑　锋　胡雪艳　王明林

Contributors/Researchers for *Chromatography−Mass Spectrometry Collection of World Commonly Used Pesticides*

Volume Ⅰ : *Collection of Liquid Chromatography -Tandem Mass Spectrometry (LC-MS/MS)*

Guo-Fang Pang, Qiao-Ying Chang, Chun-Lin Fan, Yu-Jing Lian, Xue-Yan Hu, Xin-Yue Cao, Shu-Jun Zhao, Zhi-Bin Wang

Volume Ⅱ : *Collection of Liquid Chromatography Coupled with Quadrupole Time-of-flight Mass Spectrometry (LC-Q-TOFMS)*

Guo-Fang Pang, Chun-Lin Fan, Jian Kang, Xing Peng, Zhi-Yuan Zhao, Wei Wang, Qiao-Ying Chang, Zhi-Hong Shi

Volume Ⅲ: *Collection of Linear Trap Quadropole(LTQ) Orbitrap Mass Spectrometry*

Yan-Zhong Cao, Guo-Fang Pang, Xiang Li, Qiao-Ying Chang, Xiao-Mao Liu, Jin-Jie Zhang, Xue-Min Li, Na Ge

Volume Ⅳ: *Collection of Gas Chromatography-Tandem Mass Spectrometry (GC-MS/MS)*

Guo-Fang Pang, Yan-Zhong Cao, Yong-Ming Liu, Qiao-Ying Chang, Xin-Xin Ji, Cui-Cui Yao, Zong-Yan Cui, Hui Chen

Volume Ⅴ: *Collection of Gas Chromatography Coupled with Quadrupole Time-of-flight Mass Spectrometry (GC-Q-TOFMS) and Gas Chromatography-Mass Spectrometry (GC-MS)*

Guo-Fang Pang, Chun-Lin Fan, Yan Li, Xiao-Ying Li, Qiao-Ying Chang, Feng Zheng, Xue-Yan Hu, Ming-Lin Wang

质谱分析技术的原理是化合物分子经高能电子流离子化，生成分子离子和碎片离子，然后利用电磁学原理使离子按不同质荷比分离并记录各种离子强度，得到一幅质谱图。每种化合物都具有像指纹一样的独特质谱图，将被测物的质谱图与已知物的质谱图对照，就可对被测物进行定性、定量。随着信息化技术的进步以及色谱 - 质谱仪器分辨率和灵敏度等性能的不断提高，只需要纳克级甚至皮克级样品，就可得到满意的质谱图。高分辨质谱测定的分子量精度可以达到百万分之五（m/z 可精确到小数点后第 4 位，即 0.0001），加之质谱能提供化合物的元素组成以及官能团等结构信息，其对化合物定性、定量的准确度和灵敏度无与伦比。

关于食用农产品中农药残留检测技术，庞国芳科研团队检索了近二十年（1991—2010）国际上有一定影响力的 15 种期刊 SCI 论文 3505 篇，涉及检测技术 200 多种。对论文总量排名前 20 位的技术，按前十年（1991—2000）和后十年（2001—2010）发展历程进行对比研究发现：前十年发表的色谱 - 质谱农药残留检测技术论文有 339 篇，而到后十年达到了 1018 篇，后十年约是前十年的 3 倍，二者之和 1357 篇，约占总量的 39%。过去二十年发展最耀眼的分析技术是 LC-MS/MS 和 GC-MS/MS，其中，发展最快的技术是 LC-MS/MS，它由前十年的第 9 位上升到后十年的第 1 位；GC-MS/MS 由前十年的第 19 位上升至后十年的第 8 位。这充分说明，在食用农产品农药残留检测技术方面，色谱 - 质谱检测技术已迎来了空前发展的新时期。我国这一领域科技工作者紧跟这一技术的前进步伐，使我国由前十年的第 14 位，跃升到后十年的第 2 位，为我国在这一领域国际地位的提升做出了突出贡献。

基于色谱 - 质谱联用分析技术的独特优势，庞国芳科研团队从 2000 年至今一直从事农药残留高通量色谱 - 质谱方法学研究，他们采用当前国际上农药残留分析领域普遍关注的先进技术，包括气相色谱 - 质谱、气相色谱 - 串联质谱、气相色谱 - 四极杆 - 飞行时间质谱、液相

色谱 - 串联质谱、液相色谱 - 四极杆 - 飞行时间质谱和线性离子阱 - 电场回旋共振轨道阱组合质谱共 6 类色谱 - 质谱联用技术，评价了世界常用 1300 多种农药化学污染物在不同条件下的质谱特征，采集了数万幅质谱图，形成了《世界常用农药色谱 - 质谱图集》，分五卷出版：第一卷为《液相色谱 - 串联质谱图集》，第二卷为《液相色谱 - 四极杆 - 飞行时间质谱图集》，第三卷为《线性离子阱 - 电场回旋共振轨道阱组合质谱图集》，第四卷为《气相色谱 - 串联质谱图集》，第五卷为《气相色谱 - 四极杆 - 飞行时间质谱及气相色谱 - 质谱图集》。这是一项色谱 - 质谱分析理论的基础研究，是庞国芳科研团队的原创性研究成果。他们站在了国际农药残留分析的前沿，解决了国家的需要，奠定了农药残留高通量检测的理论基础，在学术上具有创新性，在实践中具有很高的应用价值。

　　根据这些质谱图与建立的相关质谱数据库，庞国芳科研团队已经研究开发了水果、蔬菜、粮谷、茶叶、中草药、食用菌（蘑菇）、动物组织、水产品、原奶及奶粉、蜂蜜、果汁和果酒等一系列食用农产品农药残留高通量检测技术。同时，经过标准化研究，已建成 20 项国家标准，每项标准均可检测 400 ～ 500 种农药残留，其操作像单残留分析一样简单，却比单残留分析提高工效数百倍，在食品安全领域得到了广泛应用。其中，茶叶农药残留高通量检测技术 2010 年被国际 AOAC（国际公职分析化学家联合会）列为优先研究项目之一。经过 4 年准备，庞国芳科研团队 2013 年组织了有美洲、欧洲和亚洲 11 个国家和地区的 30 个实验室，共 56 个科研小组参加的国际 AOAC 协同研究。协同研究结果证明，各项指标均达到了 AOAC 技术标准，被推荐为 AOAC 官方方法，体现了这项研究的先进性和实用性。同时，也展示了我国学者在农药残留高通量检测技术领域的水平和能力，扩大了我国在这一领域的国际影响，为世界农药残留分析技术的进步做出了突出贡献。

魏复盛

中国工程院院士

2013 年 10 月 6 日

早在 1976 年，世界卫生组织（WHO）、联合国粮食及农业组织（FAO）和联合国环境规划署（UNEP）联合发起了全球环境监测规划／食品污染监测与评估项目（Global Environment Monitoring System，GEMS/Food），旨在掌握会员国食品污染状况，了解食品污染物摄入量，保护人体健康，促进国际贸易发展。现在，世界各国都把食品安全提升到国家安全的战略地位，农药残留限量是食品安全标准之一，也是国际贸易准入门槛。同时，对农药残留的要求呈现出品种越来越多、最大残留限量（MRLs）越来越低的发展趋势，也就是国际贸易设立的农药残留限量门槛越来越高。欧盟、美国、日本和我国规定的农药和 MRLs 数量分别为：465 种 162248 项（2013 年）、351 种 39147 项（2013 年）、579 种 51600 项（2006 年）和 322 种 2293 项（GB 2763—2012）。因此，食品安全和国际贸易都呼唤高通量检测技术。这无疑给广大农药残留分析工作者提出了挑战，也提供了研究开发的机遇。到目前为止，在众多农药残留分析技术中，色谱 - 质谱联用技术是实现高通量多残留分析的最佳选择。

笔者科研团队 2000 年开始用色谱 - 质谱联用技术，对世界常用 1300 多种农药化学污染物残留进行了高通量检测技术研究，历经五个研究阶段（2000—2002 年、2002—2004 年、2004—2006 年、2006—2008 年、2008—2013 年）研究建立了水果、蔬菜、粮谷、茶叶、中草药、食用菌（蘑菇）、动物组织、水产品、原奶及奶粉、蜂蜜、果汁和果酒等一系列食用农产品中农药残留高通量检测技术，并实现了标准化，研制了 20 项且每项都可检测 400 ～ 500 种农药残留的国家标准，并得到广泛应用。同时积累了用 6 类色谱 - 质谱联用技术在不同分析条件下所做的上万幅质谱图，以《世界常用农药色谱 - 质谱图集》分五卷出版：第一卷为《液相色谱 - 串联质谱图集》，第二卷为《液相色谱 - 四极杆 - 飞行时间质谱图集》，第三卷为《线性离子阱 - 电场回旋共振轨道阱组合质谱图集》，第四卷为《气相色谱 - 串联质谱图集》，第五卷为《气相色谱 - 四极杆 - 飞行时间质谱及气相色谱 - 质谱图集》。这是笔者科研团队十几年来开展农药残留色谱 - 质谱联用技术方法学研究的结晶。

同时，值得特别提出的是，近两年笔者科研团队根据 GC-Q-TOFMS 和 LC-Q-TOFMS 高分辨质谱测定的分子量精度可达到百万分之五（m/z 可精确到小数点后第 4 位，即 0.0001）的独特技术优势，用上述两种技术评价了 1300 多种农药化学污染物各自的质谱特征，采集了碎片离子 m/z 精确到 0.0001 的质谱图，并建立了相应的数据库，从而研究开发了 700 多种目标农药化学污染物 GC-Q-TOFMS 高通量侦测方法和 500 多种农药化学污染物 LC-Q-TOFMS 高通量侦测方法，一次统一制备样品，两种方法合计可以同时侦测水果、蔬菜中 1200 多种农药化学污染物，达到了目前国际同类研究的高端水平。这两种新技术有三个突出特点：第一，无需标准品作参比，依据高分辨精确质量定性，其依托就是所建立的 1200 多种农药化学污染物高分辨精确质量数据库；第二，根据两种质谱库的信息，研制成检测方法程序软件，只要将软件安装在适用的仪器中，通过适当的调谐校准，就可按照软件程序，执行目标农药的筛查侦测任务，有广阔的推广应用前景；第三，全谱扫描、全谱采集，扫描速度快，可获信息量大，提高了质谱信息利用率，也提高了整个方法的效率，农药残留自动化侦测程度空前提高。

笔者科研团队认为，这种建立在色谱 - 质谱高分辨精确质量数据库基础上的 1200 多种农药高通量筛查侦测软件是一项有重大创新的技术，也是一项可广泛用于农药残留普查、监控、侦测的新技术，它将大大提升农药残留监控能力和食品安全监管水平。这项技术的研究成功，《世界常用农药色谱 - 质谱图集》功不可没。因此，借《世界常用农药色谱 - 质谱图集》出版之际，对参与本书编写的其他研究人员莫汉宏、方晓明、谢丽琪、杨方、刘亚风、梁萍、潘国卿、薄海波、季申、吴艳萍、靳保辉、沈金灿、郑书展、李金、黄韦、张艳梅、郑军红、王雯雯、曹静、赵雁冰、李楠、卜明楠、金春丽、陈曦等，表示衷心感谢！

中国工程院院士
2013 年 9 月 26 日

一、气相色谱-四极杆-飞行时间质谱条件

（一）色谱条件

① 色谱柱：VF-1701ms，30m×0.25mm（i. d.）×0.25μm。

② 色谱柱温度：程序升温。40℃保持1min，然后以30℃/min升温至130℃，再以5℃/min升温至250℃，再以10℃/min升温至300℃，保持5min。

③ 载气：氦气，纯度≥99.999%。

④ 载气流速：1.2mL/min。

⑤ 进样口温度：260℃。

⑥ 进样量：1μL。

⑦ 进样方式：无分流进样，1.5min后打开分流阀和隔垫吹扫阀。

（二）质谱条件

① 离子源：EI源。

② 电压：70eV。

③ 离子源温度：230℃。

④ GC-MS接口温度：280℃。

⑤ 溶剂延迟：6min。

⑥ 质量（m/z）扫描范围：50～600。

⑦ 采集速率：2谱/s。

⑧ 扫描方式：全扫描。

二、气相色谱-质谱条件

（一）色谱条件

① 色谱柱：DB-1701，30m×0.25mm（i. d.）×0.25μm。

② 色谱柱温度：程序升温。40℃保持1min，然后以30℃/min升温至130℃，再以5℃/min升温至250℃，再以10℃/min升温至300℃，保持5min。

③ 载气：氦气，纯度≥99.999%。

④ 载气流速：1.2mL/min。

⑤ 进样口温度：290℃。

⑥ 进样量：1μL。

⑦ 进样方式：无分流进样，1.5min后打开分流阀和隔垫吹扫阀。

（二）质谱条件

① 离子源：EI源。

② 电压：70eV。

③ 离子源温度：230℃。

④ GC-MS接口温度：280℃。

⑤ 质量（m/z）扫描范围：50～650。

⑥ 扫描方式：全扫描。

目录 | CONTENTS |

第一部分　气相色谱-四极杆-飞行时间质谱图集

（一）GC-Q-TOFMS 测定的 543 种农药化合物

H

I

（二） GC-Q-TOFMS 测定的 210 种 PCB 化合物

N   page - 348

O   page - 351

P   page - 358

T

第二部分 气相色谱-质谱图集

A

D

H page－629

I page－641

K page－656

>>>> **第一部分**

气相色谱-四极杆-飞行时间质谱图集

（一）GC-Q-TOFMS 测定的 543 种农药化合物

>>>>> A

Acenaphthene（威杀灵）

CAS 登录号	83-32-9	分子量	154.0776
分子式	$C_{12}H_{10}$	离子化模式	电子轰击电离（EI）

质谱图

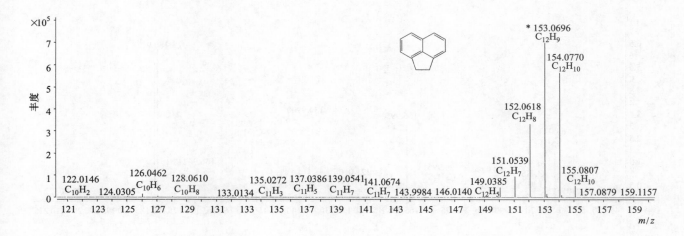

Acetochlor（乙草胺）

基本信息

CAS 登录号	34256-82-1	分子量	269.1178
分子式	$C_{14}H_{20}ClNO_2$	离子化模式	电子轰击电离（EI）

质谱图

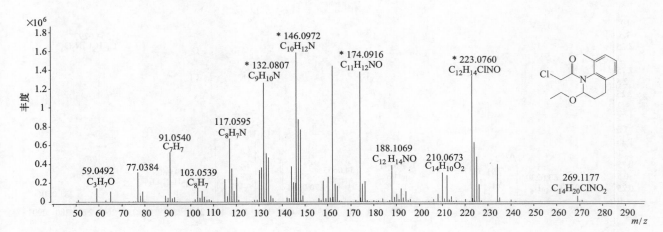

Acibenzolar-S-methyl（活化酯）

基本信息

CAS 登录号	135158-54-2		分子量	225.9688
分子式	$C_8H_6N_2S_3$		离子化模式	电子轰击电离（EI）

质谱图

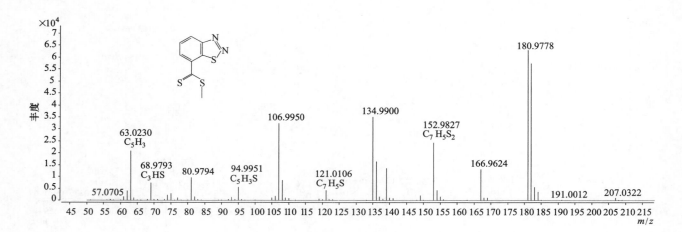

Aclonifen（苯草醚）

基本信息

CAS 登录号	74070-46-5		分子量	264.0297
分子式	$C_{12}H_9ClN_2O_3$		离子化模式	电子轰击电离（EI）

质谱图

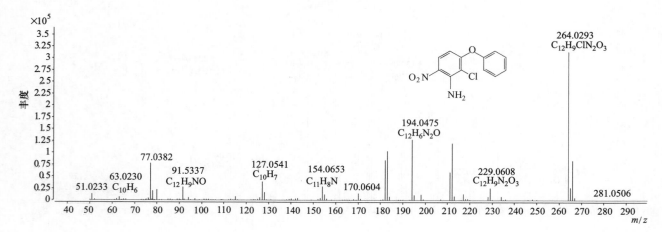

4

Acrinathrin（氟丙菊酯）

基本信息

CAS 登录号	101007-06-1	分子量	541. 1319
分子式	$C_{26}H_{21}F_6NO_5$	离子化模式	电子轰击电离 （EI）

质谱图

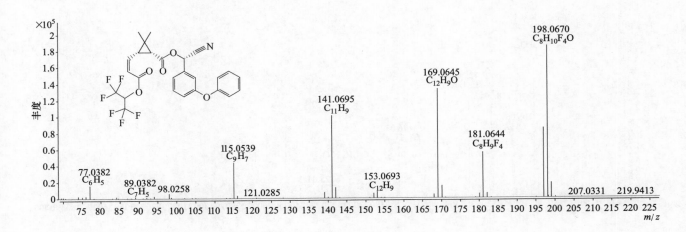

Alachlor（甲草胺）

基本信息

CAS 登录号	15972-60-8	分子量	269. 1177
分子式	$C_{14}H_{20}ClNO_2$	离子化模式	电子轰击电离 （EI）

质谱图

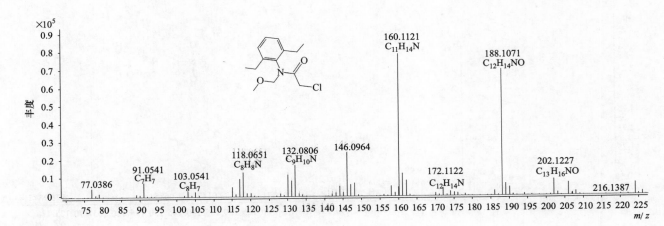

Alanycarb（棉铃威）

基本信息

CAS 登录号	83130-01-2	分子量	399.1281
分子式	$C_{17}H_{25}N_3O_4S_2$	离子化模式	电子轰击电离 （EI）

质谱图

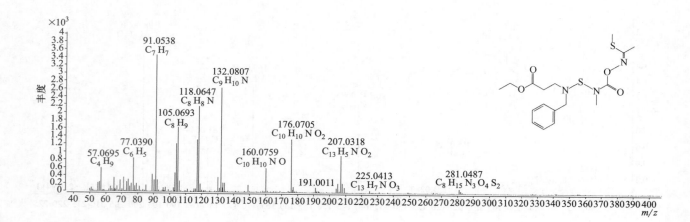

Aldicarb sulfone（涕灭威砜）

基本信息

CAS 登录号	1646-88-4	分子量	222.0669
分子式	$C_7H_{14}N_2O_4S$	离子化模式	电子轰击电离 （EI）

质谱图

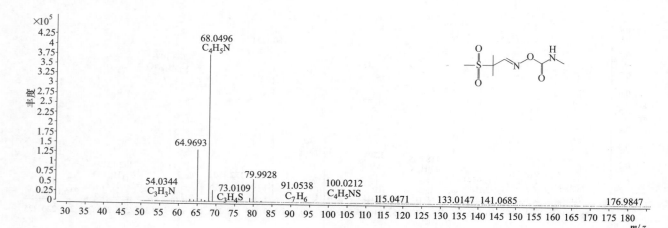

Aldimorph（4-十二烷基-2，6-二甲基吗啉）

基本信息

CAS 登录号	1704-28-5	分子量	283. 2870
分子式	C₁₈H₃₇NO	离子化模式	电子轰击电离 （EI）

质谱图

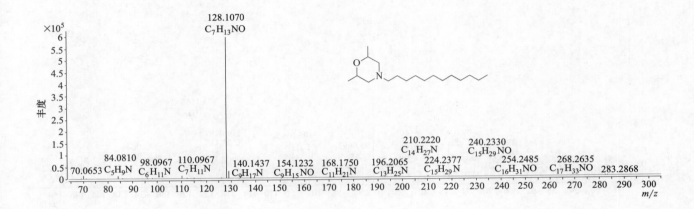

Aldrin（艾氏剂）

基本信息

CAS 登录号	309-00-2	分子量	361. 8752
分子式	C₁₂H₈Cl₆	离子化模式	电子轰击电离 （EI）

质谱图

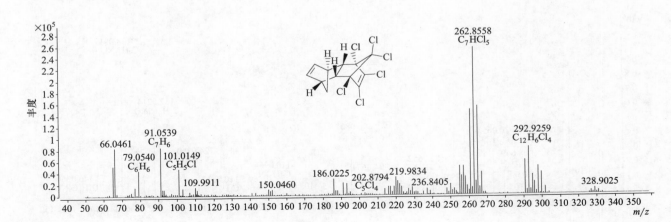

Allethrin（烯丙菊酯）

基本信息

CAS 登录号	584-79-2	分子量	302. 1876
分子式	$C_{19}H_{26}O_3$	离子化模式	电子轰击电离 （EI）

质谱图

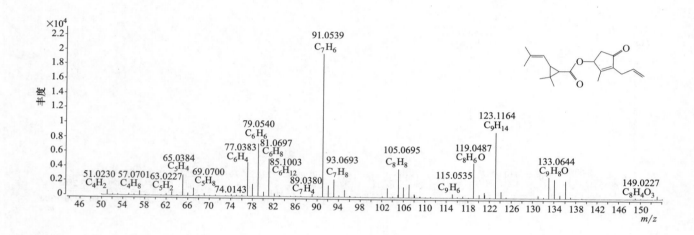

Allidochlor（二丙烯草胺）

基本信息

CAS 登录号	93-71-0	分子量	173. 0602
分子式	$C_8H_{12}ClNO$	离子化模式	电子轰击电离 （EI）

质谱图

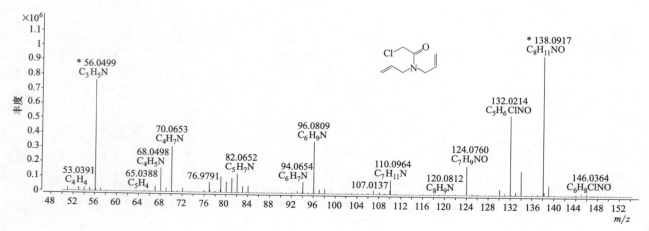

Ametryn（莠灭净）

基本信息

CAS 登录号	834-12-8	分子量	255. 1513
分子式	$C_9H_{17}N_5S$	离子化模式	电子轰击电离 （EI）

质谱图

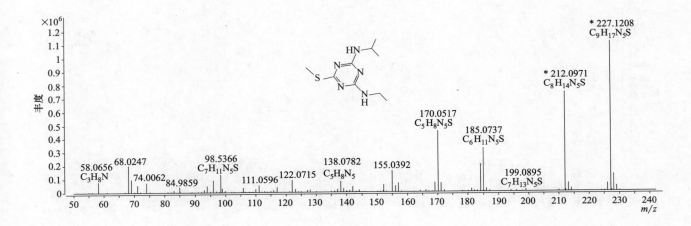

Amidosulfuron（酰嘧磺隆）

基本信息

CAS 登录号	120923-37-7	分子量	369. 0408
分子式	$C_9H_{15}N_5O_7S_2$	离子化模式	电子轰击电离 （EI）

质谱图

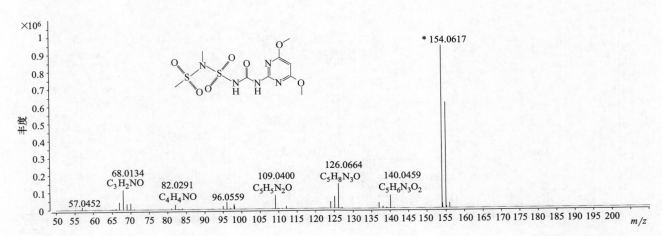

Aminocarb（灭害威）

基本信息

CAS 登录号	2032-59-9		分子量	208.1207
分子式	$C_{11}H_{16}N_2O_2$		离子化模式	电子轰击电离 （EI）

质谱图

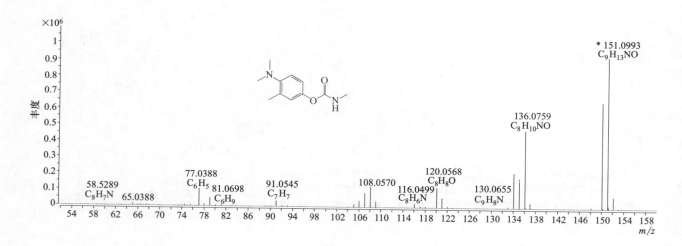

Amitraz（双甲脒）

基本信息

CAS 登录号	33089-61-1		分子量	293.1887
分子式	$C_{19}H_{23}N_3$		离子化模式	电子轰击电离 （EI）

质谱图

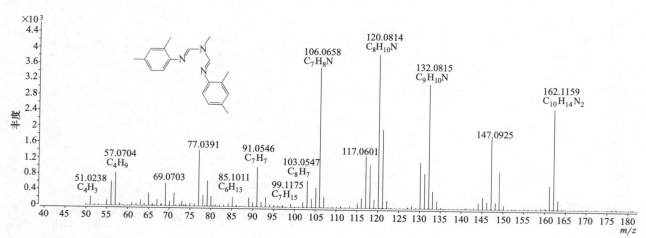

Ancymidol（环丙嘧啶醇）

基本信息

CAS 登录号	12771-68-5	分子量	256. 1207
分子式	$C_{15}H_{16}N_2O_2$	离子化模式	电子轰击电离 （EI）

质谱图

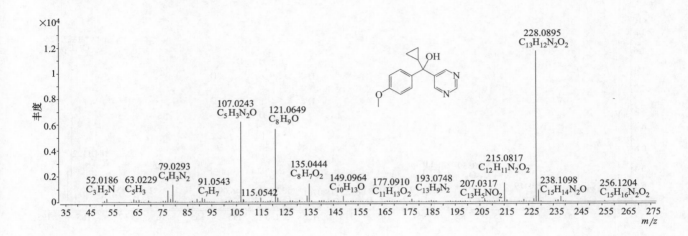

Anilofos（莎稗磷）

基本信息

CAS 登录号	64249-01-0	分子量	367. 0228
分子式	$C_{13}H_{19}ClNO_3PS_2$	离子化模式	电子轰击电离 （EI）

质谱图

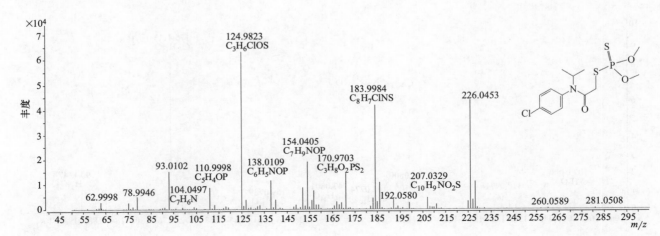

11

Anthracene D₁₀（蒽-D₁₀）

基本信息

CAS 登录号	1719-06-8		分子量	167. 9995
分子式	$C_{14}D_{10}$		离子化模式	电子轰击电离 （EI）

质谱图

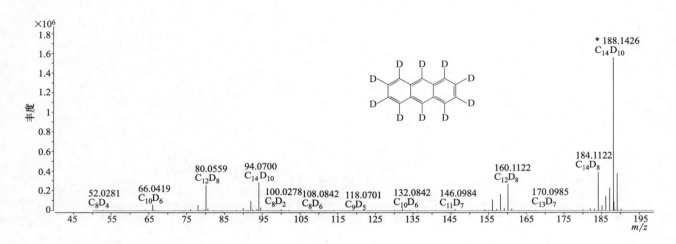

Aramite（杀螨特）

基本信息

CAS 登录号	140-57-8		分子量	334. 1000
分子式	$C_{15}H_{23}ClO_4S$		离子化模式	电子轰击电离 （EI）

质谱图

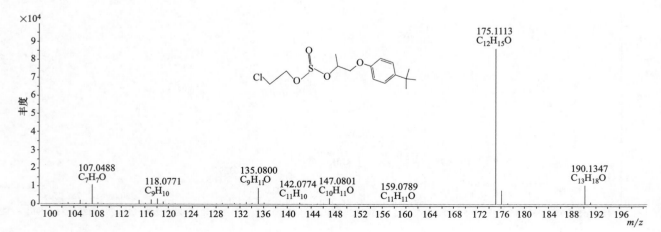

Atratone（阿特拉通）

CAS 登录号	1610-17-9	分子量	211. 1428
分子式	$C_9H_{17}N_5O$	离子化模式	电子轰击电离 （EI）

质谱图

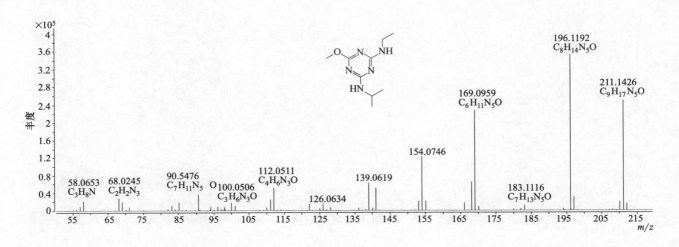

Atrazine（阿特拉津）

基本信息

CAS 登录号	1912-24-9	分子量	215. 0933
分子式	$C_8H_{14}ClN_5$	离子化模式	电子轰击电离 （EI）

质谱图

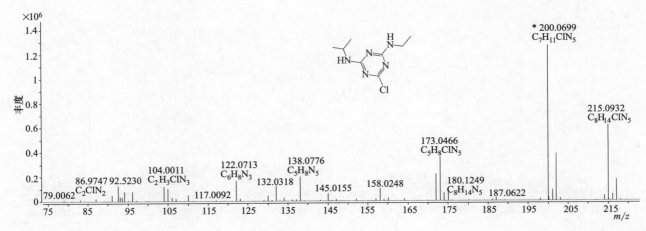

Atrazine-desethyl（脱乙基阿特拉津）

基本信息

CAS 登录号	6190-65-4	分子量	187.0620
分子式	$C_6H_{10}ClN_5$	离子化模式	电子轰击电离 （EI）

质谱图

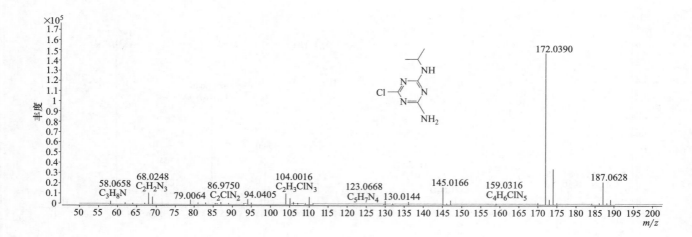

Azaconazole（氧环唑）

基本信息

CAS 登录号	60207-31-0	分子量	299.0223
分子式	$C_{12}H_{11}Cl_2N_3O_2$	离子化模式	电子轰击电离 （EI）

质谱图

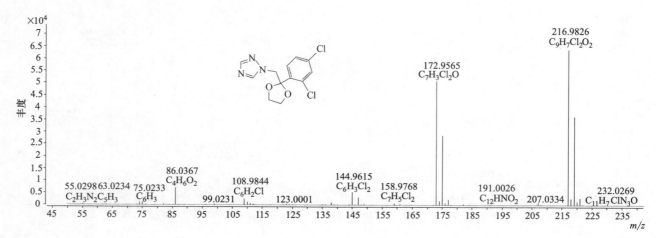

Azinphos-ethyl（益棉磷）

基本信息

CAS 登录号	2642-71-9	分子量	345.0366
分子式	$C_{12}H_{16}N_3O_3PS_2$	离子化模式	电子轰击电离（EI）

质谱图

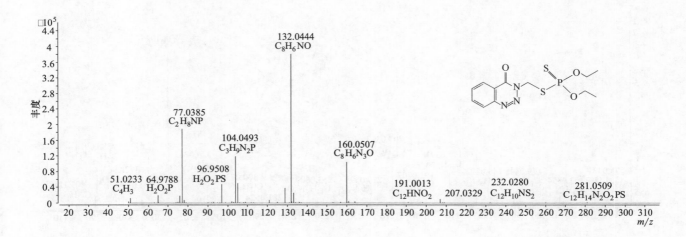

Aziprotryne（叠氮津）

基本信息

CAS 登录号	4658-28-0	分子量	225.0792
分子式	$C_7H_{12}N_7S$	离子化模式	电子轰击电离（EI）

质谱图

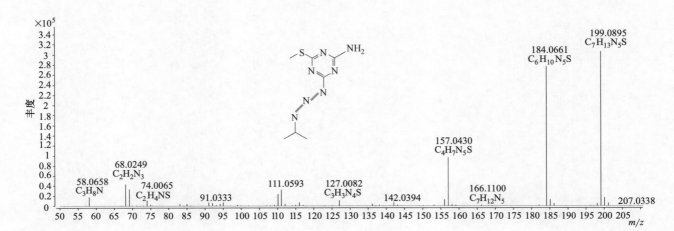

Azoxystrobin（嘧菌酯）

基本信息

CAS 登录号	131860-33-8	分子量	403.1163
分子式	$C_{22}H_{17}N_3O_5$	离子化模式	电子轰击电离 （EI）

质谱图

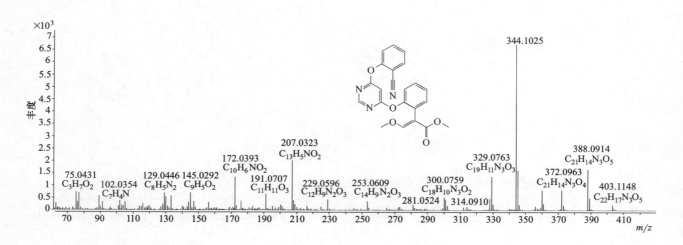

>>>>> B

Barban（燕麦灵）

基本信息

CAS 登录号	101-27-9	分子量	257.0005
分子式	$C_{11}H_9Cl_2NO_2$	离子化模式	电子轰击电离 （EI）

质谱图

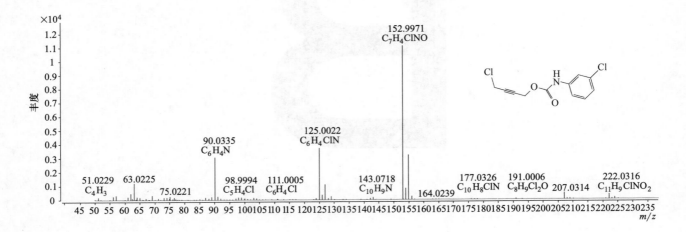

BDMC（4-溴-3，5-二甲苯基-N-甲基氨基甲酸酯）

基本信息

CAS 登录号	672-99-1	分子量	257.0046
分子式	$C_{10}H_{12}BrNO_2$	离子化模式	电子轰击电离 （EI）

质谱图

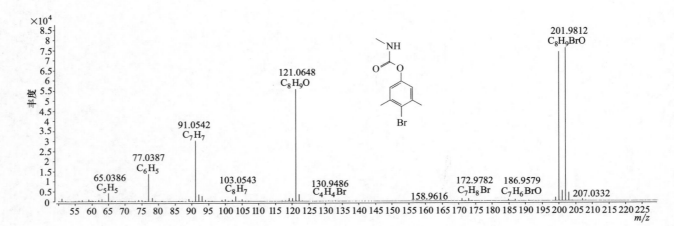

Benalaxyl（苯霜灵）

基本信息

CAS 登录号	71626-11-4	分子量	325.1673
分子式	$C_{20}H_{23}NO_3$	离子化模式	电子轰击电离 （EI）

质谱图

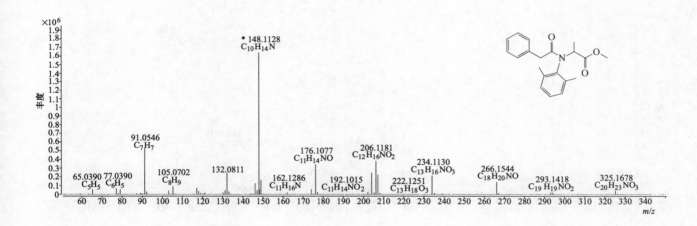

Bendiocarb（恶虫威）

基本信息

CAS 登录号	22781-23-3	分子量	223.0840
分子式	$C_{11}H_{13}NO_4$	离子化模式	电子轰击电离 （EI）

质谱图

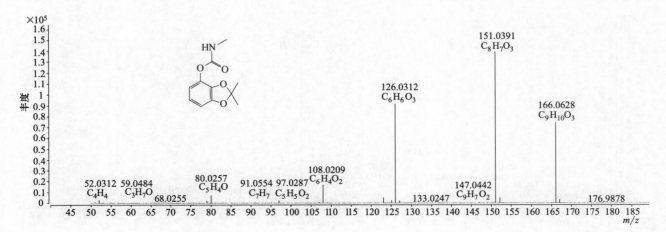

Benfluralin（乙丁氟灵）

CAS 登录号	1861-40-1	分子量	335.1087
分子式	$C_{13}H_{16}F_3N_3O_4$	离子化模式	电子轰击电离 （EI）

质谱图

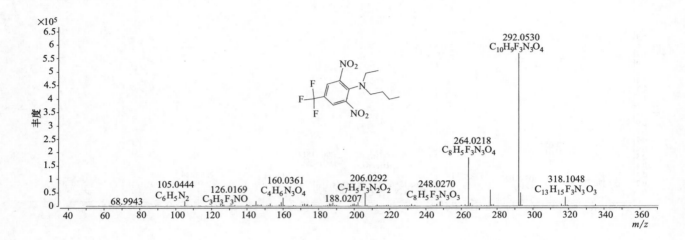

Benfuresate（呋草黄）

基本信息

CAS 登录号	68505-69-1	分子量	256.0764
分子式	$C_{12}H_{16}O_4S$	离子化模式	电子轰击电离 （EI）

质谱图

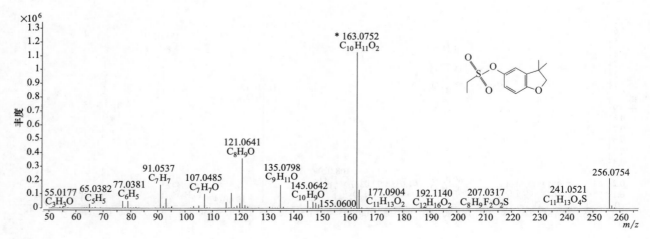

Benodanil（麦锈灵）

CAS 登录号	15310-01-7	分子量	322.9802
分子式	$C_{13}H_{10}INO$	离子化模式	电子轰击电离 （EI）

质谱图

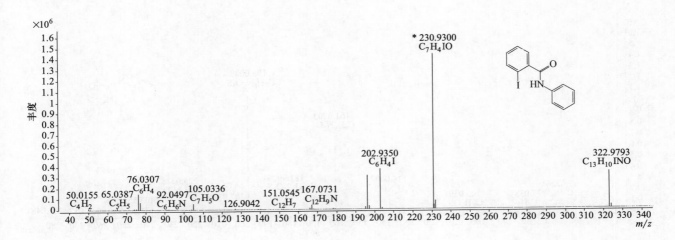

Benoxacor（解草嗪）

基本信息

CAS 登录号	98730-04-2	分子量	259.0162
分子式	$C_{11}H_{11}Cl_2NO_2$	离子化模式	电子轰击电离 （EI）

质谱图

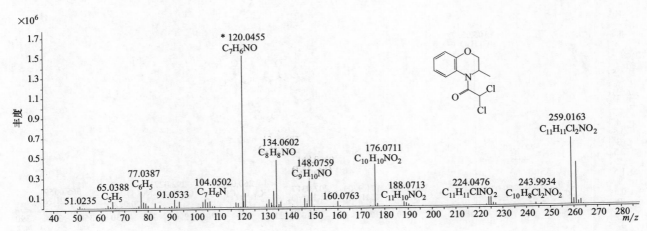

Bentazone（灭草松）

基本信息

CAS 登录号	25057-89-0		分子量	240.0563
分子式	$C_{10}H_{12}N_2O_3S$		离子化模式	电子轰击电离 （EI）

质谱图

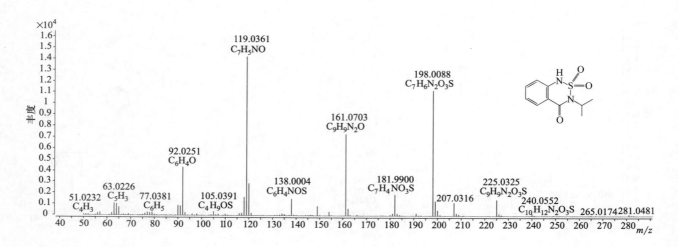

Benzoylprop-ethyl（新燕灵）

基本信息

CAS 登录号	22212-55-1		分子量	365.0581
分子式	$C_{18}H_{17}Cl_2NO_3$		离子化模式	电子轰击电离 （EI）

质谱图

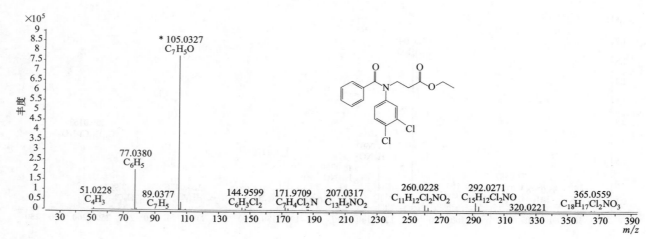

Bifenox（治草醚）

基本信息

CAS 登录号	42576-02-3	分子量	340.9852
分子式	$C_{14}H_9Cl_2NO_5$	离子化模式	电子轰击电离 （EI）

质谱图

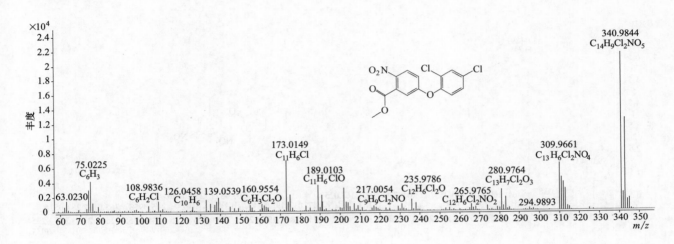

Bifenthrin（联苯菊酯）

基本信息

CAS 登录号	82657-04-3	分子量	422.1255
分子式	$C_{23}H_{22}ClF_3O_2$	离子化模式	电子轰击电离 （EI）

质谱图

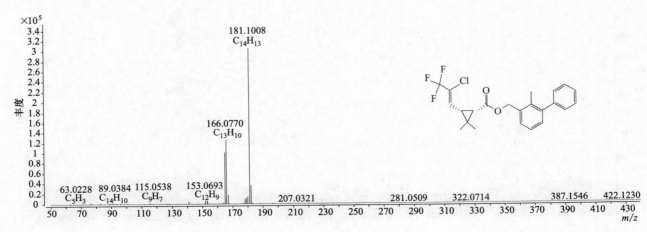

Binapacryl（乐杀螨）

基本信息

CAS 登录号	485-31-4	分子量	322.1159
分子式	C₁₅H₁₈N₂O₆	离子化模式	电子轰击电离 （EI）

CAS 登录号 485-31-4　　分子量 322.1159

分子式 $C_{15}H_{18}N_2O_6$　　离子化模式 电子轰击电离 （EI）

质谱图

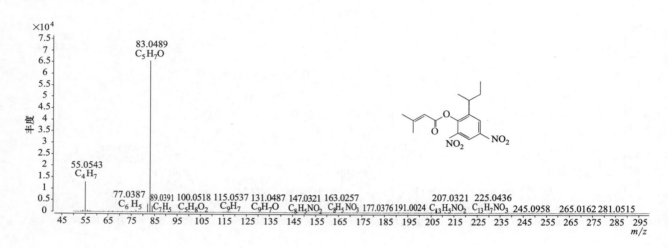

Bioresmethrin（生物苄呋菊酯）

基本信息

CAS 登录号 28434-01-7　　分子量 338.1877

分子式 $C_{22}H_{26}O_3$　　离子化模式 电子轰击电离 （EI）

质谱图

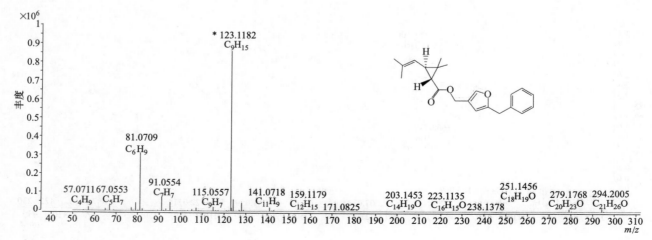

Bitertanol（联苯三唑醇）

基本信息

CAS 登录号	55179-31-2	分子量	337. 1785
分子式	$C_{20}H_{23}N_3O_2$	离子化模式	电子轰击电离 （EI）

质谱图

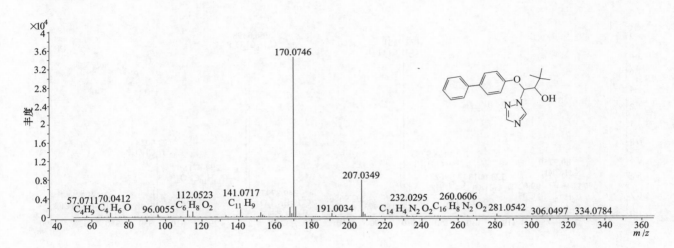

Boscalid（啶酰菌胺）

基本信息

CAS 登录号	188425-85-6	分子量	342. 0321
分子式	$C_{18}H_{12}Cl_2N_2O$	离子化模式	电子轰击电离 （EI）

质谱图

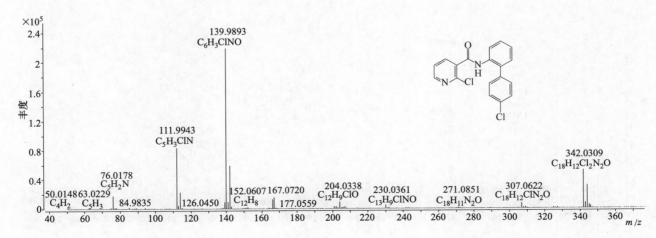

Bromfenvinfos（溴苯烯磷）

CAS 登录号	33399-00-7		分子量	401.9185
分子式	$C_{12}H_{14}BrCl_2O_4P$		离子化模式	电子轰击电离 （EI）

质谱图

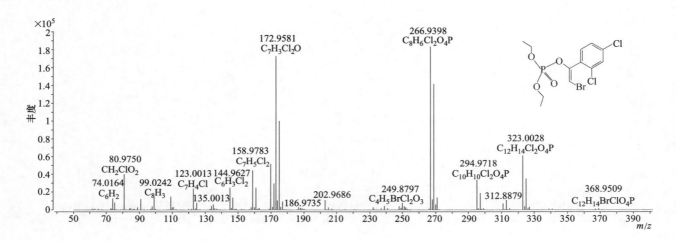

Bromobutide（溴丁酰草胺）

基本信息

CAS 登录号	74712-19-9		分子量	311.0880
分子式	$C_{15}H_{22}BrNO$		离子化模式	电子轰击电离 （EI）

质谱图

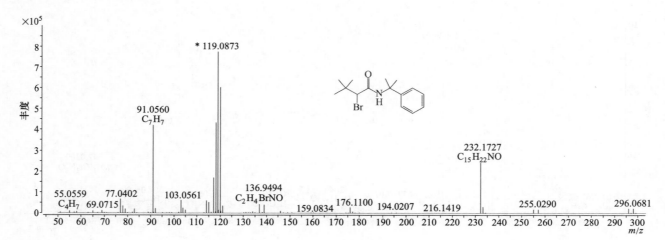

Bromocylen（溴环烯）

CAS 登录号	1715-40-8		分子量	389. 7700
分子式	$C_8H_5BrCl_6$		离子化模式	电子轰击电离 （EI）

质谱图

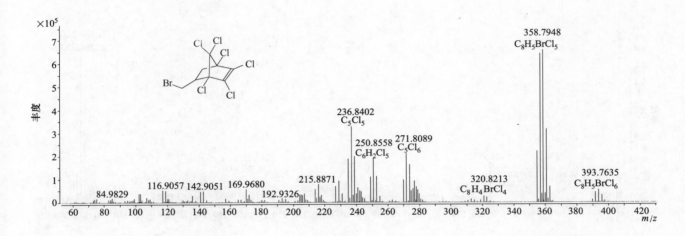

Bromophos-ethyl（乙基溴硫磷）

基本信息

CAS 登录号	4824-78-6		分子量	391. 8800
分子式	$C_{10}H_{12}BrCl_2O_3PS$		离子化模式	电子轰击电离 （EI）

质谱图

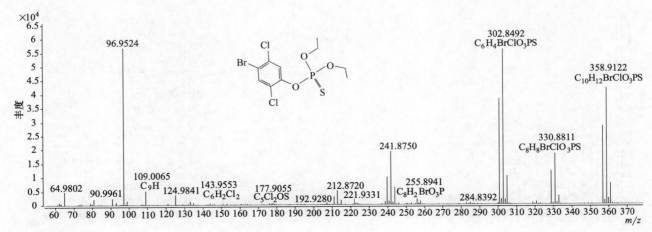

Bromophos-methyl（溴硫磷）

基本信息

CAS 登录号	2104-96-3	分子量	363.8487
分子式	$C_8H_8BrCl_2O_3PS$	离子化模式	电子轰击电离 （EI）

质谱图

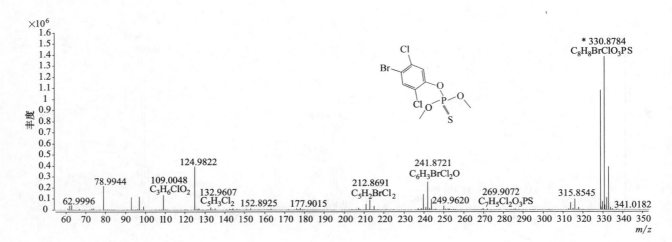

Bromopropylate（溴螨酯）

基本信息

CAS 登录号	18181-80-1	分子量	425.9461
分子式	$C_{17}H_{16}Br_2O_3$	离子化模式	电子轰击电离 （EI）

质谱图

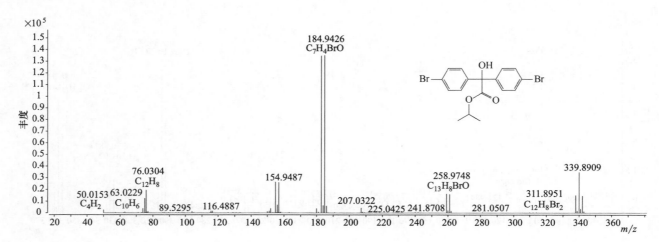

Bromoxynil（溴苯腈）

基本信息

CAS 登录号	1689-84-5	分子量	274. 8576
分子式	$C_7H_3Br_2NO$	离子化模式	电子轰击电离 （EI）

质谱图

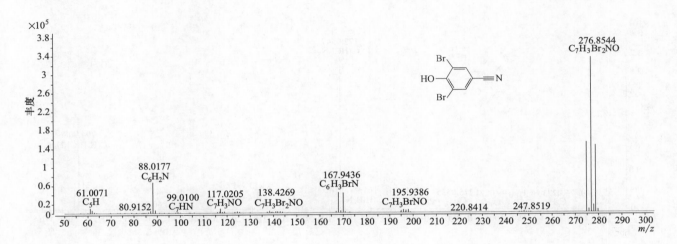

Bromoxynil octanoate（辛酰溴苯腈）

基本信息

CAS 登录号	1689-99-2	分子量	400. 9621
分子式	$C_{15}H_{17}Br_2NO_2$	离子化模式	电子轰击电离 （EI）

质谱图

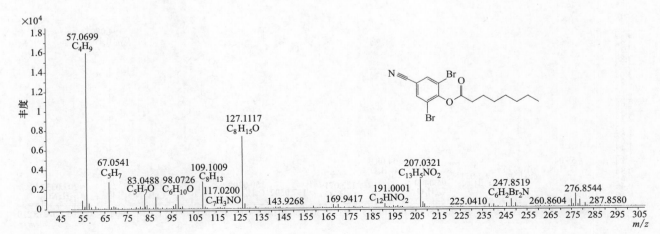

Bromuconazole（糠菌唑）

CAS 登录号	116255-48-2		分子量	374.9536
分子式	$C_{13}H_{12}BrCl_2N_3O$		离子化模式	电子轰击电离 （EI）

质谱图

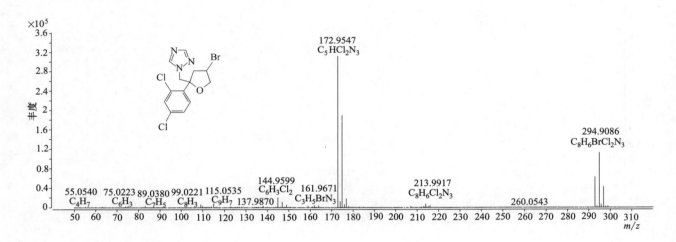

Bufencarb（普杀威）

基本信息

CAS 登录号	8065-36-9		分子量	442.2827
分子式	$C_{13}H_{19}NO_2$		离子化模式	电子轰击电离 （EI）

质谱图

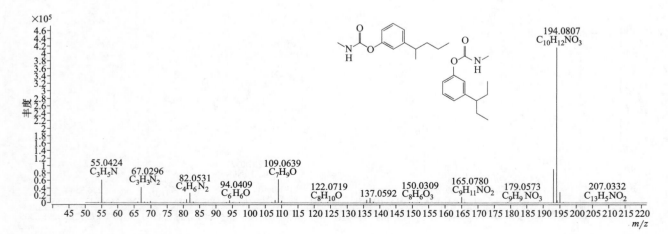

Bupirimate（乙嘧酚磺酸酯）

基本信息

CAS 登录号	41483-43-6	分子量	316. 1564
分子式	$C_{13}H_{24}N_4O_3S$	离子化模式	电子轰击电离（EI）

质谱图

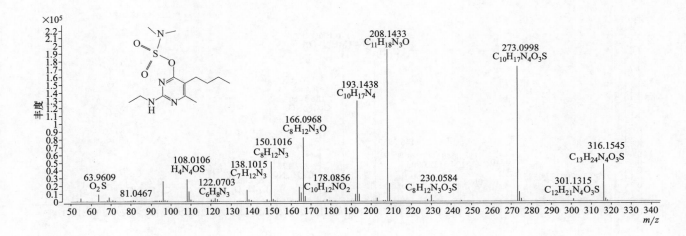

Buprofezin（噻嗪酮）

基本信息

CAS 登录号	69327-76-0	分子量	305. 1557
分子式	$C_{16}H_{23}N_3OS$	离子化模式	电子轰击电离（EI）

质谱图

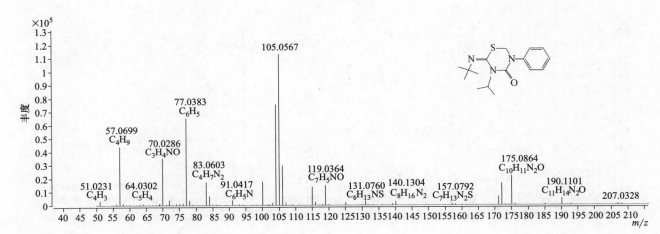

Butachlor（丁草胺）

基本信息

CAS 登录号	23184-66-9		分子量	311.1647
分子式	$C_{17}H_{26}ClNO_2$		离子化模式	电子轰击电离（EI）

质谱图

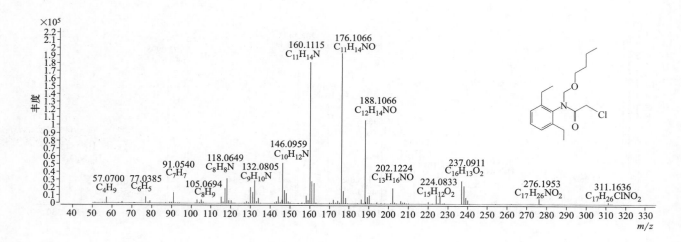

Butafenacil（氟丙嘧草酯）

基本信息

CAS 登录号	134605-64-4		分子量	474.8095
分子式	$C_{20}H_{18}ClF_3N_2O_6$		离子化模式	电子轰击电离（EI）

质谱图

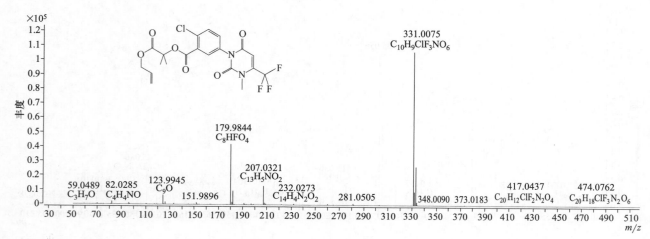

Butamifos（抑草磷）

CAS 登录号	36335-67-8		分子量	332.0955
分子式	$C_{13}H_{21}N_2O_4PS$		离子化模式	电子轰击电离 （EI）

质谱图

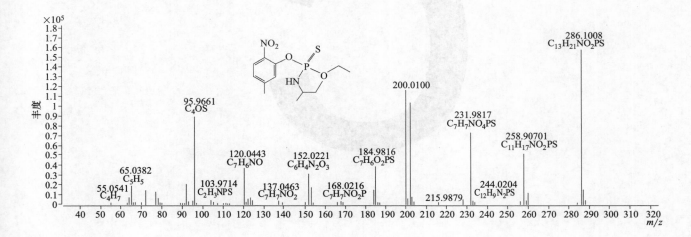

Butralin（仲丁灵）

基本信息

CAS 登录号	33629-47-9		分子量	295.1527
分子式	$C_{14}H_{21}N_3O_4$		离子化模式	电子轰击电离 （EI）

质谱图

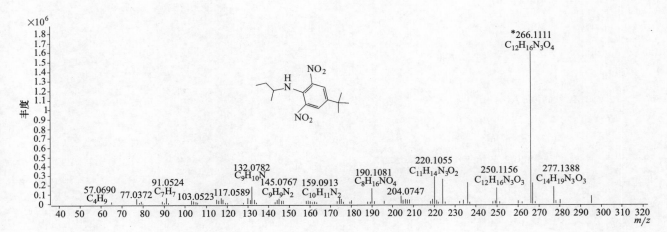

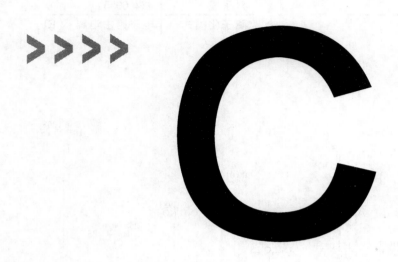

Cadusafos（硫线磷）

基本信息

CAS 登录号	95465-99-9	分子量	270. 0872
分子式	$C_{10}H_{23}O_2PS_2$	离子化模式	电子轰击电离 （EI）

质谱图

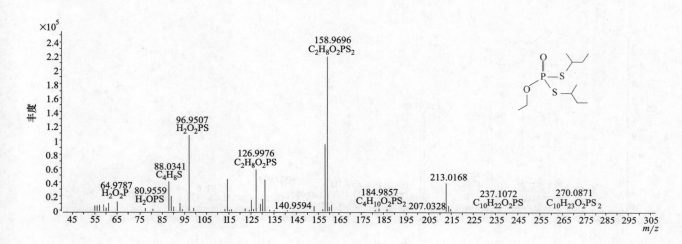

Cafenstrole（苯酮唑）

基本信息

CAS 登录号	125306-83-4	分子量	350. 1407
分子式	$C_{16}H_{22}N_4O_3S$	离子化模式	电子轰击电离 （EI）

质谱图

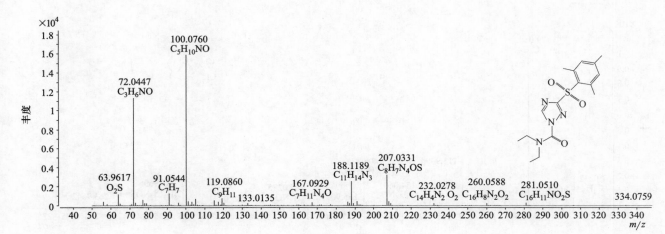

Captafol（敌菌丹）

基本信息

CAS 登录号	2425-06-1		分子量	346.9103
分子式	$C_{10}H_9Cl_4NO_2S$		离子化模式	电子轰击电离 （EI）

质谱图

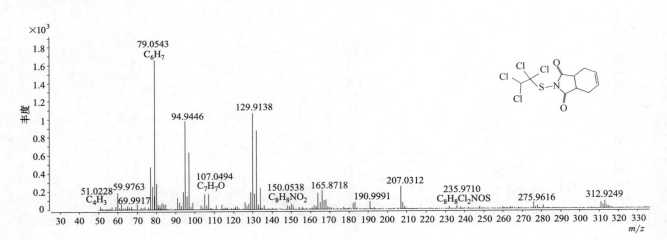

Captan（克菌丹）

基本信息

CAS 登录号	133-06-2		分子量	298.9336
分子式	$C_9H_8Cl_3NO_2S$		离子化模式	电子轰击电离 （EI）

质谱图

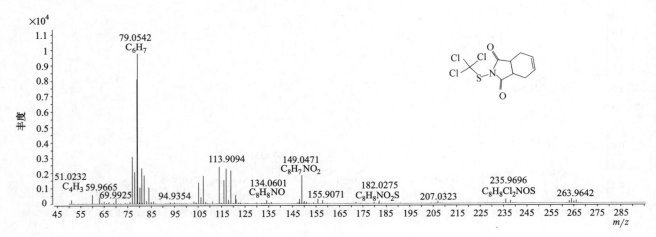

Carbaryl（甲萘威）

基本信息

CAS 登录号	63-25-2	分子量	201. 0785
分子式	$C_{12}H_{11}NO_2$	离子化模式	电子轰击电离 （EI）

质谱图

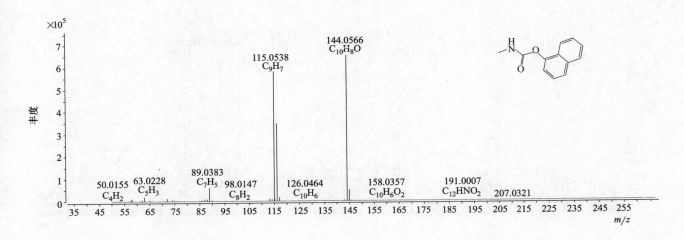

Carbofuran（克百威）

基本信息

CAS 登录号	1563-66-2	分子量	221. 1047
分子式	$C_{12}H_{15}NO_3$	离子化模式	电子轰击电离 （EI）

质谱图

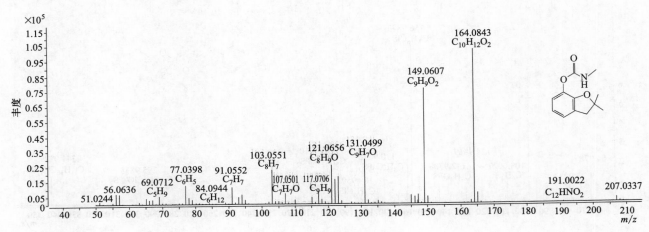

Carbofuran-3-hydroxy（3-羟基呋喃丹）

基本信息

CAS 登录号	16655-82-6		分子量	237.0996
分子式	$C_{12}H_{15}NO_4$		离子化模式	电子轰击电离 （EI）

质谱图

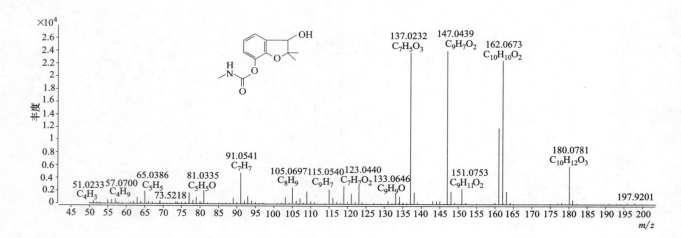

Carbophenothion（三硫磷）

基本信息

CAS 登录号	786-19-6		分子量	341.9733
分子式	$C_{11}H_{16}ClO_2PS_3$		离子化模式	电子轰击电离 （EI）

质谱图

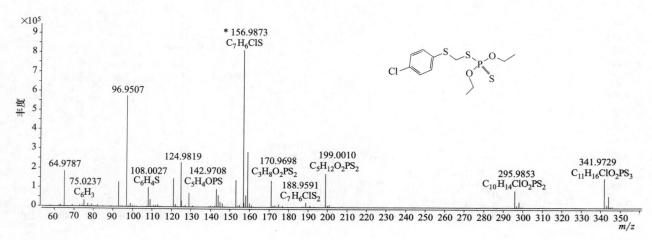

Carbosulfan（丁硫克百威）

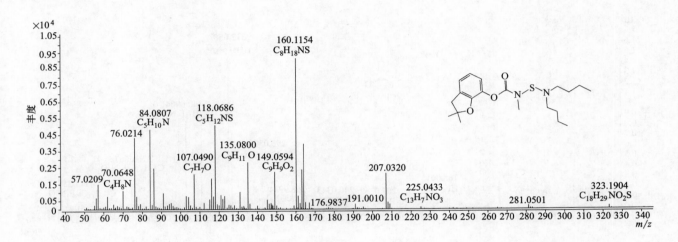

基本信息

CAS 登录号	55285-14-8	分子量	380. 2128
分子式	$C_{20}H_{32}N_2O_3S$	离子化模式	电子轰击电离（EI）

质谱图

峰标注：
- 57.0209
- 70.0648 C_4H_8N
- 76.0214
- 84.0807 $C_5H_{10}N$
- 107.0490 C_7H_7O
- 118.0686 $C_5H_{12}NS$
- 135.0800 $C_9H_{11}O$
- 149.0594 $C_9H_9O_2$
- 160.1154 $C_8H_{18}NS$
- 176.9837
- 191.0010
- 207.0320
- 225.0433 $C_{13}H_7NO_3$
- 281.0501
- 323.1904 $C_{18}H_{29}NO_2S$

Carboxin（萎锈灵）

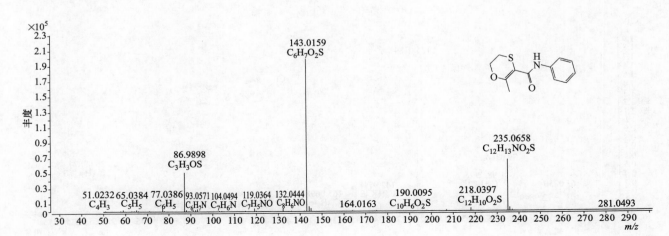

基本信息

CAS 登录号	5234-68-4	分子量	235. 0662
分子式	$C_{12}H_{13}NO_2S$	离子化模式	电子轰击电离（EI）

质谱图

峰标注：
- 51.0232 C_4H_3
- 65.0384 C_5H_5
- 77.0386 C_6H_5
- 86.9898 C_3H_3OS
- 93.0571 C_6H_7N
- 104.0494 C_7H_6N
- 119.0364 C_7H_5NO
- 132.0444 C_8H_6NO
- 143.0159 $C_6H_7O_2S$
- 164.0163
- 190.0095 $C_{10}H_6O_2S$
- 218.0397 $C_{12}H_{10}O_2S$
- 235.0658 $C_{12}H_{13}NO_2S$
- 281.0493

Carfentrazone-ethyl（唑酮草酯）

CAS 登录号	128639-02-1		分子量	411.0359
分子式	$C_{15}H_{14}Cl_2F_3N_3O_3$		离子化模式	电子轰击电离 （EI）

质谱图

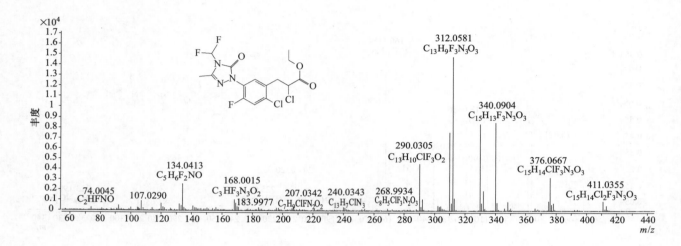

Chlorbenside（氯杀螨）

基本信息

CAS 登录号	103-17-3		分子量	267.9875
分子式	$C_{13}H_{10}Cl_2S$		离子化模式	电子轰击电离 （EI）

质谱图

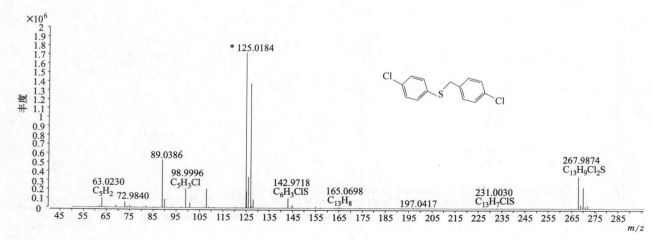

Chlorbenside sulfone（杀螨醚砜）

基本信息

CAS 登录号	7082-99-7	分子量	299. 9773
分子式	$C_{13}H_{10}Cl_2O_2S$	离子化模式	电子轰击电离 （EI）

质谱图

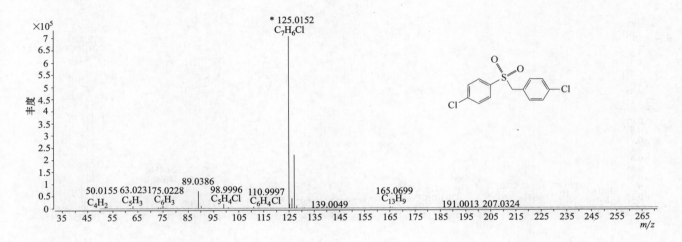

Chlorbenzuron（灭幼脲）

基本信息

CAS 登录号	196791-54-5	分子量	308. 0114
分子式	$C_{14}H_{10}Cl_2N_2O_2$	离子化模式	电子轰击电离 （EI）

质谱图

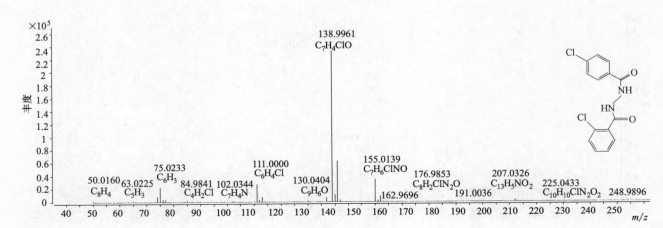

Chlorbromuron（氯溴隆）

基本信息

CAS 登录号	13360-45-7		分子量	291. 9609
分子式	$C_9H_{10}BrClN_2O_2$		离子化模式	电子轰击电离 （EI）

质谱图

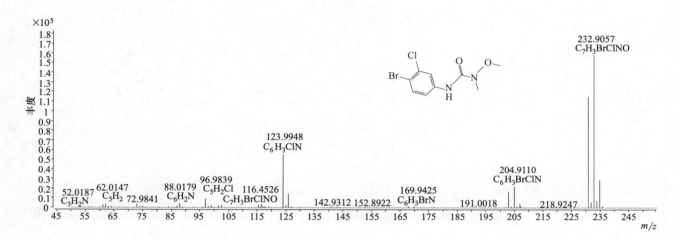

Chlorbufam（氯炔灵）

基本信息

CAS 登录号	1967-16-4		分子量	223. 0395
分子式	$C_{11}H_{10}ClNO_2$		离子化模式	电子轰击电离 （EI）

质谱图

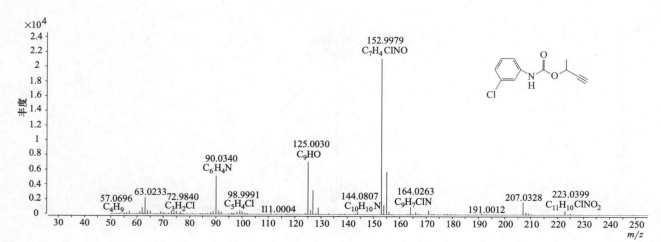

Chlordane（氯丹）

基本信息

CAS 登录号	57-74-9		分子量	405. 7972
分子式	C₁₀H₆Cl₈		离子化模式	电子轰击电离 （EI）

质谱图

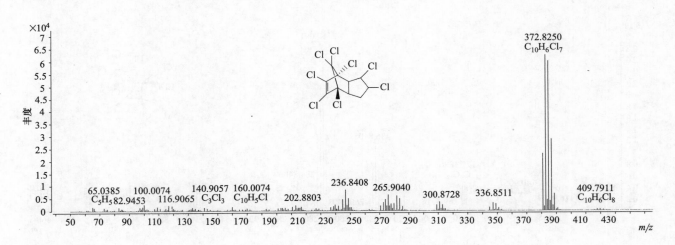

trans-Chlordane（反式氯丹）

基本信息

CAS 登录号	5103-74-2		分子量	405. 7973
分子式	C₁₀H₆Cl₈		离子化模式	电子轰击电离 （EI）

质谱图

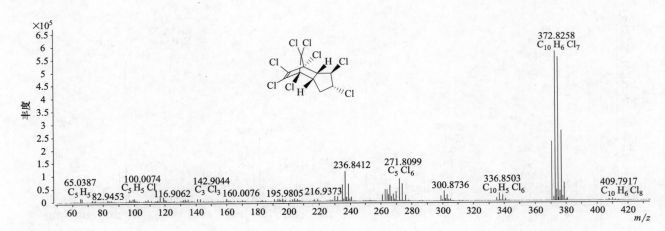

Chlordecone; Kepone（开蓬）

CAS 登录号	143-50-0	分子量	485.6829
分子式	$C_{10}Cl_{10}O$	离子化模式	电子轰击电离 （EI）

质谱图

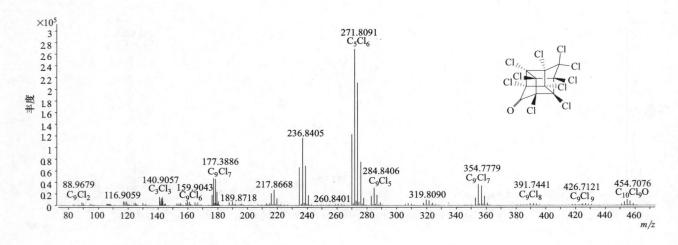

Chlordimeform（杀虫脒）

基本信息

CAS 登录号	6164-98-3	分子量	196.0762
分子式	$C_{10}H_{13}ClN_2$	离子化模式	电子轰击电离 （EI）

质谱图

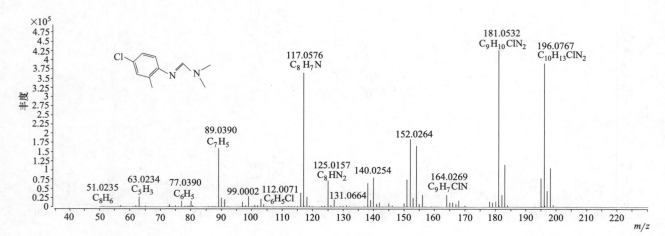

Chlorethoxyfos（氯氧磷）

基本信息

CAS 登录号	54593-83-8		分子量	333. 8915
分子式	$C_6H_{11}Cl_4O_3PS$		离子化模式	电子轰击电离 （EI）

质谱图

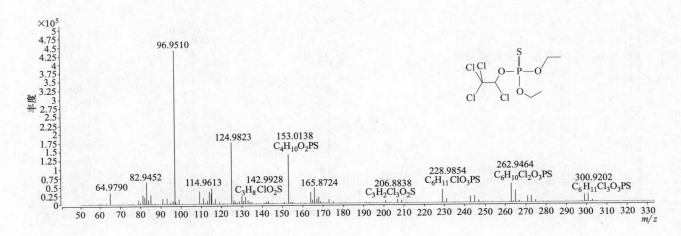

Chlorfenethol（杀螨醇）

基本信息

CAS 登录号	80-06-8		分子量	266. 0260
分子式	$C_{14}H_{12}Cl_2O$		离子化模式	电子轰击电离 （EI）

质谱图

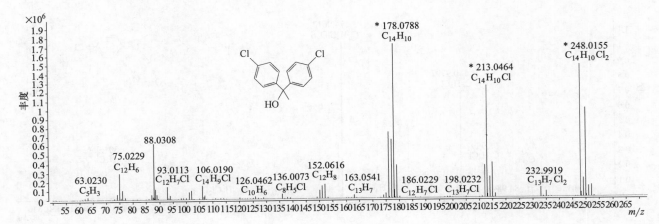

Chlorfenprop-methyl（燕麦酯）

基本信息

CAS 登录号	14437-17-3		分子量	232.0052
分子式	$C_{10}H_{10}Cl_2O_2$		离子化模式	电子轰击电离 （EI）

质谱图

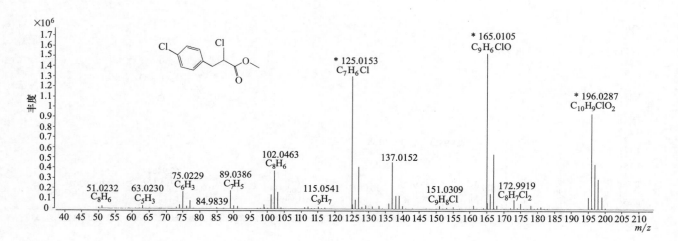

Chlorfenson（杀螨酯）

基本信息

CAS 登录号	80-33-1		分子量	301.9566
分子式	$C_{12}H_8Cl_2O_3S$		离子化模式	电子轰击电离 （EI）

质谱图

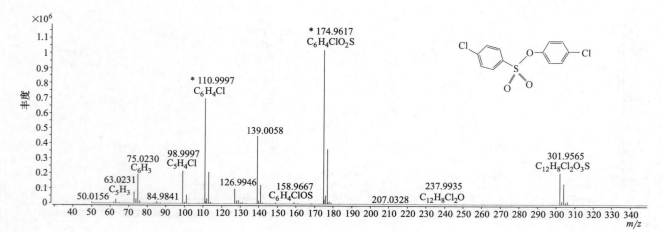

Chlorfenvinphos（毒虫畏）

基本信息

CAS 登录号	470-90-6		分子量	357.9690
分子式	$C_{12}H_{14}Cl_3O_4P$		离子化模式	电子轰击电离 （EI）

质谱图

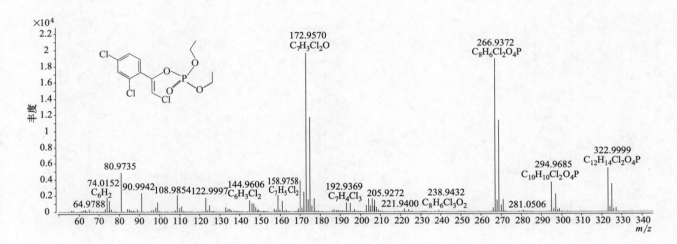

Chlorfluazuron（氟啶脲）

基本信息

CAS 登录号	71422-67-8		分子量	538.9624
分子式	$C_{20}H_9Cl_3F_5N_3O_3$		离子化模式	电子轰击电离 （EI）

质谱图

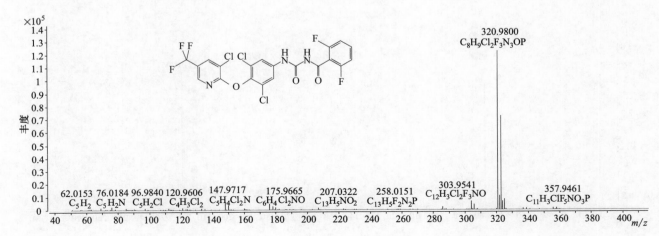

Chlorflurenol-methyl（ester）（整形素）

基本信息

CAS 登录号	2536-31-4		分子量	274.0392
分子式	C₁₅H₁₁ClO₃		离子化模式	电子轰击电离（EI）

质谱图

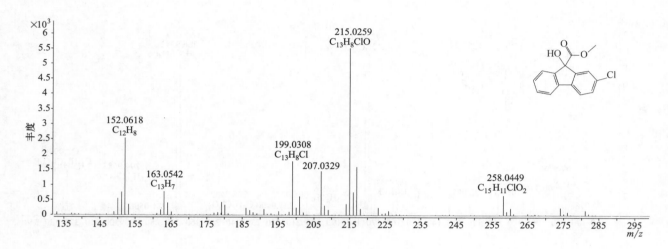

Chloridazon（氯草敏）

基本信息

CAS 登录号	1698-60-8		分子量	221.0351
分子式	C₁₀H₈ClN₃O		离子化模式	电子轰击电离（EI）

质谱图

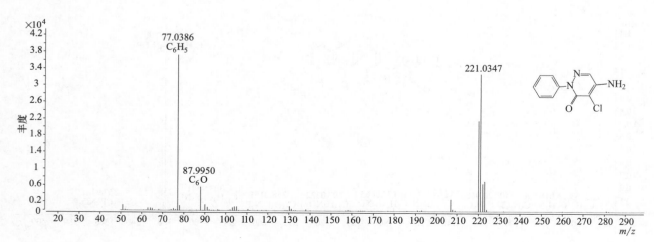

Chlormephos（氯甲磷）

CAS 登录号	24934-91-6	分子量	233. 9699
分子式	$C_5H_{12}ClO_2PS_2$	离子化模式	电子轰击电离 （EI）

质谱图

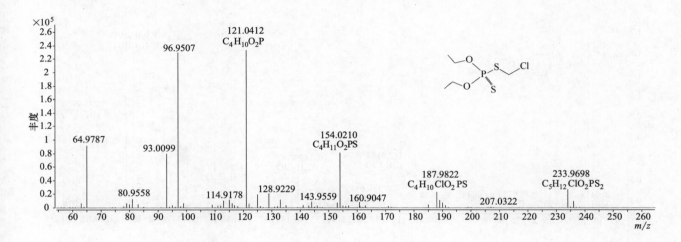

Chlorobenzilate（乙酯杀螨醇）

基本信息

CAS 登录号	510-15-6	分子量	324. 0315
分子式	$C_{16}H_{14}Cl_2O_3$	离子化模式	电子轰击电离 （EI）

质谱图

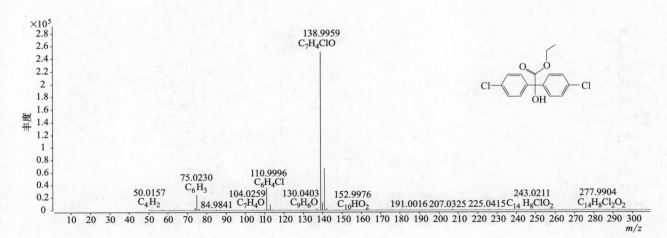

Chloroneb（地茂散）

基本信息

CAS 登录号	2675-77-6	分子量	205. 9896
分子式	C₈H₈Cl₂O₂	离子化模式	电子轰击电离 （EI）

质谱图

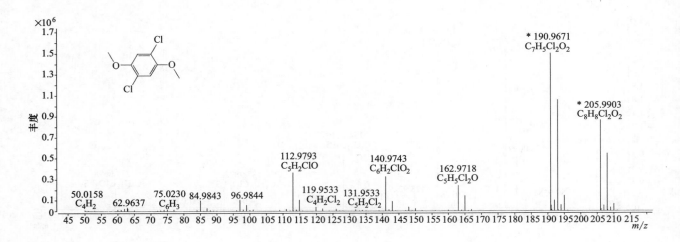

Chlorpropham（氯苯胺灵）

基本信息

CAS 登录号	101-21-3	分子量	213. 0551
分子式	C₁₀H₁₂ClNO₂	离子化模式	电子轰击电离 （EI）

质谱图

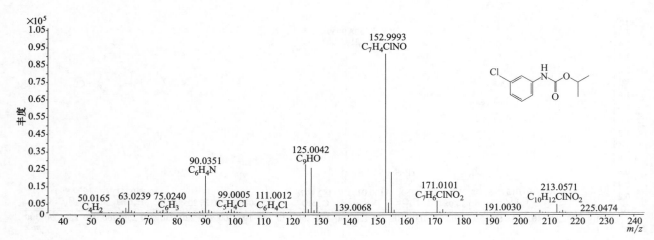

Chloropropylate（丙酯杀螨醇）

基本信息

CAS 登录号	5836-10-2		分子量	338. 0471
分子式	$C_{17}H_{16}Cl_2O_3$		离子化模式	电子轰击电离 （EI）

质谱图

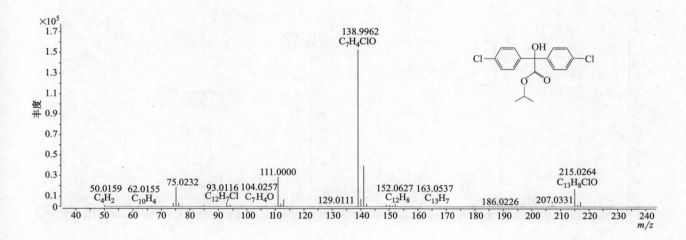

Chlorothalonil（百菌清）

基本信息

CAS 登录号	1897-45-6		分子量	263. 8810
分子式	$C_8Cl_4N_2$		离子化模式	电子轰击电离 （EI）

质谱图

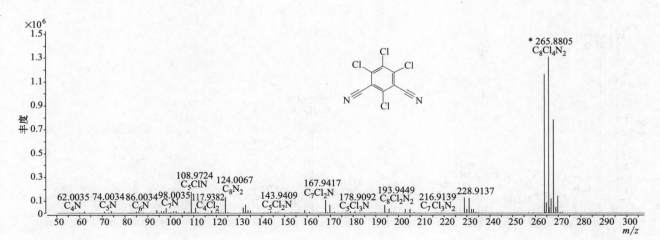

Chlorotoluron（绿麦隆）

基本信息

CAS 登录号	15545-48-9	分子量	212. 0711
分子式	$C_{10}H_{13}ClN_2O$	离子化模式	电子轰击电离 （EI）

质谱图

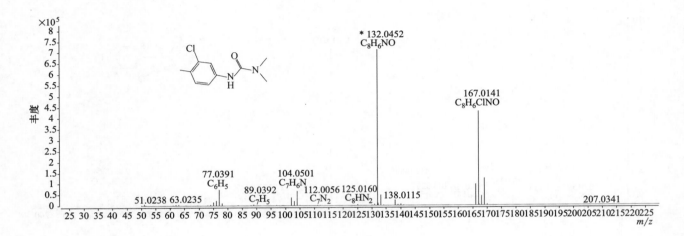

Chlorphenapyr（溴虫腈）

基本信息

CAS 登录号	122453-73-0	分子量	405. 9690
分子式	$C_{15}H_{11}BrClF_3N_2O$	离子化模式	电子轰击电离 （EI）

质谱图

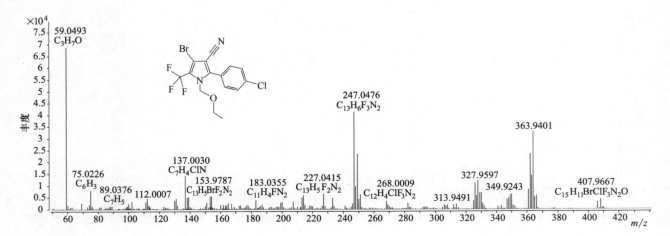

Chlorphoxim（氯辛硫磷）

基本信息

CAS 登录号	14816-20-7		分子量	332. 0146
分子式	$C_{12}H_{14}ClN_2O_3PS$		离子化模式	电子轰击电离 （EI）

质谱图

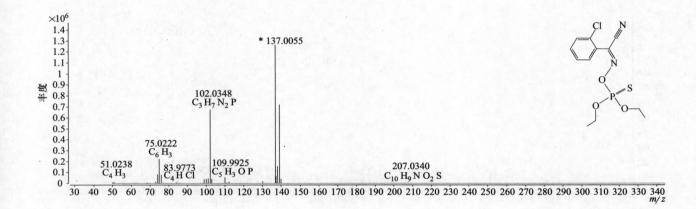

Chlorpyrifos（毒死蜱）

基本信息

CAS 登录号	2921-88-2		分子量	348. 9257
分子式	$C_9H_{11}Cl_3NO_3PS$		离子化模式	电子轰击电离 （EI）

质谱图

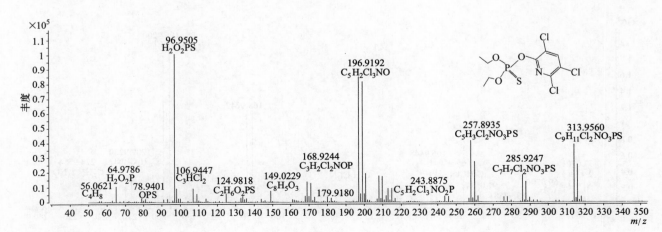

Chlorpyrifos-methyl（甲基毒死蜱）

CAS 登录号	5598-13-0	分子量	320. 8944
分子式	C₇H₇Cl₃NO₃PS	离子化模式	电子轰击电离（EI）

质谱图

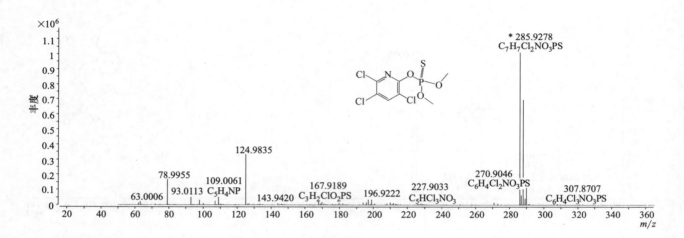

Chlorpyrifos-oxon（氯吡硫磷一氧）

基本信息

CAS 登录号	5598-15-2	分子量	332. 9486
分子式	C₉H₁₁Cl₃NO₄P	离子化模式	电子轰击电离（EI）

质谱图

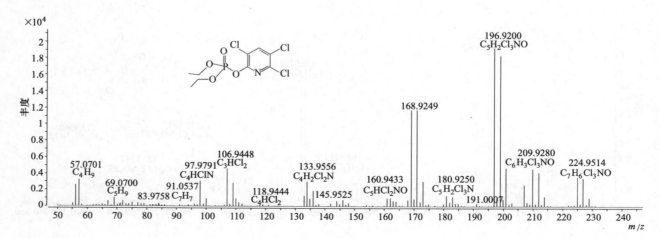

Chlorsulfuron（氯磺隆）

基本信息

CAS 登录号	64902-72-3	分子量	357.0294
分子式	$C_{12}H_{12}ClN_5O_4S$	离子化模式	电子轰击电离 （EI）

质谱图

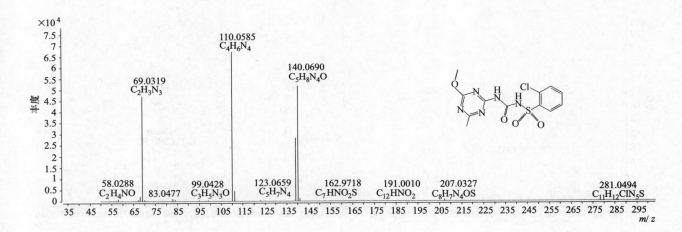

Chlorthiamid（草克乐）

基本信息

CAS 登录号	1918-13-4	分子量	204.9514
分子式	$C_7H_5Cl_2NS$	离子化模式	电子轰击电离 （EI）

质谱图

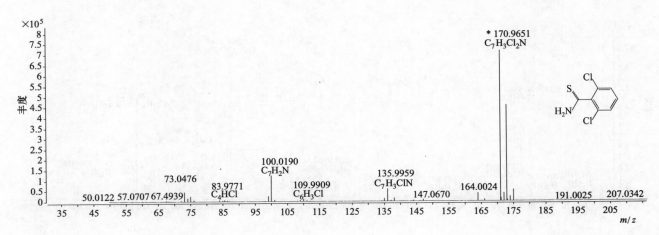

55

Chlorthion（氯硫磷）

基本信息

CAS 登录号	500-28-7		分子量	296. 9622
分子式	C₈H₉ClNO₅PS		离子化模式	电子轰击电离 （EI）

质谱图

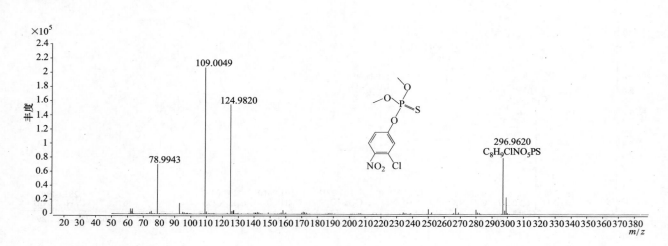

Chlorthiophos（虫螨磷）

基本信息

CAS 登录号	60238-56-4		分子量	359. 9572
分子式	C₁₁H₁₅Cl₂O₃PS₂		离子化模式	电子轰击电离 （EI）

质谱图

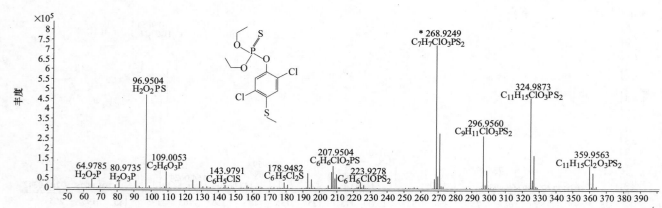

Chlorthiophos oxygen analog（氧氯甲硫磷）

基本信息

CAS 登录号	66229-12-7	分子量	343.9801
分子式	C₁₁H₁₅Cl₂O₄PS	离子化模式	电子轰击电离 （EI）

质谱图

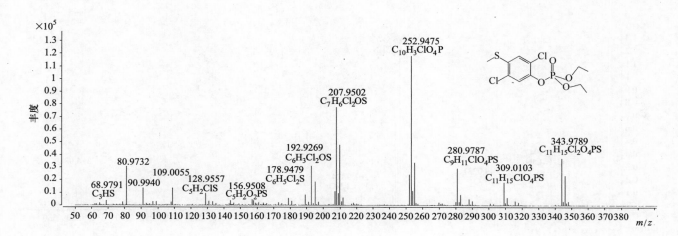

Chlorthiophos sulfone（虫螨磷砜）

基本信息

CAS 登录号	25900-20-3	分子量	391.9471
分子式	C₁₁H₁₅Cl₂O₅PS₂	离子化模式	电子轰击电离 （EI）

质谱图

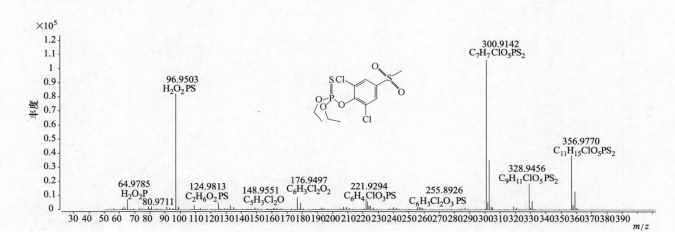

Chlozolinate（乙菌利）

基本信息

CAS 登录号	84332-86-5	分子量	331. 0009
分子式	C₁₃H₁₁Cl₂NO₅	离子化模式	电子轰击电离 （EI）

质谱图

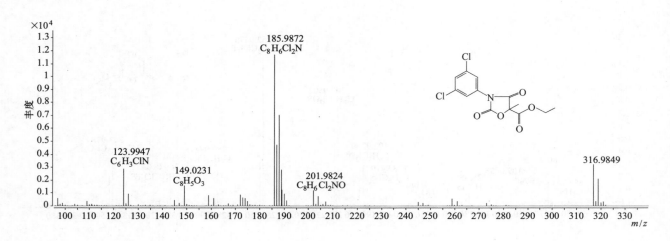

Cinidon-ethyl（吲哚酮草酯）

基本信息

CAS 登录号	142891-20-1	分子量	393. 0529
分子式	C₁₉H₁₇Cl₂NO₄	离子化模式	电子轰击电离 （EI）

质谱图

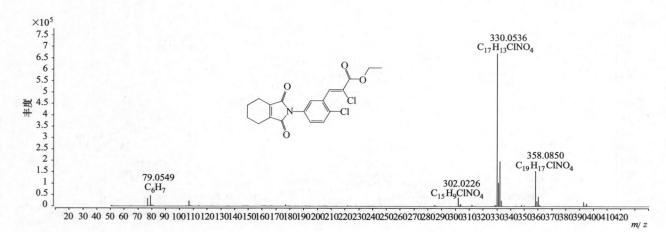

Clodinafop-propargyl（炔草酸）

基本信息

CAS 登录号	105512-06-9	分子量	349. 0512
分子式	$C_{17}H_{13}ClFNO_4$	离子化模式	电子轰击电离 （EI）

质谱图

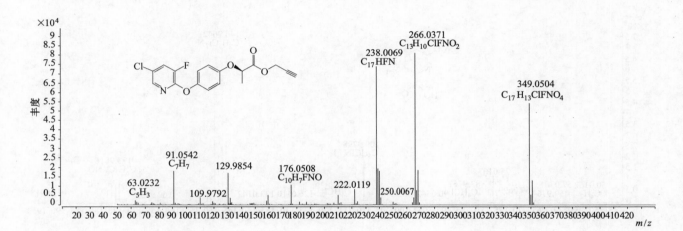

Clomazone（异噁草松）

基本信息

CAS 登录号	81777-89-1	分子量	239. 0706
分子式	$C_{12}H_{14}ClNO_2$	离子化模式	电子轰击电离 （EI）

质谱图

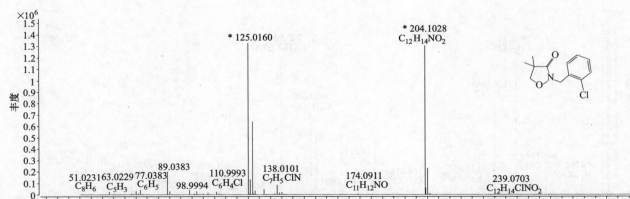

Clopyralid（3，6-二氯吡啶羧酸）

基本信息

CAS 登录号	1702-17-6		分子量	190.9535
分子式	C₆H₃Cl₂NO₂		离子化模式	电子轰击电离 （EI）

质谱图

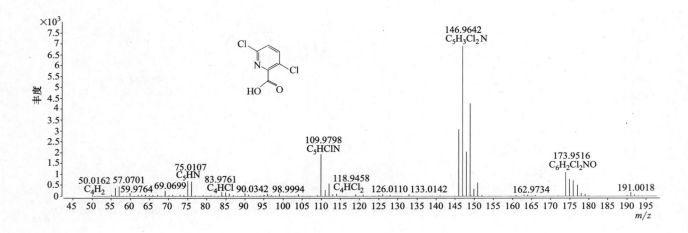

Coumaphos（蝇毒磷）

基本信息

CAS 登录号	56-72-4		分子量	362.0140
分子式	C₁₄H₁₆ClO₅PS		离子化模式	电子轰击电离 （EI）

质谱图

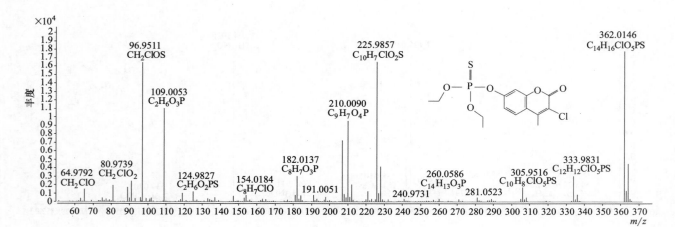

4-CPA（对氯苯氧乙酸）

CAS 登录号	122-88-3	分子量	186.0078
分子式	C$_8$H$_7$ClO$_3$	离子化模式	电子轰击电离 （EI）

质谱图

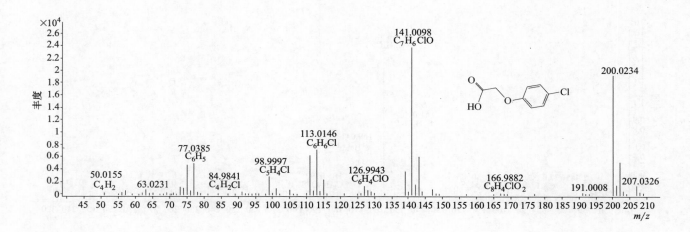

Crufomate（育畜磷）

基本信息

CAS 登录号	299-86-5	分子量	291.0786
分子式	C$_{12}$H$_{19}$ClNO$_3$P	离子化模式	电子轰击电离 （EI）

质谱图

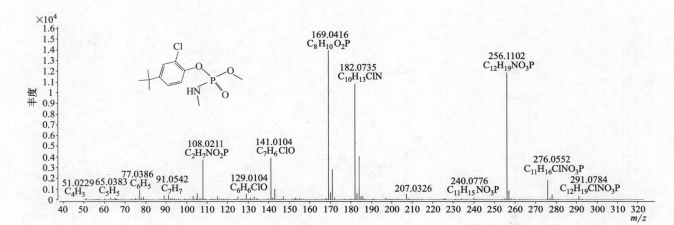

Cyanofenphos（苯腈磷）

基本信息

CAS 登录号	13067-93-1	分子量	303. 0477
分子式	$C_{15}H_{14}NO_2PS$	离子化模式	电子轰击电离 （EI）

质谱图

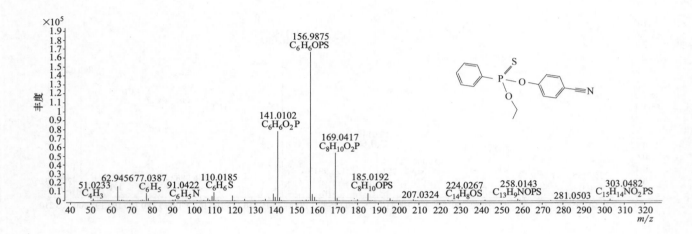

Cyanophos（杀螟腈）

基本信息

CAS 登录号	2636-26-2	分子量	243. 0114
分子式	$C_9H_{10}NO_3PS$	离子化模式	电子轰击电离 （EI）

质谱图

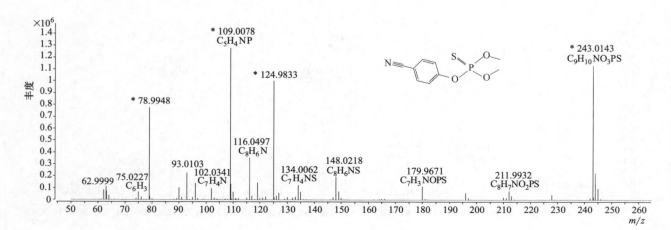

Cycloate（环草敌）

基本信息

CAS 登录号	1134-23-2	分子量	215. 1339
分子式	$C_{11}H_{21}NOS$	离子化模式	电子轰击电离 （EI）

质谱图

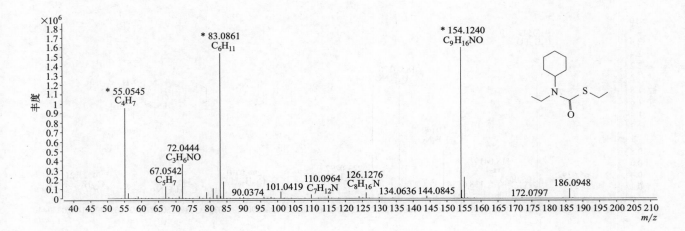

Cycloprothrin（乙氰菊酯）

基本信息

CAS 登录号	6993-38-6	分子量	481. 0842
分子式	$C_{26}H_{21}Cl_2NO_4$	离子化模式	电子轰击电离 （EI）

质谱图

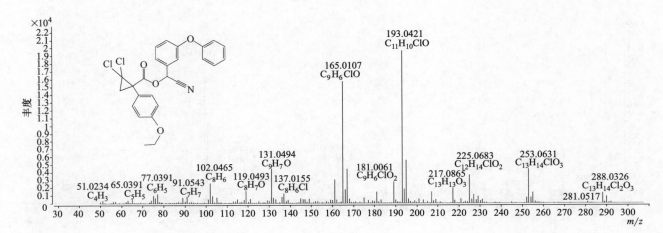

63

Cyflufenamid（环氟菌胺）

基本信息

CAS 登录号	180409-60-3	分子量	412. 1205
分子式	$C_{20}H_{17}F_5N_2O_2$	离子化模式	电子轰击电离 （EI）

质谱图

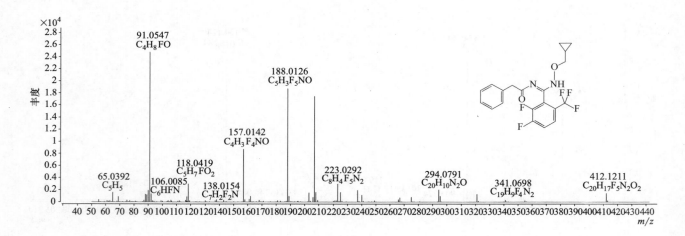

Cyfluthrin（氟氯氰菊酯）

基本信息

CAS 登录号	68359-37-5	分子量	433. 0642
分子式	$C_{22}H_{18}Cl_2FNO_3$	离子化模式	电子轰击电离 （EI）

质谱图

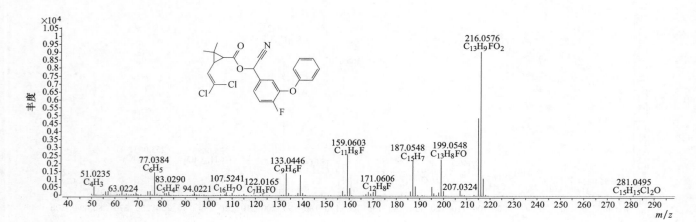

Cyhalofop-butyl（氰氟草酯）

基本信息

CAS 登录号	122008-85-9	分子量	357. 1371
分子式	$C_{20}H_{20}FNO_4$	离子化模式	电子轰击电离（EI）

质谱图

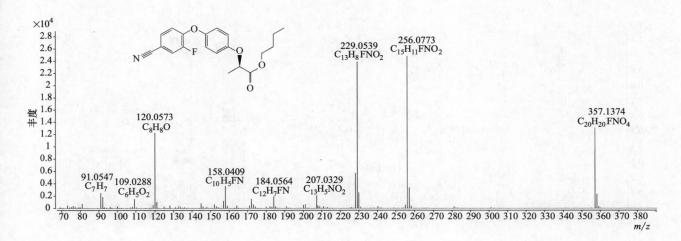

γ-Cyhalothrin（γ-氟氯氰菌酯）

基本信息

CAS 登录号	76703-62-3	分子量	449. 1001
分子式	$C_{23}H_{19}ClF_3NO_3$	离子化模式	电子轰击电离（EI）

质谱图

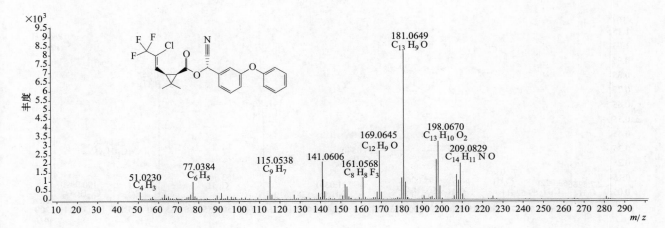

α-Cypermethrin（顺式氯氰菊酯）

基本信息

CAS 登录号	67375-30-8	分子量	415.0737
分子式	$C_{22}H_{19}Cl_2NO_3$	离子化模式	电子轰击电离 （EI）

质谱图

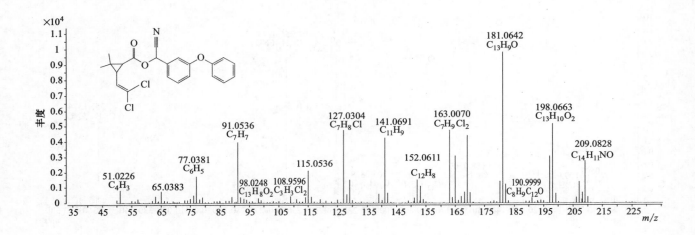

ζ-Cypermethrin（氯氰菊酯）

基本信息

CAS 登录号	52315-07-8	分子量	415.0737
分子式	$C_{22}H_{19}Cl_2NO_3$	离子化模式	电子轰击电离 （EI）

质谱图

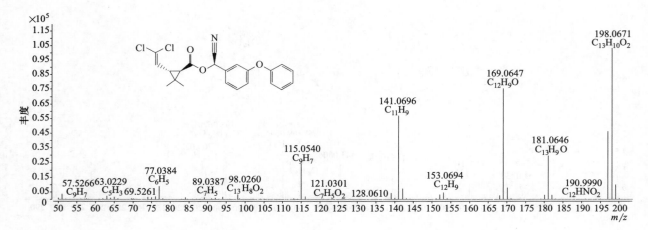

Cyphenothrin（苯氰菊酯）

基本信息

CAS 登录号	39515-40-7	分子量	375.1829
分子式	$C_{24}H_{25}NO_3$	离子化模式	电子轰击电离（EI）

质谱图

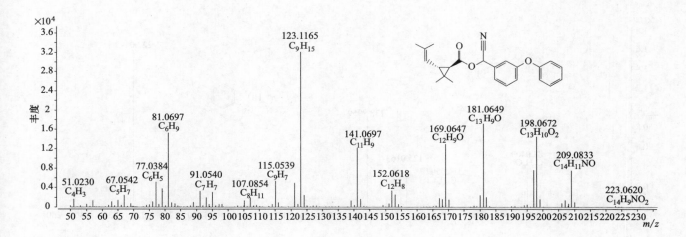

Cyprazine（环丙津）

基本信息

CAS 登录号	22936-86-3	分子量	227.0933
分子式	$C_9H_{14}ClN_5$	离子化模式	电子轰击电离（EI）

质谱图

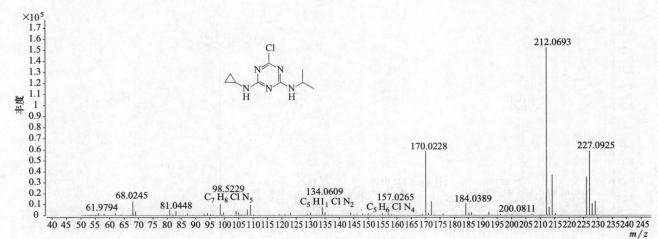

Cyproconazole（环丙唑醇）

基本信息

CAS 登录号	94361-06-5	分子量	291. 1133
分子式	C₁₅H₁₈ClN₃O	离子化模式	电子轰击电离 （EI）

质谱图

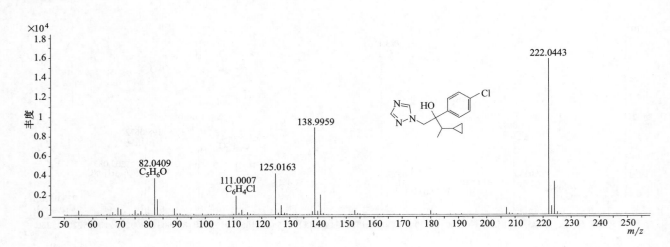

Cyprofuram（酯菌胺）

基本信息

CAS 登录号	69581-33-5	分子量	279. 0657
分子式	C₁₄H₁₄ClNO₃	离子化模式	电子轰击电离 （EI）

质谱图

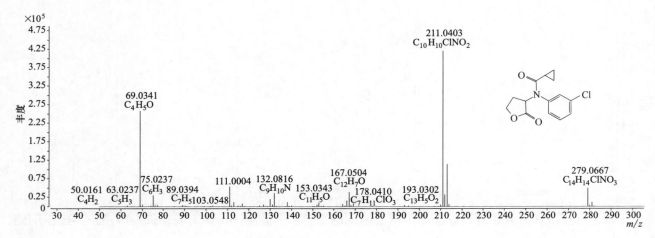

68

Cythioate（赛灭磷）

基本信息

CAS 登录号	115-93-5	分子量	296.9890
分子式	$C_8H_{12}NO_5PS_2$	离子化模式	电子轰击电离 （EI）

质谱图

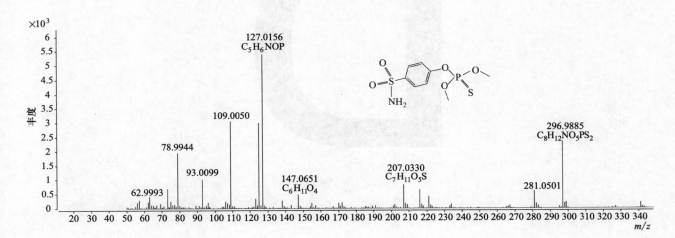

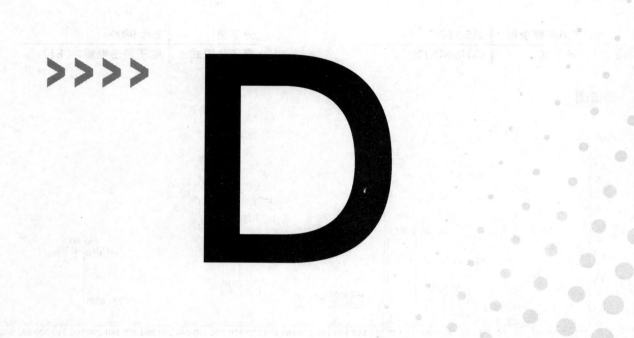

D

>>>>

Dacthal（氯酞酸二甲酯）

基本信息

CAS 登录号	1861-32-1		分子量	329. 9015
分子式	$C_{10}H_6Cl_4O_4$		离子化模式	电子轰击电离 （EI）

质谱图

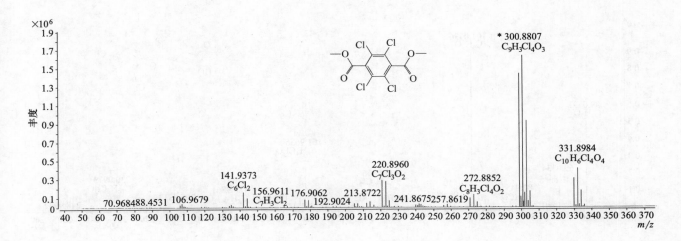

2，4-D（2，4-二氯苯氧乙酸甲酯）

基本信息

CAS 登录号	1928-38-7		分子量	233. 9846
分子式	$C_9H_8Cl_2O_3$		离子化模式	电子轰击电离 （EI）

质谱图

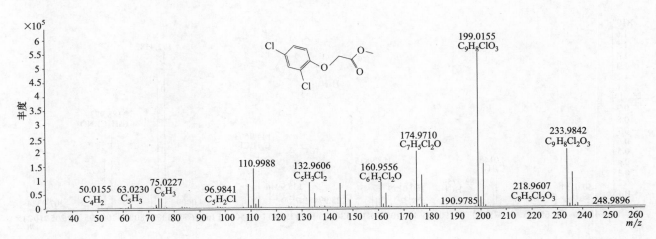

2，4-DB（2，4-二氯苯氧丁酸）

基本信息

CAS 登录号	94-82-6		分子量	248.0002
分子式	$C_{10}H_{10}Cl_2O_3$		离子化模式	电子轰击电离 （EI）

质谱图

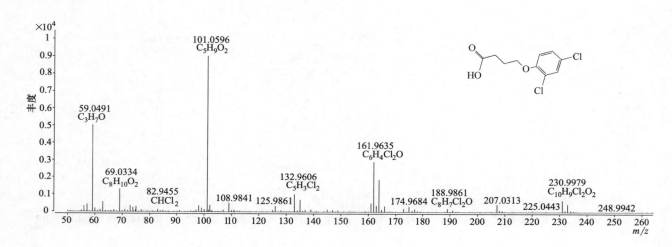

2，6-Dichlorobenzamide（2，6-二氯苯甲酰胺）

基本信息

CAS 登录号	2008-58-4		分子量	188.9743
分子式	$C_7H_5Cl_2NO$		离子化模式	电子轰击电离 （EI）

质谱图

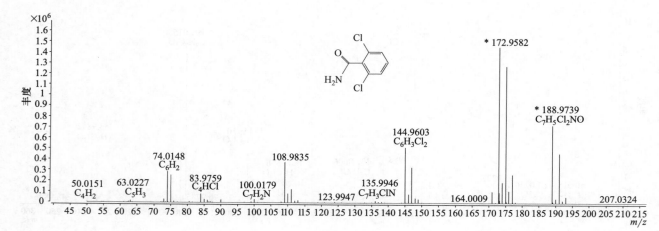

o，p'-DDD（*o，p*'-滴滴滴）

基本信息

CAS 登录号	53-19-0		分子量	317. 9531
分子式	$C_{14}H_{10}Cl_4$		离子化模式	电子轰击电离 （EI）

质谱图

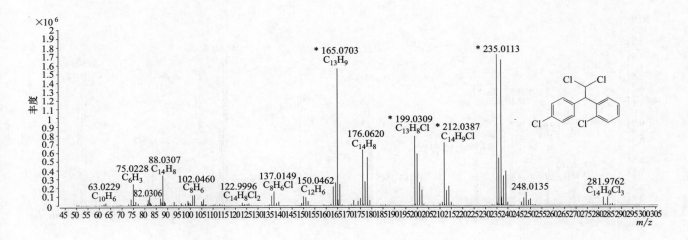

p，p'-DDD（*p，p*'-滴滴滴）

基本信息

CAS 登录号	72-54-8		分子量	317. 9531
分子式	$C_{14}H_{10}Cl_4$		离子化模式	电子轰击电离 （EI）

质谱图

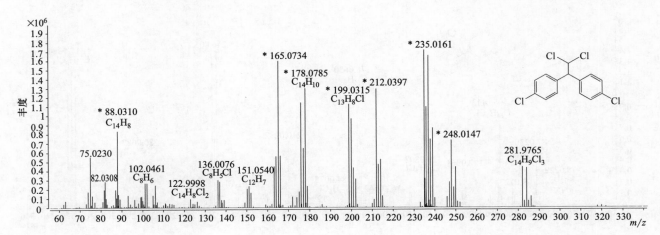

o，p'-DDE（o，p'-滴滴伊）

CAS 登录号	3424-82-6		分子量	315.9375
分子式	$C_{14}H_8Cl_4$		离子化模式	电子轰击电离 （EI）

质谱图

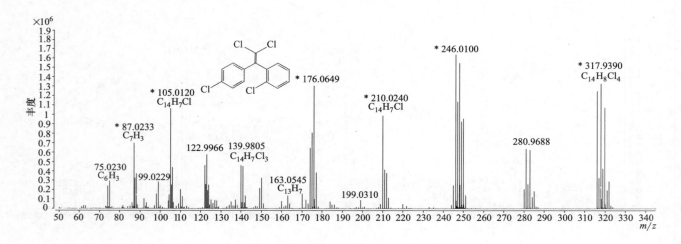

p，p'-DDE（p，p'-滴滴伊）

基本信息

CAS 登录号	72-55-9		分子量	315.9375
分子式	$C_{14}H_8Cl_4$		离子化模式	电子轰击电离 （EI）

质谱图

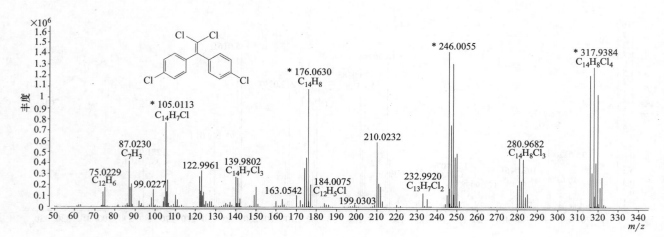

o，*p*'-DDT（*o*，*p*'-滴滴涕）

基本信息

CAS 登录号	789-02-6		分子量	351. 9141
分子式	$C_{14}H_9Cl_5$		离子化模式	电子轰击电离 （EI）

质谱图

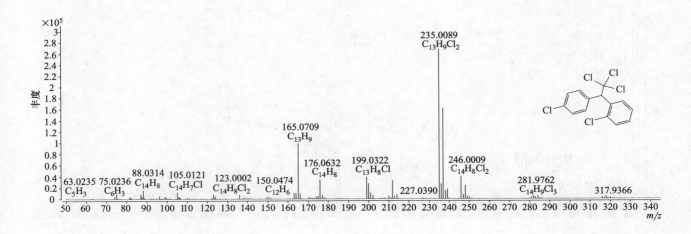

p，*p*'-DDT（*p*，*p*'-滴滴涕）

基本信息

CAS 登录号	50-29-3		分子量	351. 9141
分子式	$C_{14}H_9Cl_5$		离子化模式	电子轰击电离 （EI）

质谱图

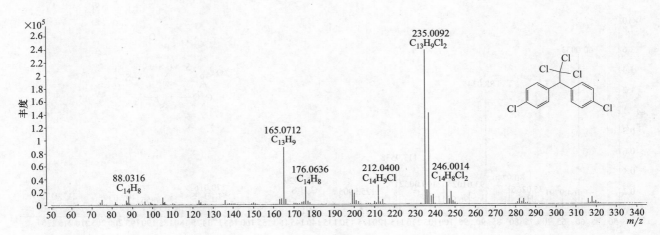

Deltamethrin（溴氰菊酯）

基本信息

CAS 登录号	52918-63-5		分子量	502.9727
分子式	$C_{22}H_{19}Br_2NO_3$		离子化模式	电子轰击电离（EI）

质谱图

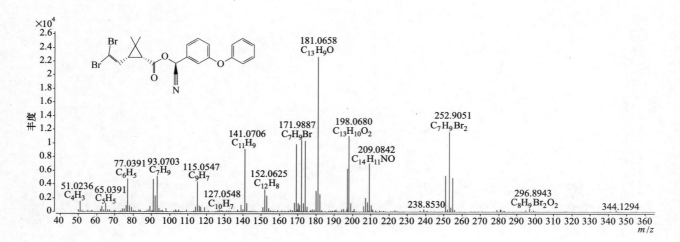

Demeton（O+S）（内吸磷）

基本信息

CAS 登录号	8065-48-3		分子量	516.1022
分子式	$C_{16}H_{38}O_6P_2S_4$		离子化模式	电子轰击电离（EI）

质谱图

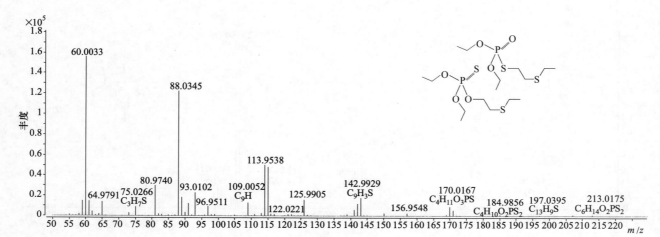

Demeton-S（内吸磷-S）

CAS 登录号	126-75-0		分子量	258.0508
分子式	$C_8H_{19}O_3PS_2$		离子化模式	电子轰击电离 （EI）

质谱图

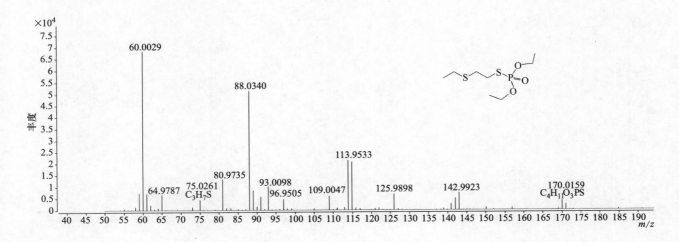

Desethyl-sebuthylazine（脱乙基另丁津）

CAS 登录号	37019-18-4		分子量	201.0776
分子式	$C_7H_{12}ClN_5$		离子化模式	电子轰击电离 （EI）

质谱图

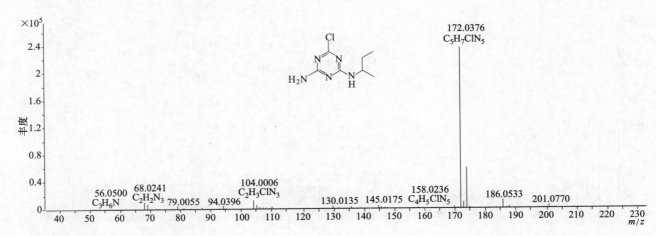

Desethylterbuthylazine（去乙基特丁津）

基本信息

CAS 登录号	30125-63-4	分子量	201. 0776
分子式	$C_7H_{12}ClN_5$	离子化模式	电子轰击电离 （EI）

质谱图

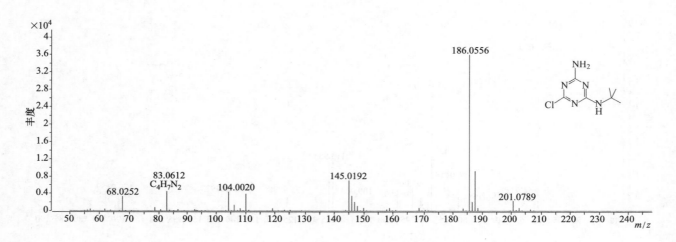

Desisopropyl-atrazine（脱异丙基阿特拉津）

基本信息

CAS 登录号	1007-28-9	分子量	173. 0463
分子式	$C_5H_8ClN_5$	离子化模式	电子轰击电离 （EI）

质谱图

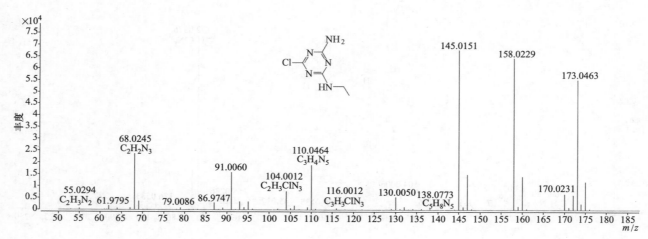

Desmetryn（敌草净）

基本信息

CAS 登录号	1014-69-3		分子量	213. 1043
分子式	$C_8H_{15}N_5S$		离子化模式	电子轰击电离 （EI）

质谱图

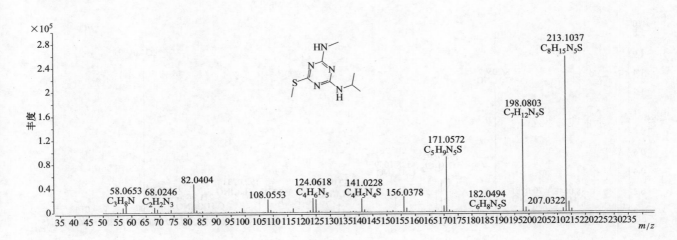

Dialifos（氯亚胺硫磷）

基本信息

CAS 登录号	10311-84-9		分子量	393. 0020
分子式	$C_{14}H_{17}ClNO_4PS_2$		离子化模式	电子轰击电离 （EI）

质谱图

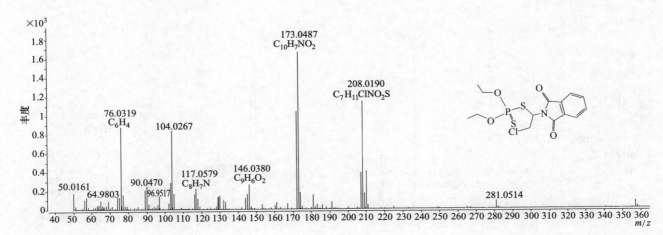

Diallate（燕麦敌）

基本信息

CAS 登录号	2303-16-4	分子量	269. 0403
分子式	$C_{10}H_{17}Cl_2NOS$	离子化模式	电子轰击电离 （EI）

质谱图

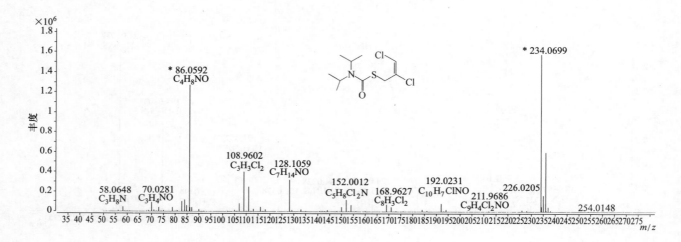

diazinon oxygen analog（二嗪磷氧同系物）

基本信息

CAS 登录号	962-58-3	分子量	288. 1234
分子式	$C_{12}H_{21}N_2O_4P$	离子化模式	电子轰击电离 （EI）

质谱图

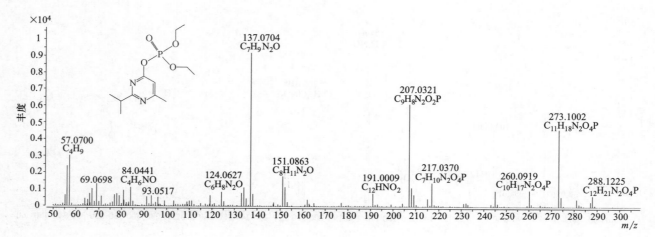

4，4'-Dibromobenzophenone（4，4'-二溴二苯甲酮）

CAS 登录号	3988-03-2		分子量	337.8936
分子式	$C_{13}H_8Br_2O$		离子化模式	电子轰击电离 （EI）

质谱图

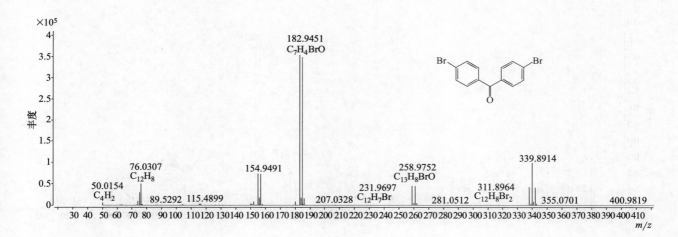

Dibutyl succinate（驱虫特）

基本信息

CAS 登录号	141-03-7		分子量	230.1513
分子式	$C_{12}H_{22}O_4$		离子化模式	电子轰击电离 （EI）

质谱图

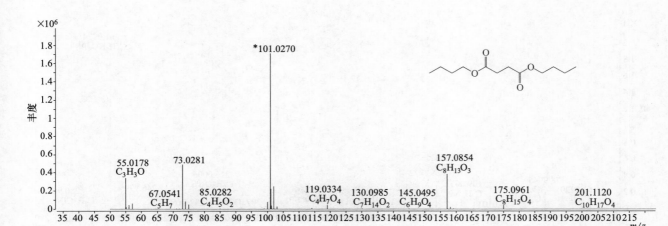

Dicamba（麦草畏）

基本信息

CAS 登录号	1918-00-9	分子量	219. 9689
分子式	$C_8H_6Cl_2O_3$	离子化模式	电子轰击电离 （EI）

质谱图

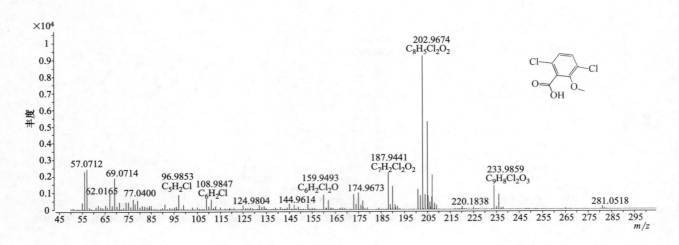

Dicapthon（异氯磷）

基本信息

CAS 登录号	2463-84-5	分子量	296. 9623
分子式	$C_8H_9ClNO_5PS$	离子化模式	电子轰击电离 （EI）

质谱图

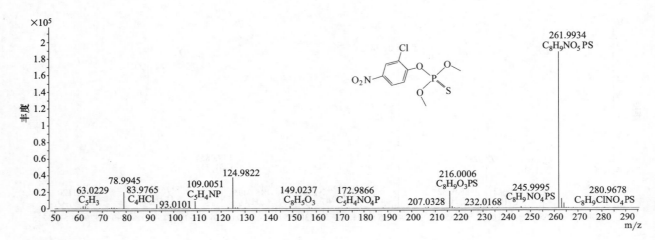

Dichlobenil（敌草腈）

基本信息

CAS 登录号	1194-65-6		分子量	170. 9638
分子式	C₇H₃Cl₂N		离子化模式	电子轰击电离 （EI）

质谱图

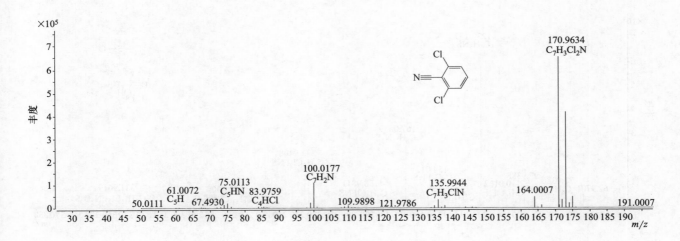

Dichlofenthion（除线磷）

基本信息

CAS 登录号	97-17-6		分子量	313. 9695
分子式	C₁₀H₁₃Cl₂O₃PS		离子化模式	电子轰击电离 （EI）

质谱图

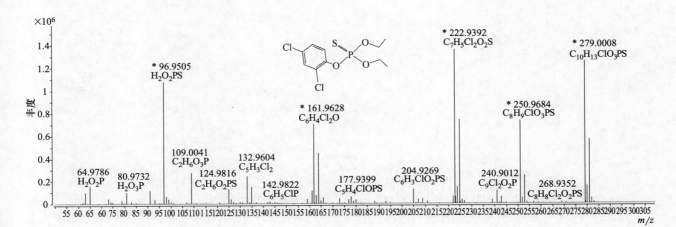

Dichlofluanid（抑菌灵）

基本信息

CAS 登录号	1085-98-9		分子量	331. 9618
分子式	$C_9H_{11}Cl_2FN_2O_2S_2$		离子化模式	电子轰击电离 （EI）

质谱图

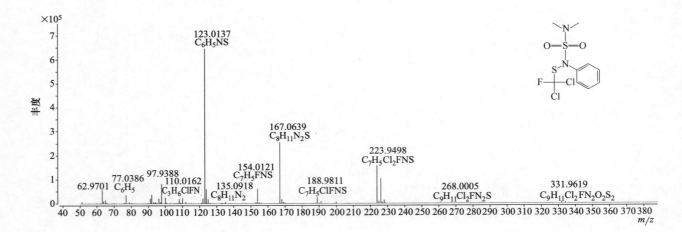

Dichlone（2，3-二氯-1，4-萘醌）

基本信息

CAS 登录号	117-80-6		分子量	225. 9583
分子式	$C_{10}H_4Cl_2O_2$		离子化模式	电子轰击电离 （EI）

质谱图

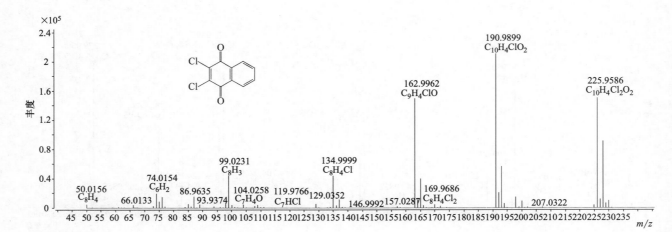

84

Dichloran（氯硝胺）

基本信息

CAS 登录号	99-30-9	分子量	205.9645
分子式	$C_6H_4Cl_2N_2O_2$	离子化模式	电子轰击电离 （EI）

质谱图

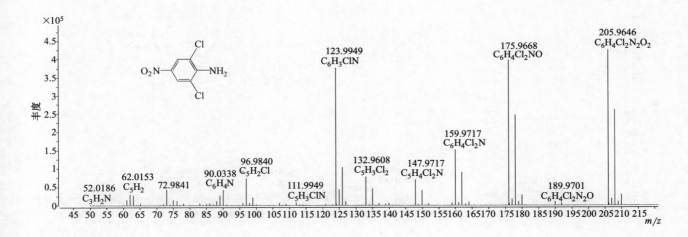

Dichlormid（烯丙酰草胺）

基本信息

CAS 登录号	37764-25-3	分子量	207.0213
分子式	$C_8H_{11}Cl_2NO$	离子化模式	电子轰击电离 （EI）

质谱图

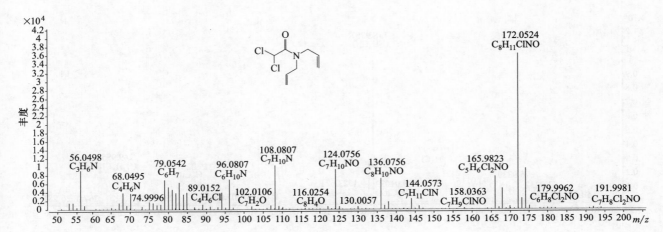

3，5-Dichloroaniline（3，5-二氯苯胺）

CAS 登录号	626-43-7		分子量	160.9794
分子式	$C_6H_5Cl_2N$		离子化模式	电子轰击电离 （EI）

质谱图

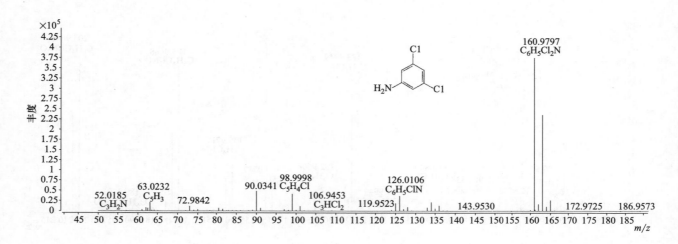

4，4'-Dichlorobenzophenone（4，4'-二氯二苯甲酮）

基本信息

CAS 登录号	90-98-2		分子量	249.9947
分子式	$C_{13}H_8Cl_2O$		离子化模式	电子轰击电离 （EI）

质谱图

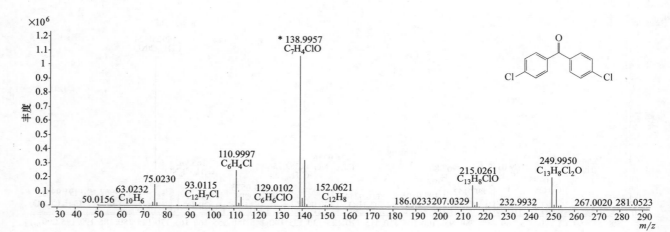

Dichlorprop（2，4-滴丙酸）

基本信息

CAS 登录号	120-36-5		分子量	233. 9846
分子式	$C_9H_8Cl_2O_3$		离子化模式	电子轰击电离 （EI）

质谱图

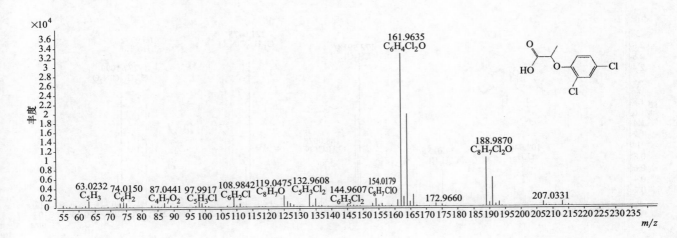

Dichlorvos（敌敌畏）

基本信息

CAS 登录号	62-73-7		分子量	219. 9454
分子式	$C_4H_7Cl_2O_4P$		离子化模式	电子轰击电离 （EI）

质谱图

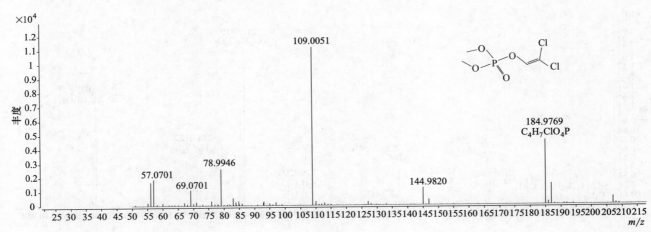

Diclocymet（双氯氰菌胺）

基本信息

CAS 登录号	139920-32-4		分子量	312.0791
分子式	$C_{15}H_{18}Cl_2N_2O$		离子化模式	电子轰击电离 （EI）

质谱图

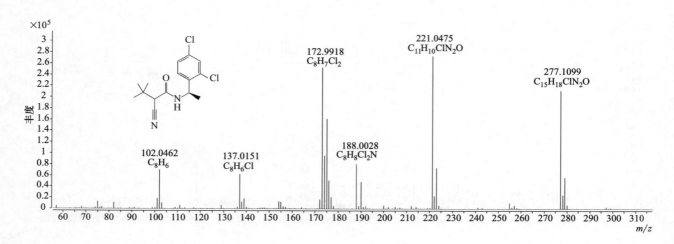

Diclofop-methyl（禾草灵）

基本信息

CAS 登录号	51338-27-3		分子量	340.0264
分子式	$C_{16}H_{14}Cl_2O_4$		离子化模式	电子轰击电离 （EI）

质谱图

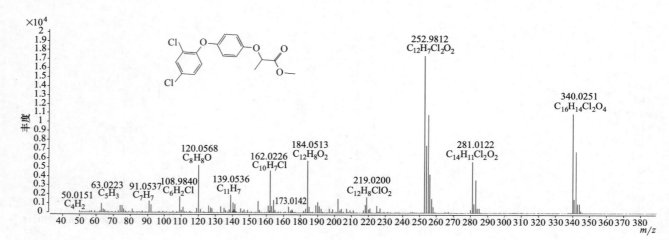

Dicofol（三氯杀螨醇）

基本信息

CAS 登录号	115-32-2	分子量	367.9091
分子式	$C_{14}H_9Cl_5O$	离子化模式	电子轰击电离（EI）

质谱图

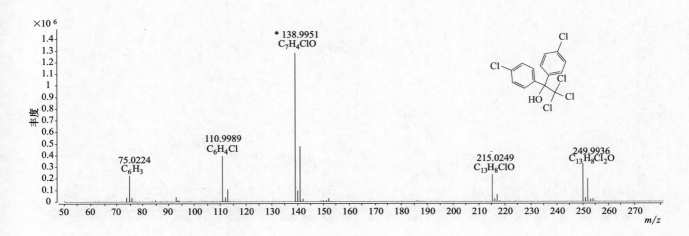

Dieldrin（狄氏剂）

基本信息

CAS 登录号	60-57-1	分子量	377.8701
分子式	$C_{12}H_8Cl_6O$	离子化模式	电子轰击电离（EI）

质谱图

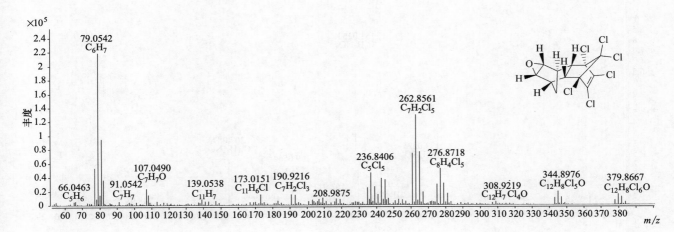

Diethatyl-ethyl（乙酰甲草胺）

基本信息

CAS 登录号	38727-55-8		分子量	311. 1283
分子式	C₁₆H₂₂ClNO₃		离子化模式	电子轰击电离 （EI）

质谱图

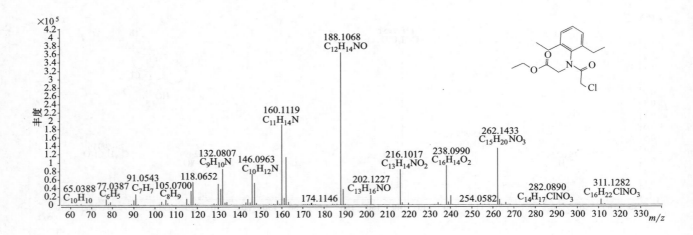

Diethofencarb（乙霉威）

基本信息

CAS 登录号	87130-20-9		分子量	267. 14705
分子式	C₁₄H₂₁NO₄		离子化模式	电子轰击电离 （EI）

质谱图

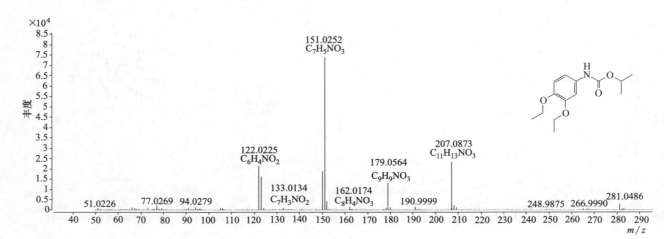

Diethyltoluamide（避蚊胺）

CAS 登录号	134-62-3	分子量	191. 1305
分子式	$C_{12}H_{17}NO$	离子化模式	电子轰击电离 （EI）

质谱图

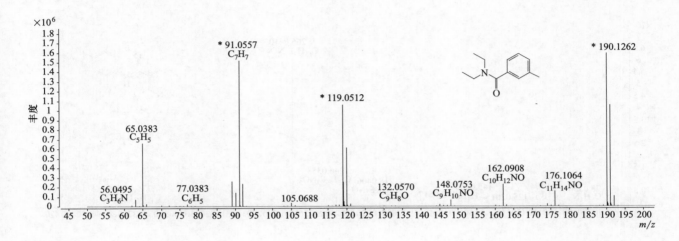

Difenoxuron（枯莠隆）

CAS 登录号	14214-32-5	分子量	286. 1312
分子式	$C_{16}H_{18}N_2O_3$	离子化模式	电子轰击电离 （EI）

质谱图

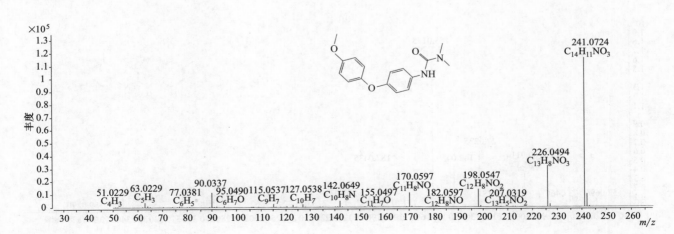

Diflufenican（吡氟酰草胺）

基本信息

CAS 登录号	83164-33-4		分子量	394.0736
分子式	$C_{19}H_{11}F_5N_2O_2$		离子化模式	电子轰击电离 （EI）

质谱图

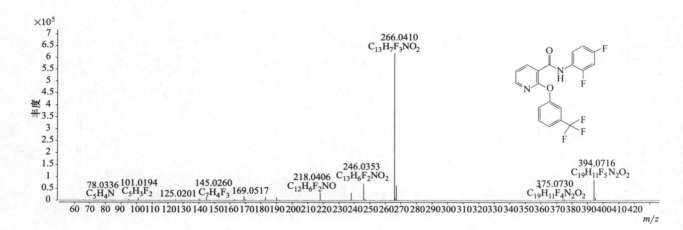

Diflufenzopyr sodium salt（氟吡草腙钠盐）

基本信息

CAS 登录号	109293-98-3		分子量	356.0695
分子式	$C_{15}H_{11}F_2N_4NaO_3$		离子化模式	电子轰击电离 （EI）

质谱图

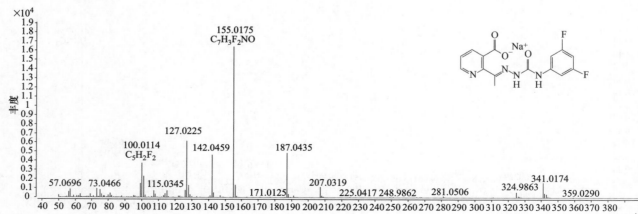

Dimethachlor（二甲草胺）

基本信息

CAS 登录号	50563-36-5	分子量	255.1021
分子式	$C_{13}H_{18}ClNO_2$	离子化模式	电子轰击电离 （EI）

质谱图

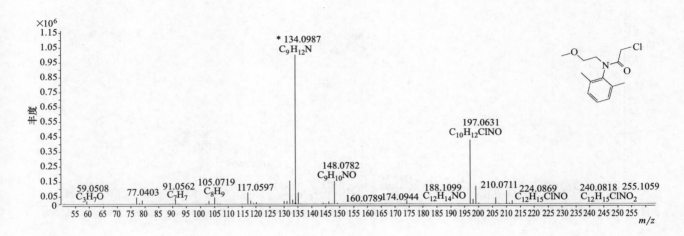

Dimethametryn（异戊乙净）

基本信息

CAS 登录号	22936-75-0	分子量	255.1513
分子式	$C_{11}H_{21}N_5S$	离子化模式	电子轰击电离 （EI）

质谱图

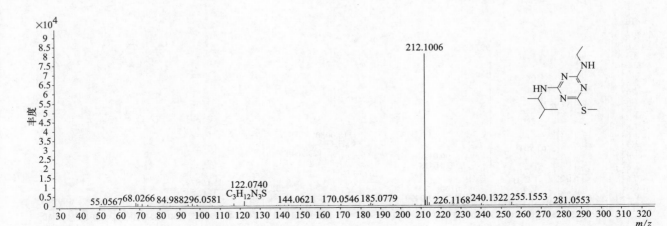

Dimethenamid（二甲吩草胺）

基本信息

CAS 登录号	87674-68-8	分子量	275.0742
分子式	$C_{12}H_{18}ClNO_2S$	离子化模式	电子轰击电离 （EI）

质谱图

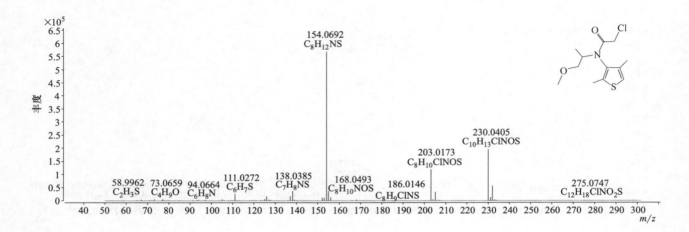

Dimethipin（噻节因）

基本信息

CAS 登录号	55290-64-7	分子量	210.0016
分子式	$C_6H_{10}O_4S_2$	离子化模式	电子轰击电离 （EI）

质谱图

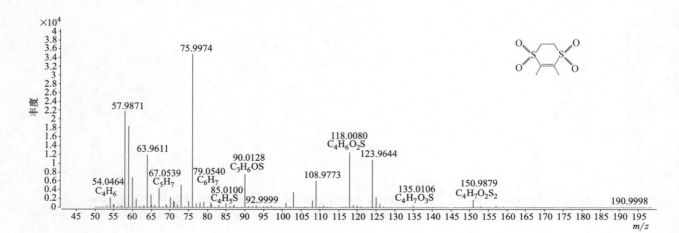

Dimethoate（乐果）

基本信息

CAS 登录号	60-51-5	分子量	228.9991
分子式	$C_5H_{12}NO_3PS_2$	离子化模式	电子轰击电离 （EI）

质谱图

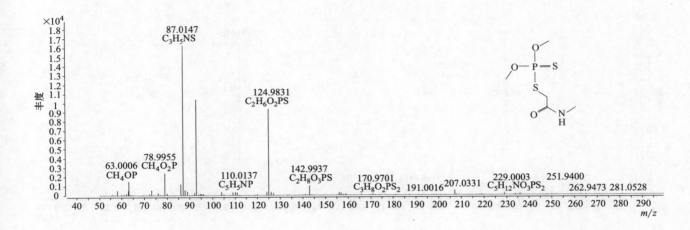

Dimethyl phthalate（避蚊酯）

基本信息

CAS 登录号	131-11-3	分子量	194.0574
分子式	$C_{10}H_{10}O_4$	离子化模式	电子轰击电离 （EI）

质谱图

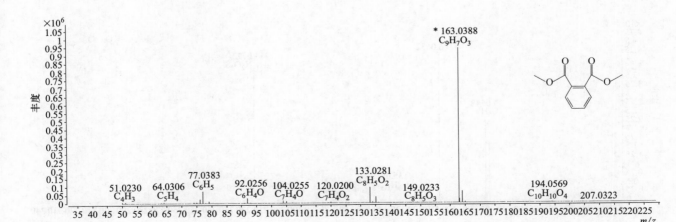

N，N-Dimethylaminosulfanilide；DMSA

基本信息

CAS 登录号	4710-17-2	分子量	200. 0620
分子式	$C_8H_{12}N_2O_2S$	离子化模式	电子轰击电离 （EI）

质谱图

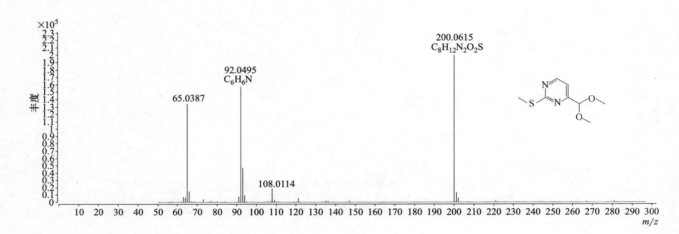

Dimethylaminosulfotoluidide；DMST（N，N-二甲基氨基-N-甲苯）

基本信息

CAS 登录号	66840-71-9	分子量	214. 0771
分子式	$C_9H_{14}N_2O_2S$	离子化模式	电子轰击电离 （EI）

质谱图

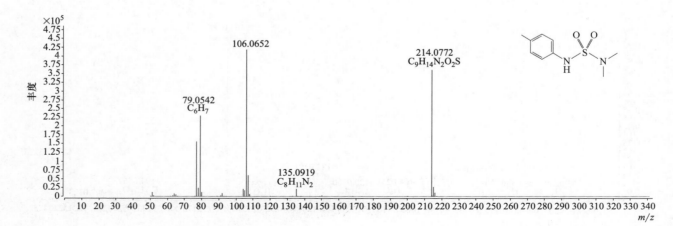

Diniconazole（烯唑醇）

基本信息

CAS 登录号	76714-88-0	分子量	325.0744
分子式	$C_{15}H_{17}Cl_2N_3O$	离子化模式	电子轰击电离（EI）

质谱图

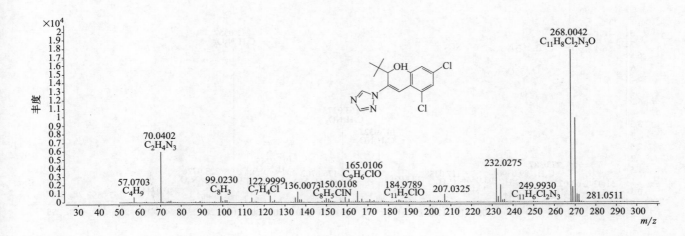

Dinitramine（氨氟灵）

基本信息

CAS 登录号	29091-05-2	分子量	322.0884
分子式	$C_{11}H_{13}F_3N_4O_4$	离子化模式	电子轰击电离（EI）

质谱图

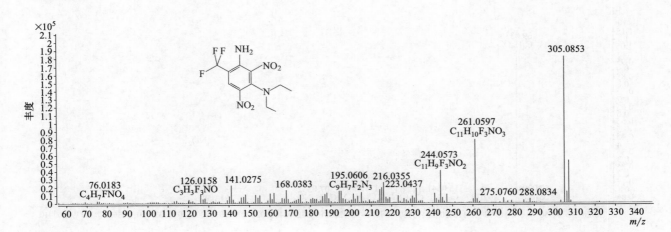

Dinobuton（敌螨通）

基本信息

CAS 登录号	973-21-7	分子量	326. 1109
分子式	$C_{14}H_{18}N_2O_7$	离子化模式	电子轰击电离 （EI）

质谱图

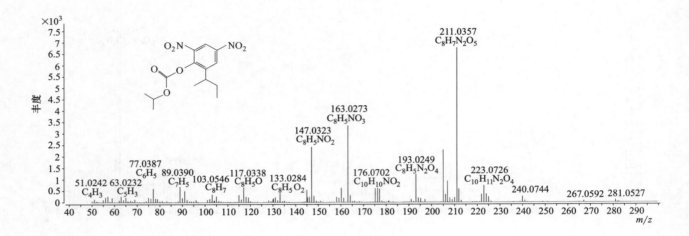

Dinocap technical mixture of isomers（敌螨普）

基本信息

CAS 登录号	39300-45-3	分子量	364. 1629
分子式	$C_{18}H_{24}N_2O_6$	离子化模式	电子轰击电离 （EI）

质谱图

Dinoseb（地乐酚）

基本信息

CAS 登录号	88-85-7		分子量	240.0741
分子式	$C_{10}H_{12}N_2O_5$		离子化模式	电子轰击电离（EI）

质谱图

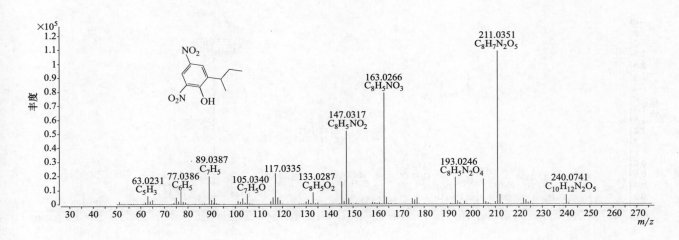

Dinoseb acetate（地乐酯）

基本信息

CAS 登录号	2813-95-8		分子量	282.0847
分子式	$C_{12}H_{14}N_2O_6$		离子化模式	电子轰击电离（EI）

质谱图

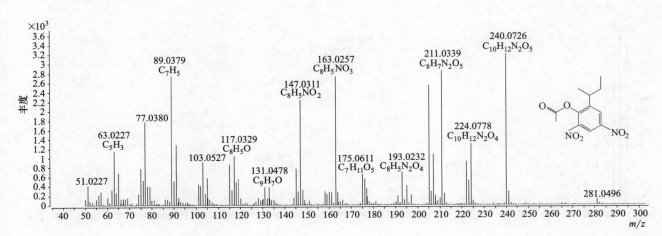

99

Dinoterb（草消酚）

基本信息

CAS 登录号	1420-07-1		分子量	240.0741
分子式	$C_{10}H_{12}N_2O_5$		离子化模式	电子轰击电离 （EI）

质谱图

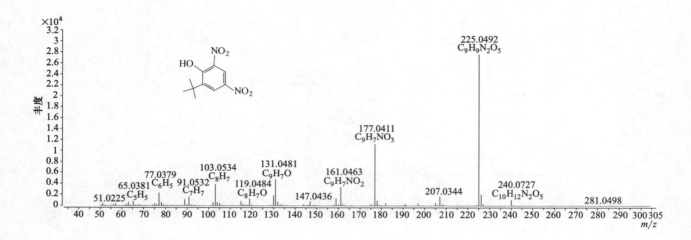

Diofenolan（二苯丙醚）

基本信息

CAS 登录号	63837-33-2		分子量	300.1357
分子式	$C_{18}H_{20}O_4$		离子化模式	电子轰击电离 （EI）

质谱图

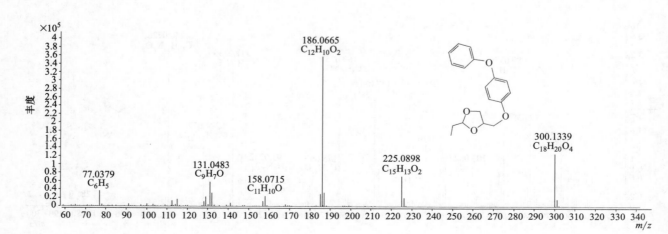

Dioxabenzofos（蔬果磷）

基本信息

CAS 登录号	3811-49-2	分子量	216.0005
分子式	C₈H₉O₃PS	离子化模式	电子轰击电离 （EI）

质谱图

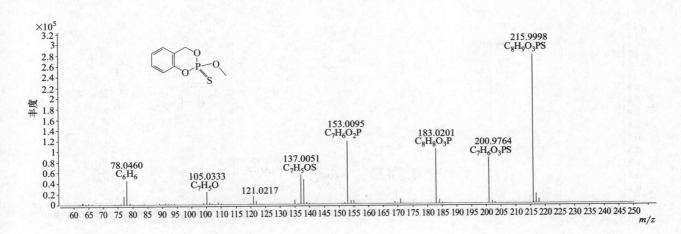

Dioxacarb（二氧威）

基本信息

CAS 登录号	6988-21-2	分子量	223.0840
分子式	C₁₁H₁₃NO₄	离子化模式	电子轰击电离 （EI）

质谱图

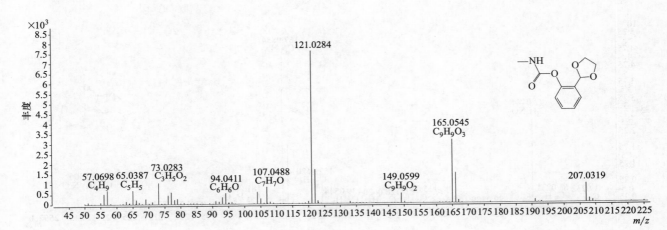

Dioxathion（敌恶磷）

CAS 登录号	78-34-2	分子量	456.0083
分子式	$C_{12}H_{26}O_6P_2S_4$	离子化模式	电子轰击电离 （EI）

质谱图

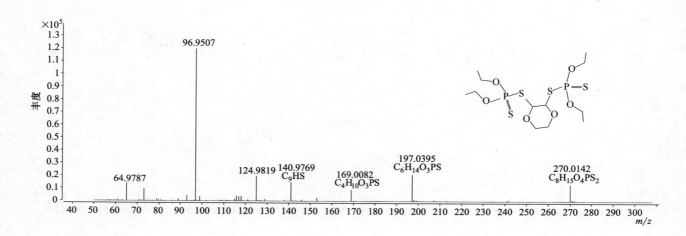

Diphenamid（双苯酰草胺）

基本信息

CAS 登录号	957-51-7	分子量	239.1305
分子式	$C_{16}H_{17}NO$	离子化模式	电子轰击电离 （EI）

质谱图

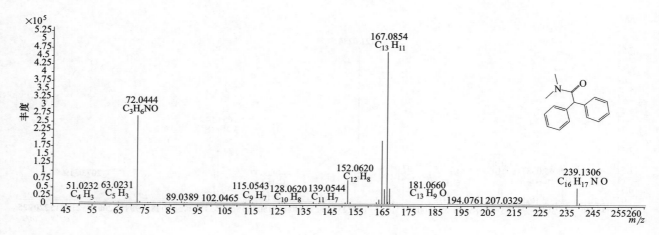

Diphenylamine（二苯胺）

基本信息

CAS 登录号	122-39-4		**分子量**	169. 0886
分子式	C₁₂H₁₁N		**离子化模式**	电子轰击电离（EI）

质谱图

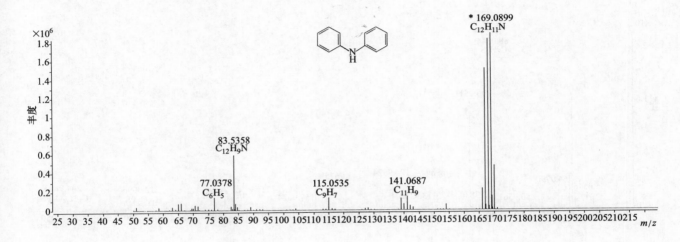

Dipropetryn（异丙净）

基本信息

CAS 登录号	4147-51-7		**分子量**	255. 1513
分子式	C₁₁H₂₁N₅S		**离子化模式**	电子轰击电离（EI）

质谱图

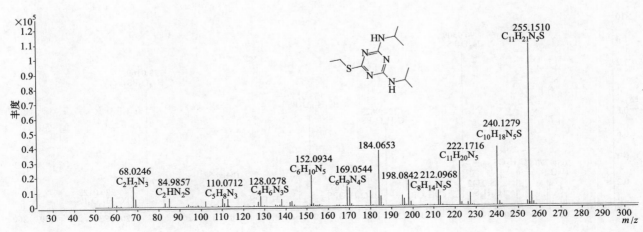

Disulfoton（乙拌磷）

CAS 登录号	298-04-4	分子量	274. 0280
分子式	$C_8H_{19}O_2PS_3$	离子化模式	电子轰击电离 （EI）

质谱图

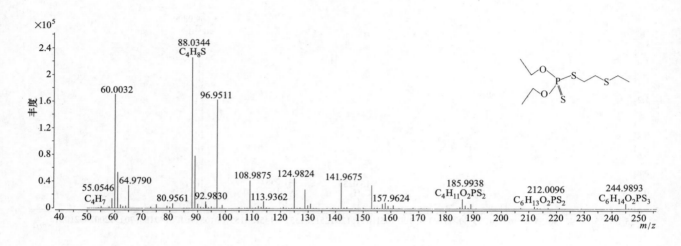

Disulfoton sulfone（乙拌磷砜）

CAS 登录号	2497-06-5	分子量	306. 0178
分子式	$C_8H_{19}O_4PS_3$	离子化模式	电子轰击电离 （EI）

质谱图

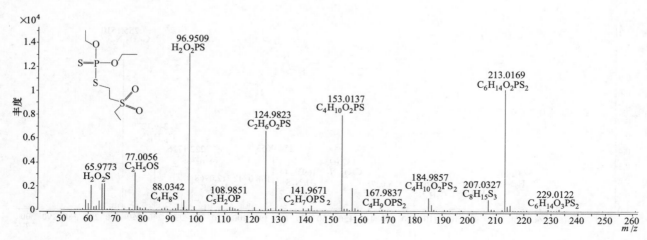

Disulfoton sulfoxide（砜拌磷）

基本信息

CAS 登录号	2497-07-6	分子量	290. 0229
分子式	$C_8H_{19}O_3PS_3$	离子化模式	电子轰击电离 （EI）

质谱图

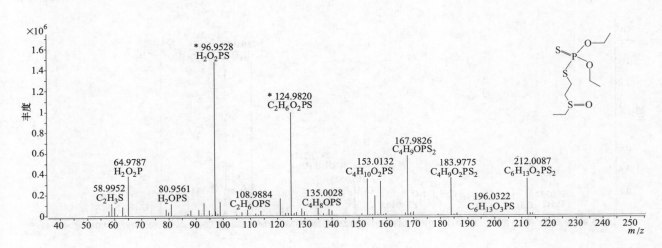

Ditalimfos（灭菌磷）

基本信息

CAS 登录号	5131-24-8	分子量	299. 0376
分子式	$C_{12}H_{14}NO_4PS$	离子化模式	电子轰击电离 （EI）

质谱图

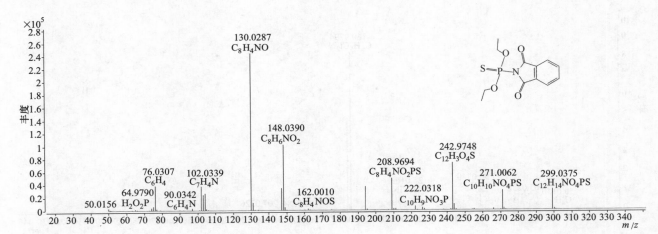

Dithiopyr（氟硫草定）

CAS 登录号	97886-45-8	分子量	401. 0538
分子式	$C_{15}H_{16}F_5NO_2S_2$	离子化模式	电子轰击电离（EI）

质谱图

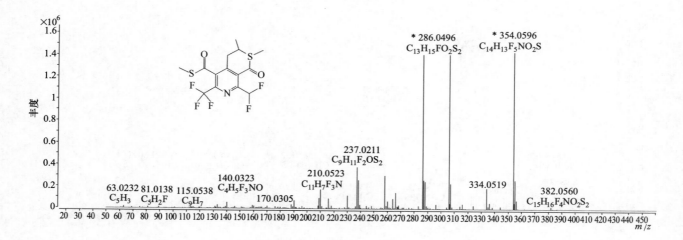

Diuron（敌草隆）

基本信息

CAS 登录号	330-54-1	分子量	232. 0165
分子式	$C_9H_{10}Cl_2N_2O$	离子化模式	电子轰击电离（EI）

质谱图

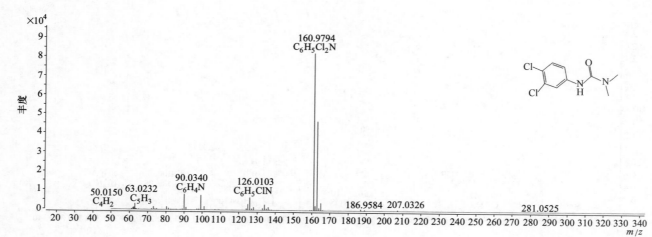

DMSA（2，3-二巯基丁二酸）

基本信息

CAS 登录号	304-55-2		分子量	181. 9703
分子式	$C_4H_6O_4S_2$		离子化模式	电子轰击电离（EI）

质谱图

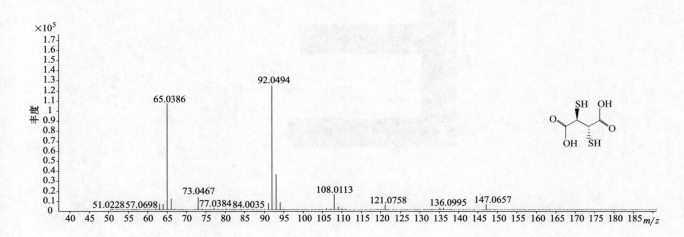

Dodemorph（十二环吗啉）

基本信息

CAS 登录号	1593-77-7		分子量	281. 2712
分子式	$C_{18}H_{35}NO$		离子化模式	电子轰击电离（EI）

质谱图

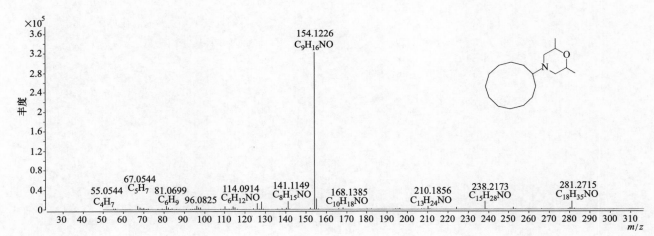

E

Edifenphos（敌瘟磷）

基本信息

CAS 登录号	17109-49-8	分子量	310.0246
分子式	$C_{14}H_{15}O_2PS_2$	离子化模式	电子轰击电离（EI）

质谱图

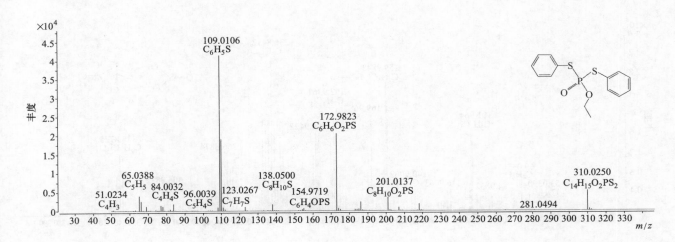

Endosulfan sulfate（硫丹硫酸酯）

基本信息

CAS 登录号	1031-07-8	分子量	419.8113
分子式	$C_9H_6Cl_6O_4S$	离子化模式	电子轰击电离（EI）

质谱图

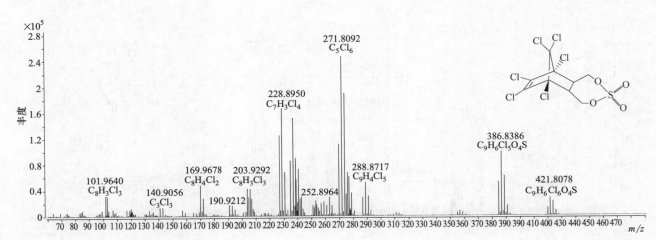

α，β-Endosulfan（硫丹）

基本信息

CAS 登录号	115-29-7	分子量	403.8164
分子式	$C_9H_6Cl_6O_3S$	离子化模式	电子轰击电离 （EI）

质谱图

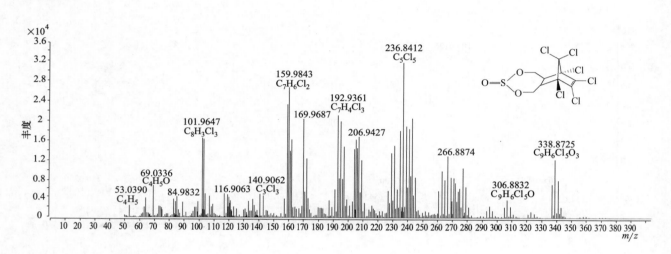

β-Endosulfan（β-硫丹）

基本信息

CAS 登录号	33213-65-9	分子量	403.8164
分子式	$C_9H_6Cl_6O_3S$	离子化模式	电子轰击电离 （EI）

质谱图

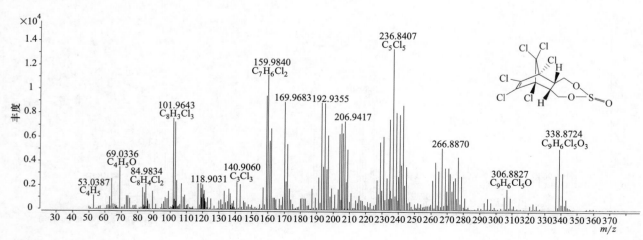

Endrin（异狄氏剂）

CAS 登录号	72-20-8	分子量	377. 8701
分子式	$C_{12}H_8Cl_6O$	离子化模式	电子轰击电离 （EI）

质谱图

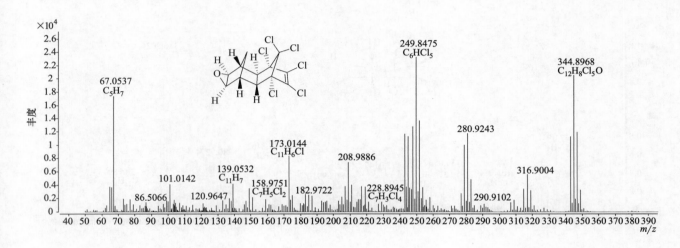

Endrin aldehyde（异狄氏剂醛）

基本信息

CAS 登录号	7421-93-4	分子量	377. 8701
分子式	$C_{12}H_8Cl_6O$	离子化模式	电子轰击电离 （EI）

质谱图

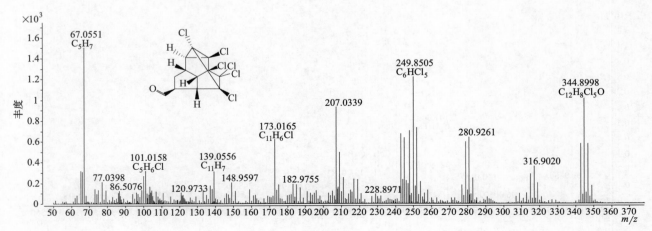

Endrin ketone（异狄氏剂酮）

基本信息

CAS 登录号	53494-70-5	分子量	343.9091
分子式	$C_{12}H_9Cl_5O$	离子化模式	电子轰击电离 （EI）

质谱图

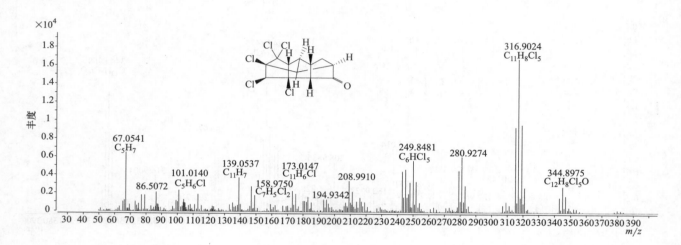

EPN（苯硫磷）

基本信息

CAS 登录号	2104-64-5	分子量	323.0377
分子式	$C_{14}H_{14}NO_4PS$	离子化模式	电子轰击电离 （EI）

质谱图

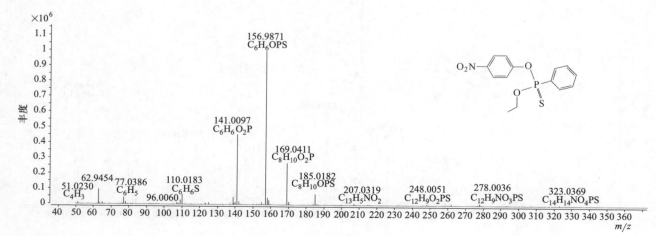

EPTC（扑草灭）

CAS 登录号	759-94-4	分子量	189.1182
分子式	$C_9H_{19}NOS$	离子化模式	电子轰击电离（EI）

质谱图

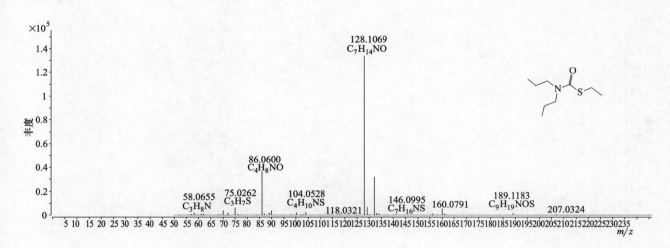

Esfenvalerate（高氰戊菊酯）

基本信息

CAS 登录号	66230-04-4	分子量	419.1283
分子式	$C_{25}H_{22}ClNO_3$	离子化模式	电子轰击电离（EI）

质谱图

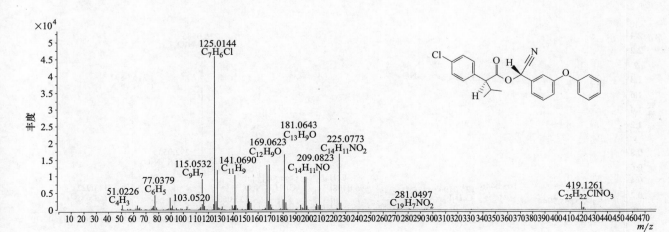

Esprocarb（禾草畏）

基本信息

CAS 登录号	85785-20-2		分子量	265.4185
分子式	C₁₅H₂₃NOS		离子化模式	电子轰击电离（EI）

质谱图

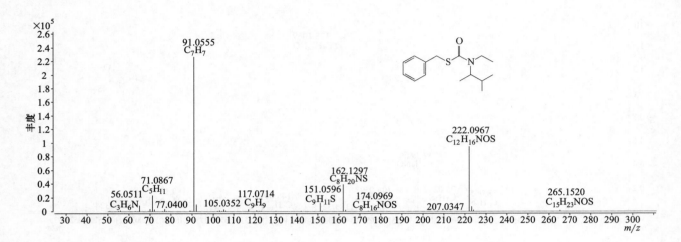

Ethalfluralin（丁烯氟灵）

基本信息

CAS 登录号	55283-68-6		分子量	333.0931
分子式	C₁₃H₁₄F₃N₃O₄		离子化模式	电子轰击电离（EI）

质谱图

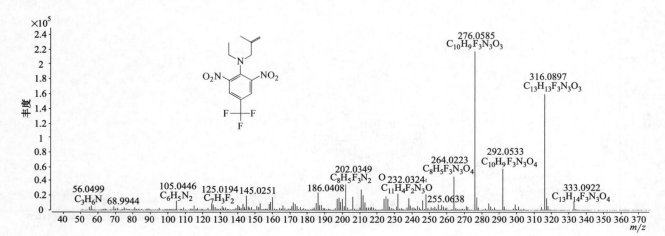

Ethion（乙硫磷）

基本信息

CAS 登录号	563-12-2	分子量	383.9871
分子式	C₉H₂₂O₄P₂S₄	离子化模式	电子轰击电离 （EI）

质谱图

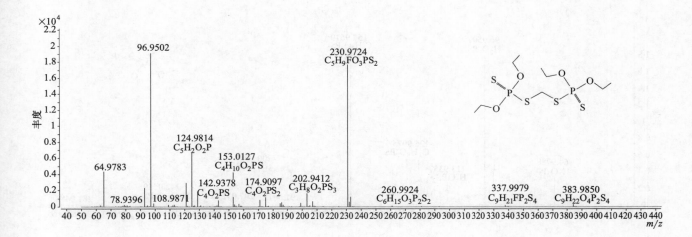

Ethofumesate（乙氧呋草黄）

基本信息

CAS 登录号	26225-79-6	分子量	286.0870
分子式	C₁₃H₁₈O₅S	离子化模式	电子轰击电离 （EI）

质谱图

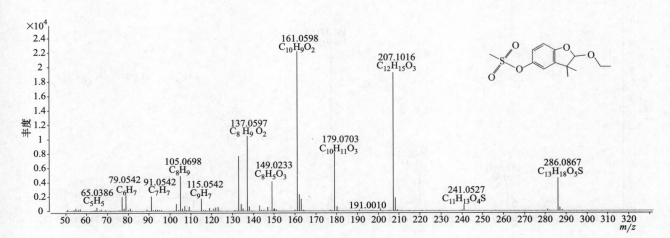

Ethoprophos（灭线磷）

基本信息

CAS 登录号	13194-48-4		分子量	242. 0559
分子式	$C_8H_{19}O_2PS_2$		离子化模式	电子轰击电离 （EI）

质谱图

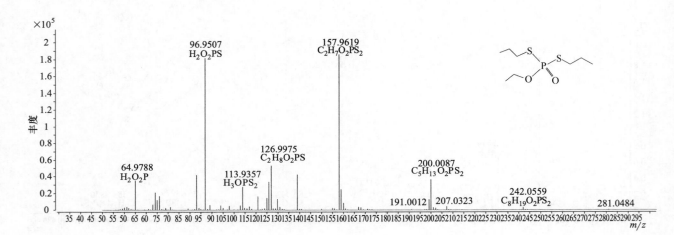

Etofenprox（醚菊酯）

基本信息

CAS 登录号	80844-07-1		分子量	376. 2033
分子式	$C_{25}H_{28}O_3$		离子化模式	电子轰击电离 （EI）

质谱图

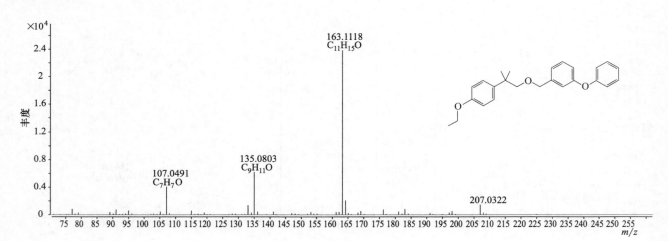

Etridiazole（土菌灵）

基本信息

CAS 登录号	2593-15-9	分子量	245.9183
分子式	$C_5H_5Cl_3N_2OS$	离子化模式	电子轰击电离 （EI）

质谱图

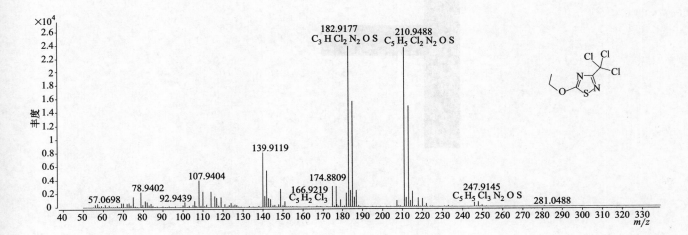

>>>>> F

Famphur（伐灭磷）

基本信息

CAS 登录号	52-85-7	分子量	325. 0203
分子式	$C_{10}H_{16}NO_5PS_2$	离子化模式	电子轰击电离 （EI）

质谱图

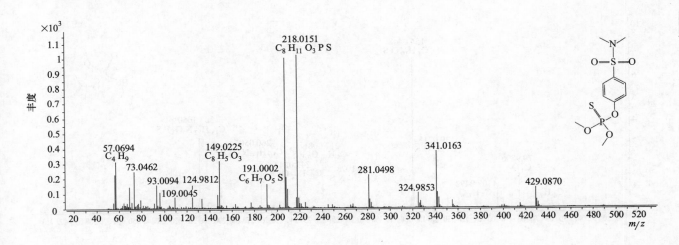

Fenamidone（咪唑菌酮）

基本信息

CAS 登录号	161326-34-7	分子量	311. 1087
分子式	$C_{17}H_{17}N_3OS$	离子化模式	电子轰击电离 （EI）

质谱图

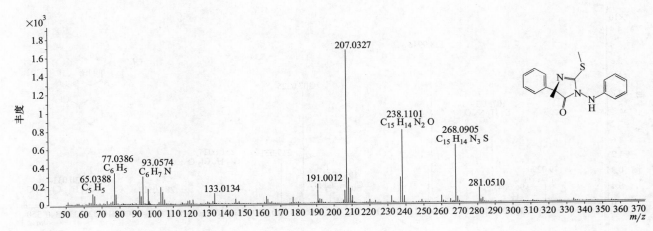

Fenamiphos（苯线磷）

基本信息

CAS 登录号	22224-92-6		分子量	303.1053
分子式	$C_{13}H_{22}NO_3PS$		离子化模式	电子轰击电离（EI）

质谱图

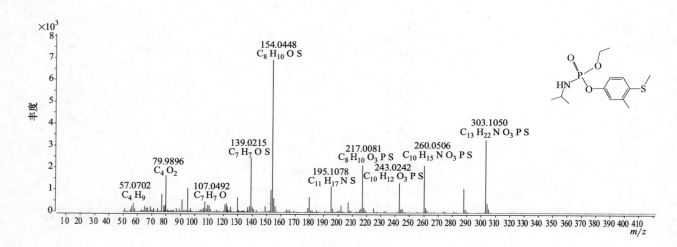

Fenarimol（氯苯嘧啶醇）

基本信息

CAS 登录号	60168-88-9		分子量	330.0322
分子式	$C_{17}H_{12}Cl_2N_2O$		离子化模式	电子轰击电离（EI）

质谱图

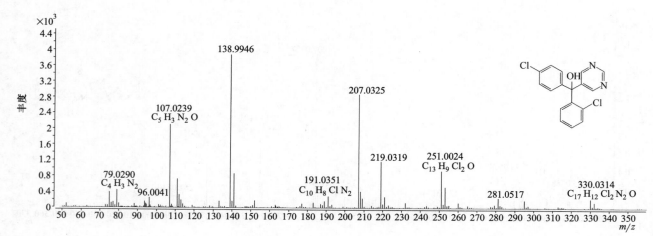

Fenazaflor（抗螨唑）

CAS 登录号	14255-88-0	分子量	373.9832
分子式	$C_{15}H_7Cl_2F_3N_2O_2$	离子化模式	电子轰击电离 （EI）

质谱图

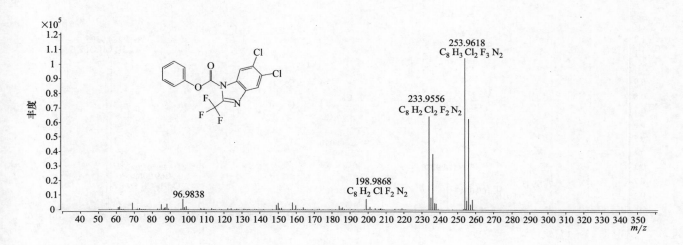

Fenazaquin（喹螨醚）

基本信息

CAS 登录号	120928-09-8	分子量	306.1727
分子式	$C_{20}H_{22}N_2O$	离子化模式	电子轰击电离 （EI）

质谱图

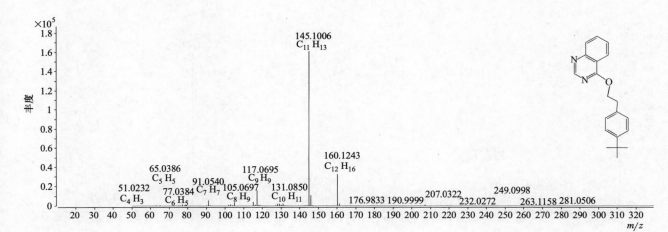

121

Fenchlorphos（皮蝇磷）

基本信息

CAS 登录号	299-84-3		分子量	319. 8992
分子式	$C_8H_8Cl_3O_3PS$		离子化模式	电子轰击电离 （EI）

质谱图

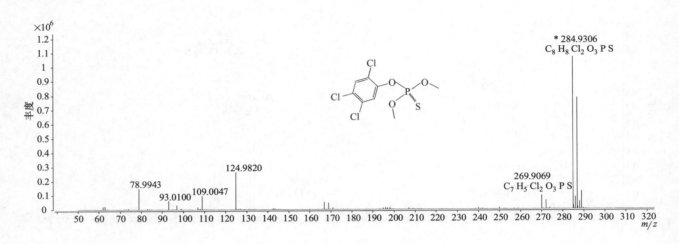

Fenchlorphos oxon（氧皮蝇磷）

基本信息

CAS 登录号	3983-45-7		分子量	303. 9221
分子式	$C_8H_8Cl_3O_4P$		离子化模式	电子轰击电离 （EI）

质谱图

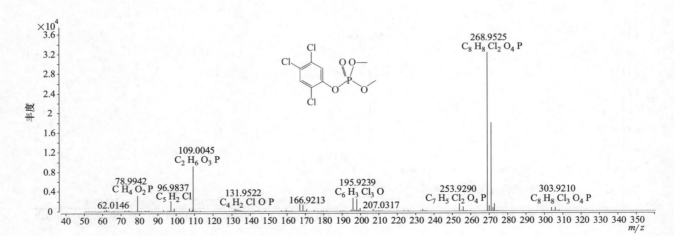

Fenfuram（甲呋酰胺）

基本信息

CAS 登录号	24691-80-3	分子量	201. 0785
分子式	$C_{12}H_{11}NO_2$	离子化模式	电子轰击电离 （EI）

质谱图

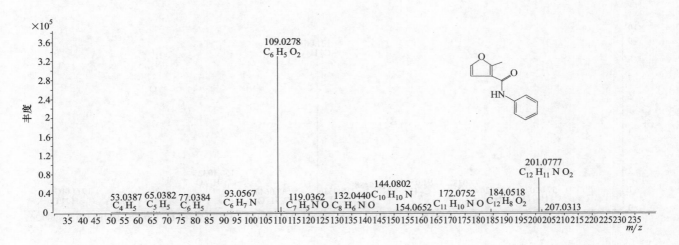

Fenitrothion（杀螟硫磷）

基本信息

CAS 登录号	122-14-5	分子量	277. 0168
分子式	$C_9H_{12}NO_5PS$	离子化模式	电子轰击电离 （EI）

质谱图

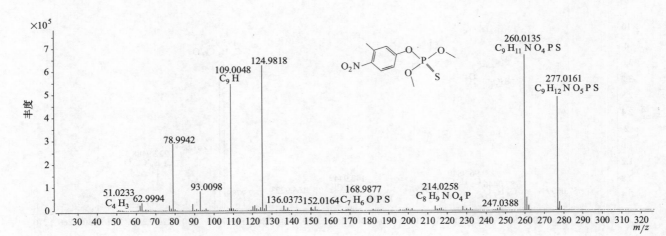

Fenobucarb（仲丁威）

基本信息

CAS 登录号	3766-81-2	分子量	207. 1254
分子式	$C_{12}H_{17}NO_2$	离子化模式	电子轰击电离（EI）

质谱图

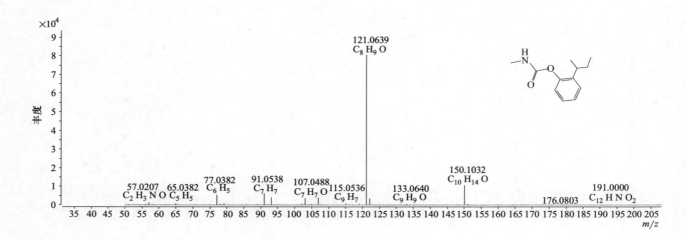

Fenoprop（2，4，5-涕丙酸）

基本信息

CAS 登录号	93-72-1	分子量	267. 9456
分子式	$C_9H_7Cl_3O_3$	离子化模式	电子轰击电离（EI）

质谱图

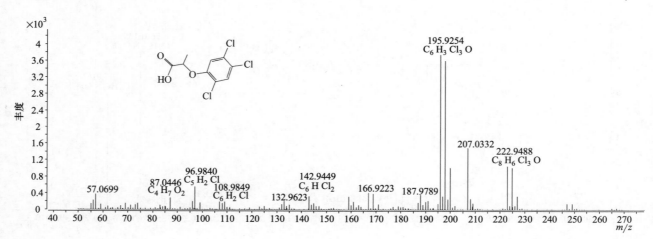

Fenothicarb（精恶唑禾草灵）

基本信息

CAS 登录号	62850-32-2	分子量	253.1131
分子式	C$_{13}$H$_{19}$NO$_2$S	离子化模式	电子轰击电离 （EI）

质谱图

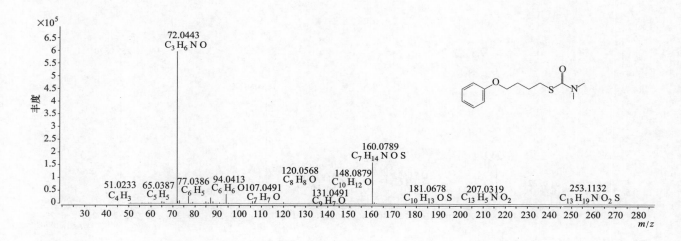

Fenoxaprop-ethyl（噁唑禾草灵）

基本信息

CAS 登录号	82110-72-3	分子量	361.0712
分子式	C$_{18}$H$_{16}$ClNO$_5$	离子化模式	电子轰击电离 （EI）

质谱图

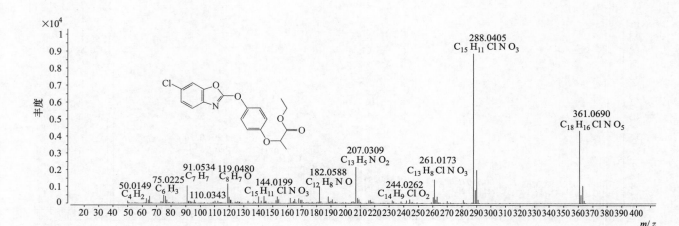

Fenoxycarb（苯氧威）

基本信息

CAS 登录号	79127-80-3	分子量	301.1309
分子式	$C_{17}H_{19}NO_4$	离子化模式	电子轰击电离 （EI）

质谱图

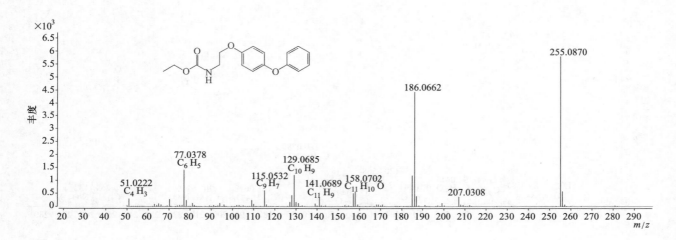

Fenpiclonil（拌种咯）

基本信息

CAS 登录号	74738-17-3	分子量	235.9903
分子式	$C_{11}H_6Cl_2N_2$	离子化模式	电子轰击电离 （EI）

质谱图

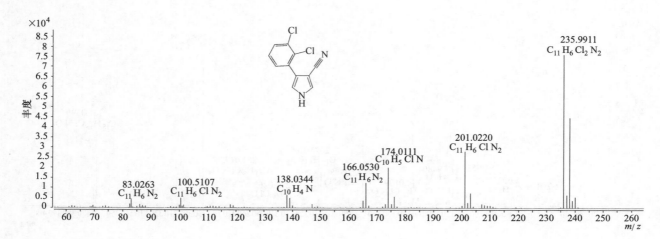

Fenpropathrin（甲氰菊酯）

基本信息

CAS 登录号	39515-41-8	分子量	349.1673
分子式	$C_{22}H_{23}NO_3$	离子化模式	电子轰击电离（EI）

质谱图

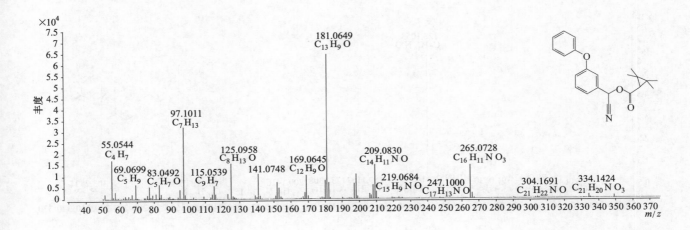

Fenpropidin（苯锈啶）

基本信息

CAS 登录号	67306-00-7	分子量	273.2452
分子式	$C_{19}H_{31}N$	离子化模式	电子轰击电离（EI）

质谱图

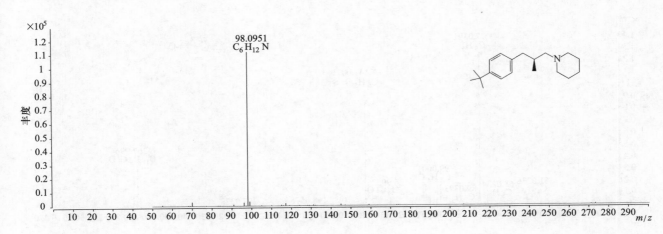

Fenpropimorph（丁苯吗啉）

CAS 登录号	67306-03-0	分子量	303. 2557
分子式	$C_{20}H_{33}NO$	离子化模式	电子轰击电离 （EI）

质谱图

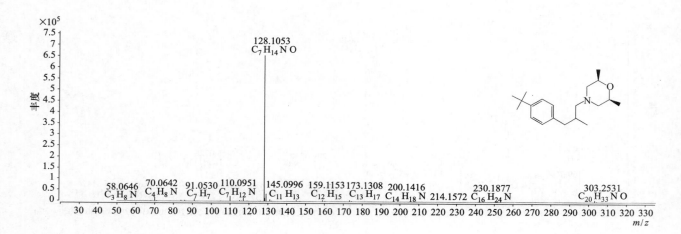

Fenson（除螨酯）

基本信息

CAS 登录号	80-38-6	分子量	267. 9956
分子式	$C_{12}H_9ClO_3S$	离子化模式	电子轰击电离 （EI）

质谱图

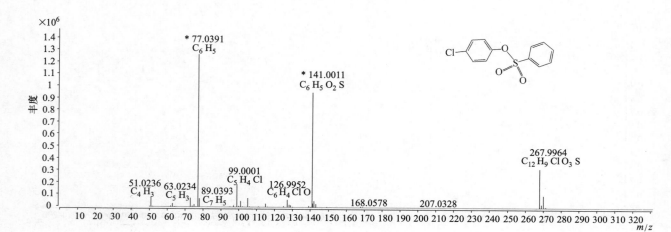

Fensulfothion（丰索磷）

基本信息

CAS 登录号	115-90-2	分子量	308.0300
分子式	$C_{11}H_{17}O_4PS_2$	离子化模式	电子轰击电离 （EI）

质谱图

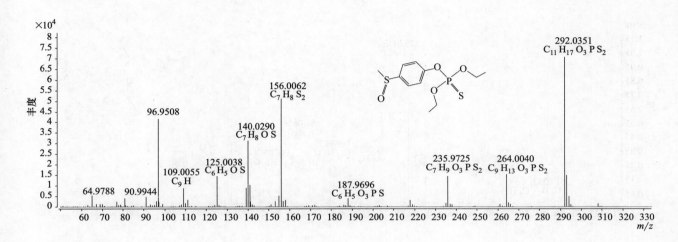

Fenthion（倍硫磷）

基本信息

CAS 登录号	55-38-9	分子量	278.0195
分子式	$C_{10}H_{15}O_3PS_2$	离子化模式	电子轰击电离 （EI）

质谱图

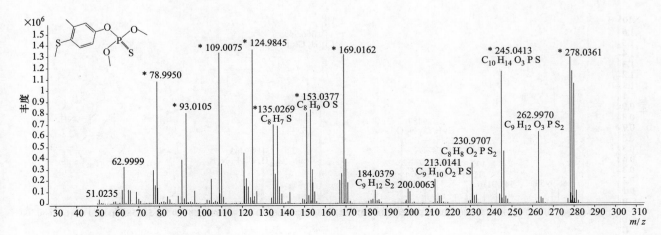

Fenvalerate（氰戊菊酯）

CAS 登录号	51630-58-1		分子量	419.1283
分子式	$C_{25}H_{22}ClNO_3$		离子化模式	电子轰击电离 （EI）

质谱图

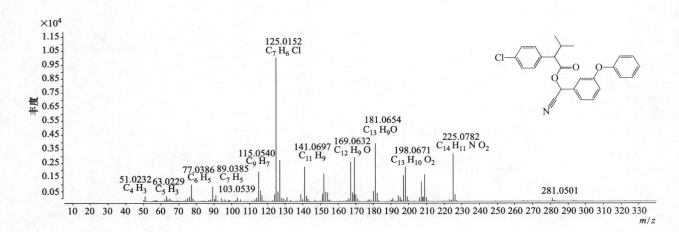

Fipronil（氟虫腈）

基本信息

CAS 登录号	120068-37-3		分子量	435.9382
分子式	$C_{12}H_4Cl_2F_6N_4OS$		离子化模式	电子轰击电离 （EI）

质谱图

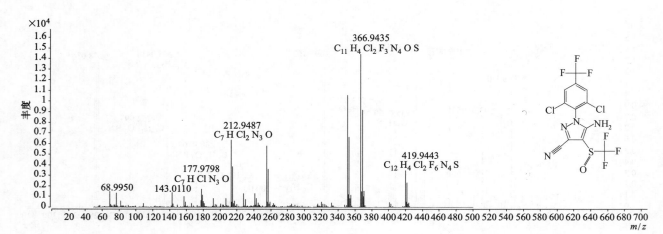

Flamprop-isopropyl（麦草氟异丙酯）

CAS 登录号	52756-22-6		分子量	363. 1033
分子式	C$_{19}$H$_{19}$ClFNO$_3$		离子化模式	电子轰击电离 （EI）

质谱图

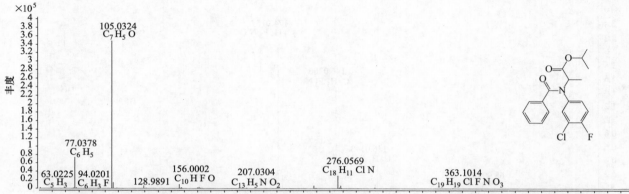

Flamprop-methyl（麦草氟甲酯）

基本信息

CAS 登录号	57973-66-7		分子量	335. 0720
分子式	C$_{17}$H$_{15}$ClFNO$_3$		离子化模式	电子轰击电离 （EI）

质谱图

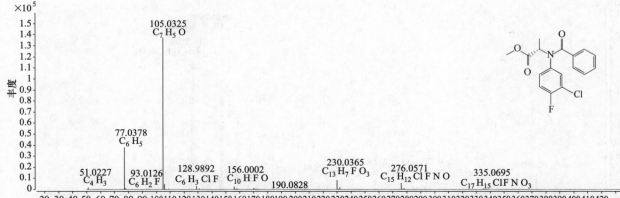

Flonicamid（氟啶虫酰胺）

基本信息

CAS 登录号	158062-67-0	分子量	229.0458
分子式	$C_9H_6F_3N_3O$	离子化模式	电子轰击电离 （EI）

质谱图

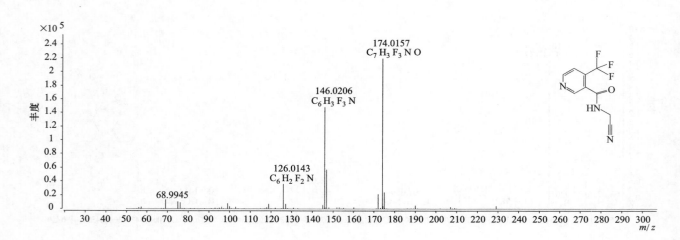

Fluazinam（氟啶胺）

基本信息

CAS 登录号	79622-59-6	分子量	463.9509
分子式	$C_{13}H_4Cl_2F_6N_4O_4$	离子化模式	电子轰击电离 （EI）

质谱图

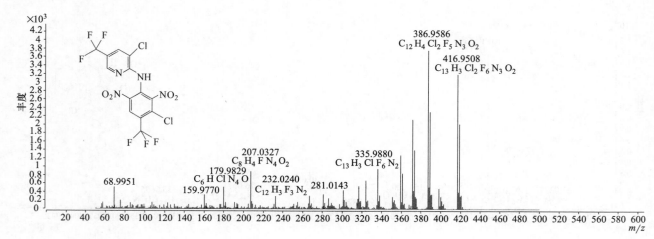

Fluazuron（吡虫隆）

基本信息

CAS 登录号	86811-58-7	分子量	505. 0014
分子式	$C_{20}H_{10}Cl_2F_5N_3O_3$	离子化模式	电子轰击电离（EI）

质谱图

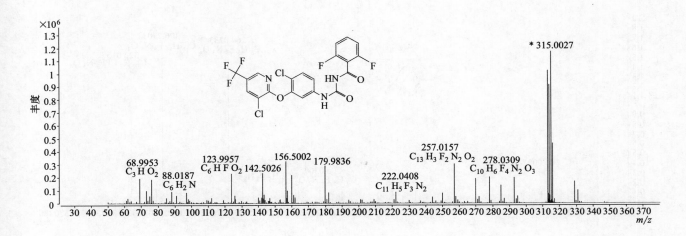

Flubenzimine（嘧唑螨）

基本信息

CAS 登录号	37893-02-0	分子量	416. 0525
分子式	$C_{17}H_{10}F_6N_4S$	离子化模式	电子轰击电离（EI）

质谱图

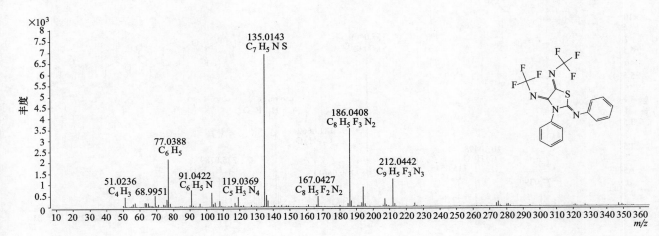

Fluchloralin（氟硝草）

基本信息

CAS 登录号	33245-39-5		分子量	355.0542
分子式	$C_{12}H_{13}ClF_3N_3O_4$		离子化模式	电子轰击电离 （EI）

质谱图

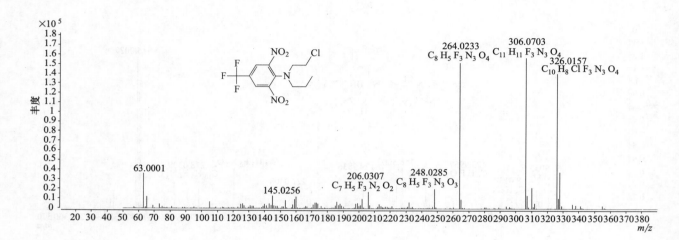

Flucythrinate（氟氰戊菊酯）

基本信息

CAS 登录号	70124-77-5		分子量	451.1590
分子式	$C_{26}H_{23}F_2NO_4$		离子化模式	电子轰击电离 （EI）

质谱图

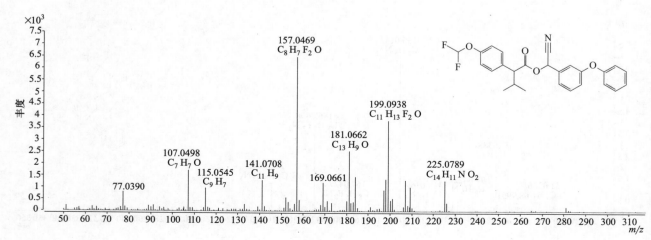

Flufenacet（氟噻草胺）

基本信息

CAS 登录号	142459-58-3	分子量	363.0660
分子式	$C_{14}H_{13}F_4N_3O_2S$	离子化模式	电子轰击电离 （EI）

质谱图

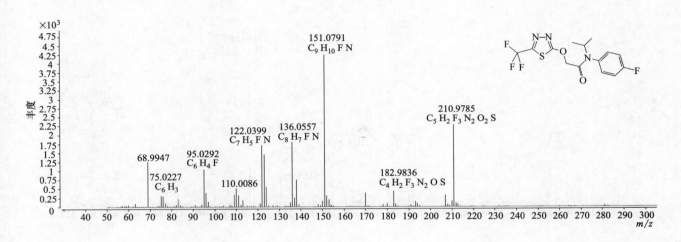

Flumetralin（氟节胺）

基本信息

CAS 登录号	62924-70-3	分子量	421.0447
分子式	$C_{16}H_{12}ClF_4N_3O_4$	离子化模式	电子轰击电离 （EI）

质谱图

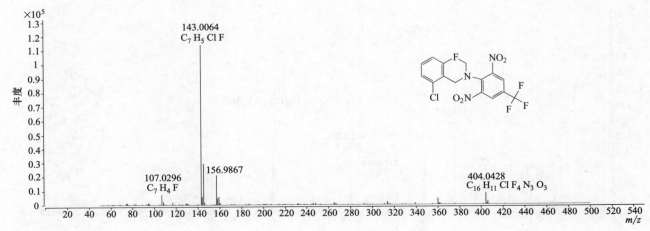

Flumioxazin（丙炔氟草胺）

CAS 登录号	103361-09-7		分子量	354.1011
分子式	$C_{19}H_{15}FN_2O_4$		离子化模式	电子轰击电离 （EI）

质谱图

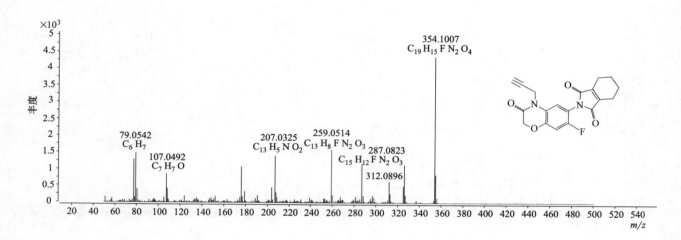

Fluorochloridone（氟咯草酮）

基本信息

CAS 登录号	61213-25-0		分子量	311.0087
分子式	$C_{12}H_{10}Cl_2F_3NO$		离子化模式	电子轰击电离 （EI）

质谱图

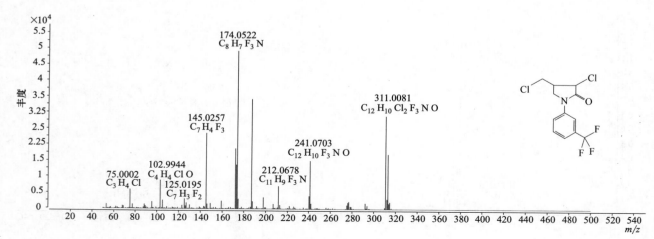

Fluorodifen（消草醚）

基本信息

CAS 登录号	15457-05-3	分子量	328.0302
分子式	$C_{13}H_7F_3N_2O_5$	离子化模式	电子轰击电离（EI）

质谱图

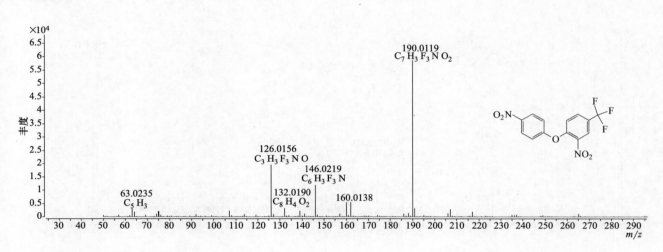

Fluoroglycofen-ethyl（乙羧氟草醚）

基本信息

CAS 登录号	77501-90-7	分子量	447.0328
分子式	$C_{18}H_{13}ClF_3NO_7$	离子化模式	电子轰击电离（EI）

质谱图

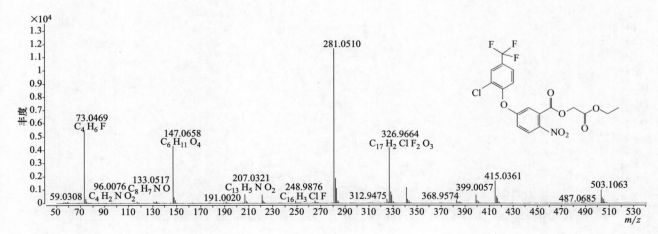

Fluoroimide（唑呋草）

基本信息

CAS 登录号	41205-21-4	分子量	258. 9598
分子式	$C_{10}H_4Cl_2FNO_2$	离子化模式	电子轰击电离 （EI）

质谱图

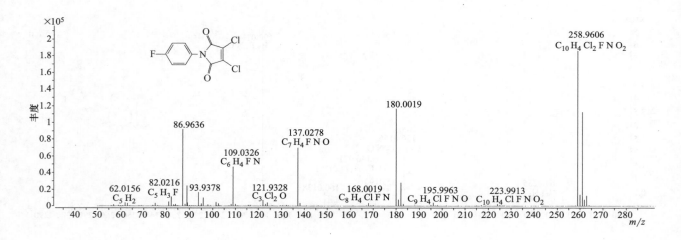

Fluotrimazole（二氟苯唑）

基本信息

CAS 登录号	31251-03-3	分子量	379. 1291
分子式	$C_{22}H_{16}F_3N_3$	离子化模式	电子轰击电离 （EI）

质谱图

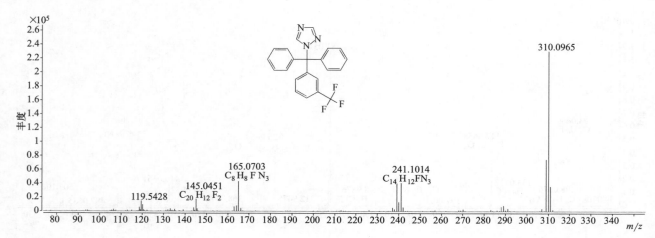

Fluroxypr 1-methylheptyl ester（氟莠吡甲）

CAS 登录号	81406-37-3	分子量	366. 0913
分子式	$C_{15}H_{21}Cl_2FN_2O_3$	离子化模式	电子轰击电离 （EI）

质谱图

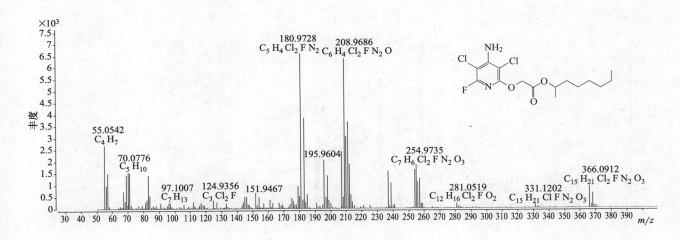

Fluroxypyr（氟草烟）

基本信息

CAS 登录号	69377-81-7	分子量	253. 9656
分子式	$C_7H_5Cl_2FN_2O_3$	离子化模式	电子轰击电离 （EI）

质谱图

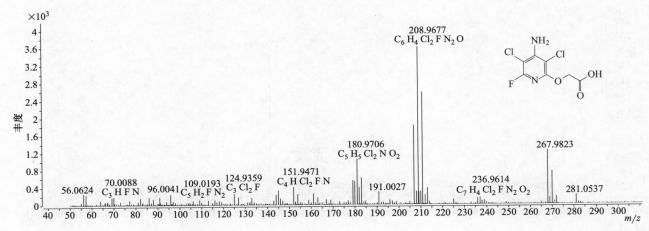

fluroxypyr-meptyl（氟草烟 1-甲基庚基酯）

基本信息

CAS 登录号	81406-37-3	分子量	366.0908
分子式	$C_{15}H_{21}Cl_2FN_2O_3$	离子化模式	电子轰击电离 （EI）

质谱图

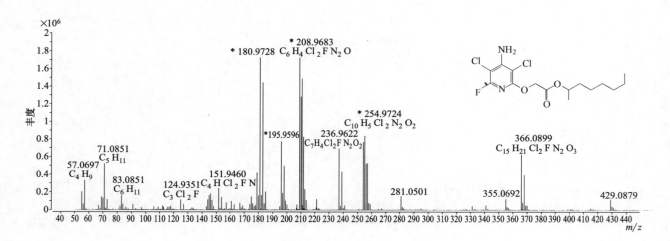

Flusilazole（氟哇唑）

基本信息

CAS 登录号	85509-19-9	分子量	315.0998
分子式	$C_{16}H_{15}F_2N_3Si$	离子化模式	电子轰击电离 （EI）

质谱图

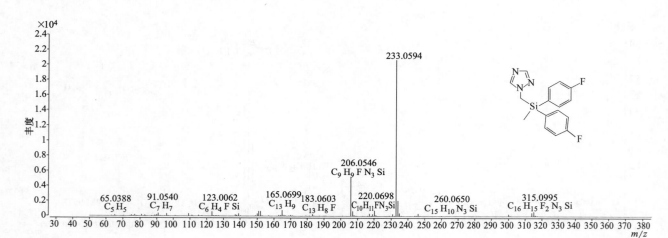

Flutolanil（氟酰胺）

基本信息

CAS 登录号	66332-96-5	分子量	323. 1128
分子式	$C_{17}H_{16}F_3NO_2$	离子化模式	电子轰击电离 （EI）

质谱图

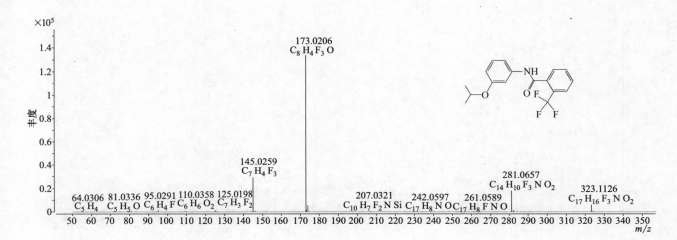

Flutriafol（粉唑醇）

基本信息

CAS 登录号	76674-21-0	分子量	301. 1022
分子式	$C_{16}H_{13}F_2N_3O$	离子化模式	电子轰击电离 （EI）

质谱图

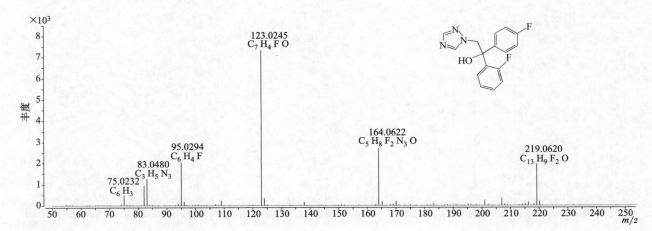

Folpet（灭菌丹）

基本信息

CAS 登录号	133-07-3	分子量	294. 9023
分子式	$C_9H_4Cl_3NO_2S$	离子化模式	电子轰击电离 （EI）

质谱图

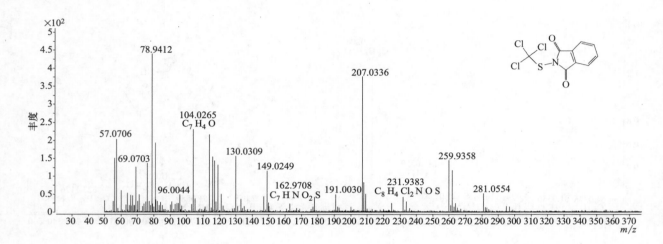

Fonofos（地虫硫磷）

基本信息

CAS 登录号	944-22-9	分子量	246. 0297
分子式	$C_{10}H_{15}OPS_2$	离子化模式	电子轰击电离 （EI）

质谱图

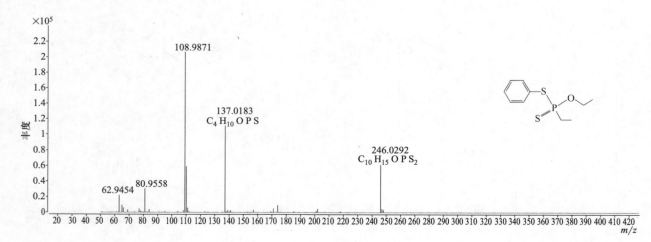

Formothion（安果）

CAS 登录号	2540-82-1	分子量	256.9940
分子式	$C_6H_{12}NO_4PS_2$	离子化模式	电子轰击电离 （EI）

质谱图

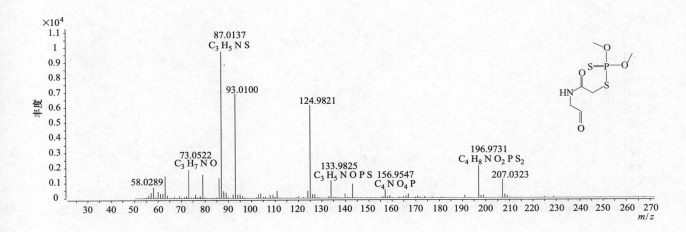

Fosthiazate（噻唑磷）

基本信息

CAS 登录号	98886-44-3	分子量	283.0461
分子式	$C_9H_{18}NO_3PS_2$	离子化模式	电子轰击电离 （EI）

质谱图

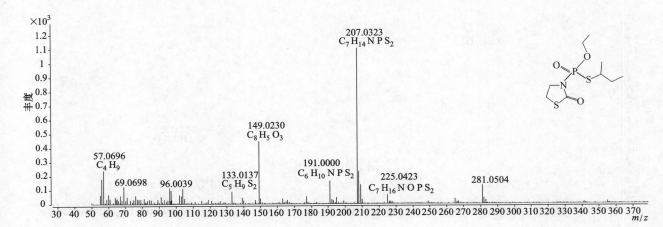

Fuberidazole（麦穗灵）

CAS 登录号	3878-19-1		分子量	184. 0632
分子式	$C_{11}H_8N_2O$		离子化模式	电子轰击电离 （EI）

质谱图

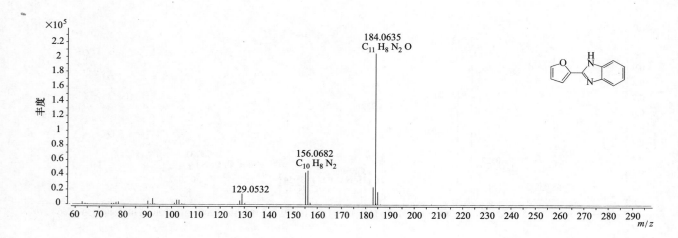

Furalaxyl（呋霜灵）

基本信息

CAS 登录号	57646-30-7		分子量	301. 1309
分子式	$C_{17}H_{19}NO_4$		离子化模式	电子轰击电离 （EI）

质谱图

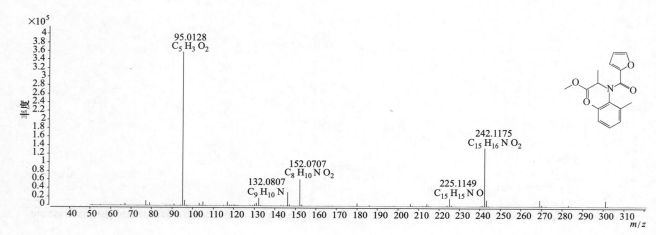

Furathiocarb（呋线威）

基本信息

CAS 登录号	65907-30-4		分子量	382. 1557
分子式	$C_{18}H_{26}N_2O_5S$		离子化模式	电子轰击电离 （EI）

质谱图

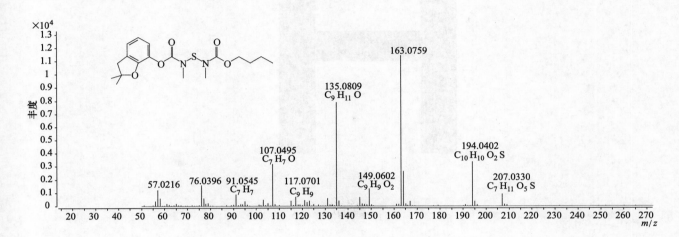

Furmecyclox（拌种胺）

基本信息

CAS 登录号	60568-05-0		分子量	251. 1516
分子式	$C_{14}H_{21}NO_3$		离子化模式	电子轰击电离 （EI）

质谱图

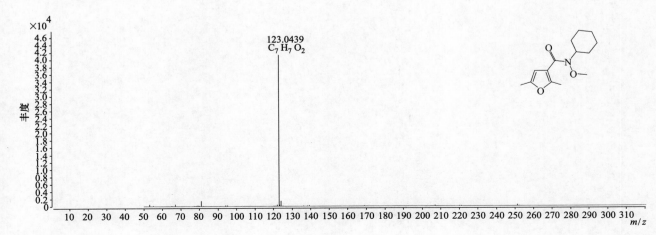

Halfenprox（苄螨醚）

基本信息

CAS 登录号	111872-58-3	分子量	476. 0794
分子式	$C_{24}H_{23}BrF_2O_3$	离子化模式	电子轰击电离 （EI）

质谱图

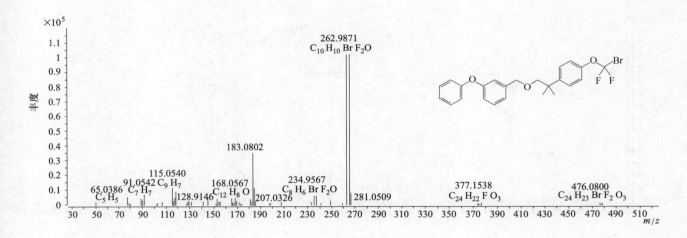

Haloxyfop-2-ethoxyethyl（吡氟甲禾灵）

基本信息

CAS 登录号	87237-48-7	分子量	433. 0899
分子式	$C_{19}H_{19}ClF_3NO_5$	离子化模式	电子轰击电离 （EI）

质谱图

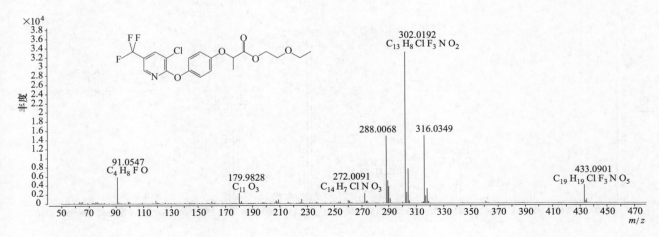

Haloxyfop-methyl（氟吡甲禾灵）

基本信息

CAS 登录号	69806-40-2	分子量	375.0480
分子式	$C_{16}H_{13}ClF_3NO_4$	离子化模式	电子轰击电离 （EI）

质谱图

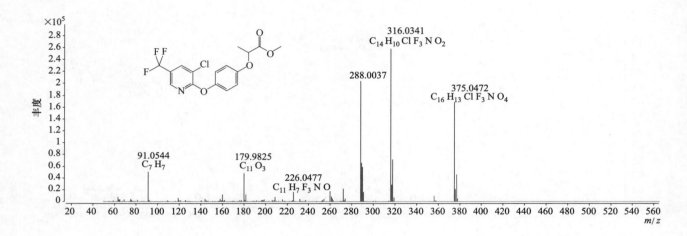

α-HCH（α-六六六）

基本信息

CAS 登录号	319-84-6	分子量	287.8596
分子式	$C_6H_6Cl_6$	离子化模式	电子轰击电离 （EI）

质谱图

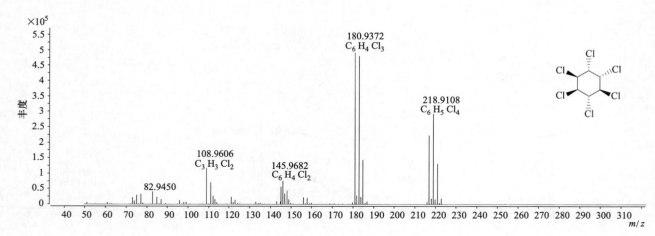

148

β-HCH（β-六六六）

基本信息

CAS 登录号	319-85-7	分子量	287.8596
分子式	C₆H₆Cl₆	离子化模式	电子轰击电离 （EI）

质谱图

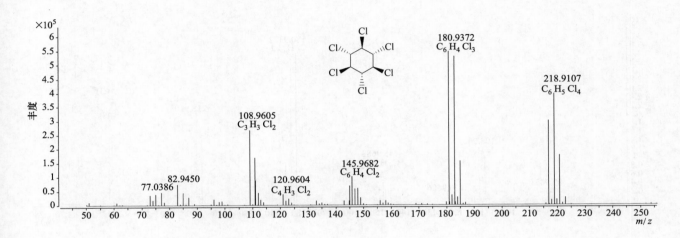

γ-HCH（γ-六六六）

基本信息

CAS 登录号	319-86-8	分子量	287.8596
分子式	C₆H₆Cl₆	离子化模式	电子轰击电离 （EI）

质谱图

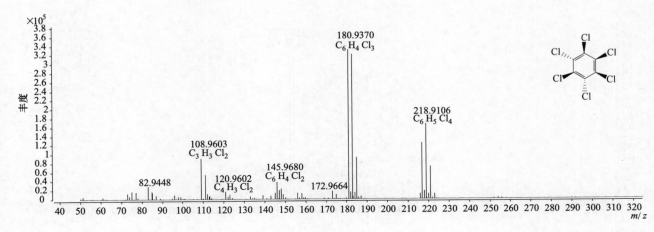

δ-HCH (δ-六六六)

基本信息

CAS 登录号	319-86-8	分子量	287. 8596
分子式	C$_6$H$_6$Cl$_6$	离子化模式	电子轰击电离 （EI）

质谱图

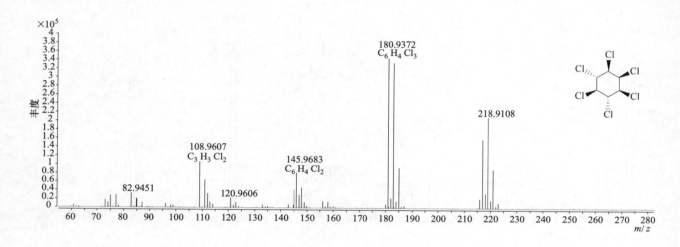

ε-HCH (ε-六六六)

基本信息

CAS 登录号	6108-10-7	分子量	287. 8596
分子式	C$_6$H$_6$Cl$_6$	离子化模式	电子轰击电离 （EI）

质谱图

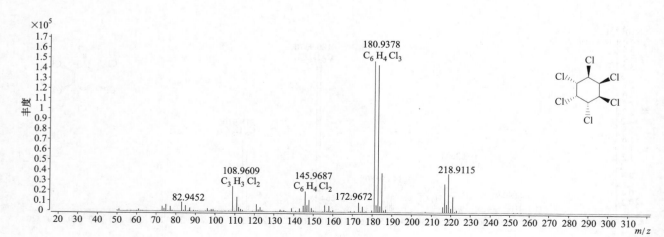

150

Heptachlor（七氯）

CAS 登录号	76-44-8	分子量	369.8206
分子式	$C_{10}H_5Cl_7$	离子化模式	电子轰击电离（EI）

质谱图

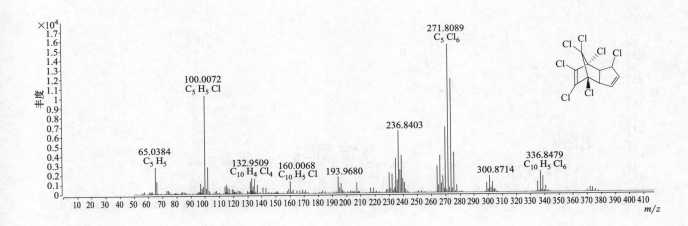

Heptachlor epoxide，endo（内环氧七氯）

基本信息

CAS 登录号	28044-83-9	分子量	385.8155
分子式	$C_{10}H_5Cl_7O$	离子化模式	电子轰击电离（EI）

质谱图

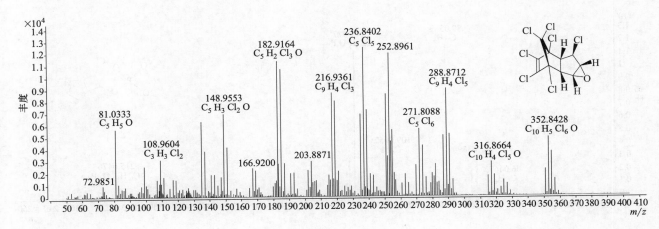

Heptachlor epoxide，exo（外环氧七氯）

基本信息

CAS 登录号	28044-83-9		分子量	385. 8155
分子式	$C_{10}H_5Cl_7O$		离子化模式	电子轰击电离 （EI）

质谱图

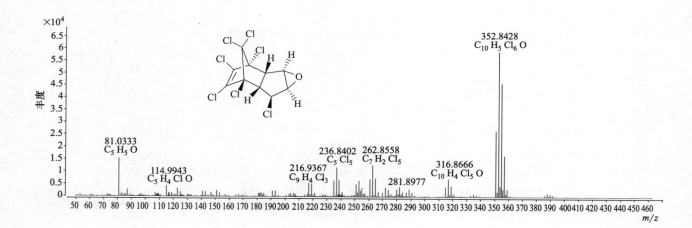

Heptenophos（庚烯磷）

基本信息

CAS 登录号	23560-59-0		分子量	250. 0156
分子式	$C_9H_{12}ClO_4P$		离子化模式	电子轰击电离 （EI）

质谱图

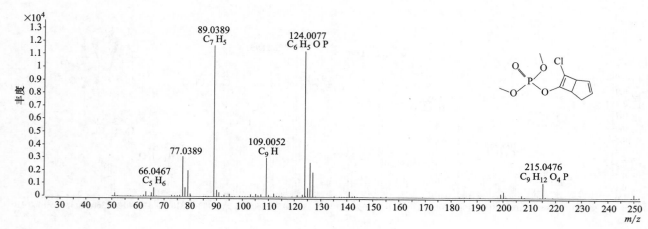

Hexachlorophene（六氯芬）

基本信息

CAS 登录号	70-30-4	分子量	403.8494
分子式	$C_{13}H_6Cl_6O_2$	离子化模式	电子轰击电离（EI）

质谱图

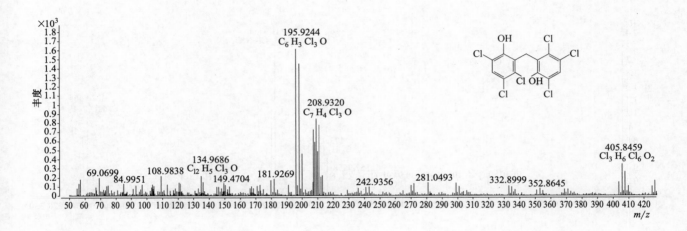

Hexaconazole（己唑醇）

基本信息

CAS 登录号	79983-71-4	分子量	313.0744
分子式	$C_{14}H_{17}Cl_2N_3O$	离子化模式	电子轰击电离（EI）

质谱图

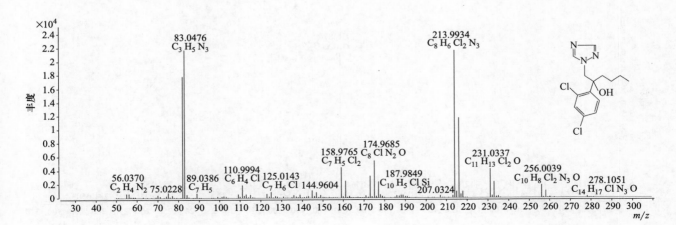

Hexaflumuron（六伏隆）

基本信息

CAS 登录号	86479-06-3		分子量	459. 9811
分子式	$C_{16} H_8 Cl_2 F_6 N_2 O_3$		离子化模式	电子轰击电离 （EI）

质谱图

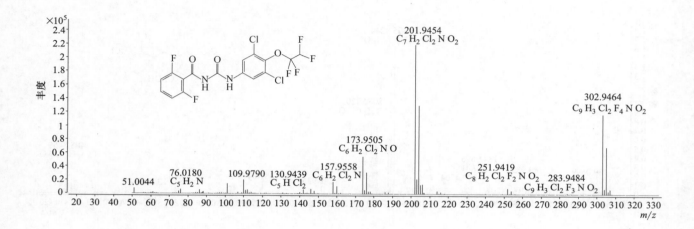

Hexazinone（环嗪酮）

基本信息

CAS 登录号	51235-04-2		分子量	252. 1581
分子式	$C_{12} H_{20} N_4 O_2$		离子化模式	电子轰击电离 （EI）

质谱图

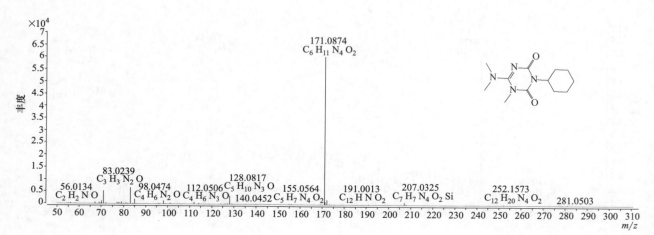

Imazamethabenz-methyl（咪草酸）

基本信息

CAS 登录号	81405-85-8	分子量	288.1469
分子式	C₁₆H₂₀N₂O₃	离子化模式	电子轰击电离 （EI）

质谱图

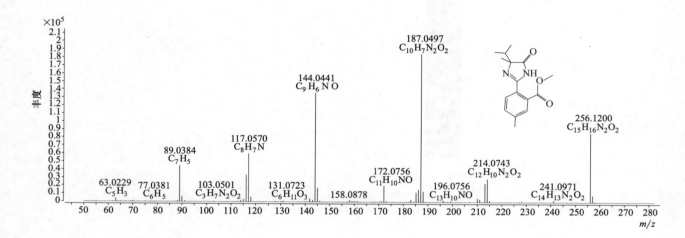

Imiprothrin（炔咪菊酯）

基本信息

CAS 登录号	72963-72-5	分子量	318.1575
分子式	C₁₇H₂₂N₂O₄	离子化模式	电子轰击电离 （EI）

质谱图

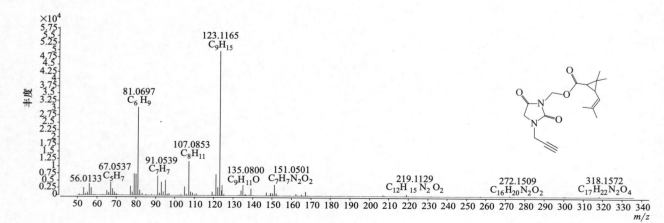

Indoxacarb（茚虫威）

基本信息

CAS 登录号	144171-61-9	分子量	527. 0702
分子式	$C_{22}H_{17}ClF_3N_3O_7$	离子化模式	电子轰击电离 （EI）

质谱图

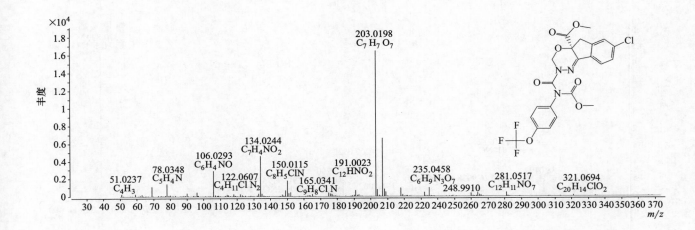

Iodofenphos（碘硫磷）

基本信息

CAS 登录号	18181-70-9	分子量	411. 8349
分子式	$C_8H_8Cl_2IO_3PS$	离子化模式	电子轰击电离 （EI）

质谱图

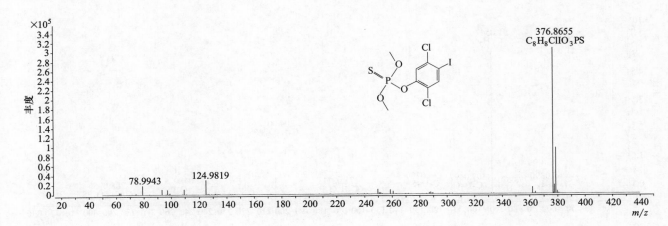

Ioxynil（碘苯腈）

基本信息

CAS 登录号	1689-83-4		分子量	370. 8299
分子式	$C_7H_3I_2NO$		离子化模式	电子轰击电离 （EI）

质谱图

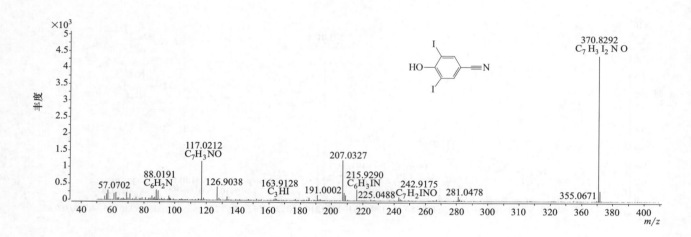

Iprobenfos（异稻瘟净）

基本信息

CAS 登录号	26087-47-8		分子量	288. 0944
分子式	$C_{13}H_{21}O_3PS$		离子化模式	电子轰击电离 （EI）

质谱图

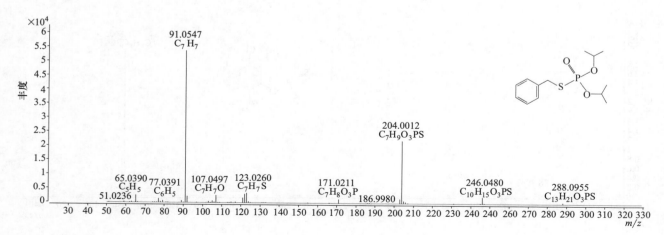

Iprodione metabolite（异菌脲代谢物）

基本信息

CAS 登录号	63637-89-8	分子量	329.0329
分子式	$C_{13}H_{13}Cl_2N_3O_3$	离子化模式	电子轰击电离 （EI）

质谱图

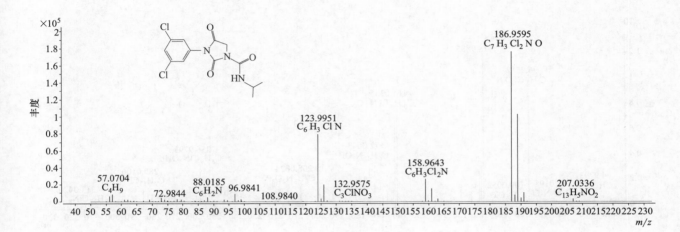

Iprovalicarb（丙森锌）

基本信息

CAS 登录号	140923-17-7	分子量	320.2095
分子式	$C_{18}H_{28}N_2O_3$	离子化模式	电子轰击电离 （EI）

质谱图

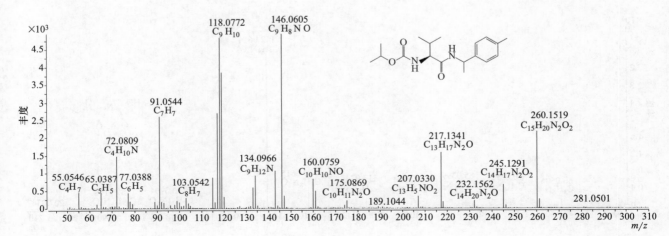

Isazofos（氯唑磷）

CAS 登录号	42509-80-8	分子量	313.0412
分子式	$C_9H_{17}ClN_3O_3PS$	离子化模式	电子轰击电离 （EI）

质谱图

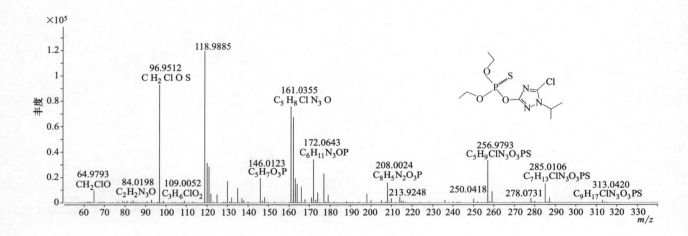

Isocarbamid（丁脒酰胺）

基本信息

CAS 登录号	30979-48-7	分子量	185.1159
分子式	$C_8H_{15}N_3O_2$	离子化模式	电子轰击电离 （EI）

质谱图

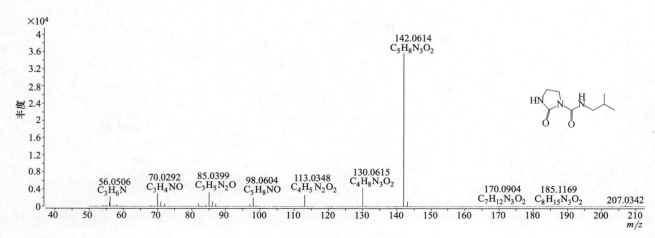

Isocarbophos（水胺硫磷）

Isocarbophos（水胺硫磷）

基本信息

CAS 登录号	24353-61-5	分子量	289. 0533
分子式	$C_{11}H_{16}NO_4PS$	离子化模式	电子轰击电离（EI）

质谱图

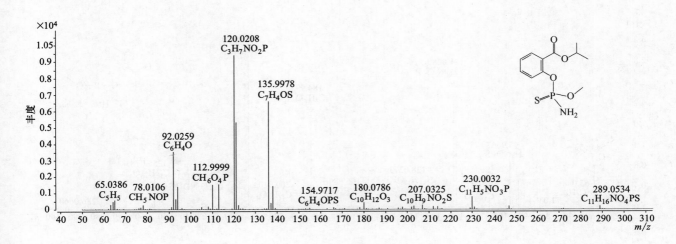

Isodrin（异艾氏剂）

基本信息

CAS 登录号	465-73-6	分子量	361. 8752
分子式	$C_{12}H_8Cl_6$	离子化模式	电子轰击电离（EI）

质谱图

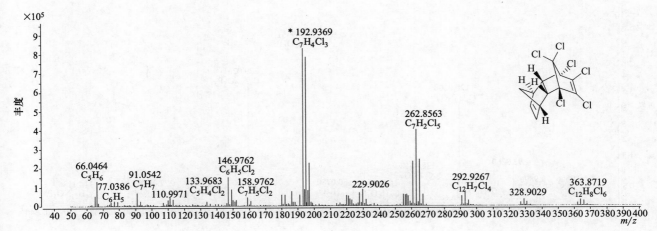

Isofenphos（异柳磷）

基本信息

CAS 登录号	25311-71-1	分子量	345. 1159
分子式	C$_{15}$H$_{24}$NO$_4$PS	离子化模式	电子轰击电离 （EI）

质谱图

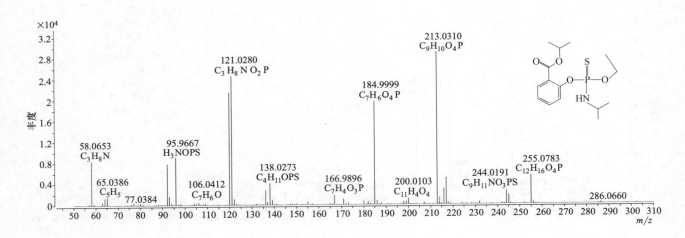

Isofenphos oxon（氧异柳磷）

基本信息

CAS 登录号	31120-85-1	分子量	329. 1387
分子式	C$_{15}$H$_{24}$NO$_5$P	离子化模式	电子轰击电离 （EI）

质谱图

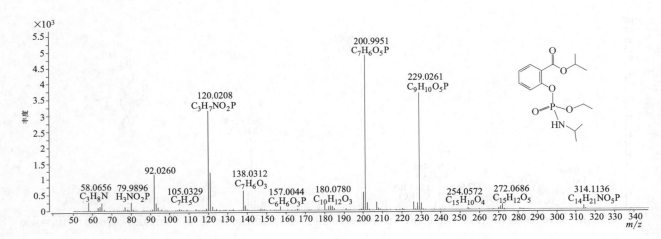

162

Isoprocarb（异丙威）

CAS 登录号	2631-40-5	分子量	193. 1098
分子式	$C_{11}H_{15}NO_2$	离子化模式	电子轰击电离 （EI）

质谱图

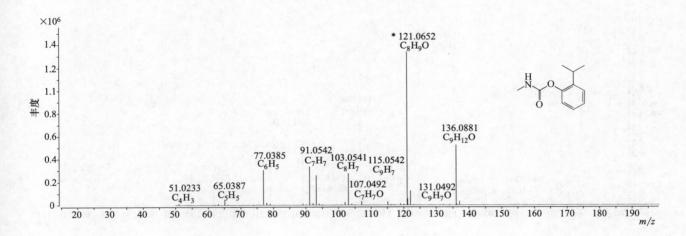

Isopropalin（异丙乐灵）

基本信息

CAS 登录号	33820-53-0	分子量	309. 1684
分子式	$C_{15}H_{23}N_3O_4$	离子化模式	电子轰击电离 （EI）

质谱图

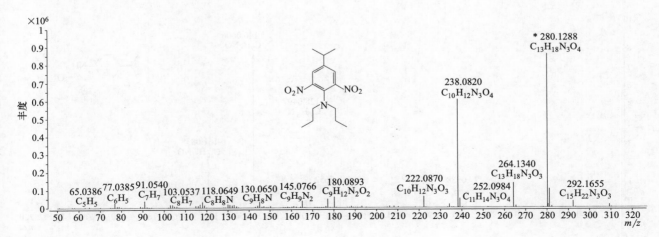

Isoprothiolane（稻瘟灵）

基本信息

CAS 登录号	50512-35-1		分子量	290.0642
分子式	$C_{12}H_{18}O_4S_2$		离子化模式	电子轰击电离 （EI）

质谱图

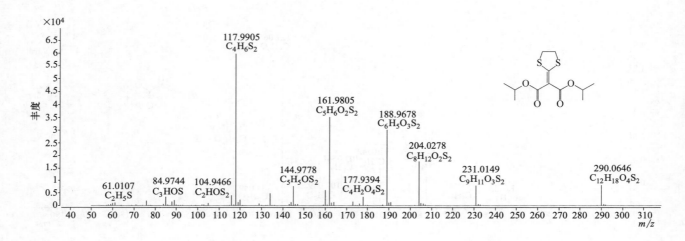

- 61.0107 C_2H_5S
- 84.9744 C_3HOS
- 104.9466 C_2HOS_2
- 117.9905 $C_4H_6S_2$
- 144.9778 $C_5H_5OS_2$
- 161.9805 $C_5H_6O_2S_2$
- 177.9394 $C_4H_2O_4S_2$
- 188.9678 $C_6H_5O_3S_2$
- 204.0278 $C_8H_{12}O_2S_2$
- 231.0149 $C_9H_{11}O_3S_2$
- 290.0646 $C_{12}H_{18}O_4S_2$

Isoproturon（异丙隆）

基本信息

CAS 登录号	34123-59-6		分子量	206.1414
分子式	$C_{12}H_{18}N_2O$		离子化模式	电子轰击电离 （EI）

质谱图

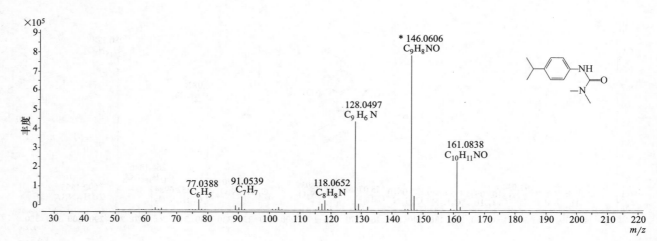

- 77.0388 C_6H_5
- 91.0539 C_7H_7
- 118.0652 C_8H_8N
- 128.0497 C_9H_6N
- * 146.0606 C_9H_8NO
- 161.0838 $C_{10}H_{11}NO$

164

Isoxadifen-ethyl（双苯噁唑酸）

基本信息

CAS 登录号	163520-33-0		**分子量**	295.1203
分子式	C₁₈H₁₇NO₃		**离子化模式**	电子轰击电离 （EI）

质谱图

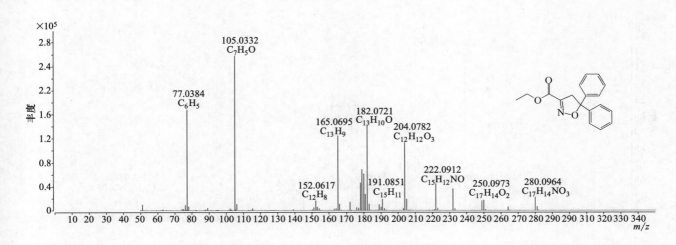

Isoxaflutole（异噁氟草）

基本信息

CAS 登录号	141112-29-0		**分子量**	359.0434
分子式	C₁₅H₁₂F₃NO₄S		**离子化模式**	电子轰击电离 （EI）

质谱图

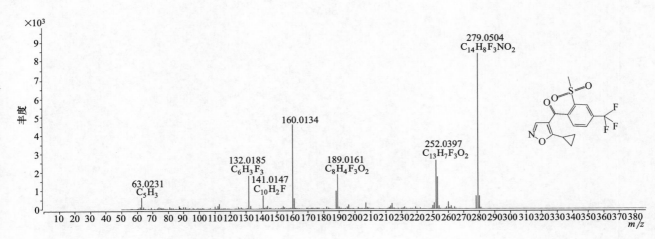

Isoxathion（噁唑磷）

基本信息

CAS 登录号	18854-01-8	**分子量**	313.0533
分子式	$C_{13}H_{16}NO_4PS$	**离子化模式**	电子轰击电离 （EI）

质谱图

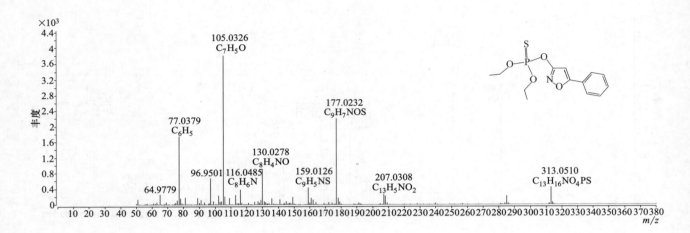

$\times 10^3$

77.0379
C_6H_5

105.0326
C_7H_5O

96.9501

116.0485
C_8H_6N

130.0278
C_8H_4NO

159.0126
C_9H_5NS

177.0232
C_9H_7NOS

207.0308
$C_{13}H_5NO_2$

313.0510
$C_{13}H_{16}NO_4PS$

64.9779

丰度

m/z

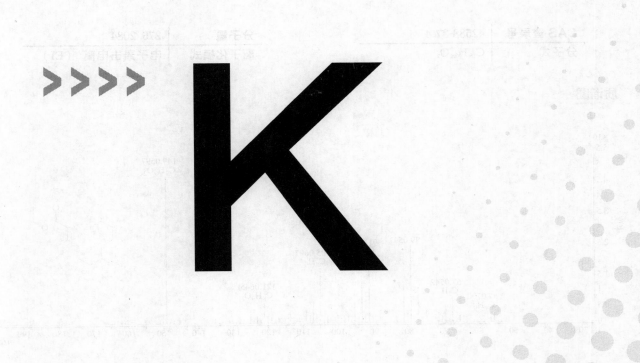

K
>>>>

Kinoprene（烯虫炔酯）

基本信息

CAS 登录号	42588-37-4		分子量	276. 2084
分子式	$C_{18}H_{28}O_2$		离子化模式	电子轰击电离 （EI）

质谱图

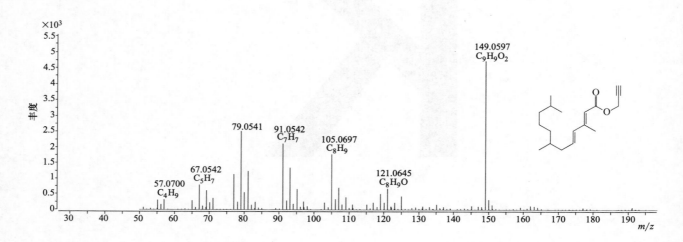

Kresoxim-methyl（醚菌酯）

基本信息

CAS 登录号	143390-89-0		分子量	313. 1309
分子式	$C_{18}H_{19}NO_4$		离子化模式	电子轰击电离 （EI）

质谱图

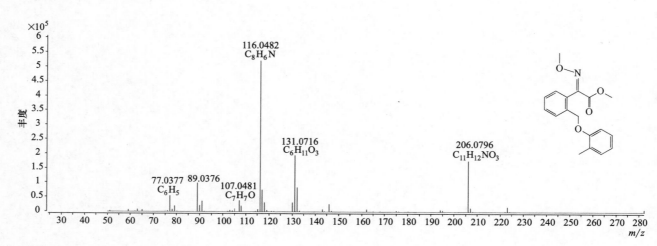

Lactofen（乳氟禾草灵）

基本信息

CAS 登录号	77501-63-4		分子量	461.0484
分子式	$C_{19}H_{15}ClF_3NO_7$		离子化模式	电子轰击电离 （EI）

质谱图

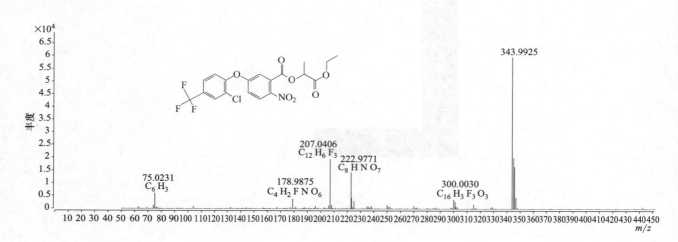

Lambda-cyhalothrin（高效氯氟氰菊酯）

基本信息

CAS 登录号	91465-08-6		分子量	449.1001
分子式	$C_{23}H_{19}ClF_3NO_3$		离子化模式	电子轰击电离 （EI）

质谱图

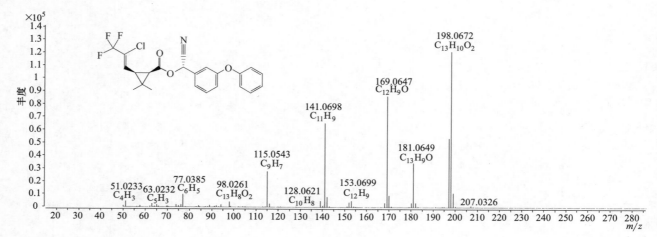

Leptophos-oxon（对溴磷）

基本信息

CAS 登录号	25006-32-0	分子量	393. 8923
分子式	$C_{13}H_{10}BrCl_2O_3P$	离子化模式	电子轰击电离 （EI）

质谱图

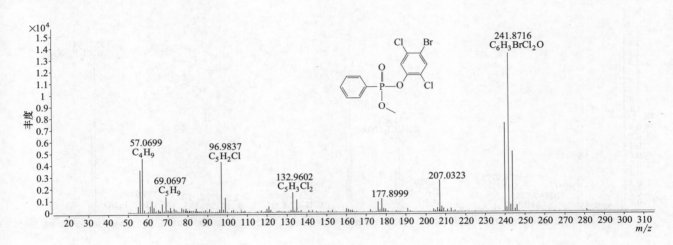

Linuron（利谷隆）

基本信息

CAS 登录号	330-55-2	分子量	248. 0114
分子式	$C_9H_{10}Cl_2N_2O_2$	离子化模式	电子轰击电离 （EI）

质谱图

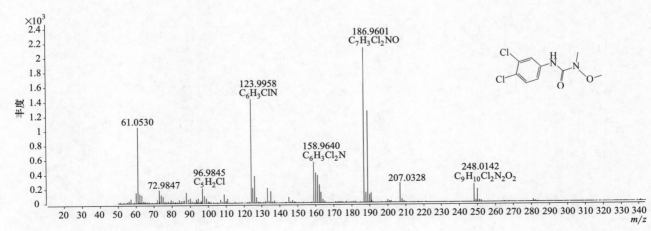

Lufenuron（虱螨脲）

基本信息

CAS 登录号	103055-07-8	分子量	509. 9779
分子式	$C_{17}H_8Cl_2F_8N_2O_3$	离子化模式	电子轰击电离 （EI）

质谱图

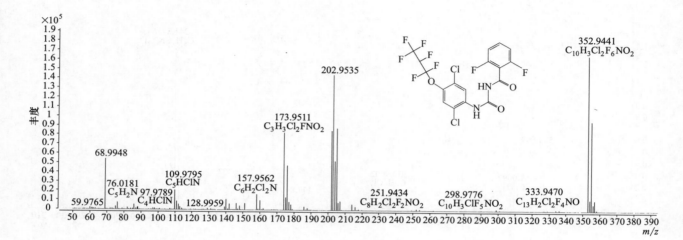

>>>>> M

Malathion（马拉硫磷）

基本信息

CAS 登录号	121-75-5	分子量	330.0356
分子式	$C_{10}H_{19}O_6PS_2$	离子化模式	电子轰击电离 （EI）

质谱图

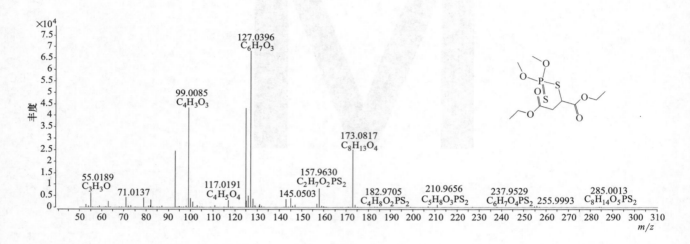

MCPA butoxyethyl ester（2-甲-4-氯丁氧乙基酯）

基本信息

CAS 登录号	19480-43-4	分子量	300.1123
分子式	$C_{15}H_{21}ClO_4$	离子化模式	电子轰击电离 （EI）

质谱图

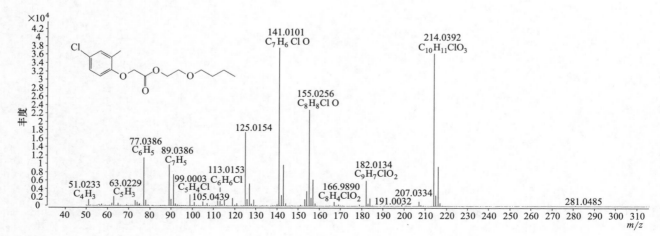

MCPB（二甲四氯丁酸）

基本信息

CAS 登录号	94-81-5	分子量	228. 0548
分子式	$C_{11}H_{13}ClO_3$	离子化模式	电子轰击电离 （EI）

质谱图

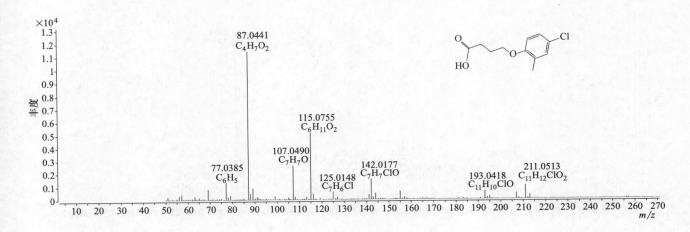

Mecoprop（2-甲基-4-氯戊氧基丙酸）

基本信息

CAS 登录号	7085-19-0	分子量	214. 0392
分子式	$C_{10}H_{11}ClO_3$	离子化模式	电子轰击电离 （EI）

质谱图

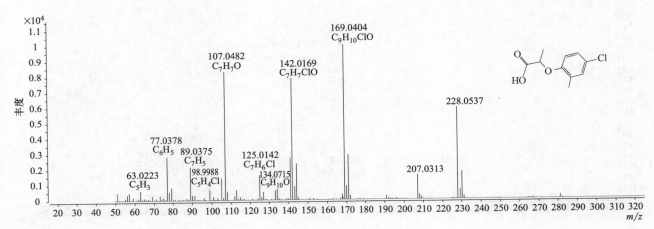

Mefenacet（苯噻酰草胺）

基本信息

CAS 登录号	73250-68-7		分子量	298.0771
分子式	$C_{16}H_{14}N_2O_2S$		离子化模式	电子轰击电离 （EI）

质谱图

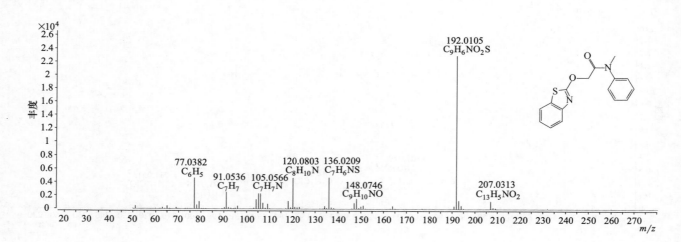

Mefenpyr-diethyl（吡唑解草酯）

基本信息

CAS 登录号	135590-91-9		分子量	372.0639
分子式	$C_{16}H_{18}Cl_2N_2O_4$		离子化模式	电子轰击电离 （EI）

质谱图

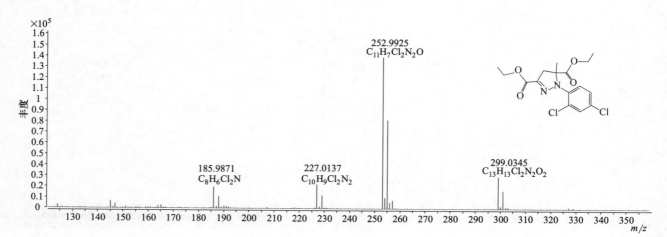

176

Mepanipyrim（嘧菌胺）

基本信息

CAS 登录号	110235-47-7		分子量	223. 1105
分子式	C₁₄H₁₃N₃		离子化模式	电子轰击电离（EI）

分子式 $C_{14}H_{13}N_3$ 分子量 223.1105 离子化模式 电子轰击电离（EI）

质谱图

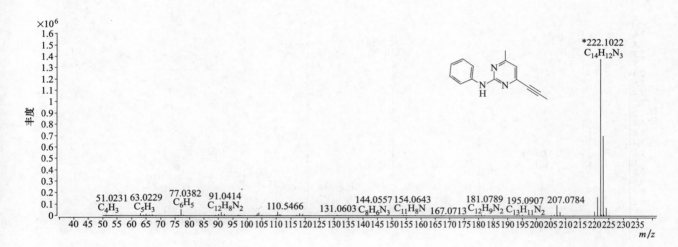

Mepronil（灭锈胺）

基本信息

CAS 登录号	55814-41-0		分子量	269. 1411
分子式	C₁₇H₁₉NO₂		离子化模式	电子轰击电离（EI）

质谱图

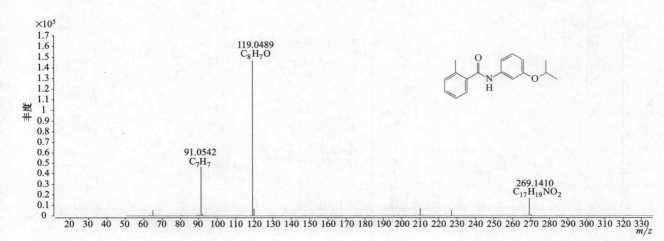

Merphos（脱叶亚磷）

基本信息

CAS 登录号	150-50-5	分子量	298.1008
分子式	$C_{12}H_{27}PS_3$	离子化模式	电子轰击电离 （EI）

质谱图

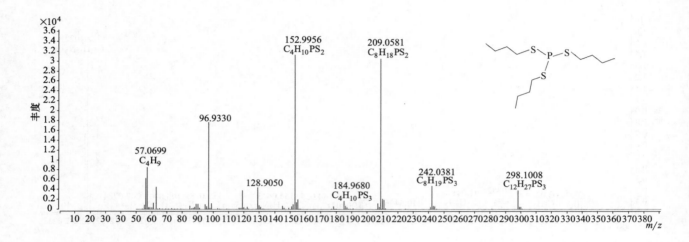

Metalaxyl（甲霜灵）

基本信息

CAS 登录号	57837-19-1	分子量	279.1466
分子式	$C_{15}H_{21}NO_4$	离子化模式	电子轰击电离 （EI）

质谱图

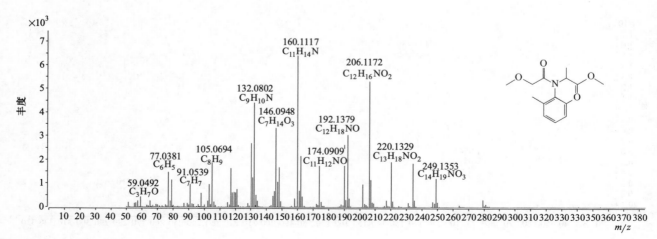

Metamitron（苯嗪草酮）

CAS 登录号	41394-05-2		分子量	202. 0850
分子式	$C_{10}H_{10}N_4O$		离子化模式	电子轰击电离 （EI）

质谱图

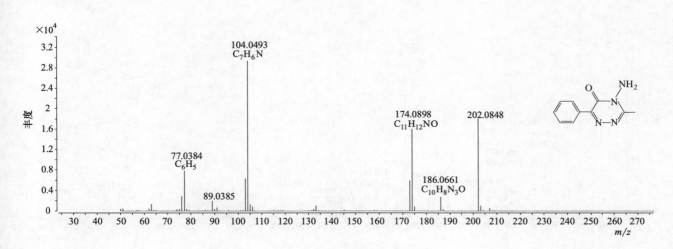

Metazachlor（吡唑草胺）

基本信息

CAS 登录号	67129-08-2		分子量	277. 0977
分子式	$C_{14}H_{16}ClN_3O$		离子化模式	电子轰击电离 （EI）

质谱图

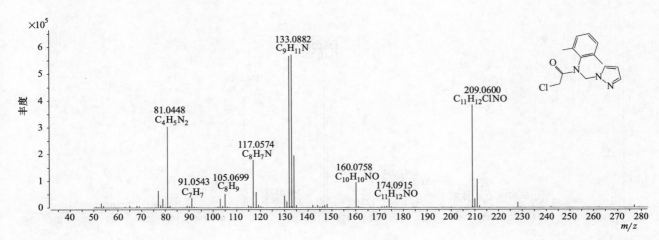

Metconazole（叶菌唑）

基本信息

CAS 登录号	125116-23-6		分子量	319. 1446
分子式	$C_{17}H_{22}ClN_3O$		离子化模式	电子轰击电离 （EI）

质谱图

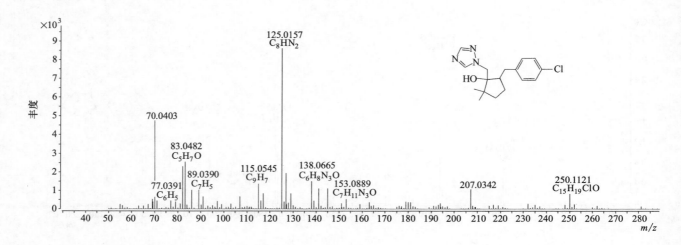

Methabenzthiazuron（甲基苯噻隆）

基本信息

CAS 登录号	18691-97-9		分子量	221. 0618
分子式	$C_{10}H_{11}N_3OS$		离子化模式	电子轰击电离 （EI）

质谱图

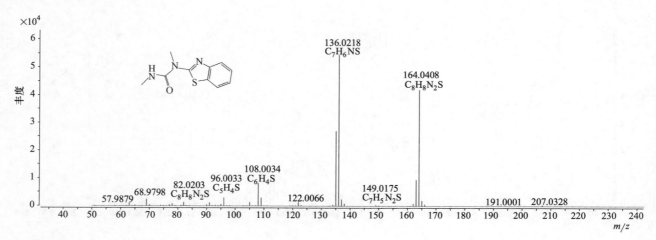

Methacrifos（虫螨畏）

基本信息

CAS 登录号	62610-77-9	分子量	240. 0216
分子式	$C_7H_{13}O_5PS$	离子化模式	电子轰击电离 （EI）

质谱图

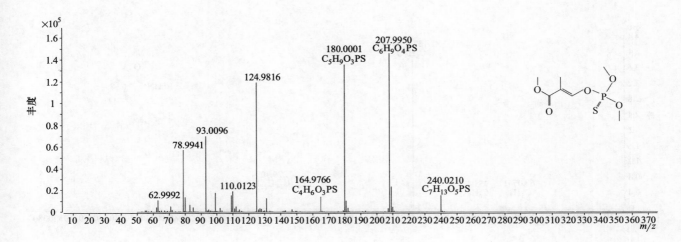

Methamidophos（甲胺磷）

基本信息

CAS 登录号	10265-92-6	分子量	141. 0008
分子式	$C_2H_8NO_2PS$	离子化模式	电子轰击电离 （EI）

质谱图

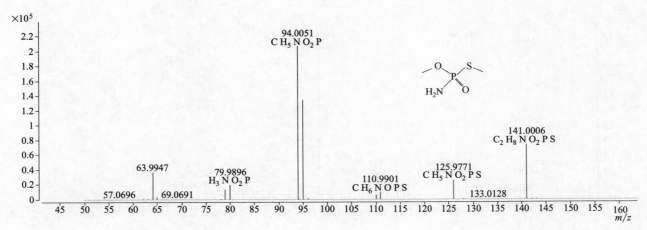

Methfuroxam（呋菌胺）

基本信息

CAS 登录号	28730-17-8		分子量	229. 1098
分子式	$C_{14}H_{15}NO_2$		离子化模式	电子轰击电离 （EI）

质谱图

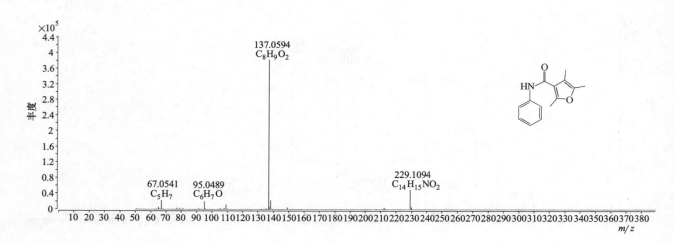

Methidathion（杀扑磷）

基本信息

CAS 登录号	950-37-8		分子量	301. 9614
分子式	$C_6H_{11}N_2O_4PS_3$		离子化模式	电子轰击电离 （EI）

质谱图

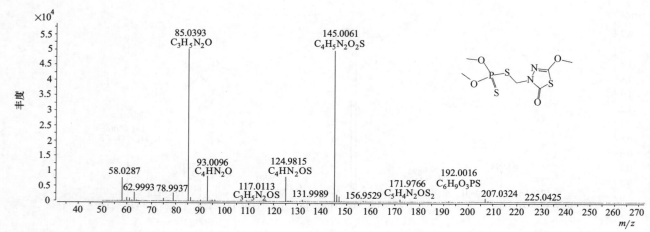

Methoprene（烯虫丙酯）

基本信息

CAS 登录号	40596-69-8	分子量	310. 2503
分子式	$C_{19}H_{34}O_3$	离子化模式	电子轰击电离 （EI）

质谱图

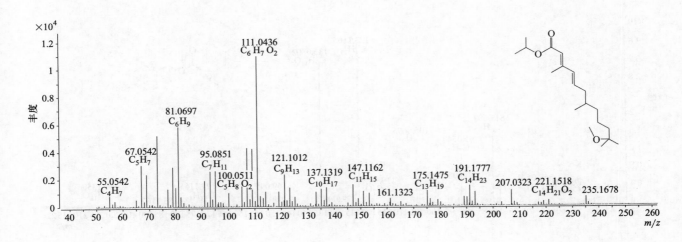

Methoprotryne（盖草津）

基本信息

CAS 登录号	841-06-5	分子量	271. 1462
分子式	$C_{11}H_{21}N_5OS$	离子化模式	电子轰击电离 （EI）

质谱图

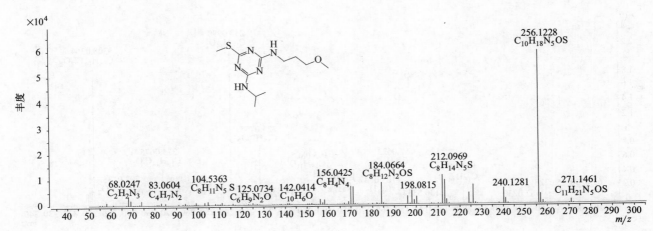

Methothrin（4-甲氧甲基苄基菊酸酯）

基本信息

CAS 登录号	34388-29-9		分子量	302. 1877
分子式	C₁₉H₂₆O₃		离子化模式	电子轰击电离 （EI）

质谱图

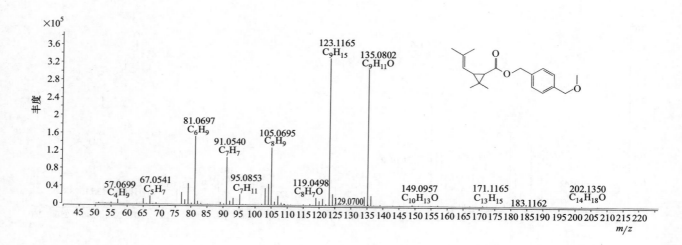

Methoxychlor（甲氧滴滴涕）

基本信息

CAS 登录号	72-43-5		分子量	344. 0133
分子式	C₁₆H₁₅Cl₃O₂		离子化模式	电子轰击电离 （EI）

质谱图

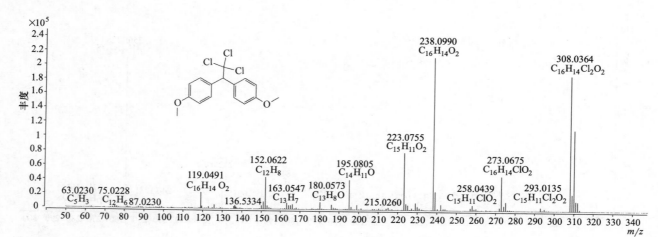

Metolachlor（异丙甲草胺）

CAS 登录号	51218-45-2	分子量	283.1334
分子式	$C_{15}H_{22}ClNO_2$	离子化模式	电子轰击电离（EI）

质谱图

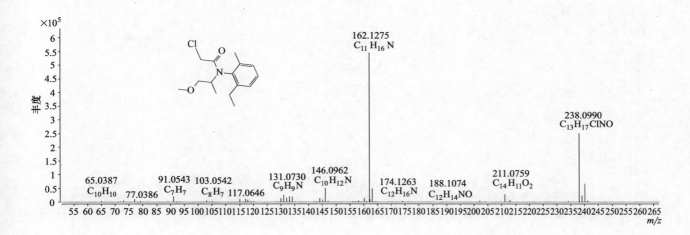

Metolcarb（速灭威）

基本信息

CAS 登录号	1129-41-5	分子量	165.0785
分子式	$C_9H_{11}NO_2$	离子化模式	电子轰击电离（EI）

质谱图

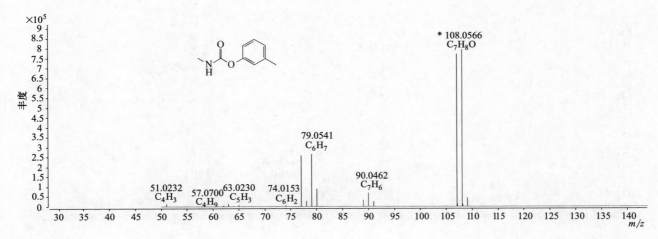

Metribuzin（嗪草酮）

CAS 登录号	21087-64-9		分子量	214. 0883
分子式	$C_8H_{14}N_4OS$		离子化模式	电子轰击电离（EI）

质谱图

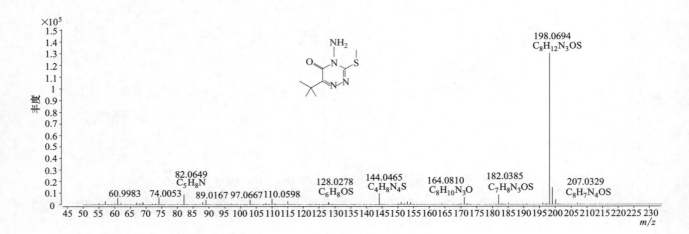

Mevinphos（速灭磷）

基本信息

CAS 登录号	26718-65-0		分子量	224. 0445
分子式	$C_7H_{13}O_6P$		离子化模式	电子轰击电离（EI）

质谱图

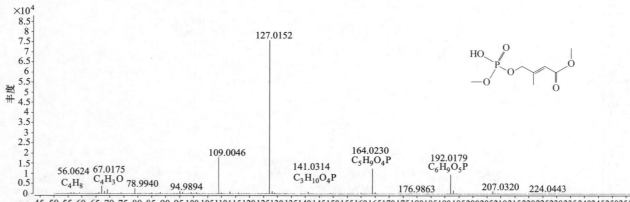

Mexacarbate（兹克威）

基本信息

CAS 登录号	315-18-4	分子量	222. 1363
分子式	$C_{12}H_{18}N_2O_2$	离子化模式	电子轰击电离（EI）

质谱图

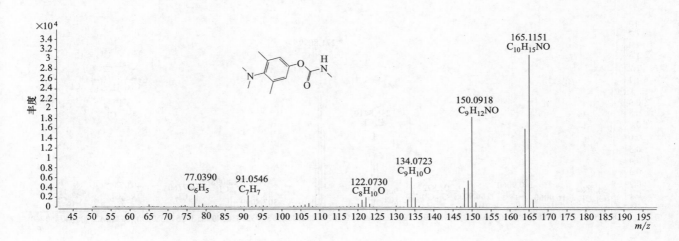

MGK 264（增效胺）

基本信息

CAS 登录号	113-48-4	分子量	275. 1880
分子式	$C_{17}H_{25}NO_2$	离子化模式	电子轰击电离（EI）

质谱图

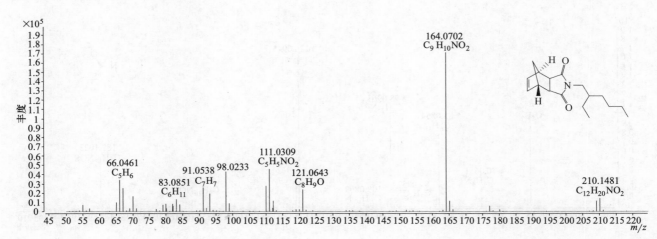

Mirex（灭蚁灵）

基本信息

CAS 登录号	2385-85-5	分子量	539. 6257
分子式	$C_{10}Cl_{12}$	离子化模式	电子轰击电离 （EI）

质谱图

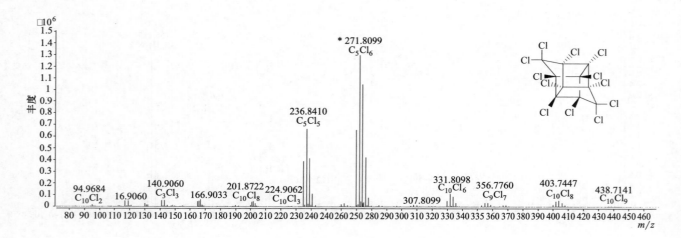

Molinate（禾草敌）

基本信息

CAS 登录号	2212-67-1	分子量	187. 1026
分子式	$C_9H_{17}NOS$	离子化模式	电子轰击电离 （EI）

质谱图

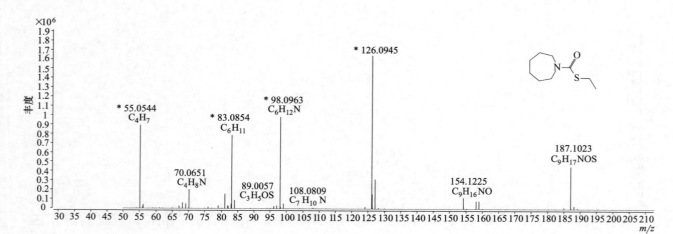

Monalide（庚酰草胺）

CAS 登录号	7287-36-7	分子量	239.1072
分子式	$C_{13}H_{18}ClNO$	离子化模式	电子轰击电离 （EI）

质谱图

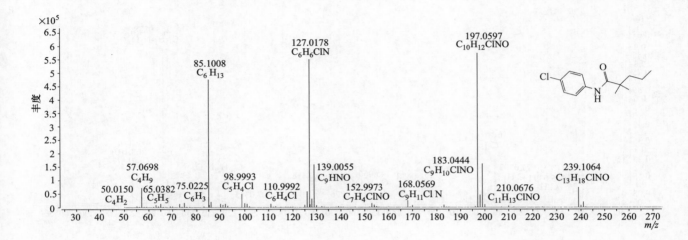

Monuron（灭草隆）

CAS 登录号	150-68-5	分子量	198.0555
分子式	$C_9H_{11}ClN_2O$	离子化模式	电子轰击电离 （EI）

质谱图

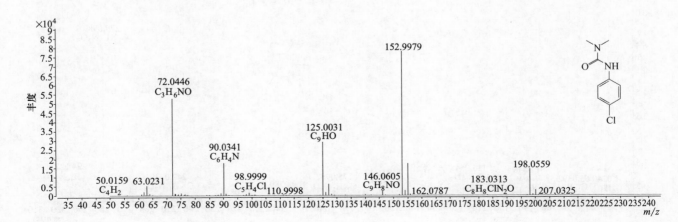

Musk amberette（葵子麝香）

基本信息

CAS 登录号	83-66-9		分子量	268.1054
分子式	$C_{12}H_{16}N_2O_5$		离子化模式	电子轰击电离 （EI）

质谱图

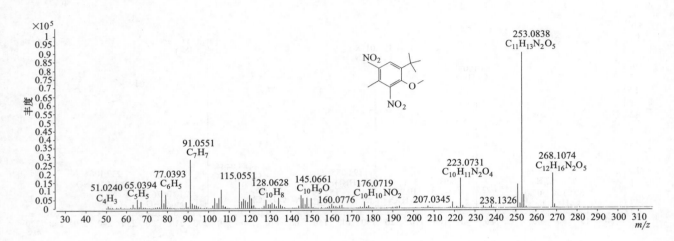

Musk ketone（酮麝香）

基本信息

CAS 登录号	81-14-1		分子量	294.1211
分子式	$C_{14}H_{18}N_2O_5$		离子化模式	电子轰击电离 （EI）

质谱图

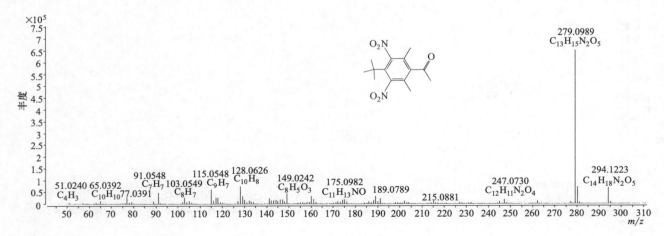

Musk moskene（麝香）

CAS 登录号	116-66-5	分子量	278.1262
分子式	$C_{14}H_{18}N_2O_4$	离子化模式	电子轰击电离 （EI）

质谱图

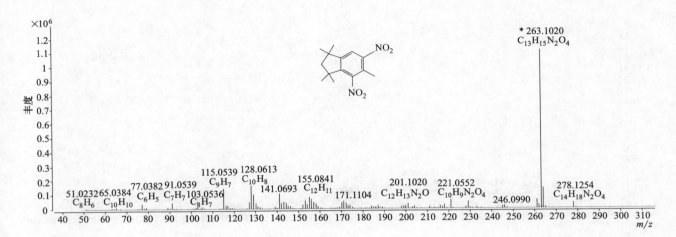

Musk tibetan（西藏麝香）

基本信息

CAS 登录号	145-39-1	分子量	266.1262
分子式	$C_{13}H_{18}N_2O_4$	离子化模式	电子轰击电离 （EI）

质谱图

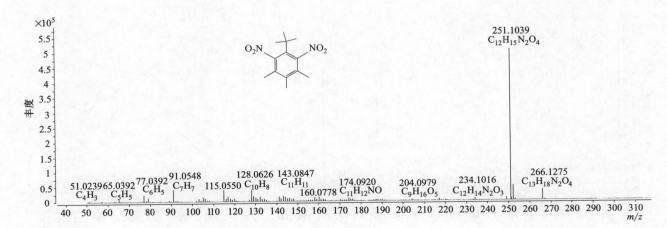

Musk xylene（二甲苯麝香）

基本信息

CAS 登录号	81-15-2		分子量	297.0956
分子式	$C_{12}H_{15}N_3O_6$		离子化模式	电子轰击电离 （EI）

质谱图

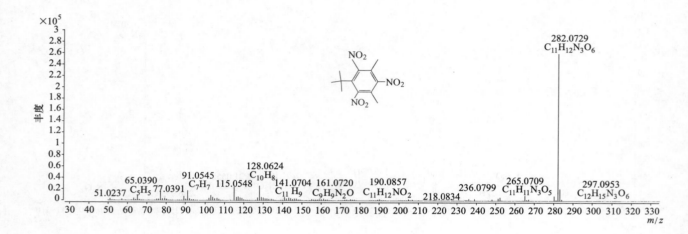

Myclobutanil（腈菌唑）

基本信息

CAS 登录号	88761-89-0		分子量	288.1137
分子式	$C_{15}H_{17}ClN_4$		离子化模式	电子轰击电离 （EI）

质谱图

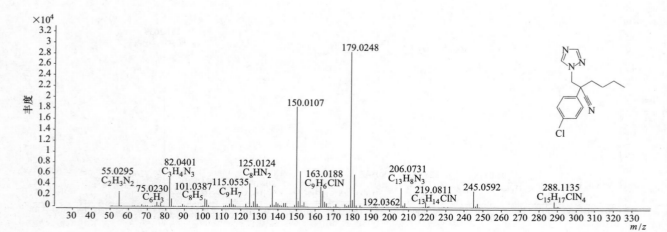

N

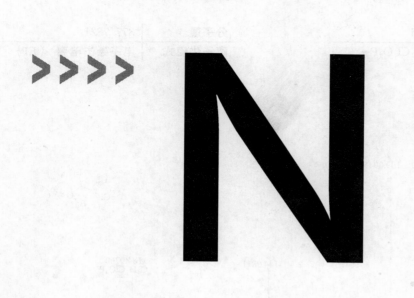

Naled（二溴磷）

基本信息

CAS 登录号	300-76-5		分子量	377.7821
分子式	$C_4H_7Br_2Cl_2O_4P$		离子化模式	电子轰击电离 （EI）

质谱图

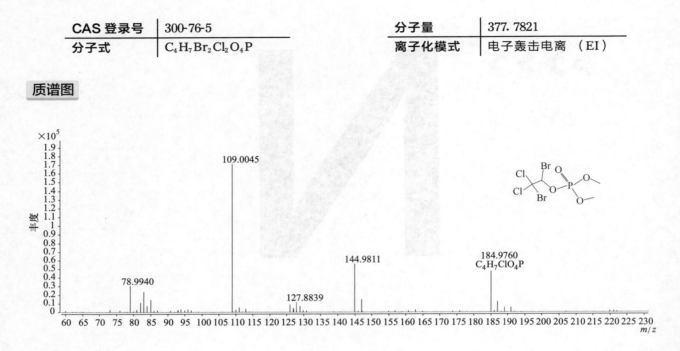

1-Naphthy acetic acid（萘乙酸）

基本信息

CAS 登录号	86-87-3		分子量	186.0675
分子式	$C_{12}H_{10}O_2$		离子化模式	电子轰击电离 （EI）

质谱图

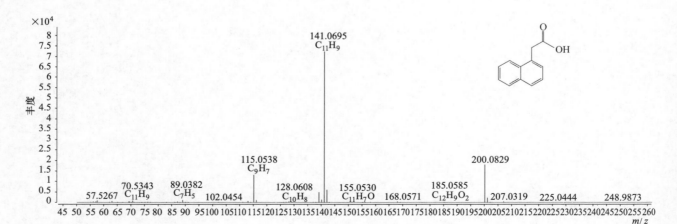

1-Naphthyl acetamide (1-萘乙酰胺)

基本信息

CAS 登录号	86-86-2		分子量	185.0836
分子式	$C_{12}H_{11}NO$		离子化模式	电子轰击电离 （EI）

质谱图

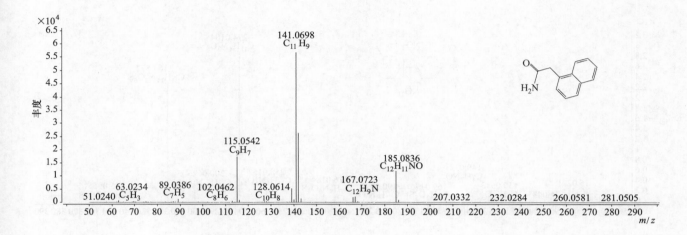

Napropamide (敌草胺)

基本信息

CAS 登录号	15299-99-7		分子量	271.1567
分子式	$C_{17}H_{21}NO_2$		离子化模式	电子轰击电离 （EI）

质谱图

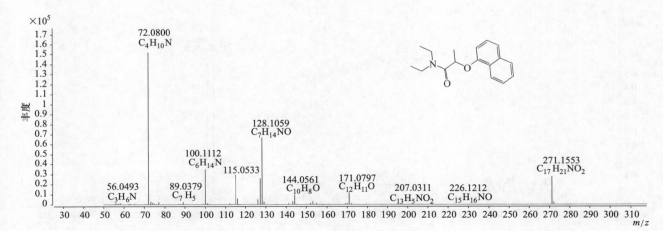

Nitralin（甲磺乐灵）

基本信息

CAS 登录号	4726-14-1		分子量	345.0990
分子式	$C_{13}H_{19}N_3O_6S$		离子化模式	电子轰击电离 （EI）

质谱图

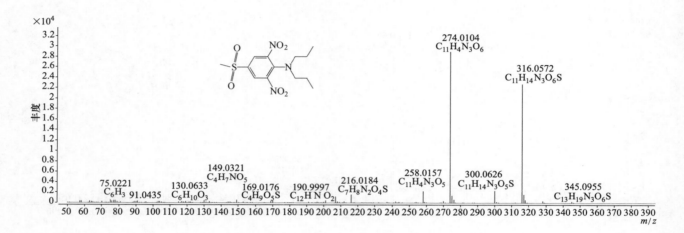

Nitrapyrin（2-氯-6-三氯甲基吡啶）

基本信息

CAS 登录号	1929-82-4		分子量	228.9015
分子式	$C_6H_3Cl_4N$		离子化模式	电子轰击电离 （EI）

质谱图

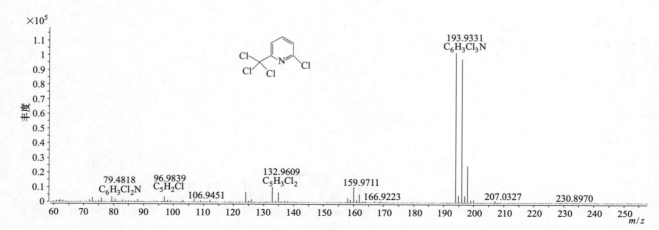

Nitrofen（2，4-二氯-4'-硝基二苯醚）

基本信息

CAS 登录号	1836-75-5	分子量	282. 9798
分子式	$C_{12}H_7Cl_2NO_3$	离子化模式	电子轰击电离（EI）

质谱图

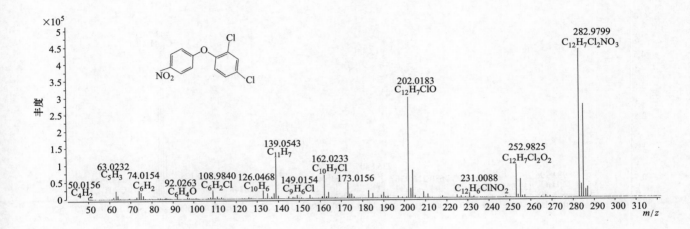

Nitrothal-isopropyl（酞菌酯）

基本信息

CAS 登录号	10552-74-6	分子量	295. 1051
分子式	$C_{14}H_{17}NO_6$	离子化模式	电子轰击电离（EI）

质谱图

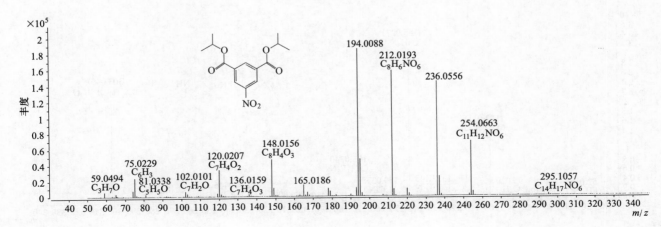

trans-Nonachlor（反式九氯）

CAS 登录号	39765-80-5	分子量	439.7583
分子式	$C_{10}H_5Cl_9$	离子化模式	电子轰击电离 （EI）

质谱图

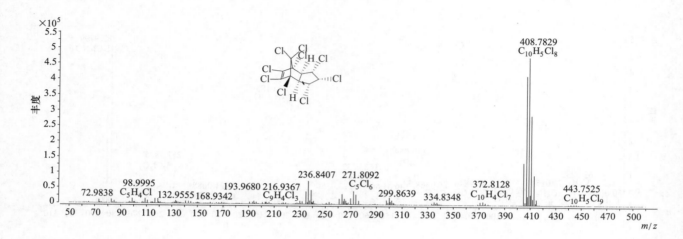

Norflurazon（氟草敏）

基本信息

CAS 登录号	27314-13-2	分子量	303.0381
分子式	$C_{12}H_9ClF_3N_3O$	离子化模式	电子轰击电离 （EI）

质谱图

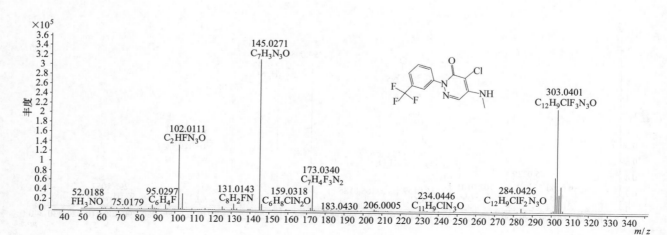

Noruron（草完隆）

基本信息

CAS 登录号	18530-56-8	分子量	222. 1727
分子式	$C_{13}H_{22}N_2O$	离子化模式	电子轰击电离 （EI）

质谱图

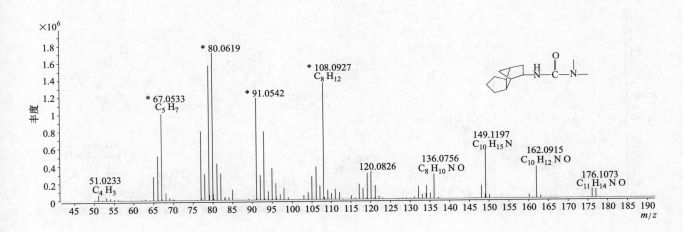

Novaluron（氟酰脲）

基本信息

CAS 登录号	116714-46-6	分子量	492. 0118
分子式	$C_{17}H_9ClF_8N_2O_4$	离子化模式	电子轰击电离 （EI）

质谱图

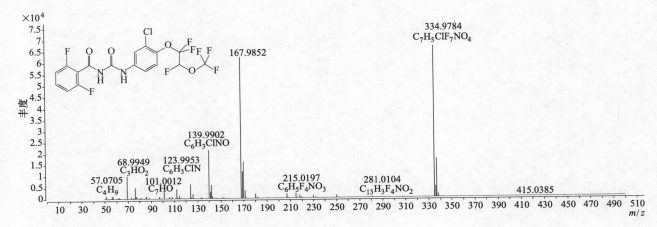

Nuarimol（氟苯嘧啶醇）

基本信息

CAS 登录号	63284-71-9		分子量	314.0617
分子式	$C_{17}H_{12}ClFN_2O$		离子化模式	电子轰击电离（EI）

质谱图

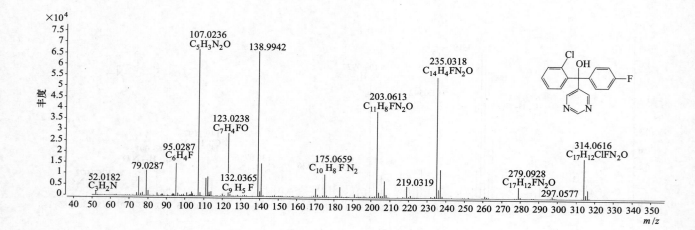

Octachlorostyrene（八氯苯乙烯）

基本信息

CAS 登录号	29082-74-4		分子量	375. 7503
分子式	C_8Cl_8		离子化模式	电子轰击电离 （EI）

质谱图

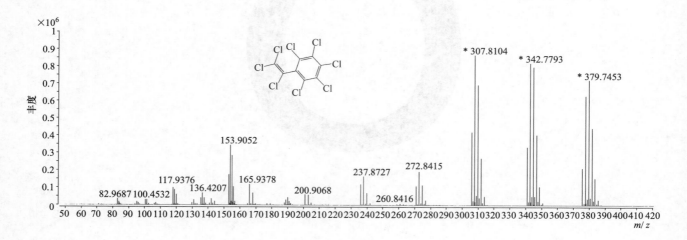

Octhilinone（辛噻酮）

基本信息

CAS 登录号	26530-20-1		分子量	213. 1182
分子式	$C_{11}H_{19}NOS$		离子化模式	电子轰击电离 （EI）

质谱图

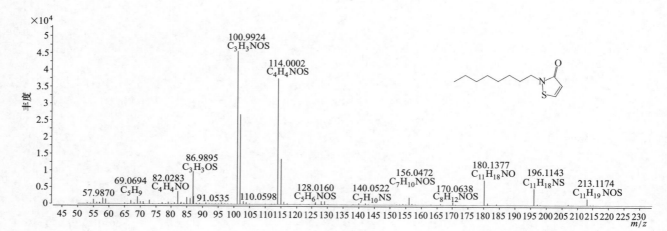

Octoil（辛酞酯）

基本信息

CAS 登录号	117-81-7	分子量	390. 2765
分子式	$C_{24}H_{38}O_4$	离子化模式	电子轰击电离（EI）

质谱图

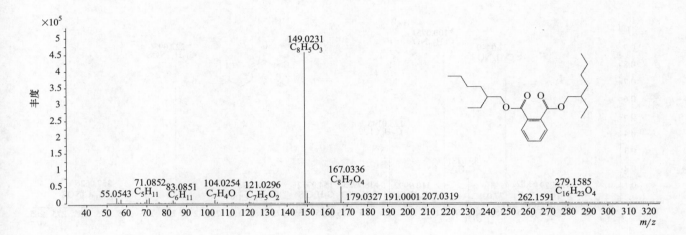

Ofurace（呋酰胺）

基本信息

CAS 登录号	58810-48-3	分子量	281. 0814
分子式	$C_{14}H_{16}ClNO_3$	离子化模式	电子轰击电离（EI）

质谱图

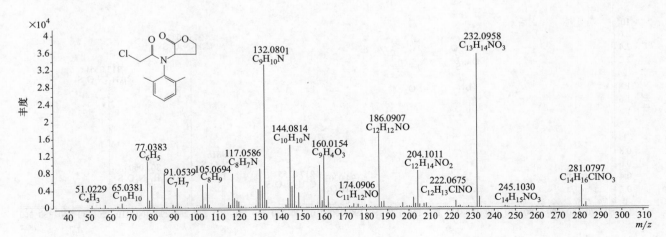

Orbencarb（坪草丹）

基本信息

CAS 登录号	34622-58-7	分子量	257.0636
分子式	C₁₂H₁₆ClNOS	离子化模式	电子轰击电离 （EI）

质谱图

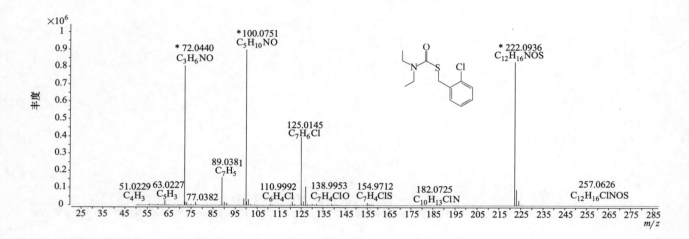

Oryzalin（安磺灵）

基本信息

CAS 登录号	19044-88-3	分子量	346.0942
分子式	C₁₂H₁₈N₄O₆S	离子化模式	电子轰击电离 （EI）

质谱图

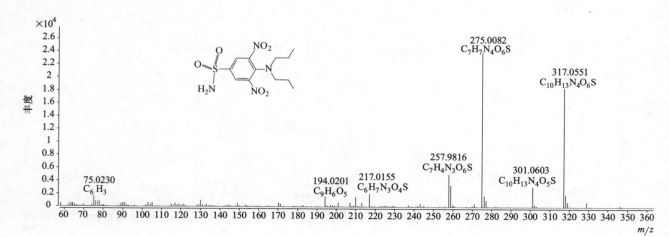

Oxabetrinil（解草腈）

CAS 登录号	74782-23-3	分子量	232. 0843
分子式	$C_{12}H_{12}N_2O_3$	离子化模式	电子轰击电离 （EI）

质谱图

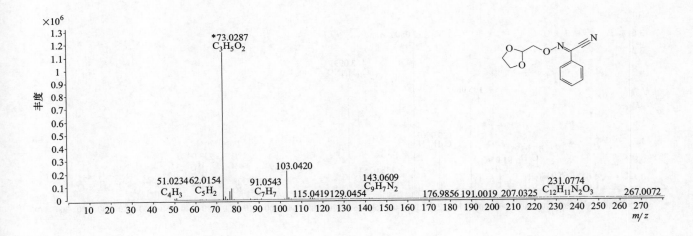

Oxadiazone（恶草酮）

基本信息

CAS 登录号	19666-30-9	分子量	344. 0690
分子式	$C_{15}H_{18}Cl_2N_2O_3$	离子化模式	电子轰击电离 （EI）

质谱图

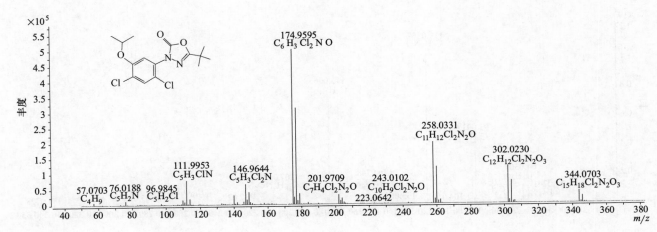

Oxadixyl（噁霜灵）

基本信息

CAS 登录号	77732-09-3	分子量	278. 1262
分子式	$C_{14}H_{18}N_2O_4$	离子化模式	电子轰击电离 （EI）

质谱图

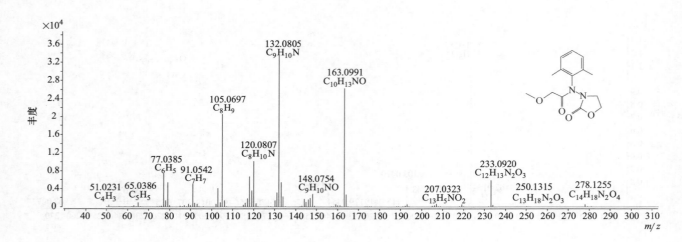

Oxycarboxin（氧化萎锈灵）

基本信息

CAS 登录号	5259-88-1	分子量	267. 0560
分子式	$C_{12}H_{13}NO_4S$	离子化模式	电子轰击电离 （EI）

质谱图

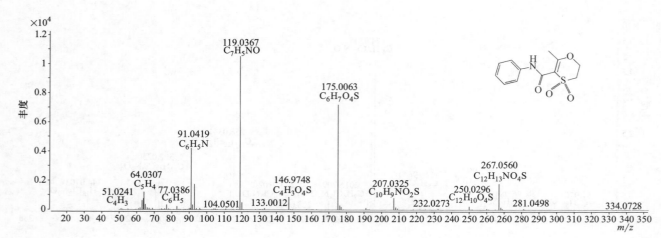

P

Paclobutrazol（多效唑）

基本信息

CAS 登录号	76738-62-0
分子式	$C_{15}H_{20}ClN_3O$

分子量	293.1290
离子化模式	电子轰击电离 （EI）

质谱图

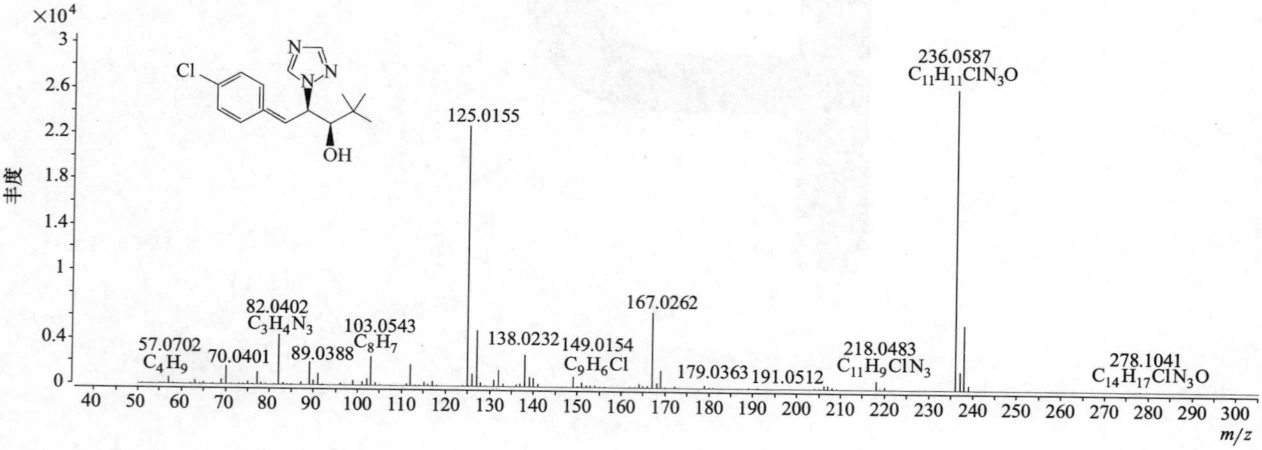

Paraoxon-methyl（甲基对氧磷）

基本信息

CAS 登录号	950-35-6
分子式	$C_8H_{10}NO_6P$

分子量	247.0241
离子化模式	电子轰击电离 （EI）

质谱图

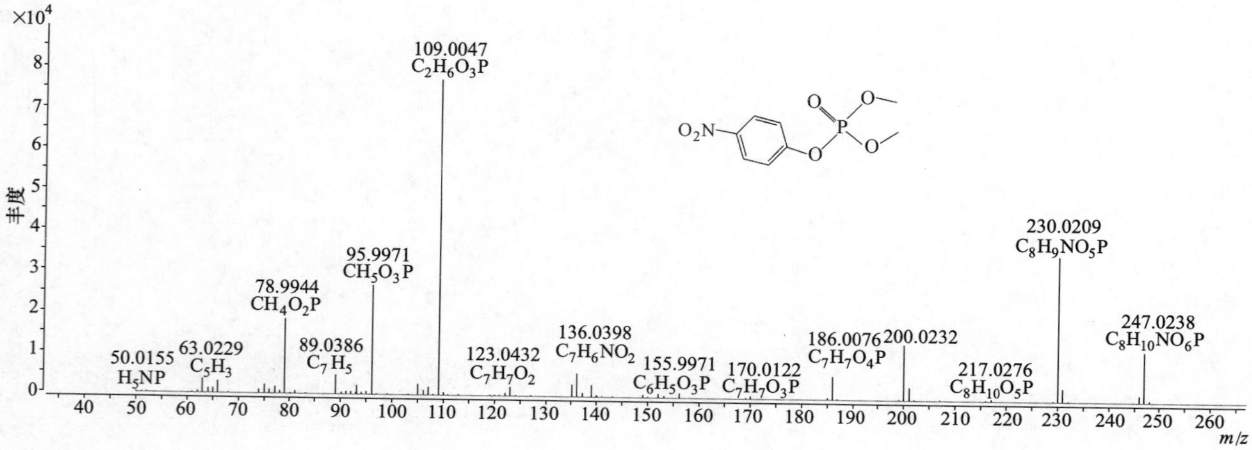

Parathion-ethyl（对硫磷）

CAS 登录号	56-38-2	分子量	291.0325
分子式	$C_{10}H_{14}NO_5PS$	离子化模式	电子轰击电离 （EI）

质谱图

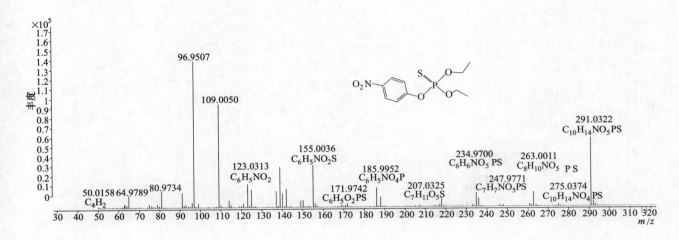

Parathion-methyl（甲基对硫磷）

基本信息

CAS 登录号	298-00-0	分子量	263.0012
分子式	$C_8H_{10}NO_5PS$	离子化模式	电子轰击电离 （EI）

质谱图

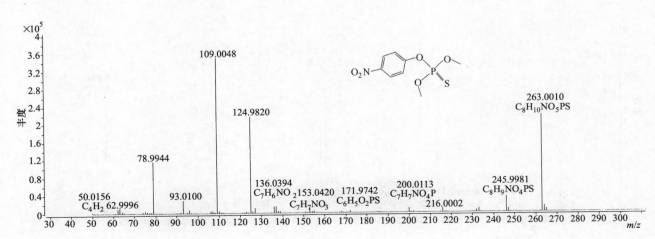

Pebulate（克草敌）

基本信息

CAS 登录号	1114-71-2		分子量	203. 1339
分子式	$C_{10}H_{21}NOS$		离子化模式	电子轰击电离 （EI）

质谱图

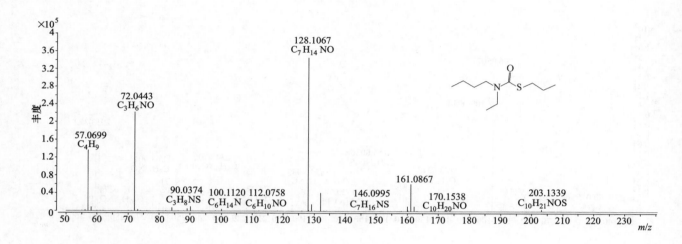

Penconazole（戊菌唑）

基本信息

CAS 登录号	66246-88-6		分子量	283. 0638
分子式	$C_{13}H_{15}Cl_2N_3$		离子化模式	电子轰击电离 （EI）

质谱图

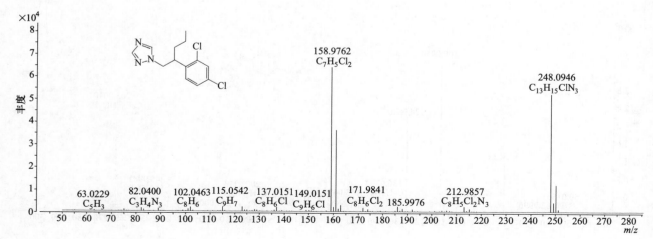

Pendimethalin（胺硝草）

基本信息

CAS 登录号	40487-42-1	分子量	281. 1371
分子式	$C_{13}H_{19}N_3O_4$	离子化模式	电子轰击电离（EI）

质谱图

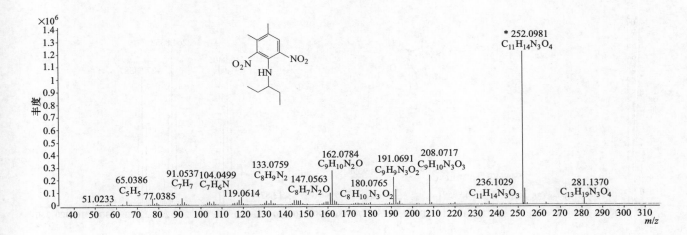

Pentachloroaniline（五氯苯胺）

基本信息

CAS 登录号	527-20-8	分子量	262. 8625
分子式	$C_6H_2Cl_5N$	离子化模式	电子轰击电离（EI）

质谱图

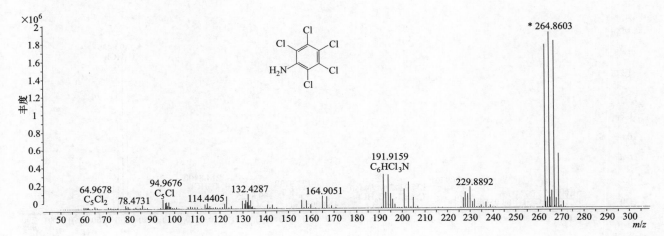

Pentachloroanisole（五氯苯甲醚）

CAS 登录号	1825-21-4	分子量	277.8622
分子式	$C_7H_3Cl_5O$	离子化模式	电子轰击电离 （EI）

质谱图

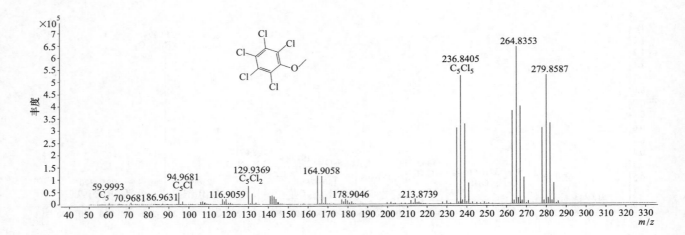

Pentachlorobenzene（五氯苯）

基本信息

CAS 登录号	608-93-5	分子量	247.8516
分子式	C_6HCl_5	离子化模式	电子轰击电离 （EI）

质谱图

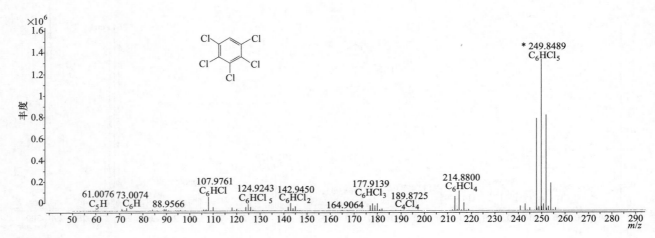

Pentachlorobenzonitrile（五氯苯甲腈）

基本信息

CAS 登录号	20925-85-3	分子量	272.8468
分子式	C_7Cl_5N	离子化模式	电子轰击电离 （EI）

质谱图

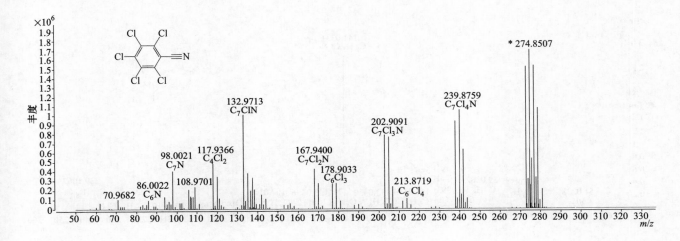

Pentachlorophenol（五氯酚）

基本信息

CAS 登录号	87-86-5	分子量	263.8465
分子式	C_6HCl_5O	离子化模式	电子轰击电离 （EI）

质谱图

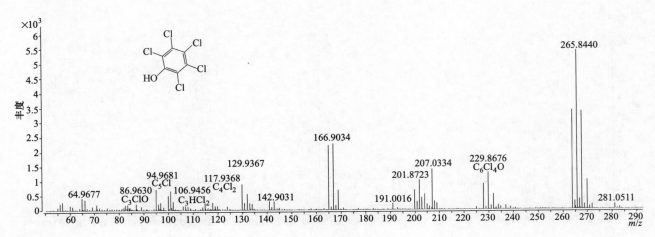

Pentanochlor（甲氯酰草胺）

基本信息

CAS 登录号	2307-68-8		分子量	239. 1072
分子式	C₁₃H₁₈ClNO		离子化模式	电子轰击电离 （EI）

质谱图

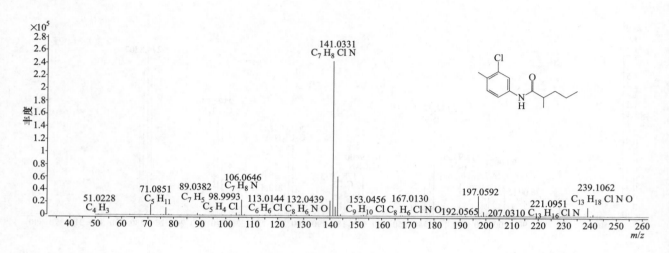

Permethrin（氯菊酯）

基本信息

CAS 登录号	52645-53-1		分子量	390. 0785
分子式	C₂₁H₂₀Cl₂O₃		离子化模式	电子轰击电离 （EI）

质谱图

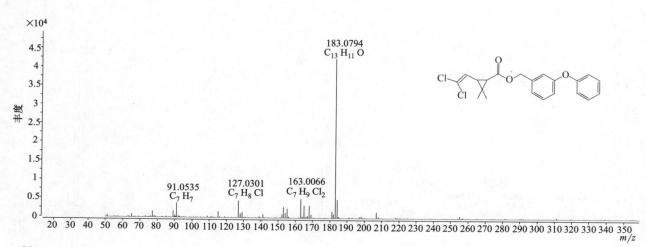

cis-Permethrin（顺式苄氯菊酯）

基本信息

CAS 登录号	61949-76-6		分子量	390.0784
分子式	$C_{21}H_{20}Cl_2O_3$		离子化模式	电子轰击电离 （EI）

质谱图

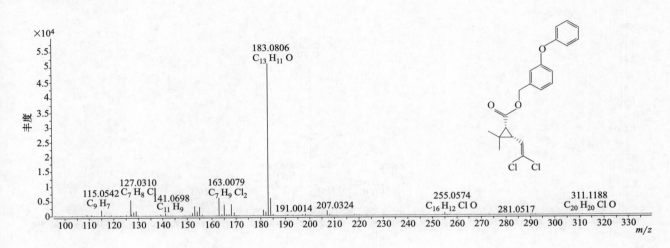

trans-Permethrin（反式苄氯菊酯）

基本信息

CAS 登录号	551877-74-8		分子量	390.0785
分子式	$C_{21}H_{20}Cl_2O_3$		离子化模式	电子轰击电离 （EI）

质谱图

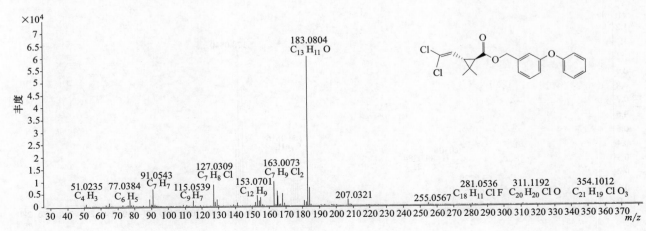

215

Perthane（乙滴涕）

基本信息

CAS 登录号	72-56-0	分子量	306.0937
分子式	$C_{18}H_{20}Cl_2$	离子化模式	电子轰击电离 （EI）

质谱图

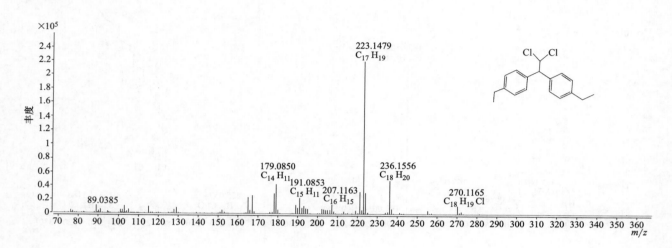

Phenanthrene（菲）

基本信息

CAS 登录号	1985-01-8	分子量	178.0778
分子式	$C_{14}H_{10}$	离子化模式	电子轰击电离 （EI）

质谱图

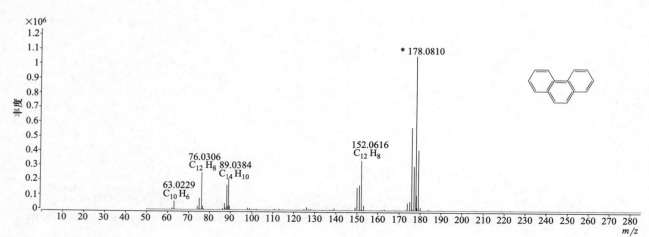

Phenanthrene-D₁₀（菲-D₁₀）

基本信息

CAS 登录号	1517-22-2	分子量	188. 0778
分子式	C₁₄D₁₀	离子化模式	电子轰击电离 （EI）

质谱图

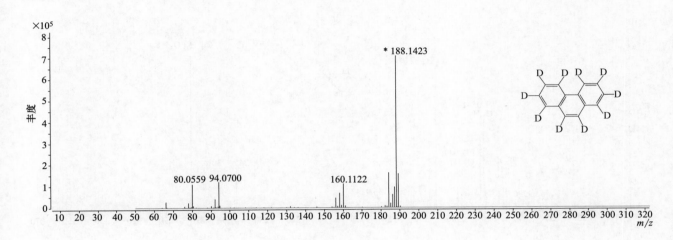

Phenothrin（苯醚菊酯）

基本信息

CAS 登录号	26002-80-2	分子量	350. 1877
分子式	C₂₃H₂₆O₃	离子化模式	电子轰击电离 （EI）

质谱图

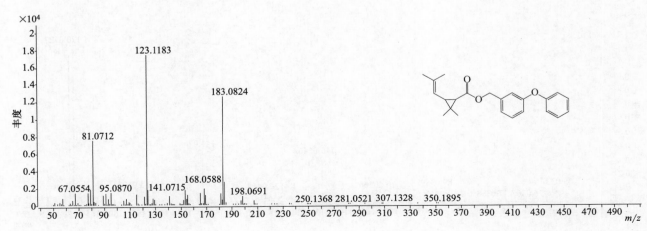

Phenthoate（稻丰散）

CAS 登录号	2597-03-7	分子量	320.0301
分子式	$C_{12}H_{17}O_4PS_2$	离子化模式	电子轰击电离 （EI）

质谱图

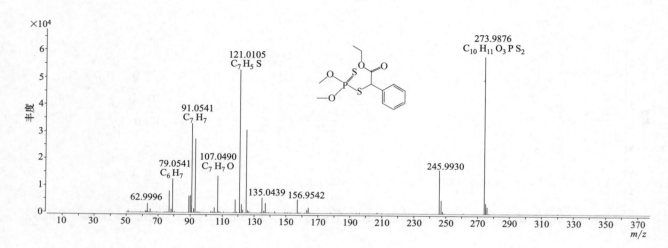

2-Phenylphenol（邻苯基苯酚）

基本信息

CAS 登录号	90-43-7	分子量	170.0726
分子式	$C_{12}H_{10}O$	离子化模式	电子轰击电离 （EI）

质谱图

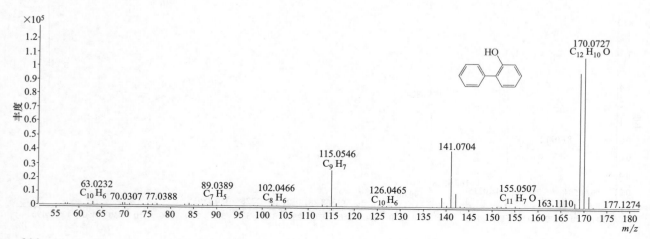

Phorate（甲拌磷）

CAS 登录号	298-02-2	分子量	260. 0123
分子式	$C_7H_{17}O_2PS_3$	离子化模式	电子轰击电离 （EI）

质谱图

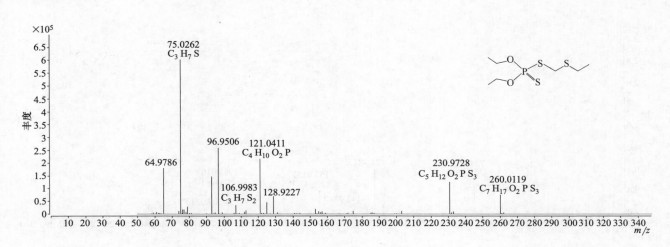

Phorate sulfone（甲拌磷砜）

基本信息

CAS 登录号	2588-04-7	分子量	292. 0022
分子式	$C_7H_{17}O_4PS_3$	离子化模式	电子轰击电离 （EI）

质谱图

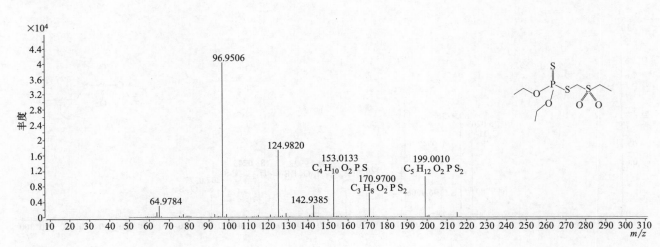

Phorate sulfoxide（甲拌磷亚砜）

基本信息

CAS 登录号	2588-03-6		分子量	276.0072
分子式	C₇H₁₇O₃PS₃		离子化模式	电子轰击电离（EI）

质谱图

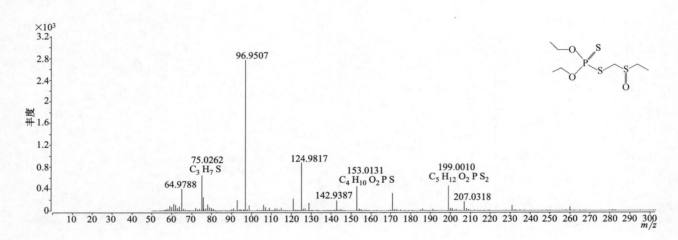

Phorate-oxon-sulfone（氧甲拌磷）

基本信息

CAS 登录号	2588-06-9		分子量	276.0250
分子式	C₇H₁₇O₅PS₂		离子化模式	电子轰击电离（EI）

质谱图

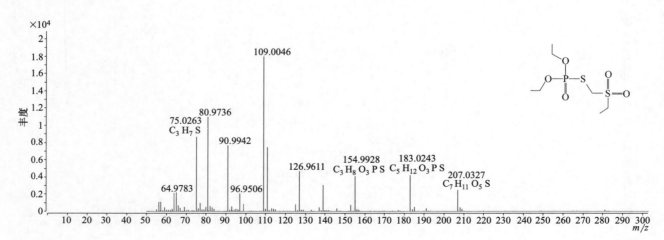

Phosalone（伏杀硫磷）

CAS 登录号	2310-17-0	分子量	366. 9864
分子式	$C_{12}H_{15}ClNO_4PS_2$	离子化模式	电子轰击电离 （EI）

质谱图

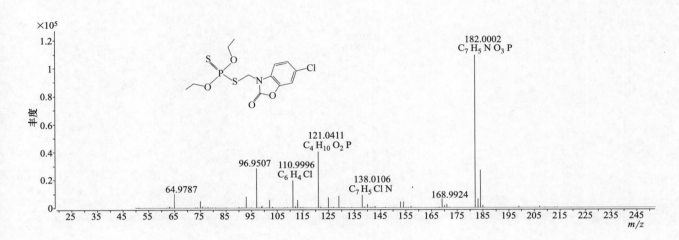

Phosfolan（硫环磷）

基本信息

CAS 登录号	947-02-4	分子量	255. 0148
分子式	$C_7H_{14}NO_3PS_2$	离子化模式	电子轰击电离 （EI）

质谱图

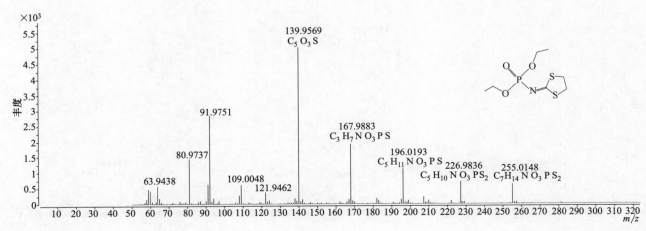

Phosmet（亚胺硫磷）

基本信息

CAS 登录号	732-11-6		分子量	316.9940
分子式	$C_{11}H_{12}NO_4PS_2$		离子化模式	电子轰击电离 （EI）

质谱图

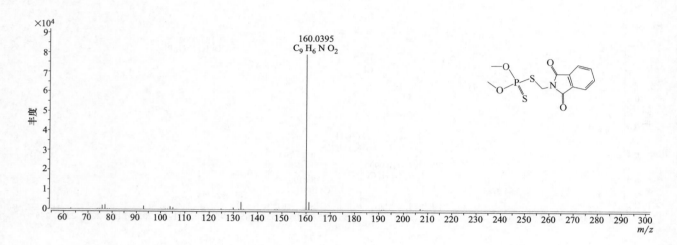

Phosphamidon（磷胺）

基本信息

CAS 登录号	13171-21-6		分子量	299.0684
分子式	$C_{10}H_{19}ClNO_5P$		离子化模式	电子轰击电离 （EI）

质谱图

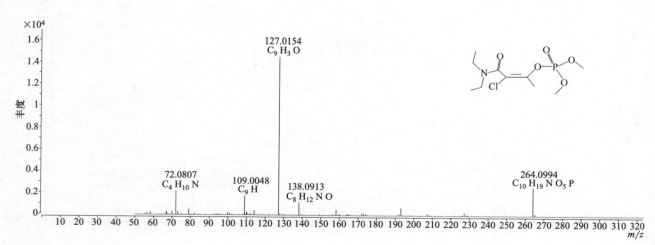

Phthalic acid，benzyl butyl ester（邻苯二甲酸丁苄酯）

CAS 登录号	85-68-7		分子量	312. 1357
分子式	$C_{19}H_{20}O_4$		离子化模式	电子轰击电离 （EI）

质谱图

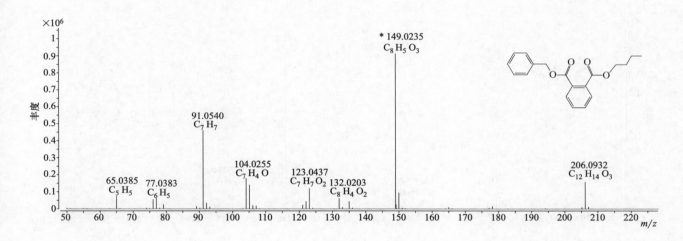

Phthalic acid，bis-butyl ester（邻苯二甲酸二丁酯）

基本信息

CAS 登录号	84-72-2		分子量	278. 1513
分子式	$C_{16}H_{22}O_4$		离子化模式	电子轰击电离 （EI）

质谱图

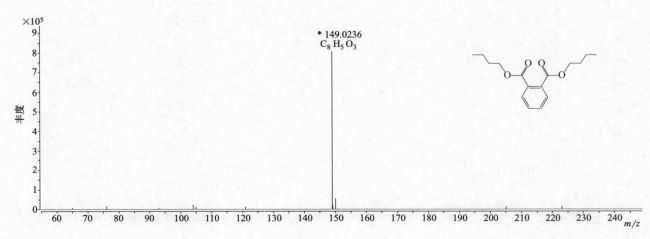

Phthalic acid, dicyclohexyl ester（邻苯二甲酸二环己酯）

CAS 登录号	84-61-7		分子量	330. 1826
分子式	$C_{20}H_{26}O_4$		离子化模式	电子轰击电离（EI）

质谱图

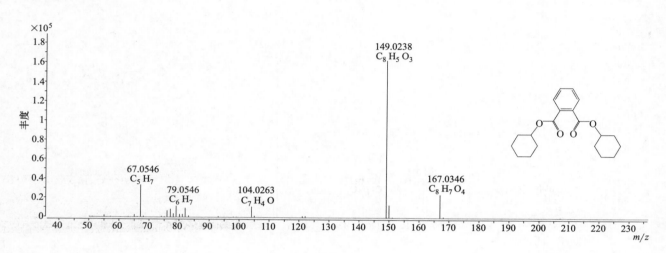

Phthalimide（邻苯二甲酰亚胺）

CAS 登录号	85-41-6		分子量	147. 0316
分子式	$C_8H_5NO_2$		离子化模式	电子轰击电离 （EI）

质谱图

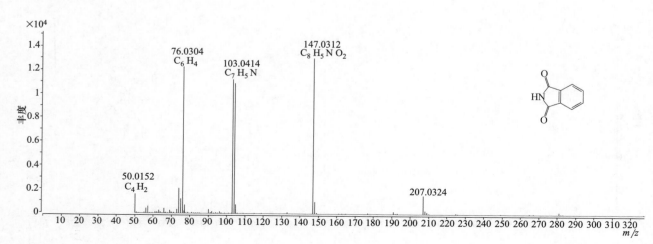

Picolinafen（氟吡酰草胺）

CAS 登录号	137641-05-5		分子量	376. 0830
分子式	$C_{19}H_{12}F_4N_2O_2$		离子化模式	电子轰击电离 （EI）

质谱图

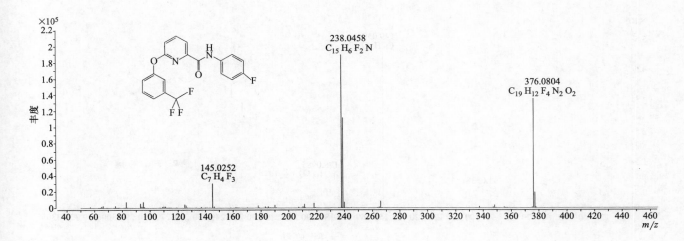

Picoxystrobin（啶氧菌酯）

基本信息

CAS 登录号	117428-22-5		分子量	367. 1026
分子式	$C_{18}H_{16}F_3NO_4$		离子化模式	电子轰击电离 （EI）

质谱图

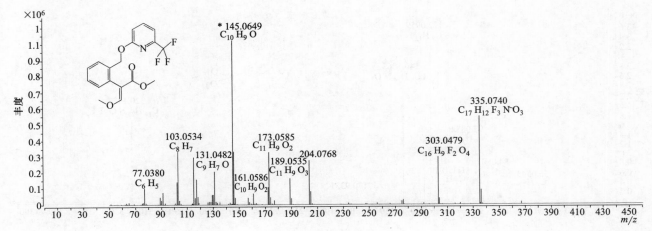

Piperonyl-butoxide（增效醚）

CAS 登录号	51-03-6		分子量	338.2088
分子式	$C_{19}H_{30}O_5$		离子化模式	电子轰击电离 （EI）

质谱图

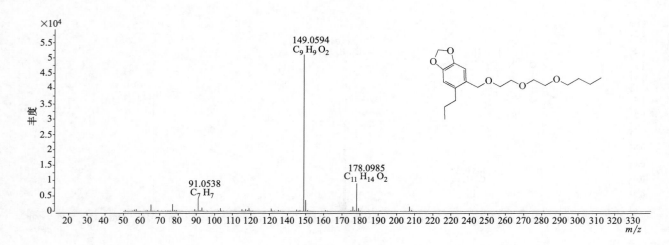

Piperophos（哌草磷）

基本信息

CAS 登录号	24151-93-7		分子量	353.1243
分子式	$C_{14}H_{28}NO_3PS_2$		离子化模式	电子轰击电离 （EI）

质谱图

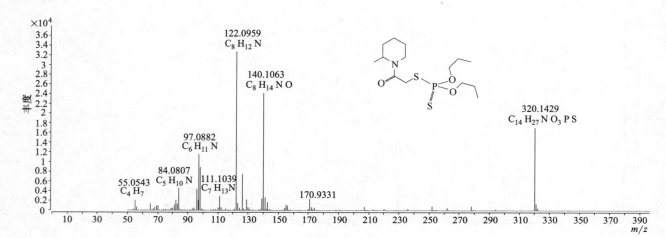

Pirimicarb（抗蚜威）

基本信息

CAS 登录号	23103-98-2	分子量	238.1425
分子式	$C_{11}H_{18}N_4O_2$	离子化模式	电子轰击电离 （EI）

质谱图

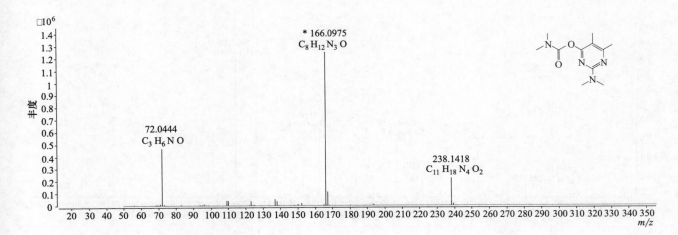

Pirimiphos-ethyl（乙基嘧啶磷）

基本信息

CAS 登录号	23505-41-1	分子量	333.1271
分子式	$C_{13}H_{24}N_3O_3PS$	离子化模式	电子轰击电离 （EI）

质谱图

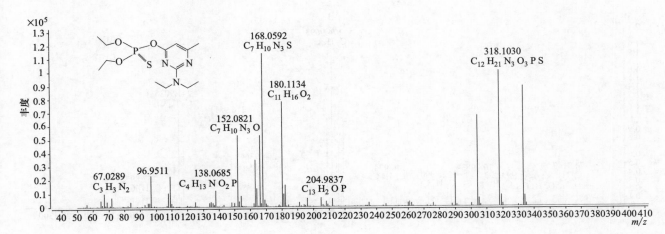

Pirimiphos-methyl（甲基嘧啶磷）

基本信息

CAS 登录号	29232-93-7	分子量	305.0958
分子式	$C_{11}H_{20}N_3O_3PS$	离子化模式	电子轰击电离 （EI）

质谱图

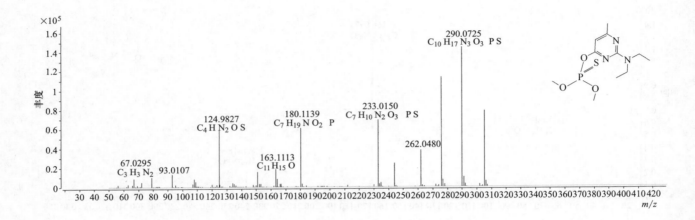

Plifenate（三氯杀虫酯）

基本信息

CAS 登录号	21757-82-4	分子量	333.8884
分子式	$C_{10}H_7Cl_5O_2$	离子化模式	电子轰击电离 （EI）

质谱图

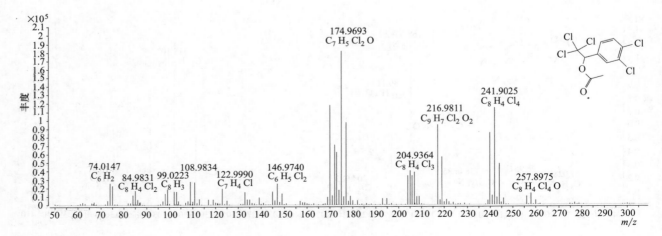

Prallethrin（炔丙菊酯）

基本信息

CAS 登录号	23031-36-9	分子量	300. 1720
分子式	C₁₉H₂₄O₃	离子化模式	电子轰击电离（EI）

分子式: $C_{19}H_{24}O_3$
分子量: 300. 1720

质谱图

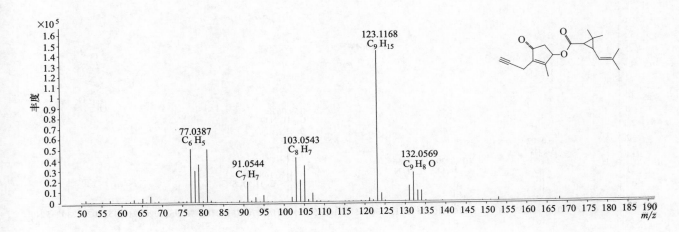

Pretilachlor（丙草胺）

基本信息

CAS 登录号	51218-49-6	分子量	311. 1647
分子式	C₁₇H₂₆ClNO₂	离子化模式	电子轰击电离（EI）

分子式: $C_{17}H_{26}ClNO_2$
分子量: 311. 1647

质谱图

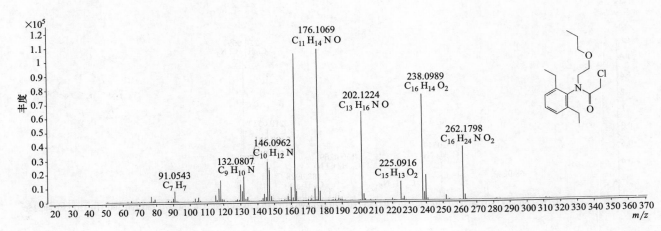

Probenazole（烯丙苯噻唑）

基本信息

CAS 登录号	27605-76-1	分子量	223.0298
分子式	$C_{10}H_9NO_3S$	离子化模式	电子轰击电离 （EI）

质谱图

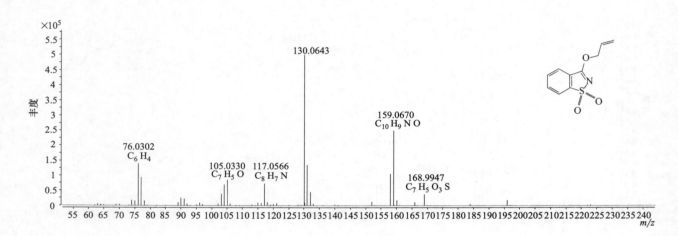

Procyazine（环丙腈津）

基本信息

CAS 登录号	32889-48-8	分子量	241.1089
分子式	$C_{10}H_{16}ClN_5$	离子化模式	电子轰击电离 （EI）

质谱图

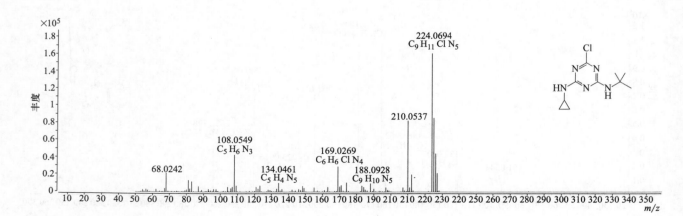

Procymidone（腐霉利）

CAS 登录号	32809-16-8	分子量	283.0161
分子式	$C_{13}H_{11}Cl_2NO_2$	离子化模式	电子轰击电离 （EI）

质谱图

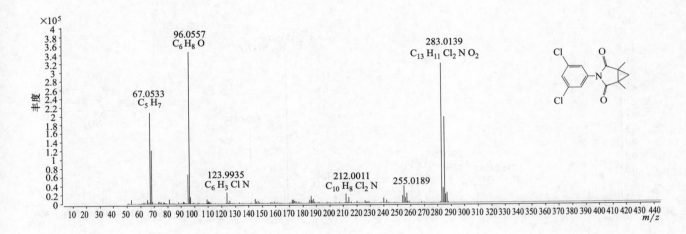

Profenofos（丙溴磷）

基本信息

CAS 登录号	41198-08-7	分子量	371.9346
分子式	$C_{11}H_{15}BrClO_3PS$	离子化模式	电子轰击电离 （EI）

质谱图

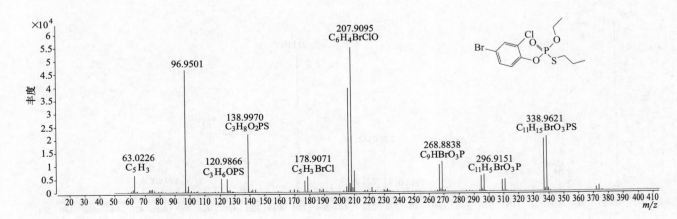

Profluralin（环丙氟）

基本信息

CAS 登录号	26399-36-0	分子量	347. 1088
分子式	$C_{14}H_{16}F_3N_3O_4$	离子化模式	电子轰击电离 （EI）

质谱图

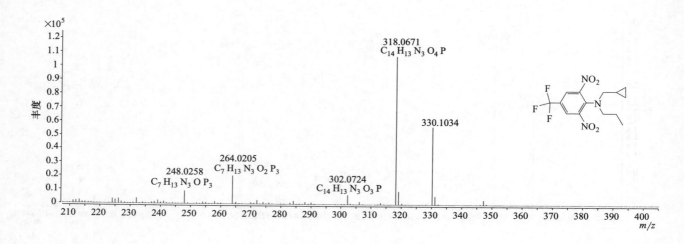

Prohydrojasmon（茉莉酮）

基本信息

CAS 登录号	158474-72-7	分子量	254. 1877
分子式	$C_{15}H_{26}O_3$	离子化模式	电子轰击电离 （EI）

质谱图

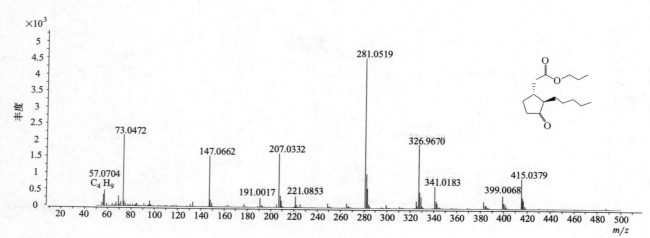

Promecarb（猛杀威）

基本信息

CAS 登录号	2631-37-0	分子量	207. 1254
分子式	$C_{12}H_{17}NO_2$	离子化模式	电子轰击电离 （EI）

质谱图

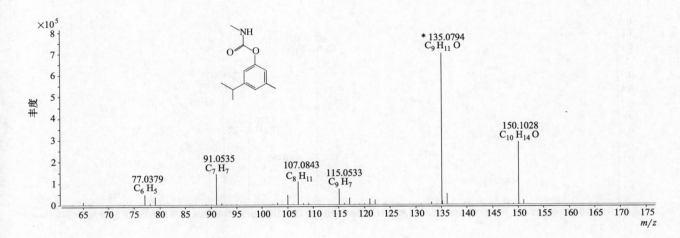

Prometon（扑灭通）

基本信息

CAS 登录号	1610-18-0	分子量	225. 1585
分子式	$C_{10}H_{19}N_5O$	离子化模式	电子轰击电离 （EI）

质谱图

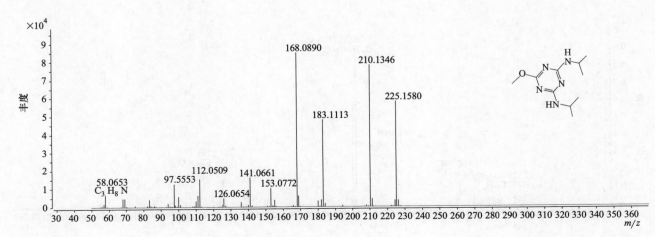

Prometryne（扑草净）

CAS 登录号	7287-19-6	分子量	241. 1356
分子式	$C_{10}H_{19}N_5S$	离子化模式	电子轰击电离（EI）

质谱图

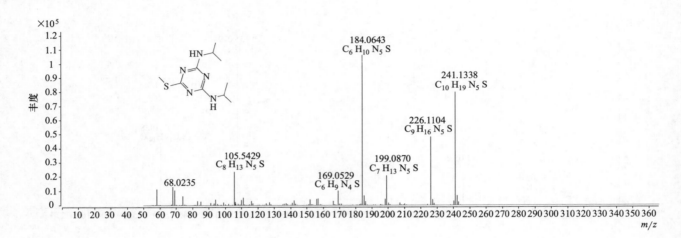

Pronamide（炔敌稗）

基本信息

CAS 登录号	23950-58-5	分子量	255. 0212
分子式	$C_{12}H_{11}Cl_2NO$	离子化模式	电子轰击电离（EI）

质谱图

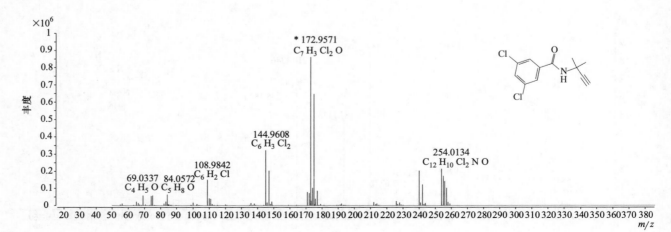

234

Propachlor（毒草胺）

基本信息

CAS 登录号	1918-16-7		分子量	211.0759
分子式	$C_{11}H_{14}ClNO$		离子化模式	电子轰击电离（EI）

质谱图

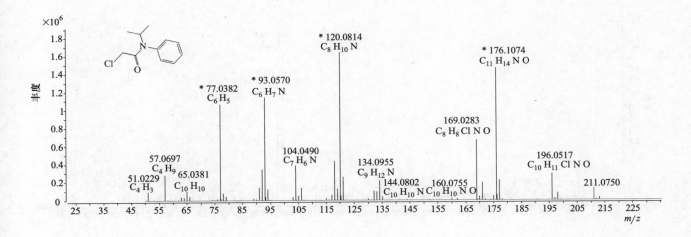

Propamocarb（霜毒威）

基本信息

CAS 登录号	24579-73-5		分子量	188.1520
分子式	$C_9H_{20}N_2O_2$		离子化模式	电子轰击电离（EI）

质谱图

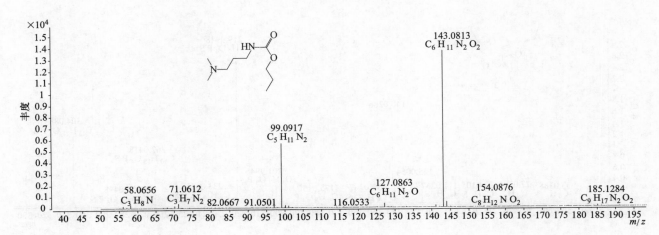

Propanil（敌稗）

基本信息

CAS 登录号	709-98-8	分子量	217.0056
分子式	$C_9H_9Cl_2NO$	离子化模式	电子轰击电离 （EI）

质谱图

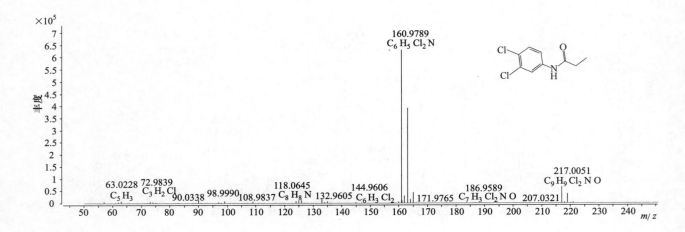

Propaphos（丙虫磷）

基本信息

CAS 登录号	7292-16-2	分子量	304.0893
分子式	$C_{13}H_{21}O_4PS$	离子化模式	电子轰击电离 （EI）

质谱图

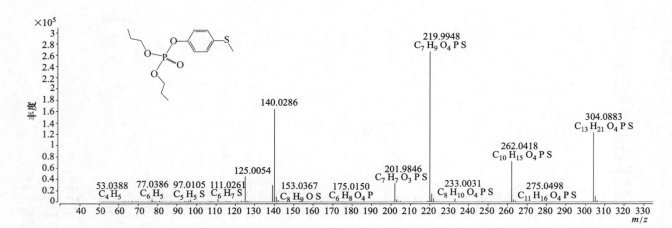

Propargite（炔螨特）

CAS 登录号	2312-35-8		分子量	350. 1547
分子式	$C_{19}H_{26}O_4S$		离子化模式	电子轰击电离 （EI）

质谱图

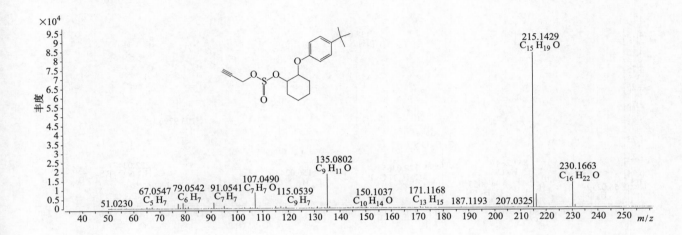

Propazine（扑灭津）

基本信息

CAS 登录号	139-40-2		分子量	229. 1089
分子式	$C_9H_{16}ClN_5$		离子化模式	电子轰击电离 （EI）

质谱图

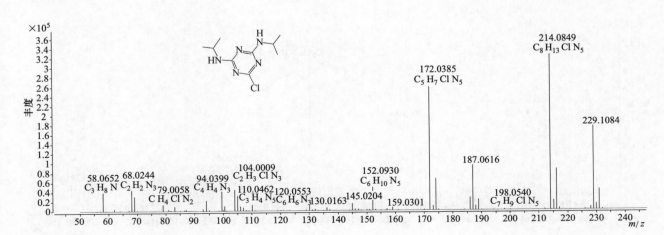

Propetamphos（异丙氧磷）

基本信息

CAS 登录号	31218-83-4	分子量	281. 0846
分子式	$C_{10}H_{20}NO_4PS$	离子化模式	电子轰击电离 （EI）

质谱图

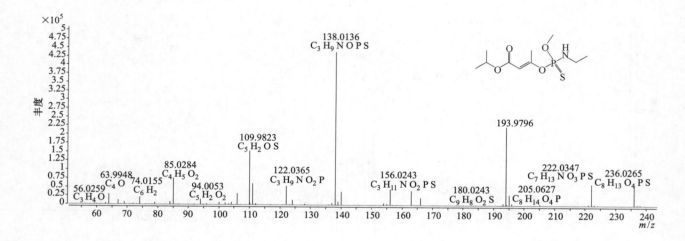

Propham（苯胺灵）

基本信息

CAS 登录号	122-42-9	分子量	179. 0941
分子式	$C_{10}H_{13}NO_2$	离子化模式	电子轰击电离 （EI）

质谱图

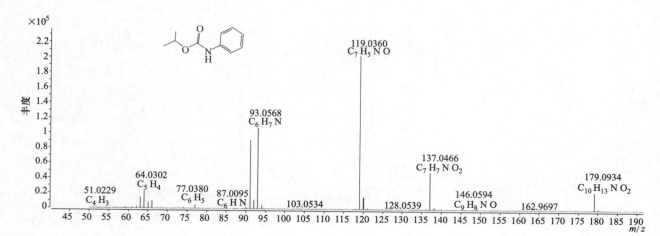

Propiconazole（丙环唑）

基本信息

CAS 登录号	60207-90-1	分子量	341. 0693
分子式	$C_{15}H_{17}Cl_2N_3O_2$	离子化模式	电子轰击电离 （EI）

质谱图

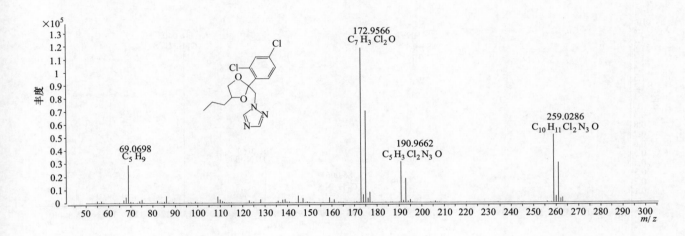

Propisochlor（异丙草胺）

基本信息

CAS 登录号	86763-47-5	分子量	283. 1334
分子式	$C_{15}H_{22}ClNO_2$	离子化模式	电子轰击电离 （EI）

质谱图

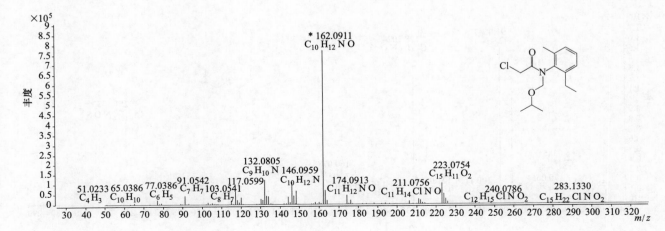

Propylene thiourea（丙烯硫脲）

基本信息

CAS 登录号	2055-46-1		分子量	116.0403
分子式	$C_4H_8N_2S$		离子化模式	电子轰击电离（EI）

质谱图

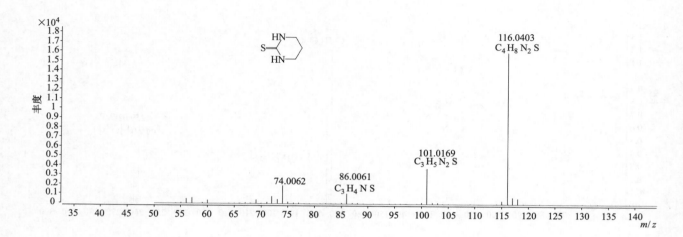

Prosulfocarb（苄草丹）

基本信息

CAS 登录号	52888-80-9		分子量	251.1339
分子式	$C_{14}H_{21}NOS$		离子化模式	电子轰击电离（EI）

质谱图

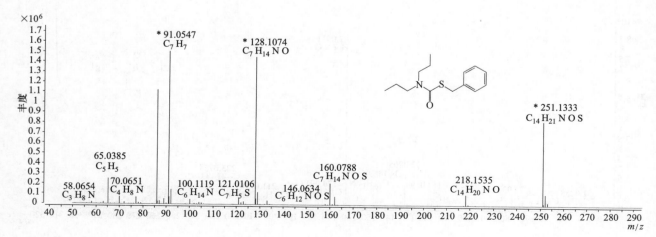

Prothiofos（丙硫磷）

基本信息

CAS 登录号	34643-46-4		分子量	343. 9623
分子式	$C_{11}H_{15}Cl_2O_2PS_2$		离子化模式	电子轰击电离 （EI）

质谱图

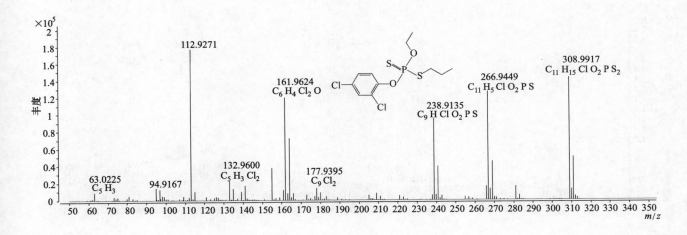

Pyracarbolid（吡喃灵）

基本信息

CAS 登录号	24691-76-7		分子量	217. 1097
分子式	$C_{13}H_{15}NO_2$		离子化模式	电子轰击电离 （EI）

质谱图

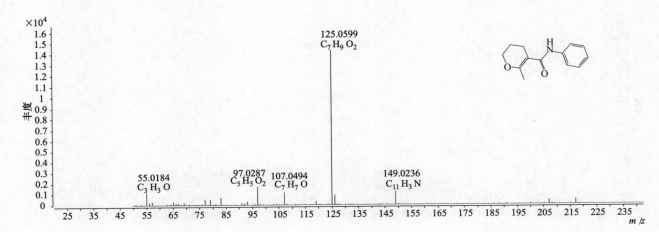

Pyraclostrobin（百克敏）

基本信息

CAS 登录号	175013-18-0	分子量	387. 0981
分子式	$C_{19}H_{18}ClN_3O_4$	离子化模式	电子轰击电离 （EI）

质谱图

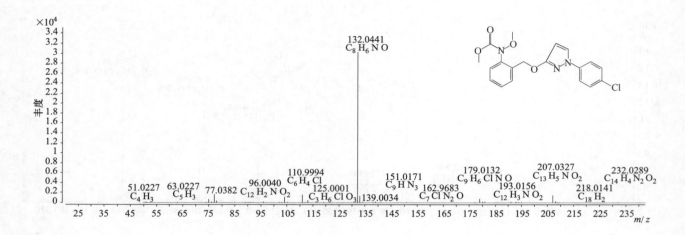

Pyrazophos（吡菌磷）

基本信息

CAS 登录号	13457-18-6	分子量	373. 0856
分子式	$C_{14}H_{20}N_3O_5PS$	离子化模式	电子轰击电离 （EI）

质谱图

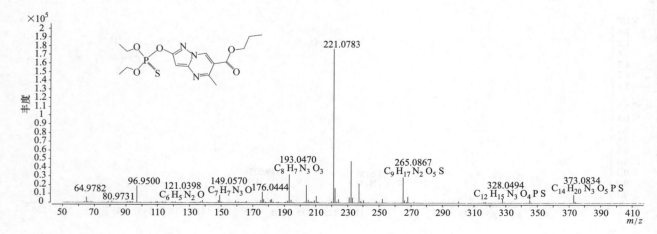

Pyrethrins（除虫菊酯）

基本信息

CAS 登录号	8003-34-7	分子量	372. 1931
分子式	$C_{22}H_{28}O_5$	离子化模式	电子轰击电离 （EI）

质谱图

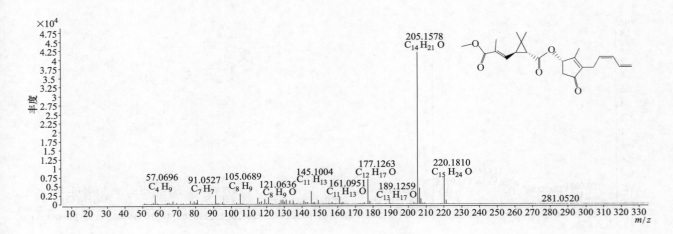

Pyributicarb（稗草丹）

基本信息

CAS 登录号	88678-67-5	分子量	330. 1397
分子式	$C_{18}H_{22}N_2O_2S$	离子化模式	电子轰击电离 （EI）

质谱图

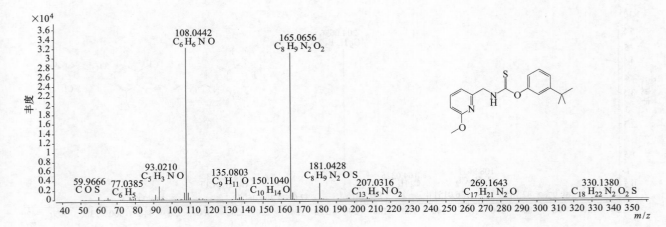

Pyridaben（哒螨灵）

CAS 登录号	96489-71-3	分子量	364.1371
分子式	$C_{19}H_{25}ClN_2OS$	离子化模式	电子轰击电离 （EI）

质谱图

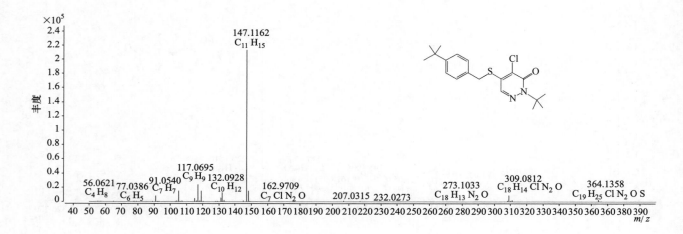

Pyridalyl（啶虫丙醚）

基本信息

CAS 登录号	179101-81-6	分子量	488.9675
分子式	$C_{18}H_{14}Cl_4F_3NO_3$	离子化模式	电子轰击电离 （EI）

质谱图

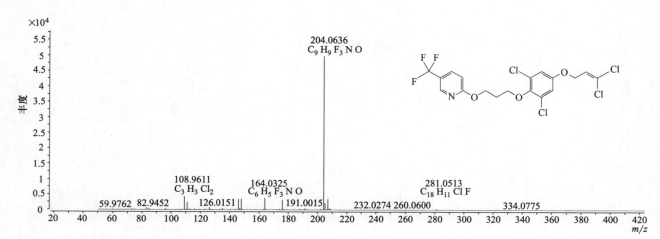

Pyridaphenthion（哒嗪硫磷）

基本信息

CAS 登录号	119-12-0	分子量	340.0642
分子式	$C_{14}H_{17}N_2O_4PS$	离子化模式	电子轰击电离（EI）

质谱图

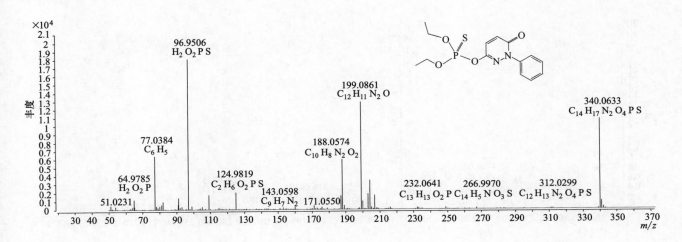

Pyrifenox（啶斑肟）

基本信息

CAS 登录号	88283-41-4	分子量	294.0322
分子式	$C_{14}H_{12}Cl_2N_2O$	离子化模式	电子轰击电离（EI）

质谱图

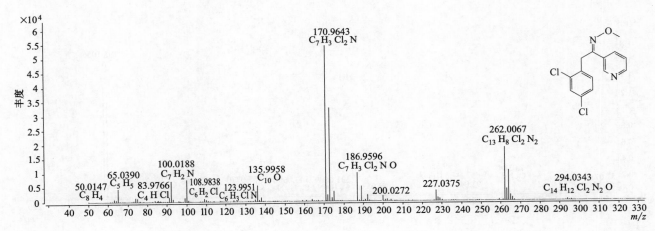

Pyriftalid（环酯草醚）

基本信息

CAS 登录号	135186-78-6	分子量	318.0669
分子式	$C_{15}H_{14}N_2O_4S$	离子化模式	电子轰击电离（EI）

质谱图

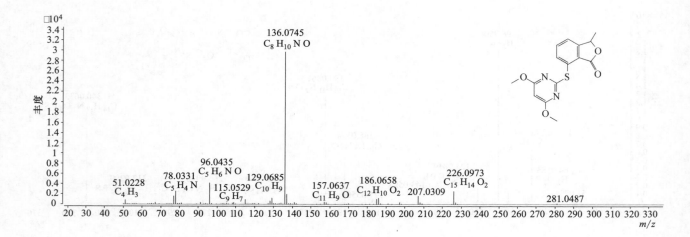

Pyrimethanil（嘧霉胺）

基本信息

CAS 登录号	53112-28-0	分子量	199.1105
分子式	$C_{12}H_{13}N_3$	离子化模式	电子轰击电离（EI）

质谱图

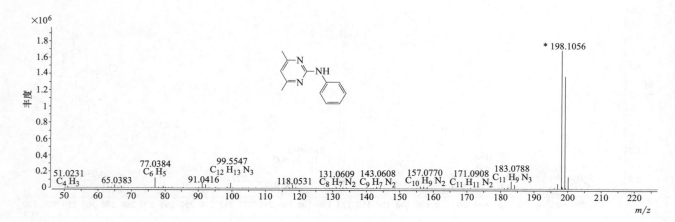

Pyriproxyfen（吡丙醚）

基本信息

CAS 登录号	95737-68-1		分子量	321. 1360
分子式	$C_{20}H_{19}NO_3$		离子化模式	电子轰击电离 （EI）

质谱图

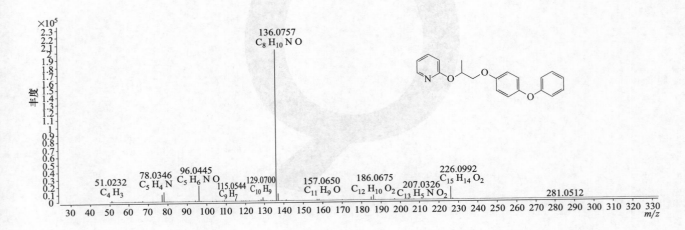

Pyroquilon（乐喹酮）

基本信息

CAS 登录号	57369-32-1		分子量	173. 0836
分子式	$C_{11}H_{11}NO$		离子化模式	电子轰击电离 （EI）

质谱图

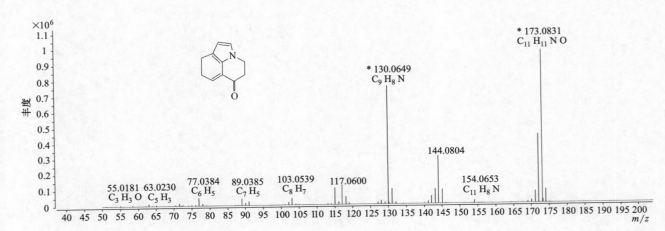

247

Quinalphos（喹硫磷）

基本信息

CAS 登录号	13593-03-8	分子量	298. 0536
分子式	$C_{12}H_{15}N_2O_3PS$	离子化模式	电子轰击电离 （EI）

质谱图

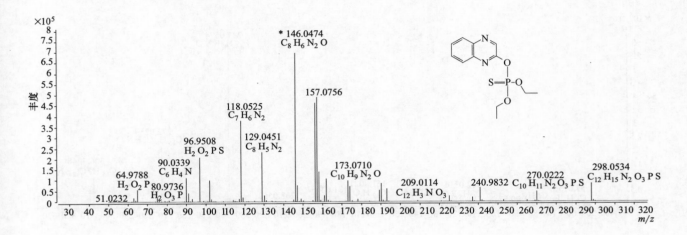

Quinoclamine（灭藻醌）

基本信息

CAS 登录号	2797-51-5	分子量	207. 0082
分子式	$C_{10}H_6ClNO_2$	离子化模式	电子轰击电离 （EI）

质谱图

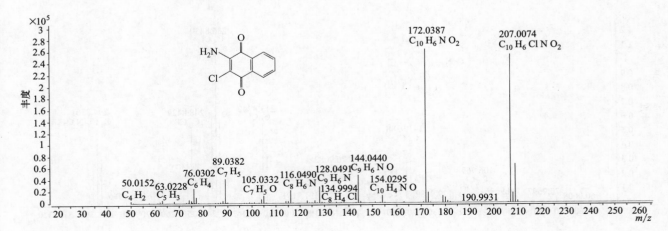

Quinoxyphen（苯氧喹啉）

基本信息

CAS 登录号	124495-18-7	分子量	306.9962
分子式	$C_{15}H_8Cl_2FNO$	离子化模式	电子轰击电离（EI）

质谱图

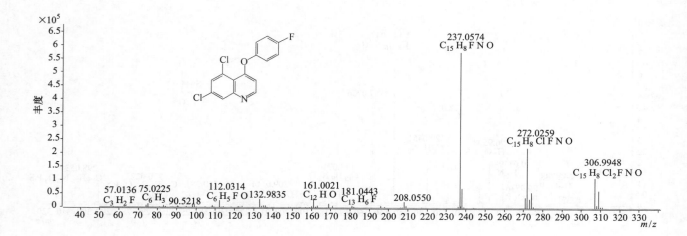

Quintozene（五氯硝基苯）

基本信息

CAS 登录号	82-68-8	分子量	292.8367
分子式	$C_6Cl_5NO_2$	离子化模式	电子轰击电离（EI）

质谱图

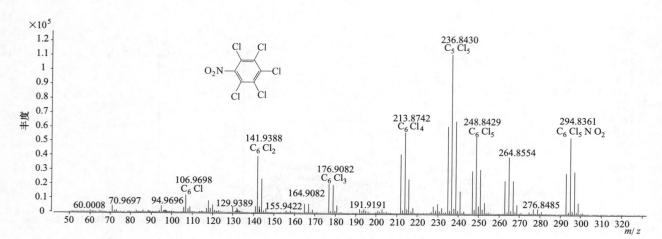

Quizalofop-ethyl（喹禾灵）

基本信息

CAS 登录号	76578-14-8	分子量	372.0872
分子式	$C_{19}H_{17}ClN_2O_4$	离子化模式	电子轰击电离 （EI）

质谱图

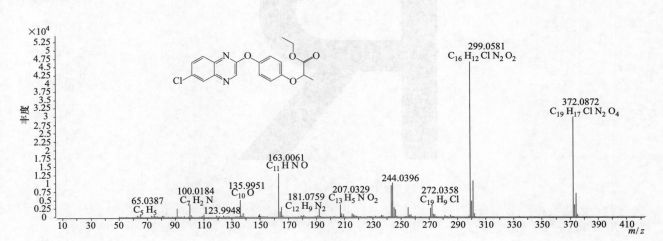

>>>> R

Rabenzazole（吡咪唑）

基本信息

CAS 登录号	40341-04-6	分子量	212.1057
分子式	$C_{12}H_{12}N_4$	离子化模式	电子轰击电离（EI）

质谱图

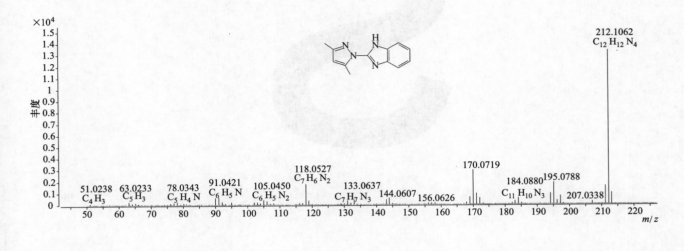

Resmethrin（苄蚨菊酯）

基本信息

CAS 登录号	10453-86-8	分子量	338.1877
分子式	$C_{22}H_{26}O_3$	离子化模式	电子轰击电离（EI）

质谱图

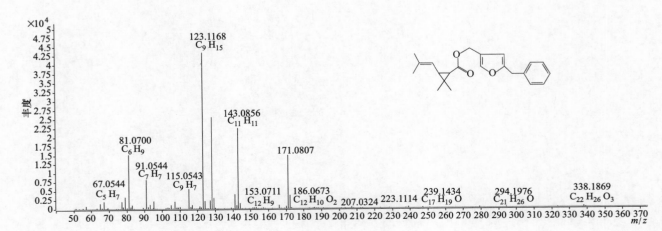

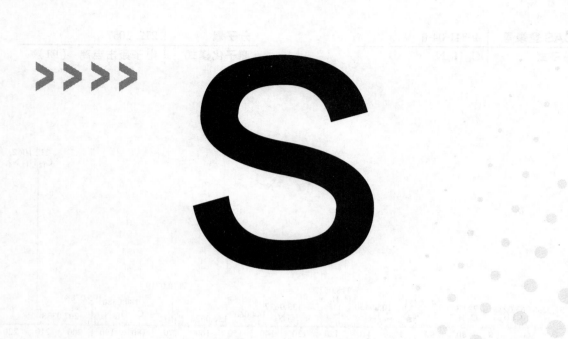

S

S421（八氯二丙醚）

基本信息

CAS 登录号	127-90-2		分子量	373. 7922
分子式	C₆H₆Cl₈O		离子化模式	电子轰击电离 （EI）

质谱图

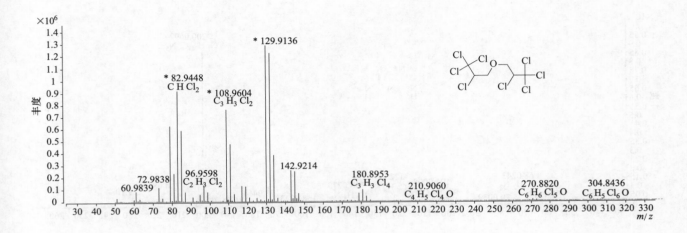

Schradan（八甲磷）

基本信息

CAS 登录号	152-16-9		分子量	286. 1319
分子式	C₈H₂₄N₄O₃P₂		离子化模式	电子轰击电离 （EI）

质谱图

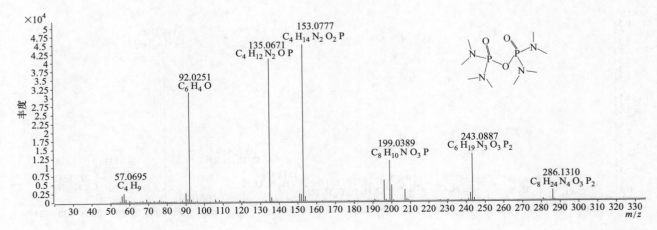

Sebutylazine（另丁津）

基本信息

CAS 登录号	7286-69-3	分子量	229.1089
分子式	$C_9H_{16}ClN_5$	离子化模式	电子轰击电离 （EI）

质谱图

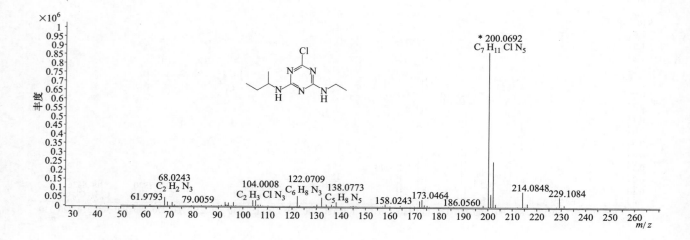

Secbumeton（密草通）

基本信息

CAS 登录号	26259-45-0	分子量	225.1585
分子式	$C_{10}H_{19}N_5O$	离子化模式	电子轰击电离 （EI）

质谱图

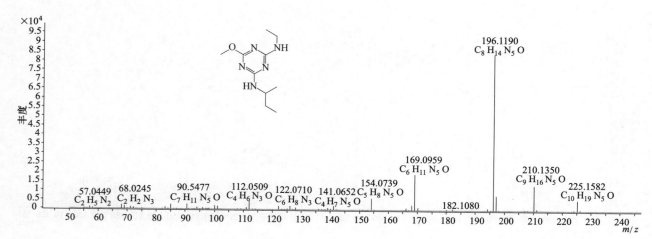

Silafluofen（白蚁灵）

CAS 登录号	105024-66-6	分子量	408. 1916
分子式	$C_{25}H_{29}FO_2Si$	离子化模式	电子轰击电离 （EI）

质谱图

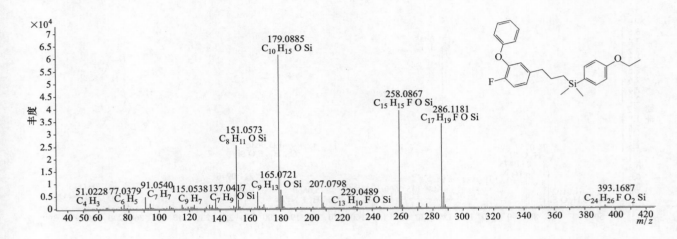

Simazine（西玛津）

基本信息

CAS 登录号	122-34-9	分子量	201. 0776
分子式	$C_7H_{12}ClN_5$	离子化模式	电子轰击电离 （EI）

质谱图

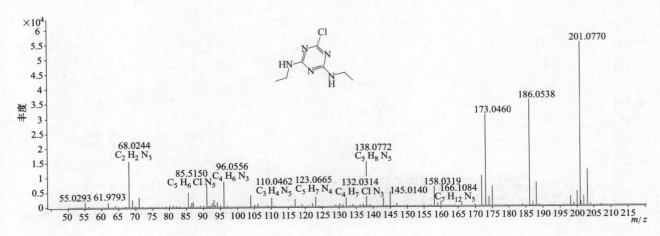

Simeconazole（硅氟唑）

CAS 登录号	149508-90-7	分子量	293.1355
分子式	$C_{14}H_{20}FN_3OSi$	离子化模式	电子轰击电离 （EI）

质谱图

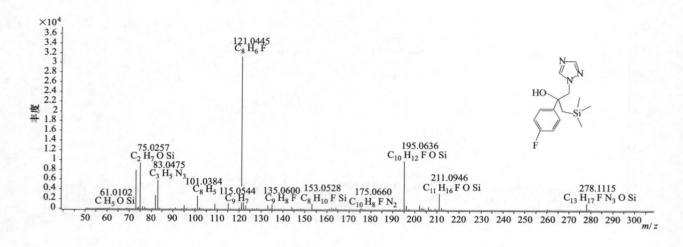

Simeton（西玛通）

基本信息

CAS 登录号	673-04-1	分子量	197.1272
分子式	$C_8H_{15}N_5O$	离子化模式	电子轰击电离 （EI）

质谱图

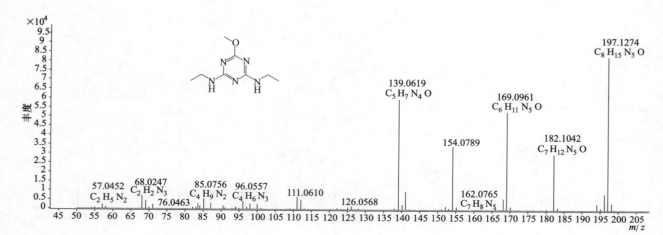

Simetryn（西草净）

基本信息

CAS 登录号	1014-70-6	分子量	213. 1043
分子式	$C_8H_{15}N_5S$	离子化模式	电子轰击电离 （EI）

质谱图

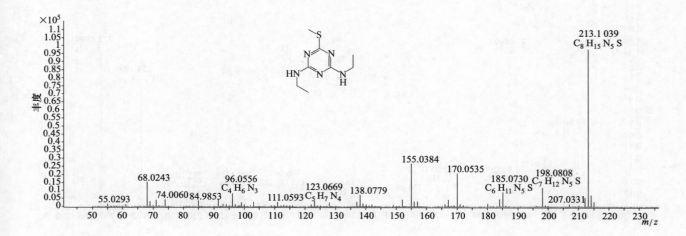

Spirodiclofen（螺螨酯）

基本信息

CAS 登录号	148477-71-8	分子量	410. 1047
分子式	$C_{21}H_{24}Cl_2O_4$	离子化模式	电子轰击电离 （EI）

质谱图

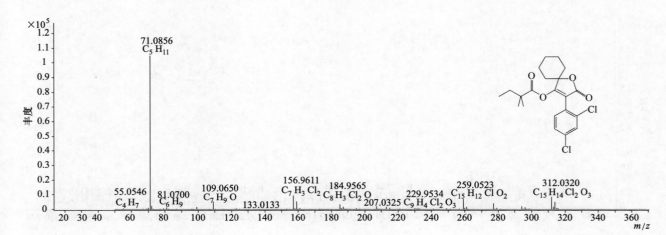

Spiromesifen（螺甲螨酯）

CAS 登录号	283594-90-1		分子量	370. 2139
分子式	$C_{23}H_{30}O_4$		离子化模式	电子轰击电离 （EI）

质谱图

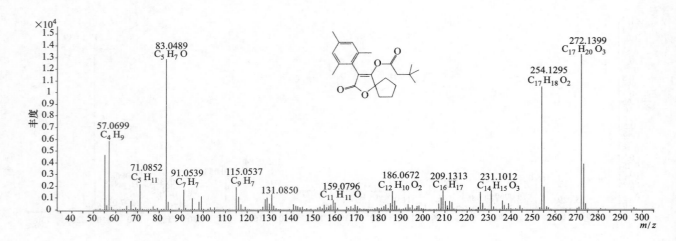

Spiroxamine（螺噁茂胺）

基本信息

CAS 登录号	118134-30-8		分子量	297. 2663
分子式	$C_{18}H_{35}NO_2$		离子化模式	电子轰击电离 （EI）

质谱图

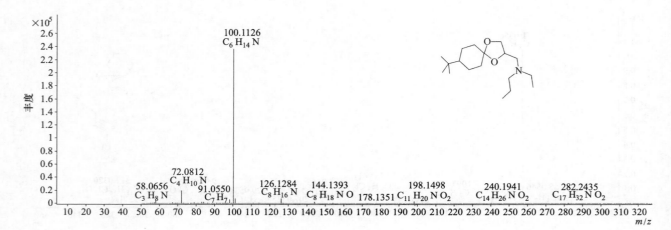

Sulfallate（菜草畏）

基本信息

CAS 登录号	95-06-7		分子量	223. 0251
分子式	$C_8H_{14}ClNS_2$		离子化模式	电子轰击电离（EI）

质谱图

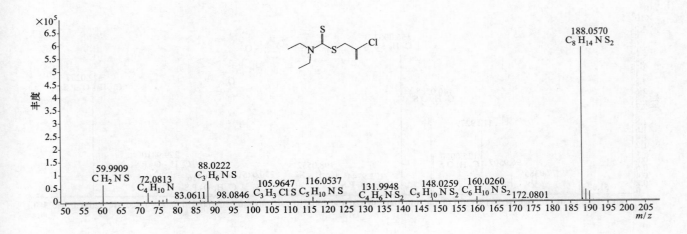

59.9909 CH_2NS
72.0813 $C_4H_{10}N$
83.0611
88.0222 C_3H_6NS
98.0846
105.9647 C_3H_3ClS
116.0537 $C_5H_{10}NS$
131.9948 $C_4H_6NS_2$
148.0259 $C_5H_{10}NS_2$
160.0260 $C_6H_{10}NS_2$
172.0801
188.0570 $C_8H_{14}NS_2$

Sulfotep（治螟磷）

基本信息

CAS 登录号	3689-24-5		分子量	322. 0222
分子式	$C_8H_{20}O_5P_2S_2$		离子化模式	电子轰击电离（EI）

质谱图

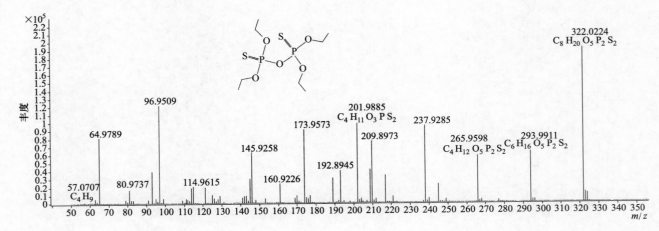

57.0707 C_4H_9
64.9789
80.9737
96.9509
114.9615
145.9258
160.9226
173.9573
192.8945
201.9885 $C_4H_{11}O_3PS_2$
209.8973
237.9285
265.9598 $C_4H_{12}O_5P_2S_2$
293.9911 $C_6H_{16}O_5P_2S_2$
322.0224 $C_8H_{20}O_5P_2S_2$

Sulprofos（硫丙磷）

基本信息

CAS 登录号	35400-43-2	分子量	322.0280
分子式	$C_{12}H_{19}O_2PS_3$	离子化模式	电子轰击电离 （EI）

质谱图

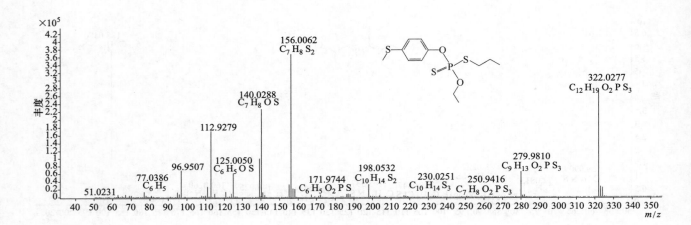

$\times 10^5$

丰度

156.0062
$C_7H_8S_2$

140.0288
C_7H_8OS

112.9279

125.0050
C_6H_5OS

96.9507

77.0386
C_6H_5

51.0231

171.9744
$C_6H_5O_2PS$

198.0532
$C_{10}H_{14}S_2$

230.0251
$C_{10}H_{14}S_3$

250.9416
$C_7H_8O_2PS_3$

279.9810
$C_9H_{13}O_2PS_3$

322.0277
$C_{12}H_{19}O_2PS_3$

40 50 60 70 80 90 100 110 120 130 140 150 160 170 180 190 200 210 220 230 240 250 260 270 280 290 300 310 320 330 340 350

m/z

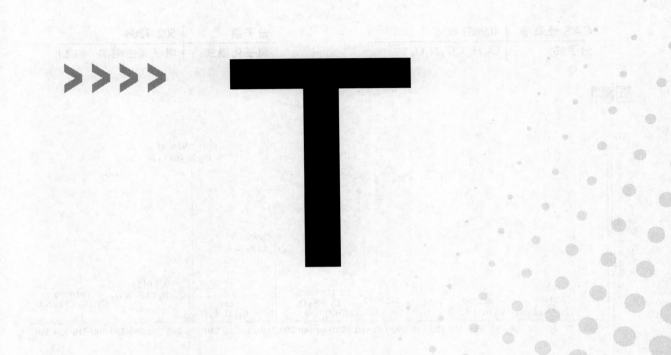

Tau-fluvalinate（氟胺氰菊酯）

基本信息

CAS 登录号	102851-06-9		分子量	502. 1266
分子式	$C_{26}H_{22}ClF_3N_2O_3$		离子化模式	电子轰击电离 （EI）

质谱图

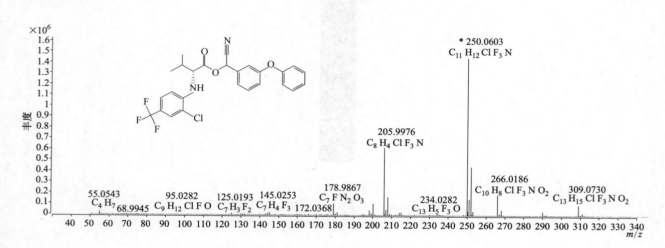

TCMTB（2-苯并噻唑）

基本信息

CAS 登录号	21564-17-0		分子量	237. 9689
分子式	$C_9H_6N_2S_3$		离子化模式	电子轰击电离 （EI）

质谱图

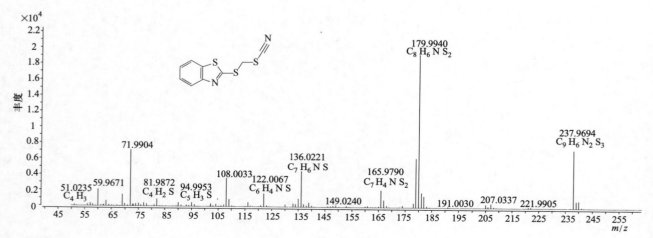

Tebuconazole（戊唑醇）

基本信息

CAS 登录号	107534-96-3	分子量	307.1446
分子式	$C_{16}H_{22}ClN_3O$	离子化模式	电子轰击电离（EI）

质谱图

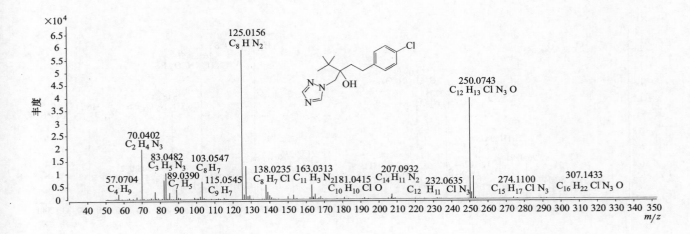

Tebufenpyrad（吡螨胺）

基本信息

CAS 登录号	119168-77-3	分子量	333.1603
分子式	$C_{18}H_{24}ClN_3O$	离子化模式	电子轰击电离（EI）

质谱图

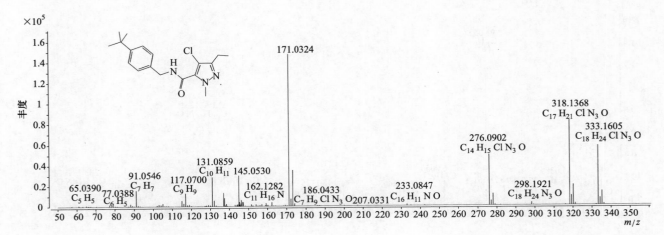

Tebupirimfos（丁基嘧啶磷）

基本信息

CAS 登录号	96182-53-5	分子量	318. 1162
分子式	$C_{13}H_{23}N_2O_3PS$	离子化模式	电子轰击电离 （EI）

质谱图

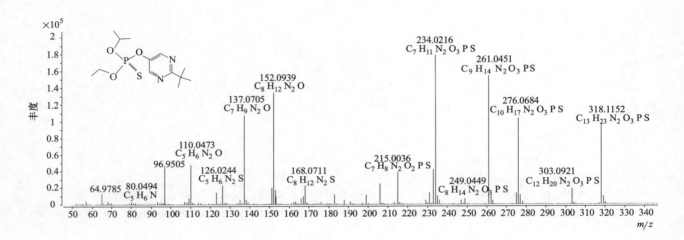

Tebutam（牧草胺）

基本信息

CAS 登录号	35256-85-0	分子量	233. 1775
分子式	$C_{15}H_{23}NO$	离子化模式	电子轰击电离 （EI）

质谱图

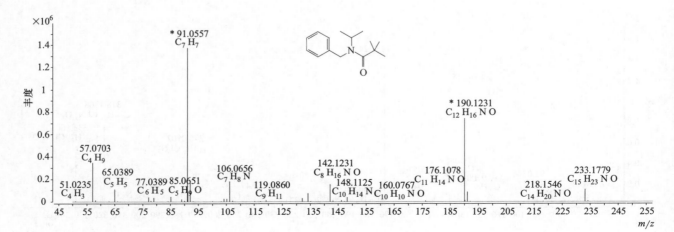

Tebuthiuron（丁噻隆）

基本信息

CAS 登录号	34014-18-1	分子量	228. 1040
分子式	$C_9H_{16}N_4OS$	离子化模式	电子轰击电离（EI）

质谱图

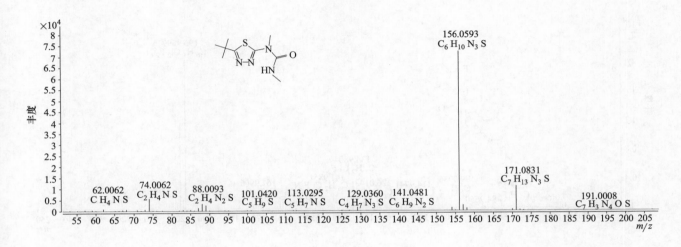

Tecnazene（四氯硝基苯）

基本信息

CAS 登录号	117-18-0	分子量	258. 8756
分子式	$C_6HCl_4NO_2$	离子化模式	电子轰击电离（EI）

质谱图

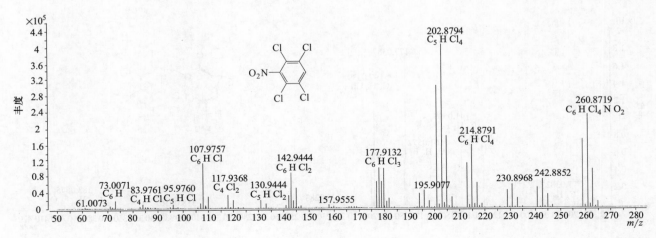

Teflubenzuron（氟苯脲）

基本信息

CAS 登录号	83121-18-0
分子式	$C_{14}H_6Cl_2F_4N_2O_2$

分子量	379.9737
离子化模式	电子轰击电离 （EI）

质谱图

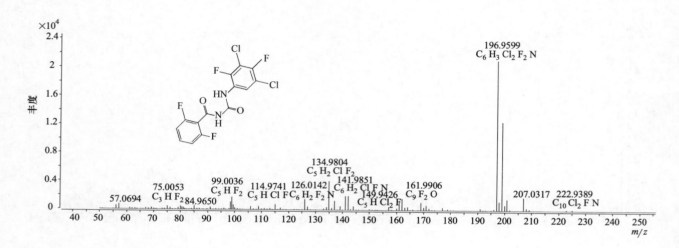

Tefluthrin（七氟菊酯）

基本信息

CAS 登录号	79538-32-2
分子式	$C_{17}H_{14}ClF_7O_2$

分子量	418.0566
离子化模式	电子轰击电离 （EI）

质谱图

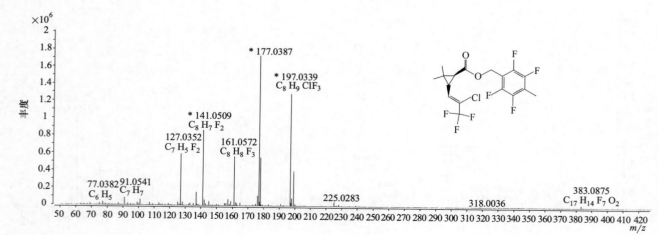

Telodrim（碳氯灵）

基本信息

CAS 登录号	297-78-9	分子量	407.7765
分子式	$C_9H_4Cl_8O$	离子化模式	电子轰击电离（EI）

质谱图

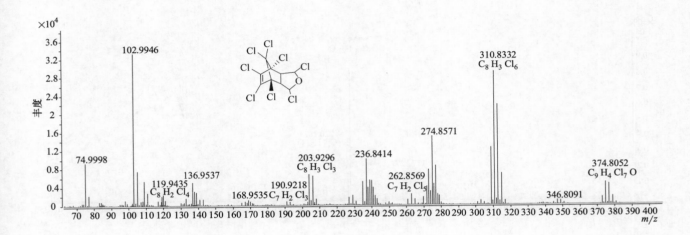

Tepraloxydim（吡喃草酮）

基本信息

CAS 登录号	149979-41-9	分子量	341.1389
分子式	$C_{17}H_{24}ClNO_4$	离子化模式	电子轰击电离（EI）

质谱图

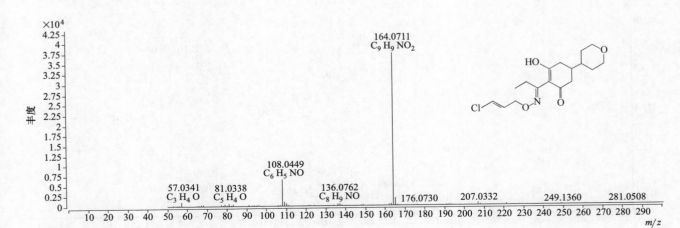

Terbucarb（特草灵）

基本信息

CAS 登录号	1918-11-2		分子量	277. 2037
分子式	C₁₇H₂₇NO₂		离子化模式	电子轰击电离 （EI）

分子式 $C_{17}H_{27}NO_2$ ／ 分子量 277.2037 ／ 离子化模式 电子轰击电离（EI）

质谱图

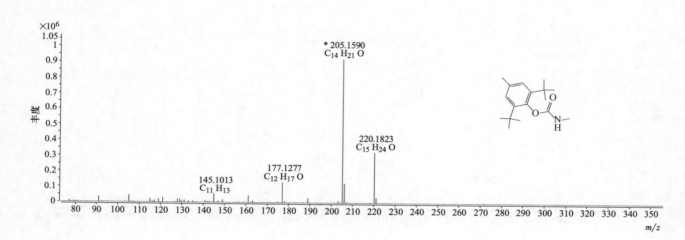

Terbufos（特丁硫磷）

基本信息

CAS 登录号	13071-79-9		分子量	288. 0436
分子式	C₉H₂₁O₂PS₃		离子化模式	电子轰击电离 （EI）

分子式 $C_9H_{21}O_2PS_3$ ／ 分子量 288.0436 ／ 离子化模式 电子轰击电离（EI）

质谱图

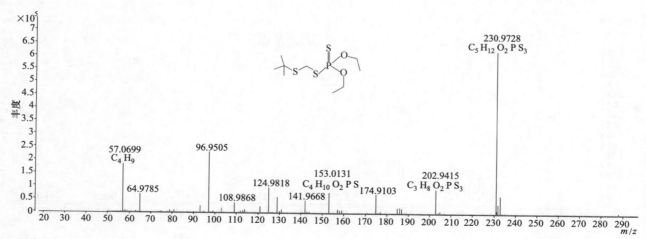

Terbumeton（特丁通）

基本信息

CAS 登录号	33693-04-8	分子量	225. 1585
分子式	$C_{10}H_{19}N_5O$	离子化模式	电子轰击电离 （EI）

质谱图

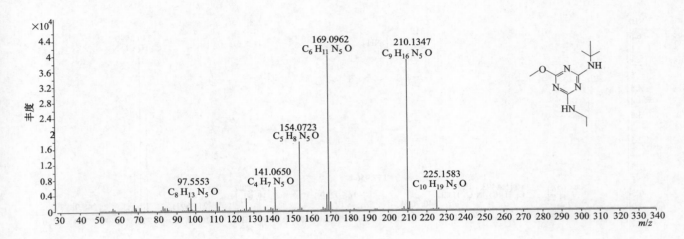

Terbuthylazine（特丁津）

基本信息

CAS 登录号	5915-41-3	分子量	229. 1089
分子式	$C_9H_{16}ClN_5$	离子化模式	电子轰击电离 （EI）

质谱图

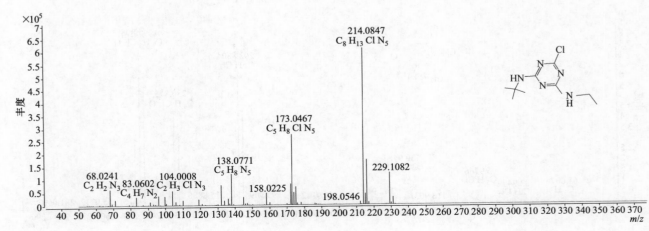

2, 3, 5, 6-Tetrachloroaniline（2，3，5，6-四氯苯胺）

基本信息

CAS 登录号	3481-20-7		分子量	228. 9014
分子式	$C_6H_3Cl_4N$		离子化模式	电子轰击电离 （EI）

质谱图

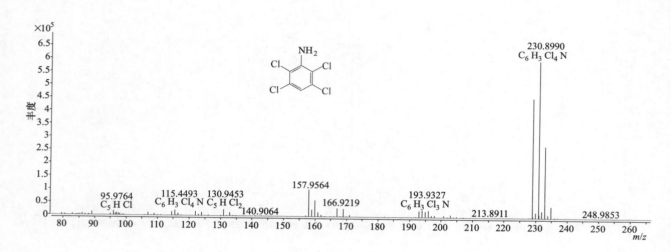

2,3,4,5-Tetrachloroanisole（2,3,4,5-四氯甲氧基苯）

基本信息

CAS 登录号	938-86-3		分子量	243. 9011
分子式	$C_7H_4Cl_4O$		离子化模式	电子轰击电离 （EI）

质谱图

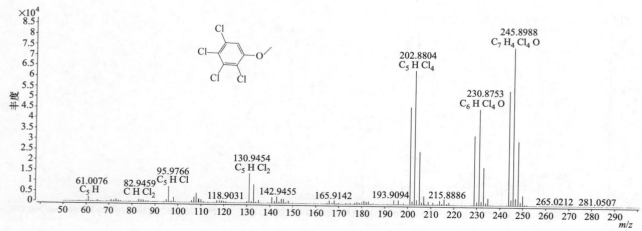

Terbutryne（特丁净）

基本信息

CAS 登录号	886-50-0	分子量	241.1356
分子式	$C_{10}H_{19}N_5S$	离子化模式	电子轰击电离（EI）

质谱图

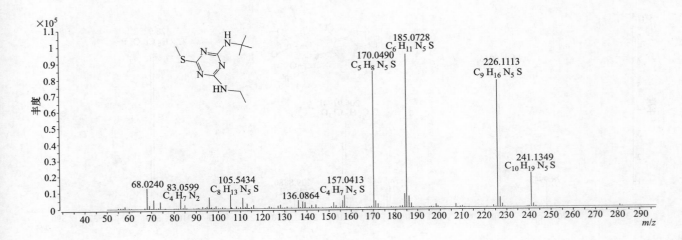

tert-Butyl-4-hydroxyanisole（叔丁基-4-羟基苯甲醚）

基本信息

CAS 登录号	25013-16-5	分子量	180.1145
分子式	$C_{11}H_{16}O_2$	离子化模式	电子轰击电离（EI）

质谱图

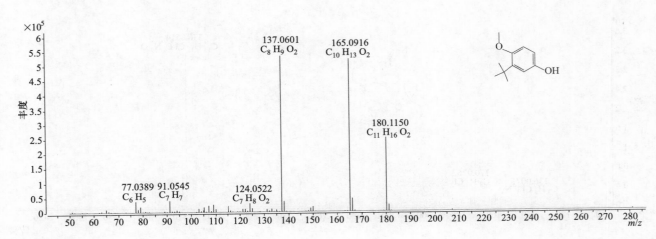

Tetrachlorvinphos（杀虫畏）

基本信息

CAS 登录号	22248-79-9		分子量	363. 8988
分子式	$C_{10}H_9Cl_4O_4P$		离子化模式	电子轰击电离 （EI）

质谱图

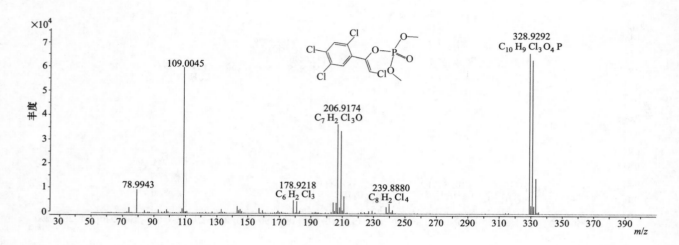

Tetraconazole（氟醚唑）

基本信息

CAS 登录号	112281-77-3		分子量	371. 0210
分子式	$C_{13}H_{11}Cl_2F_4N_3O$		离子化模式	电子轰击电离 （EI）

质谱图

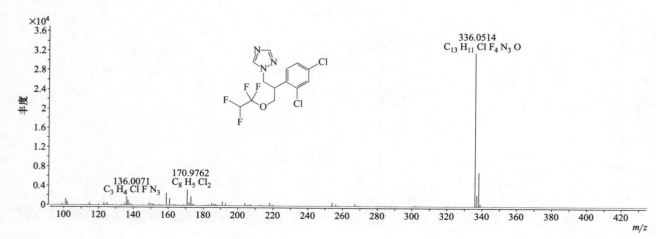

Tetradifon（三氯杀螨砜）

CAS 登录号	116-29-0	分子量	353. 8838
分子式	$C_{12}H_6Cl_4O_2S$	离子化模式	电子轰击电离 （EI）

质谱图

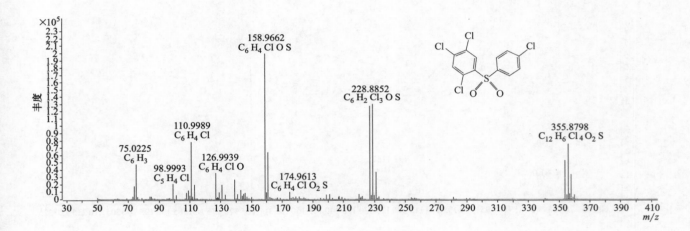

cis-1，2，3，6-Tetrahydrophthalimide（1，2，3，6-四氢邻苯二甲酰亚胺）

基本信息

CAS 登录号	27813-21-4	分子量	151. 0628
分子式	$C_8H_9NO_2$	离子化模式	电子轰击电离 （EI）

质谱图

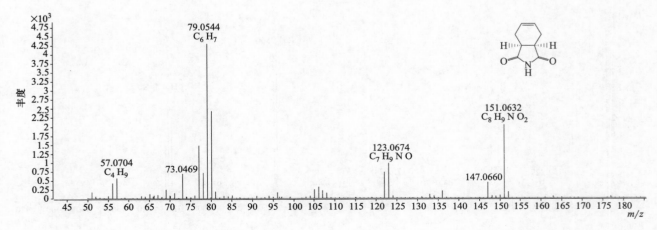

Tetramethrin（胺菊酯）

CAS 登录号	7696-12-0		分子量	331. 1779
分子式	$C_{19}H_{25}NO_4$		离子化模式	电子轰击电离 （EI）

质谱图

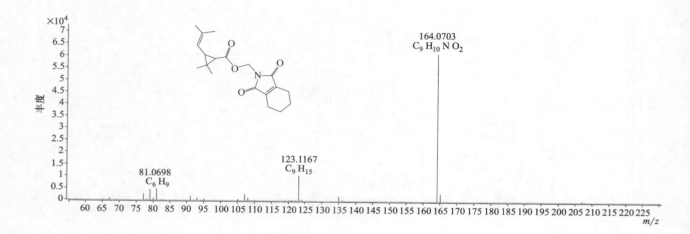

Tetrasul（杀螨好）

基本信息

CAS 登录号	2227-13-6		分子量	321. 8939
分子式	$C_{12}H_6Cl_4S$		离子化模式	电子轰击电离 （EI）

质谱图

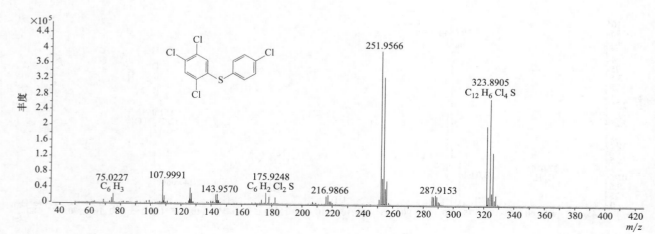

Thenylchlor（噻吩草胺）

基本信息

CAS 登录号	96491-05-3	分子量	323. 0742
分子式	C$_{16}$H$_{18}$ClNO$_2$S	离子化模式	电子轰击电离 （EI）

质谱图

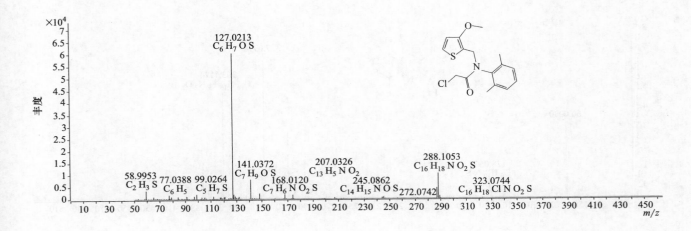

Thiabendazole（噻菌灵）

基本信息

CAS 登录号	148-79-8	分子量	201. 0356
分子式	C$_{10}$H$_7$N$_3$S	离子化模式	电子轰击电离 （EI）

质谱图

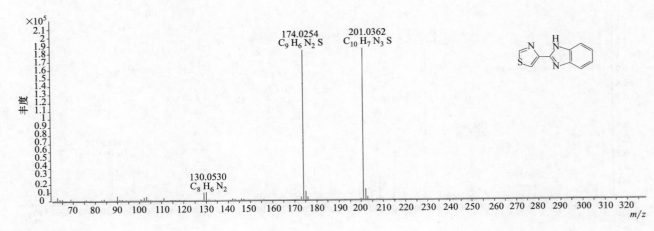

Thiazopyr（噻唑烟酸）

基本信息

CAS 登录号	117718-60-2		分子量	396. 0926
分子式	$C_{16}H_{17}F_5N_2O_2S$		离子化模式	电子轰击电离 （EI）

质谱图

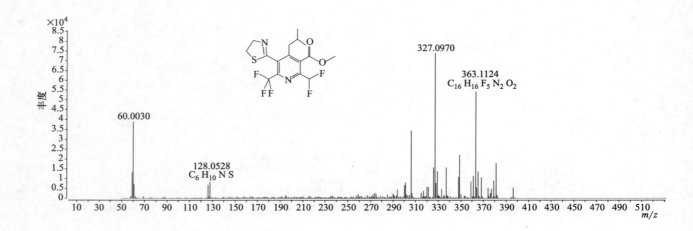

Thifluzamide（噻氟菌胺）

基本信息

CAS 登录号	130000-40-7		分子量	525. 8416
分子式	$C_{13}H_6Br_2F_6N_2O_2S$		离子化模式	电子轰击电离 （EI）

质谱图

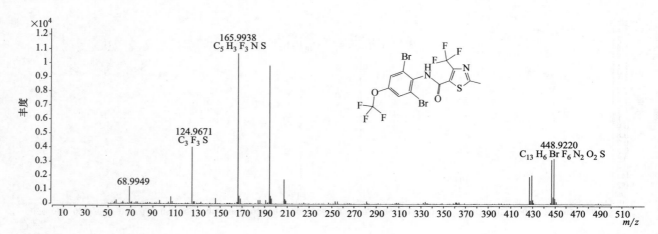

Thiobencarb（杀草丹）

基本信息

CAS 登录号	28249-77-6	分子量	257. 0636
分子式	$C_{12}H_{16}ClNOS$	离子化模式	电子轰击电离 （EI）

质谱图

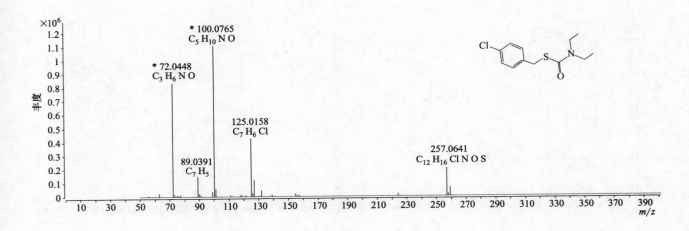

Thiocyclam（杀虫环）

基本信息

CAS 登录号	31895-21-3	分子量	181. 0048
分子式	$C_5H_{11}NS_3$	离子化模式	电子轰击电离 （EI）

质谱图

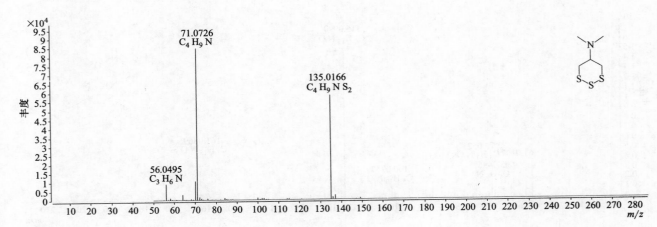

Thiocyclam hydrogenoxalate（杀虫环草酸盐）

基本信息

CAS 登录号	31895-22-4	分子量	271.0002
分子式	$C_5H_{11}NS_3 \cdot C_2H_2O_4$	离子化模式	电子轰击电离 （EI）

质谱图

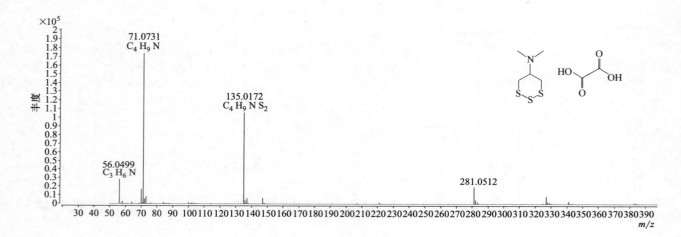

Thiofanox（久效威）

基本信息

CAS 登录号	39196-18-4	分子量	218.1084
分子式	$C_9H_{18}N_2O_2S$	离子化模式	电子轰击电离 （EI）

质谱图

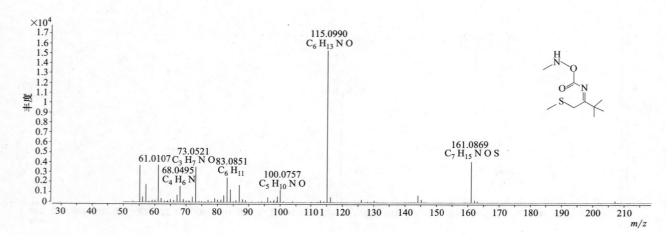

Thiometon（甲基乙拌磷）

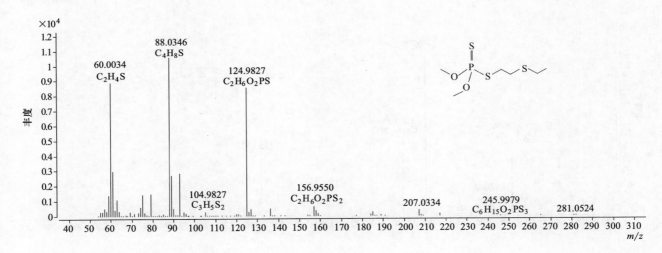

基本信息

CAS 登录号	640-15-3	分子量	245.9967
分子式	$C_6H_{15}O_2PS_3$	离子化模式	电子轰击电离 （EI）

质谱图

Thionazin（虫线磷）

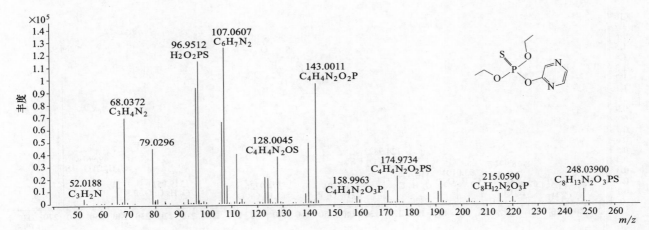

基本信息

CAS 登录号	297-97-2	分子量	248.0380
分子式	$C_8H_{13}N_2O_3PS$	离子化模式	电子轰击电离 （EI）

质谱图

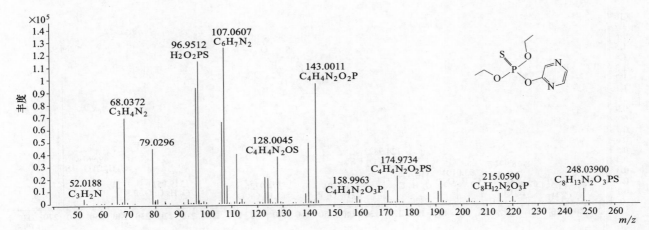

Tiocarbazil（仲草丹）

基本信息

CAS 登录号	36756-79-3	分子量	279. 1652
分子式	C₁₆H₂₅NOS	离子化模式	电子轰击电离 （EI）

CAS 登录号 | 36756-79-3
分子式 | $C_{16}H_{25}NOS$
分子量 | 279. 1652
离子化模式 | 电子轰击电离 （EI）

质谱图

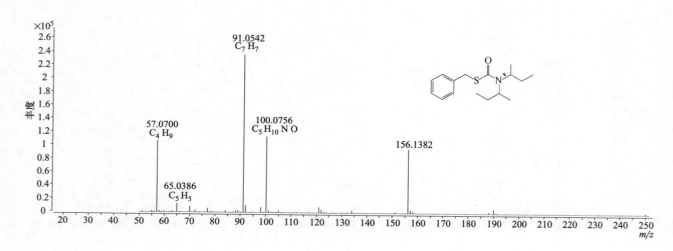

Tolclofos-methyl（甲基立枯磷）

基本信息

CAS 登录号 | 57018-04-9
分子式 | $C_9H_{11}Cl_2O_3PS$
分子量 | 299. 9539
离子化模式 | 电子轰击电离 （EI）

质谱图

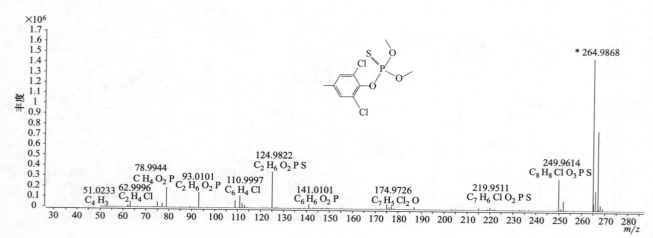

Tolylfluanid（对甲抑菌灵）

基本信息

CAS 登录号	731-27-1	分子量	345.9775
分子式	$C_{10}H_{13}Cl_2FN_2O_2S_2$	离子化模式	电子轰击电离 （EI）

质谱图

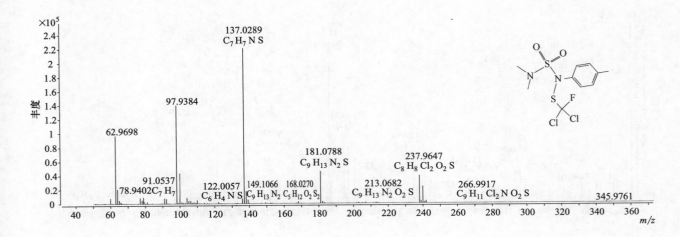

Tralkoxydim（三甲苯草酮）

基本信息

CAS 登录号	87820-88-0	分子量	329.1986
分子式	$C_{20}H_{27}NO_3$	离子化模式	电子轰击电离 （EI）

质谱图

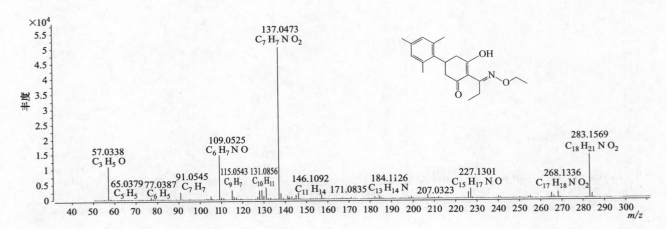

Tralomethrin（四溴菊酯）

基本信息

CAS 登录号	66841-25-6		分子量	660. 8093
分子式	$C_{22}H_{19}Br_4NO_3$		离子化模式	电子轰击电离 （EI）

质谱图

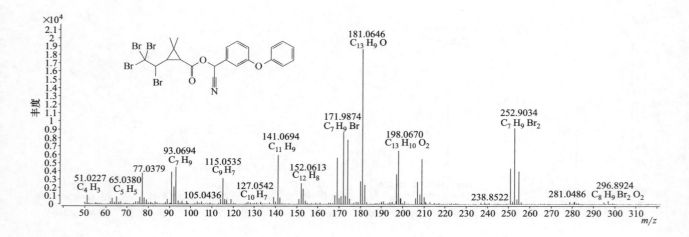

Transfluthrin（四氟苯菊酯）

基本信息

CAS 登录号	118712-89-3		分子量	370. 0146
分子式	$C_{15}H_{12}Cl_2F_4O_2$		离子化模式	电子轰击电离 （EI）

质谱图

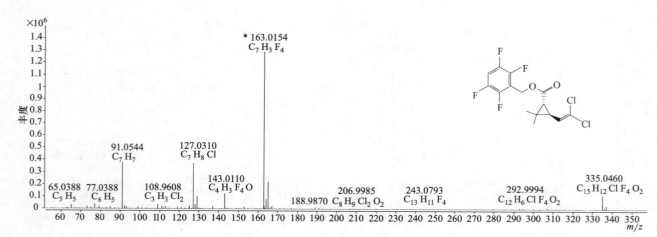

Triadimefon（三唑酮）

基本信息

CAS 登录号	43121-43-3	分子量	293. 0926
分子式	$C_{14}H_{16}ClN_3O_2$	离子化模式	电子轰击电离 （EI）

质谱图

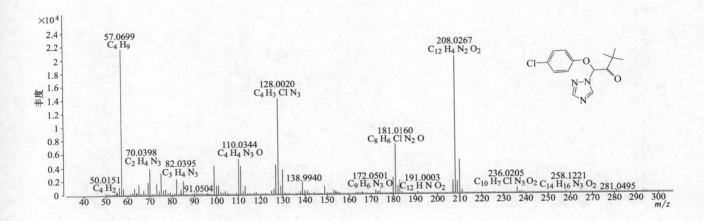

Triadimenol（三唑醇）

基本信息

CAS 登录号	55219-65-3	分子量	295. 1083
分子式	$C_{14}H_{18}ClN_3O_2$	离子化模式	电子轰击电离 （EI）

质谱图

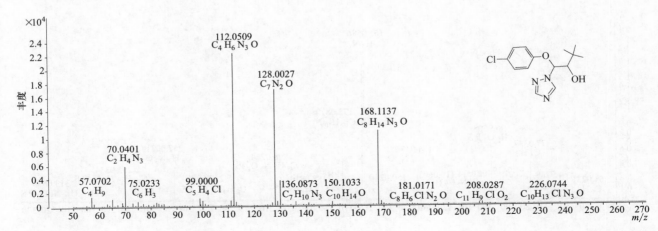

Triallate（野麦畏）

基本信息

CAS 登录号	2303-17-5		分子量	303. 0013
分子式	C$_{10}$H$_{16}$Cl$_3$NOS		离子化模式	电子轰击电离 （EI）

质谱图

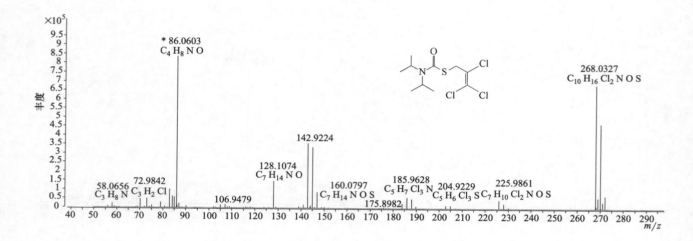

Triazophos（三唑磷）

基本信息

CAS 登录号	24017-47-8		分子量	313. 0645
分子式	C$_{12}$H$_{16}$N$_3$O$_3$PS		离子化模式	电子轰击电离 （EI）

质谱图

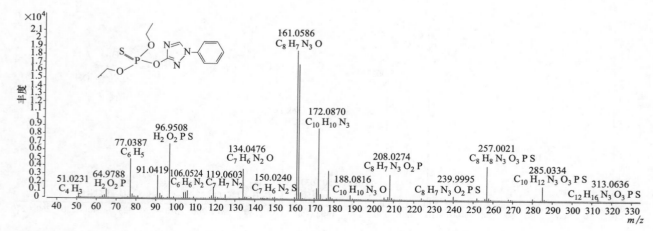

Triazoxide（咪唑嗪）

基本信息

CAS 登录号	72459-58-6	分子量	247. 0256
分子式	$C_{10}H_6ClN_5O$	离子化模式	电子轰击电离 （EI）

质谱图

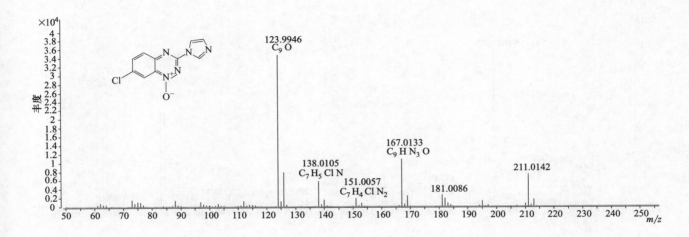

Tribufos；DEF（脱叶磷）

基本信息

CAS 登录号	78-48-8	分子量	314. 0957
分子式	$C_{12}H_{27}OPS_3$	离子化模式	电子轰击电离 （EI）

质谱图

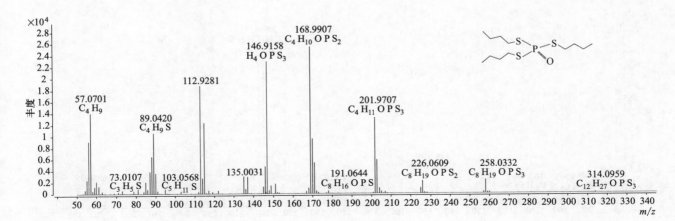

Trichloronat（壤虫磷）

基本信息

CAS 登录号	327-98-0	分子量	331. 9356
分子式	$C_{10}H_{12}Cl_3O_2PS$	离子化模式	电子轰击电离 （EI）

质谱图

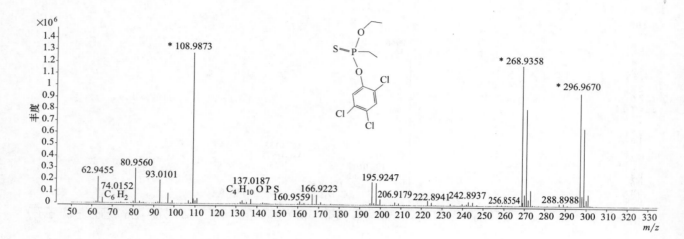

Triclopyr（绿草定）

基本信息

CAS 登录号	55335-06-3	分子量	254. 9251
分子式	$C_7H_4Cl_3NO_3$	离子化模式	电子轰击电离 （EI）

质谱图

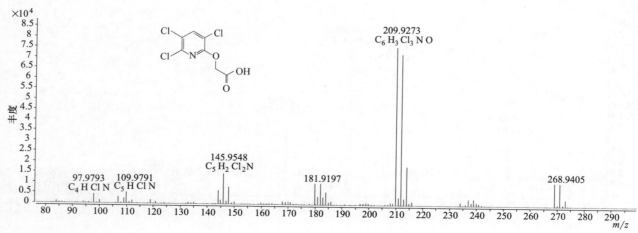

Tricyclazole（三环唑）

基本信息

CAS 登录号	41814-78-2	分子量	189.0356
分子式	$C_9H_7N_3S$	离子化模式	电子轰击电离（EI）

质谱图

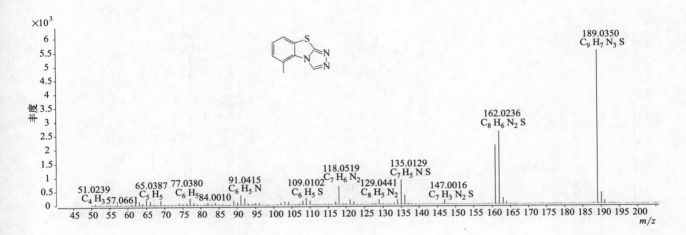

Tridiphane（灭草环）

基本信息

CAS 登录号	58138-08-2	分子量	317.8935
分子式	$C_{10}H_7Cl_5O$	离子化模式	电子轰击电离（EI）

质谱图

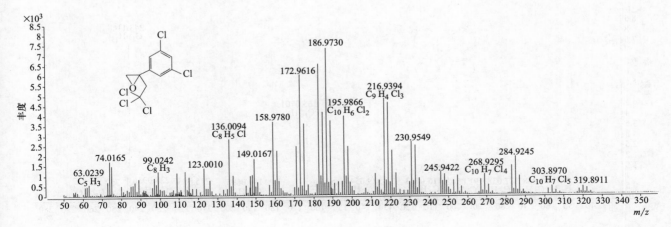

Trietazine（草达津）

CAS 登录号	1912-26-1	分子量	229.1089
分子式	$C_9H_{16}ClN_5$	离子化模式	电子轰击电离 （EI）

质谱图

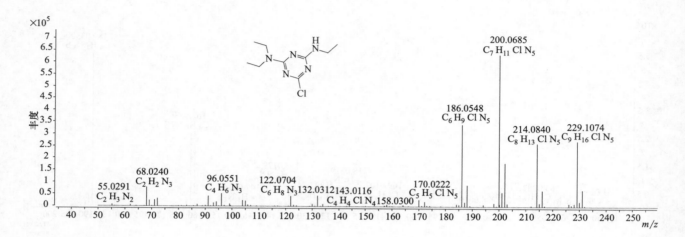

Trifenmorph（杀螺吗啉）

基本信息

CAS 登录号	1420-06-0	分子量	329.1774
分子式	$C_{23}H_{23}NO$	离子化模式	电子轰击电离 （EI）

质谱图

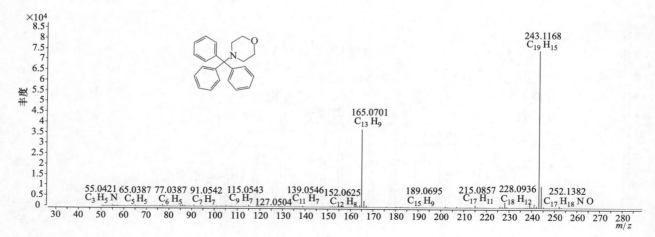

Trifloxystrobin（肟菌酯）

CAS 登录号	141517-21-7	分子量	408.1292
分子式	$C_{20}H_{19}F_3N_2O_4$	离子化模式	电子轰击电离 （EI）

质谱图

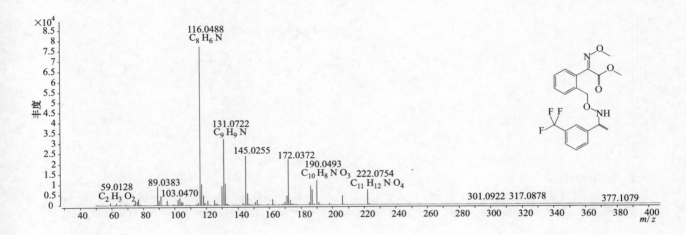

Trifluralin（氟乐灵）

基本信息

CAS 登录号	1582-09-8	分子量	335.1088
分子式	$C_{13}H_{16}F_3N_3O_4$	离子化模式	电子轰击电离 （EI）

质谱图

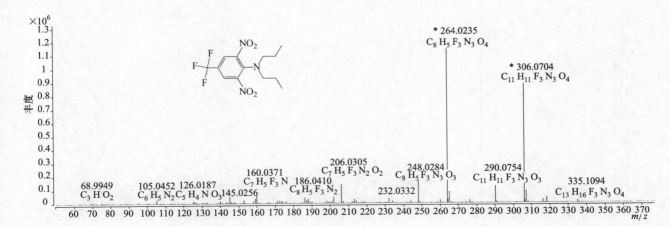

3，4，5-Trimenthacarb（3，4，5-三甲威）

CAS 登录号	2686-99-9	分子量	193.1098
分子式	$C_{11}H_{15}NO_2$	离子化模式	电子轰击电离 （EI）

质谱图

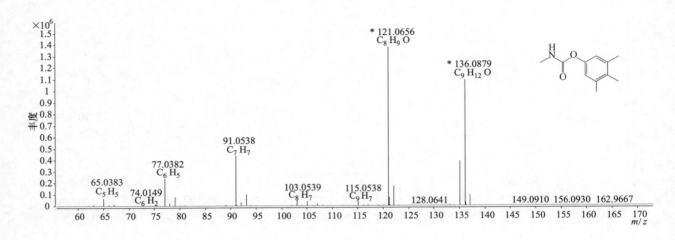

Tri-*n*-butyl phosphate（三正丁基磷酸盐）

基本信息

CAS 登录号	126-73-8	分子量	266.1647
分子式	$C_{12}H_{27}O_4P$	离子化模式	电子轰击电离 （EI）

质谱图

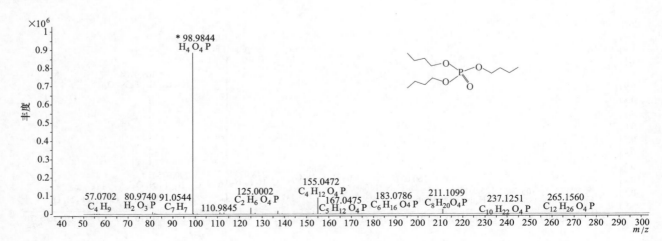

Triphenyl phosphate（磷酸三苯酯）

基本信息

CAS 登录号	115-86-6		**分子量**	326. 0703
分子式	$C_{18}H_{15}O_4P$		**离子化模式**	电子轰击电离 （EI）

质谱图

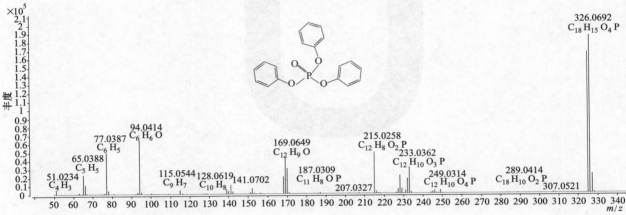

293

Uniconazole（烯效唑）

基本信息

CAS 登录号	83657-22-1	**分子量**	291. 1133
分子式	C₁₅H₁₈ClN₃O	**离子化模式**	电子轰击电离 （EI）

质谱图

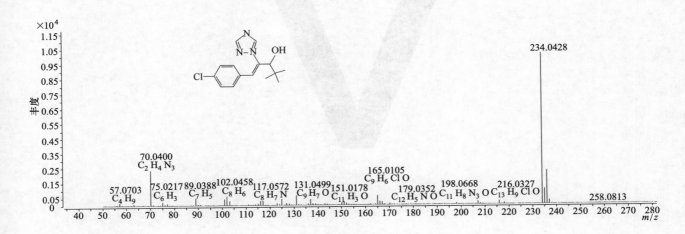

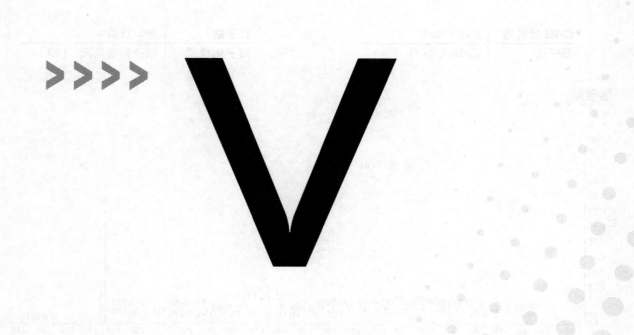

Vernolate（灭草猛）

CAS 登录号	1929-77-7	分子量	203. 1339
分子式	$C_{10}H_{21}NOS$	离子化模式	电子轰击电离 （EI）

质谱图

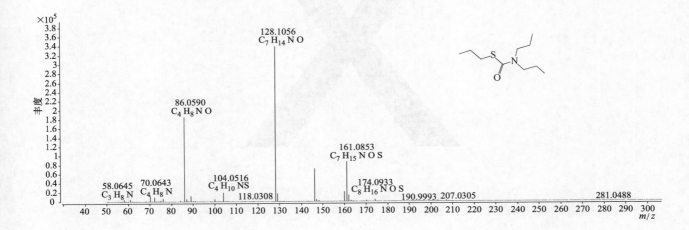

Vinclozolin（乙烯菌核利）

基本信息

CAS 登录号	50471-44-8	分子量	284. 9955
分子式	$C_{12}H_9Cl_2NO_3$	离子化模式	电子轰击电离 （EI）

质谱图

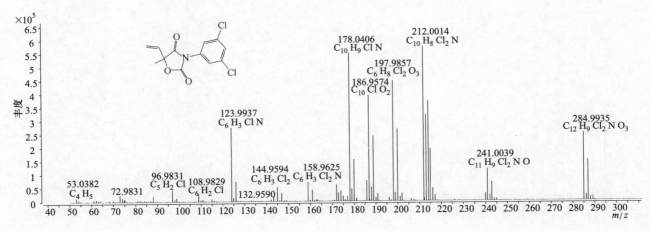

XMC；3，5-Xylyl methylcarbamate（灭除威）

CAS 登录号	2655-14-3	分子量	179. 0941
分子式	$C_{10}H_{13}NO_2$	离子化模式	电子轰击电离 （EI）

质谱图

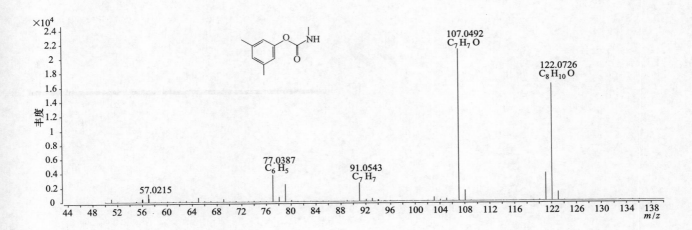

>>>>

（二）GC-Q-TOFMS 测定的
210 种 PCB 化合物

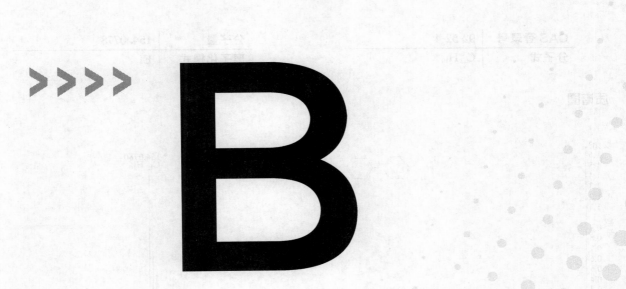

B

Biphenyl（联苯）

基本信息

CAS 登录号	92-52-4	分子量	154.0778
分子式	$C_{12}H_{10}$	离子化模式	EI

质谱图

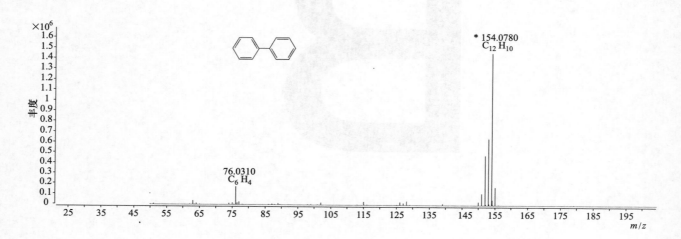

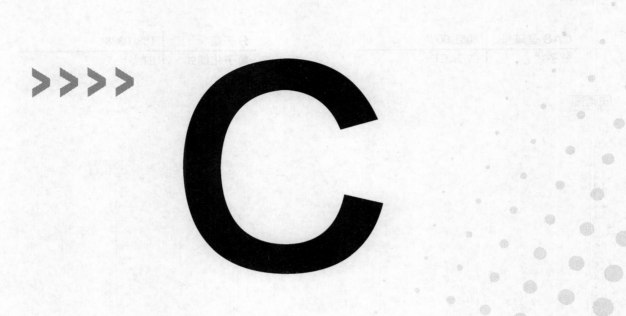

2-Chlorobiphenyl（2-氯联苯）

CAS 登录号	2051-60-7	分子量	188.0388
分子式	$C_{12}H_9Cl$	离子化模式	EI

质谱图

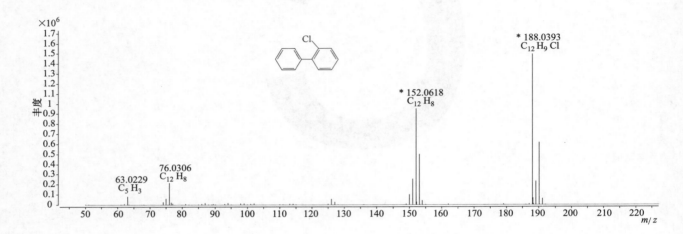

3-Chlorobiphenyl（3-氯联苯）

基本信息

CAS 登录号	2051-61-8	分子量	188.0388
分子式	$C_{12}H_9Cl$	离子化模式	EI

质谱图

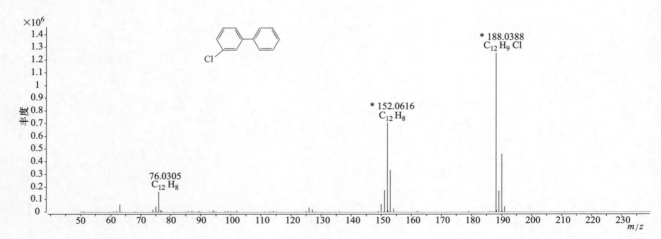

4-Chlorobiphenyl（4-氯联苯）

基本信息

CAS 登录号	2051-62-9	**分子量**	188.0388
分子式	C₁₂H₉Cl	**离子化模式**	EI

质谱图

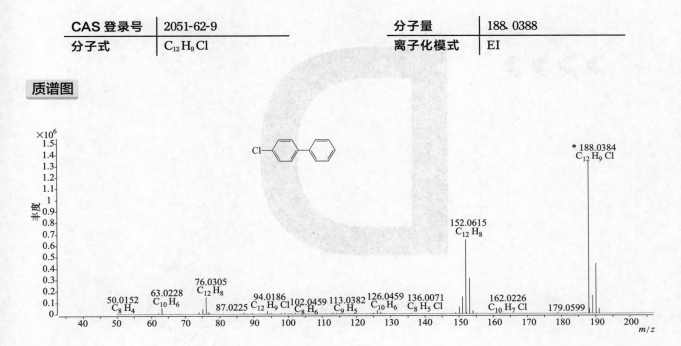

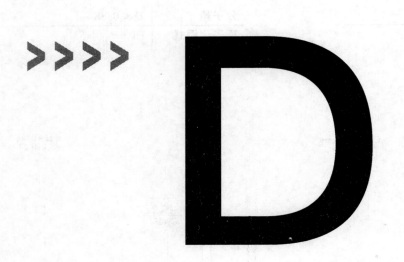

D

2，2'，3，3'，4，4'，5，5'，6，6'-Decachlorobiphe-nyl（2，2'，3，3'，4，4'，5，5'，6，6'-十氯联苯）

基本信息

CAS 登录号	2051-24-3		分子量	493. 6880
分子式	$C_{12}Cl_{10}$		离子化模式	EI

质谱图

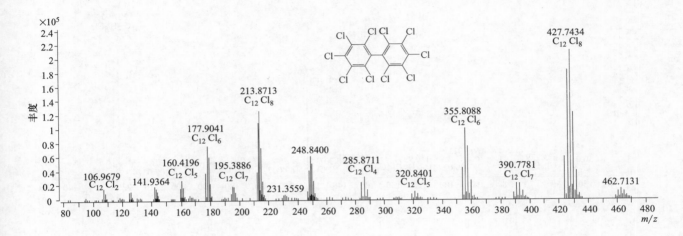

2，2'-Dichlorobiphenyl（2，2'-二氯联苯）

基本信息

CAS 登录号	13029-08-8		分子量	221. 9998
分子式	$C_{12}H_8Cl_2$		离子化模式	EI

质谱图

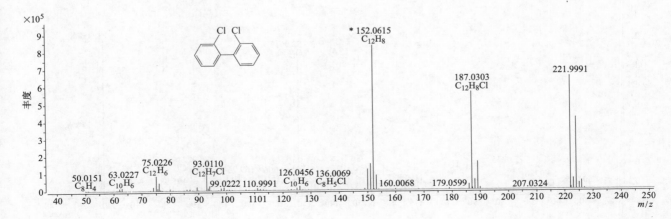

2，3'-Dichlorobiphenyl（2，3'-二氯联苯）

基本信息

CAS 登录号	25569-80-6	分子量	221.9998
分子式	$C_{12}H_8Cl_2$	离子化模式	EI

质谱图

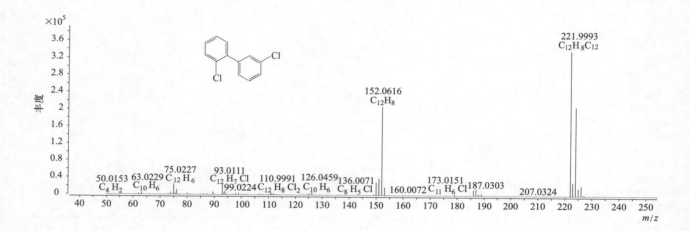

2，3-Dichlorobiphenyl（2，3-二氯联苯）

基本信息

CAS 登录号	16605-91-7	分子量	221.9998
分子式	$C_{12}H_8Cl_2$	离子化模式	EI

质谱图

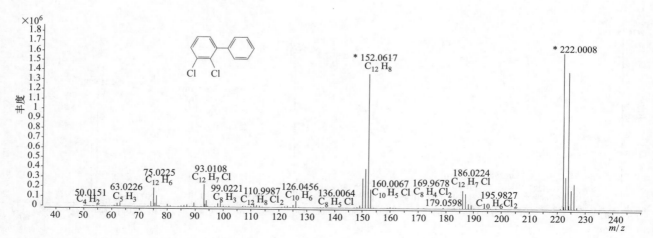

2，4'-Dichlorobiphenyl（2，4'-二氯联苯）

基本信息

CAS 登录号	34883-43-7	分子量	221. 9998
分子式	$C_{12}H_8Cl_2$	离子化模式	EI

质谱图

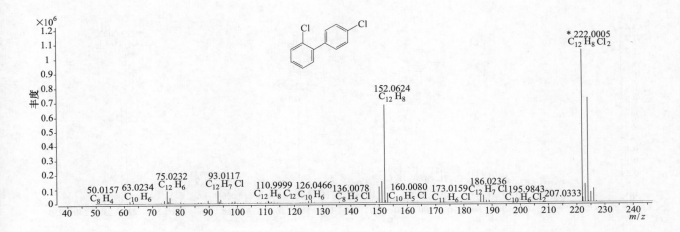

2，4-Dichlorobiphenyl（2，4-二氯联苯）

基本信息

CAS 登录号	33284-50-3	分子量	221. 9998
分子式	$C_{12}H_8Cl_2$	离子化模式	EI

质谱图

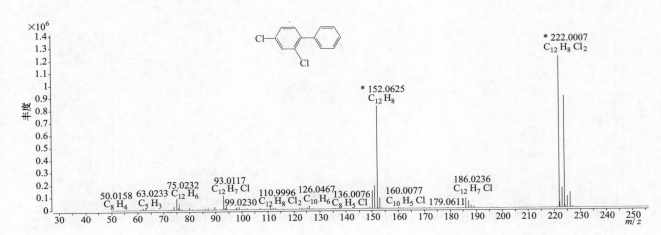

2，5-Dichlorobiphenyl（2，5-二氯联苯）

基本信息

CAS 登录号	34883-39-1	分子量	221.9998
分子式	C$_{12}$H$_8$Cl$_2$	离子化模式	EI

质谱图

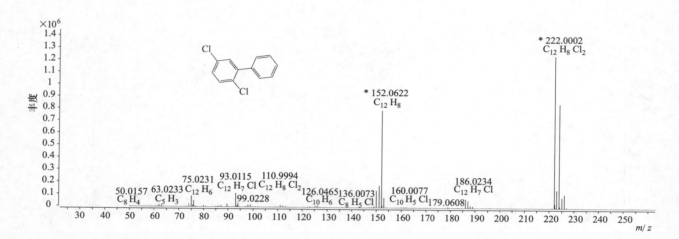

2，6-Dichlorobiphenyl（2，6-二氯联苯）

基本信息

CAS 登录号	33146-45-1	分子量	221.9998
分子式	C$_{12}$H$_8$Cl$_2$	离子化模式	EI

质谱图

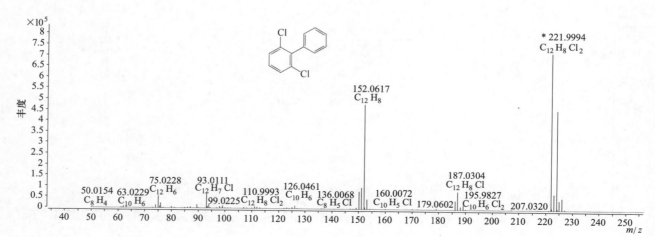

3，3'-Dichlorobiphenyl（3，3'-二氯联苯）

基本信息

CAS 登录号	2050-67-1		分子量	221. 9998
分子式	$C_{12}H_8Cl_2$		离子化模式	EI

质谱图

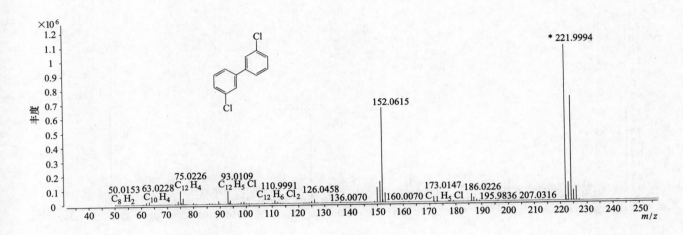

3，4'-Dichlorobiphenyl（3，4'-二氯联苯）

基本信息

CAS 登录号	2974-90-5		分子量	221. 9998
分子式	$C_{12}H_8Cl_2$		离子化模式	EI

质谱图

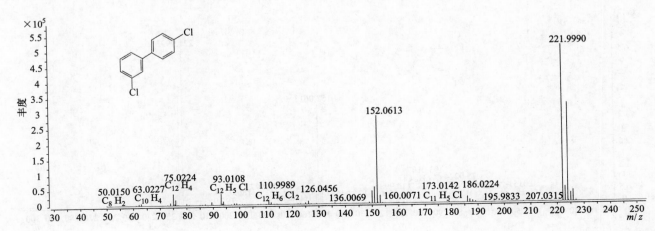

3，4-Dichlorobiphenyl（3，4-二氯联苯）

CAS 登录号	2974-92-7		分子量	221.9998
分子式	$C_{12}H_8Cl_2$		离子化模式	EI

质谱图

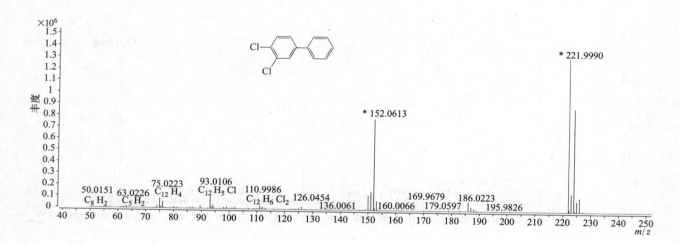

3，5-Dichlorobiphenyl（3，5-二氯联苯）

基本信息

CAS 登录号	34883-41-5		分子量	221.9998
分子式	$C_{12}H_8Cl_2$		离子化模式	EI

质谱图

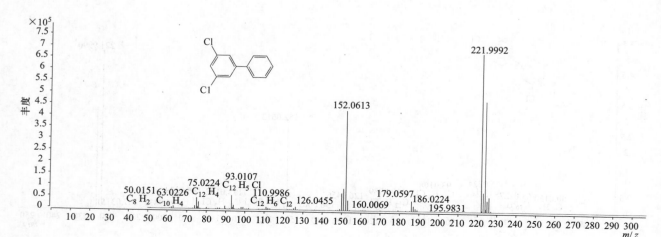

4，4'-Dichlorobiphenyl（4，4'-二氯联苯）

基本信息

CAS 登录号	2050-68-2		分子量	221.9998
分子式	C₁₂H₈Cl₂		离子化模式	EI

质谱图

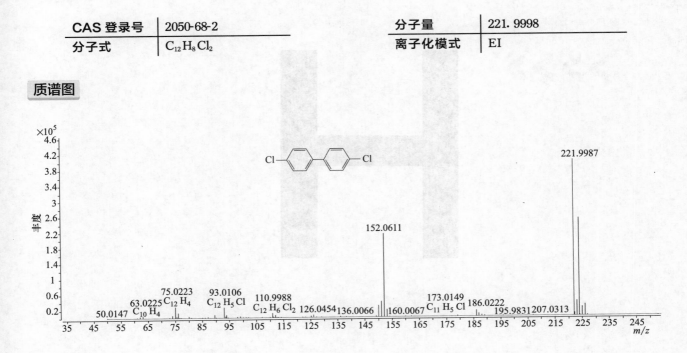

$\times 10^5$

丰度

50.0147
C₁₀H₄
63.0225
75.0223
C₁₂H₄
93.0106
C₁₂H₅Cl
110.9988
C₁₂H₆Cl₂
126.0454
136.0066
152.0611
160.0067
173.0149
C₁₁H₅Cl
186.0222
195.9831
207.0313
221.9987

m/z

35 45 55 65 75 85 95 105 115 125 135 145 155 165 175 185 195 205 215 225 235 245

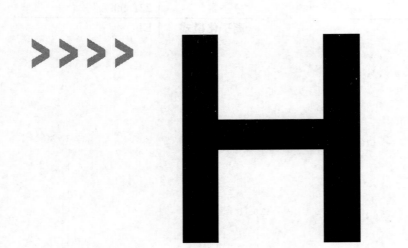

2，2'，3，3'，4，4'-Hexachlorobiphenyl（2，2'，3，3'，4，4'-六氯联苯）

基本信息

CAS 登录号	38380-07-3	分子量	357.8439
分子式	$C_{12}H_4Cl_6$	离子化模式	EI

质谱图

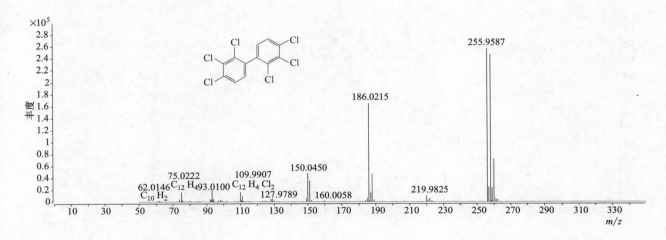

2，2'，3，3'，4，5'-Hexachlorobiphenyl（2，2'，3，3'，4，5'-六氯联苯）

基本信息

CAS 登录号	52663-66-8	分子量	357.8439
分子式	$C_{12}H_4Cl_6$	离子化模式	EI

质谱图

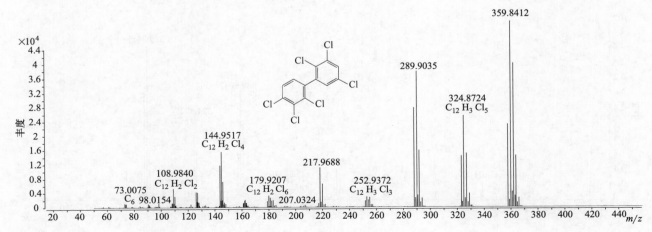

2，2'，3，3'，4，5-Hexachlorobiphenyl（2，2'，3，3'，4，5-六氯联苯）

基本信息

CAS 登录号	55215-18-4	分子量	357.8439
分子式	$C_{12}H_4Cl_6$	离子化模式	EI

质谱图

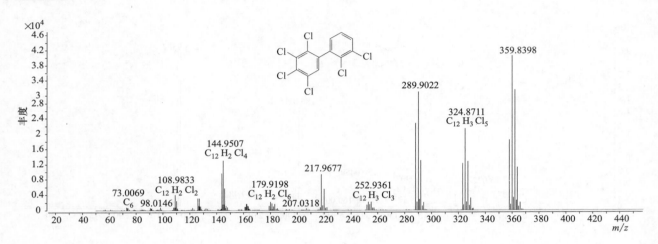

2，2'，3，3'，4，6'-Hexachlorobiphenyl（2，2'，3，3'，4，6'-六氯联苯）

基本信息

CAS 登录号	38380-05-1	分子量	357.8439
分子式	$C_{12}H_4Cl_6$	离子化模式	EI

质谱图

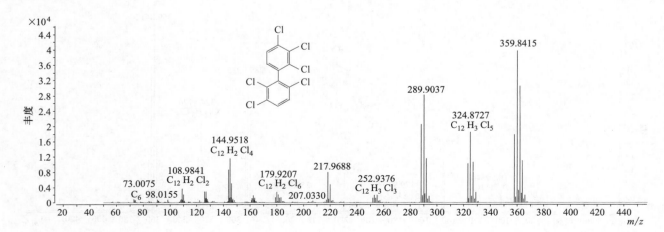

2，2'，3，3'，4，6-Hexachlorobiphenyl（2，2'，3，3'，4，6-六氯联苯）

基本信息

CAS 登录号	61798-70-7	分子量	357.8439
分子式	$C_{12}H_4Cl_6$	离子化模式	EI

质谱图

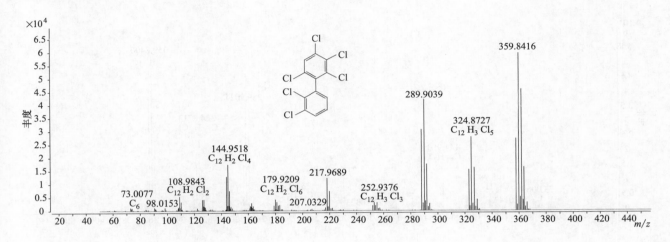

2，2'，3，3'，5，5'-Hexachlorobiphenyl（2，2'，3，3'，5，5'-六氯联苯）

基本信息

CAS 登录号	35694-04-3	分子量	357.8439
分子式	$C_{12}H_4Cl_6$	离子化模式	EI

质谱图

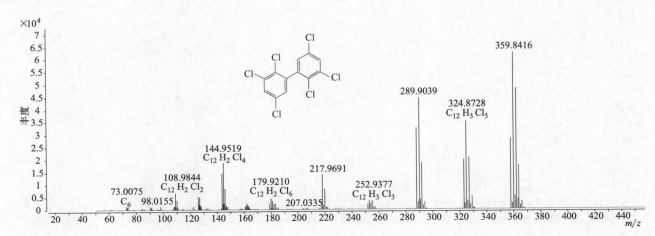

2，2'，3，3'，5，6'-Hexachlorobiphenyl（2，2'，3，3'，5，6'-六氯联苯）

基本信息

CAS 登录号	52744-13-5	分子量	357.8439
分子式	$C_{12}H_4Cl_6$	离子化模式	EI

质谱图

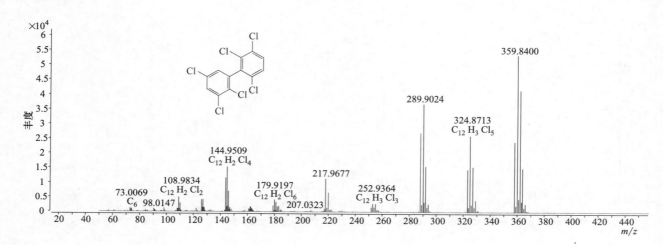

2，2'，3，3'，5，6-Hexachlorobiphenyl（2，2'，3，3'，5，6-六氯联苯）

基本信息

CAS 登录号	52704-70-8	分子量	357.8439
分子式	$C_{12}H_4Cl_6$	离子化模式	EI

质谱图

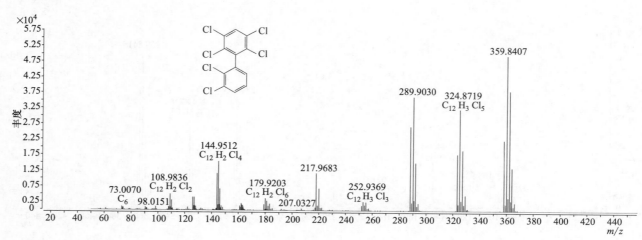

2, 2', 3, 3', 6, 6'-Hexachlorobiphenyl（2, 2', 3, 3', 6, 6'-六氯联苯）

基本信息

CAS 登录号	38411-22-2	分子量	357. 8439
分子式	C₁₂H₄Cl₆	离子化模式	EI

质谱图

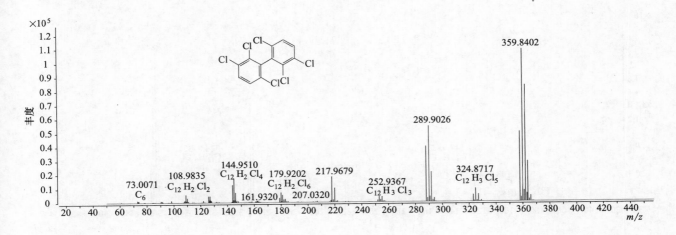

2, 2', 3, 4, 4', 5'-Hexachlorobiphenyl（2, 2', 3, 4, 4', 5'-六氯联苯）

基本信息

CAS 登录号	35065-28-2	分子量	357. 8439
分子式	C₁₂H₄Cl₆	离子化模式	EI

质谱图

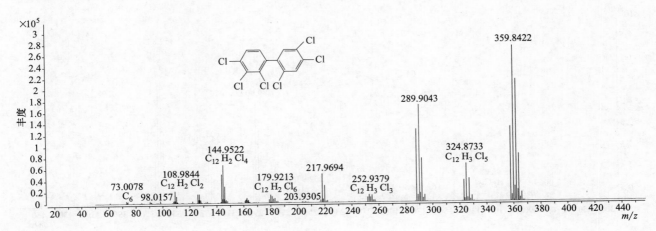

2，2'，3，4，4'，5-Hexachlorobiphenyl（2，2'，3，4，4'，5-六氯联苯）

基本信息

CAS 登录号	35694-06-5	分子量	357.8439
分子式	C₁₂H₄Cl₆	离子化模式	EI

质谱图

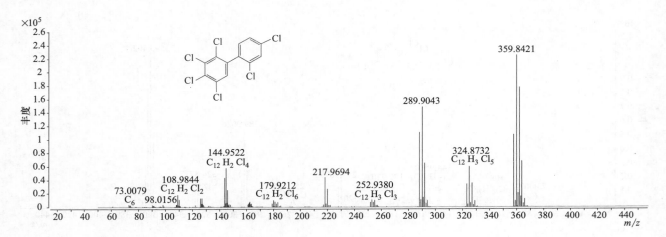

2，2'，3，4，4'，6'-Hexachlorobiphenyl（2，2'，3，4，4'，6'-六氯联苯）

基本信息

CAS 登录号	59291-64-4	分子量	357.8439
分子式	C₁₂H₄Cl₆	离子化模式	EI

质谱图

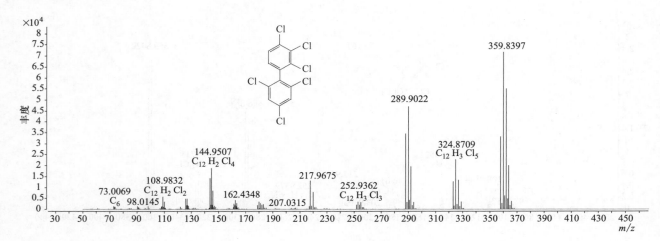

2，2'，3，4，4'，6-Hexachlorobiphenyl（2，2'，3，4，4'，6-六氯联苯）

基本信息

CAS 登录号	56030-56-9	分子量	357. 8439
分子式	$C_{12}H_4Cl_6$	离子化模式	EI

质谱图

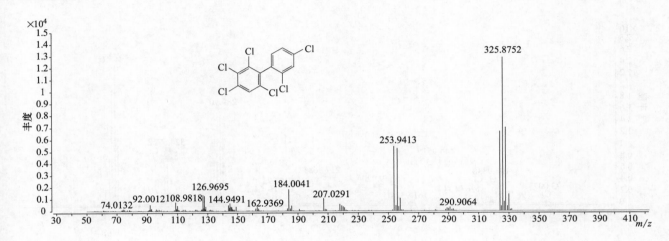

2，2'，3，4，5，5'-Hexachlorobiphenyl（2，2'，3，4，5，5'-六氯联苯）

基本信息

CAS 登录号	52712-04-6	分子量	357. 8439
分子式	$C_{12}H_4Cl_6$	离子化模式	EI

质谱图

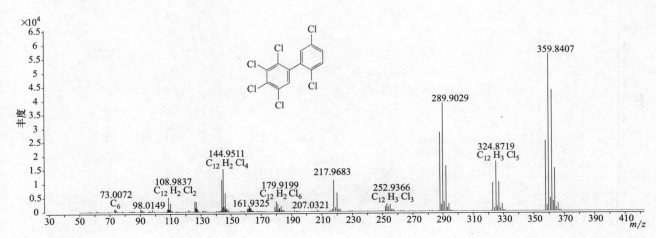

2，2'，3，4'，5，5'-Hexachlorobiphenyl（2，2'，3，4'，5，5'-六氯联苯）

基本信息

CAS 登录号	51908-16-8		分子量	357. 8439
分子式	$C_{12}H_4Cl_6$		离子化模式	EI

质谱图

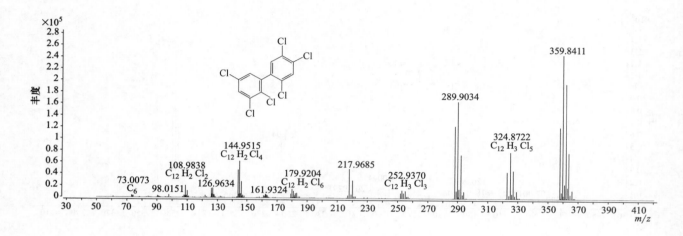

2，2'，3，4'，5，6'-Hexachlorobiphenyl（2，2'，3，4'，5，6'-六氯联苯）

基本信息

CAS 登录号	74472-41-6		分子量	357. 8439
分子式	$C_{12}H_4Cl_6$		离子化模式	EI

质谱图

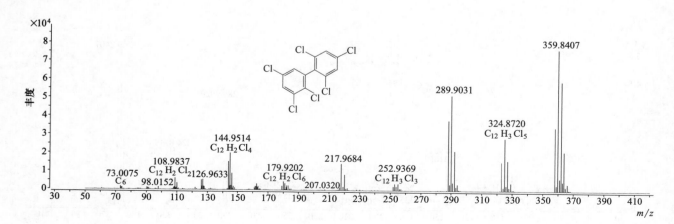

2，2'，3，4，5，6-Hexachlorobiphenyl（2，2'，3，4，5，6-六氯联苯）

基本信息

CAS 登录号	41411-61-4	分子量	357. 8439
分子式	$C_{12}H_4Cl_6$	离子化模式	EI

质谱图

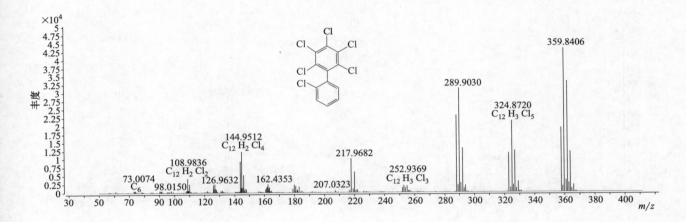

2，2'，3，4'，5，6-Hexachlorobiphenyl（2，2'，3，4'，5，6-六氯联苯）

基本信息

CAS 登录号	68194-13-8	分子量	357. 8439
分子式	$C_{12}H_4Cl_6$	离子化模式	EI

质谱图

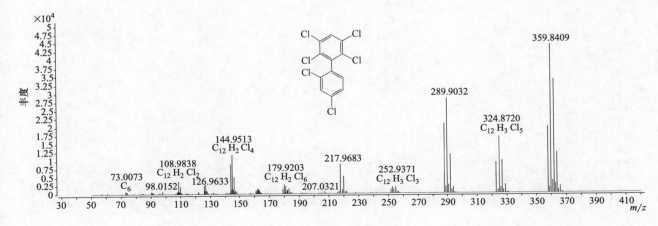

2，2'，3，4，5'，6-Hexachlorobiphenyl（2，2'，3，4，5'，6-六氯联苯）

基本信息

CAS 登录号	68194-14-9		分子量	357. 8439
分子式	$C_{12}H_4Cl_6$		离子化模式	EI

质谱图

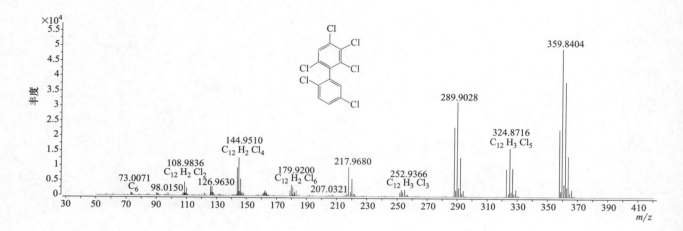

2，2'，3，4'，5'，6-Hexachlorobiphenyl（2，2'，3，4'，5'，6-六氯联苯）

基本信息

CAS 登录号	38380-04-0		分子量	357. 8439
分子式	$C_{12}H_4Cl_6$		离子化模式	EI

质谱图

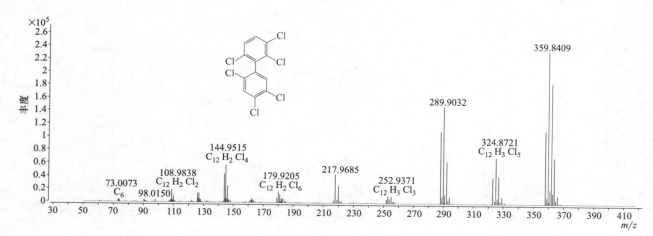

2，2'，3，4，5，6'-Hexachlorobiphenyl（2，2'，3，4，5，6'-六氯联苯）

基本信息

CAS 登录号	68194-15-0	分子量	357.8439
分子式	C₁₂H₄Cl₆	离子化模式	EI

质谱图

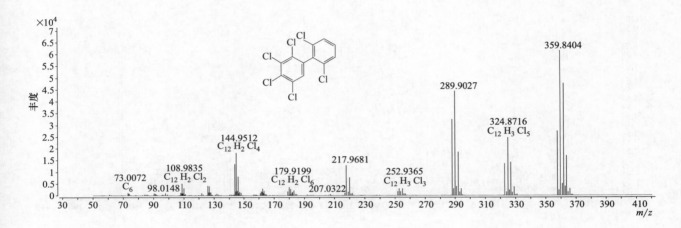

2，2'，3，4，6，6'-Hexachlorobiphenyl（2，2'，3，4，6，6'-六氯联苯）

基本信息

CAS 登录号	74472-40-5	分子量	357.8439
分子式	C₁₂H₄Cl₆	离子化模式	EI

质谱图

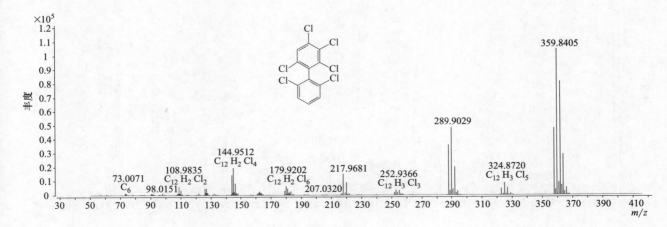

2，2'，3，4'，6，6'-Hexachlorobiphenyl（2，2'，3，4'，6，6'-六氯联苯）

基本信息

CAS 登录号	68194-08-1	分子量	357.8439
分子式	$C_{12}H_4Cl_6$	离子化模式	EI

质谱图

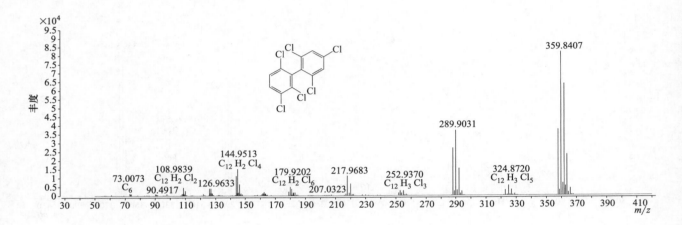

2，2'，3，5，5'，6-Hexachlorobiphenyl（2，2'，3，5，5'，6-六氯联苯）

基本信息

CAS 登录号	52663-63-5	分子量	357.8439
分子式	$C_{12}H_4Cl_6$	离子化模式	EI

质谱图

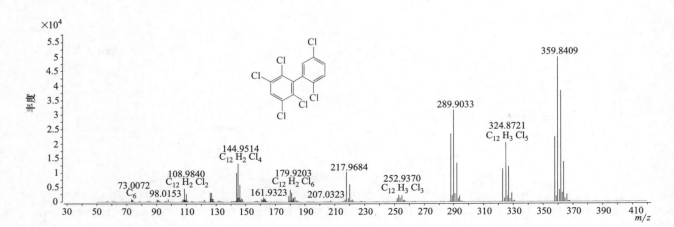

2，2'，3，5，6，6'-Hexachlorobiphenyl（2，2'，3，5，6，6'-六氯联苯）

CAS 登录号	68194-09-2	分子量	357. 8439
分子式	$C_{12}H_4Cl_6$	离子化模式	EI

质谱图

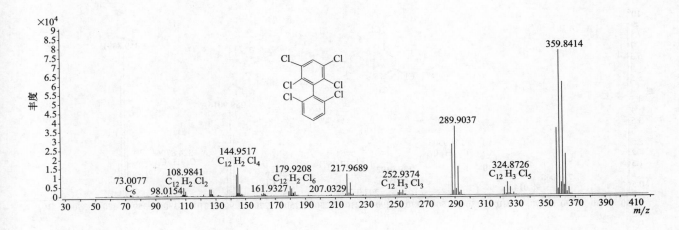

2，2'，4，4'，5，5'-Hexachlorobiphenyl（2，2'，4，4'，5，5'-六氯联苯）

基本信息

CAS 登录号	35065-27-1	分子量	357. 8439
分子式	$C_{12}H_4Cl_6$	离子化模式	EI

质谱图

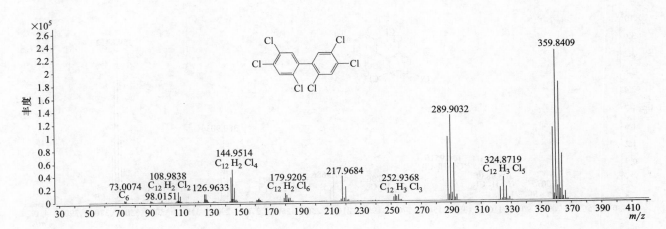

2，2'，4，4'，5，6'-Hexachlorobiphenyl（2，2'，4，4'，5，6'-六氯联苯）

基本信息

CAS 登录号	60145-22-4	分子量	357.8439
分子式	$C_{12}H_4Cl_6$	离子化模式	EI

质谱图

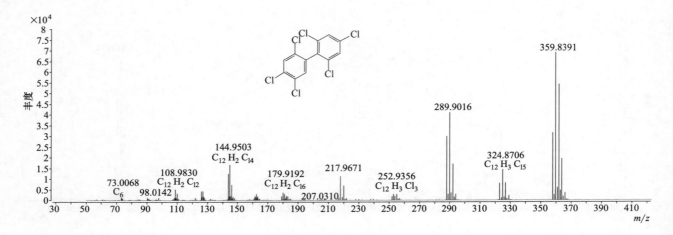

2，2'，4，4'，6，6'-Hexachlorobiphenyl（2，2'，4，4'，6，6'-六氯联苯）

基本信息

CAS 登录号	33979-03-2	分子量	357.8439
分子式	$C_{12}H_4Cl_6$	离子化模式	EI

质谱图

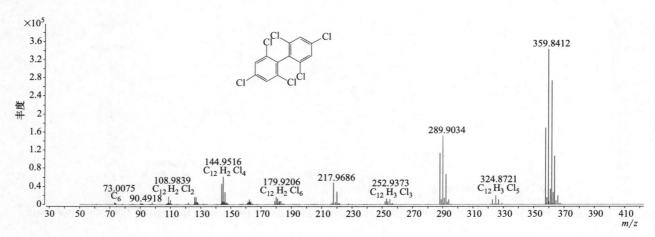

2，3，3'，4，4'，5'-Hexachlorobiphenyl（2，3，3'，4，4'，5'-六氯联苯）

CAS 登录号	69782-90-7	分子量	357.8439
分子式	C₁₂H₄Cl₆	离子化模式	EI

质谱图

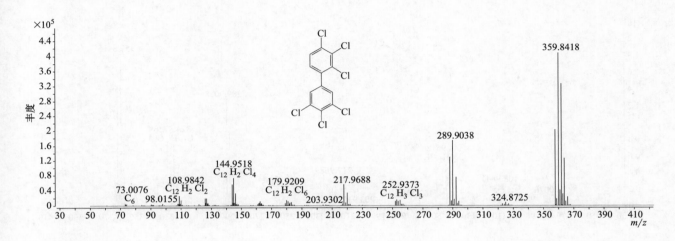

2，3，3'，4，4'，5-Hexachlorobiphenyl（2，3，3'，4，4'，5-六氯联苯）

基本信息

CAS 登录号	38380-08-4	分子量	357.8439
分子式	C₁₂H₄Cl₆	离子化模式	EI

质谱图

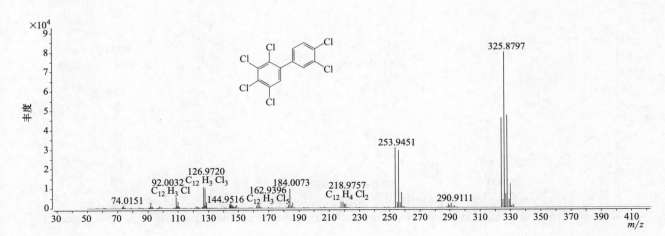

2，3，3'，4，4'，6-Hexachlorobiphenyl（2，3，3'，4，4'，6-六氯联苯）

基本信息

CAS 登录号	74472-42-7	分子量	357.8439
分子式	$C_{12}H_4Cl_6$	离子化模式	EI

质谱图

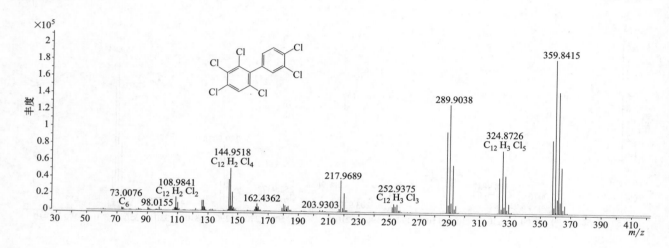

2，3，3'，4，5，5'-Hexachlorobiphenyl（2，3，3'，4，5，5'-六氯联苯）

基本信息

CAS 登录号	39635-35-3	分子量	357.8439
分子式	$C_{12}H_4Cl_6$	离子化模式	EI

质谱图

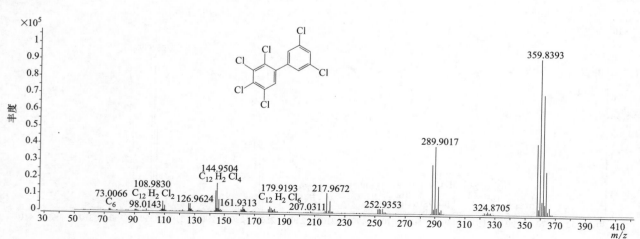

2，3，3'，4'，5，5'-Hexachlorobiphenyl（2，3，3'，4'，5，5'-六氯联苯）

基本信息

CAS 登录号	39635-34-2	分子量	357.8439
分子式	$C_{12}H_4Cl_6$	离子化模式	EI

质谱图

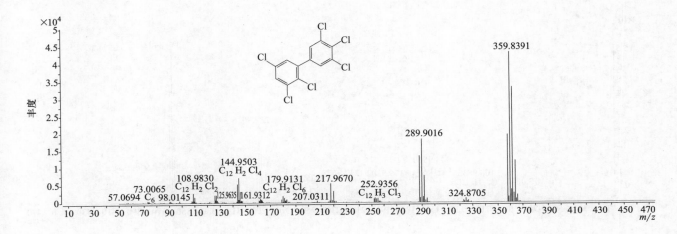

2，3，3'，4，5，6-Hexachlorobiphenyl（2，3，3'，4，5，6-六氯联苯）

基本信息

CAS 登录号	41411-62-5	分子量	357.8439
分子式	$C_{12}H_4Cl_6$	离子化模式	EI

质谱图

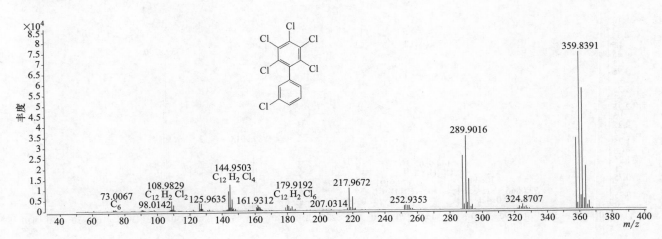

2，3，3'，4，5'，6-Hexachlorobiphenyl（2，3，3'，4，5'，6-六氯联苯）

基本信息

CAS 登录号	74472-43-8	分子量	357.8439
分子式	$C_{12}H_4Cl_6$	离子化模式	EI

质谱图

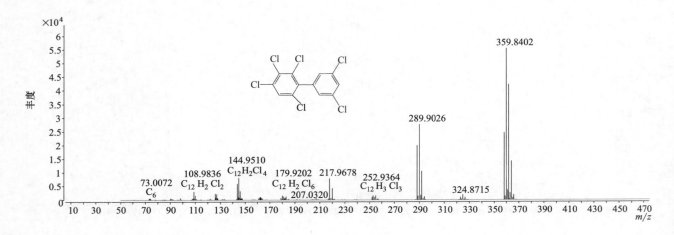

2，3，3'，4'，5，6-Hexachlorobiphenyl（2，3，3'，4'，5，6-六氯联苯）

基本信息

CAS 登录号	74472-44-9	分子量	357.8439
分子式	$C_{12}H_4Cl_6$	离子化模式	EI

质谱图

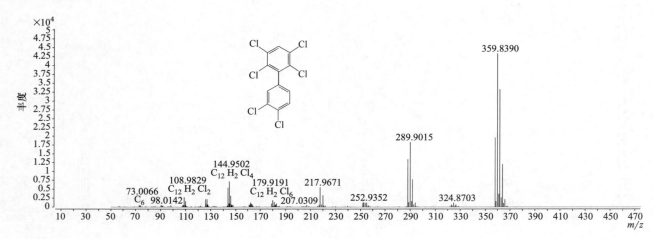

2，3，3'，4'，5'，6-Hexachlorobiphenyl（2，3，3'，4'，5'，6-六氯联苯）

基本信息

CAS 登录号	74472-45-0	分子量	357.8439
分子式	$C_{12}H_4Cl_6$	离子化模式	EI

质谱图

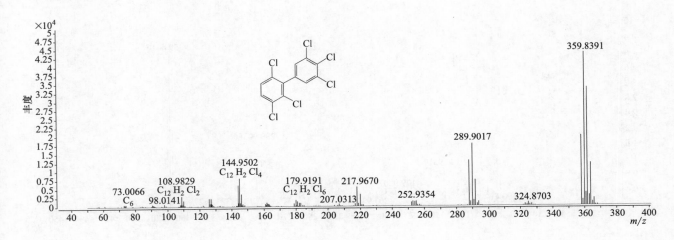

2，3，3'，5，5'，6-Hexachlorobiphenyl（2，3，3'，5，5'，6-六氯联苯）

基本信息

CAS 登录号	74472-46-1	分子量	357.8439
分子式	$C_{12}H_4Cl_6$	离子化模式	EI

质谱图

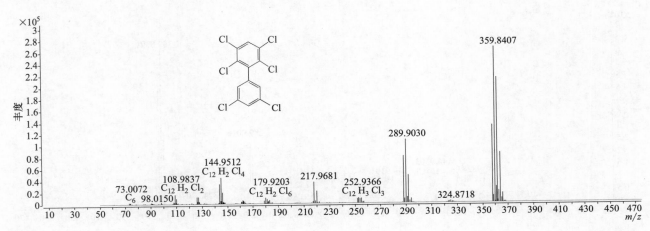

2，3'，4，4'，5，5'-Hexachlorobiphenyl（2，3'，4，4'，5，5'-六氯联苯）

基本信息

CAS 登录号	52663-72-6	分子量	357.8439
分子式	$C_{12}H_4Cl_6$	离子化模式	EI

质谱图

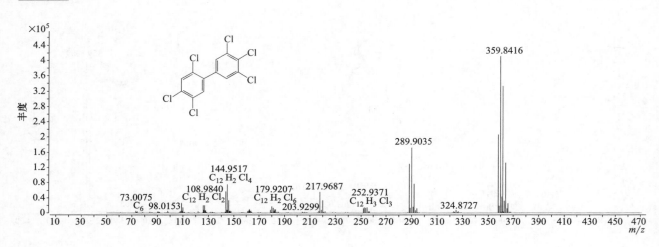

2，3，4，4'，5，6-Hexachlorobiphenyl（2，3，4，4'，5，6-六氯联苯）

基本信息

CAS 登录号	41411-63-6	分子量	357.8439
分子式	$C_{12}H_4Cl_6$	离子化模式	EI

质谱图

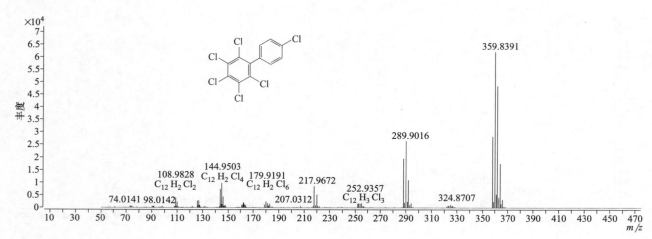

2，3'，4，4'，5'，6-Hexachlorobiphenyl（2，3'，4，4'，5'，6-六氯联苯）

基本信息

CAS 登录号	59291-65-5	分子量	357.8439
分子式	$C_{12}H_4Cl_6$	离子化模式	EI

质谱图

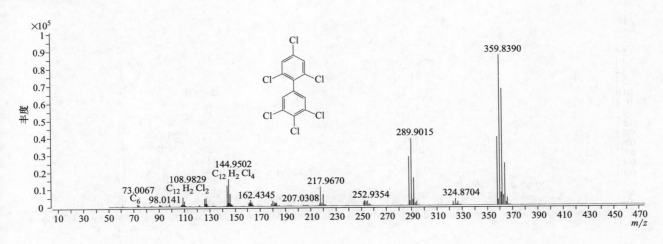

3，3'，4，4'，5，5'-Hexachlorobiphenyl（3，3'，4，4'，5，5'-六氯联苯）

基本信息

CAS 登录号	32774-16-6	分子量	357.8439
分子式	$C_{12}H_4Cl_6$	离子化模式	EI

质谱图

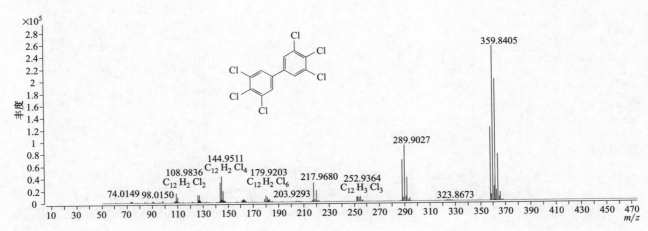

2，2'，3，3'，4，4'，5-Heptachlorobiphenyl（2，2'，3，3'，4，4'，5-七氯联苯）

CAS 登录号	35065-30-6	分子量	391. 8049
分子式	$C_{12}H_3Cl_7$	离子化模式	EI

质谱图

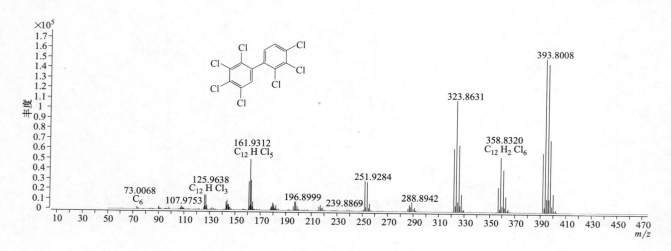

2，2'，3，3'，4，4'，6-Heptachlorobiphenyl（2，2'，3，3'，4，4'，6-七氯联苯）

基本信息

CAS 登录号	52663-71-5	分子量	391. 8049
分子式	$C_{12}H_3Cl_7$	离子化模式	EI

质谱图

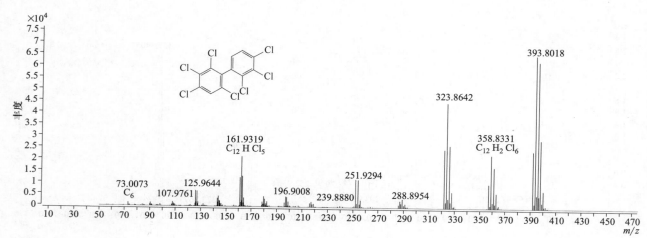

2，2'，3，3'，4，5，5'-Heptachlorobiphenyl（2，2'，3，3'，4，5，5'-七氯联苯）

CAS 登录号	52663-74-8	分子量	391.8049
分子式	$C_{12}H_3Cl_7$	离子化模式	EI

质谱图

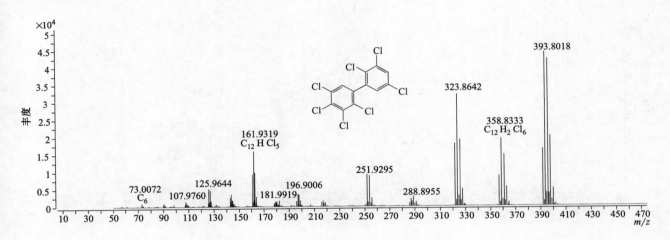

2，2'，3，3'，4'，5，6-Heptachlorobiphenyl（2，2'，3，3'，4'，5，6-七氯联苯）

基本信息

CAS 登录号	52663-70-4	分子量	391.8049
分子式	$C_{12}H_3Cl_7$	离子化模式	EI

质谱图

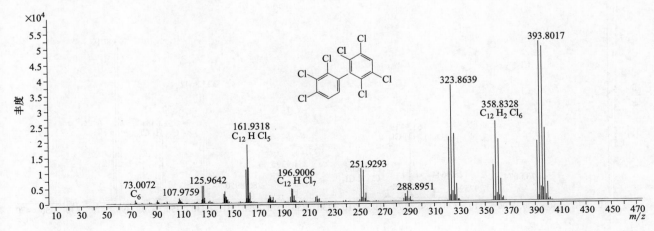

2, 2', 3, 3', 4, 5', 6-Heptachlorobiphenyl（2, 2', 3, 3', 4, 5', 6-七氯联苯）

基本信息

CAS 登录号	40186-70-7	分子量	391. 8049
分子式	$C_{12}H_3Cl_7$	离子化模式	EI

质谱图

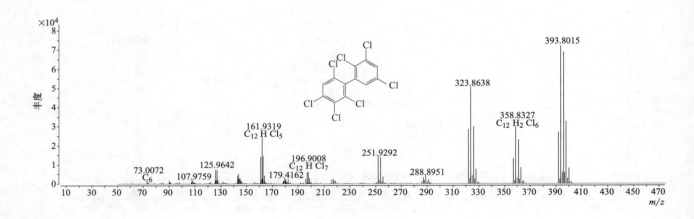

2, 2', 3, 3', 4, 5, 6'-Heptachlorobiphenyl（2, 2', 3, 3', 4, 5, 6'-七氯联苯）

基本信息

CAS 登录号	38411-25-5	分子量	391. 8049
分子式	$C_{12}H_3Cl_7$	离子化模式	EI

质谱图

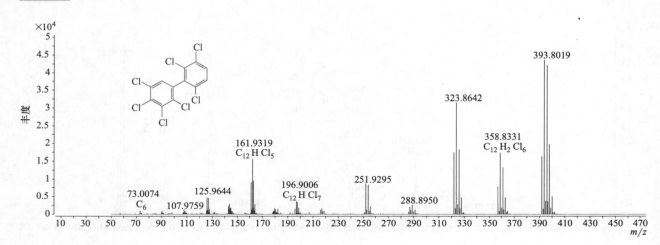

2，2'，3，3'，4，5，6-Heptachlorobiphenyl（2，2'，3，3'，4，5，6-七氯联苯）

基本信息

CAS 登录号	68194-16-1		分子量	391.8049
分子式	$C_{12}H_3Cl_7$		离子化模式	EI

质谱图

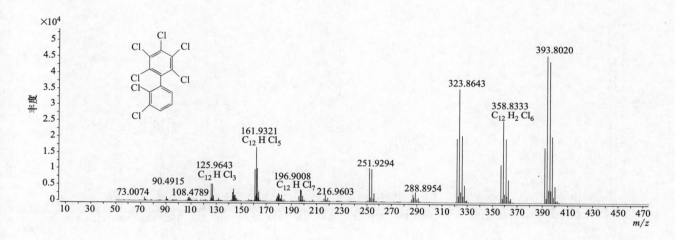

2，2'，3，3'，4，6，6'-Heptachlorobiphenyl（2，2'，3，3'，4，6，6'-七氯联苯）

基本信息

CAS 登录号	52663-65-7		分子量	391.8049
分子式	$C_{12}H_3Cl_7$		离子化模式	EI

质谱图

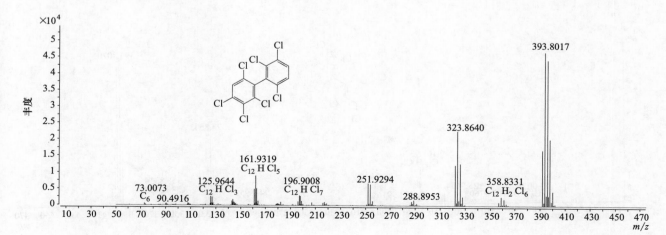

2，2'，3，3'，5，5'，6-Heptachlorobiphenyl（2，2'，3，3'，5，5'，6-七氯联苯）

基本信息

CAS 登录号	52663-67-9	分子量	391.8049
分子式	C₁₂H₃Cl₇	离子化模式	EI

质谱图

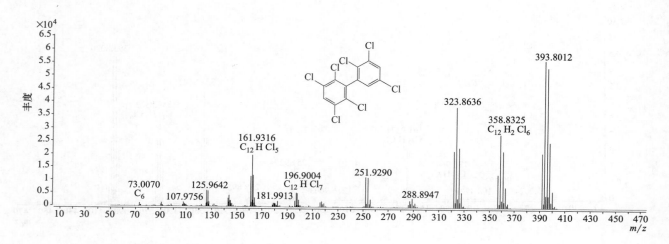

2，2'，3，3'，5，6，6'-Heptachlorobiphenyl（2，2'，3，3'，5，6，6'-七氯联苯）

基本信息

CAS 登录号	52663-64-6	分子量	391.8049
分子式	C₁₂H₃Cl₇	离子化模式	EI

质谱图

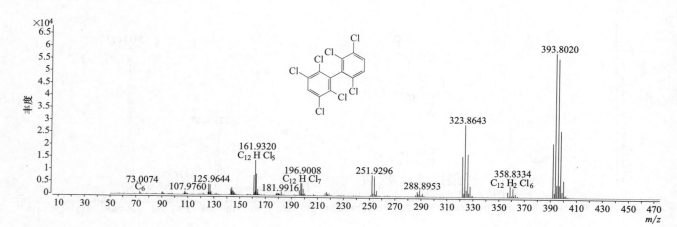

2，2'，3，4，4'，5，5'-Heptachlorobiphenyl （2，2'，3，4，4'，5，5'-七氯联苯）

CAS 登录号	35065-29-3	分子量	391.8049
分子式	$C_{12}H_3Cl_7$	离子化模式	EI

质谱图

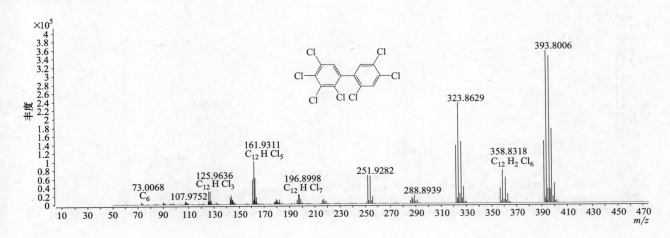

2，2'，3，4，4'，5，6-Heptachlorobiphenyl （2，2'，3，4，4'，5，6-七氯联苯）

CAS 登录号	74472-47-2	分子量	391.8049
分子式	$C_{12}H_3Cl_7$	离子化模式	EI

质谱图

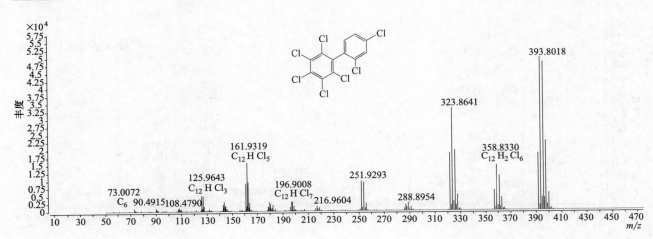

2，2'，3，4，4'，5'，6-Heptachlorobiphenyl（2，2'，3，4，4'，5'，6-七氯联苯）

基本信息

CAS 登录号	52663-69-1	分子量	391.8049
分子式	$C_{12}H_3Cl_7$	离子化模式	EI

质谱图

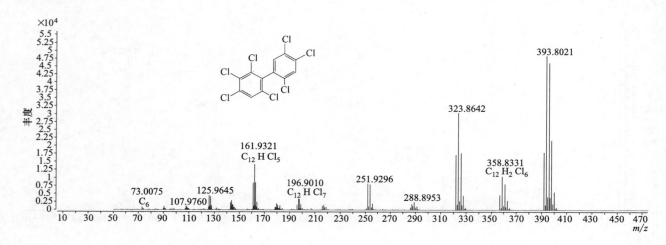

2，2'，3，4，4'，5，6'-Heptachlorobiphenyl（2，2'，3，4，4'，5，6'-七氯联苯）

基本信息

CAS 登录号	60145-23-5	分子量	391.8049
分子式	$C_{12}H_3Cl_7$	离子化模式	EI

质谱图

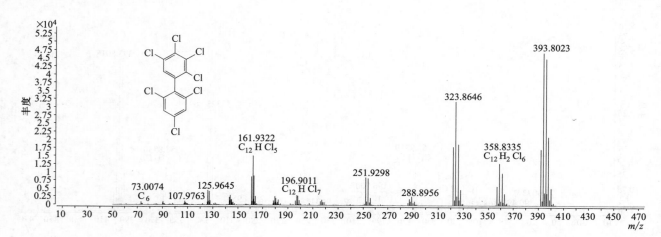

2，2'，3，4，4'，6，6'-Heptachlorobiphenyl（2，2'，3，4，4'，6，6'-七氯联苯）

基本信息

CAS 登录号	74472-48-3	分子量	391.8049
分子式	$C_{12}H_3Cl_7$	离子化模式	EI

质谱图

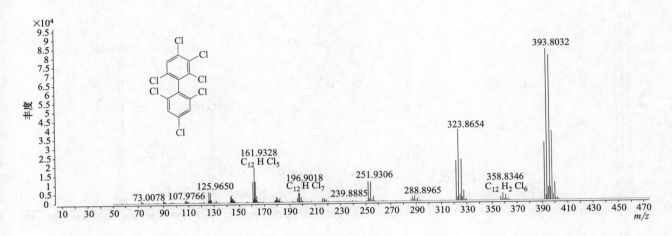

2，2'，3，4，5，5'，6-Heptachlorobiphenyl（2，2'，3，4，5，5'，6-七氯联苯）

基本信息

CAS 登录号	52712-05-7	分子量	391.8049
分子式	$C_{12}H_3Cl_7$	离子化模式	EI

质谱图

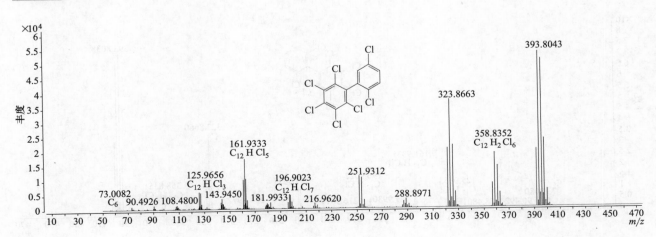

2，2'，3，4'，5，5'，6-Heptachlorobiphenyl （2，2'，3，4'，5，5'，6-七氯联苯）

基本信息

CAS 登录号	52663-68-0	分子量	391.8049
分子式	$C_{12}H_3Cl_7$	离子化模式	EI

质谱图

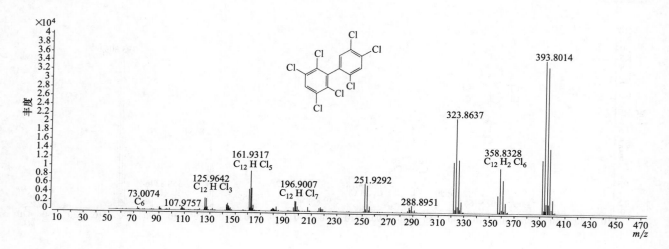

2，2'，3，4，5，6，6'-Heptachlorobiphenyl （2，2'，3，4，5，6，6'-七氯联苯）

基本信息

CAS 登录号	74472-49-4	分子量	391.8049
分子式	$C_{12}H_3Cl_7$	离子化模式	EI

质谱图

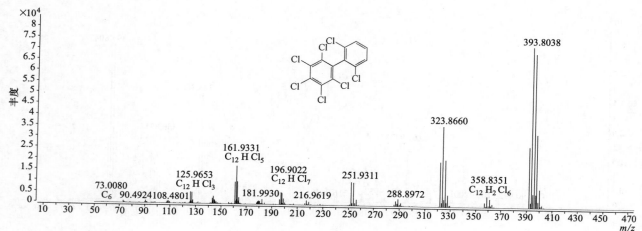

2，2'，3，4'，5，6，6'-Heptachlorobiphenyl（2，2'，3，4'，5，6，6'-七氯联苯）

基本信息

CAS 登录号	74487-85-7	分子量	391.8049
分子式	C₁₂H₃Cl₇	离子化模式	EI

质谱图

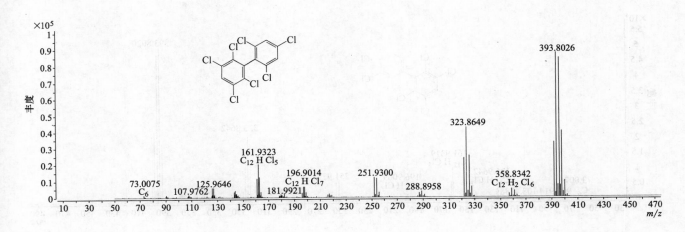

2，3，3'，4，4'，5，5'-Heptachlorobiphenyl（2，3，3'，4，4'，5，5'-七氯联苯）

基本信息

CAS 登录号	39635-31-9	分子量	391.8049
分子式	C₁₂H₃Cl₇	离子化模式	EI

质谱图

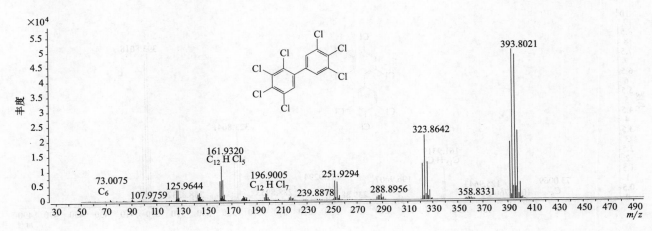

2，3，3'，4，4'，5，6-Heptachlorobiphenyl（2，3，3'，4，4'，5，6-七氯联苯）

基本信息

CAS 登录号	41411-64-7	分子量	391.8049
分子式	$C_{12}H_3Cl_7$	离子化模式	EI

质谱图

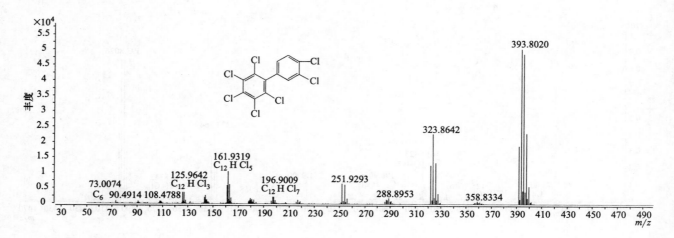

2，3，3'，4，4'，5'，6-Heptachlorobiphenyl（2，3，3'，4，4'，5'，6-七氯联苯）

基本信息

CAS 登录号	74472-50-7	分子量	391.8049
分子式	$C_{12}H_3Cl_7$	离子化模式	EI

质谱图

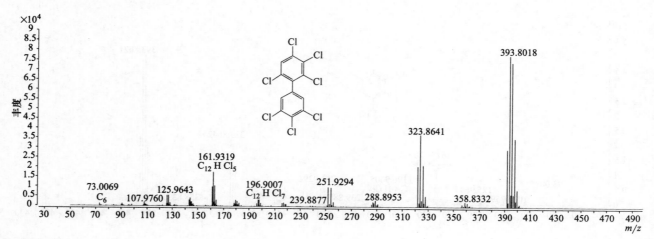

2，3，3'，4，5，5'，6-Heptachlorobiphenyl（2，3，3'，4，5，5'，6-七氯联苯）

基本信息

CAS 登录号	74472-51-8	分子量	391. 8049
分子式	C₁₂H₃Cl₇	离子化模式	EI

质谱图

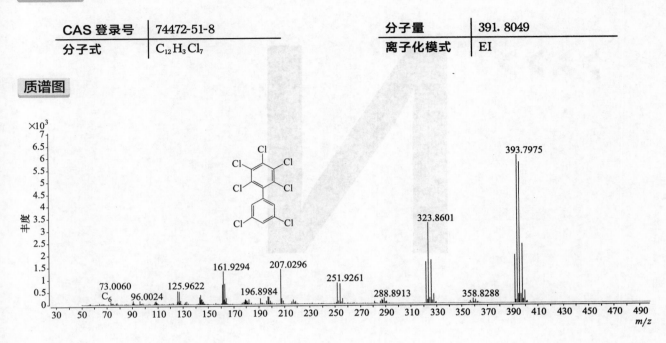

2，3，3'，4'，5，5'，6-Heptachlorobiphenyl（2，3，3'，4'，5，5'，6-七氯联苯）

基本信息

CAS 登录号	69782-91-8	分子量	391. 8049
分子式	C₁₂H₃Cl₇	离子化模式	EI

质谱图

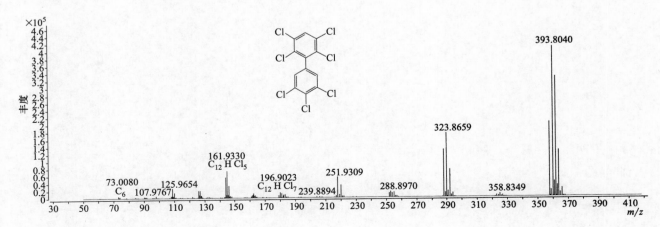

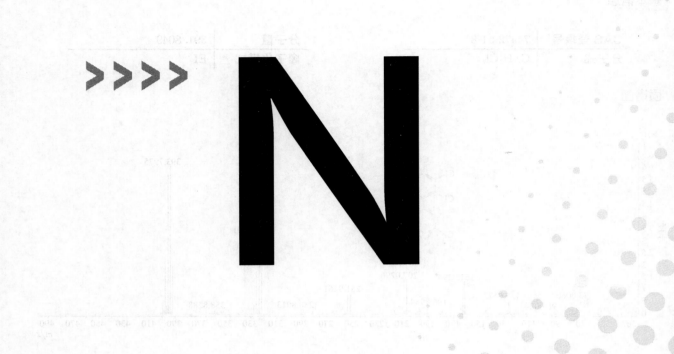

>>>>> **N**

2，2'，3，3'，4，4'，5，5'，6-Nachlorobiphenyl （2，2'，3，3'，4，4'，5，5'，6-九氯联苯）

基本信息

CAS 登录号	40186-72-9	分子量	459.7270
分子式	$C_{12}HCl_9$	离子化模式	EI

质谱图

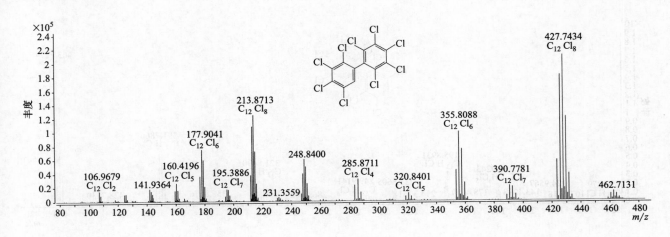

2，2'，3，3'，4，4'，5，6，6'-Nachlorobiphenyl （2，2'，3，3'，4，4'，5，6，6'-九氯联苯）

基本信息

CAS 登录号	52663-79-3	分子量	459.7270
分子式	$C_{12}HCl_9$	离子化模式	EI

质谱图

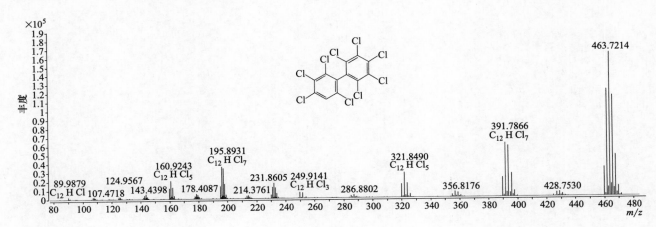

2，2'，3，3'，4，5，5'，6，6'-Nachlorobiphenyl （2，2'，3，3'，4，5，5'，6，6'-九氯联苯）

基本信息

CAS 登录号	52663-77-1	分子量	459.7270
分子式	$C_{12}HCl_9$	离子化模式	EI

质谱图

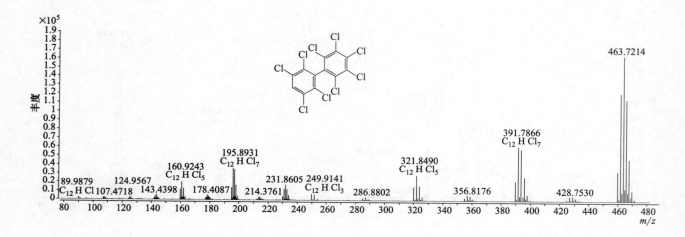

2, 2', 3, 3', 4, 4', 5, 5'-Octachlorobiphenyl
（2，2'，3，3'，4，4'，5，5'-八氯联苯）

基本信息

CAS 登录号	35694-08-7		分子量	425.7660
分子式	C₁₂H₂Cl₈		离子化模式	EI

质谱图

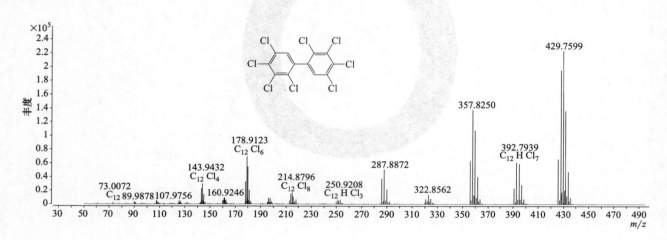

2, 2', 3, 3', 4, 4', 5, 6-Octachlorobiphenyl
（2，2'，3，3'，4，4'，5，6-八氯联苯）

基本信息

CAS 登录号	52663-78-2		分子量	425.7660
分子式	C₁₂H₂Cl₈		离子化模式	EI

质谱图

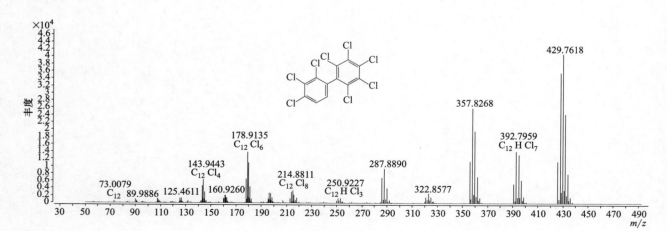

2, 2', 3, 3', 4, 4', 5, 6'-Octachlorobiphenyl
（2，2'，3，3'，4，4'，5，6'-八氯联苯）

基本信息

CAS 登录号	42740-50-1	分子量	425. 7660
分子式	$C_{12}H_2Cl_8$	离子化模式	EI

质谱图

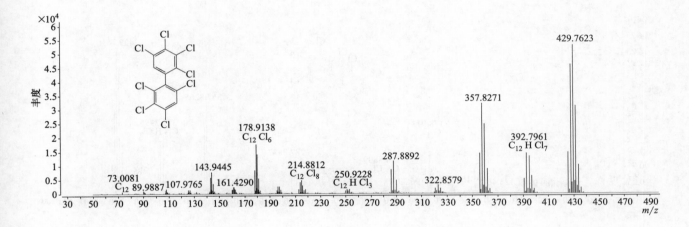

2, 2', 3, 3', 4, 4', 6, 6'-Octachlorobiphenyl
（2，2'，3，3'，4，4'，6，6'-八氯联苯）

基本信息

CAS 登录号	33091-17-7	分子量	425. 7660
分子式	$C_{12}H_2Cl_8$	离子化模式	EI

质谱图

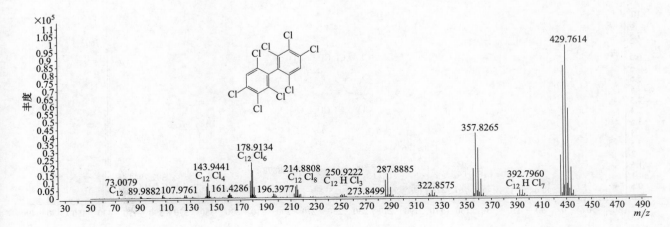

2, 2', 3, 3', 4, 5, 5', 6-Octachlorobiphenyl
（2，2'，3，3'，4，5，5'，6-八氯联苯）

基本信息

CAS 登录号	68194-17-2		分子量	425.7660
分子式	$C_{12}H_2Cl_8$		离子化模式	EI

质谱图

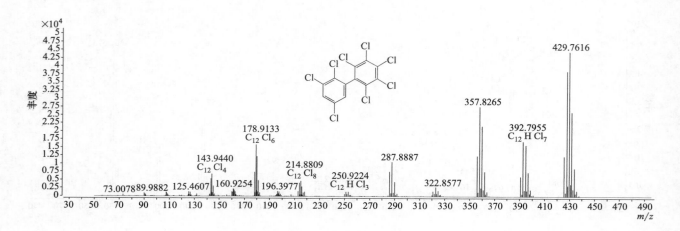

2, 2', 3, 3', 4, 5, 5', 6'-Octachlorobiphenyl
（2，2'，3，3'，4，5，5'，6'-八氯联苯）

基本信息

CAS 登录号	52663-75-9		分子量	425.7660
分子式	$C_{12}H_2Cl_8$		离子化模式	EI

质谱图

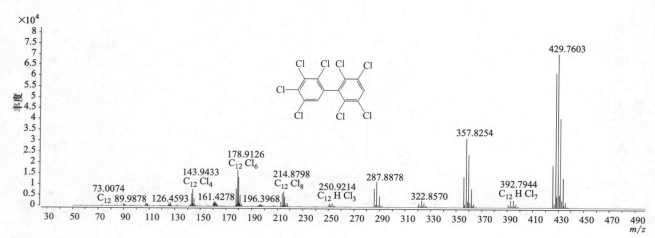

2, 2′, 3, 3′, 4, 5, 6, 6′-Octachlorobiphenyl
（2，2′，3，3′，4，5，6，6′-八氯联苯）

基本信息

CAS 登录号	52663-73-7	分子量	425.7660
分子式	$C_{12}H_2Cl_8$	离子化模式	EI

质谱图

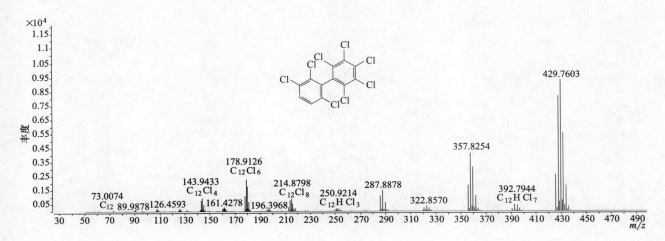

2, 2′, 3, 3′, 4, 5′, 6, 6′-Octachlorobiphenyl
（2，2′，3，3′，4，5′，6，6′-八氯联苯）

基本信息

CAS 登录号	40186-71-8	分子量	425.7660
分子式	$C_{12}H_2Cl_8$	离子化模式	EI

质谱图

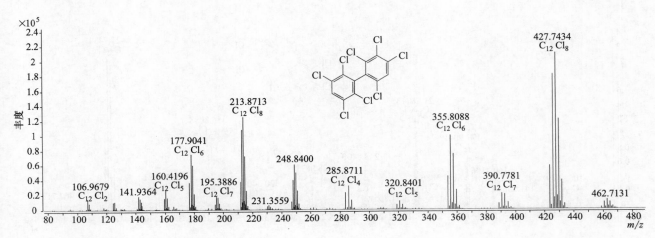

2, 2', 3, 3', 5, 5', 6, 6'-Octachlorobiphenyl
（2，2'，3，3'，5，5'，6，6'-八氯联苯）

基本信息

CAS 登录号	2136-99-4	分子量	425. 7660
分子式	$C_{12}H_2Cl_8$	离子化模式	EI

质谱图

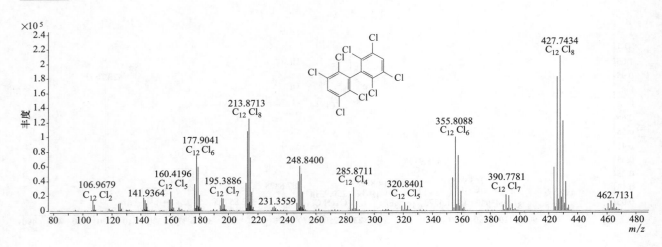

2, 2', 3, 4, 4', 5, 5', 6-Octachlorobiphenyl
（2，2'，3，4，4'，5，5'，6-八氯联苯）

基本信息

CAS 登录号	52663-76-0	分子量	425. 7660
分子式	$C_{12}H_2Cl_8$	离子化模式	EI

质谱图

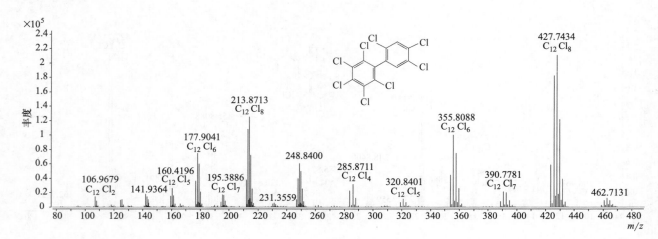

2, 2', 3, 4, 4', 5, 6, 6'-Octachlorobiphenyl（2, 2', 3, 4, 4', 5, 6, 6'-八氯联苯）

基本信息

CAS 登录号	74472-52-9	分子量	425. 7660
分子式	$C_{12}H_2Cl_8$	离子化模式	EI

质谱图

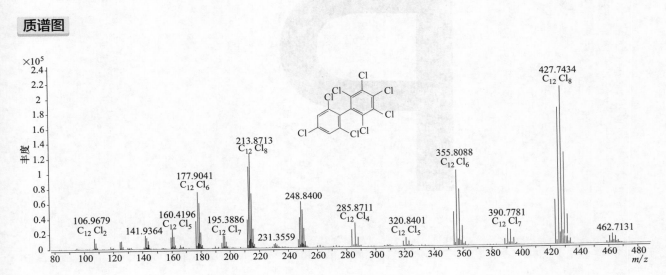

2, 3, 3', 4, 4', 5, 5', 6-Octachlorobiphenyl（2, 3, 3', 4, 4', 5, 5', 6-八氯联苯）

基本信息

CAS 登录号	74472-53-0	分子量	425. 7660
分子式	$C_{12}H_2Cl_8$	离子化模式	EI

质谱图

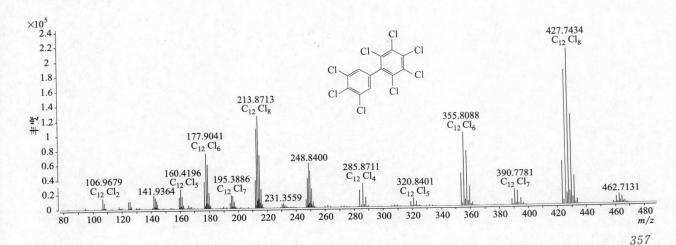

P

2，2'，3，3'，4-Pentachlorobiphenyl（2，2'，3，3'，4-五氯联苯）

基本信息

CAS 登录号	52663-62-4	分子量	323.8828
分子式	$C_{12}H_5Cl_5$	离子化模式	EI

质谱图

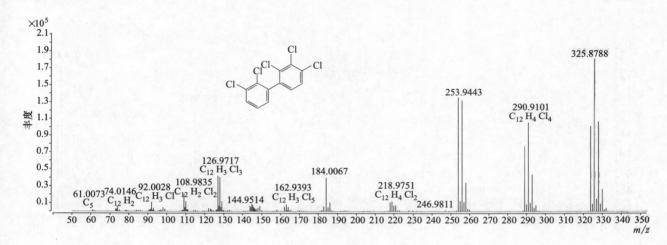

2，2'，3，3'，5-Pentachlorobiphenyl（2，2'，3，3'，5-五氯联苯）

基本信息

CAS 登录号	60145-20-2	分子量	323.8828
分子式	$C_{12}H_5Cl_5$	离子化模式	EI

质谱图

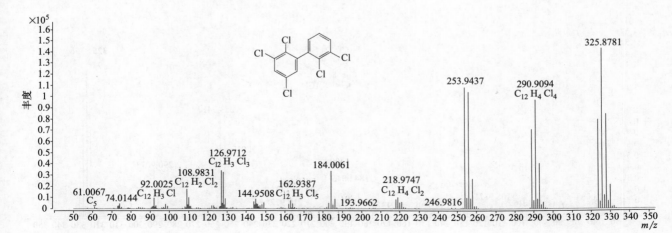

2，2'，3，3'，6-Pentachlorobiphenyl（2，2'，3，3'，6-五氯联苯）

基本信息

CAS 登录号	52663-60-2	分子量	323. 8828
分子式	$C_{12}H_5Cl_5$	离子化模式	EI

质谱图

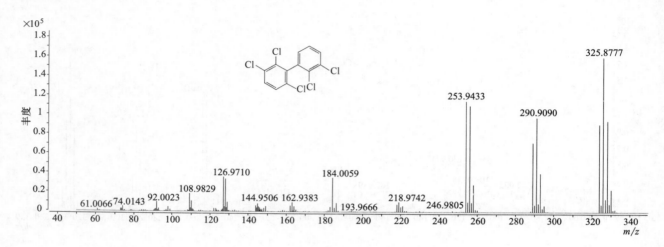

2，2'，3，4，4'-Pentachlorobiphenyl（2，2'，3，4，4'-五氯联苯）

基本信息

CAS 登录号	65510-45-4	分子量	323. 8828
分子式	$C_{12}H_5Cl_5$	离子化模式	EI

质谱图

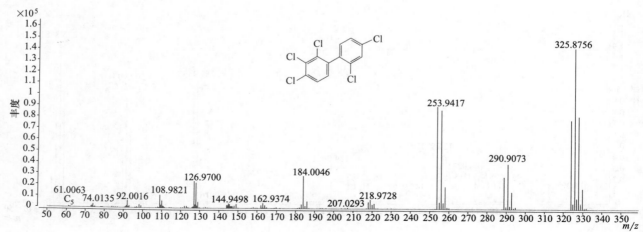

2，2'，3'，4，5-Pentachlorobiphenyl（2，2'，3'，4，5-五氯联苯）

基本信息

CAS 登录号	41464-51-1	分子量	323. 8828
分子式	$C_{12}H_5Cl_5$	离子化模式	EI

质谱图

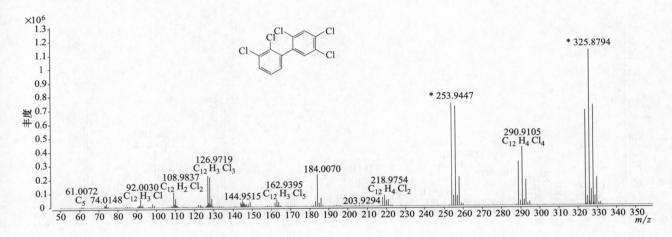

2，2'，3，4'，5-Pentachlorobiphenyl（2，2'，3，4'，5-五氯联苯）

基本信息

CAS 登录号	68194-07-0	分子量	323. 8828
分子式	$C_{12}H_5Cl_5$	离子化模式	EI

质谱图

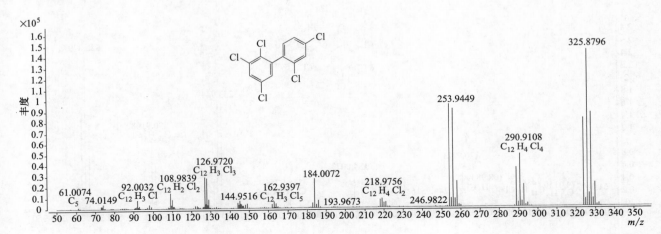

2，2'，3，4，5'-Pentachlorobiphenyl（2，2'，3，4，5'-五氯联苯）

基本信息

CAS 登录号	38380-02-8	分子量	323. 8828
分子式	$C_{12}H_5Cl_5$	离子化模式	EI

质谱图

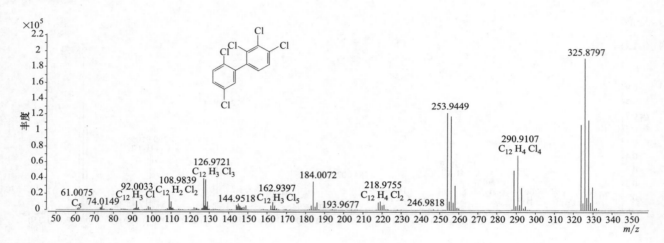

2，2'，3，4，5-Pentachlorobiphenyl（2，2'，3，4，5-五氯联苯）

基本信息

CAS 登录号	55312-69-1	分子量	323. 8828
分子式	$C_{12}H_5Cl_5$	离子化模式	EI

质谱图

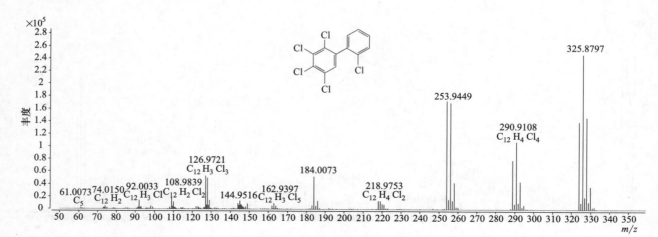

2，2'，3'，4，6-Pentachlorobiphenyl（2，2'，3'，4，6-五氯联苯）

基本信息

CAS 登录号	60233-25-2	分子量	323. 8828
分子式	$C_{12}H_5Cl_5$	离子化模式	EI

质谱图

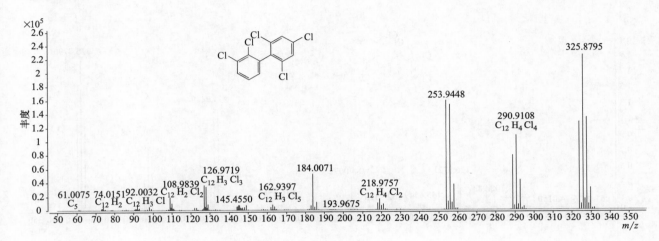

2，2'，3，4'，6-Pentachlorobiphenyl（2，2'，3，4'，6-五氯联苯）

基本信息

CAS 登录号	68194-05-8	分子量	323. 8828
分子式	$C_{12}H_5Cl_5$	离子化模式	EI

质谱图

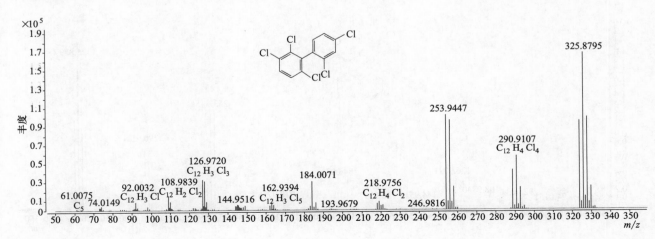

2，2'，3，4，6'-Pentachlorobiphenyl（2，2'，3，4，6'-五氯联苯）

基本信息

CAS 登录号	73575-57-2	分子量	323.8828
分子式	$C_{12}H_5Cl_5$	离子化模式	EI

质谱图

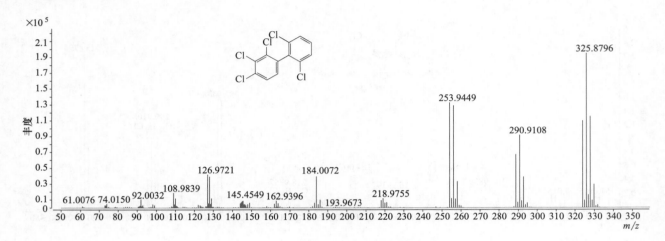

2，2'，3，4，6-Pentachlorobiphenyl（2，2'，3，4，6-五氯联苯）

基本信息

CAS 登录号	55215-17-3	分子量	323.8828
分子式	$C_{12}H_5Cl_5$	离子化模式	EI

质谱图

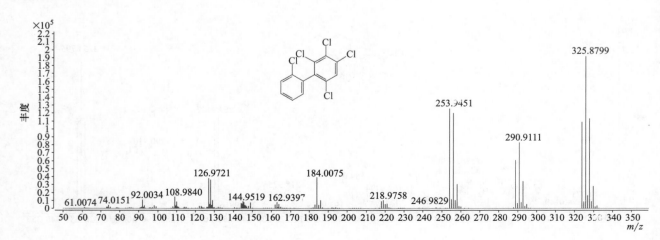

2，2'，3，5，5'-Pentachlorobiphenyl（2，2'，3，5，5'-五氯联苯）

基本信息

CAS 登录号	52663-61-3	分子量	323. 8828
分子式	C$_{12}$H$_5$Cl$_5$	离子化模式	EI

质谱图

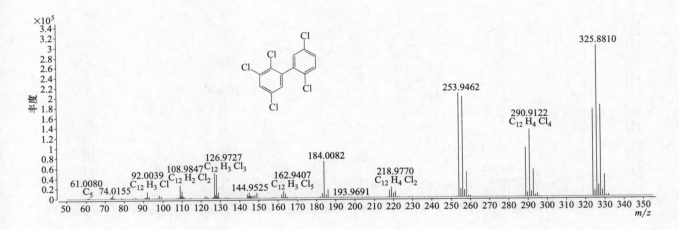

2，2'，3，5，6'-Pentachlorobiphenyl（2，2'，3，5，6'-五氯联苯）

基本信息

CAS 登录号	73575-55-0	分子量	323. 8828
分子式	C$_{12}$H$_5$Cl$_5$	离子化模式	EI

质谱图

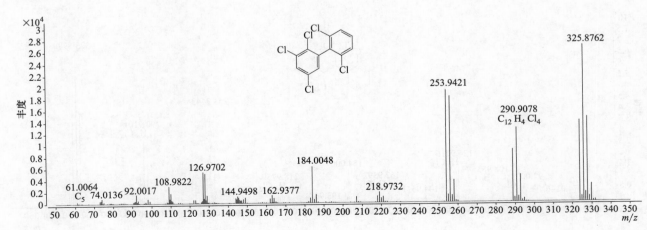

2，2'，3，5，6-Pentachlorobiphenyl（2，2'，3，5，6-五氯联苯）

基本信息

CAS 登录号	73575-56-1		分子量	323.8828
分子式	$C_{12}H_5Cl_5$		离子化模式	EI

质谱图

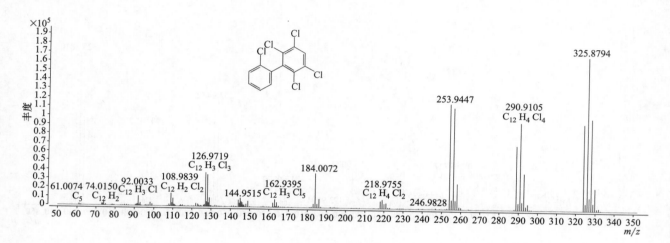

2，2'，3，5'，6-Pentachlorobiphenyl（2，2'，3，5'，6-五氯联苯）

基本信息

CAS 登录号	38379-99-6		分子量	323.8828
分子式	$C_{12}H_5Cl_5$		离子化模式	EI

质谱图

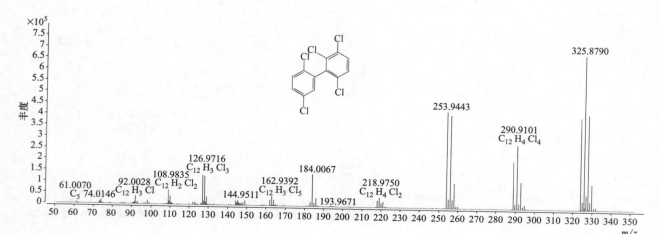

2，2'，4，4'，5-Pentachlorobiphenyl（2，2'，4，4'，5-五氯联苯）

基本信息

CAS 登录号	38380-01-7	分子量	323.8828
分子式	$C_{12}H_5Cl_5$	离子化模式	EI

质谱图

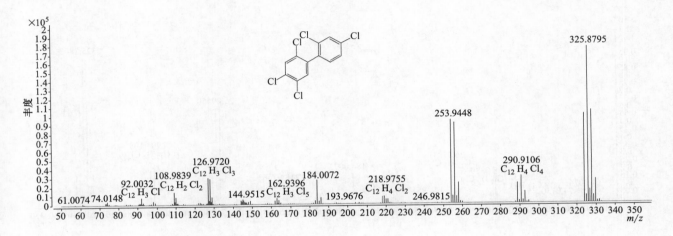

2，2'，4，4'，6-Pentachlorobiphenyl（2，2'，4，4'，6-五氯联苯）

基本信息

CAS 登录号	39485-83-1	分子量	323.8828
分子式	$C_{12}H_5Cl_5$	离子化模式	EI

质谱图

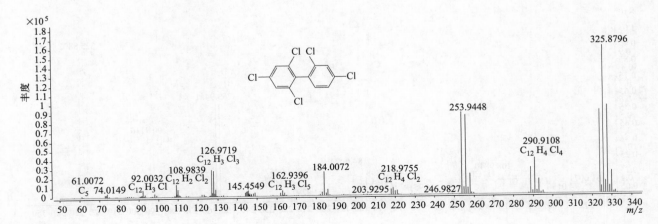

2，2'，4，5，5'-Pentachlorobiphenyl（2，2'，4，5，5'-五氯联苯）

基本信息

CAS 登录号	37680-73-2		分子量	323. 8828
分子式	$C_{12}H_5Cl_5$		离子化模式	EI

质谱图

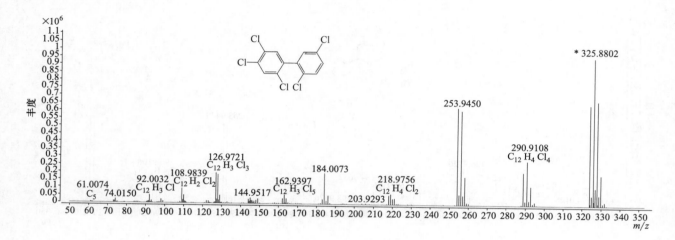

2，2'，4，5'，6-Pentachlorobiphenyl（2，2'，4，5'，6-五氯联苯）

基本信息

CAS 登录号	60145-21-3		分子量	323. 8828
分子式	$C_{12}H_5Cl_5$		离子化模式	EI

质谱图

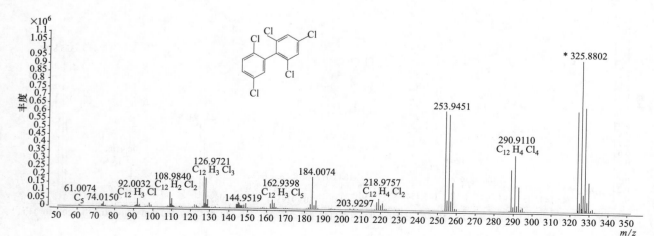

2，2'，4，5，6'-Pentachlorobiphenyl（2，2'，4，5，6'-五氯联苯）

基本信息

CAS 登录号	68194-06-9	分子量	323.8828
分子式	$C_{12}H_5Cl_5$	离子化模式	EI

质谱图

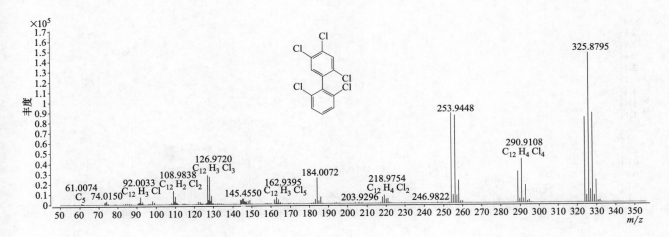

2，2'，4，6，6'-Pentachlorobiphenyl（2，2'，4，6，6'-五氯联苯）

基本信息

CAS 登录号	56558-16-8	分子量	323.8828
分子式	$C_{12}H_5Cl_5$	离子化模式	EI

质谱图

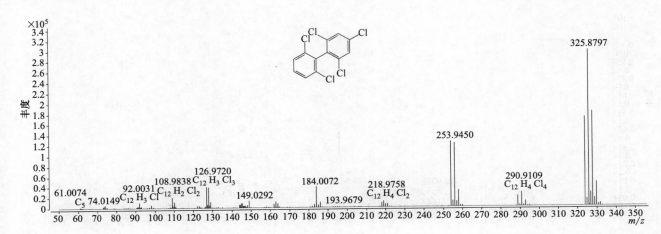

2，2'，3，6，6'-Pentachlorobiphenyl（2，2'，3，6，6'-五氯联苯）

基本信息

CAS 登录号	73575-54-9	分子量	323.8828
分子式	$C_{12}H_5Cl_5$	离子化模式	EI

质谱图

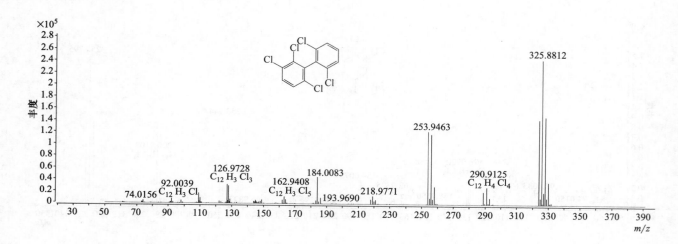

2，3，3'，4，4'-Pentachlorobiphenyl（2，3，3'，4，4'-五氯联苯）

基本信息

CAS 登录号	32598-14-4	分子量	323.8828
分子式	$C_{12}H_5Cl_5$	离子化模式	EI

质谱图

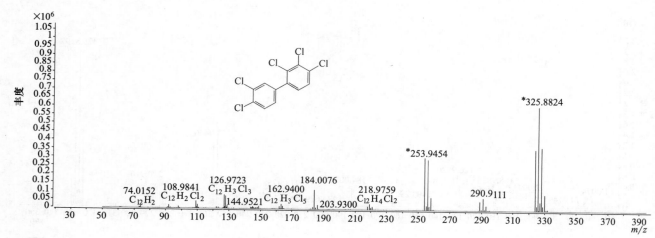

2，3，3'，4，5-Pentachlorobiphenyl（2，3，3'，4，5-五氯联苯）

CAS 登录号	70424-69-0	分子量	323. 8828
分子式	$C_{12}H_5Cl_5$	离子化模式	EI

质谱图

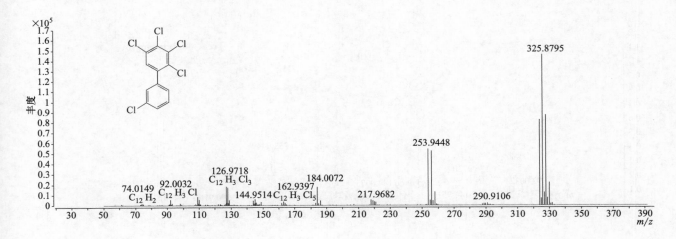

2'，3，3'，4，5-Pentachlorobiphenyl（2'，3，3'，4，5-五氯联苯）

基本信息

CAS 登录号	76842-07-4	分子量	323. 8828
分子式	$C_{12}H_5Cl_5$	离子化模式	EI

质谱图

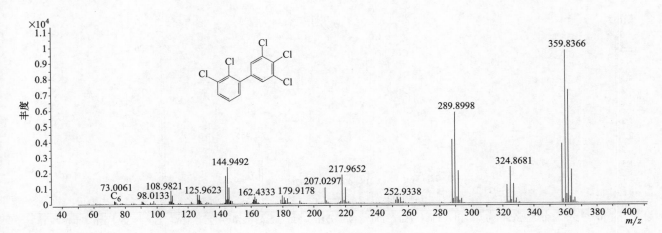

2，3，3'，4'，5-Pentachlorobiphenyl（2，3，3'，4'，5-五氯联苯）

基本信息

CAS 登录号	70424-68-9
分子式	$C_{12}H_5Cl_5$

分子量	323. 8828
离子化模式	EI

质谱图

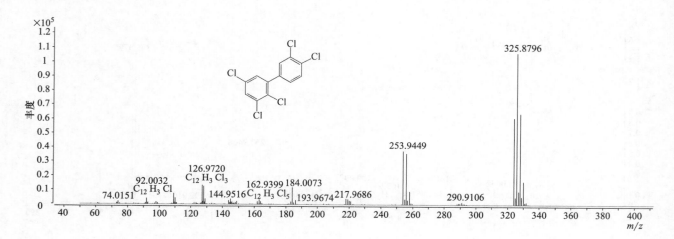

2，3，3'，4，5'-Pentachlorobiphenyl（2，3，3'，4，5'-五氯联苯）

基本信息

CAS 登录号	70362-41-3
分子式	$C_{12}H_5Cl_5$

分子量	323. 8828
离子化模式	EI

质谱图

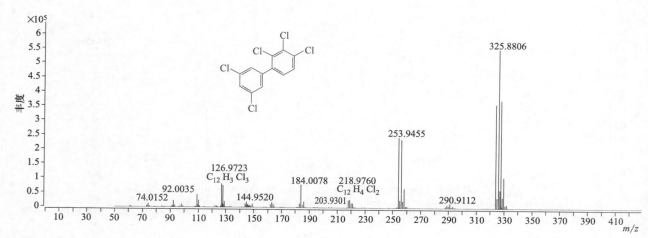

2，3，3'，4，6-Pentachlorobiphenyl（2，3，3'，4，6-五氯联苯）

基本信息

CAS 登录号	74472-35-8	分子量	323. 8828
分子式	C₁₂H₅Cl₅	离子化模式	EI

质谱图

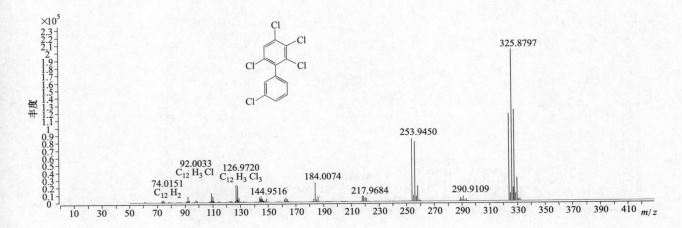

2，3，3'，4'，6-Pentachlorobiphenyl（2，3，3'，4'，6-五氯联苯）

基本信息

CAS 登录号	38380-03-9	分子量	323. 8828
分子式	C₁₂H₅Cl₅	离子化模式	EI

质谱图

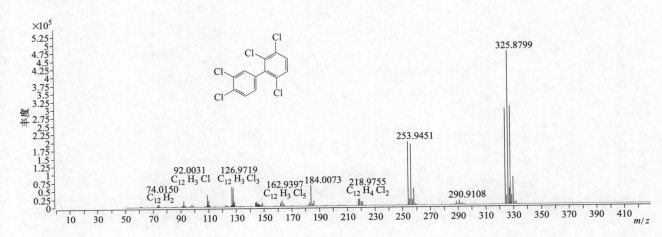

2，3，3'，5，5'-Pentachlorobiphenyl（2，3，3'，5，5'-五氯联苯）

基本信息

CAS 登录号	39635-32-0		分子量	323. 8828
分子式	$C_{12}H_5Cl_5$		离子化模式	EI

质谱图

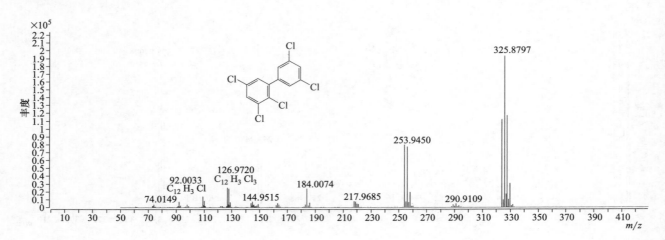

2，3，3'，5，6-Pentachlorobiphenyl（2，3，3'，5，6-五氯联苯）

基本信息

CAS 登录号	74472-36-9		分子量	323. 8828
分子式	$C_{12}H_5Cl_5$		离子化模式	EI

质谱图

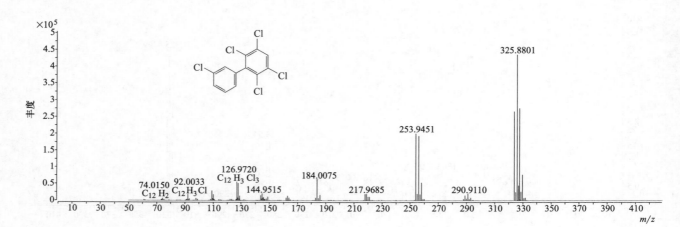

2，3，3'，5'，6-Pentachlorobiphenyl（2，3，3'，5'，6-五氯联苯）

基本信息

CAS 登录号	68194-10-5	分子量	323.8828
分子式	$C_{12}H_5Cl_5$	离子化模式	EI

质谱图

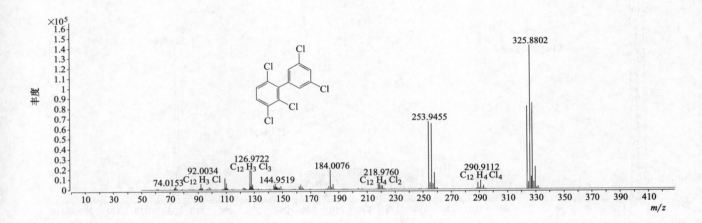

2，3，4，4'，5-Pentachlorobiphenyl（2，3，4，4'，5-五氯联苯）

基本信息

CAS 登录号	74472-37-0	分子量	323.8828
分子式	$C_{12}H_5Cl_5$	离子化模式	EI

质谱图

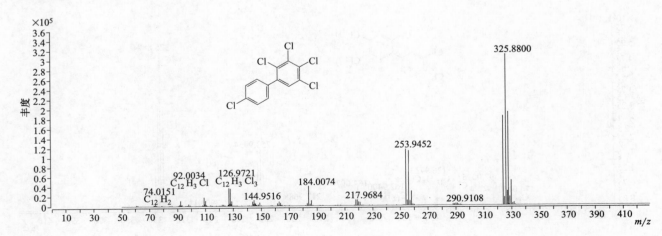

2',3,4,4',5-Pentachlorobiphenyl（2',3,4,4',5-五氯联苯）

CAS 登录号	65510-44-3	分子量	323.8828
分子式	$C_{12}H_5Cl_5$	离子化模式	EI

质谱图

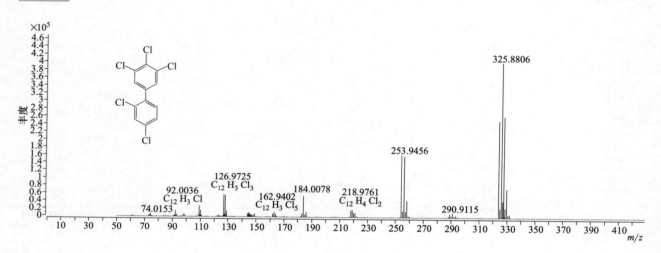

2,3',4,4',5-Pentachlorobiphenyl（2,3',4,4',5-五氯联苯）

基本信息

CAS 登录号	31508-00-6	分子量	323.8828
分子式	$C_{12}H_5Cl_5$	离子化模式	EI

质谱图

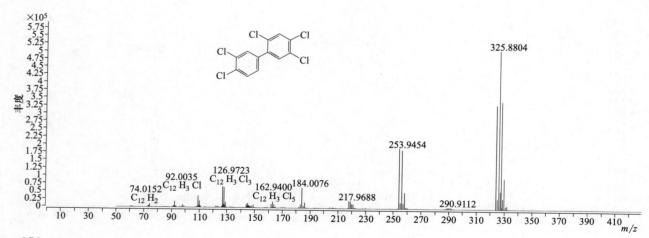

2，3，4，4'，6-Pentachlorobiphenyl（2，3，4，4'，6-五氯联苯）

基本信息

CAS 登录号	74472-38-1	分子量	323.8828
分子式	C₁₂H₅Cl₅	离子化模式	EI

质谱图

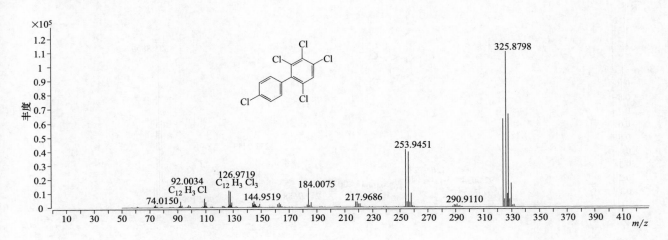

2，3'，4，4'，6-Pentachlorobiphenyl（2，3'，4，4'，6-五氯联苯）

基本信息

CAS 登录号	56558-17-9	分子量	323.8828
分子式	C₁₂H₅Cl₅	离子化模式	EI

质谱图

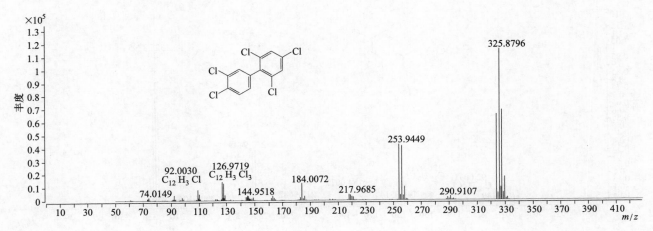

2',3,4,5,5'-Pentachlorobiphenyl（2',3,4,5,5'-五氯联苯）

基本信息

CAS 登录号	70424-70-3		分子量	323.8828
分子式	$C_{12}H_5Cl_5$		离子化模式	EI

质谱图

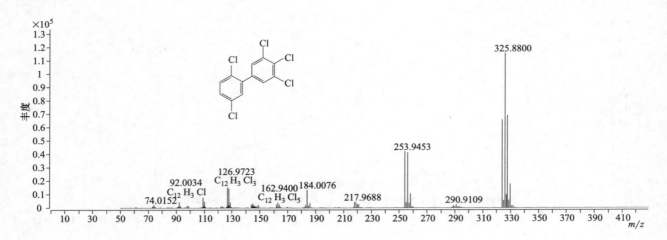

2,3',4,5,5'-Pentachlorobiphenyl（2,3',4,5,5'-五氯联苯）

基本信息

CAS 登录号	68194-12-7		分子量	323.8828
分子式	$C_{12}H_5Cl_5$		离子化模式	EI

质谱图

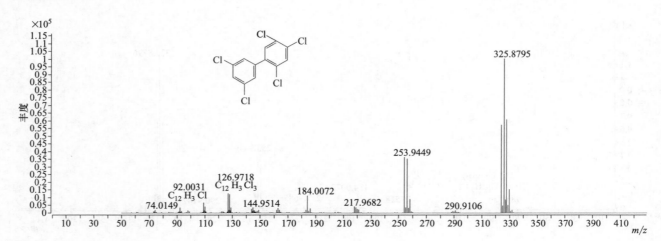

2′, 3, 4, 5, 6′-Pentachlorobiphenyl (2′, 3, 4, 5, 6′-五氯联苯)

基本信息

CAS 登录号	74472-39-2	分子量	323. 8828
分子式	C₁₂H₅Cl₅	离子化模式	EI

质谱图

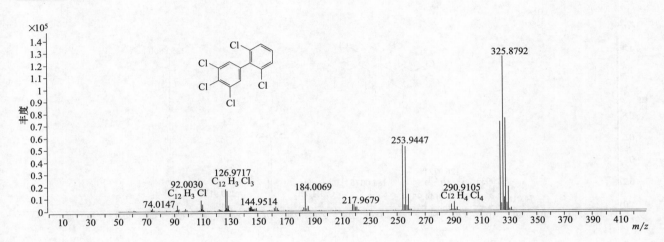

2, 3, 4, 5, 6-Pentachlorobiphenyl (2, 3, 4, 5, 6-五氯联苯)

基本信息

CAS 登录号	18259-05-7	分子量	323. 8828
分子式	C₁₂H₅Cl₅	离子化模式	EI

质谱图

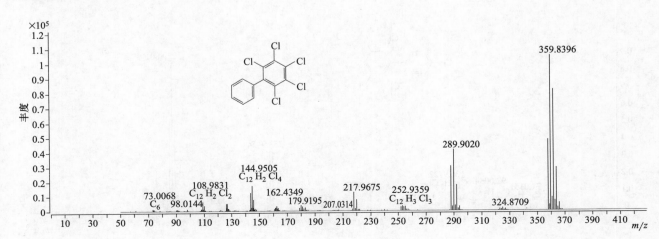

2，3'，4，5'，6-Pentachlorobiphenyl（2，3'，4，5'，6-五氯联苯）

基本信息

CAS 登录号	56558-18-0	分子量	323. 8828
分子式	C$_{12}$H$_5$Cl$_5$	离子化模式	EI

质谱图

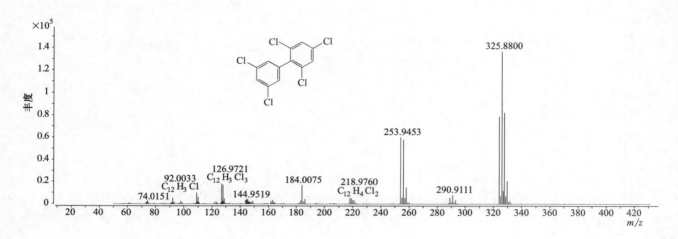

2，3，4'，5，6-Pentachlorobiphenyl（2，3，4'，5，6-五氯联苯）

基本信息

CAS 登录号	68194-11-6	分子量	323. 8828
分子式	C$_{12}$H$_5$Cl$_5$	离子化模式	EI

质谱图

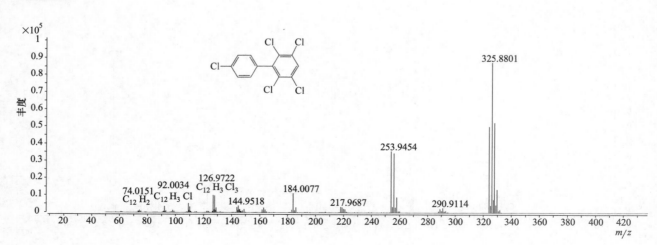

3，3'，4，4'，5-Pentachlorobiphenyl（3，3'，4，4'，5-五氯联苯）

基本信息

CAS 登录号	57465-28-8	分子量	323.8828
分子式	$C_{12}H_5Cl_5$	离子化模式	EI

质谱图

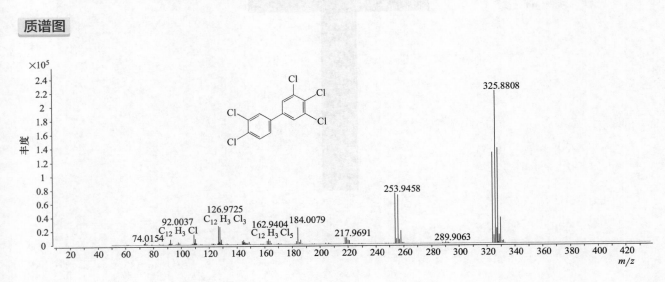

3，3'，4，5，5'-Pentachlorobiphenyl（3，3'，4，5，5'-五氯联苯）

基本信息

CAS 登录号	39635-33-1	分子量	323.8828
分子式	$C_{12}H_5Cl_5$	离子化模式	EI

质谱图

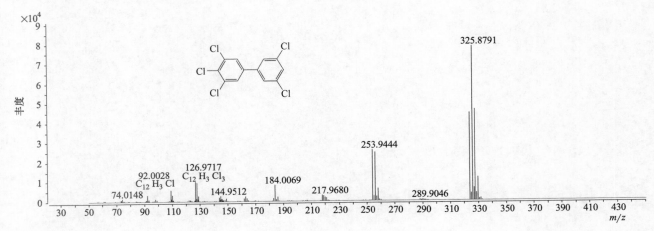

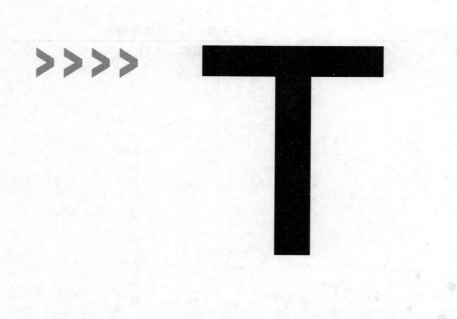

T

2，2'，3，3'-Tetrachlorobiphenyl（2，2'，3，3'-四氯联苯）

基本信息

CAS 登录号	38444-93-8	分子量	289.9218
分子式	$C_{12}H_6Cl_4$	离子化模式	EI

质谱图

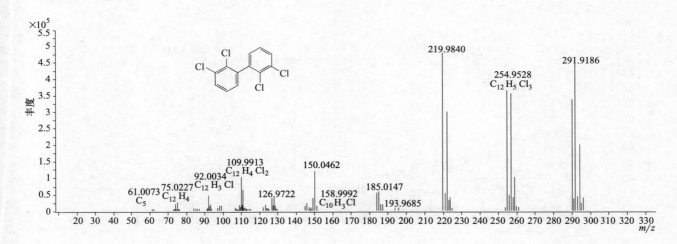

2，2'，3，4'-Tetrachlorobiphenyl（2，2'，3，4'-四氯联苯）

基本信息

CAS 登录号	36559-22-5	分子量	289.9218
分子式	$C_{12}H_6Cl_4$	离子化模式	EI

质谱图

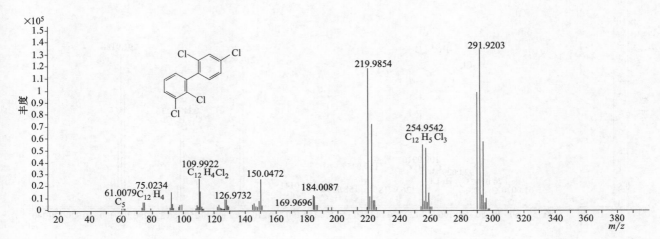

2，2'，3，4-Tetrachlorobiphenyl（2，2'，3，4-四氯联苯）

基本信息

CAS 登录号	52663-59-9		分子量	289.9218
分子式	$C_{12}H_6Cl_4$		离子化模式	EI

质谱图

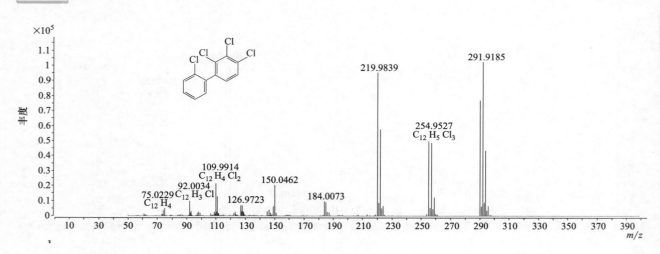

2，2'，3，5'-Tetrachlorobiphenyl（2，2'，3，5'-四氯联苯）

基本信息

CAS 登录号	41464-39-5		分子量	289.9218
分子式	$C_{12}H_6Cl_4$		离子化模式	EI

质谱图

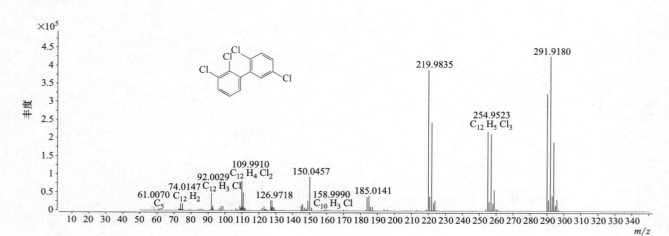

2，2'，3，5-Tetrachlorobiphenyl（2，2'，3，5-四氯联苯）

基本信息

CAS 登录号	70362-46-8	分子量	289. 9218
分子式	$C_{12}H_6Cl_4$	离子化模式	EI

质谱图

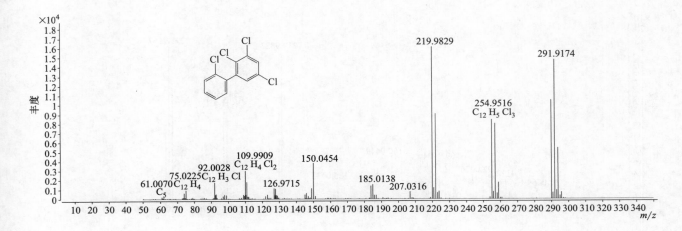

2，2'，3，6'-Tetrachlorobiphenyl（2，2'，3，6'-四氯联苯）

基本信息

CAS 登录号	41464-47-5	分子量	289. 9218
分子式	$C_{12}H_6Cl_4$	离子化模式	EI

质谱图

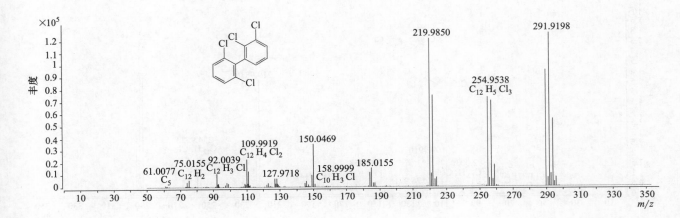

2，2'，3，6-Tetrachlorobiphenyl（2，2'，3，6-四氯联苯）

基本信息

CAS 登录号	70362-45-7
分子式	$C_{12}H_6Cl_4$

分子量	289.9218
离子化模式	EI

质谱图

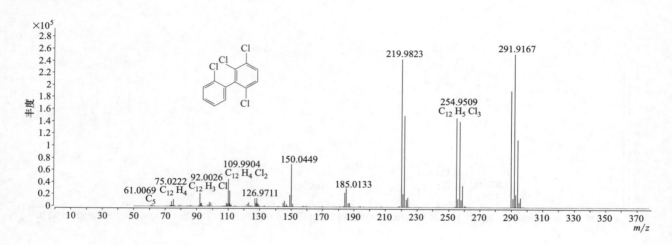

2，2'，4，4'-Tetrachlorobiphenyl（2，2'，4，4'-四氯联苯）

基本信息

CAS 登录号	2437-79-8
分子式	$C_{12}H_6Cl_4$

分子量	289.9218
离子化模式	EI

质谱图

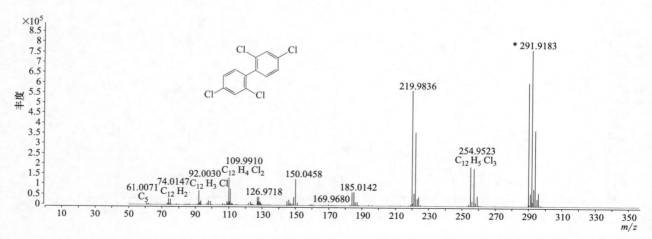

2，2'，4，5'-Tetrachlorobiphenyl（2，2'，4，5'-四氯联苯）

基本信息

CAS 登录号	41464-40-8	分子量	289. 9218
分子式	$C_{12}H_6Cl_4$	离子化模式	EI

质谱图

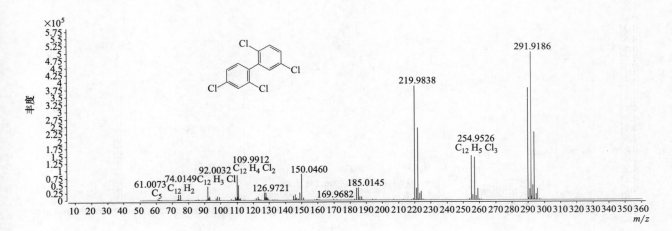

2，2'，4，5-Tetrachlorobiphenyl（2，2'，4，5-四氯联苯）

基本信息

CAS 登录号	70362-47-9	分子量	289. 9218
分子式	$C_{12}H_6Cl_4$	离子化模式	EI

质谱图

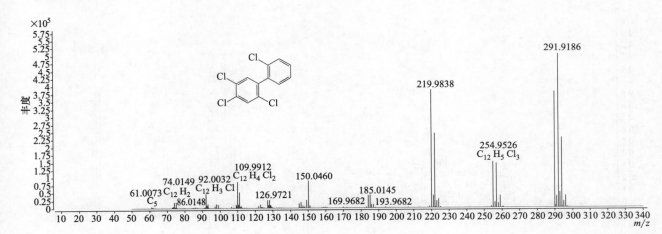

2，2'，4，6'-Tetrachlorobiphenyl（2，2'，4，6'-四氯联苯）

基本信息

CAS 登录号	68194-04-7	分子量	289.9218
分子式	$C_{12}H_6Cl_4$	离子化模式	EI

质谱图

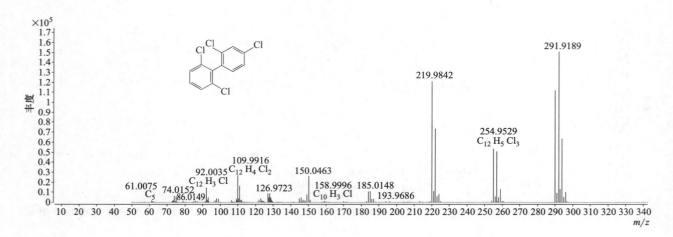

2，2'，4，6-Tetrachlorobiphenyl（2，2'，4，6-四氯联苯）

基本信息

CAS 登录号	62796-65-0	分子量	289.9218
分子式	$C_{12}H_6Cl_4$	离子化模式	EI

质谱图

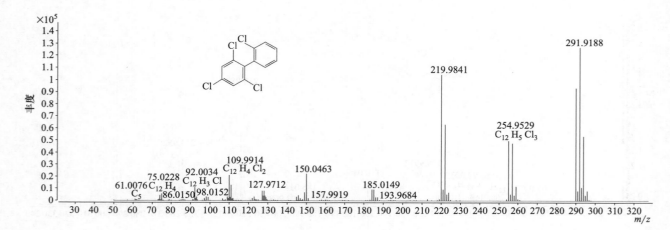

388

2，2'，5，5'-Tetrachlorobiphenyl（2，2'，5，5'-四氯联苯）

基本信息

CAS 登录号	35693-99-3	分子量	289.9218
分子式	$C_{12}H_6Cl_4$	离子化模式	EI

质谱图

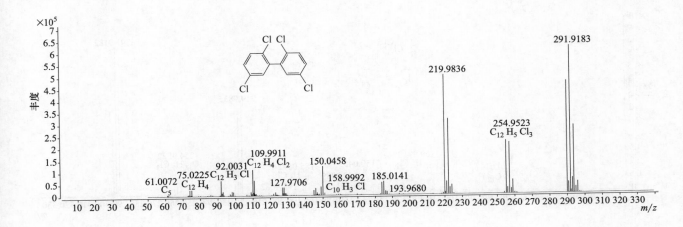

2，2'，5，6'-Tetrachlorobiphenyl（2，2'，5，6'-四氯联苯）

基本信息

CAS 登录号	41464-41-9	分子量	289.9218
分子式	$C_{12}H_6Cl_4$	离子化模式	EI

质谱图

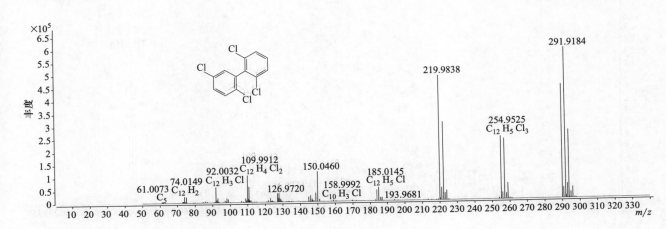

2，2'，6，6'-Tetrachlorobiphenyl（2，2'，6，6'-四氯联苯）

基本信息

CAS 登录号	15968-05-5	分子量	289. 9218
分子式	$C_{12}H_6Cl_4$	离子化模式	EI

质谱图

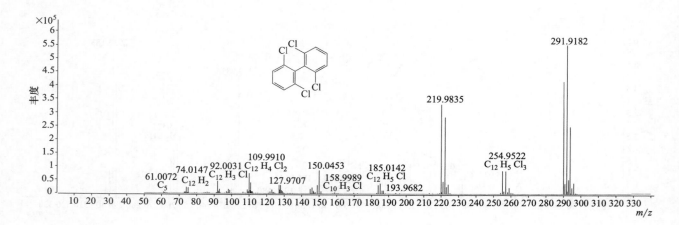

2，3，3'，4'-Tetrachlorobiphenyl（2，3，3'，4'-四氯联苯）

基本信息

CAS 登录号	41464-43-1	分子量	289. 9218
分子式	$C_{12}H_6Cl_4$	离子化模式	EI

质谱图

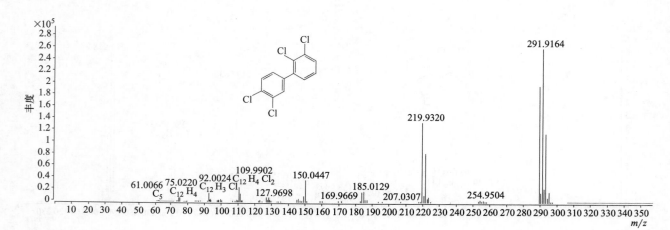

2，3，3'，4-Tetrachlorobiphenyl（2，3，3'，4-四氯联苯）

基本信息

CAS 登录号	74338-24-2	分子量	289.9218
分子式	$C_{12}H_6Cl_4$	离子化模式	EI

质谱图

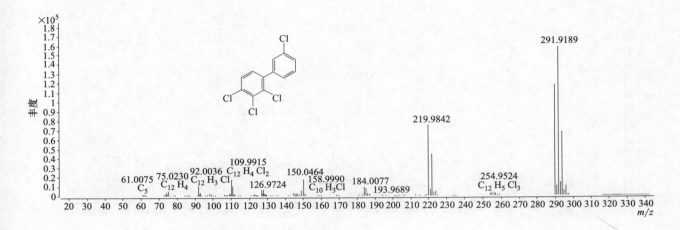

2，3，3'，5'-Tetrachlorobiphenyl（2，3，3'，5'-四氯联苯）

基本信息

CAS 登录号	41464-49-7	分子量	289.9218
分子式	$C_{12}H_6Cl_4$	离子化模式	EI

质谱图

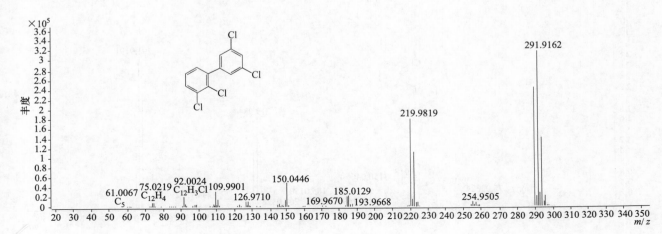

2，3，3'，5-Tetrachlorobiphenyl（2，3，3'，5-四氯联苯）

基本信息

CAS 登录号	70424-67-8	分子量	289.9218
分子式	$C_{12}H_6Cl_4$	离子化模式	EI

质谱图

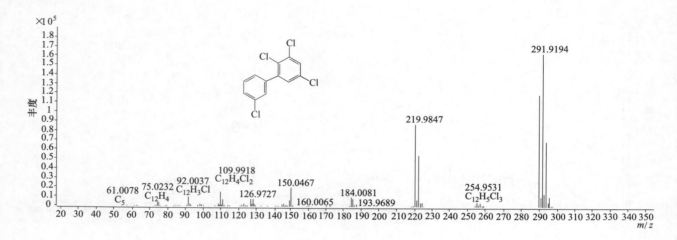

2，3，3'，6-Tetrachlorobiphenyl（2，3，3'，6-四氯联苯）

基本信息

CAS 登录号	74472-33-6	分子量	289.9218
分子式	$C_{12}H_6Cl_4$	离子化模式	EI

质谱图

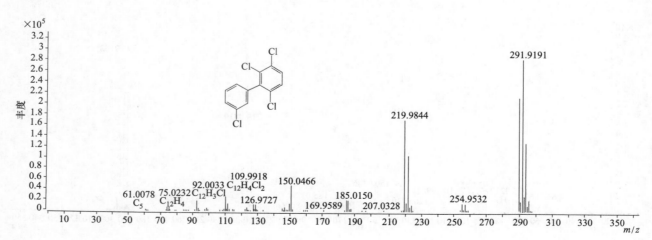

392

2，3，4，4'-Tetrachlorobiphenyl（2，3，4，4'-四氯联苯）

CAS 登录号	33025-41-1	分子量	289.9218
分子式	$C_{12}H_6Cl_4$	离子化模式	EI

质谱图

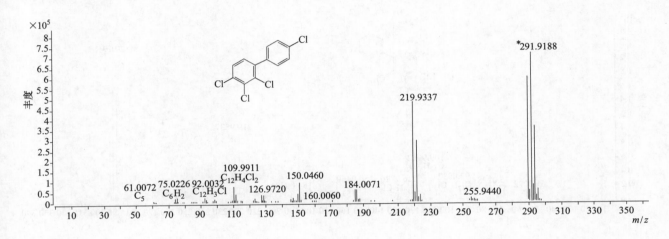

2，3'，4，4'-Tetrachlorobiphenyl（2，3'，4，4'-四氯联苯）

基本信息

CAS 登录号	32598-10-0	分子量	289.9218
分子式	$C_{12}H_6Cl_4$	离子化模式	EI

质谱图

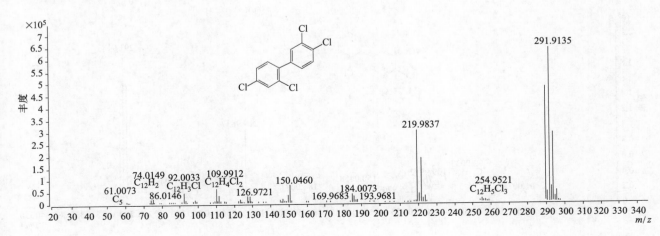

2，3，4，5-Tetrachlorobiphenyl（2，3，4，5-四氯联苯）

基本信息

CAS 登录号	33284-53-6	分子量	289. 9218
分子式	$C_{12}H_6Cl_4$	离子化模式	EI

质谱图

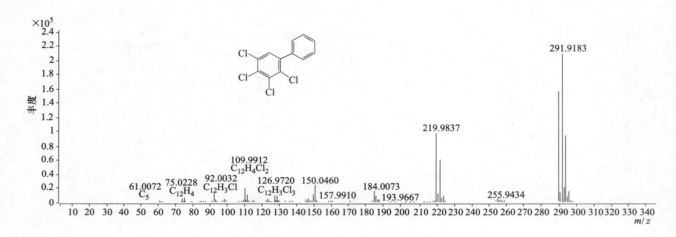

2'，3，4，5-Tetrachlorobiphenyl（2'，3，4，5-四氯联苯）

基本信息

CAS 登录号	70362-48-0	分子量	289. 9218
分子式	$C_{12}H_6Cl_4$	离子化模式	EI

质谱图

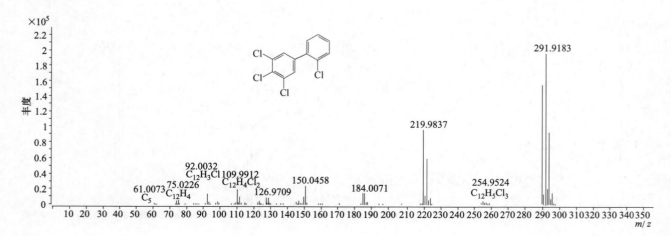

2，3，4'，5-Tetrachlorobiphenyl（2，3，4'，5-四氯联苯）

CAS 登录号	74472-34-7	分子量	289. 9218
分子式	C$_{12}$H$_6$Cl$_4$	离子化模式	EI

质谱图

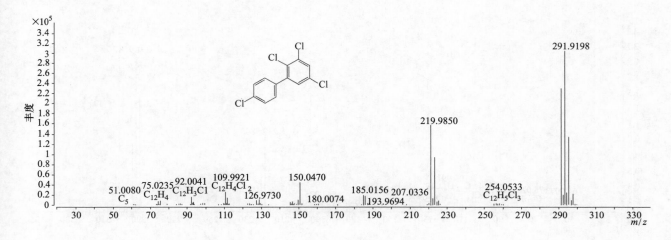

2，3'，4'，5-Tetrachlorobiphenyl（2，3'，4'，5-四氯联苯）

基本信息

CAS 登录号	32598-11-1	分子量	289. 9218
分子式	C$_{12}$H$_6$Cl$_4$	离子化模式	EI

质谱图

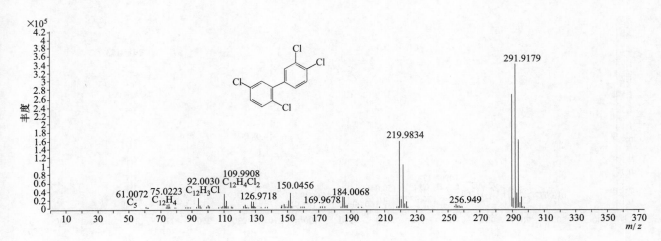

2，3'，4，5'-Tetrachlorobiphenyl（2，3'，4，5'-四氯联苯）

基本信息

CAS 登录号	73575-52-7		分子量	289. 9218
分子式	$C_{12}H_6Cl_4$		离子化模式	EI

质谱图

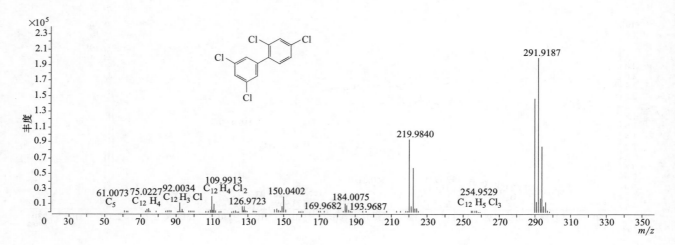

2，3'，4，5-Tetrachlorobiphenyl（2，3'，4，5-四氯联苯）

基本信息

CAS 登录号	73557-53-8		分子量	289. 9218
分子式	$C_{12}H_6Cl_4$		离子化模式	EI

质谱图

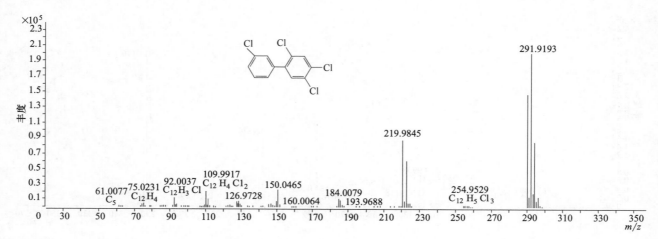

2，3，4，6-Tetrachlorobiphenyl（2，3，4，6-四氯联苯）

基本信息

CAS 登录号	54230-22-7	分子量	289. 9218
分子式	$C_{12}H_6Cl_4$	离子化模式	EI

质谱图

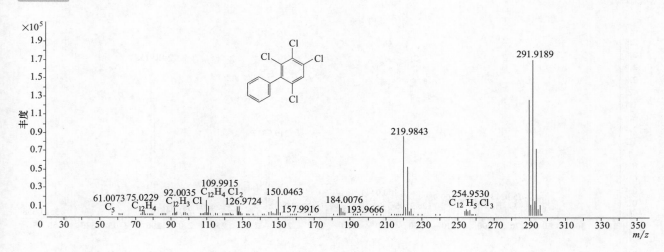

2，3'，4，6-Tetrachlorobiphenyl（2，3'，4，6-四氯联苯）

基本信息

CAS 登录号	60233-24-1	分子量	289. 9218
分子式	$C_{12}H_6Cl_4$	离子化模式	EI

质谱图

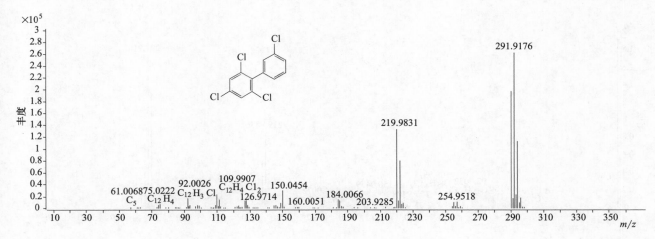

2，3，4'，6-Tetrachlorobiphenyl（2，3，4'，6-四氯联苯）

基本信息

CAS 登录号	52663-58-8	分子量	289. 9218
分子式	$C_{12}H_6Cl_4$	离子化模式	EI

质谱图

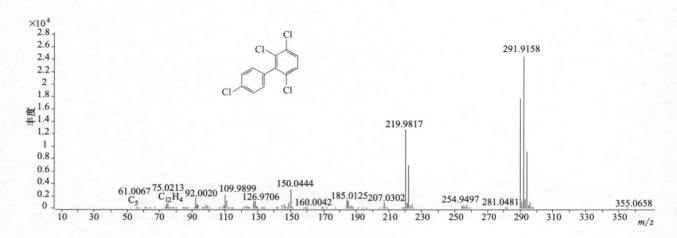

2，3'，4'，6-Tetrachlorobiphenyl（2，3'，4'，6-四氯联苯）

基本信息

CAS 登录号	41464-46-4	分子量	289. 9218
分子式	$C_{12}H_6Cl_4$	离子化模式	EI

质谱图

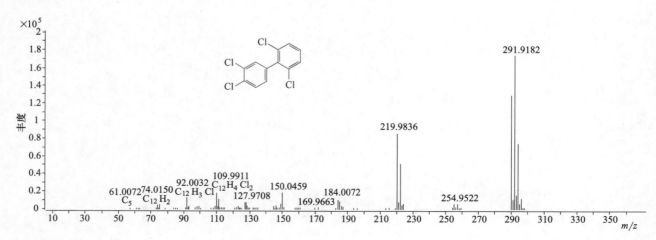

2，3'，5，5'-Tetrachlorobiphenyl（2，3'，5，5'-四氯联苯）

基本信息

CAS 登录号	41464-42-0	分子量	289.9218
分子式	$C_{12}H_6Cl_4$	离子化模式	EI

质谱图

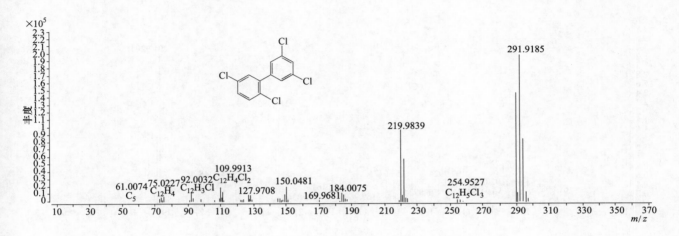

2，3，5，6-Tetrachlorobiphenyl（2，3，5，6-四氯联苯）

基本信息

CAS 登录号	33284-54-7	分子量	289.9218
分子式	$C_{12}H_6Cl_4$	离子化模式	EI

质谱图

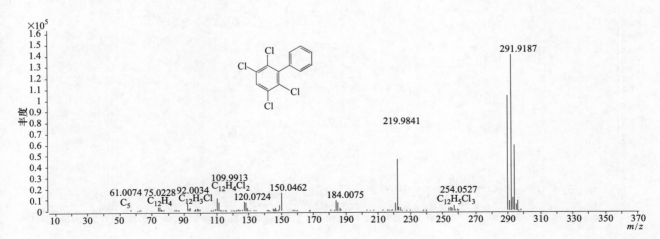

2，3'，5'，6-Tetrachlorobiphenyl（2，3'，5'，6-四氯联苯）

基本信息

CAS 登录号	74338-23-1	分子量	289.9218
分子式	$C_{12}H_6Cl_4$	离子化模式	EI

质谱图

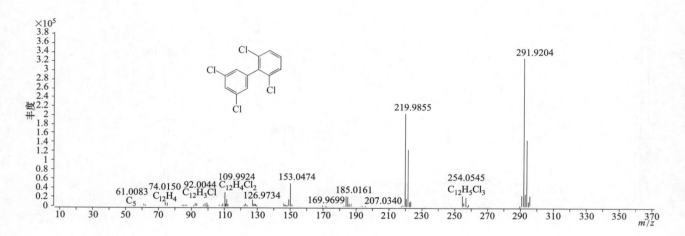

2，4，4'，5-Tetrachlorobiphenyl（2，4，4'，5-四氯联苯）

基本信息

CAS 登录号	32690-93-0	分子量	289.9218
分子式	$C_{12}H_6Cl_4$	离子化模式	EI

质谱图

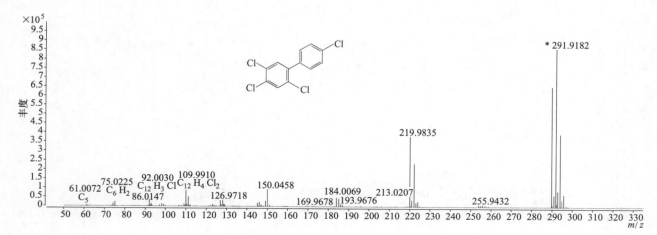

2，4，4'，6-Tetrachlorobiphenyl（2，4，4'，6-四氯联苯）

基本信息

CAS 登录号	32598-12-2		分子量	289.9218
分子式	C₁₂H₆Cl₄		离子化模式	EI

质谱图

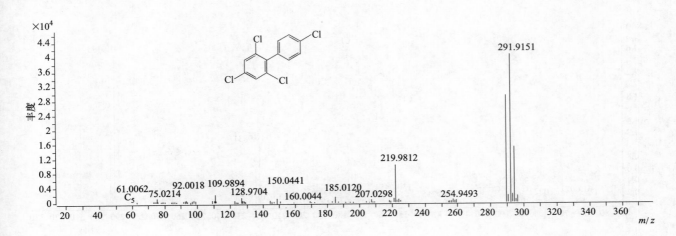

3，3'，4，4'-Tetrachlorobiphenyl（3，3'，4，4'-四氯联苯）

基本信息

CAS 登录号	32598-13-3		分子量	289.9218
分子式	C₁₂H₆Cl₄		离子化模式	EI

质谱图

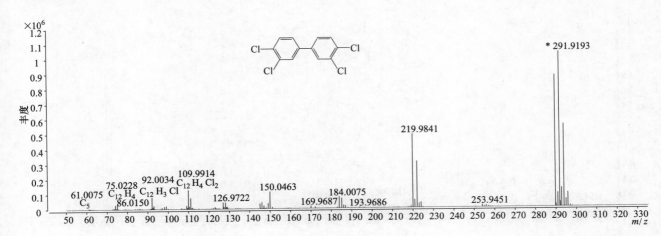

3，3'，4，5'-Tetrachlorobiphenyl（3，3'，4，5'-四氯联苯）

基本信息

CAS 登录号	41464-48-6		分子量	289.9218
分子式	$C_{12}H_6Cl_4$		离子化模式	EI

质谱图

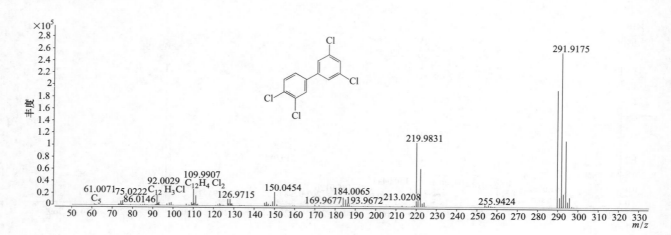

3，3'，4，5-Tetrachlorobiphenyl（3，3'，4，5-四氯联苯）

基本信息

CAS 登录号	70362-49-1		分子量	289.9218
分子式	$C_{12}H_6Cl_4$		离子化模式	EI

质谱图

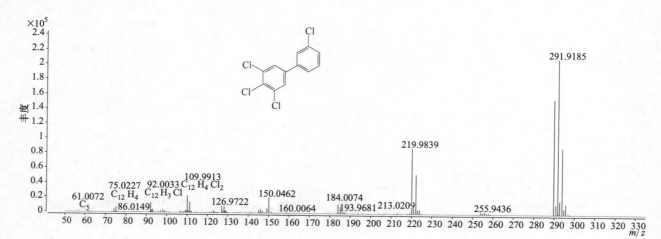

3，3'，5，5'-Tetrachlorobiphenyl（3，3'，5，5'-四氯联苯）

基本信息

CAS 登录号	33284-52-5		分子量	289.9218
分子式	$C_{12}H_6Cl_4$		离子化模式	EI

质谱图

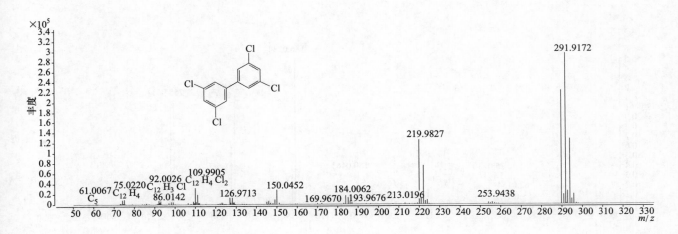

3，4，4'，5-Tetrachlorobiphenyl（3，4，4'，5-四氯联苯）

基本信息

CAS 登录号	70362-50-4		分子量	289.9218
分子式	$C_{12}H_6Cl_4$		离子化模式	EI

质谱图

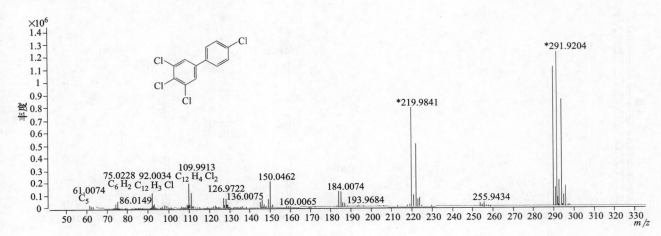

2，2'，3-Trichlorobiphenyl（2，2'，3-三氯联苯）

基本信息

CAS 登录号	38444-78-9		分子量	255.9608
分子式	$C_{12}H_7Cl_3$		离子化模式	EI

质谱图

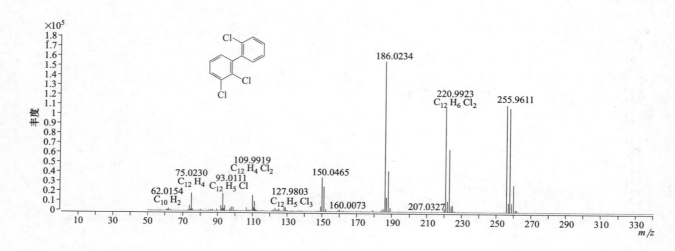

2，2'，4-Trichlorobiphenyl（2，2'，4-三氯联苯）

基本信息

CAS 登录号	37680-66-3		分子量	255.9608
分子式	$C_{12}H_7Cl_3$		离子化模式	EI

质谱图

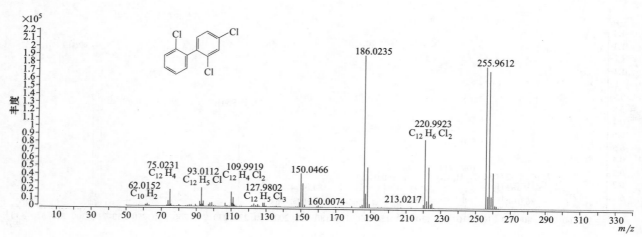

2，2'，5-Trichlorobiphenyl（2，2'，5-三氯联苯）

基本信息

CAS 登录号	37680-65-2	分子量	255.9608
分子式	$C_{12}H_7Cl_3$	离子化模式	EI

质谱图

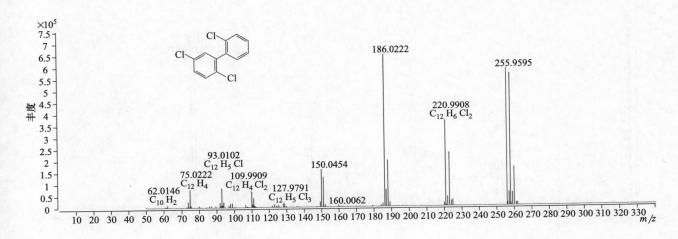

2，2'，6-Trichlorobiphenyl（2，2'，6-三氯联苯）

基本信息

CAS 登录号	38444-73-4	分子量	255.9608
分子式	$C_{12}H_7Cl_3$	离子化模式	EI

质谱图

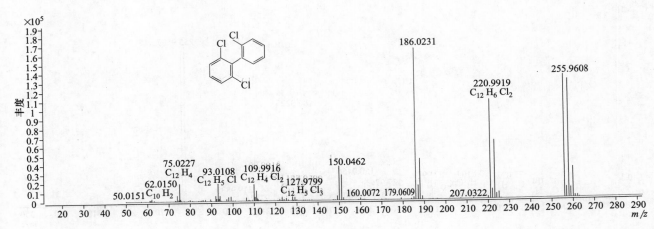

2，3，3'-Trichlorobiphenyl（2，3，3'-三氯联苯）

基本信息

CAS 登录号	38444-84-7	分子量	255. 9608
分子式	$C_{12}H_7Cl_3$	离子化模式	EI

质谱图

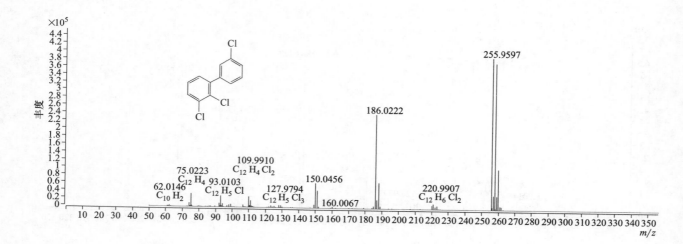

2，3，4-Trichlorobiphenyl（2，3，4-三氯联苯）

基本信息

CAS 登录号	55702-46-0	分子量	255. 9608
分子式	$C_{12}H_7Cl_3$	离子化模式	EI

质谱图

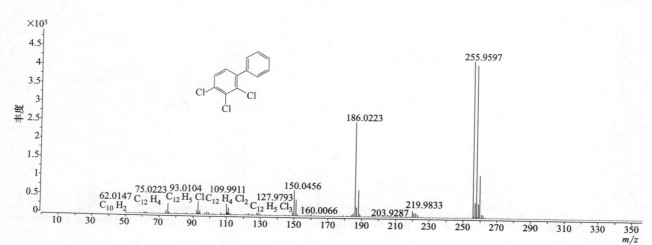

406

2′, 3, 4-Trichlorobiphenyl（2′, 3, 4-三氯联苯）

基本信息

CAS 登录号	38444-86-9		分子量	255. 9608
分子式	$C_{12}H_7Cl_3$		离子化模式	EI

质谱图

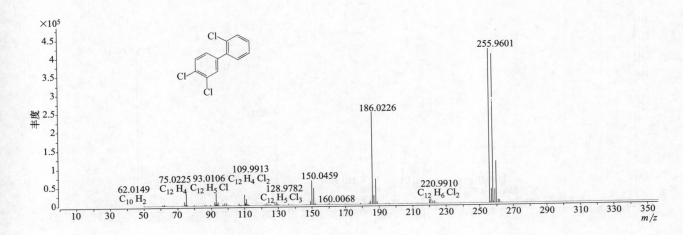

2, 3′, 4-Trichlorobiphenyl（2, 3′, 4-三氯联苯）

基本信息

CAS 登录号	55712-37-3		分子量	255. 9608
分子式	$C_{12}H_7Cl_3$		离子化模式	EI

质谱图

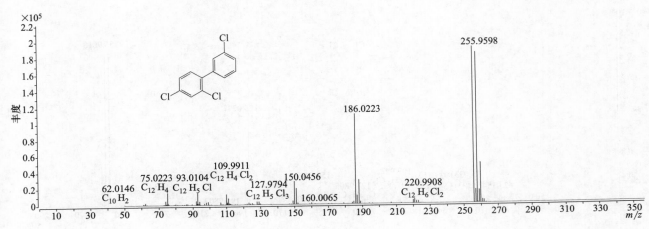

2，3，4'-Trichlorobiphenyl（2，3，4'-三氯联苯）

基本信息

CAS 登录号	38444-85-8		分子量	255.9608
分子式	$C_{12}H_7Cl_3$		离子化模式	EI

质谱图

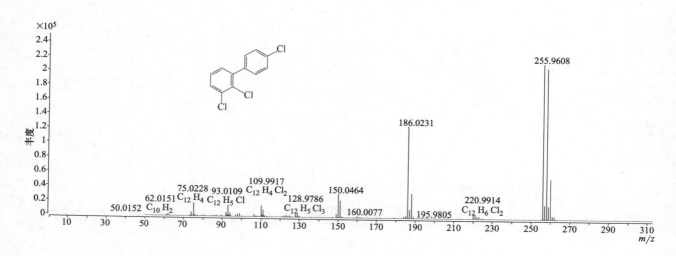

2，3，5-Trichlorobiphenyl（2，3，5-三氯联苯）

基本信息

CAS 登录号	55720-44-0		分子量	255.9608
分子式	$C_{12}H_7Cl_3$		离子化模式	EI

质谱图

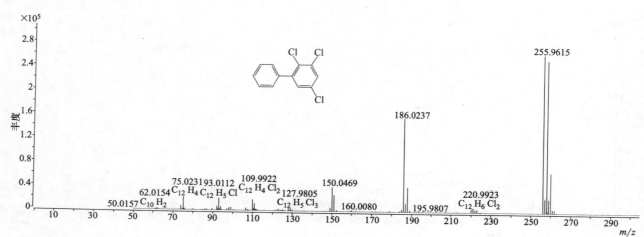

2′，3，5-Trichlorobiphenyl（2′，3，5-三氯联苯）

CAS 登录号	37680-68-5	分子量	255. 9608
分子式	$C_{12}H_7Cl_3$	离子化模式	EI

质谱图

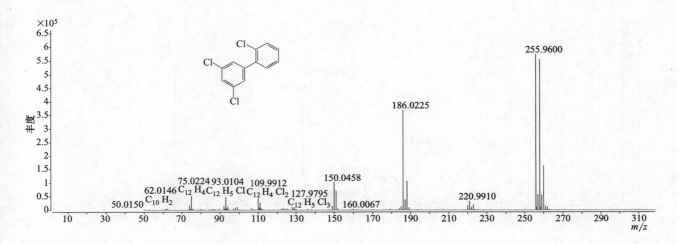

2，3′，5-Trichlorobiphenyl（2，3′，5-三氯联苯）

基本信息

CAS 登录号	38444-81-4	分子量	255. 9608
分子式	$C_{12}H_7Cl_3$	离子化模式	EI

质谱图

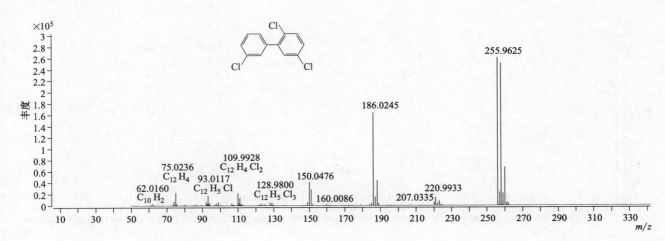

2，3'，6-Trichlorobiphenyl（2，3'，6-三氯联苯）

基本信息

CAS 登录号	38444-76-7		分子量	255.9608
分子式	C$_{12}$H$_7$Cl$_3$		离子化模式	EI

质谱图

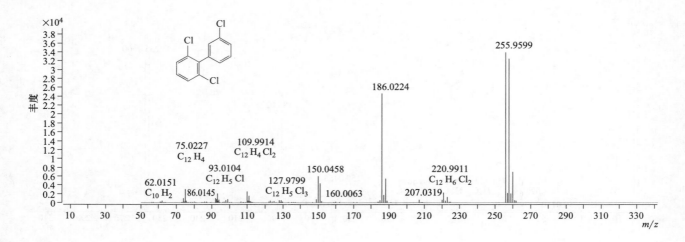

2，3，6-Trichlorobiphenyl（2，3，6-三氯联苯）

基本信息

CAS 登录号	55702-45-9		分子量	255.9608
分子式	C$_{12}$H$_7$Cl$_3$		离子化模式	EI

质谱图

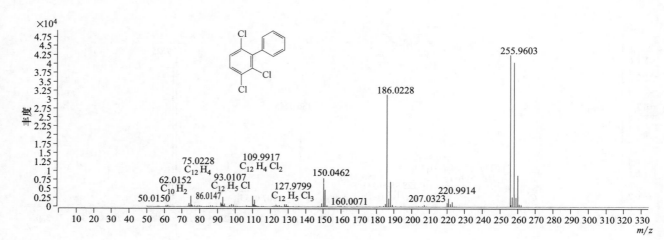

2，4，4'-Trichlorobiphenyl（2，4，4'-三氯联苯）

基本信息

CAS 登录号	7012-37-5	分子量	255.9608
分子式	$C_{12}H_7Cl_3$	离子化模式	EI

质谱图

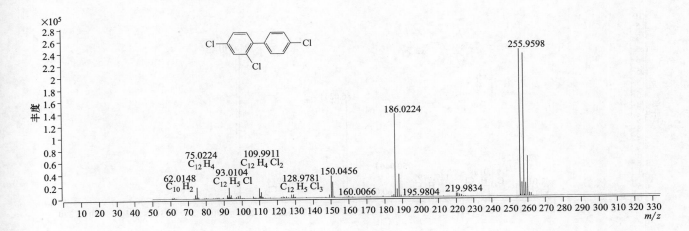

2，4，5-Trichlorobiphenyl（2，4，5-三氯联苯）

基本信息

CAS 登录号	15862-07-4	分子量	255.9608
分子式	$C_{12}H_7Cl_3$	离子化模式	EI

质谱图

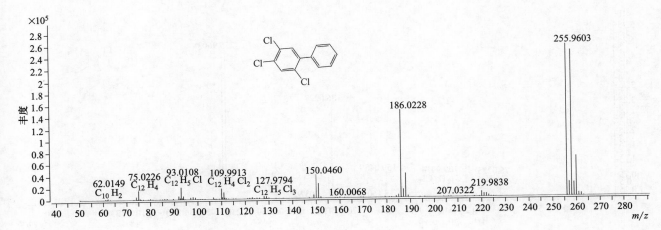

2，4'，5-Trichlorobiphenyl（2，4'，5-三氯联苯）

基本信息

CAS 登录号	16606-02-3		分子量	255.9608
分子式	$C_{12}H_7Cl_3$		离子化模式	EI

质谱图

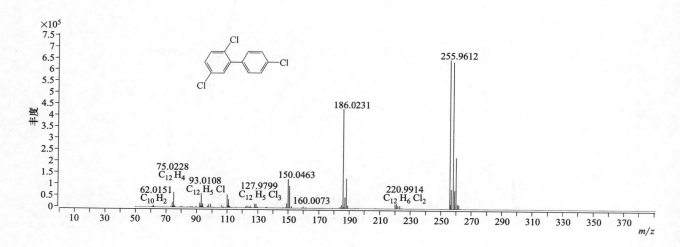

2，4，6-Trichlorobiphenyl（2，4，6-三氯联苯）

基本信息

CAS 登录号	35693-92-6		分子量	255.9608
分子式	$C_{12}H_7Cl_3$		离子化模式	EI

质谱图

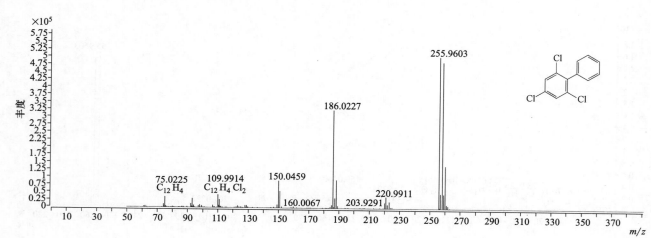

2，4'，6-Trichlorobiphenyl（2，4'，6-三氯联苯）

基本信息

CAS 登录号	38444-77-4		分子量	255. 9608
分子式	$C_{12}H_7Cl_3$		离子化模式	EI

质谱图

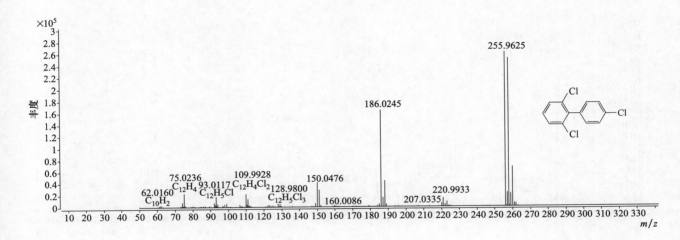

3，3'，4-Trichlorobiphenyl（3，3'，4-三氯联苯）

基本信息

CAS 登录号	37680-69-6		分子量	255. 9608
分子式	$C_{12}H_7Cl_3$		离子化模式	EI

质谱图

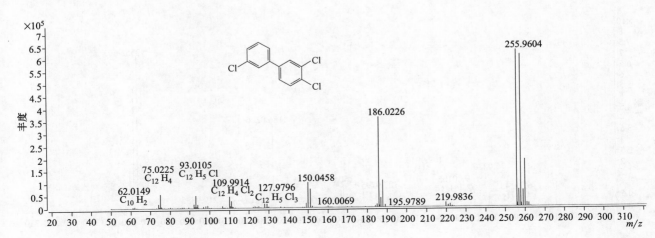

3，3'，5-Trichlorobiphenyl（3，3'，5-三氯联苯）

基本信息

CAS 登录号	38444-87-0		分子量	255. 9608
分子式	$C_{12}H_7Cl_3$		离子化模式	EI

质谱图

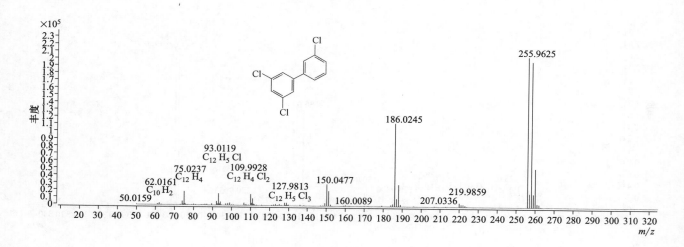

3，4，4'-Trichlorobiphenyl（3，4，4'-三氯联苯）

基本信息

CAS 登录号	38444-90-5		分子量	255. 9608
分子式	$C_{12}H_7Cl_3$		离子化模式	EI

质谱图

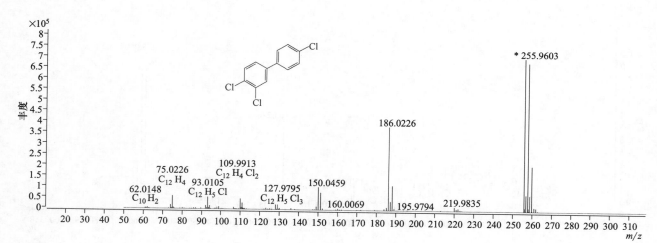

3, 4, 5-Trichlorobiphenyl（3, 4, 5-三氯联苯）

基本信息

CAS 登录号	53555-66-1	分子量	255. 9608
分子式	$C_{12}H_7Cl_3$	离子化模式	EI

质谱图

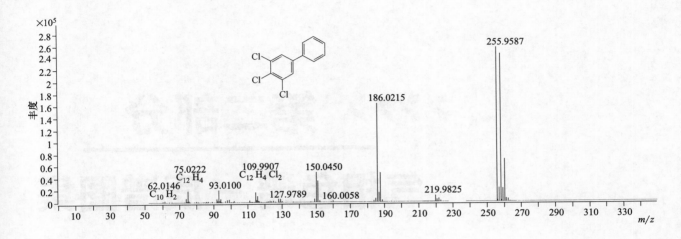

3, 4', 5-Trichlorobiphenyl（3, 4', 5-三氯联苯）

基本信息

CAS 登录号	38444-88-1	分子量	255. 9608
分子式	$C_{12}H_7Cl_3$	离子化模式	EI

质谱图

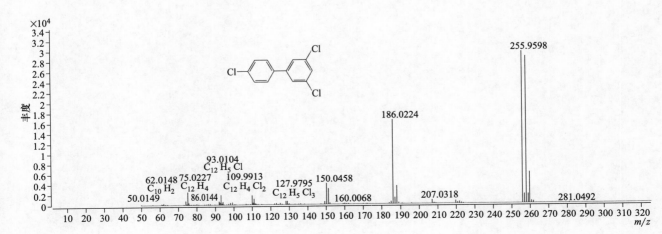

>>>> 第二部分

气相色谱 – 质谱图集

A

Acetamiprid（啶虫脒）

基本信息

CAS 登录号	135410-20-7	分子量	222.1
分子式	$C_{10}H_{11}ClN_4$	离子化模式	EI

目标化合物及内标物（环氧七氯）总离子流图

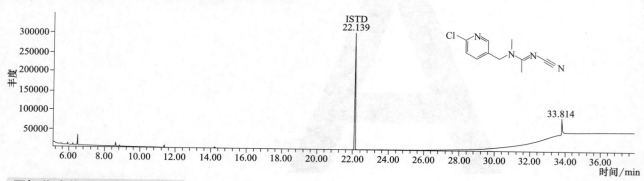

目标化合物碎片离子质谱图

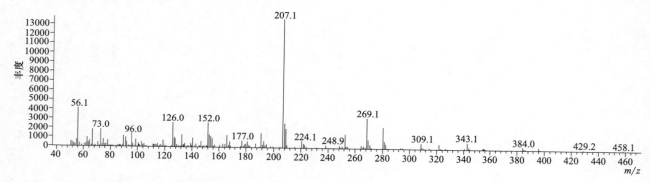

Acetochlor（乙草胺）

基本信息

CAS 登录号	34256-82-1	分子量	269.1
分子式	$C_{14}H_{20}ClNO_2$	离子化模式	EI

目标化合物及内标物（环氧七氯）总离子流图

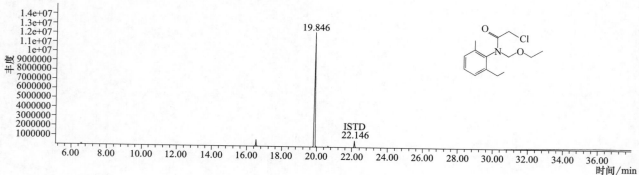

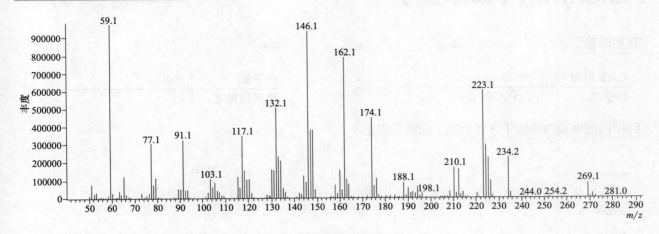

Acibenzolar-methyl（活化酯）

基本信息

CAS 登录号	135158-54-2	分子量	210.0
分子式	$C_8H_6N_2OS_2$	离子化模式	EI

目标化合物及内标物（环氧七氯）总离子流图

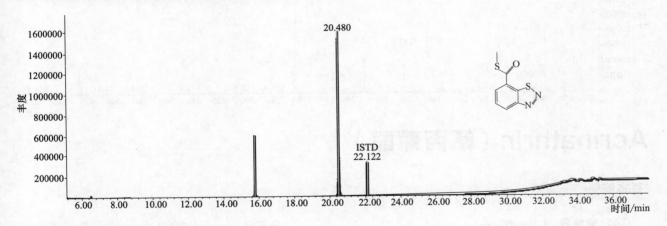

目标化合物碎片离子质谱图

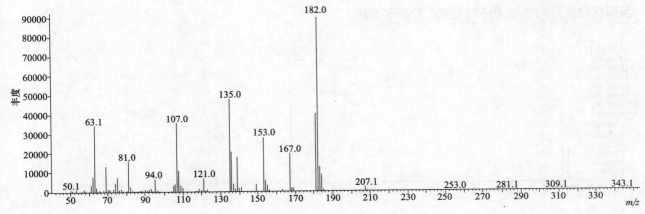

Aclonifen（苯草醚）

基本信息

CAS 登录号	74070-46-5	分子量	264.0
分子式	$C_{12}H_9ClN_2O_3$	离子化模式	EI

目标化合物及内标物（环氧七氯）总离子流图

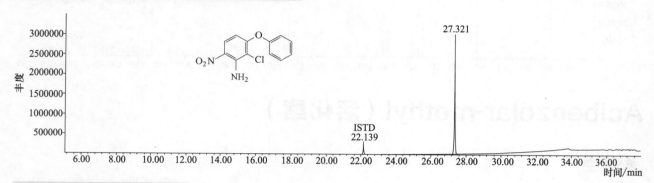

目标化合物碎片离子质谱图

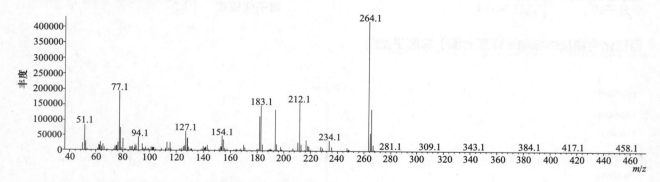

Acrinathrin（氟丙菊酯）

基本信息

CAS 登录号	101007-06-1	分子量	541.1
分子式	$C_{26}H_{21}F_6NO_5$	离子化模式	EI

目标化合物及内标物（环氧七氯）总离子流图

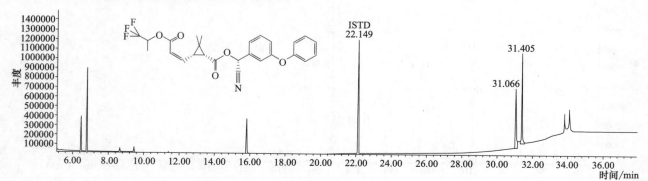

目标化合物碎片离子质谱图

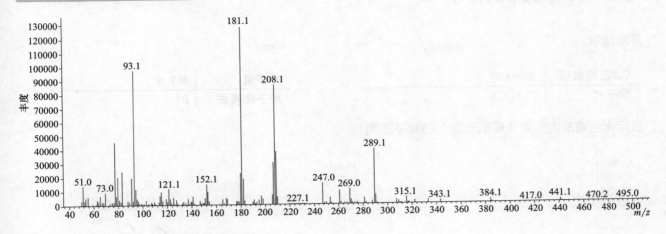

Alachlor（甲草胺）

基本信息

CAS 登录号	15972-60-8	分子量	269.1
分子式	$C_{14}H_{20}ClNO_2$	离子化模式	EI

目标化合物及内标物（环氧七氯）总离子流图

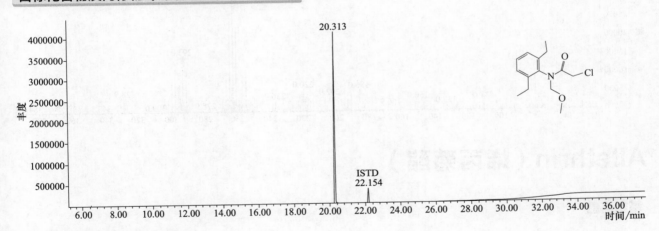

目标化合物碎片离子质谱图

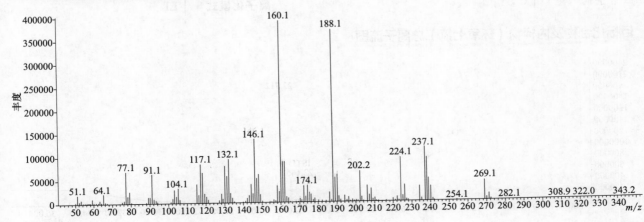

Aldrin（艾氏剂）

基本信息

CAS 登录号	309-00-2		分子量	361.9
分子式	$C_{12}H_8Cl_6$		离子化模式	EI

目标化合物及内标物（环氧七氯）总离子流图

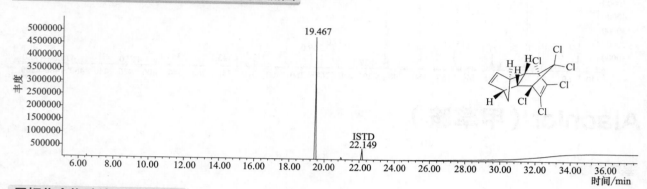

目标化合物碎片离子质谱图

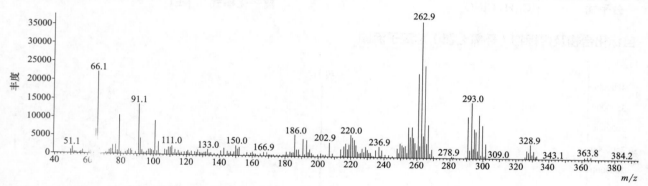

Allethrin（烯丙菊酯）

基本信息

CAS 登录号	584-79-2		分子量	302.2
分子式	$C_{19}H_{26}O_3$		离子化模式	EI

目标化合物及内标物（环氧七氯）总离子流图

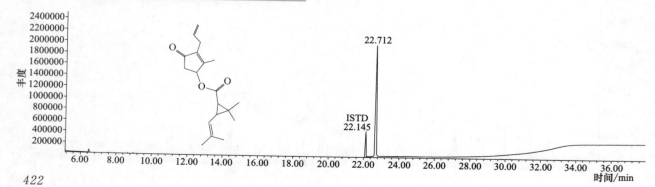

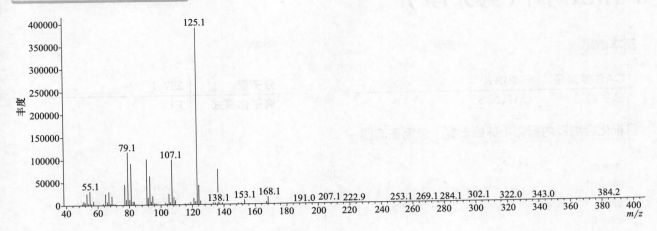

Allidochlor（二丙烯草胺）

基本信息

CAS 登录号	93-71-0	分子量	173.1
分子式	$C_8H_{12}ClNO$	离子化模式	EI

目标化合物及内标物（环氧七氯）总离子流图

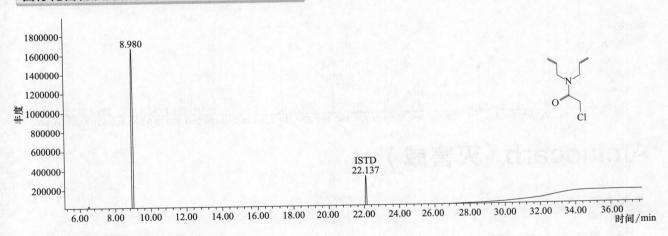

目标化合物碎片离子质谱图

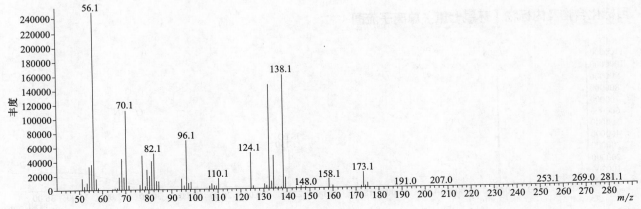

Ametryn（莠灭净）

基本信息

CAS 登录号	834-12-8	分子量	227.1
分子式	$C_9H_{17}N_5S$	离子化模式	EI

目标化合物及内标物（环氧七氯）总离子流图

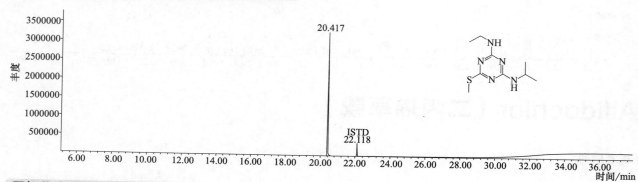

目标化合物碎片离子质谱图

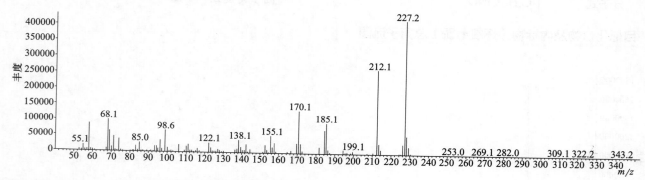

Aminocarb（灭害威）

基本信息

CAS 登录号	2032-59-9	分子量	208.1
分子式	$C_{11}H_{16}N_2O_2$	离子化模式	EI

目标化合物及内标物（环氧七氯）总离子流图

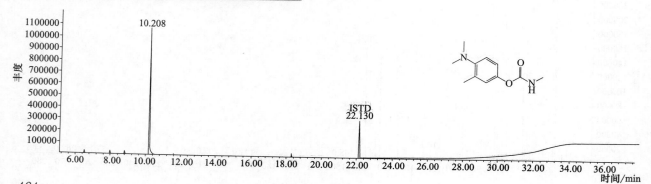

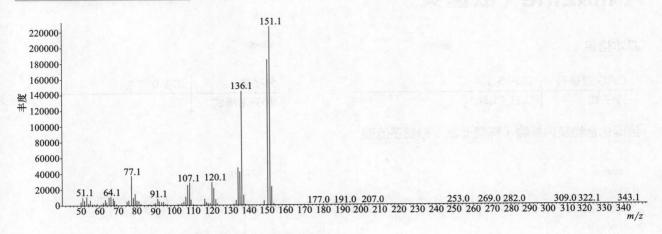

Ancymidol（环丙嘧啶醇）

基本信息

CAS 登录号	12771-68-5	分子量	256.1
分子式	$C_{15}H_{16}N_2O_2$	离子化模式	EI

目标化合物及内标物（环氧七氯）总离子流图

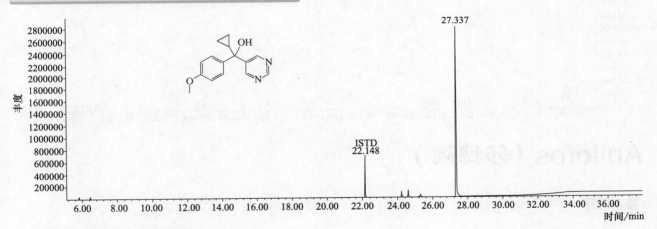

目标化合物碎片离子质谱图

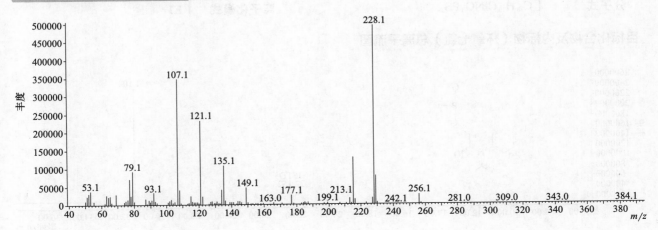

Anilazine（敌菌灵）

基本信息

CAS 登录号	101-05-3	分子量	274.0
分子式	$C_9H_5Cl_3N_4$	离子化模式	EI

目标化合物及内标物（环氧七氯）总离子流图

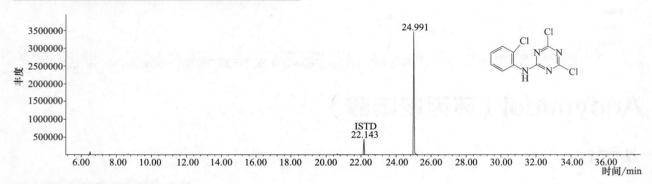

目标化合物碎片离子质谱图

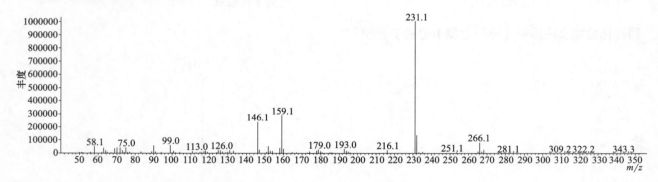

Anilofos（莎稗磷）

基本信息

CAS 登录号	64249-01-0	分子量	367.0
分子式	$C_{13}H_{19}ClNO_3PS_2$	离子化模式	EI

目标化合物及内标物（环氧七氯）总离子流图

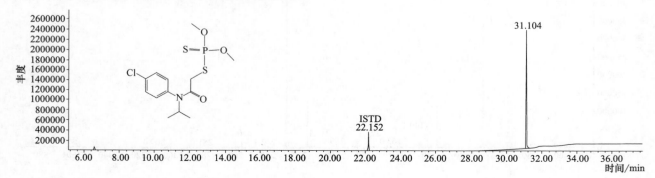

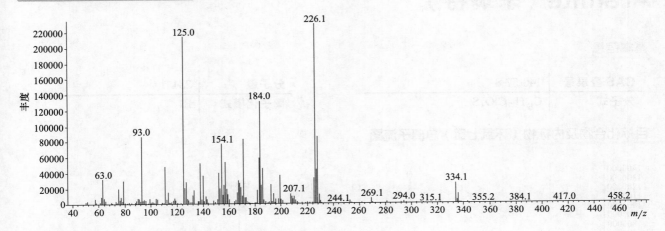

Anthracene D₁₀（蒽-D₁₀）

基本信息

CAS 登录号	1719-06-8	分子量	188. 1
分子式	$C_{14}D_{10}$	离子化模式	EI

目标化合物及内标物（环氧七氯）总离子流图

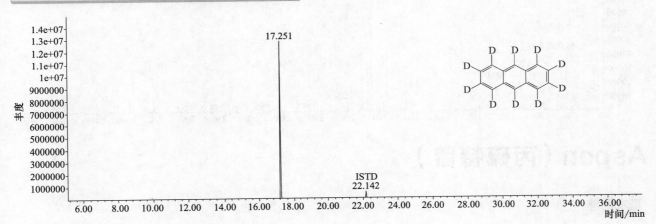

目标化合物碎片离子质谱图

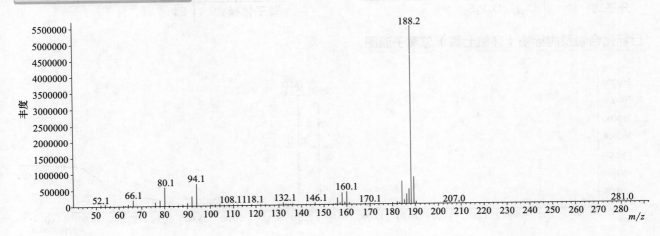

427

Aramite（杀螨特）

基本信息

CAS 登录号	140-57-8	分子量	334.1
分子式	$C_{15}H_{23}ClO_4S$	离子化模式	EI

目标化合物及内标物（环氧七氯）总离子流图

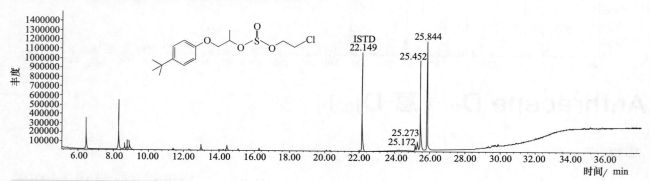

目标化合物碎片离子质谱图

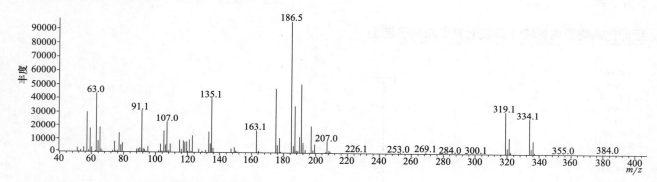

Aspon（丙硫特普）

基本信息

CAS 登录号	3244-90-4	分子量	378.1
分子式	$C_{12}H_{28}O_5P_2S_2$	离子化模式	EI

目标化合物及内标物（环氧七氯）总离子流图

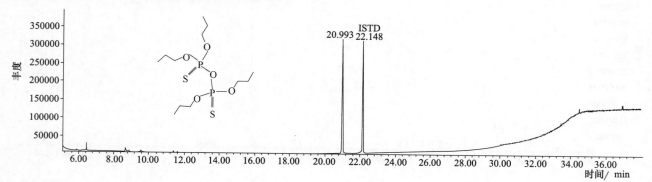

目标化合物碎片离子质谱图

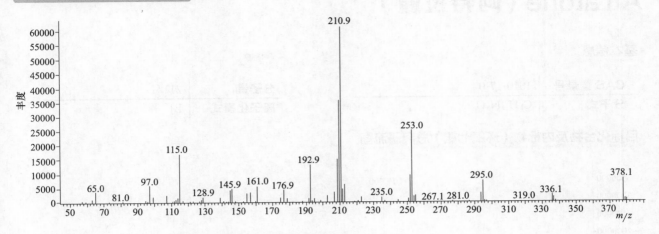

Athidathion（乙基杀扑磷）

基本信息

CAS 登录号	19691-80-6	分子量	330.0
分子式	$C_8H_{15}N_2O_4PS_3$	离子化模式	EI

目标化合物及内标物（环氧七氯）总离子流图

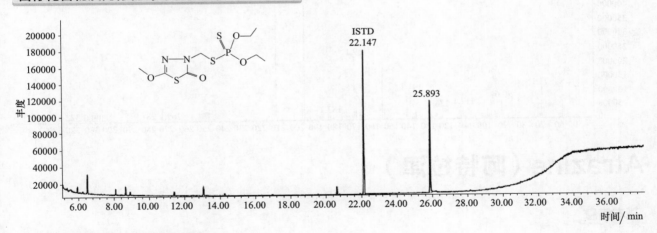

目标化合物碎片离子质谱图

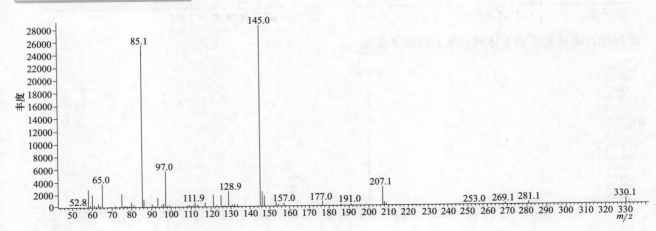

Atratone（阿特拉通）

CAS 登录号	1610-17-9		分子量	211.1
分子式	$C_9H_{17}N_5O$		离子化模式	EI

目标化合物及内标物（环氧七氯）总离子流图

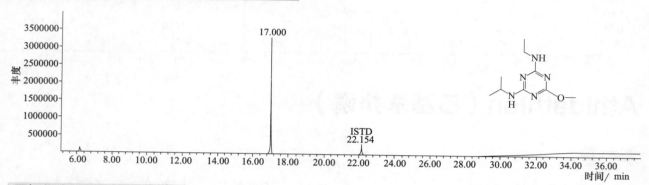

目标化合物碎片离子质谱图

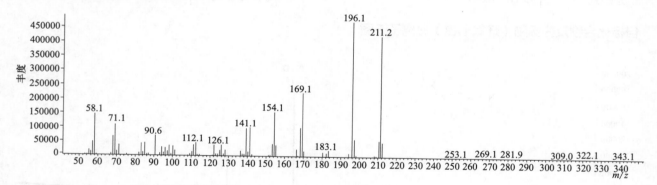

Atrazine（阿特拉津）

CAS 登录号	1912-24-9		分子量	215.1
分子式	$C_8H_{14}ClN_5$		离子化模式	EI

目标化合物及内标物（环氧七氯）总离子流图

目标化合物碎片离子质谱图

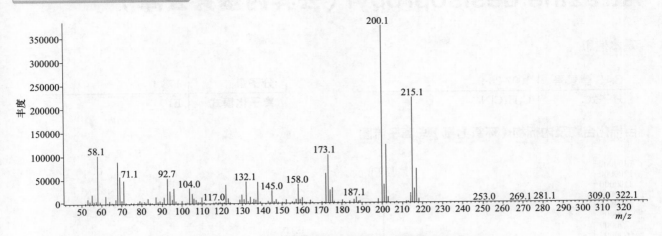

Atrazine-desethyl（脱异丙基阿特拉津）

基本信息

CAS 登录号	6190-65-4		分子量	187.1
分子式	$C_6H_{10}ClN_5$		离子化模式	EI

目标化合物及内标物（环氧七氯）总离子流图

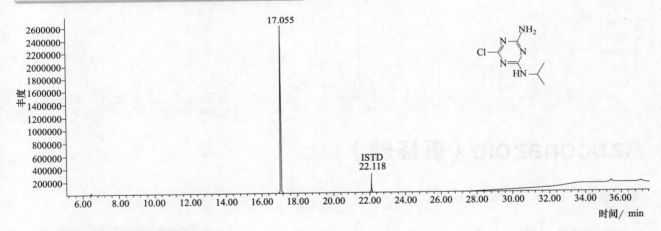

目标化合物碎片离子质谱图

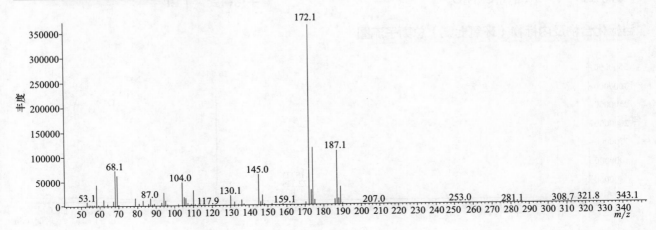

431

Atrazine-desisopropyl（去异丙基莠去津）

基本信息

CAS 登录号	1007-28-9	分子量	173.0
分子式	C₅H₈ClN₅	离子化模式	EI

分子式 $C_5H_8ClN_5$，分子量 173.0，离子化模式 EI

目标化合物及内标物（环氧七氯）总离子流图

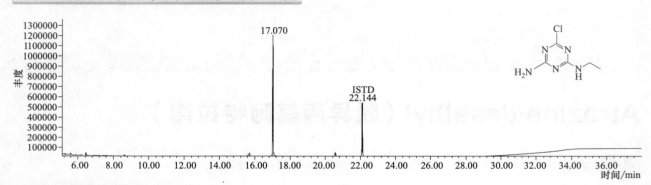

目标化合物碎片离子质谱图

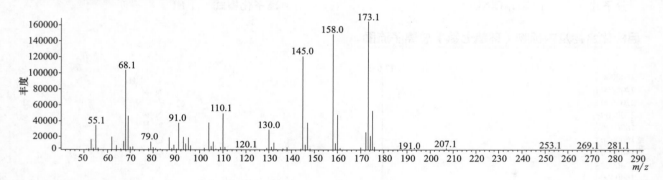

Azaconazole（氧环唑）

基本信息

CAS 登录号	60207-31-0	分子量	299.0
分子式	C₁₂H₁₁Cl₂N₃O₂	离子化模式	EI

分子式 $C_{12}H_{11}Cl_2N_3O_2$，分子量 299.0，离子化模式 EI

目标化合物及内标物（环氧七氯）总离子流图

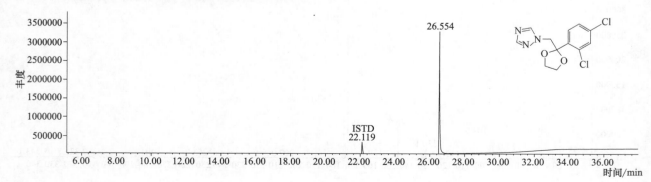

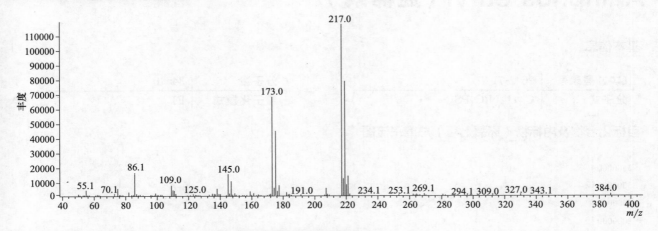

Azamethiphos（甲基吡恶磷）

基本信息

CAS 登录号	35575-96-3	分子量	324.0
分子式	$C_9H_{10}ClN_2O_5PS$	离子化模式	EI

目标化合物及内标物（环氧七氯）总离子流图

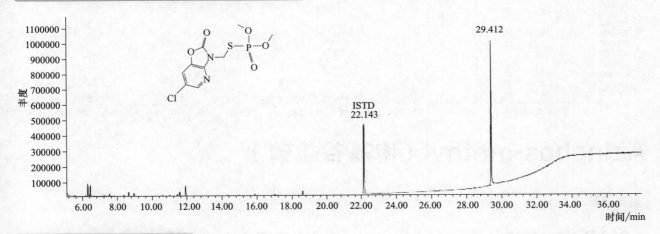

目标化合物碎片离子质谱图

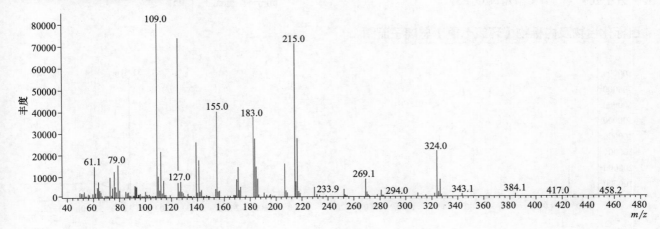

Azinphos-ethyl（益棉磷）

基本信息

CAS 登录号	2642-71-9	分子量	345. 0
分子式	C₁₂H₁₆N₃O₃PS₂	离子化模式	EI

分子式: $C_{12}H_{16}N_3O_3PS_2$

目标化合物及内标物（环氧七氯）总离子流图

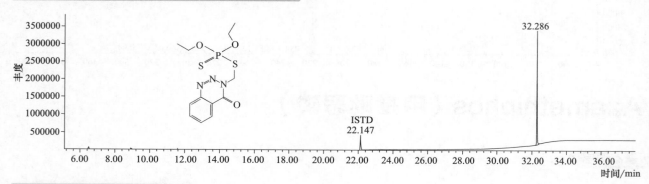

目标化合物碎片离子质谱图

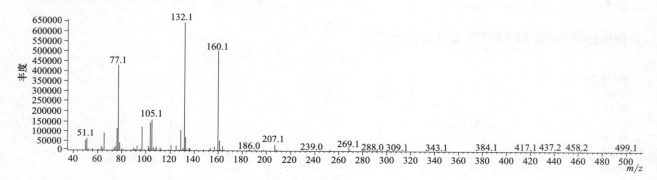

Azinphos-methyl（甲基谷硫磷）

基本信息

CAS 登录号	86-50-0	分子量	317. 0
分子式	C₁₀H₁₂N₃O₃PS₂	离子化模式	EI

分子式: $C_{10}H_{12}N_3O_3PS_2$

目标化合物及内标物（环氧七氯）总离子流图

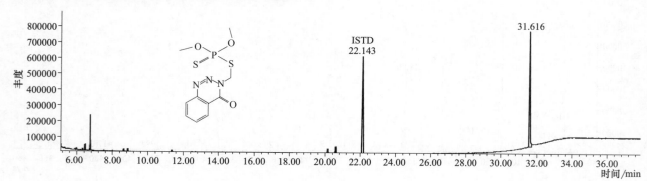

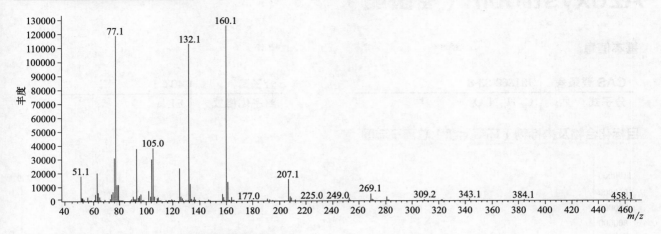

Aziprotryne（叠氮津）

基本信息

CAS 登录号	4658-28-0	分子量	226.1
分子式	$C_7H_{12}N_7S$	离子化模式	EI

目标化合物及内标物（环氧七氯）总离子流图

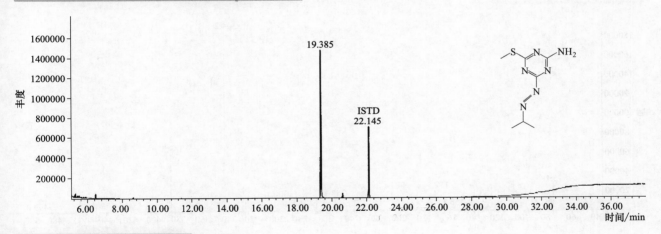

目标化合物碎片离子质谱图

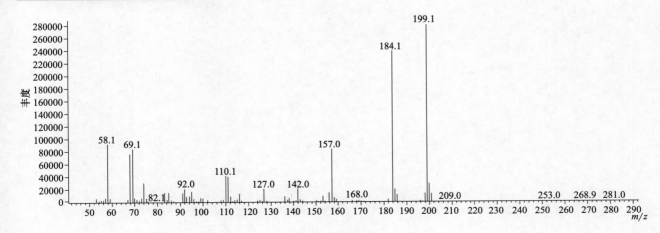

435

Azoxystrobin（嘧菌酯）

基本信息

CAS 登录号	131860-33-8	**分子量**	403.1
分子式	$C_{22}H_{17}N_3O_5$	**离子化模式**	EI

目标化合物及内标物（环氧七氯）总离子流图

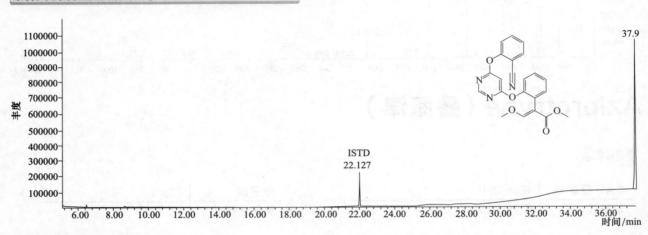

目标化合物碎片离子质谱图

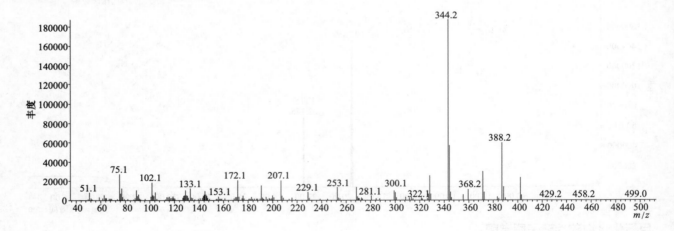

B

Benalaxyl（苯霜灵）

基本信息

CAS 登录号	71626-11-4	分子量	325.2
分子式	$C_{20}H_{23}NO_3$	离子化模式	EI

目标化合物及内标物（环氧七氯）总离子流图

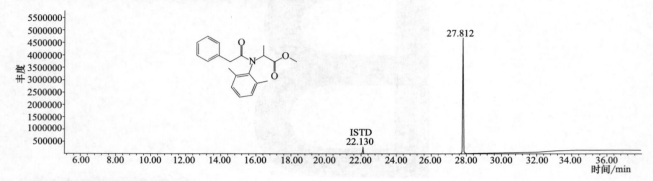

目标化合物碎片离子质谱图

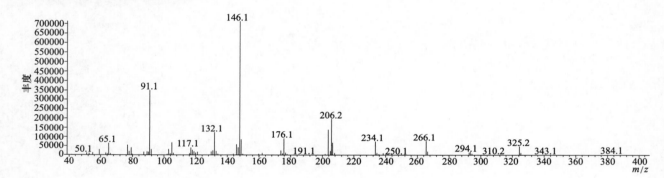

Bendiocarb（恶虫威）

基本信息

CAS 登录号	22781-23-3	分子量	223.1
分子式	$C_{11}H_{13}NO_4$	离子化模式	EI

目标化合物及内标物（环氧七氯）总离子流图

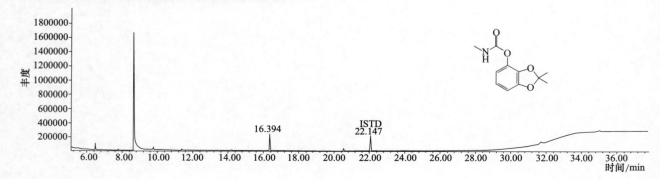

438

目标化合物碎片离子质谱图

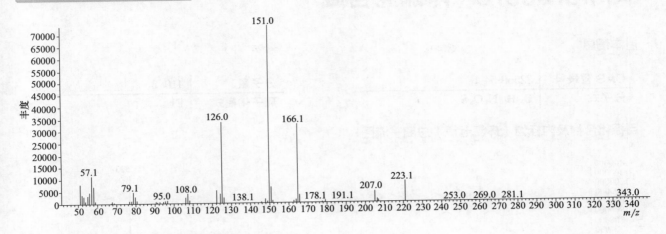

Benfluralin（乙丁氟灵）

基本信息

CAS 登录号	1861-40-1	分子量	335.1
分子式	$C_{13}H_{16}F_3N_3O_4$	离子化模式	EI

目标化合物及内标物（环氧七氯）总离子流图

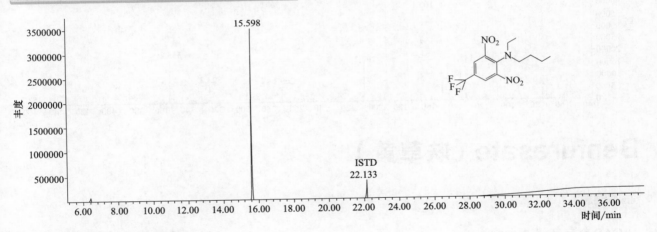

目标化合物碎片离子质谱图

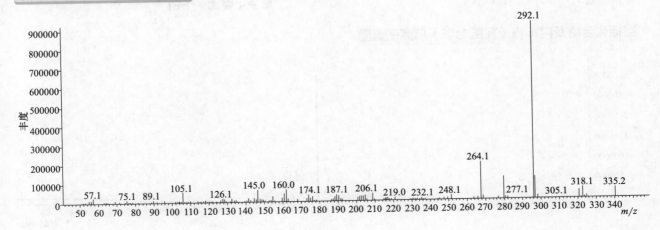

Benfuracarb（丙硫克百威）

基本信息

CAS 登录号	82560-54-1		分子量	410.2
分子式	C$_{20}$H$_{30}$N$_2$O$_5$S		离子化模式	EI

目标化合物及内标物（环氧七氯）总离子流图

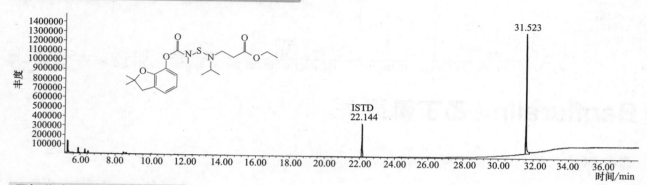

目标化合物碎片离子质谱图

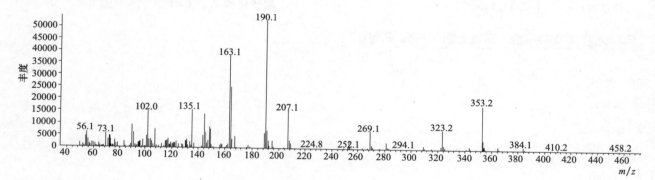

Benfuresate（呋草黄）

基本信息

CAS 登录号	68505-69-1		分子量	256.1
分子式	C$_{12}$H$_{16}$O$_4$S		离子化模式	EI

目标化合物及内标物（环氧七氯）总离子流图

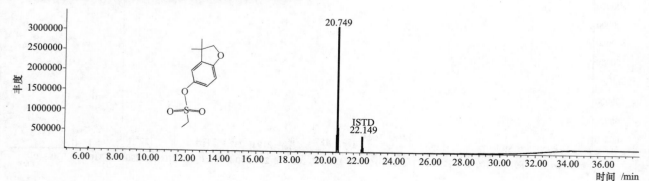

目标化合物碎片离子质谱图

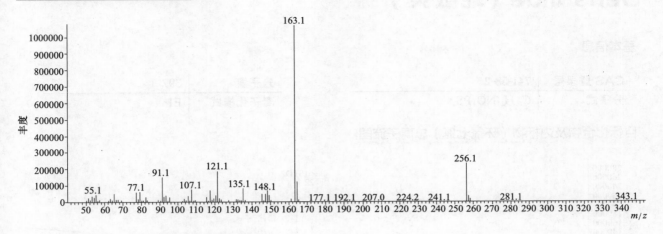

Benodanil（麦锈灵）

基本信息

CAS 登录号	15310-01-7		分子量	323. 0
分子式	$C_{13}H_{10}INO$		离子化模式	EI

目标化合物及内标物（环氧七氯）总离子流图

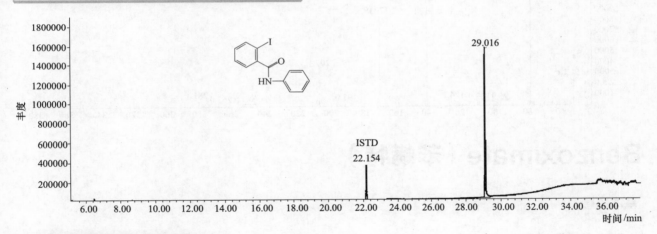

目标化合物碎片离子质谱图

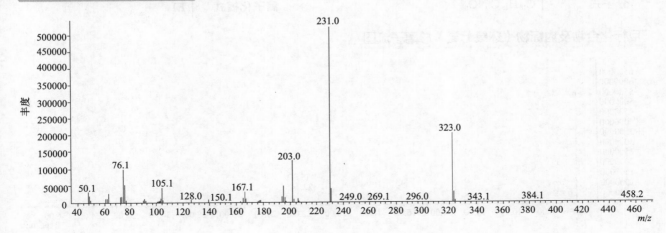

441

Bensulide（地散灵）

基本信息

CAS 登录号	741-58-2	分子量	397.1
分子式	$C_{14}H_{24}NO_4PS_3$	离子化模式	EI

目标化合物及内标物（环氧七氯）总离子流图

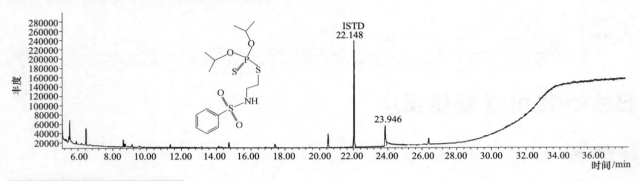

目标化合物碎片离子质谱图

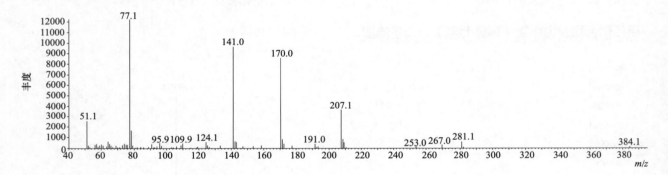

Benzoximate（苯螨特）

基本信息

CAS 登录号	29104-30-1	分子量	363.1
分子式	$C_{18}H_{18}ClNO_5$	离子化模式	EI

目标化合物及内标物（环氧七氯）总离子流图

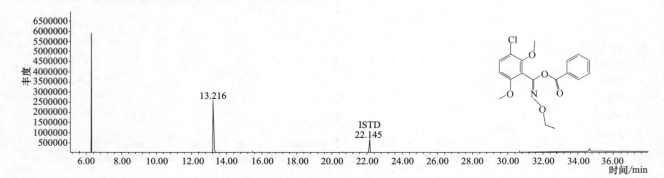

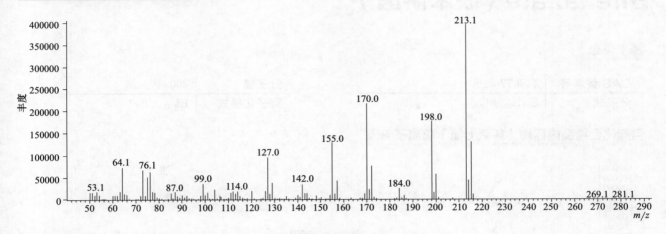

Benzoylprop-ethyl（新燕灵）

基本信息

CAS 登录号	22212-55-1	分子量	365. 1
分子式	$C_{18}H_{17}Cl_2NO_3$	离子化模式	EI

目标化合物及内标物（环氧七氯）总离子流图

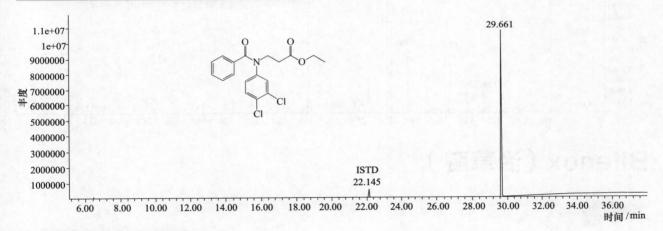

目标化合物碎片离子质谱图

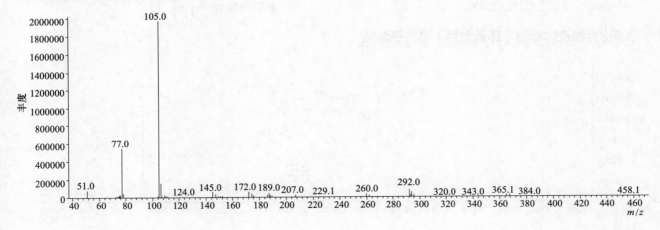

Bifenazate（联苯肼酯）

基本信息

CAS 登录号	149877-41-8	分子量	300.1
分子式	$C_{17}H_{20}N_2O_3$	离子化模式	EI

目标化合物及内标物（环氧七氯）总离子流图

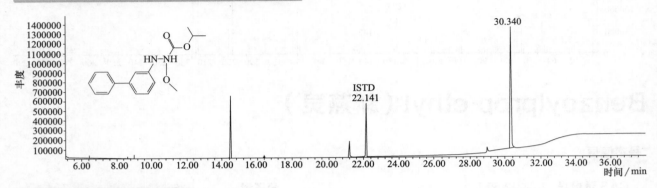

目标化合物碎片离子质谱图

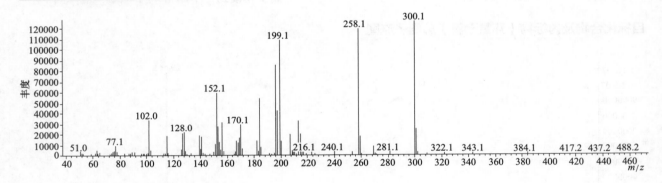

Bifenox（治草醚）

基本信息

CAS 登录号	42576-02-3	分子量	341.0
分子式	$C_{14}H_9Cl_2NO_5$	离子化模式	EI

目标化合物及内标物（环氧七氯）总离子流图

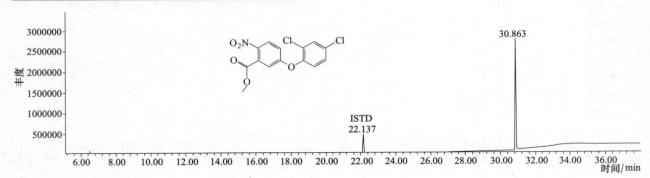

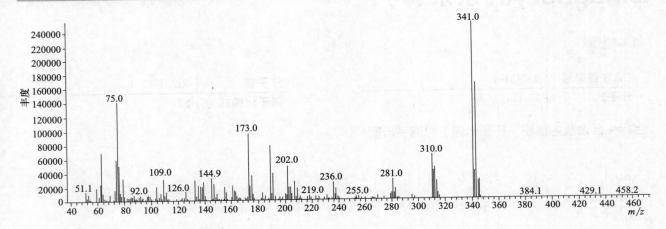

Bifenthrin（联苯菊酯）

基本信息

CAS 登录号	82657-04-3	分子量	422. 1
分子式	$C_{23}H_{22}ClF_3O_2$	离子化模式	EI

目标化合物及内标物（环氧七氯）总离子流图

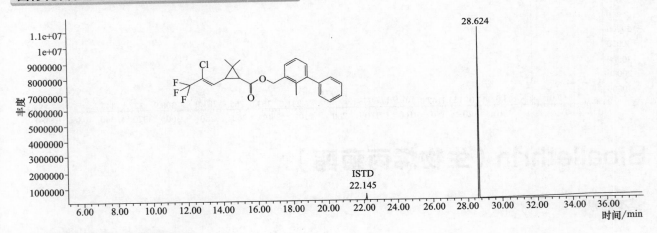

目标化合物碎片离子质谱图

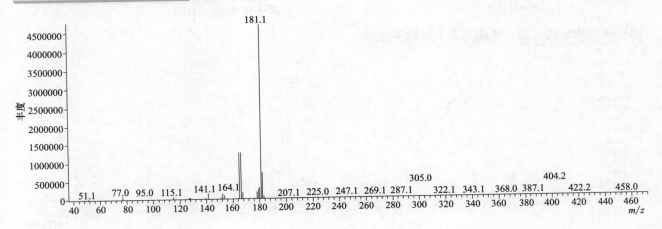

Binapacryl（乐杀螨）

基本信息

CAS 登录号	485-31-4		分子量	322.1
分子式	$C_{15}H_{18}N_2O_6$		离子化模式	EI

目标化合物及内标物（环氧七氯）总离子流图

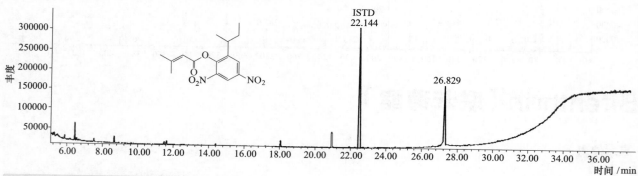

目标化合物碎片离子质谱图

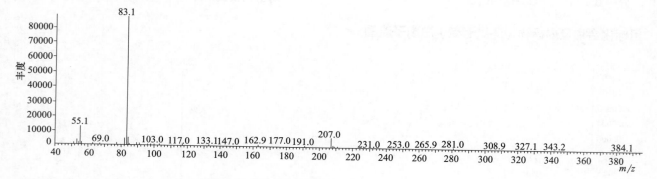

Bioallethrin（生物烯丙菊酯）

基本信息

CAS 登录号	28434-00-6		分子量	302.2
分子式	$C_{19}H_{26}O_3$		离子化模式	EI

目标化合物及内标物（环氧七氯）总离子流图

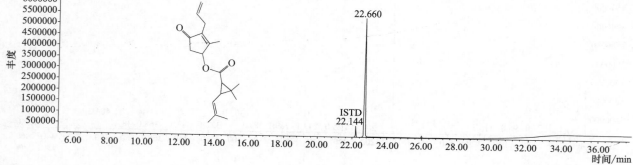

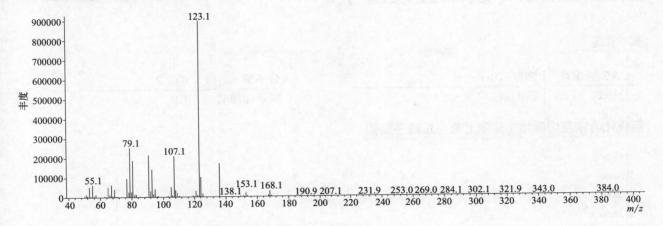

Bioresmethrin（生物苄呋菊酯）

基本信息

CAS 登录号	28434-01-7	分子量	338. 2
分子式	$C_{22}H_{26}O_3$	离子化模式	EI

目标化合物及内标物（环氧七氯）总离子流图

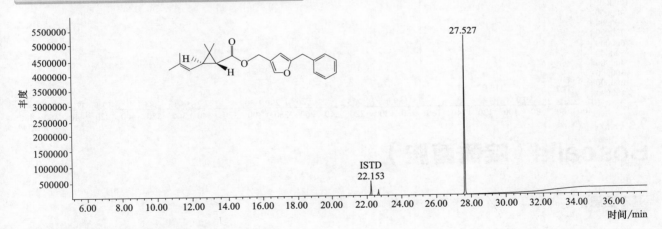

目标化合物碎片离子质谱图

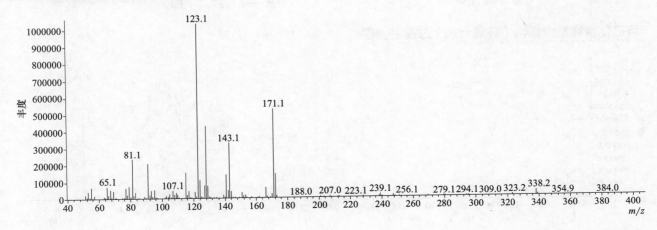

Bitertanol（联苯三唑醇）

基本信息

CAS 登录号	55179-31-2		分子量	337.2
分子式	$C_{20}H_{23}N_3O_2$		离子化模式	EI

目标化合物及内标物（环氧七氯）总离子流图

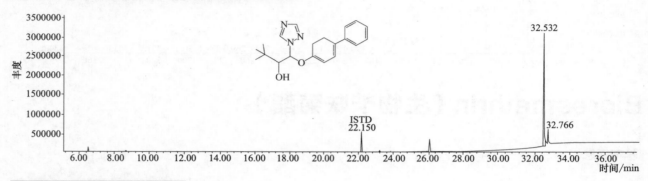

目标化合物碎片离子质谱图

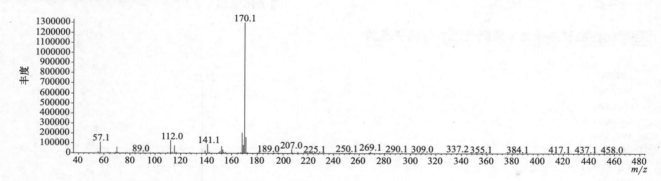

Boscalid（啶酰菌胺）

基本信息

CAS 登录号	188425-85-6		分子量	342.0
分子式	$C_{18}H_{12}Cl_2N_2O$		离子化模式	EI

目标化合物及内标物（环氧七氯）总离子流图

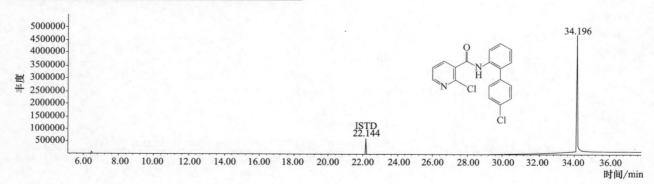

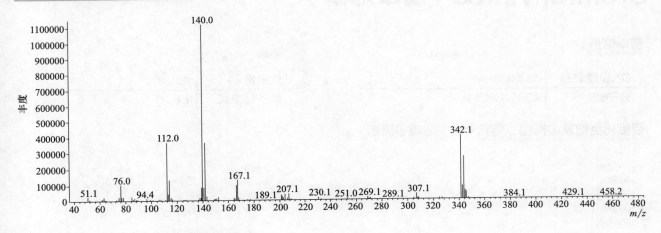

Bromacil（除草定）

基本信息

CAS 登录号	314-40-9	分子量	260. 0
分子式	$C_9H_{13}BrN_2O_2$	离子化模式	EI

目标化合物及内标物（环氧七氯）总离子流图

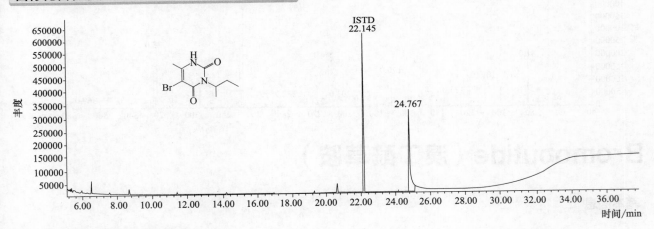

目标化合物碎片离子质谱图

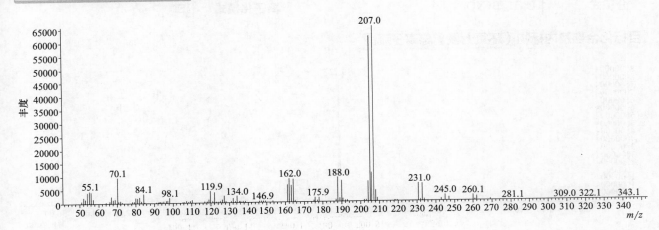

Bromfenvinfos（溴苯烯磷）

基本信息

CAS 登录号	33399-00-7		分子量	401.9
分子式	$C_{12}H_{14}BrCl_2O_4P$		离子化模式	EI

目标化合物及内标物（环氧七氯）总离子流图

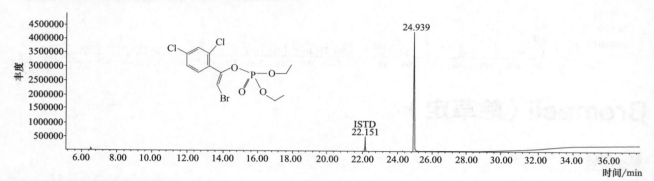

目标化合物碎片离子质谱图

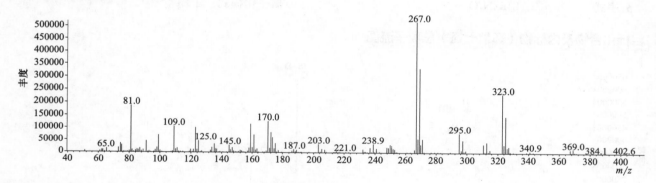

Bromobutide（溴丁酰草胺）

基本信息

CAS 登录号	74712-19-9		分子量	311.1
分子式	$C_{15}H_{22}BrNO$		离子化模式	EI

目标化合物及内标物（环氧七氯）总离子流图

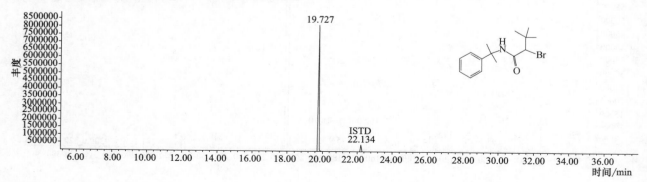

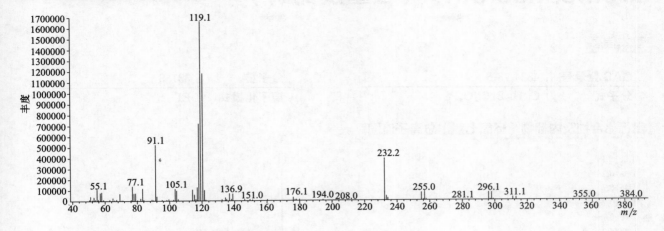

Bromocylen（溴环烯）

基本信息

CAS 登录号	1715-40-8	分子量	389.8
分子式	$C_8H_5BrCl_6$	离子化模式	EI

目标化合物及内标物（环氧七氯）总离子流图

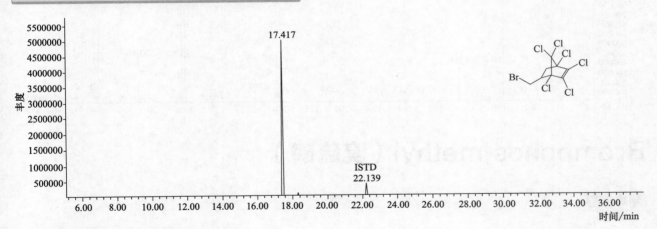

目标化合物碎片离子质谱图

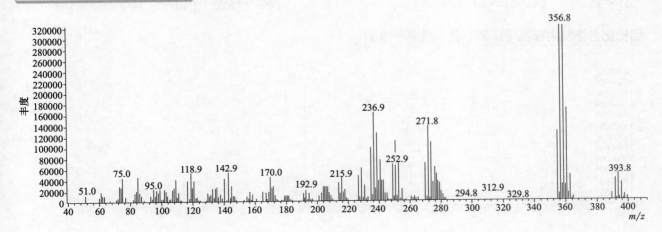

Bromophos-ethyl（乙基溴硫磷）

基本信息

CAS 登录号	4824-78-6	分子量	391.9
分子式	$C_{10}H_{12}BrCl_2O_3PS$	离子化模式	EI

目标化合物及内标物（环氧七氯）总离子流图

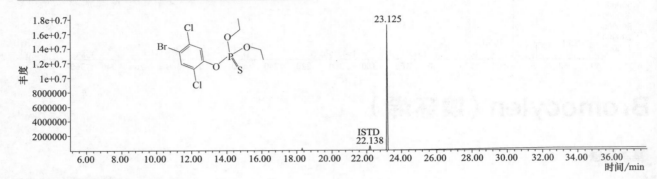

目标化合物碎片离子质谱图

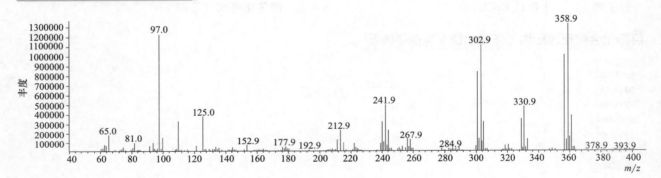

Bromophos-methyl（溴硫磷）

基本信息

CAS 登录号	2104-96-3	分子量	363.8
分子式	$C_8H_8BrCl_2O_3PS$	离子化模式	EI

目标化合物及内标物（环氧七氯）总离子流图

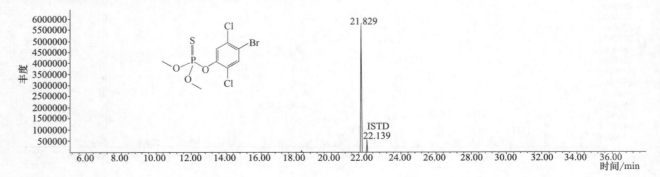

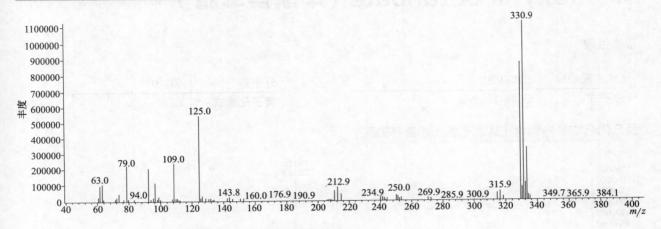

Bromopropylate（溴螨酯）

基本信息

CAS 登录号	18181-80-1	分子量	425.9
分子式	$C_{17}H_{16}Br_2O_3$	离子化模式	EI

目标化合物及内标物（环氧七氯）总离子流图

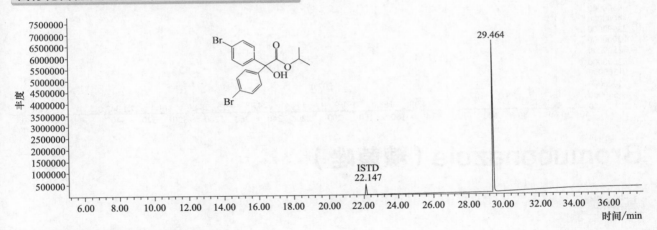

目标化合物碎片离子质谱图

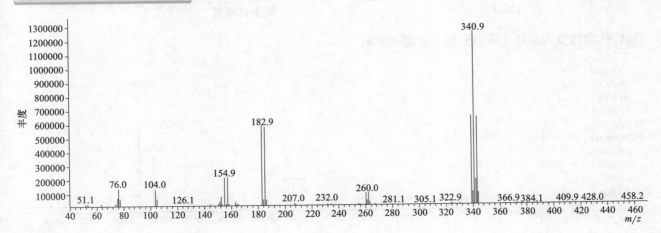

Bromoxynil octanoate（辛酰溴苯腈）

基本信息

CAS 登录号	1689-99-2	分子量	401.0
分子式	$C_{15}H_{17}Br_2NO_2$	离子化模式	EI

目标化合物及内标物（环氧七氯）总离子流图

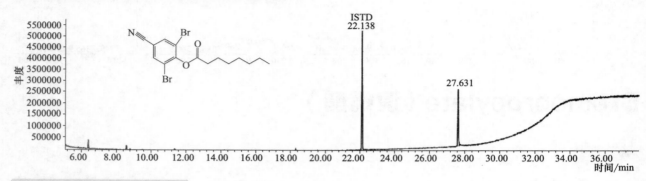

目标化合物碎片离子质谱图

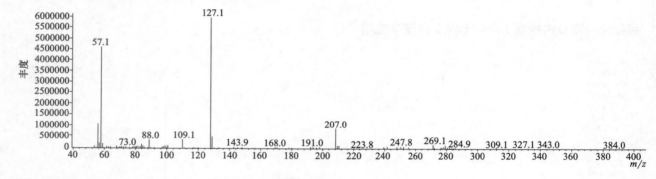

Bromuconazole（糠菌唑）

基本信息

CAS 登录号	116255-48-2	分子量	375.0
分子式	$C_{13}H_{12}BrCl_2N_3O$	离子化模式	EI

目标化合物及内标物（环氧七氯）总离子流图

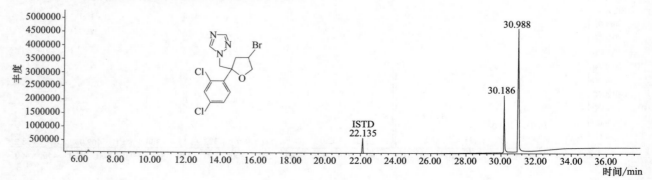

454

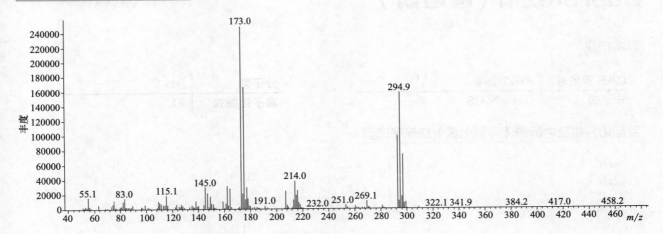

Bupirimate（乙嘧酚磺酸酯）

CAS 登录号	41483-43-6	分子量	316.2
分子式	$C_{13}H_{24}N_4O_3S$	离子化模式	EI

目标化合物及内标物（环氧七氯）总离子流图

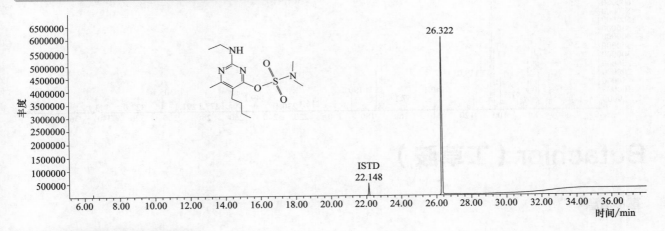

目标化合物碎片离子质谱图

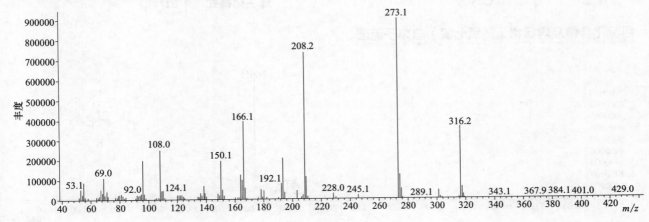

455

Buprofezin（噻嗪酮）

基本信息

CAS 登录号	69327-76-0		分子量	305.2
分子式	$C_{16}H_{23}N_3OS$		离子化模式	EI

目标化合物及内标物（环氧七氯）总离子流图

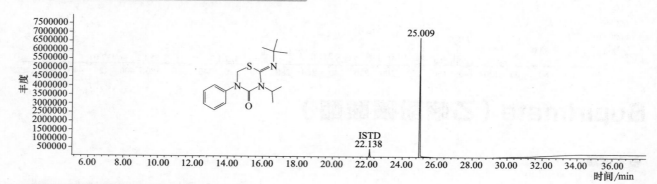

目标化合物碎片离子质谱图

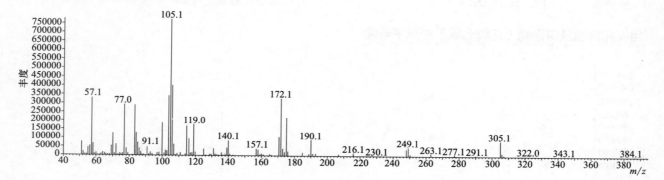

Butachlor（丁草胺）

基本信息

CAS 登录号	23184-66-9		分子量	311.2
分子式	$C_{17}H_{26}ClNO_2$		离子化模式	EI

目标化合物及内标物（环氧七氯）总离子流图

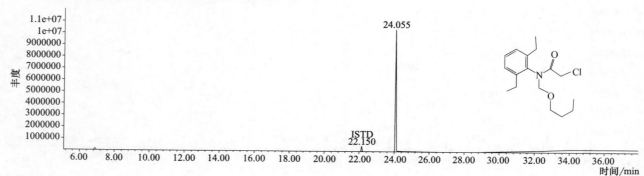

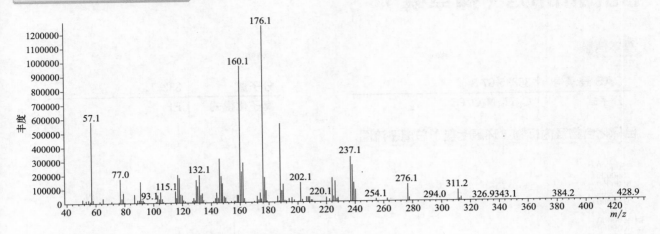

Butafenacil（氟丙嘧草酯）

基本信息

CAS 登录号	134605-64-4	分子量	474.1
分子式	$C_{20}H_{18}ClF_3N_2O_6$	离子化模式	EI

目标化合物及内标物（环氧七氯）总离子流图

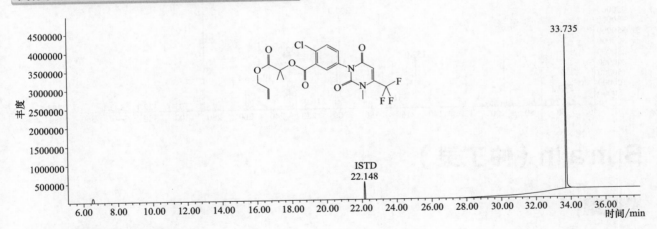

目标化合物碎片离子质谱图

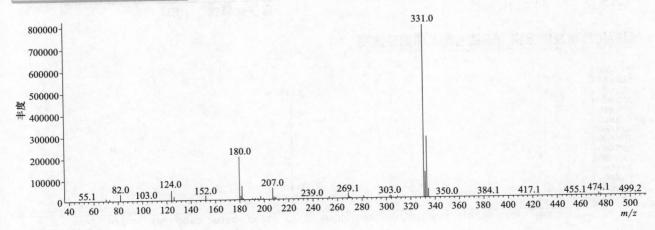

Butamifos（抑草磷）

基本信息

CAS 登录号	36335-67-8	分子量	332.1
分子式	$C_{13}H_{21}N_2O_4PS$	离子化模式	EI

目标化合物及内标物（环氧七氯）总离子流图

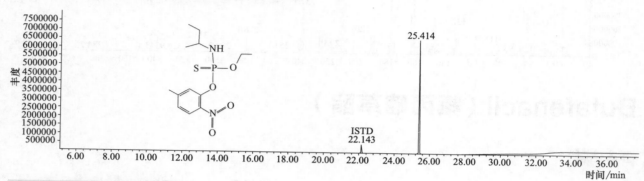

目标化合物碎片离子质谱图

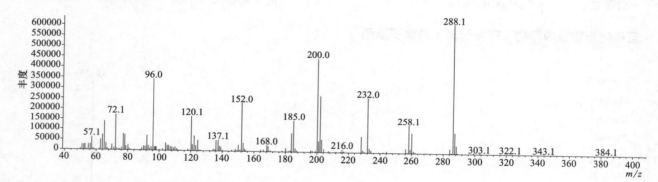

Butralin（仲丁灵）

基本信息

CAS 登录号	33629-47-9	分子量	295.2
分子式	$C_{14}H_{21}N_3O_4$	离子化模式	EI

目标化合物及内标物（环氧七氯）总离子流图

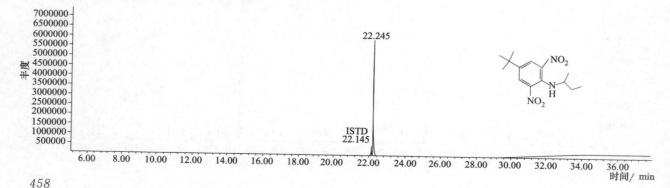

目标化合物碎片离子质谱图

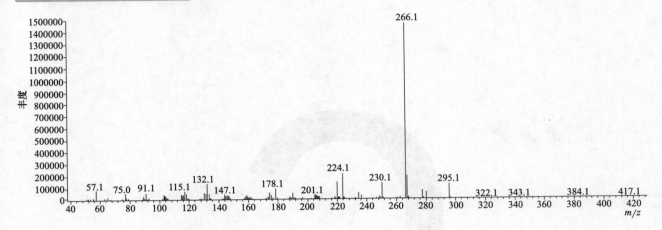

Butylate（丁草特）

基本信息

CAS 登录号	2008-41-5	分子量	217. 2
分子式	C₁₁H₂₃NOS	离子化模式	EI

目标化合物及内标物（环氧七氯）总离子流图

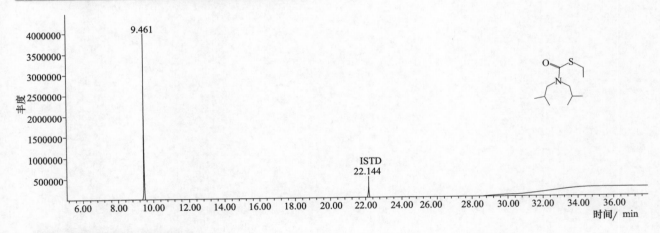

目标化合物碎片离子质谱图

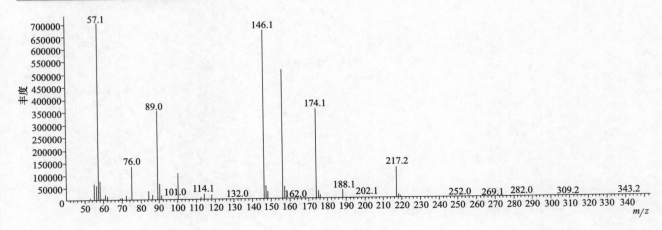

459

C

Cadusafos（硫线磷）

基本信息

CAS 登录号	95465-99-9	分子量	270. 1
分子式	$C_{10}H_{23}O_2PS_2$	离子化模式	EI

目标化合物及内标物（环氧七氯）总离子流图

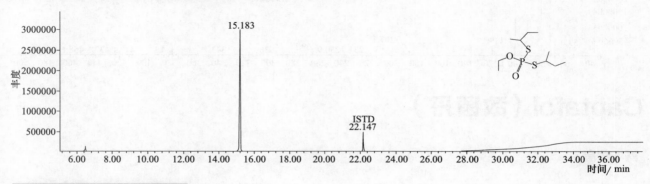

目标化合物碎片离子质谱图

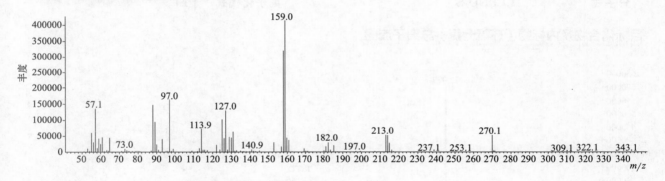

Cafenstrole（苯酮唑）

基本信息

CAS 登录号	125306-83-4	分子量	350. 1
分子式	$C_{16}H_{22}N_4O_3S$	离子化模式	EI

目标化合物及内标物（环氧七氯）总离子流图

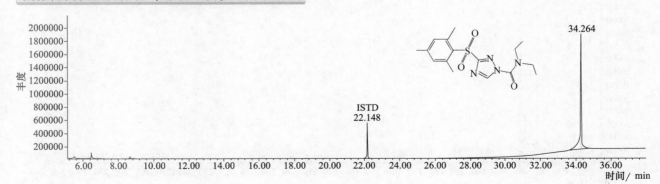

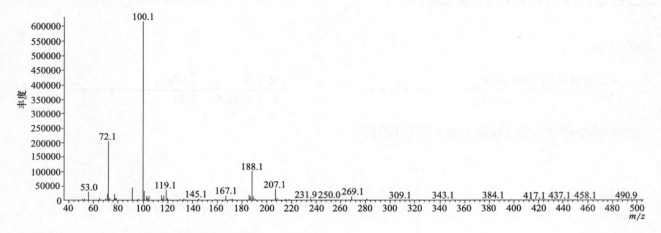

Captafol（敌菌丹）

基本信息

CAS 登录号	2425-06-1	分子量	346.9
分子式	$C_{10}H_9Cl_4NO_2S$	离子化模式	EI

目标化合物及内标物（环氧七氯）总离子流图

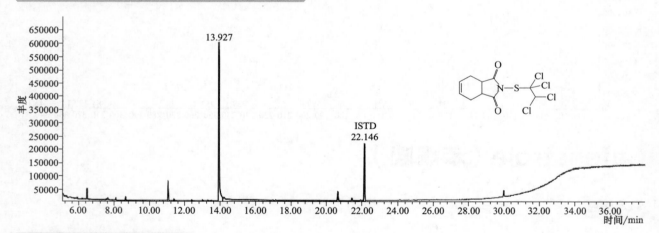

目标化合物碎片离子质谱图

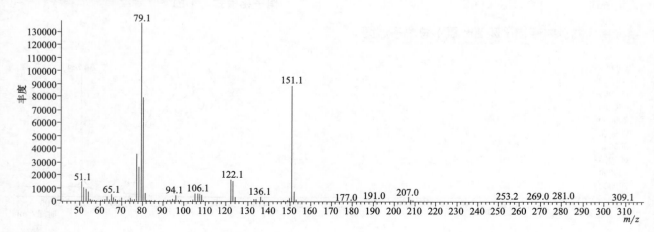

Captan（克菌丹）

基本信息

CAS 登录号	133-06-2	分子量	298.9
分子式	$C_9H_8Cl_3NO_2S$	离子化模式	EI

目标化合物及内标物（环氧七氯）总离子流图

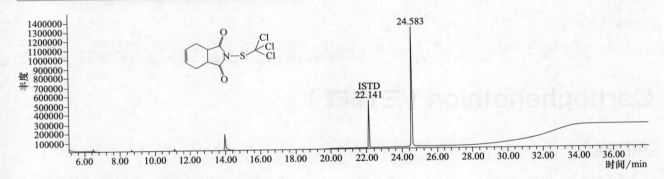

目标化合物碎片离子质谱图

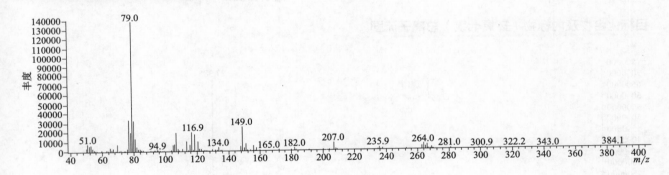

Carbofuran（克百威）

基本信息

CAS 登录号	1563-66-2	分子量	221.1
分子式	$C_{12}H_{15}NO_3$	离子化模式	EI

目标化合物及内标物（环氧七氯）总离子流图

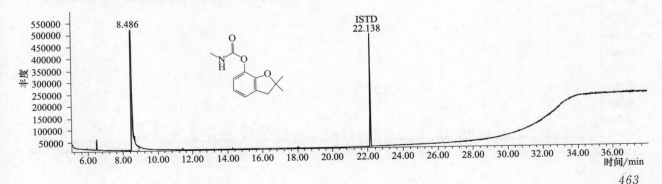

目标化合物碎片离子质谱图

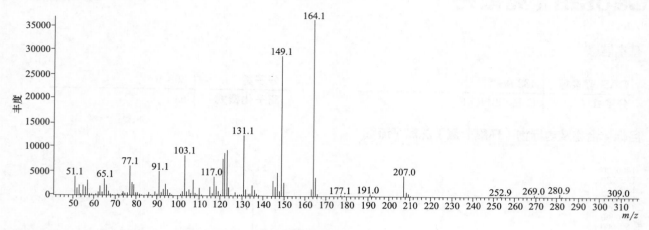

Carbophenothion（三硫磷）

基本信息

CAS 登录号	786-19-6	分子量	342.0
分子式	$C_{11}H_{16}ClO_2PS_3$	离子化模式	EI

目标化合物及内标物（环氧七氯）总离子流图

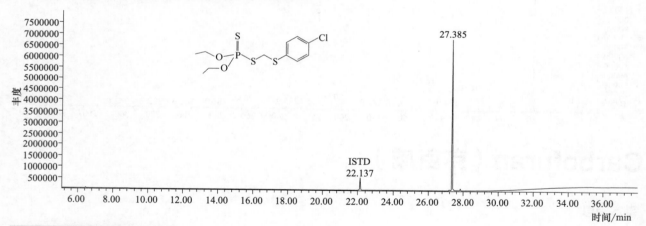

目标化合物碎片离子质谱图

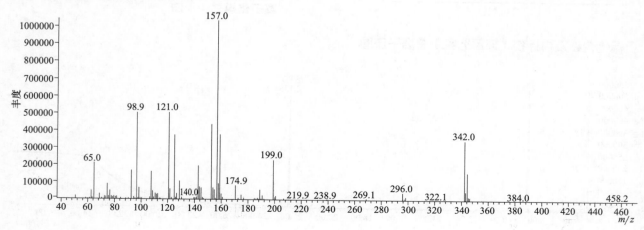

Carbosulfan（丁硫克百威）

基本信息

CAS 登录号	55285-14-8	分子量	380. 2
分子式	$C_{20}H_{32}N_2O_3S$	离子化模式	EI

目标化合物及内标物（环氧七氯）总离子流图

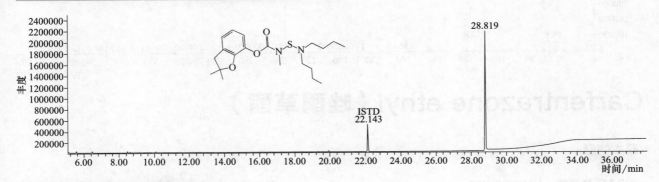

目标化合物碎片离子质谱图

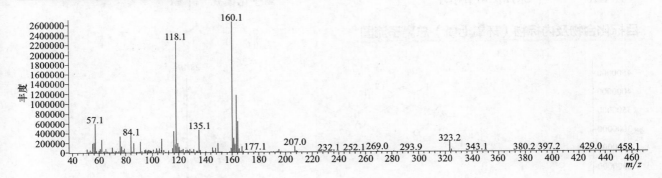

Carboxin（萎锈灵）

基本信息

CAS 登录号	5234-68-4	分子量	235. 1
分子式	$C_{12}H_{13}NO_2S$	离子化模式	EI

目标化合物及内标物（环氧七氯）总离子流图

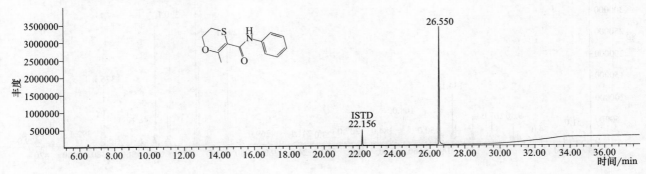

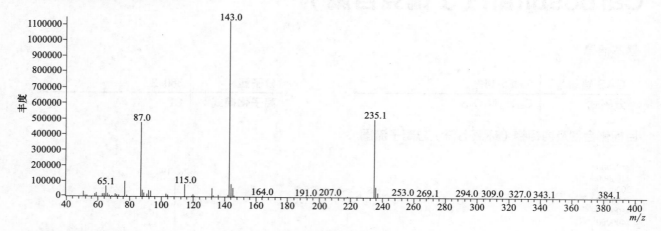

Carfentrazone-ethyl（唑酮草酯）

基本信息

CAS 登录号	128639-02-1	分子量	411.0
分子式	$C_{15}H_{14}Cl_2F_3N_3O_3$	离子化模式	EI

目标化合物及内标物（环氧七氯）总离子流图

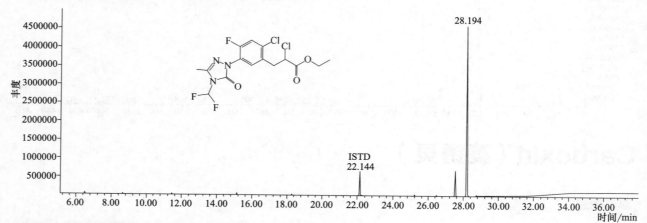

目标化合物碎片离子质谱图

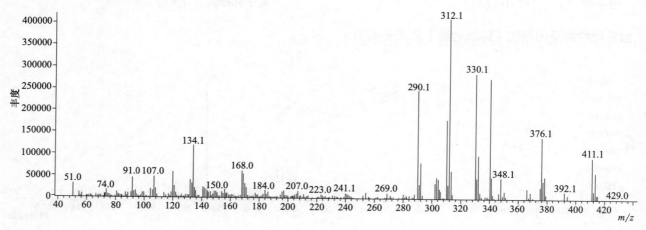

Chinomethionate（灭螨猛）

基本信息

CAS 登录号	2439-01-2		分子量	234.0
分子式	$C_{10}H_6N_2OS_2$		离子化模式	EI

目标化合物及内标物（环氧七氯）总离子流图

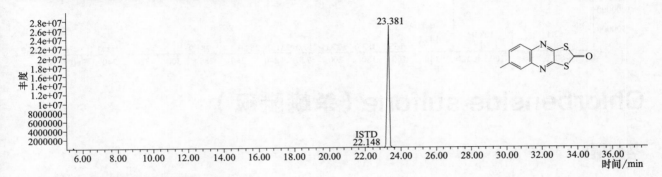

目标化合物碎片离子质谱图

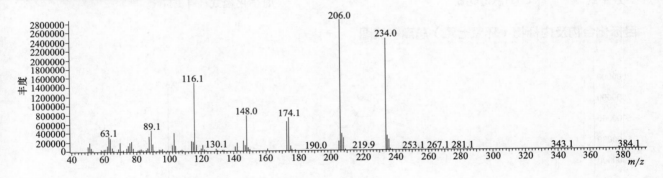

Chlorbenside（氯杀螨）

基本信息

CAS 登录号	103-17-3		分子量	268.0
分子式	$C_{13}H_{10}Cl_2S$		离子化模式	EI

目标化合物及内标物（环氧七氯）总离子流图

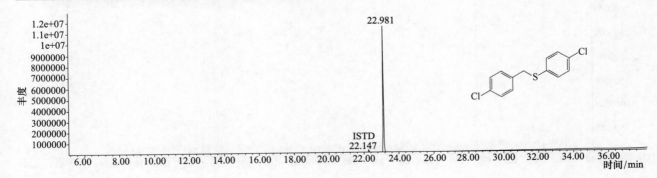

目标化合物碎片离子质谱图

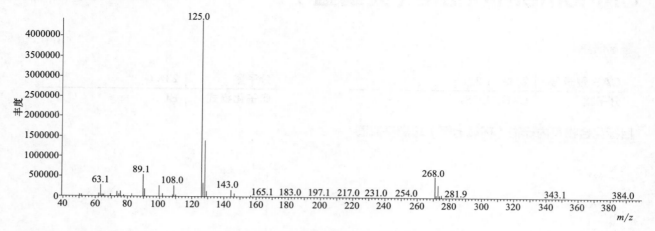

Chlorbenside sulfone（杀螨醚砜）

基本信息

CAS 登录号	7082-99-7	分子量	300. 0
分子式	$C_{13}H_{10}Cl_2O_2S$	离子化模式	EI

目标化合物及内标物（环氧七氯）总离子流图

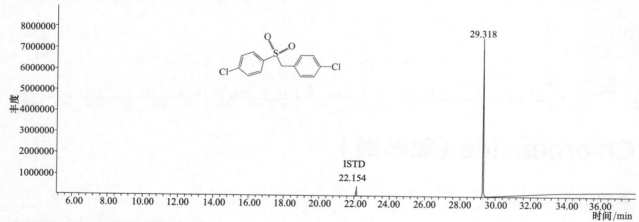

目标化合物碎片离子质谱图

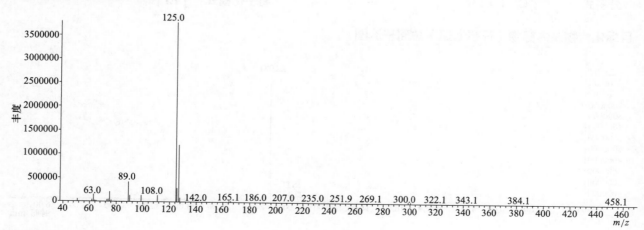

Chlorbromuron（氯溴隆）

基本信息

CAS 登录号	13360-45-7	分子量	292.0
分子式	C₉H₁₀BrClN₂O₂	离子化模式	EI

目标化合物及内标物（环氧七氯）总离子流图

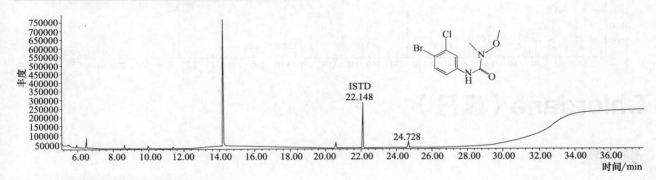

目标化合物碎片离子质谱图

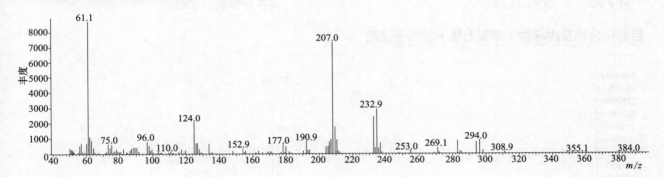

Chlorbufam（氯炔灵）

基本信息

CAS 登录号	1967-16-4	分子量	223.0
分子式	C₁₁H₁₀ClNO₂	离子化模式	EI

分子式应为 $C_{11}H_{10}ClNO_2$

目标化合物及内标物（环氧七氯）总离子流图

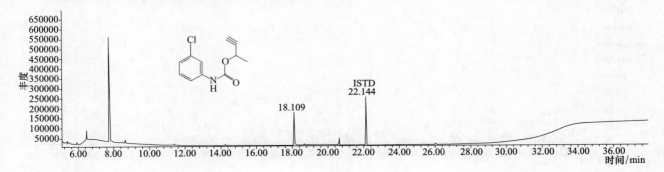

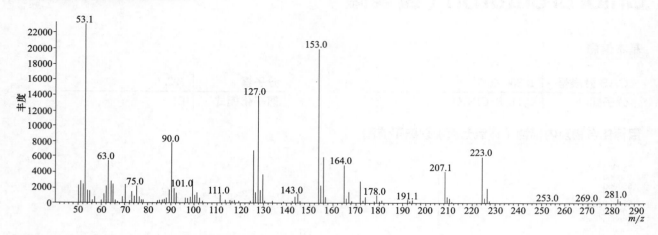

Chlordane（氯丹）

基本信息

CAS 登录号	57-74-9	分子量	405. 8
分子式	$C_{10}H_6Cl_8$	离子化模式	EI

目标化合物及内标物（环氧七氯）总离子流图

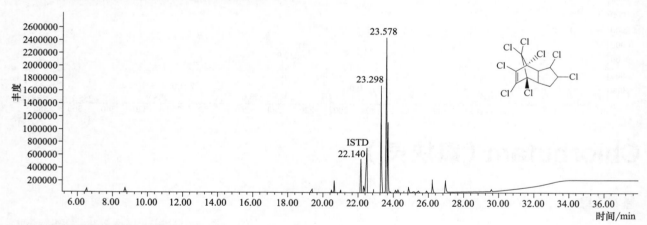

目标化合物碎片离子质谱图

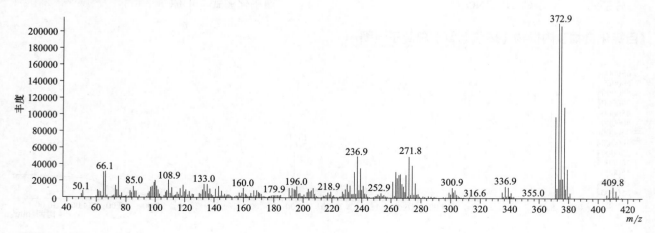

Chlordecone（开蓬）

基本信息

CAS 登录号	143-50-0		分子量	490.6
分子式	$C_{10}Cl_{10}O$		离子化模式	EI

目标化合物及内标物（环氧七氯）总离子流图

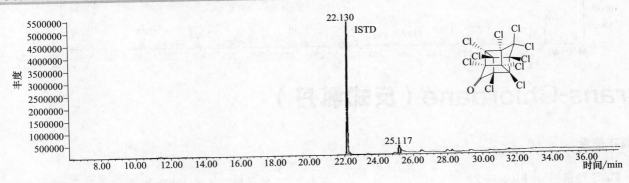

目标化合物碎片离子质谱图

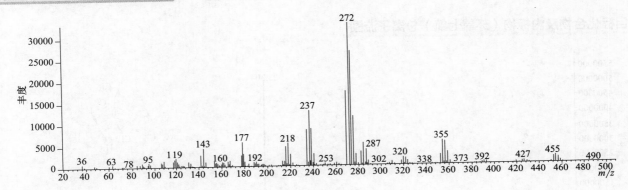

cis-Cholrdane（顺式氯丹）

基本信息

CAS 登录号	5103-71-9		分子量	405.8
分子式	$C_{10}H_6Cl_8$		离子化模式	EI

目标化合物及内标物（环氧七氯）总离子流图

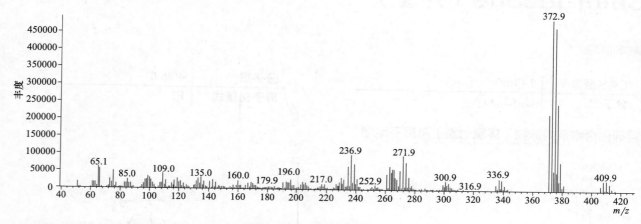

trans-Chlordane（反式氯丹）

基本信息

CAS 登录号	5103-74-2	分子量	405.8
分子式	$C_{10}H_6Cl_8$	离子化模式	EI

目标化合物及内标物（环氧七氯）总离子流图

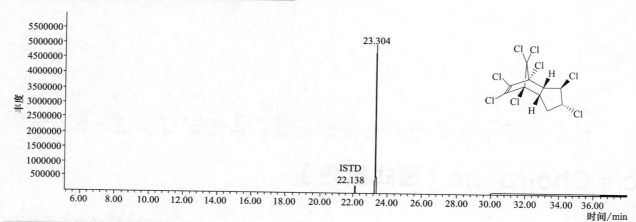

目标化合物碎片离子质谱图

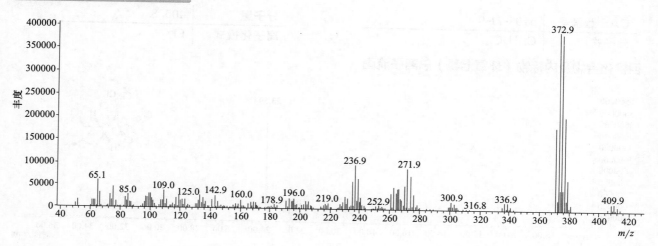

Chlordimeform（杀虫脒）

基本信息

CAS 登录号	6164-98-3	分子量	196.1
分子式	$C_{10}H_{13}ClN_2$	离子化模式	EI

目标化合物及内标物（环氧七氯）总离子流图

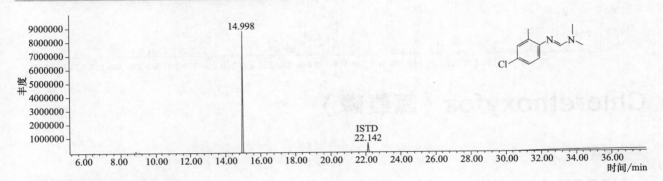

目标化合物碎片离子质谱图

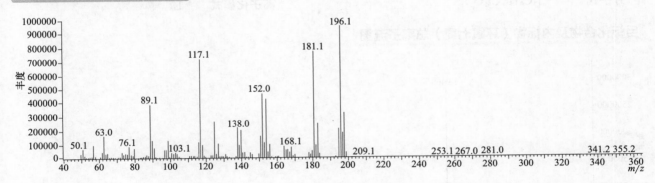

Chlordimeform hydrochloride（克死螨）

基本信息

CAS 登录号	19750-95-9	分子量	232.1
分子式	$C_{10}H_{14}Cl_2N_2$	离子化模式	EI

目标化合物及内标物（环氧七氯）总离子流图

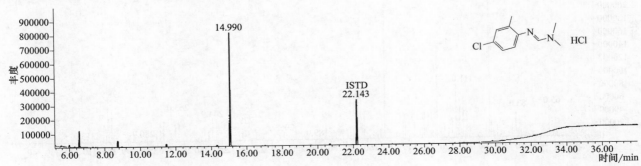

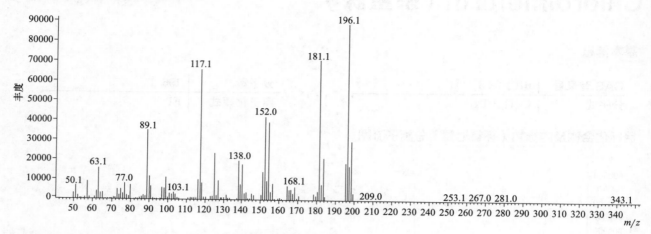

Chlorethoxyfos（氯氧磷）

基本信息

CAS 登录号	54593-83-8
分子式	$C_6H_{11}Cl_4O_3PS$

分子量	333.9
离子化模式	EI

目标化合物及内标物（环氧七氯）总离子流图

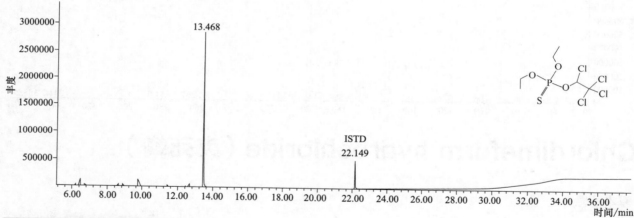

目标化合物碎片离子质谱图

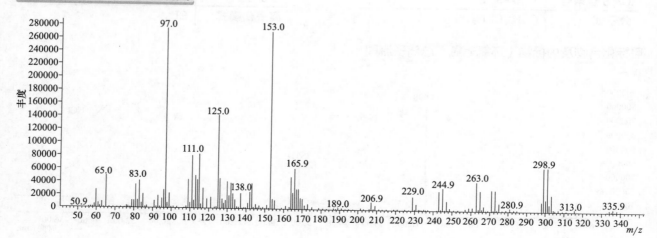

Chlorfenapyr（溴虫腈）

基本信息

CAS 登录号	122453-73-0	分子量	406.0
分子式	$C_{15}H_{11}BrClF_3N_2O$	离子化模式	EI

目标化合物及内标物（环氧七氯）总离子流图

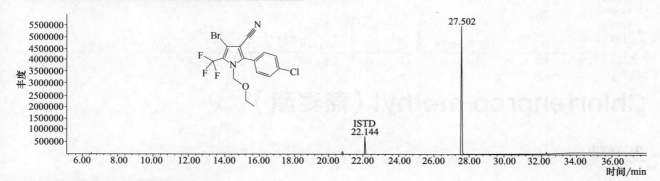

目标化合物碎片离子质谱图

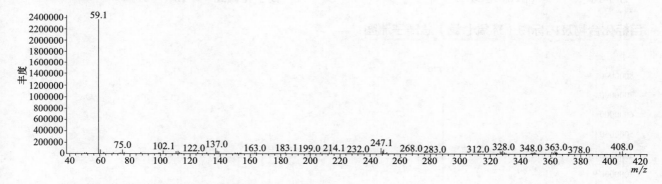

Chlorfenethol（杀螨醇）

基本信息

CAS 登录号	80-06-8	分子量	266.0
分子式	$C_{14}H_{12}Cl_2O$	离子化模式	EI

目标化合物及内标物（环氧七氯）总离子流图

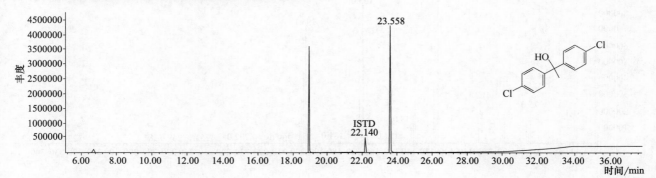

475

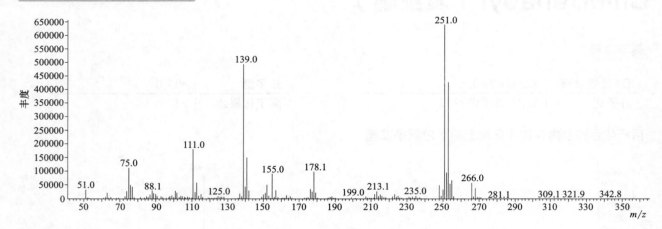

Chlorfenprop-methyl（燕麦酯）

基本信息

CAS 登录号	14437-17-3	分子量	232.0
分子式	$C_{10}H_{10}Cl_2O_2$	离子化模式	EI

目标化合物及内标物（环氧七氯）总离子流图

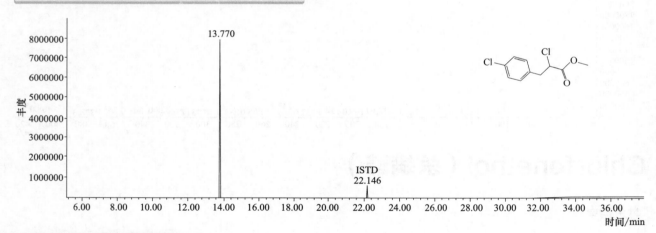

目标化合物碎片离子质谱图

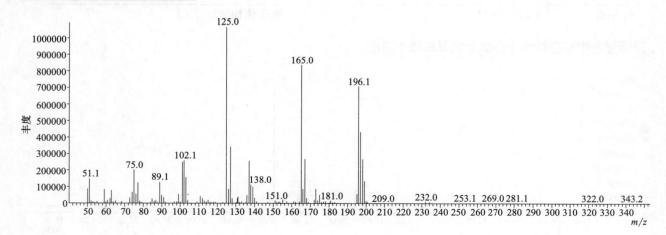

Chlorfenson（杀螨酯）

基本信息

CAS 登录号	80-33-1	分子量	302.0
分子式	$C_{12}H_8Cl_2O_3S$	离子化模式	EI

目标化合物及内标物（环氧七氯）总离子流图

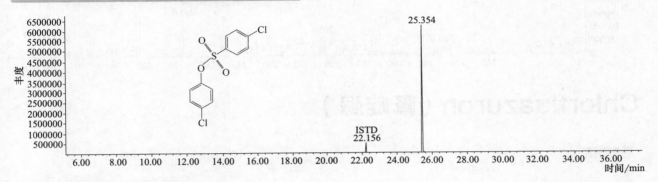

目标化合物碎片离子质谱图

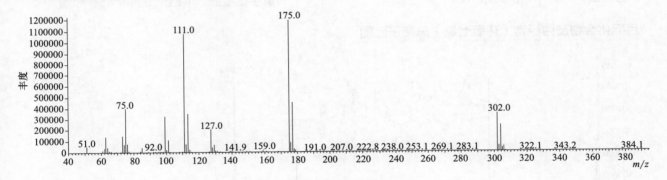

Chlorfenvinphos（毒虫畏）

基本信息

CAS 登录号	470-90-6	分子量	358.0
分子式	$C_{12}H_{14}Cl_3O_4P$	离子化模式	EI

目标化合物及内标物（环氧七氯）总离子流图

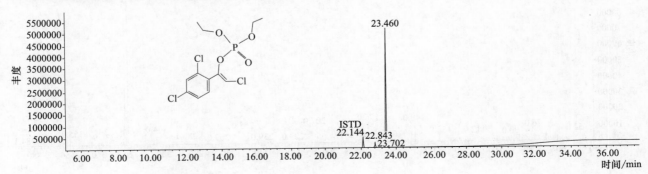

477

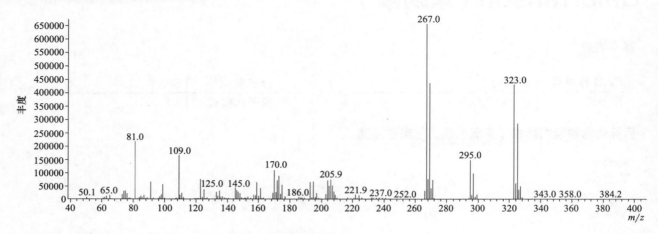

Chlorfluazuron（氟啶脲）

基本信息

CAS 登录号	71422-67-8	分子量	539.0
分子式	$C_{20}H_9Cl_3F_5N_3O_3$	离子化模式	EI

目标化合物及内标物（环氧七氯）总离子流图

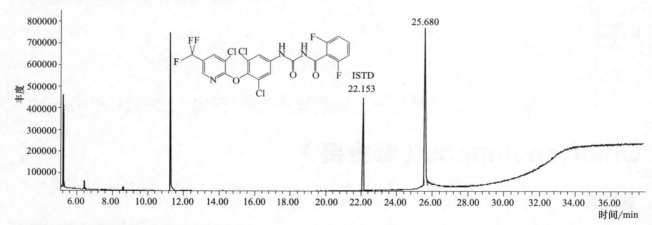

目标化合物碎片离子质谱图

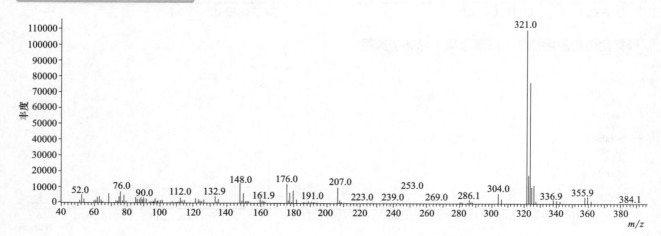

Chlorflurenol-methyl（ester）（整形素）

基本信息

CAS 登录号	2536-31-4	分子量	274.0
分子式	C₁₅H₁₁ClO₃	离子化模式	EI

分子式: $C_{15}H_{11}ClO_3$ ，分子量: 274.0，离子化模式: EI

目标化合物及内标物（环氧七氯）总离子流图

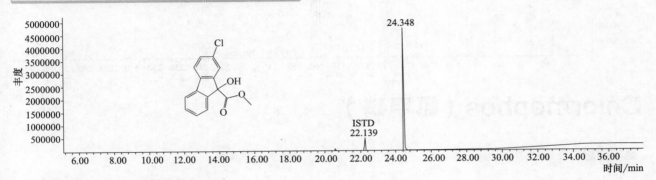

目标化合物碎片离子质谱图

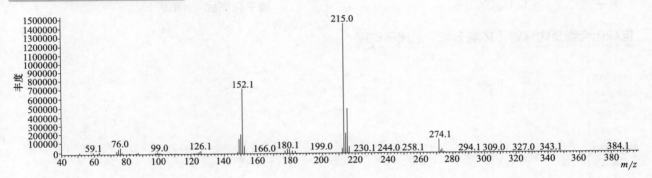

Chlorimuron-ethyl（氯嘧磺隆）

基本信息

CAS 登录号	90982-32-4	分子量	414.0
分子式	C₁₅H₁₅ClN₄O₆S	离子化模式	EI

分子式: $C_{15}H_{15}ClN_4O_6S$ ，分子量: 414.0，离子化模式: EI

目标化合物及内标物（环氧七氯）总离子流图

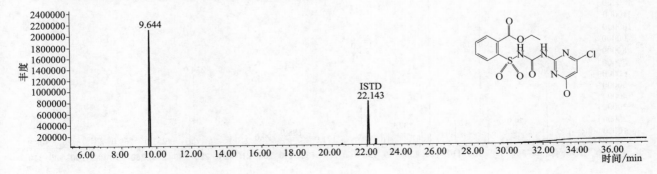

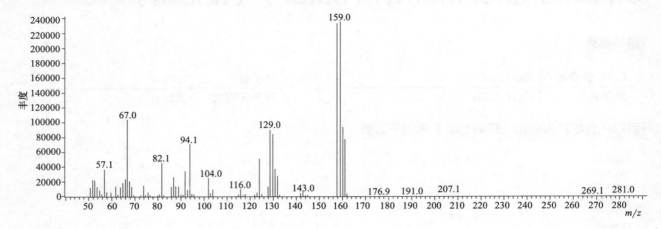

Chlormephos（氯甲磷）

基本信息

CAS 登录号	24934-91-6	分子量	234.0
分子式	$C_5H_{12}ClO_2PS_2$	离子化模式	EI

目标化合物及内标物（环氧七氯）总离子流图

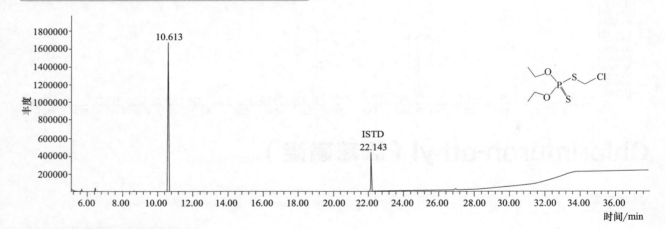

目标化合物碎片离子质谱图

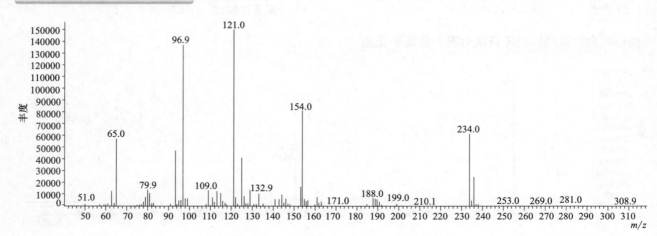

Chlorobenzilate（乙酯杀螨醇）

基本信息

CAS 登录号	510-15-6	分子量	324.0
分子式	$C_{16}H_{14}Cl_2O_3$	离子化模式	EI

目标化合物及内标物（环氧七氯）总离子流图

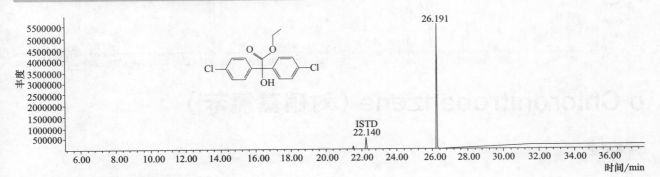

目标化合物碎片离子质谱图

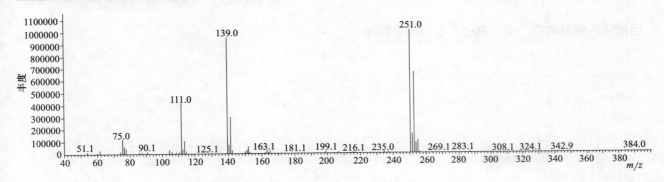

Chloroneb（地茂散）

基本信息

CAS 登录号	2675-77-6	分子量	206.0
分子式	$C_8H_8Cl_2O_2$	离子化模式	EI

目标化合物及内标物（环氧七氯）总离子流图

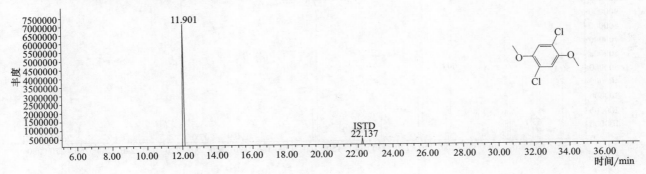

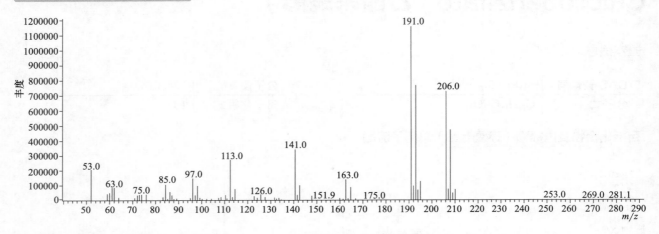

p-Chloronitrobenzene（对硝基氯苯）

基本信息

CAS 登录号	100-00-5	**分子量**	157.0
分子式	$C_6H_4ClNO_2$	**离子化模式**	EI

目标化合物及内标物（环氧七氯）总离子流图

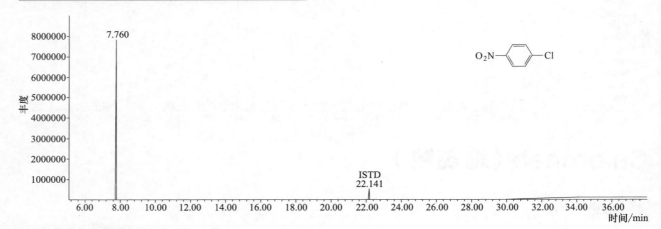

目标化合物碎片离子质谱图

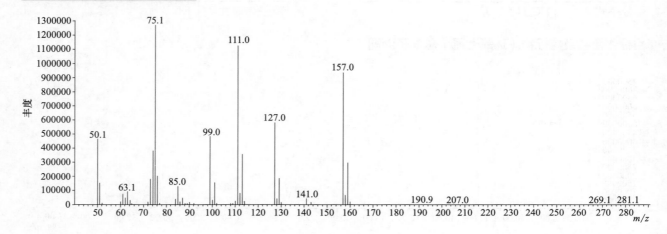

4-Chlorophenoxy acetic acid（对氯苯氧乙酸）

基本信息

CAS 登录号	122-88-3	分子量	186.0
分子式	$C_8H_7ClO_3$	离子化模式	EI

目标化合物及内标物（环氧七氯）总离子流图

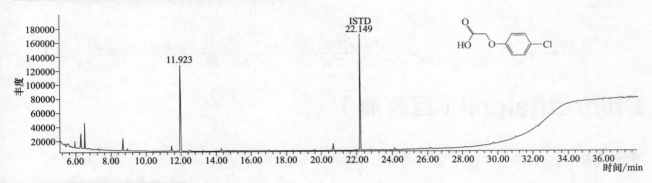

目标化合物碎片离子质谱图

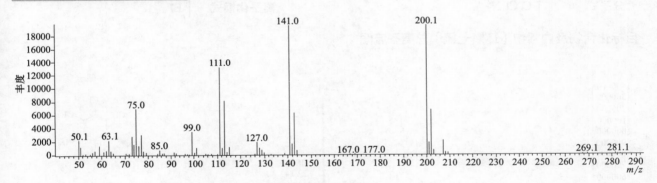

Chloropropylate（丙酯杀螨醇）

基本信息

CAS 登录号	5836-10-2	分子量	339.217
分子式	$C_{17}H_{16}Cl_2O_3$	离子化模式	EI

目标化合物及内标物（环氧七氯）总离子流图

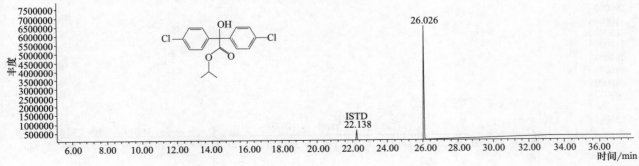

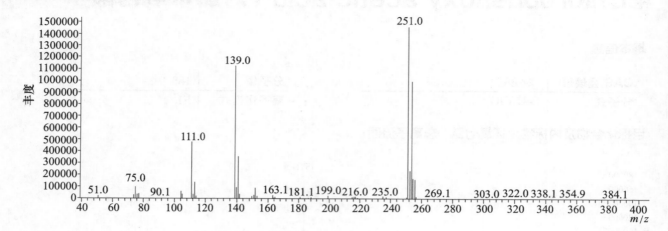

Chlorothalonil（百菌清）

基本信息

CAS 登录号	1897-45-6	分子量	263.9
分子式	$C_8Cl_4N_2$	离子化模式	EI

目标化合物及内标物（环氧七氯）总离子流图

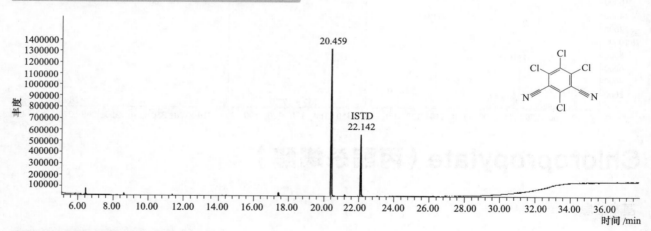

目标化合物碎片离子质谱图

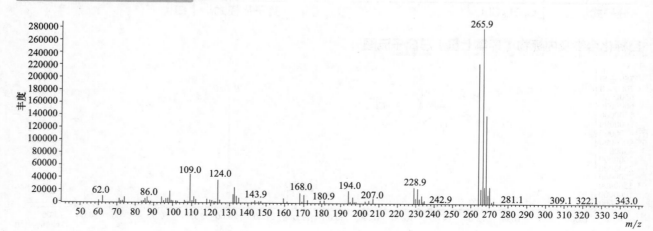

Chlorphoxim（氯辛硫磷）

基本信息

CAS 登录号	14816-20-7	分子量	332.0
分子式	$C_{12}H_{14}ClN_2O_3PS$	离子化模式	EI

目标化合物及内标物（环氧七氯）总离子流图

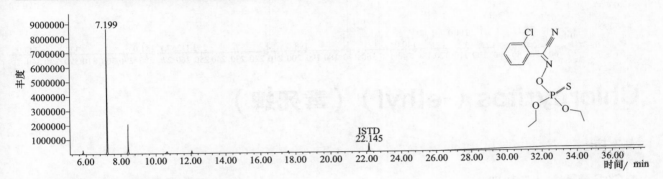

目标化合物碎片离子质谱图

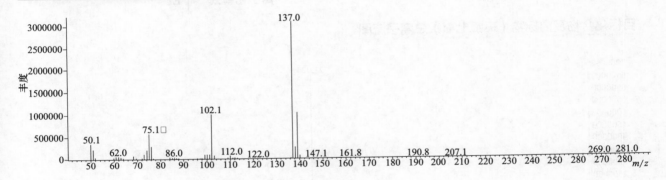

Chlorpropham（氯苯胺灵）

基本信息

CAS 登录号	101-21-3	分子量	213.1
分子式	$C_{10}H_{12}ClNO_2$	离子化模式	EI

目标化合物及内标物（环氧七氯）总离子流图

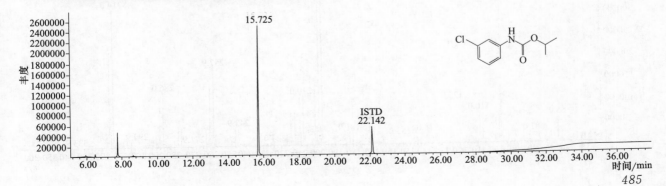

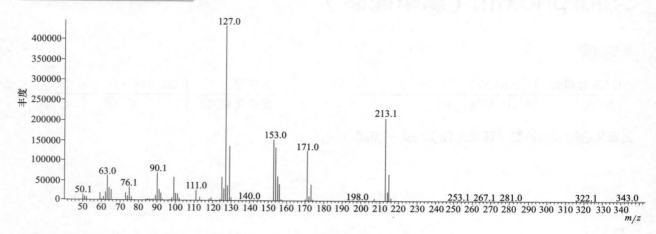

Chlorpyrifos（-ethyl）（毒死蜱）

基本信息

CAS 登录号	2921-88-2	分子量	348.9
分子式	$C_9H_{11}Cl_3NO_3PS$	离子化模式	EI

目标化合物及内标物（环氧七氯）总离子流图

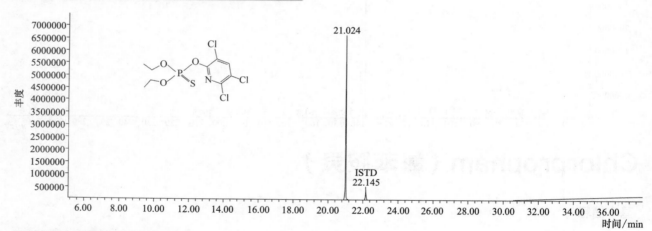

目标化合物碎片离子质谱图

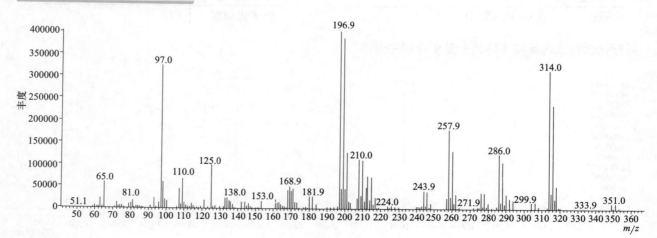

Chlorpyrifos-methyl（甲基毒死蜱）

基本信息

CAS 登录号	5598-13-0	分子量	320. 9
分子式	$C_7H_7Cl_3NO_3PS$	离子化模式	EI

目标化合物及内标物（环氧七氯）总离子流图

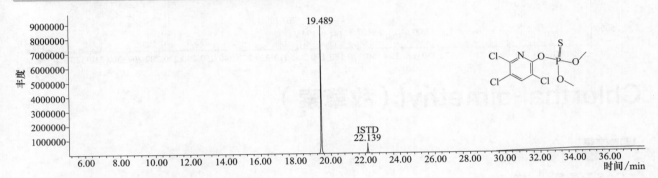

目标化合物碎片离子质谱图

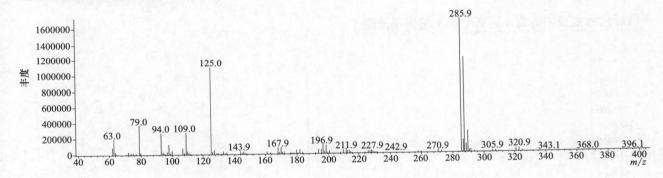

Chlorpyrifos-methyl-oxon（福司吡酯）

基本信息

CAS 登录号	5598-52-7	分子量	304. 9
分子式	$C_7H_7Cl_3NO_4P$	离子化模式	EI

目标化合物及内标物（环氧七氯）总离子流图

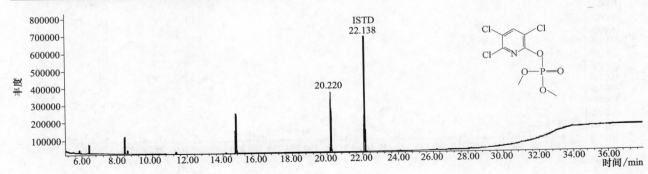

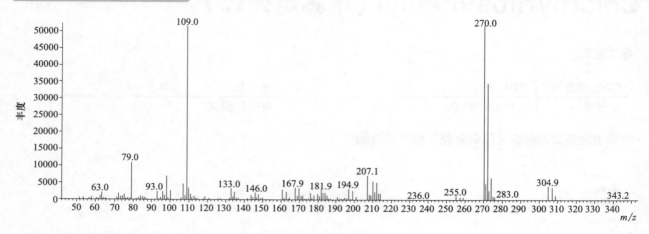

Chlorthal-dimethyl（敌草索）

基本信息

CAS 登录号	1861-32-1	分子量	330.0
分子式	$C_{10}H_6Cl_4O_4$	离子化模式	EI

目标化合物及内标物（环氧七氯）总离子流图

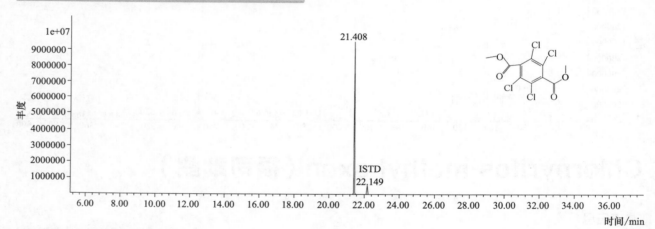

目标化合物碎片离子质谱图

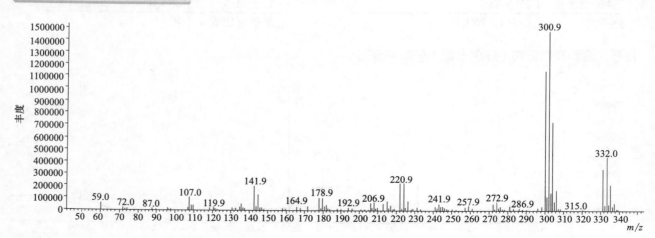

Chlorthiamid（草克乐）

基本信息

CAS 登录号	1918-13-4	分子量	205.0
分子式	$C_7H_5Cl_2NS$	离子化模式	EI

目标化合物及内标物（环氧七氯）总离子流图

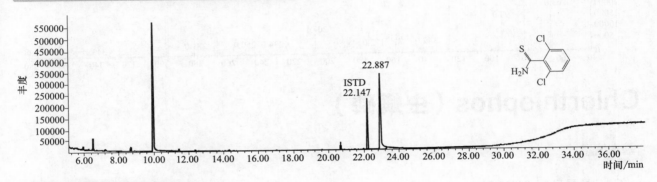

目标化合物碎片离子质谱图

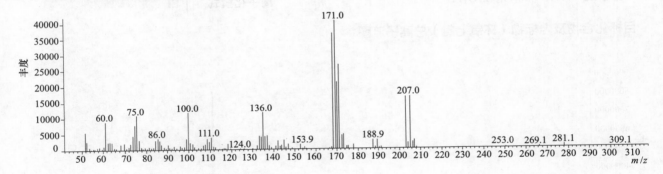

Chlorthion（氯硫磷）

基本信息

CAS 登录号	500-28-7	分子量	297.0
分子式	$C_8H_9ClNO_5PS$	离子化模式	EI

目标化合物及内标物（环氧七氯）总离子流图

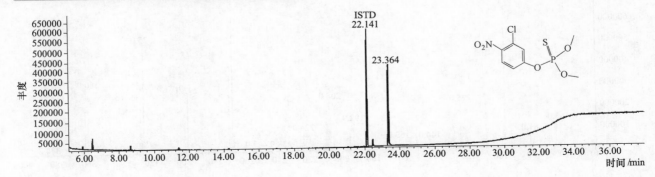

目标化合物碎片离子质谱图

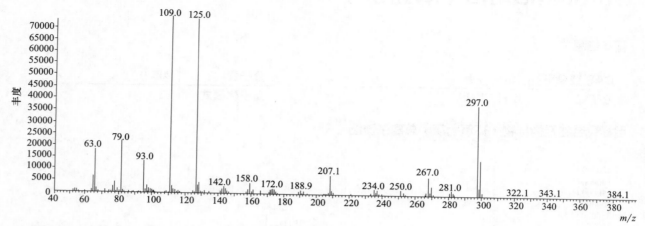

Chlorthiophos（虫螨磷）

基本信息

CAS 登录号	60238-56-4
分子式	$C_{11}H_{15}Cl_2O_3PS_2$

分子量	360.0
离子化模式	EI

目标化合物及内标物（环氧七氯）总离子流图

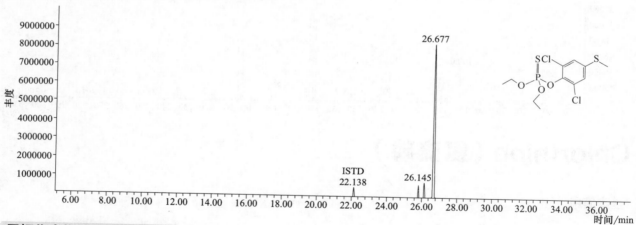

目标化合物碎片离子质谱图

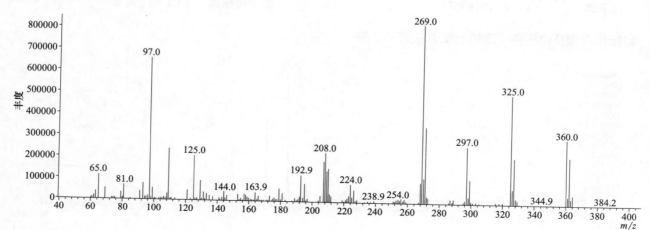

Chlozolinate（乙菌利）

基本信息

CAS 登录号	84332-86-5		分子量	331.0
分子式	C$_{13}$H$_{11}$Cl$_2$NO$_5$		离子化模式	EI

目标化合物及内标物（环氧七氯）总离子流图

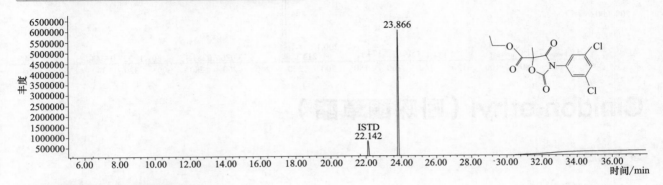

目标化合物碎片离子质谱图

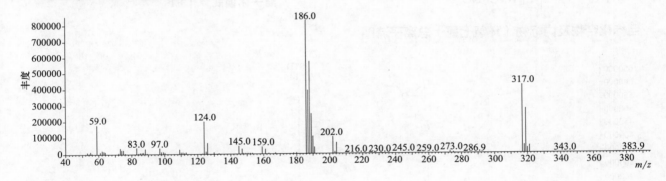

Chrysene（䓛）

基本信息

CAS 登录号	218-01-9		分子量	228.1
分子式	C$_{18}$H$_{12}$		离子化模式	EI

目标化合物及内标物（环氧七氯）总离子流图

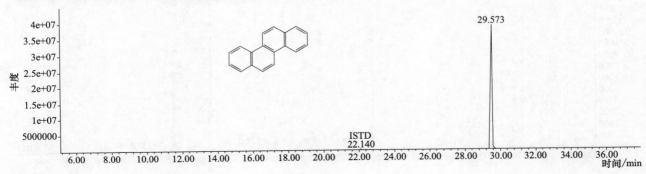

目标化合物碎片离子质谱图

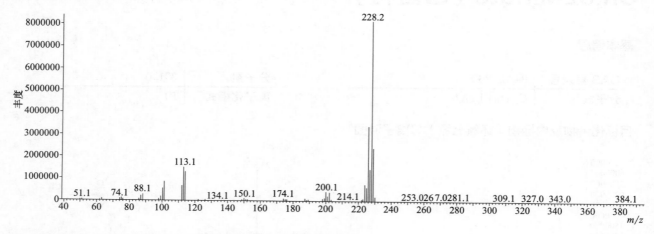

Cinidon-ethyl（吲哚酮草酯）

基本信息

CAS 登录号	142891-20-1	分子量	393.1
分子式	$C_{19}H_{17}Cl_2NO_4$	离子化模式	EI

目标化合物及内标物（环氧七氯）总离子流图

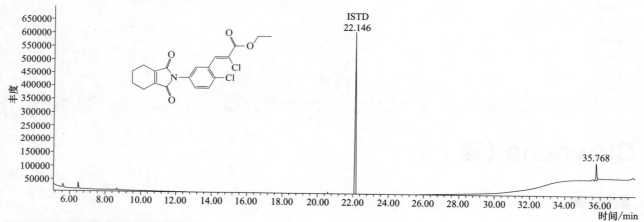

目标化合物碎片离子质谱图

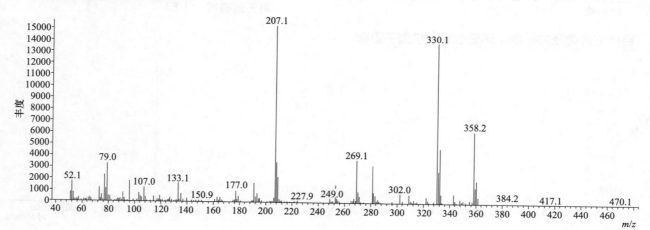

Cinmethylin（环庚草醚）

CAS 登录号	87818-31-3	分子量	274. 2
分子式	$C_{18}H_{26}O_2$	离子化模式	EI

目标化合物及内标物（环氧七氯）总离子流图

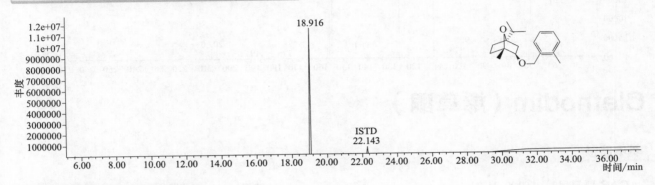

目标化合物碎片离子质谱图

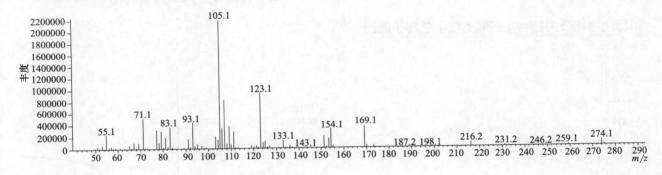

Cinosulfuron（醚磺隆）

CAS 登录号	94593-91-6	分子量	413. 1
分子式	$C_{15}H_{19}N_5O_7S$	离子化模式	EI

目标化合物及内标物（环氧七氯）总离子流图

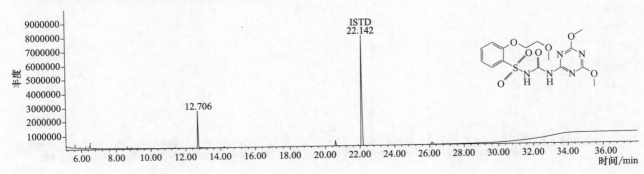

目标化合物碎片离子质谱图

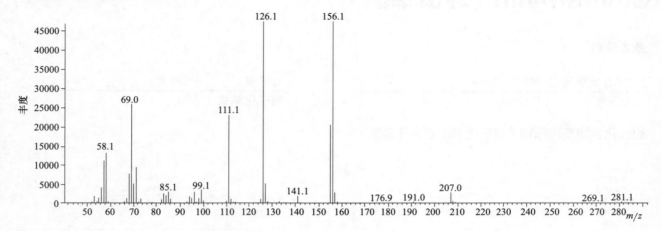

Clethodim（烯草酮）

基本信息

CAS 登录号	99129-21-2	分子量	359.1
分子式	$C_{17}H_{26}ClNO_3S$	离子化模式	EI

目标化合物及内标物（环氧七氯）总离子流图

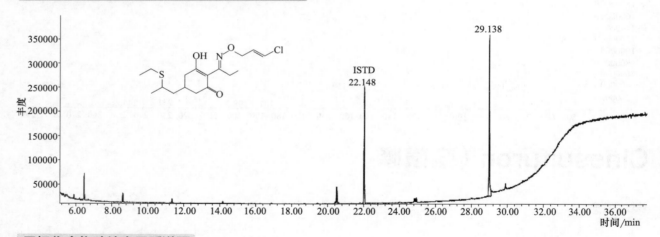

目标化合物碎片离子质谱图

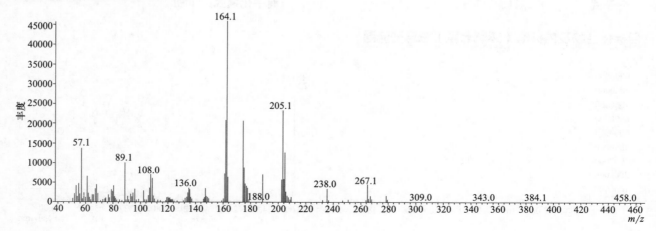

494

Clodinafop-propargyl（炔草酸）

基本信息

CAS 登录号	105512-06-9	分子量	349.1
分子式	$C_{17}H_{13}ClFNO_4$	离子化模式	EI

目标化合物及内标物（环氧七氯）总离子流图

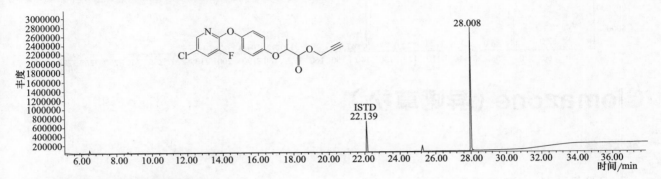

目标化合物碎片离子质谱图

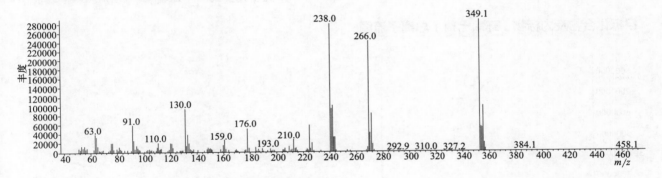

Clofentezine（四螨嗪）

基本信息

CAS 登录号	74115-24-5	分子量	302.0
分子式	$C_{14}H_8Cl_2N_4$	离子化模式	EI

目标化合物及内标物（环氧七氯）总离子流图

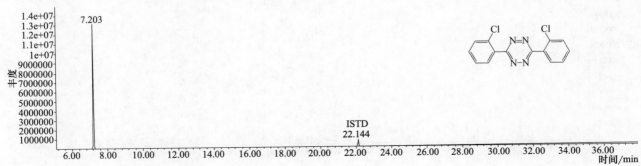

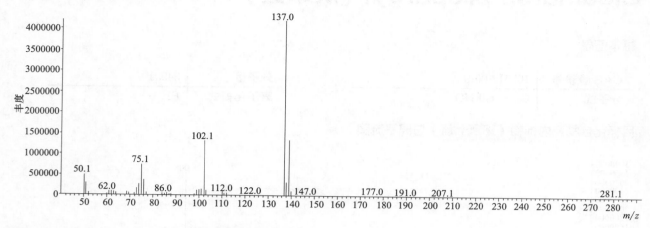

Clomazone (异噁草松)

基本信息

CAS 登录号	81777-89-1		分子量	239.1
分子式	C₁₂H₁₄ClNO₂		离子化模式	EI

目标化合物及内标物(环氧七氯)总离子流图

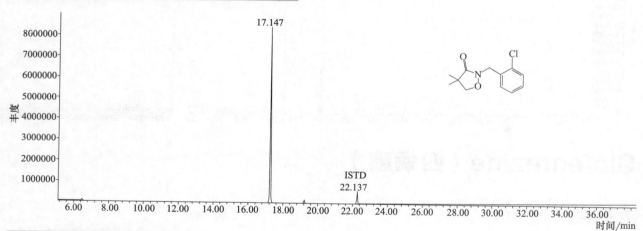

目标化合物碎片离子质谱图

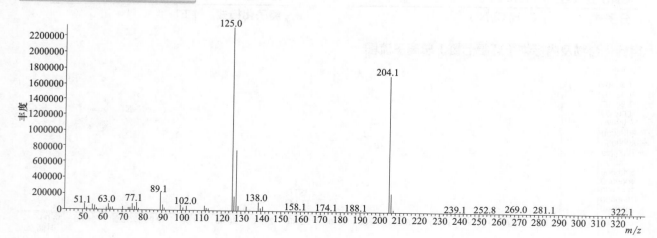

Clomeprop（氯甲酸草胺）

基本信息

CAS 登录号	84496-56-0	分子量	323.0
分子式	$C_{16}H_{15}Cl_2NO_2$	离子化模式	EI

目标化合物及内标物（环氧七氯）总离子流图

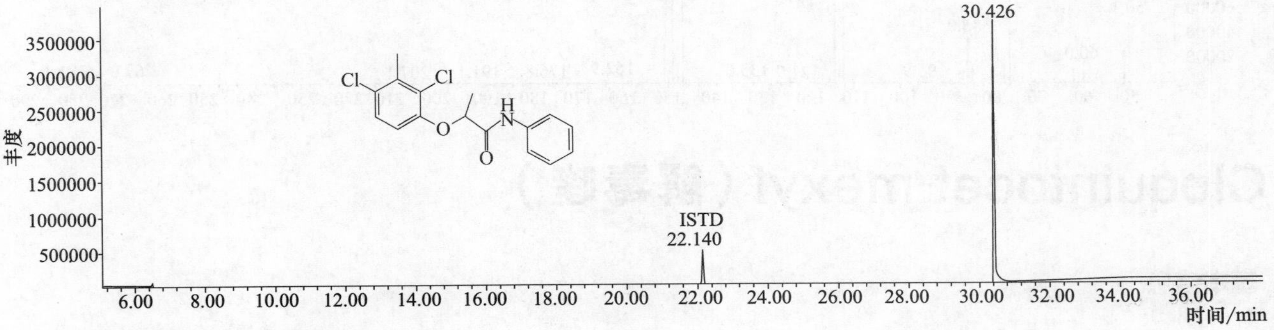

目标化合物碎片离子质谱图

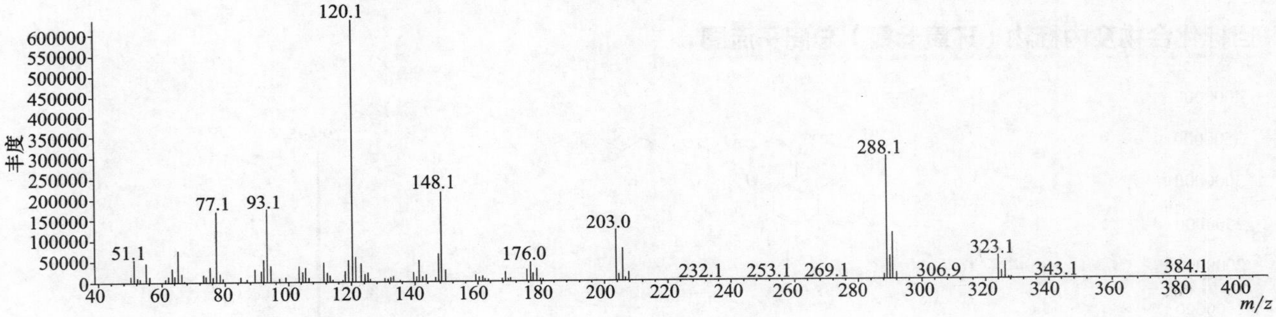

Clopyralid（3，6-二氯吡啶羧酸）

基本信息

CAS 登录号	1702-17-6	分子量	191.0
分子式	$C_6H_3Cl_2NO_2$	离子化模式	EI

目标化合物及内标物（环氧七氯）总离子流图

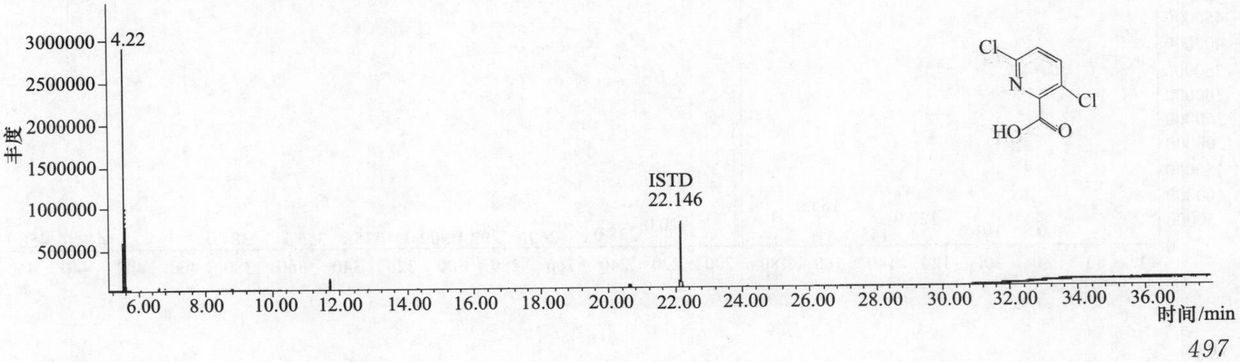

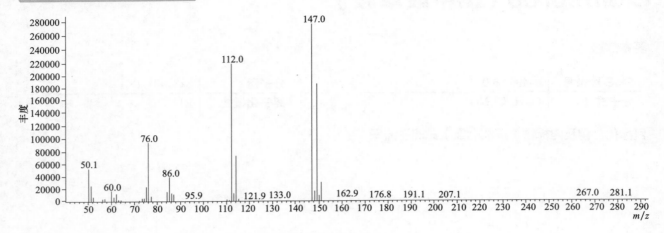

Cloquintocet-mexyl（解毒喹）

基本信息

CAS 登录号	99607-70-2	分子量	335.0
分子式	$C_{18}H_{22}ClNO_3$	离子化模式	EI

目标化合物及内标物（环氧七氯）总离子流图

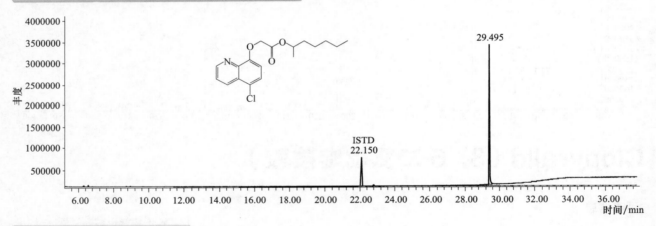

目标化合物碎片离子质谱图

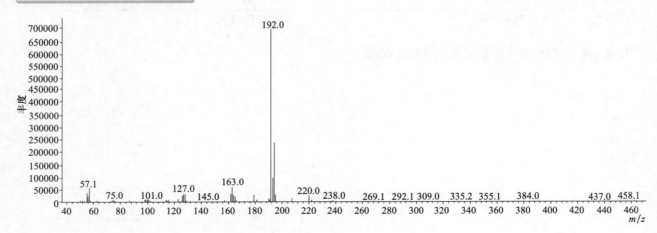

498

Coumaphos（蝇毒磷）

基本信息

CAS 登录号	56-72-4	分子量	362.0
分子式	C₁₄H₁₆ClO₅PS	离子化模式	EI

目标化合物及内标物（环氧七氯）总离子流图

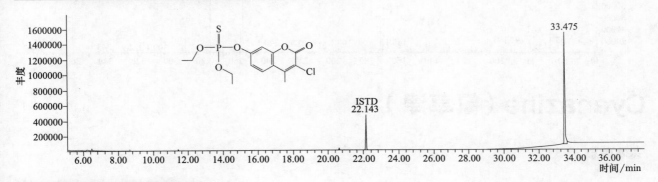

目标化合物碎片离子质谱图

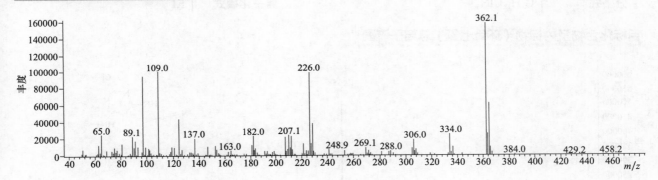

Crufomate（育畜磷）

基本信息

CAS 登录号	299-86-5	分子量	291.1
分子式	C₁₂H₁₉ClNO₃P	离子化模式	EI

目标化合物及内标物（环氧七氯）总离子流图

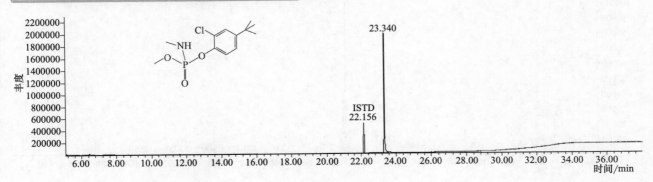

目标化合物碎片离子质谱图

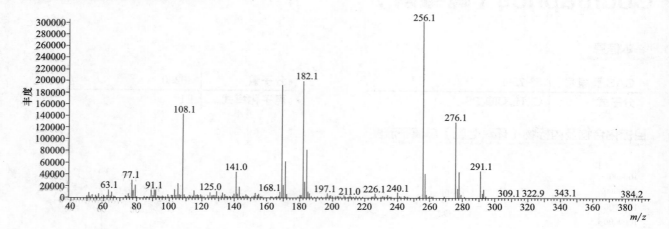

Cyanazine（氰草津）

基本信息

CAS 登录号	21725-46-2	分子量	240.1
分子式	$C_9H_{13}ClN_6$	离子化模式	EI

目标化合物及内标物（环氧七氯）总离子流图

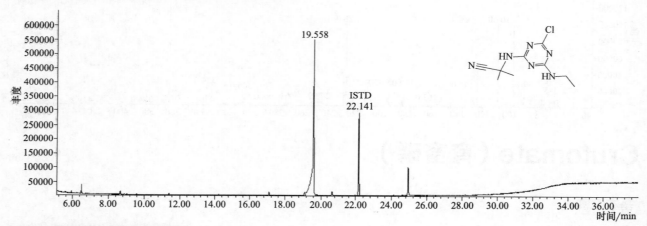

目标化合物碎片离子质谱图

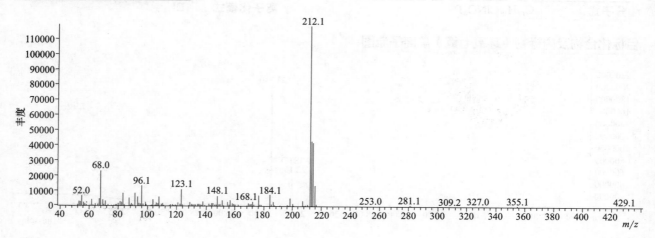

500

Cyanofenphos（苯腈磷）

基本信息

CAS 登录号	13067-93-1	分子量	303.0
分子式	$C_{15}H_{14}NO_2PS$	离子化模式	EI

目标化合物及内标物（环氧七氯）总离子流图

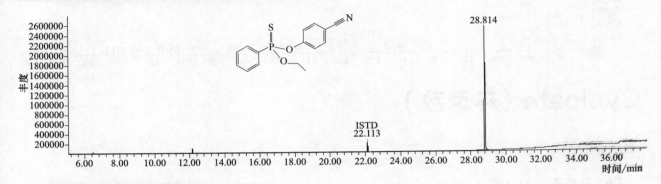

目标化合物碎片离子质谱图

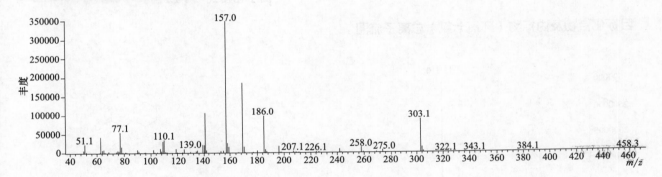

Cyanophos（杀螟腈）

基本信息

CAS 登录号	2636-26-2	分子量	243.0
分子式	$C_9H_{10}NO_3PS$	离子化模式	EI

目标化合物及内标物（环氧七氯）总离子流图

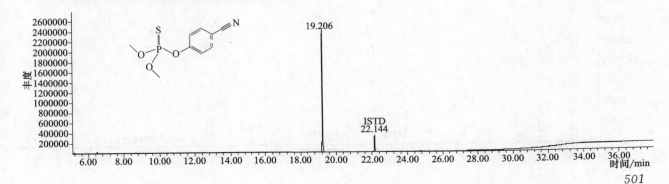

目标化合物碎片离子质谱图

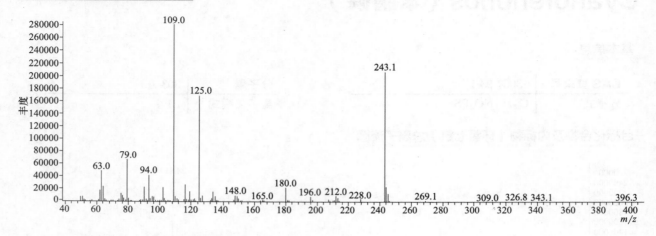

Cycloate（环草敌）

基本信息

CAS 登录号	1134-23-2	分子量	215.1
分子式	$C_{11}H_{21}NOS$	离子化模式	EI

目标化合物及内标物（环氧七氯）总离子流图

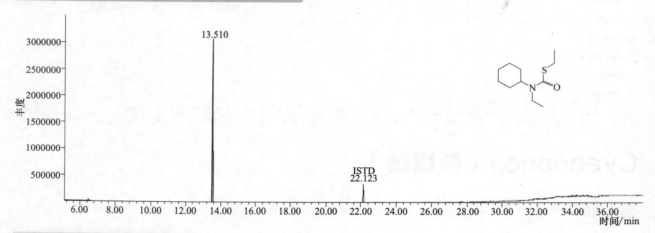

目标化合物碎片离子质谱图

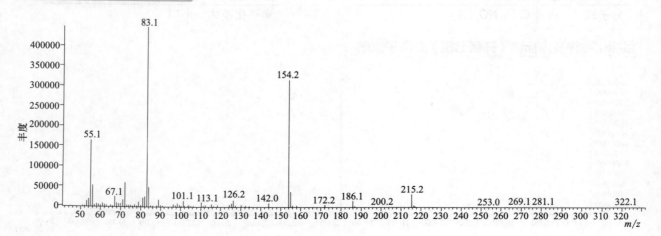

Cycloxydim（噻草酮）

基本信息

CAS 登录号	101205-02-1	分子量	325. 5
分子式	$C_{17}H_{27}NO_3S$	离子化模式	EI

目标化合物及内标物（环氧七氯）总离子流图

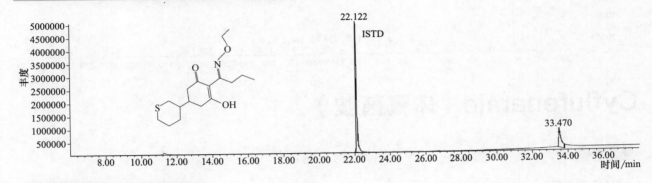

目标化合物碎片离子质谱图

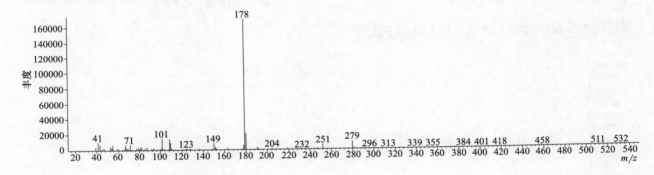

Cycluron（环莠隆）

基本信息

CAS 登录号	8015-55-2	分子量	198. 2
分子式	$C_{11}H_{22}N_2O$	离子化模式	EI

目标化合物及内标物（环氧七氯）总离子流图

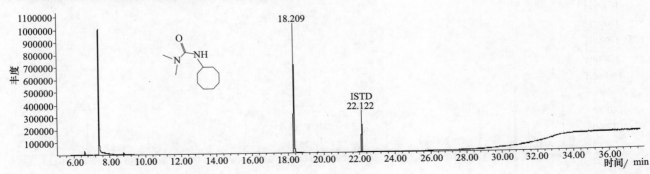

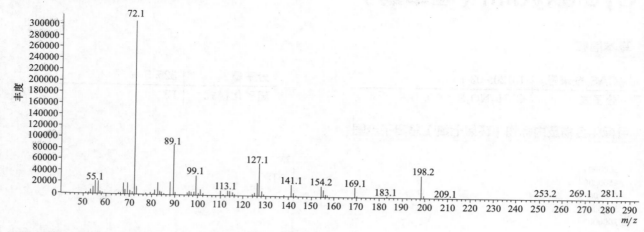

Cyflufenamid（环氟菌胺）

基本信息

CAS 登录号	180409-60-3	分子量	412.1
分子式	$C_{20}H_{17}F_5N_2O_2$	离子化模式	EI

目标化合物及内标物（环氧七氯）总离子流图

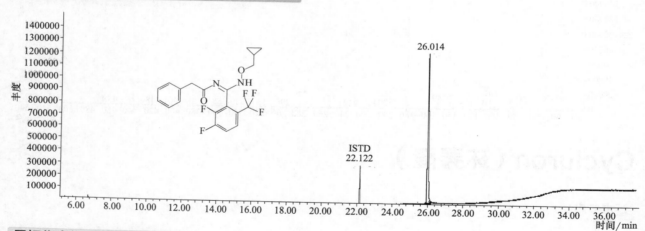

目标化合物碎片离子质谱图

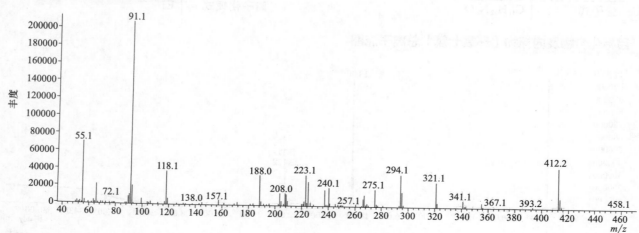

Cyfluthrin（氟氯氰菊酯）

基本信息

CAS 登录号	68359-37-5	分子量	433.1
分子式	C$_{22}$H$_{18}$Cl$_2$FNO$_3$	离子化模式	EI

目标化合物及内标物（环氧七氯）总离子流图

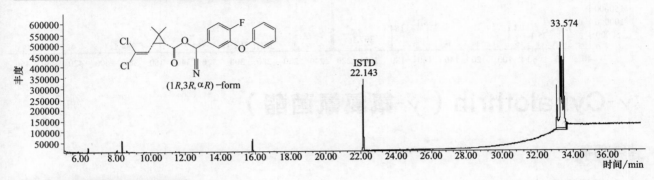

目标化合物碎片离子质谱图

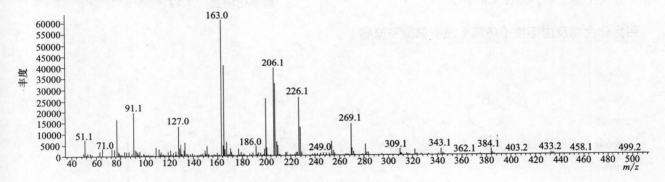

Cyhalofop-butyl（氰氟草酯）

基本信息

CAS 登录号	122008-85-9	分子量	357.1
分子式	C$_{20}$H$_{20}$FNO$_4$	离子化模式	EI

目标化合物及内标物（环氧七氯）总离子流图

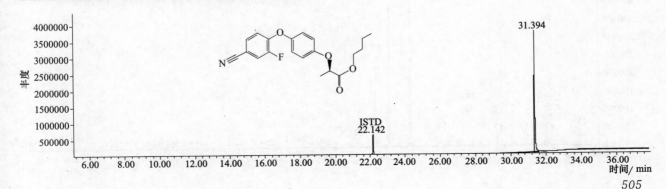

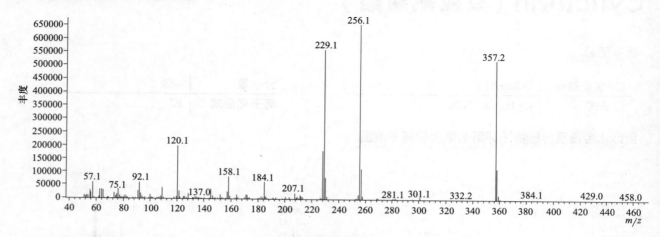

γ-Cyhalothrin（γ-氟氯氰菌酯）

基本信息

CAS 登录号	76703-62-3		分子量	449.1
分子式	$C_{23}H_{19}ClF_3NO_3$		离子化模式	EI

目标化合物及内标物（环氧七氯）总离子流图

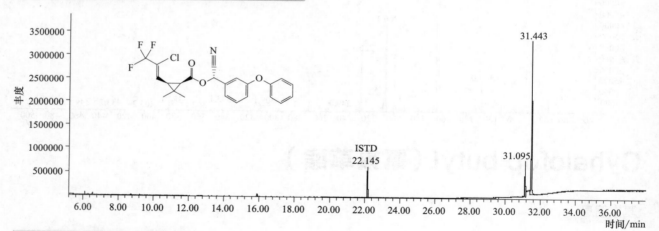

目标化合物碎片离子质谱图

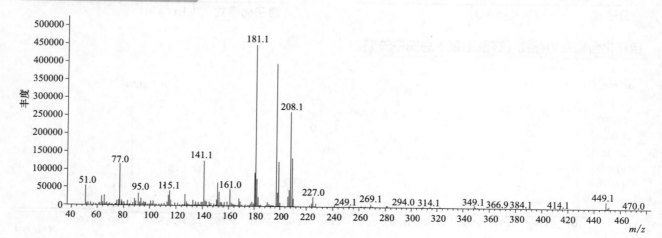

α-Cypermethrin（顺式氯氰菊酯）

基本信息

CAS 登录号	67375-30-8	分子量	415.1
分子式	$C_{22}H_{19}Cl_2NO_3$	离子化模式	EI

目标化合物及内标物（环氧七氯）总离子流图

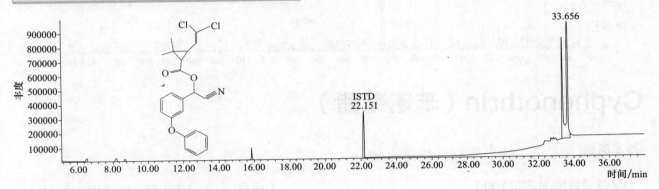

目标化合物碎片离子质谱图

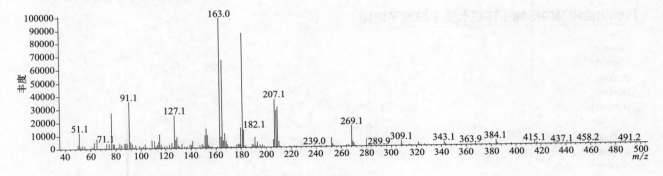

ζ-Cypermethrin（ζ-氯氰菊酯）

基本信息

CAS 登录号	52315-07-8	分子量	415.1
分子式	$C_{22}H_{19}Cl_2NO_3$	离子化模式	EI

目标化合物及内标物（环氧七氯）总离子流图

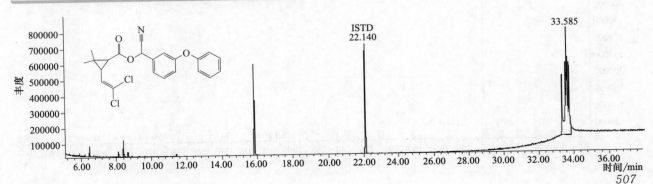

目标化合物碎片离子质谱图

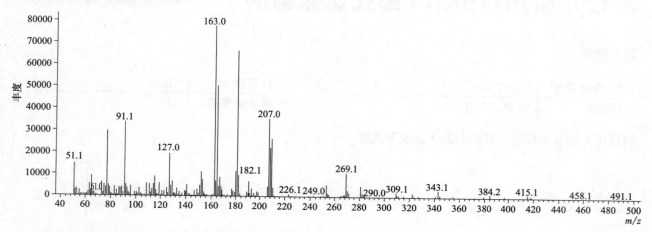

Cyphenothrin（苯氰菊酯）

基本信息

CAS 登录号	39515-40-7	分子量	375. 2
分子式	$C_{24}H_{25}NO_3$	离子化模式	EI

目标化合物及内标物（环氧七氯）总离子流图

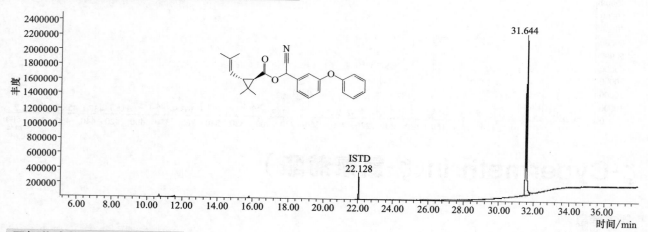

目标化合物碎片离子质谱图

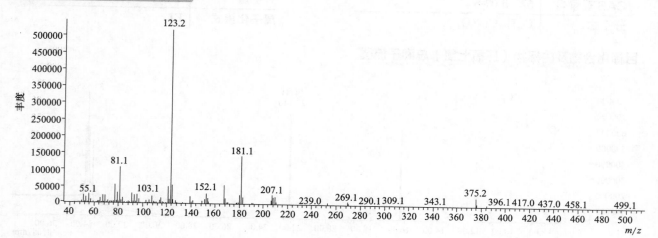

Cyprazine（环丙津）

基本信息

CAS 登录号	22936-86-3	分子量	227.1
分子式	C$_9$H$_{14}$ClN$_5$	离子化模式	EI

目标化合物及内标物（环氧七氯）总离子流图

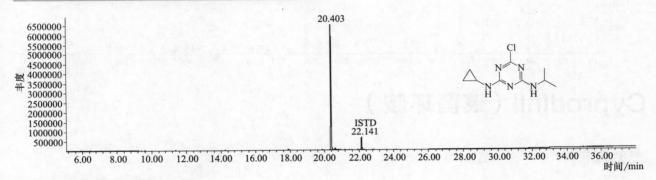

目标化合物碎片离子质谱图

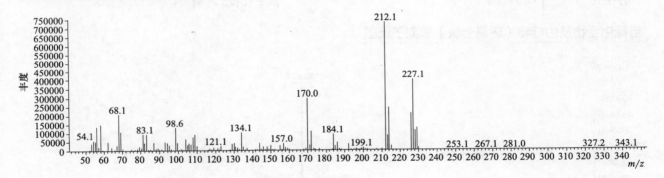

Cyproconazole（环丙唑醇）

基本信息

CAS 登录号	94361-06-5	分子量	291.1
分子式	C$_{15}$H$_{18}$ClN$_3$O	离子化模式	EI

目标化合物及内标物（环氧七氯）总离子流图

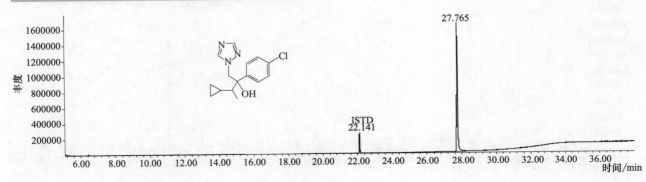

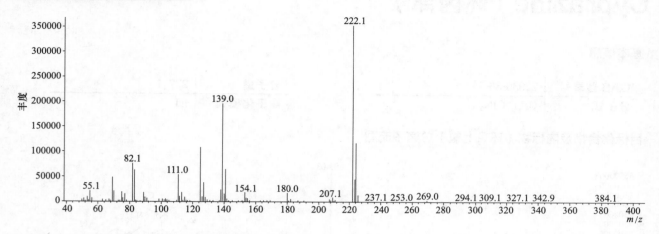

Cyprodinil（嘧菌环胺）

基本信息

CAS 登录号	121552-61-2	分子量	225.1
分子式	$C_{14}H_{15}N_3$	离子化模式	EI

目标化合物及内标物（环氧七氯）总离子流图

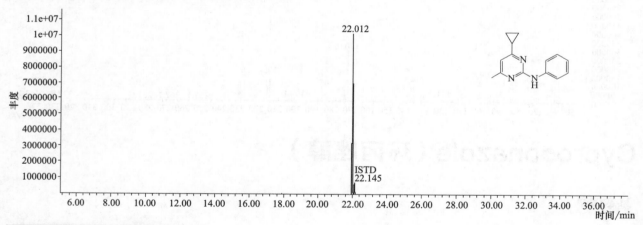

目标化合物碎片离子质谱图

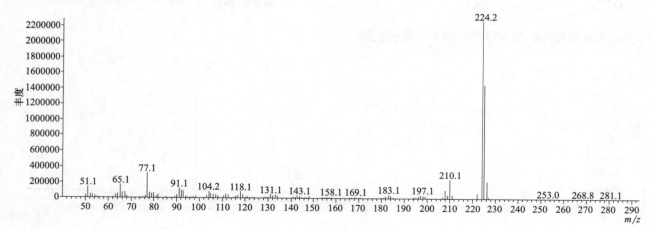

Cyprofuram（酯菌胺）

基本信息

CAS 登录号	69581-33-5	分子量	279.1
分子式	$C_{14}H_{14}ClNO_3$	离子化模式	EI

目标化合物及内标物（环氧七氯）总离子流图

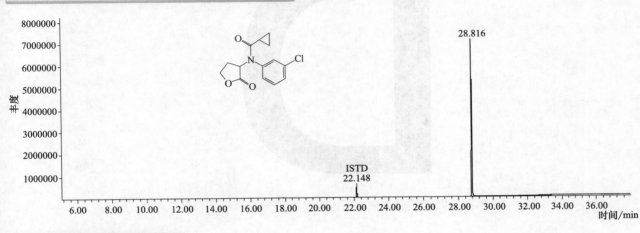

目标化合物碎片离子质谱图

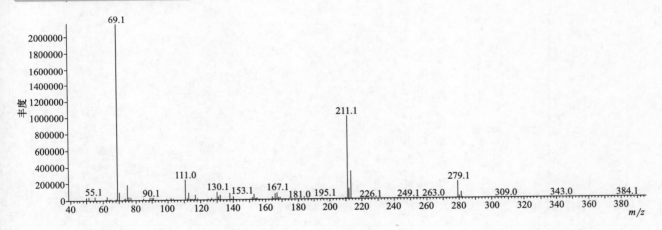

>>>>> D

2，4-D（2，4-二氯苯氧乙酸）

基本信息

CAS 登录号	94-75-7	分子量	220.0
分子式	$C_8H_6Cl_2O_3$	离子化模式	EI

目标化合物及内标物（环氧七氯）总离子流图

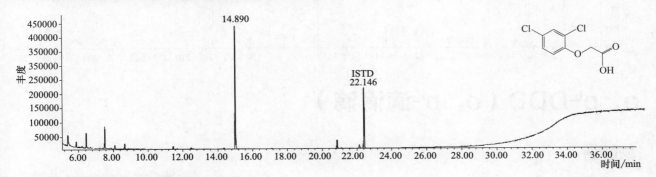

目标化合物碎片离子质谱图

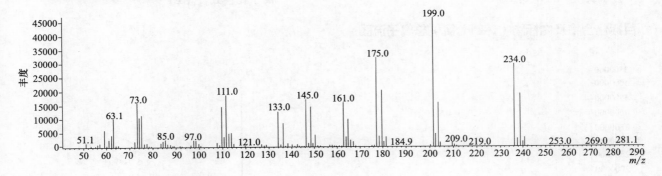

Dazomet（棉隆）

基本信息

CAS 登录号	533-74-4	分子量	162.0
分子式	$C_5H_{10}N_2S_2$	离子化模式	EI

目标化合物及内标物（环氧七氯）总离子流图

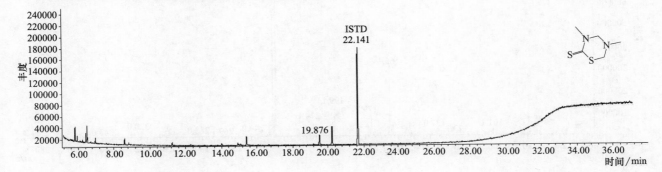

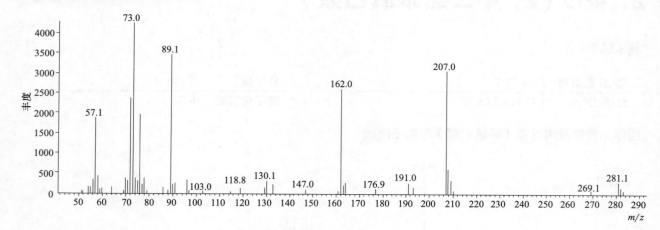

o, *p*'-DDD（*o*, *p*'-滴滴滴）

基本信息

CAS 登录号	53-19-0		分子量	318.0
分子式	$C_{14}H_{10}Cl_4$		离子化模式	EI

目标化合物及内标物（环氧七氯）总离子流图

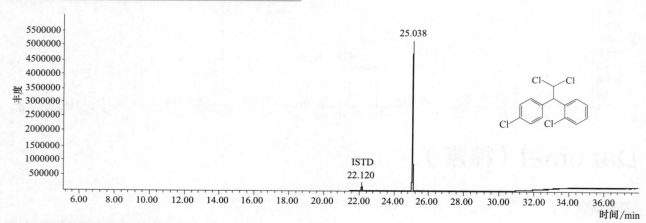

目标化合物碎片离子质谱图

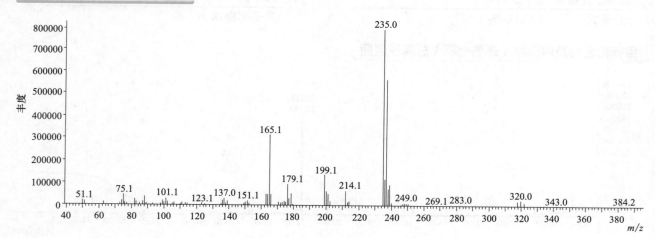

p，p'-DDD（*p，p*'-滴滴滴）

基本信息

CAS 登录号	72-54-8	分子量	318.0
分子式	C$_{14}$H$_{10}$Cl$_4$	离子化模式	EI

目标化合物及内标物（环氧七氯）总离子流图

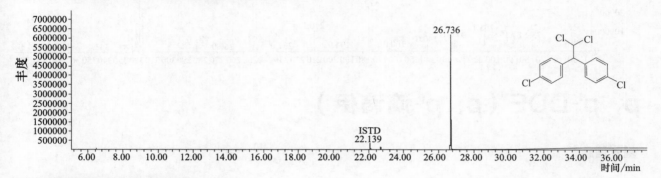

目标化合物碎片离子质谱图

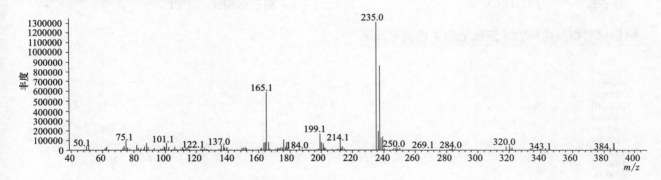

o，p'-DDE（*o，p*'-滴滴伊）

基本信息

CAS 登录号	3424-82-6	分子量	315.9
分子式	C$_{14}$H$_8$Cl$_4$	离子化模式	EI

目标化合物及内标物（环氧七氯）总离子流图

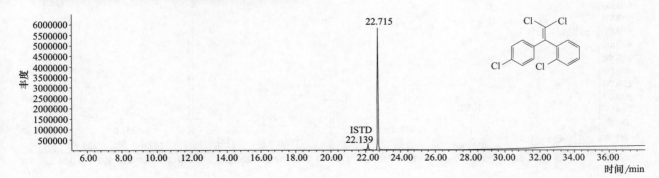

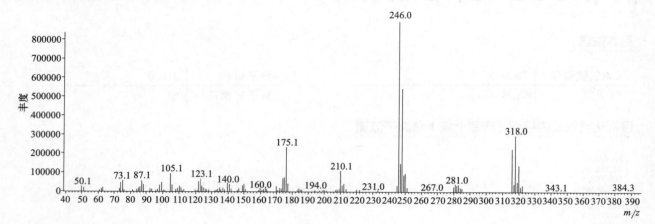

p，p'-DDE（*p，p'*-滴滴伊）

基本信息

CAS 登录号	72-55-9	分子量	315.9
分子式	C₁₄H₈Cl₄	离子化模式	EI

目标化合物及内标物（环氧七氯）总离子流图

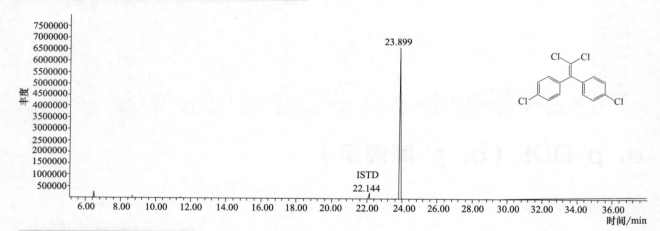

目标化合物碎片离子质谱图

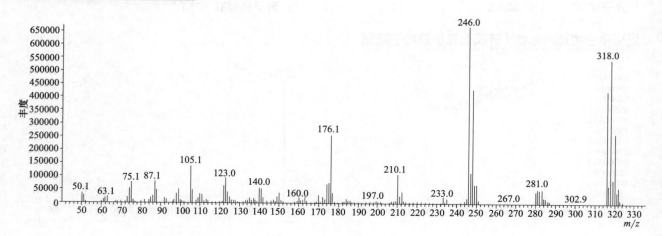

o, *p*'-DDT（*o*, *p*'-滴滴涕）

基本信息

CAS 登录号	789-02-6	分子量	351.9
分子式	C₁₄H₉Cl₅	离子化模式	EI

分子式：$C_{14}H_9Cl_5$

目标化合物及内标物（环氧七氯）总离子流图

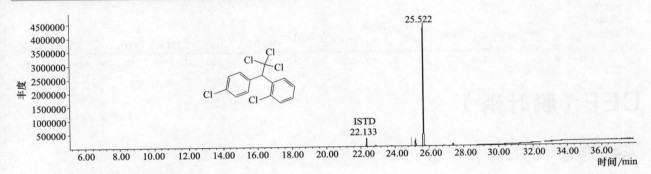

目标化合物碎片离子质谱图

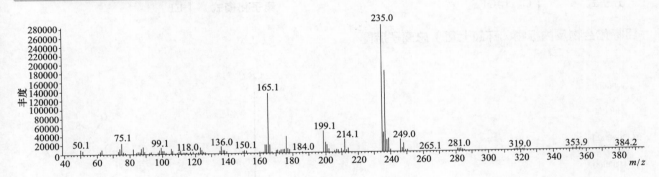

p, *p*'-DDT（*p*, *p*'-滴滴涕）

基本信息

CAS 登录号	50-29-3	分子量	351.9
分子式	C₁₄H₉Cl₅	离子化模式	EI

分子式：$C_{14}H_9Cl_5$

目标化合物及内标物（环氧七氯）总离子流图

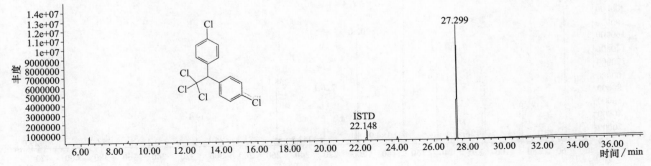

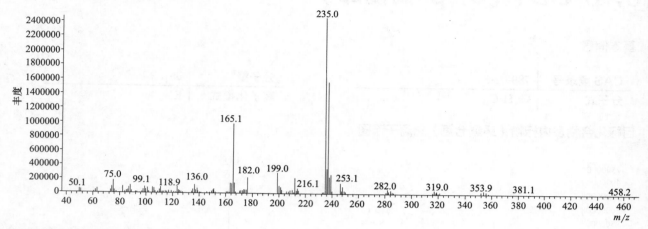

DEF（脱叶磷）

基本信息

CAS 登录号	78-48-8	分子量	314.1
分子式	$C_{12}H_{27}OPS_3$	离子化模式	EI

目标化合物及内标物（环氧七氯）总离子流图

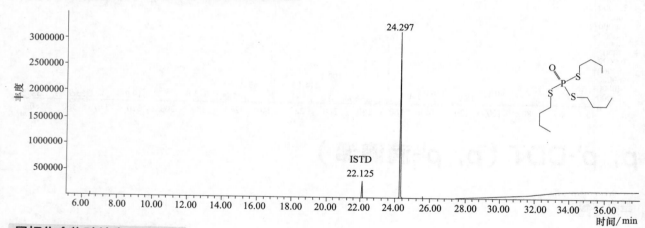

目标化合物碎片离子质谱图

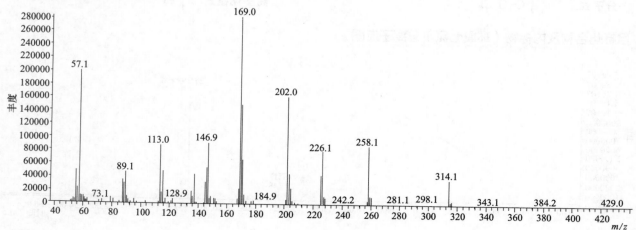

Deltamethrin（溴氰菊酯）

基本信息

CAS 登录号	52918-63-5		分子量	503.0
分子式	$C_{22}H_{19}Br_2NO_3$		离子化模式	EI

目标化合物及内标物（环氧七氯）总离子流图

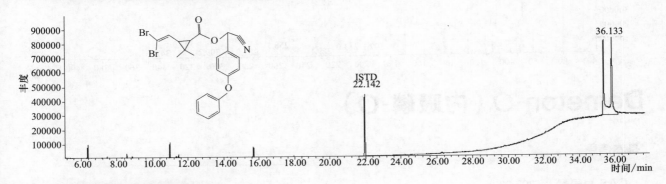

目标化合物碎片离子质谱图

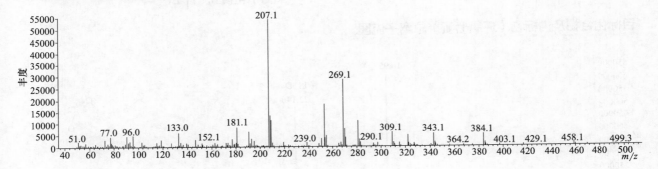

Demeton（O+ S）（内吸磷）

基本信息

CAS 登录号	8065-48-3		分子量	516.1
分子式	$C_{16}H_{38}O_6P_2S_4$		离子化模式	EI

目标化合物及内标物（环氧七氯）总离子流图

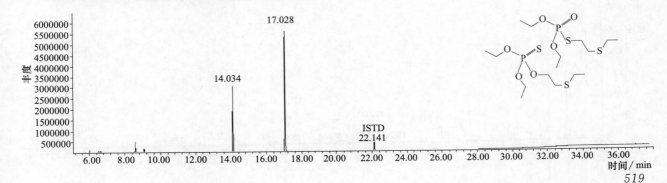

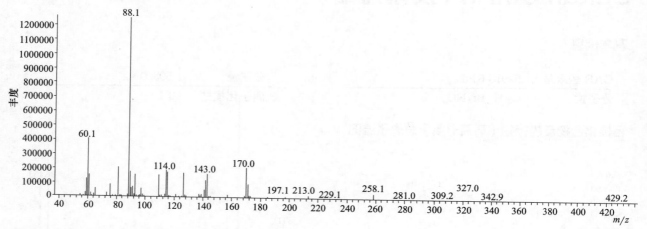

Demeton-O（内吸磷-O）

基本信息

CAS 登录号	298-03-3		分子量	258.1
分子式	$C_8H_{19}O_3PS_2$		离子化模式	EI

目标化合物及内标物（环氧七氯）总离子流图

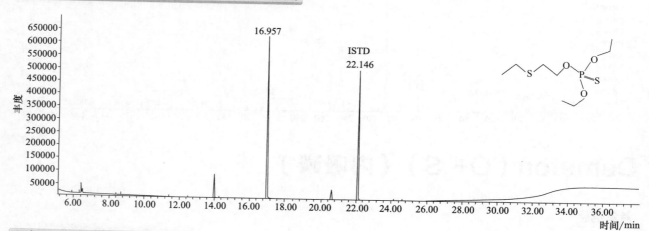

目标化合物碎片离子质谱图

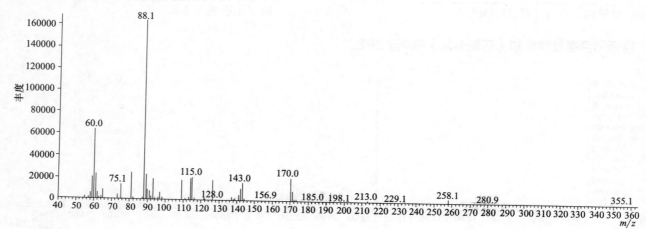

Demeton-S（内吸磷-S）

基本信息

CAS 登录号	126-75-0		分子量	258.1
分子式	$C_8H_{19}O_3PS_2$		离子化模式	EI

目标化合物及内标物（环氧七氯）总离子流图

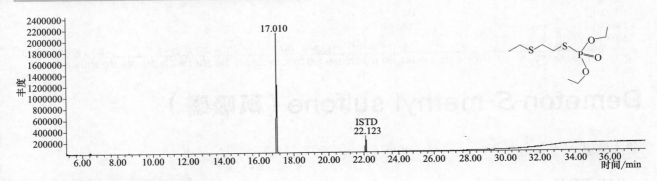

目标化合物碎片离子质谱图

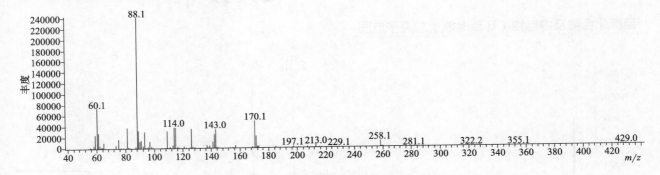

Demeton-S-methyl（内吸磷-S-甲基）

基本信息

CAS 登录号	919-86-8		分子量	230.0
分子式	$C_6H_{15}O_3PS_2$		离子化模式	EI

目标化合物及内标物（环氧七氯）总离子流图

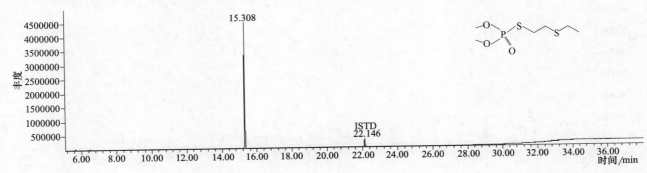

目标化合物碎片离子质谱图

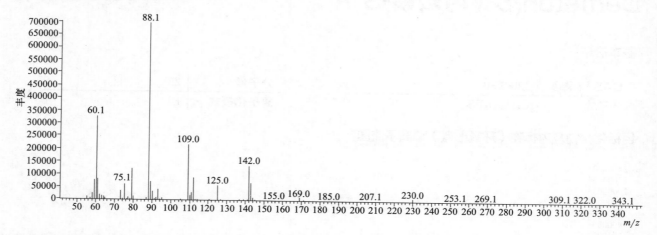

Demeton-*S*-methyl sulfone（砜吸磷）

基本信息

CAS 登录号	301-12-2	分子量	246.0
分子式	$C_6H_{15}O_4PS_2$	离子化模式	EI

目标化合物及内标物（环氧七氯）总离子流图

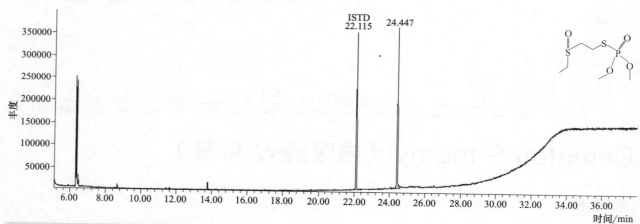

目标化合物碎片离子质谱图

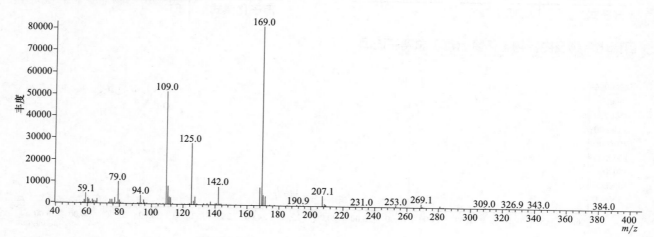

522

DE-PCB 101（2，2'，4，5，5'-五氯联苯）

基本信息

CAS 登录号	37680-73-2		分子量	323.9
分子式	$C_{12}H_5Cl_5$		离子化模式	EI

目标化合物及内标物（环氧七氯）总离子流图

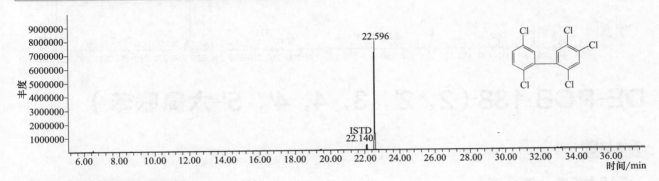

目标化合物碎片离子质谱图

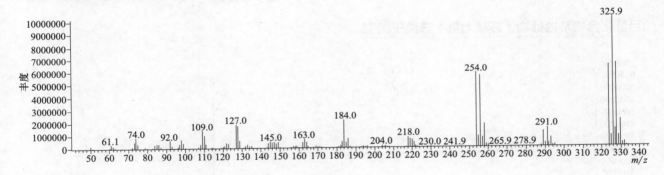

DE-PCB 118（五氯联苯）

基本信息

CAS 登录号	31508-00-6		分子量	323.9
分子式	$C_{12}H_5Cl_5$		离子化模式	EI

目标化合物及内标物（环氧七氯）总离子流图

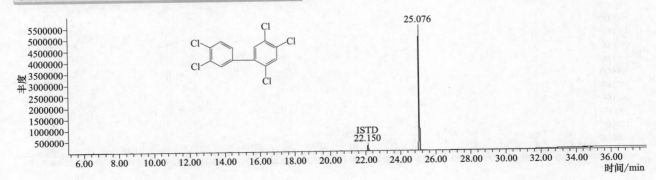

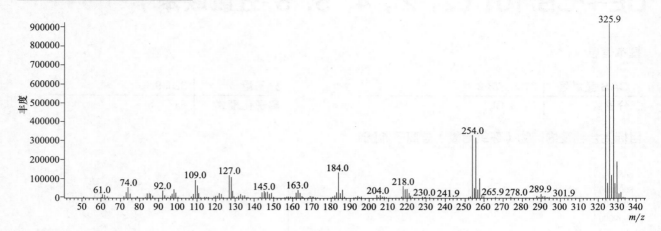

DE-PCB 138（2，2'，3，4，4'，5'-六氯联苯）

基本信息

CAS 登录号	35065-28-2	分子量	357.8
分子式	$C_{12}H_4Cl_6$	离子化模式	EI

目标化合物及内标物（环氧七氯）总离子流图

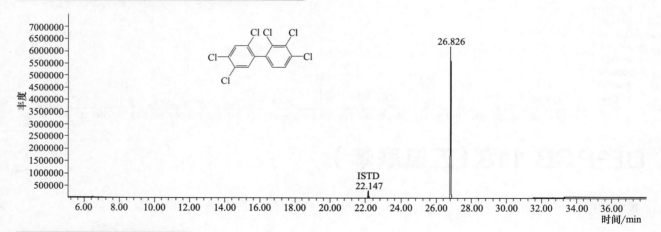

目标化合物碎片离子质谱图

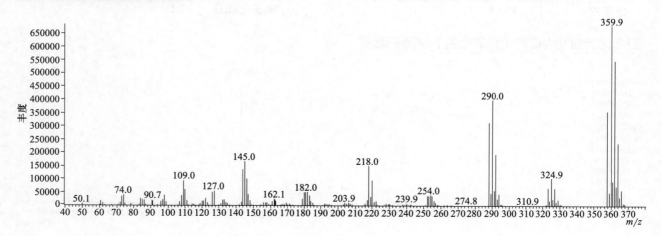

DE-PCB 153（六氯联苯）

基本信息

CAS 登录号	35065-27-1		分子量	357.8
分子式	$C_{12}H_4Cl_6$		离子化模式	EI

目标化合物及内标物（环氧七氯）总离子流图

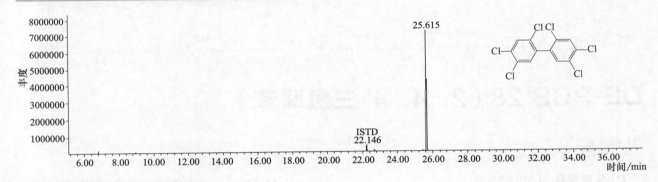

目标化合物碎片离子质谱图

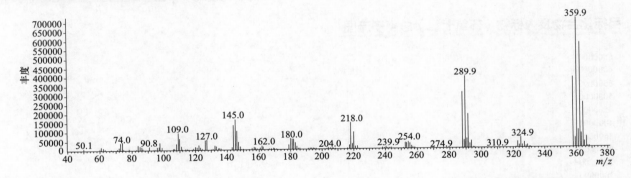

DE-PCB 180（2，2'，3，4，4'，5，5'-七氯联苯）

基本信息

CAS 登录号	35065-29-3		分子量	391.8
分子式	$C_{12}H_3Cl_7$		离子化模式	EI

目标化合物及内标物（环氧七氯）总离子流图

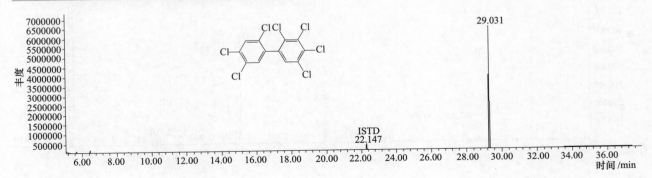

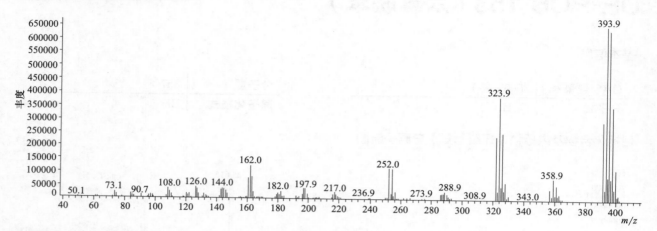

DE-PCB 28（2，4，4'-三氯联苯）

基本信息

CAS 登录号	7012-37-5	分子量	256.0
分子式	$C_{12}H_7Cl_3$	离子化模式	EI

目标化合物及内标物（环氧七氯）总离子流图

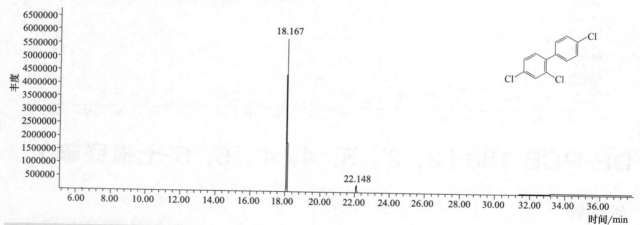

目标化合物碎片离子质谱图

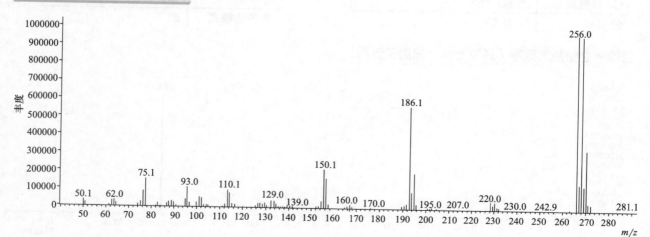

DE-PCB 31（2，4'，5-三氯联苯）

基本信息

CAS 登录号	16606-02-3	分子量	256.0
分子式	$C_{12}H_7Cl_3$	离子化模式	EI

目标化合物及内标物（环氧七氯）总离子流图

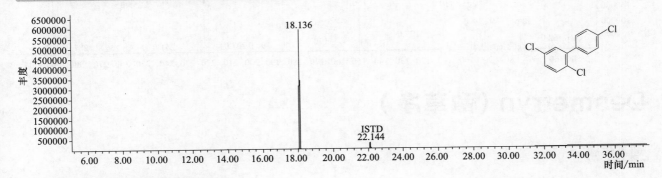

目标化合物碎片离子质谱图

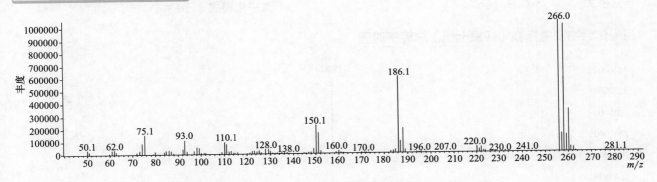

DE-PCB 52（2，2'，5，5'-四氯联苯）

基本信息

CAS 登录号	35693-99-3	分子量	289.9
分子式	$C_{12}H_6Cl_4$	离子化模式	EI

目标化合物及内标物（环氧七氯）总离子流图

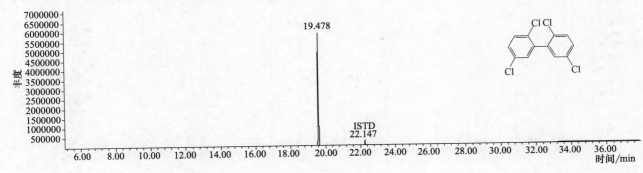

527

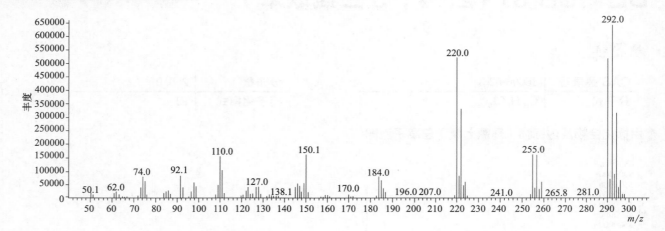

Desmetryn（敌草净）

基本信息

CAS 登录号	1014-69-3	分子量	213.1
分子式	$C_8H_{15}N_5S$	离子化模式	EI

目标化合物及内标物（环氧七氯）总离子流图

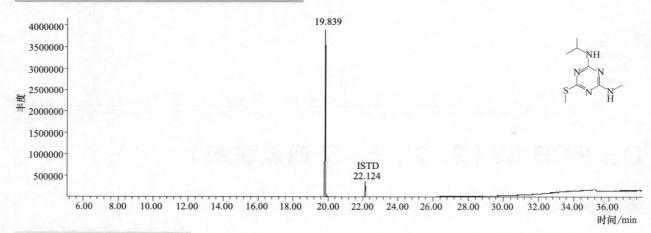

目标化合物碎片离子质谱图

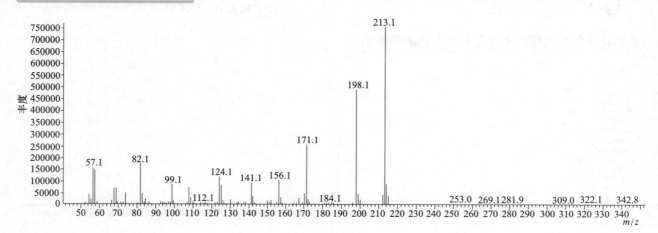

Diafenthiuron（丁醚脲）

基本信息

CAS 登录号	80060-09-9	分子量	384.2
分子式	$C_{23}H_{32}N_2OS$	离子化模式	EI

目标化合物及内标物（环氧七氯）总离子流图

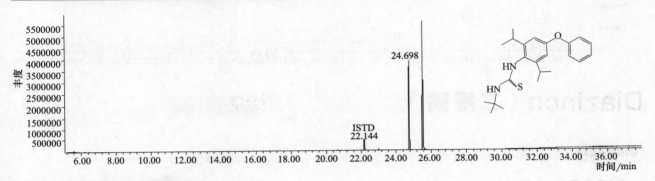

目标化合物碎片离子质谱图

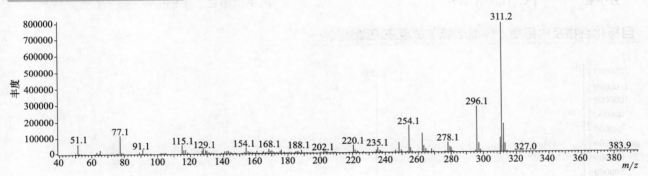

Diallate（燕麦敌）

基本信息

CAS 登录号	2303-16-4	分子量	269.0
分子式	$C_{10}H_{17}Cl_2NOS$	离子化模式	EI

目标化合物及内标物（环氧七氯）总离子流图

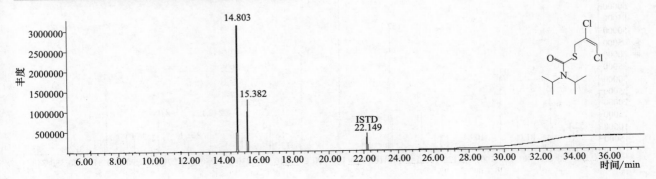

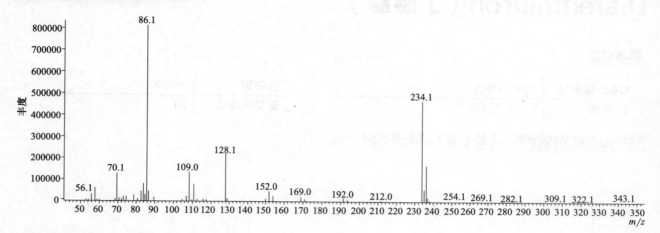

Diazinon（二嗪磷）

基本信息

CAS 登录号	333-41-5	分子量	304.1
分子式	$C_{12}H_{21}N_2O_3PS$	离子化模式	EI

目标化合物及内标物（环氧七氯）总离子流图

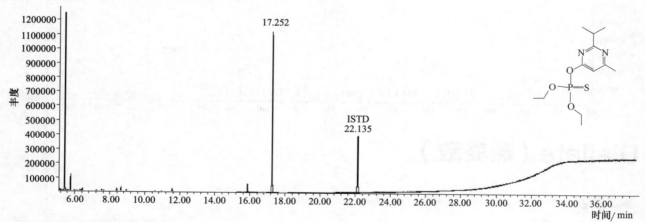

目标化合物碎片离子质谱图

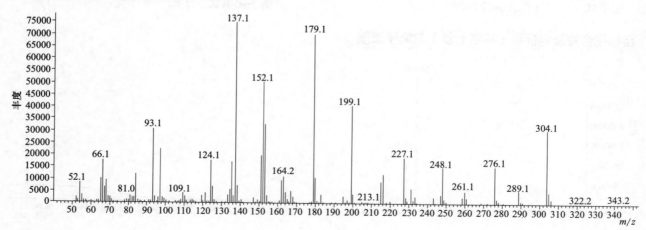

4，4'-Dibromobenzophenone（4，4'-二溴二苯甲酮）

基本信息

CAS 登录号	3988-03-2	分子量	337.9
分子式	$C_{13}H_8Br_2O$	离子化模式	EI

目标化合物及内标物（环氧七氯）总离子流图

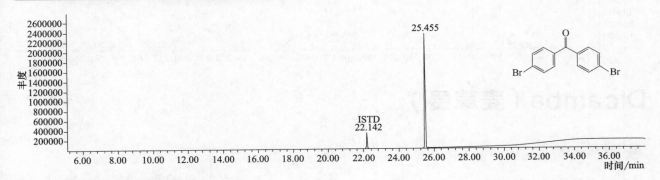

目标化合物碎片离子质谱图

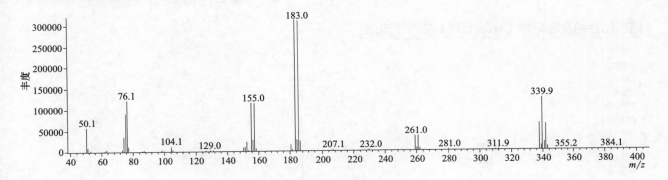

Dibutyl succinate（驱虫特）

基本信息

CAS 登录号	141-03-7	分子量	230.2
分子式	$C_{12}H_{22}O_4$	离子化模式	EI

目标化合物及内标物（环氧七氯）总离子流图

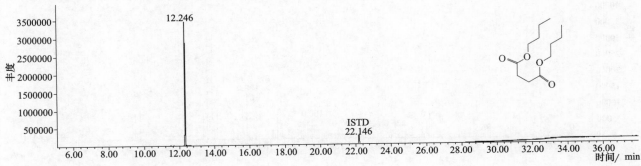

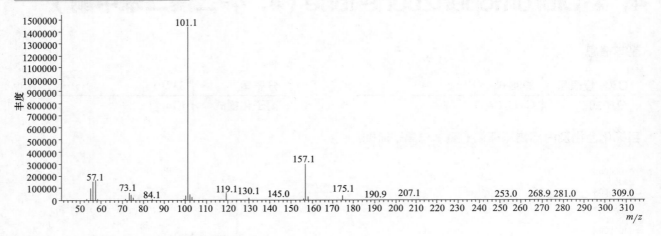

Dicamba（麦草畏）

基本信息

CAS 登录号	1918-00-9	分子量	220.0
分子式	$C_8H_6Cl_2O_3$	离子化模式	EI

目标化合物及内标物（环氧七氯）总离子流图

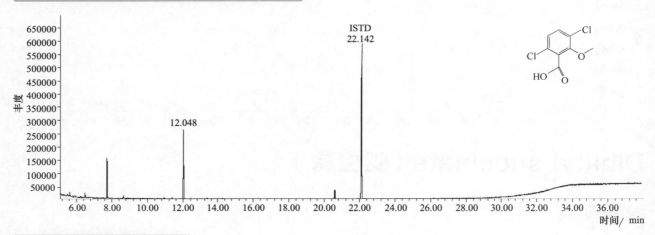

目标化合物碎片离子质谱图

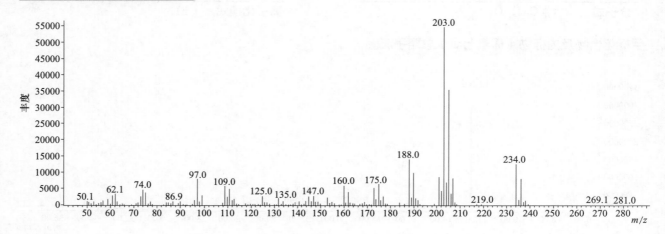

Dicapthon（异氯磷）

基本信息

CAS 登录号	2463-84-5	分子量	297. 0
分子式	C₈H₉ClNO₅PS	离子化模式	EI

分子式 $C_8H_9ClNO_5PS$

目标化合物及内标物（环氧七氯）总离子流图

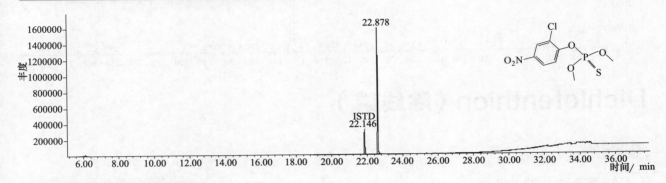

目标化合物碎片离子质谱图

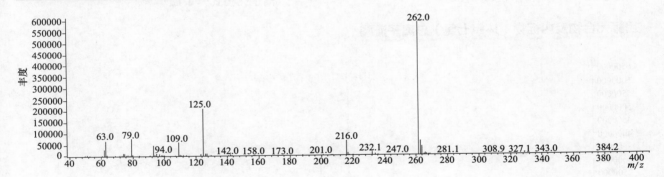

Dichlobenil（敌草腈）

基本信息

CAS 登录号	1194-65-6	分子量	171. 0
分子式	C₇H₃Cl₂N	离子化模式	EI

分子式 $C_7H_3Cl_2N$

目标化合物及内标物（环氧七氯）总离子流图

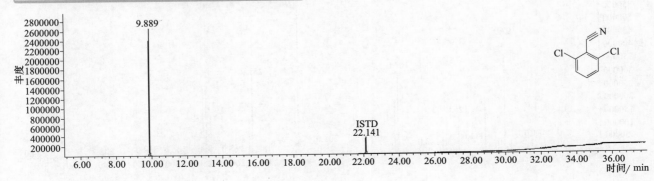

目标化合物碎片离子质谱图

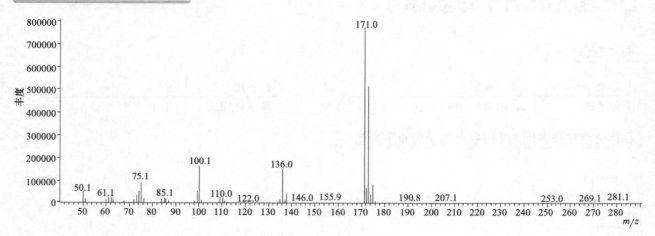

Dichlofenthion（除线磷）

基本信息

CAS 登录号	97-17-6	分子量	314.0
分子式	C₁₀H₁₃Cl₂O₃PS	离子化模式	EI

分子式 $C_{10}H_{13}Cl_2O_3PS$

目标化合物及内标物（环氧七氯）总离子流图

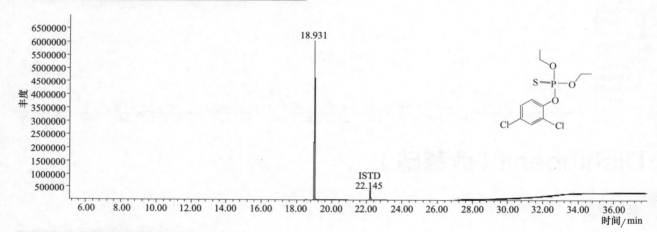

目标化合物碎片离子质谱图

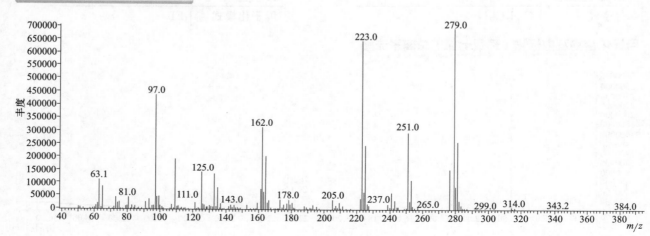

Dichlofluanid（抑菌灵）

基本信息

CAS 登录号	1085-98-9		分子量	332. 0
分子式	$C_9H_{11}Cl_2FN_2O_2S_2$		离子化模式	EI

目标化合物及内标物（环氧七氯）总离子流图

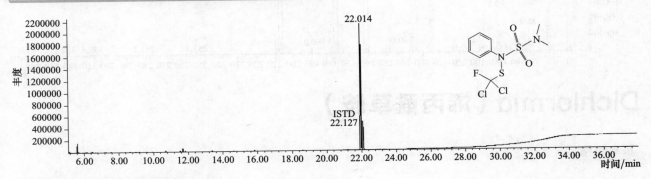

目标化合物碎片离子质谱图

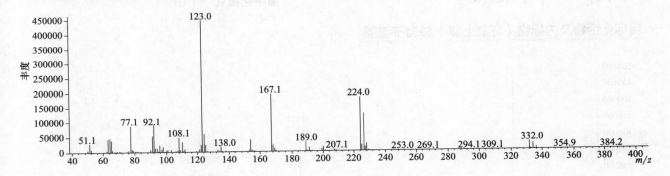

Dichloran（氯硝胺）

基本信息

CAS 登录号	99-30-9		分子量	206. 0
分子式	$C_6H_4Cl_2N_2O_2$		离子化模式	EI

目标化合物及内标物（环氧七氯）总离子流图

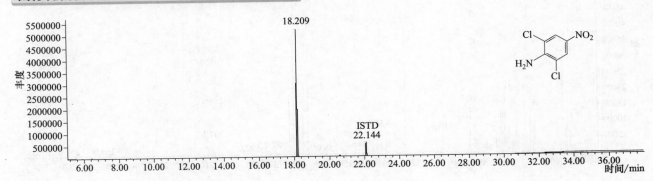

目标化合物碎片离子质谱图

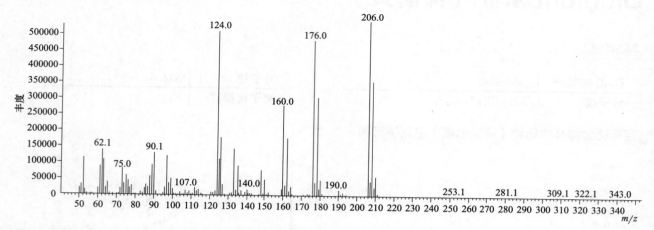

Dichlormid（烯丙酰草胺）

基本信息

CAS 登录号	37764-25-3	分子量	207.0
分子式	$C_8H_{11}Cl_2NO$	离子化模式	EI

目标化合物及内标物（环氧七氯）总离子流图

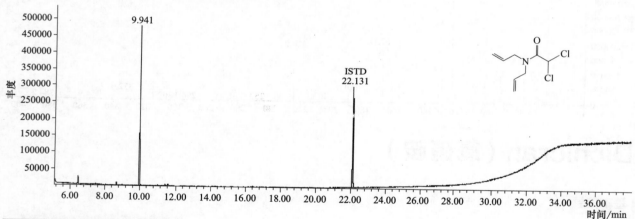

目标化合物碎片离子质谱图

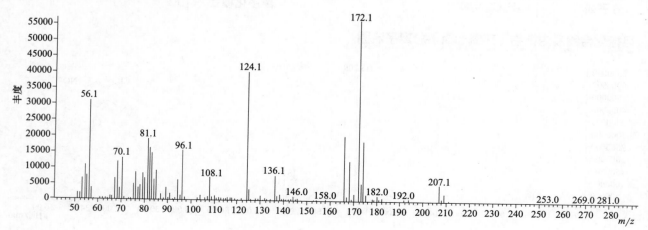

3，5-Dichloroaniline（3，5-二氯苯胺）

基本信息

CAS 登录号	626-43-7	分子量	161.0
分子式	$C_6H_5Cl_2N$	离子化模式	EI

目标化合物及内标物（环氧七氯）总离子流图

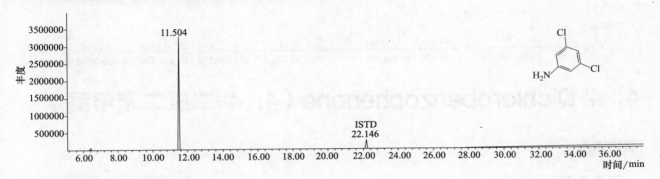

目标化合物碎片离子质谱图

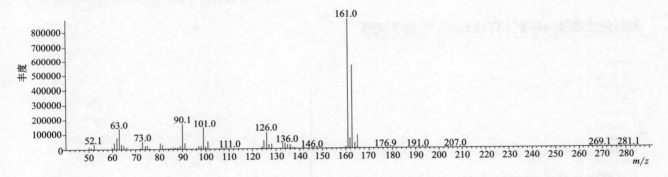

2，6-Dichlorobenzamide（2，6-二氯苯甲酰胺）

基本信息

CAS 登录号	2008-58-4	分子量	189.0
分子式	$C_7H_5Cl_2NO$	离子化模式	EI

目标化合物及内标物（环氧七氯）总离子流图

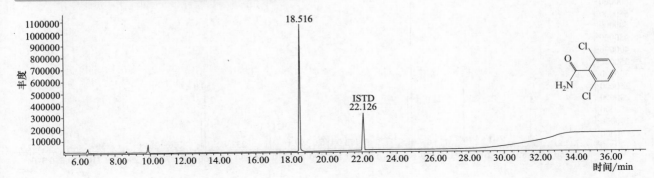

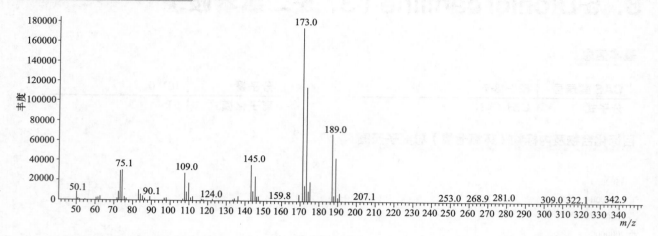

4，4'-Dichlorobenzophenone（4，4'-二氯二苯甲酮）

基本信息

CAS 登录号	90-98-2		分子量	250.0
分子式	$C_{13}H_8Cl_2O$		离子化模式	EI

目标化合物及内标物（环氧七氯）总离子流图

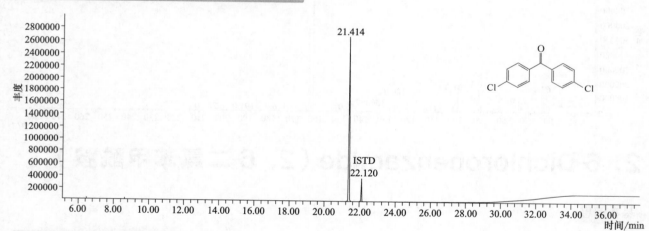

目标化合物碎片离子质谱图

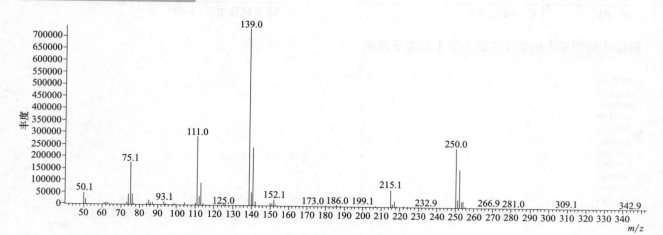

Dichlorprop（2，4-滴丙酸）

基本信息

CAS 登录号	120-36-5
分子式	$C_9H_8Cl_2O_3$

分子量	234.0
离子化模式	EI

目标化合物及内标物（环氧七氯）总离子流图

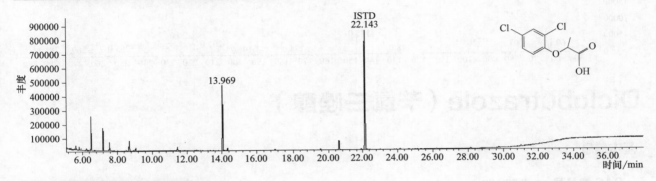

目标化合物碎片离子质谱图

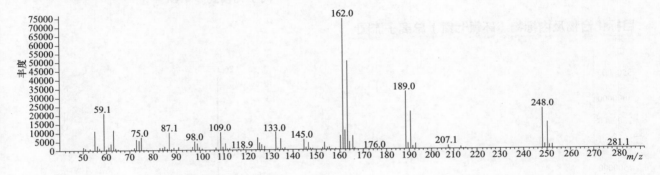

Dichlorvos（敌敌畏）

基本信息

CAS 登录号	62-73-7
分子式	$C_4H_7Cl_2O_4P$

分子量	219.9
离子化模式	EI

目标化合物及内标物（环氧七氯）总离子流图

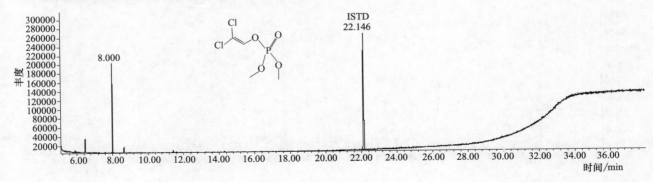

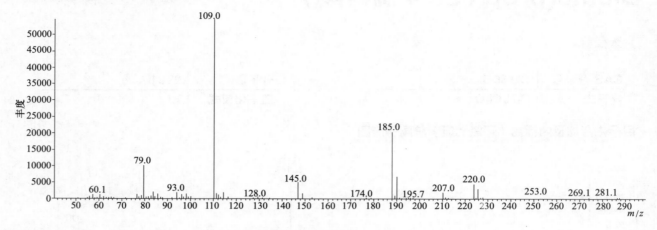

Diclobutrazole（苄氯三唑醇）

基本信息

CAS 登录号	75736-33-3	分子量	327.1
分子式	$C_{15}H_{19}Cl_2N_3O$	离子化模式	EI

目标化合物及内标物（环氧七氯）总离子流图

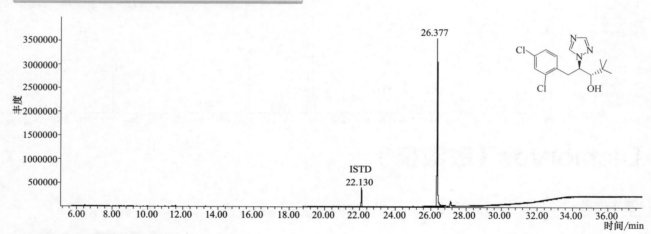

目标化合物碎片离子质谱图

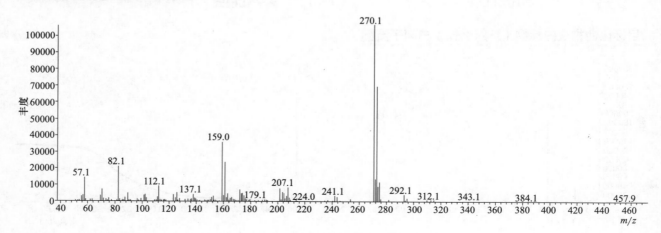

Diclocymet（双氯氰菌胺）

基本信息

CAS 登录号	139920-32-4	分子量	312.1
分子式	$C_{15}H_{18}Cl_2N_2O$	离子化模式	EI

目标化合物及内标物（环氧七氯）总离子流图

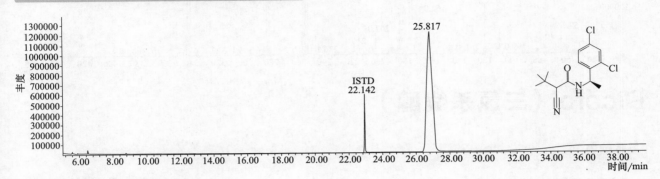

目标化合物碎片离子质谱图

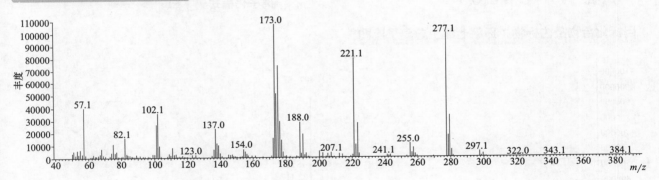

Diclofop-methyl（禾草灵）

基本信息

CAS 登录号	51338-27-3	分子量	340.0
分子式	$C_{16}H_{14}Cl_2O_4$	离子化模式	EI

目标化合物及内标物（环氧七氯）总离子流图

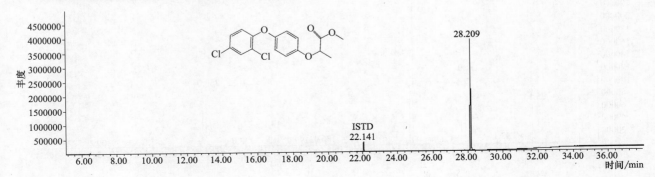

541

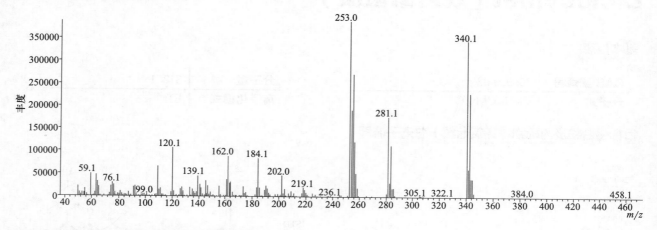

Dicofol（三氯杀螨醇）

基本信息

CAS 登录号	115-32-2	分子量	367.9
分子式	$C_{14}H_9Cl_5O$	离子化模式	EI

目标化合物及内标物（环氧七氯）总离子流图

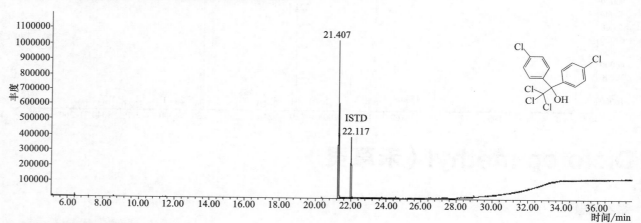

目标化合物碎片离子质谱图

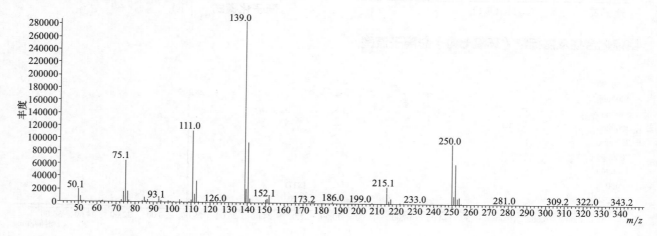

Dicrotophos（百治磷）

基本信息

CAS 登录号	141-66-2	分子量	237.1
分子式	$C_8H_{16}NO_5P$	离子化模式	EI

目标化合物及内标物（环氧七氯）总离子流图

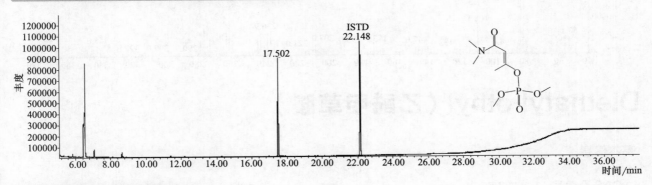

目标化合物碎片离子质谱图

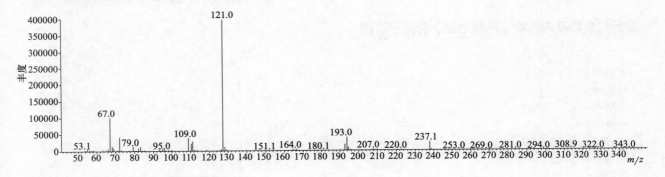

Dieldrin（狄氏剂）

基本信息

CAS 登录号	60-57-1	分子量	377.9
分子式	$C_{12}H_8Cl_6O$	离子化模式	EI

目标化合物及内标物（环氧七氯）总离子流图

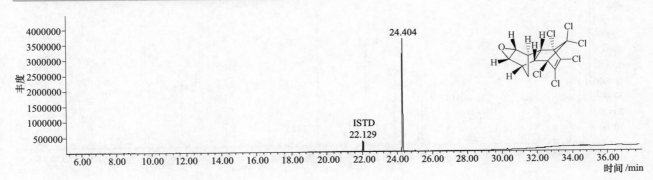

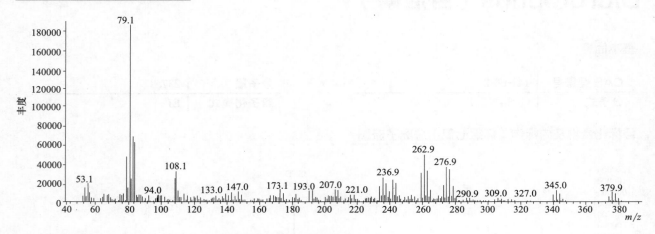

Diethatyl-ethyl（乙酰甲草胺）

基本信息

CAS 登录号	38727-55-8	分子量	311.1
分子式	$C_{16}H_{22}ClNO_3$	离子化模式	EI

目标化合物及内标物（环氧七氯）总离子流图

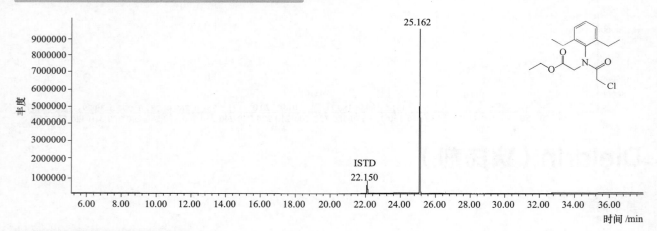

目标化合物碎片离子质谱图

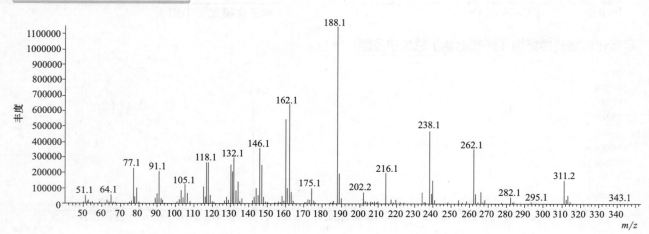

544

Diethofencarb（乙霉威）

基本信息

CAS 登录号	87130-20-9	分子量	267.1
分子式	C$_{14}$H$_{21}$NO$_4$	离子化模式	EI

目标化合物及内标物（环氧七氯）总离子流图

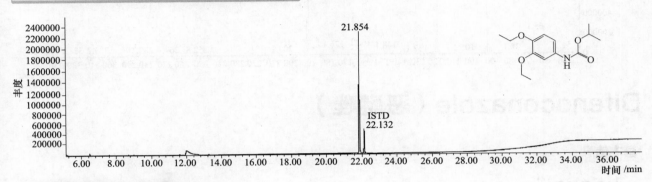

目标化合物碎片离子质谱图

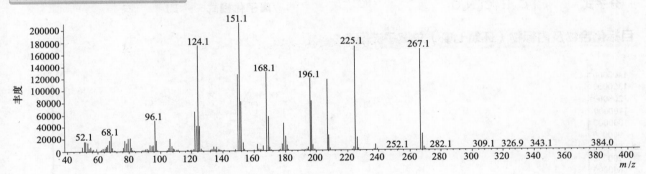

Diethyltoluamide（避蚊胺）

基本信息

CAS 登录号	134-62-3	分子量	191.1
分子式	C$_{12}$H$_{17}$NO	离子化模式	EI

目标化合物及内标物（环氧七氯）总离子流图

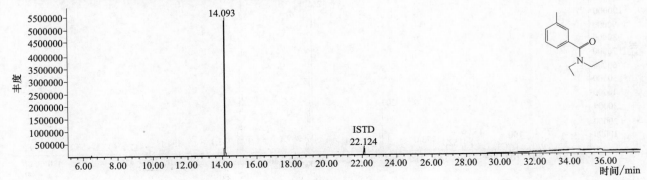

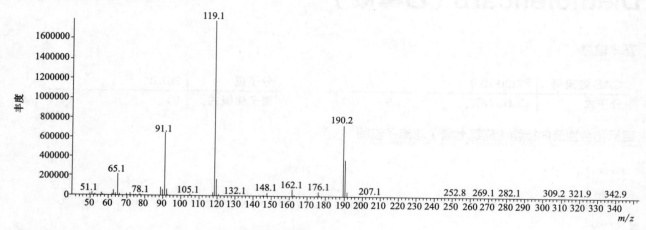

Difenoconazole（恶醚唑）

基本信息

CAS 登录号	119446-68-3	分子量	405.1
分子式	$C_{19}H_{17}Cl_2N_3O_3$	离子化模式	EI

目标化合物及内标物（环氧七氯）总离子流图

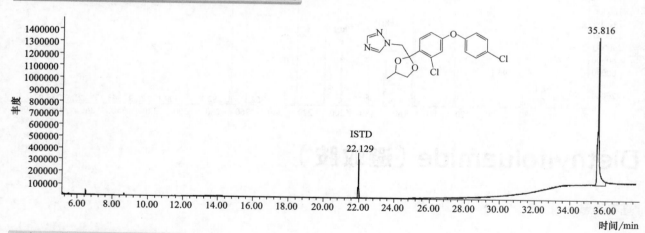

目标化合物碎片离子质谱图

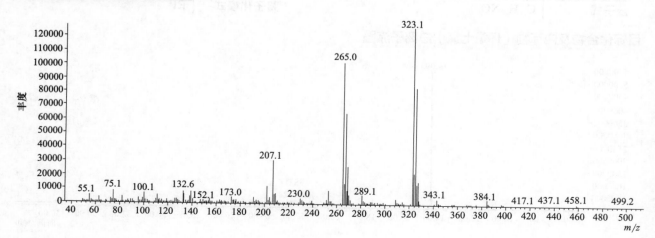

Difenolan（二苯丙醚）

基本信息

CAS 登录号	63837-33-2	分子量	300.1
分子式	C₁₈H₂₀O₄	离子化模式	EI

分子式: $C_{18}H_{20}O_4$ 分子量: 300.1 离子化模式: EI

目标化合物及内标物（环氧七氯）总离子流图

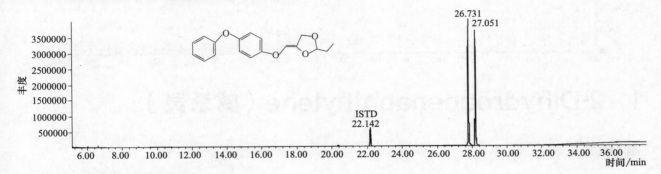

目标化合物碎片离子质谱图

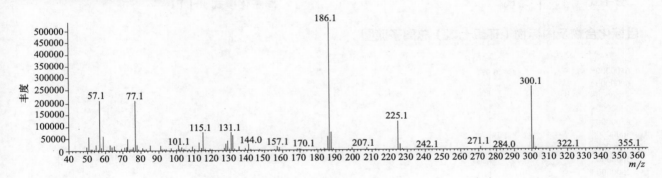

Diflufenican（吡氟草胺）

基本信息

CAS 登录号	83164-33-4	分子量	394.1
分子式	C₁₉H₁₁F₅N₂O₂	离子化模式	EI

分子式: $C_{19}H_{11}F_5N_2O_2$ 分子量: 394.1 离子化模式: EI

目标化合物及内标物（环氧七氯）总离子流图

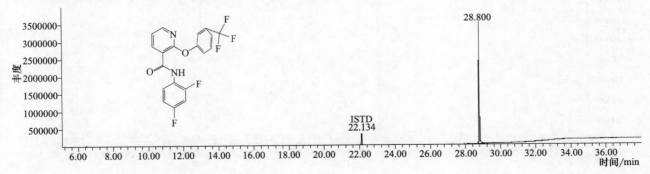

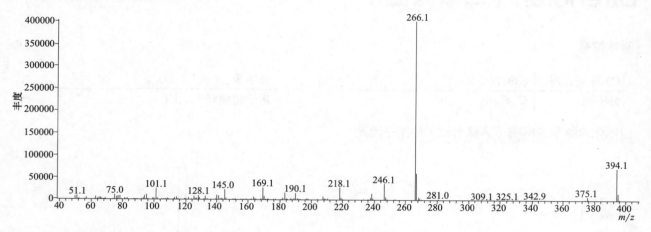

1，2-Dihydroacenaphthylene（威杀灵）

基本信息

CAS 登录号	83-32-9	分子量	154. 1
分子式	$C_{12}H_{10}$	离子化模式	EI

目标化合物及内标物（环氧七氯）总离子流图

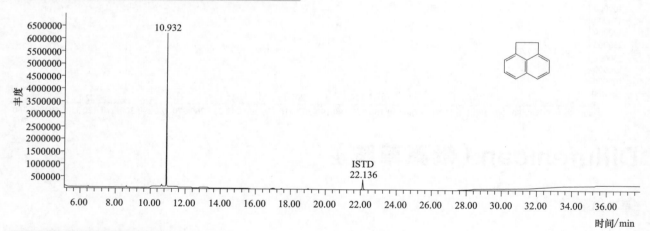

目标化合物碎片离子质谱图

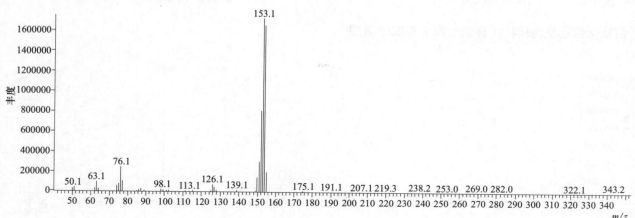

Dimepiperate（哌草丹）

CAS 登录号	61432-55-1		分子量	263.1
分子式	C₁₅H₂₁NOS		离子化模式	EI

目标化合物及内标物（环氧七氯）总离子流图

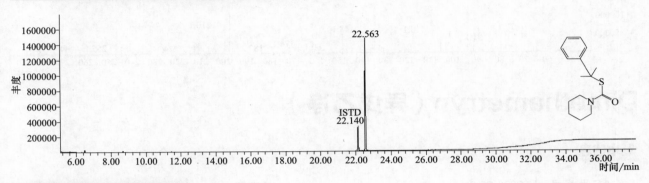

目标化合物碎片离子质谱图

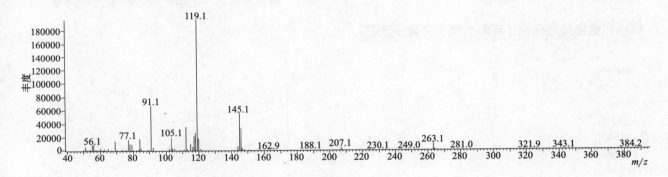

Dimethachlor（二甲草胺）

基本信息

CAS 登录号	50563-36-5		分子量	255.1
分子式	C₁₃H₁₈ClNO₂		离子化模式	EI

目标化合物及内标物（环氧七氯）总离子流图

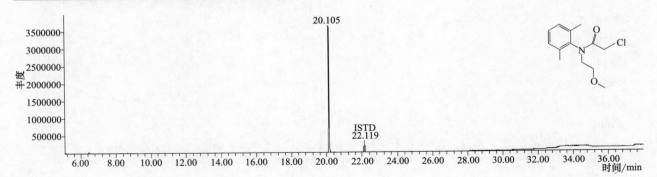

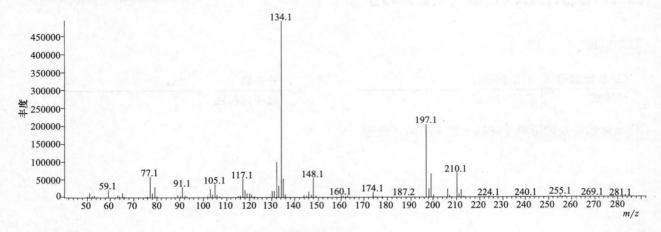

Dimethametryn（异戊乙净）

基本信息

CAS 登录号	22936-75-0	分子量	255.2
分子式	$C_{11}H_{21}N_5S$	离子化模式	EI

目标化合物及内标物（环氧七氯）总离子流图

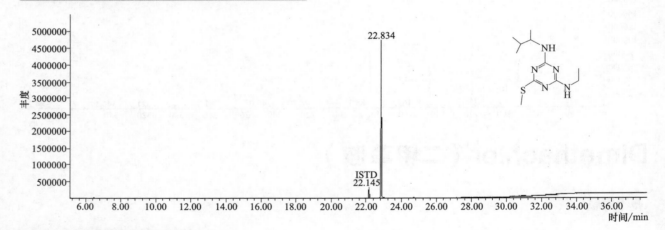

目标化合物碎片离子质谱图

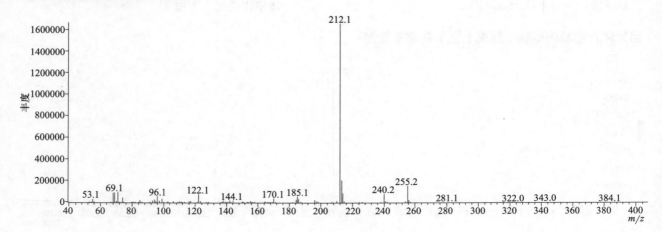

Dimethenamid（二甲吩草胺）

基本信息

CAS 登录号	87674-68-8	分子量	275.1
分子式	$C_{12}H_{18}ClNO_2S$	离子化模式	EI

目标化合物及内标物（环氧七氯）总离子流图

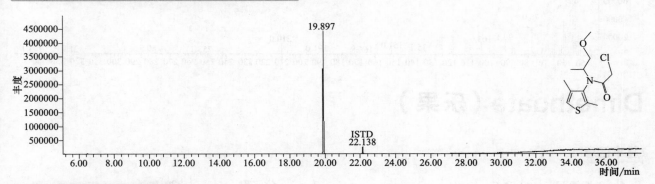

目标化合物碎片离子质谱图

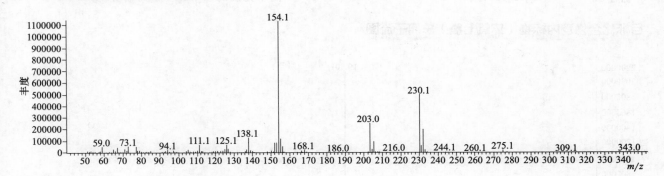

Dimethipin（噻节因）

基本信息

CAS 登录号	55290-64-7	分子量	210.0
分子式	$C_6H_{10}O_4S_2$	离子化模式	EI

目标化合物及内标物（环氧七氯）总离子流图

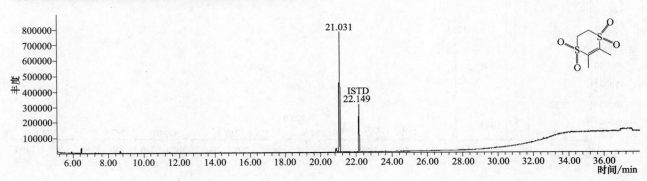

目标化合物碎片离子质谱图

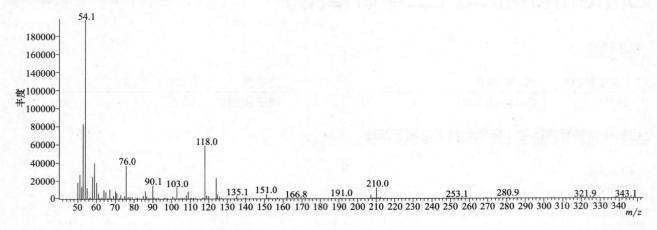

Dimethoate（乐果）

基本信息

CAS 登录号	60-51-5	分子量	229.0
分子式	$C_5H_{12}NO_3PS_2$	离子化模式	EI

目标化合物及内标物（环氧七氯）总离子流图

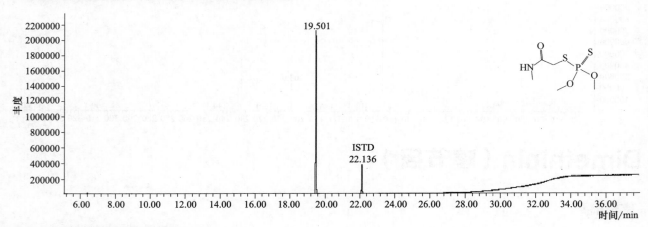

目标化合物碎片离子质谱图

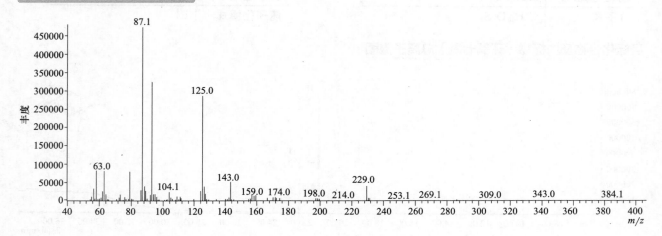

Dimethomorph（烯酰吗啉）

基本信息

CAS 登录号	110488-70-5	分子量	387.1
分子式	C$_{21}$H$_{22}$ClNO$_4$	离子化模式	EI

目标化合物及内标物（环氧七氯）总离子流图

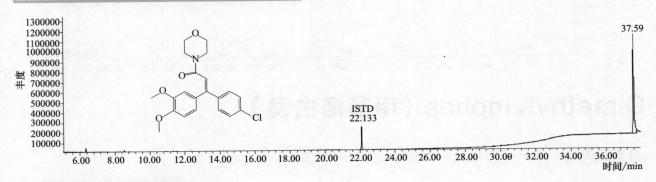

目标化合物碎片离子质谱图

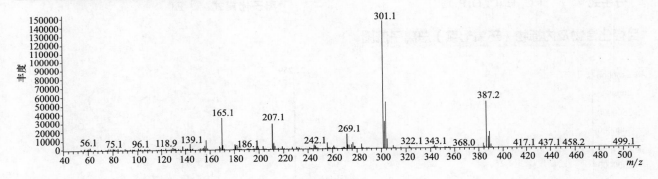

Dimethyl phthalate（避蚊酯）

基本信息

CAS 登录号	131-11-3	分子量	194.1
分子式	C$_{10}$H$_{10}$O$_4$	离子化模式	EI

目标化合物及内标物（环氧七氯）总离子流图

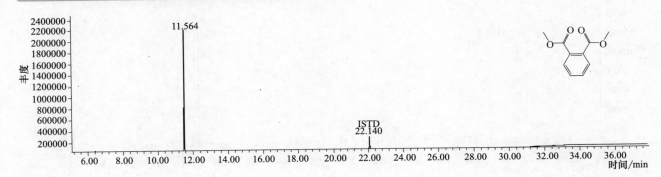

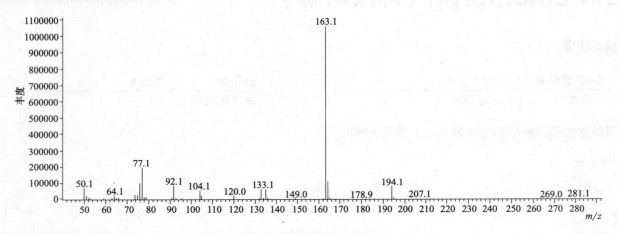

Dimethylvinphos（甲基毒虫畏）

基本信息

CAS 登录号	2274-67-1	分子量	329.9
分子式	$C_{10}H_{10}Cl_3O_4P$	离子化模式	EI

目标化合物及内标物（环氧七氯）总离子流图

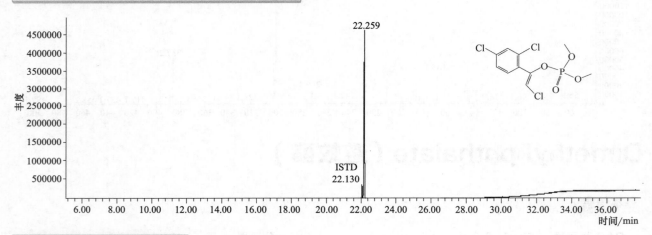

目标化合物碎片离子质谱图

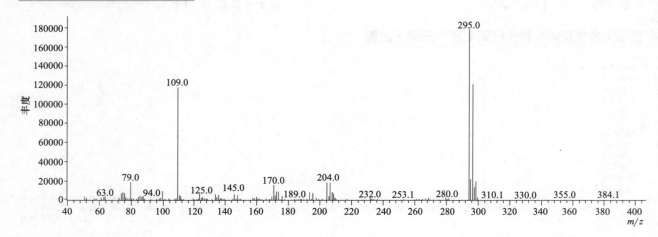

Diniconazole（烯唑醇）

基本信息

CAS 登录号	76714-88-0	分子量	325.1
分子式	$C_{15}H_{17}Cl_2N_3O$	离子化模式	EI

目标化合物及内标物（环氧七氯）总离子流图

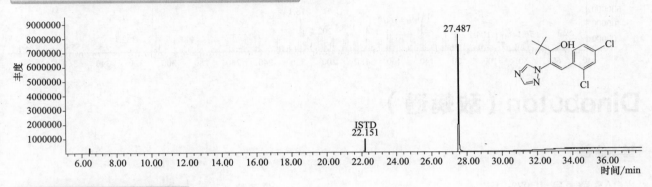

目标化合物碎片离子质谱图

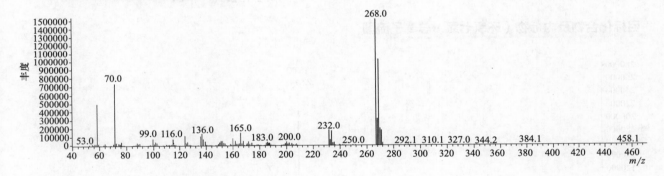

Dinitramine（氨氟灵）

基本信息

CAS 登录号	29091-05-2	分子量	322.1
分子式	$C_{11}H_{13}F_3N_4O_4$	离子化模式	EI

目标化合物及内标物（环氧七氯）总离子流图

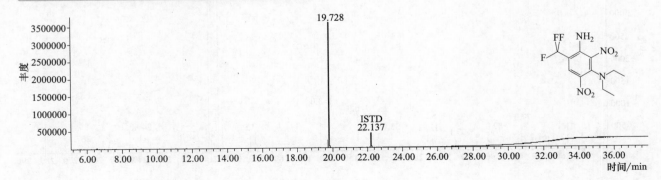

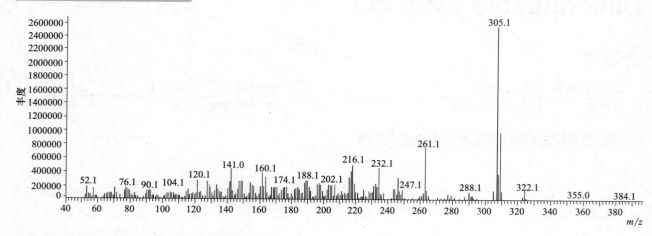

Dinobuton（敌螨通）

基本信息

CAS 登录号	973-21-7		分子量	326. 1
分子式	C₁₄H₁₈N₂O₇		离子化模式	EI

目标化合物及内标物（环氧七氯）总离子流图

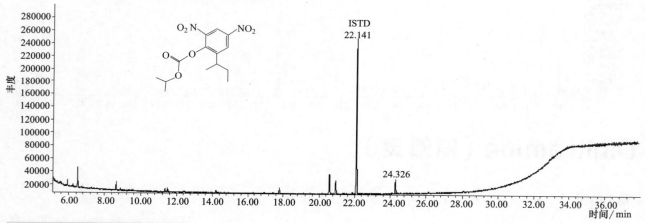

目标化合物碎片离子质谱图

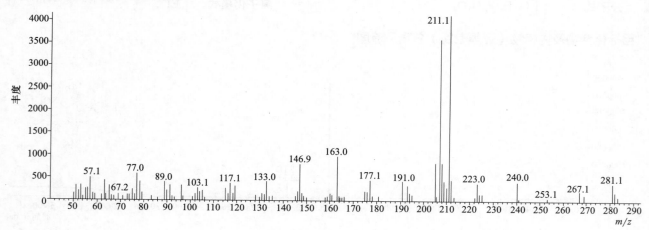

Dinoseb acetate（地乐酯）

基本信息

CAS 登录号	2813-95-8		分子量	282.1
分子式	$C_{12}H_{14}N_2O_6$		离子化模式	EI

目标化合物及内标物（环氧七氯）总离子流图

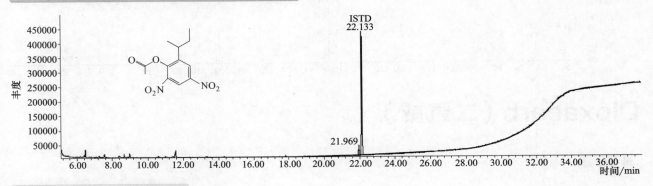

目标化合物碎片离子质谱图

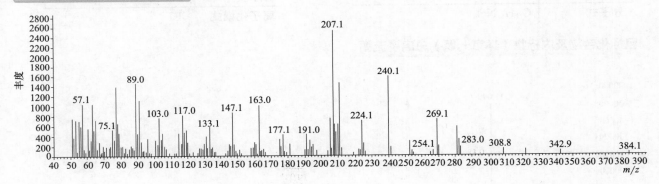

Dioxabenzofos（蔬果磷）

基本信息

CAS 登录号	3811-49-2		分子量	216.0
分子式	$C_8H_9O_3PS$		离子化模式	EI

目标化合物及内标物（环氧七氯）总离子流图

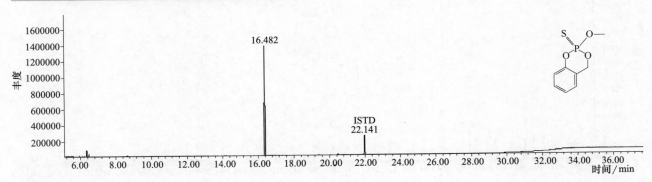

目标化合物碎片离子质谱图

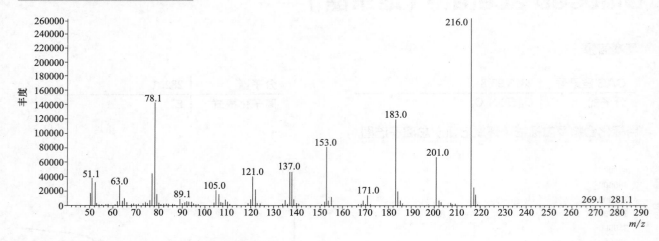

Dioxacarb（二氧威）

基本信息

CAS 登录号	6988-21-2	分子量	223.1
分子式	$C_{11}H_{13}NO_4$	离子化模式	EI

目标化合物及内标物（环氧七氯）总离子流图

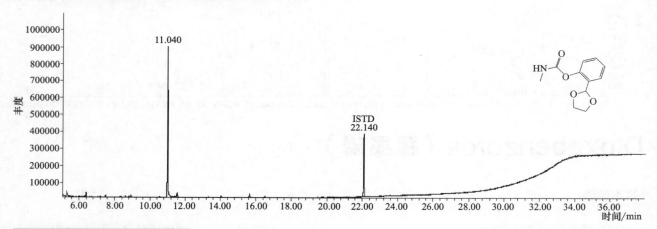

目标化合物碎片离子质谱图

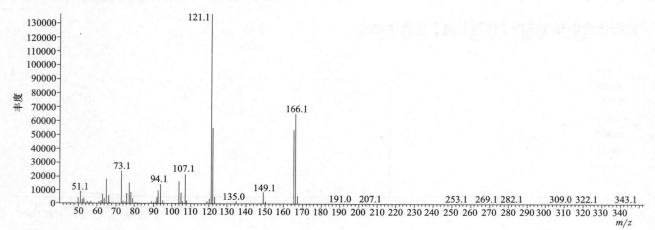

558

Dioxathion（敌恶磷）

基本信息

CAS 登录号	78-34-2		分子量	456.0
分子式	$C_{12}H_{26}O_6P_2S_4$		离子化模式	EI

目标化合物及内标物（环氧七氯）总离子流图

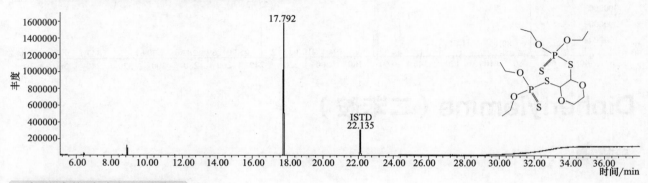

目标化合物碎片离子质谱图

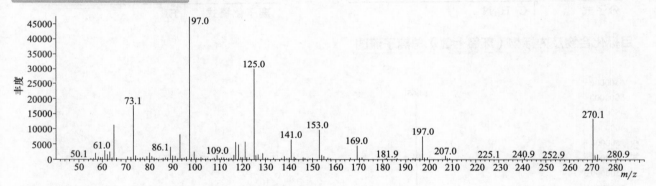

Diphenamid（双苯酰草胺）

基本信息

CAS 登录号	957-51-7		分子量	239.1
分子式	$C_{16}H_{17}NO$		离子化模式	EI

目标化合物及内标物（环氧七氯）总离子流图

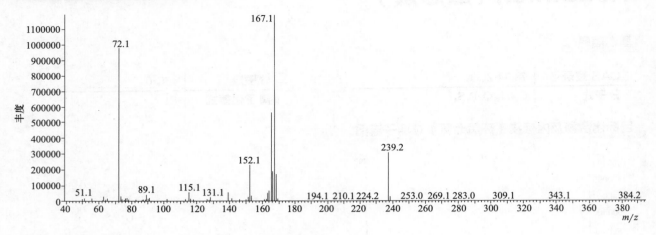

Diphenylamine（二苯胺）

基本信息

CAS 登录号	122-39-4	分子量	169.1
分子式	$C_{12}H_{11}N$	离子化模式	EI

目标化合物及内标物（环氧七氯）总离子流图

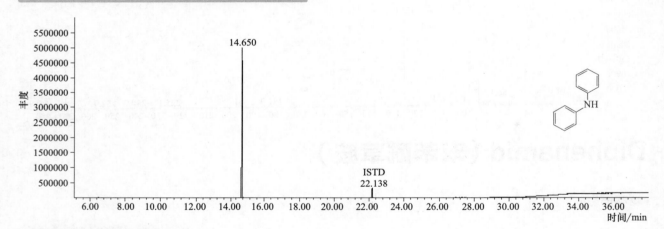

目标化合物碎片离子质谱图

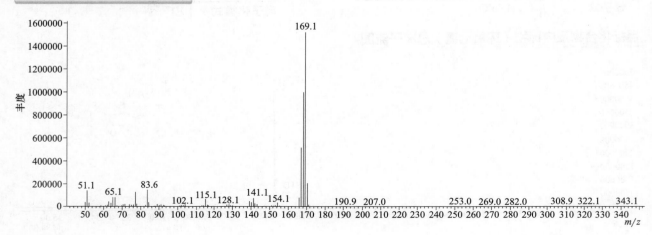

Dipropetryn（异丙净）

基本信息

CAS 登录号	4147-51-7	分子量	255.2
分子式	$C_{11}H_{21}N_5S$	离子化模式	EI

目标化合物及内标物（环氧七氯）总离子流图

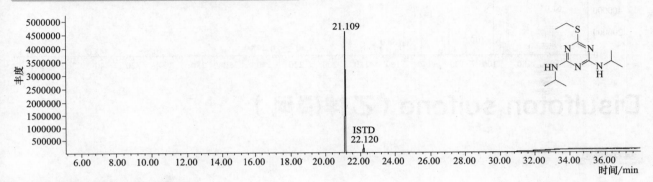

目标化合物碎片离子质谱图

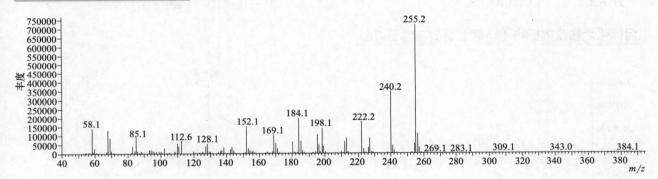

Disulfoton（乙拌磷）

基本信息

CAS 登录号	298-04-4	分子量	274.0
分子式	$C_8H_{19}O_2PS_3$	离子化模式	EI

目标化合物及内标物（环氧七氯）总离子流图

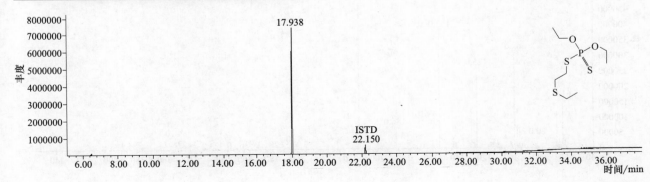

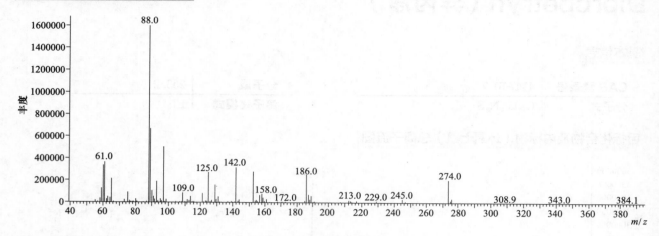

Disulfoton sulfone（乙拌磷砜）

基本信息

CAS 登录号	2497-06-5	分子量	306.0
分子式	C$_8$H$_{19}$O$_4$PS$_3$	离子化模式	EI

目标化合物及内标物（环氧七氯）总离子流图

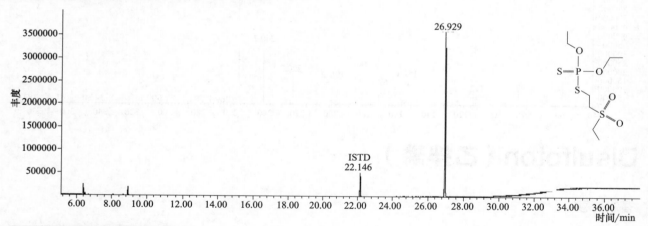

目标化合物碎片离子质谱图

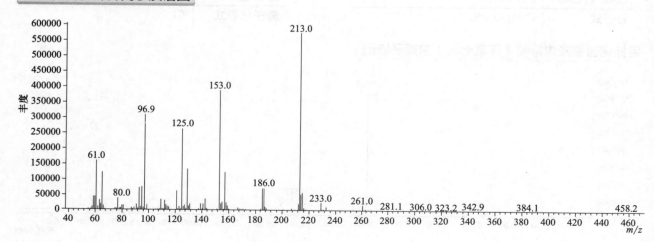

Disulfoton sulfoxide（砜拌磷）

基本信息

CAS 登录号	2497-07-6	分子量	290. 0
分子式	C$_8$H$_{19}$O$_3$PS$_3$	离子化模式	EI

目标化合物及内标物（环氧七氯）总离子流图

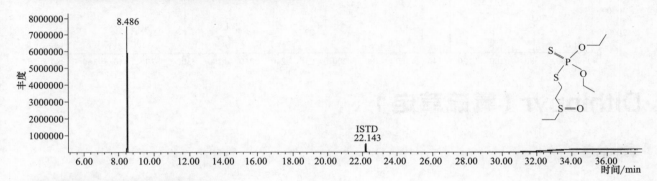

目标化合物碎片离子质谱图

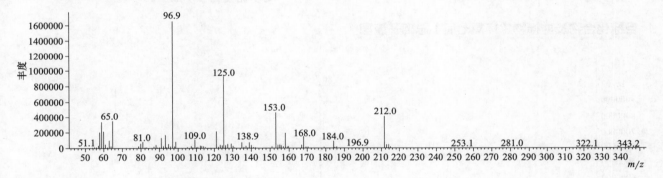

Ditalimfos（灭菌磷）

基本信息

CAS 登录号	5131-24-8	分子量	299. 0
分子式	C$_{12}$H$_{14}$NO$_4$PS	离子化模式	EI

目标化合物及内标物（环氧七氯）总离子流图

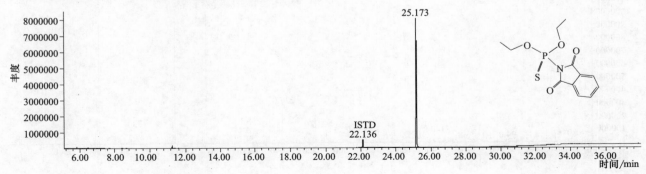

目标化合物碎片离子质谱图

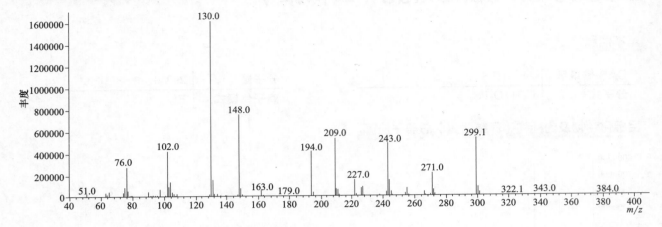

Dithiopyr（氟硫草定）

基本信息

CAS 登录号	97886-45-8	分子量	401.0
分子式	$C_{15}H_{16}F_5NO_2S_2$	离子化模式	EI

目标化合物及内标物（环氧七氯）总离子流图

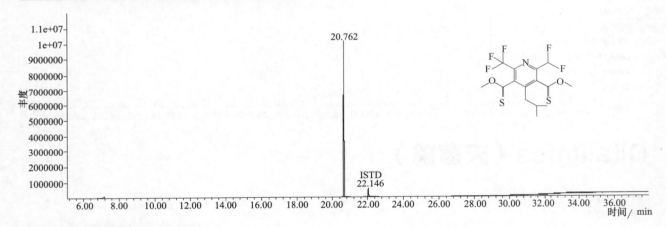

目标化合物碎片离子质谱图

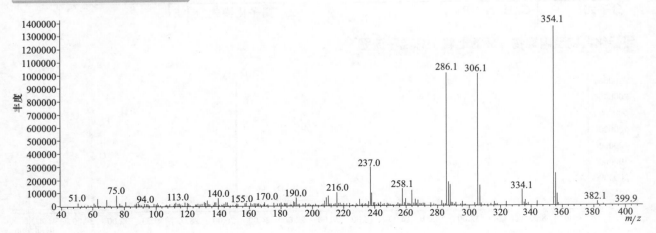

N，N-Dimethylaminosulfanilide；DMSA

基本信息

CAS 登录号	4710-17-2	分子量	200.1
分子式	$C_8H_{12}N_2O_2S$	离子化模式	EI

目标化合物及内标物（环氧七氯）总离子流图

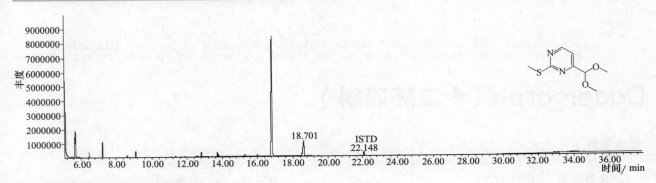

目标化合物碎片离子质谱图

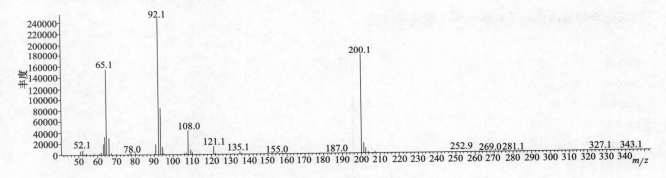

DMST（N，N-二甲基氨基-N-甲苯）

基本信息

CAS 登录号	66840-71-9	分子量	214.1
分子式	$C_9H_{14}N_2O_2S$	离子化模式	EI

目标化合物及内标物（环氧七氯）总离子流图

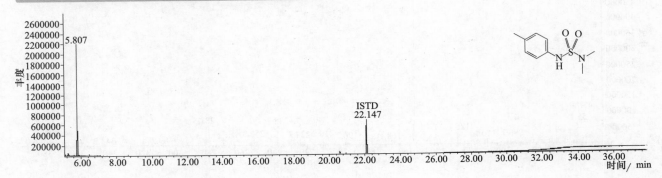

目标化合物碎片离子质谱图

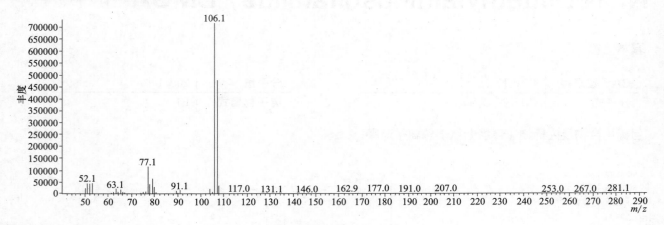

Dodemorph（十二环吗啉）

基本信息

CAS 登录号	1593-77-7		分子量	281.3
分子式	$C_{18}H_{35}NO$		离子化模式	EI

目标化合物及内标物（环氧七氯）总离子流图

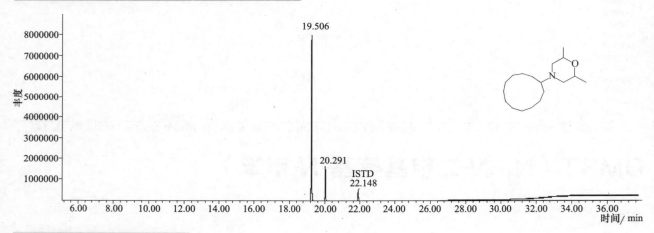

目标化合物碎片离子质谱图

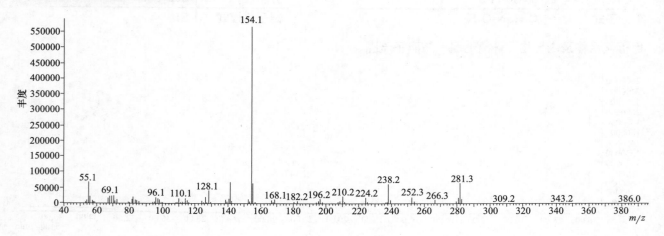

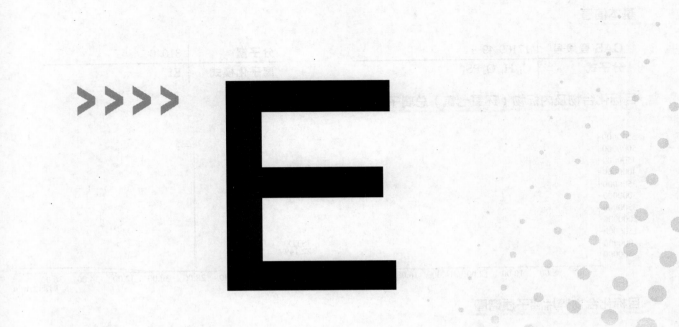

E
>>>>

Edifenphos（敌瘟磷）

基本信息

CAS 登录号	17109-49-8		分子量	310.0
分子式	$C_{14}H_{15}O_2PS_2$		离子化模式	EI

目标化合物及内标物（环氧七氯）总离子流图

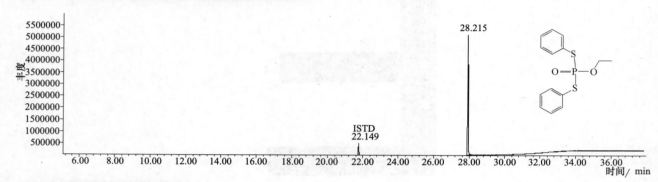

目标化合物碎片离子质谱图

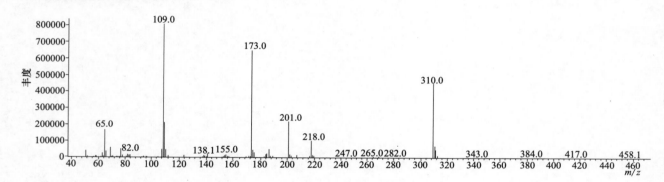

Endosulfan sulfate（硫丹硫酸酯）

基本信息

CAS 登录号	1031-07-8		分子量	419.8
分子式	$C_9H_6Cl_6O_4S$		离子化模式	EI

目标化合物及内标物（环氧七氯）总离子流图

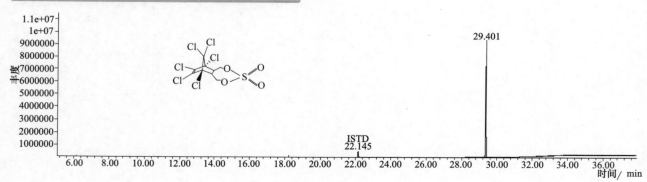

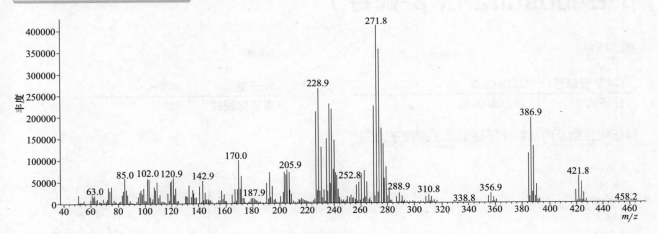

α，β-Endosulfan（硫丹）

基本信息

CAS 登录号	115-29-7	分子量	403.8
分子式	$C_9H_6Cl_6O_3S$	离子化模式	EI

目标化合物及内标物（环氧七氯）总离子流图

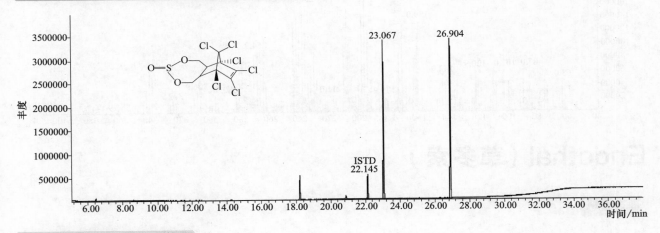

目标化合物碎片离子质谱图

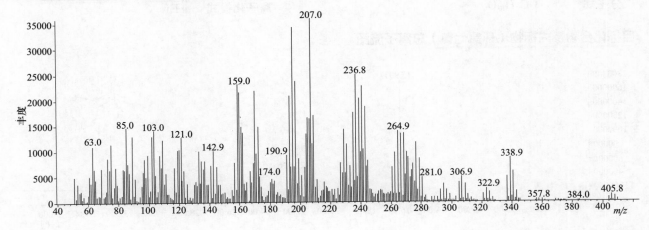

β-Endosulfan（β-硫丹）

CAS 登录号	33213-65-9	分子量	403. 8
分子式	$C_9H_6Cl_6O_3S$	离子化模式	EI

目标化合物及内标物（环氧七氯）总离子流图

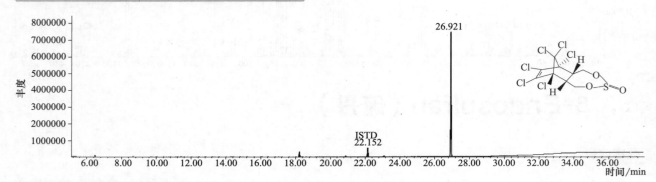

目标化合物碎片离子质谱图

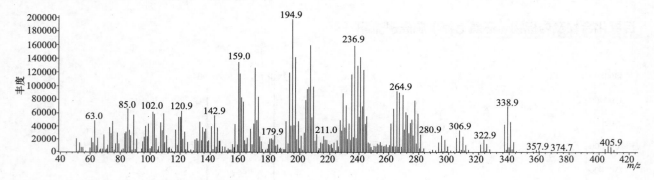

Endothal（草多索）

CAS 登录号	145-73-3	分子量	186. 1
分子式	$C_8H_{10}O_5$	离子化模式	EI

目标化合物及内标物（环氧七氯）总离子流图

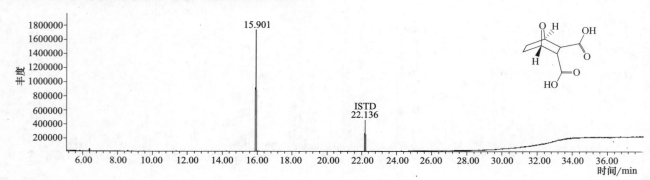

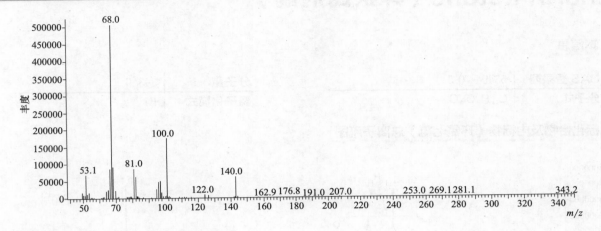

Endrin（异狄氏剂）

基本信息

CAS 登录号	72-20-8	分子量	377.9
分子式	$C_{12}H_8Cl_6O$	离子化模式	EI

目标化合物及内标物（环氧七氯）总离子流图

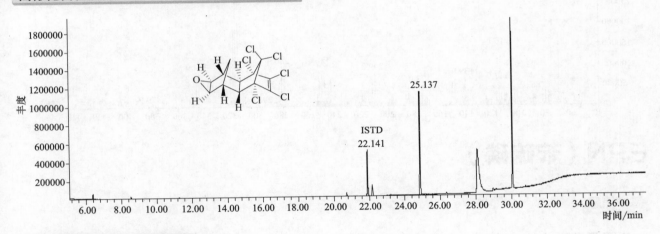

目标化合物碎片离子质谱图

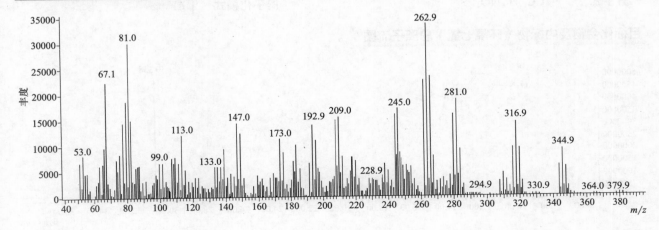

Endrin ketone（异狄氏剂酮）

基本信息

CAS 登录号	53494-70-5		分子量	343.9
分子式	$C_{12}H_9Cl_5O$		离子化模式	EI

目标化合物及内标物（环氧七氯）总离子流图

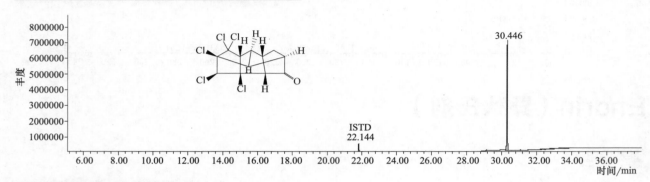

目标化合物碎片离子质谱图

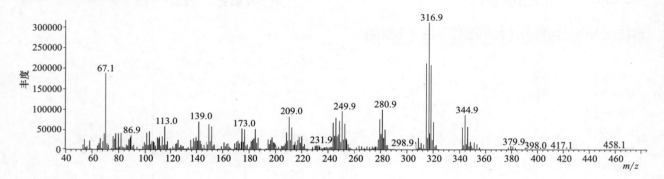

EPN（苯硫磷）

基本信息

CAS 登录号	2104-64-5		分子量	323.0
分子式	$C_{14}H_{14}NO_4PS$		离子化模式	EI

目标化合物及内标物（环氧七氯）总离子流图

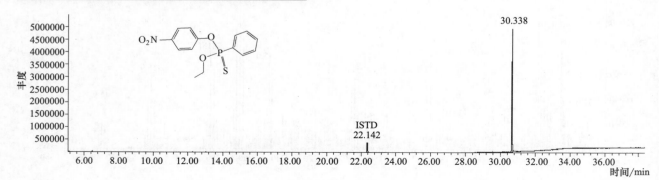

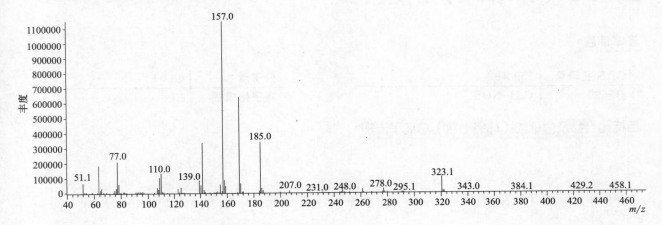

Epoxiconazole（氟环唑）

基本信息

CAS 登录号	135319-73-2	分子量	329.1
分子式	$C_{17}H_{13}ClFN_3O$	离子化模式	EI

目标化合物及内标物（环氧七氯）总离子流图

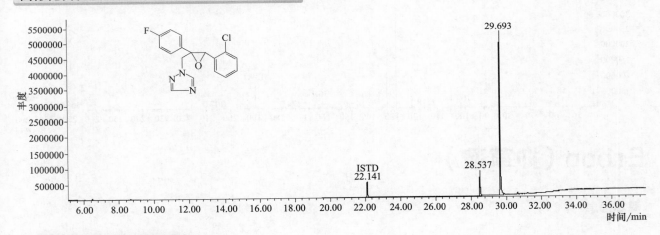

目标化合物碎片离子质谱图

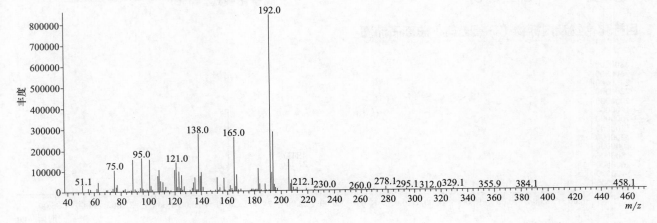

EPTC（扑草灭）

基本信息

CAS 登录号	759-94-4	分子量	189.1
分子式	C₉H₁₉NOS	离子化模式	EI

目标化合物及内标物（环氧七氯）总离子流图

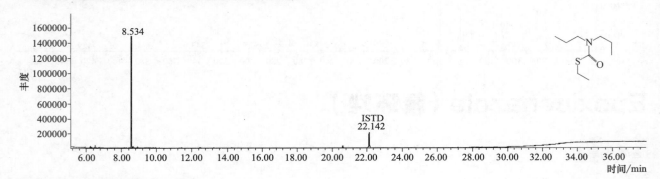

目标化合物碎片离子质谱图

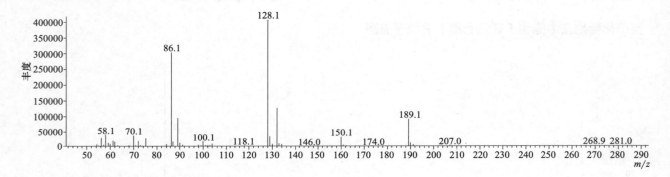

Erbon（抑草蓬）

基本信息

CAS 登录号	136-25-4	分子量	363.9
分子式	C₁₁H₉Cl₅O₃	离子化模式	EI

目标化合物及内标物（环氧七氯）总离子流图

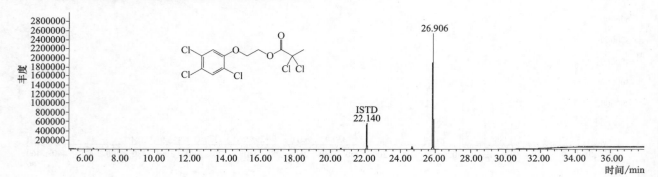

目标化合物碎片离子质谱图

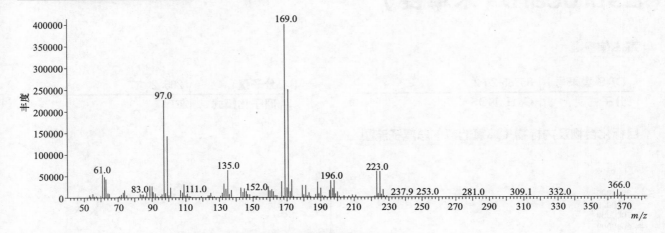

Esfenvalerate（高氰戊菊酯）

基本信息

CAS 登录号	66230-04-4	分子量	419.1
分子式	$C_{25}H_{22}ClNO_3$	离子化模式	EI

目标化合物及内标物（环氧七氯）总离子流图

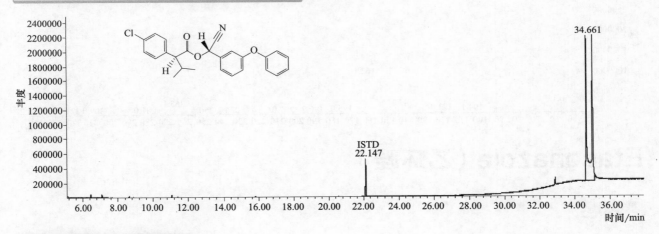

目标化合物碎片离子质谱图

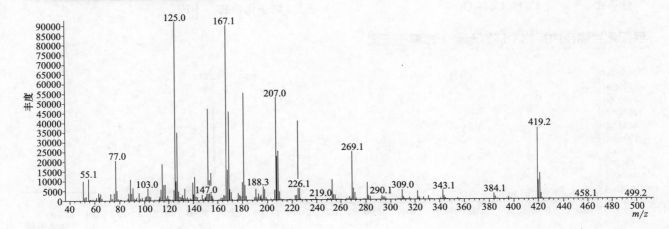

Esprocarb（禾草畏）

CAS 登录号	85785-20-2	分子量	265.2
分子式	C$_{15}$H$_{23}$NOS	离子化模式	EI

目标化合物及内标物（环氧七氯）总离子流图

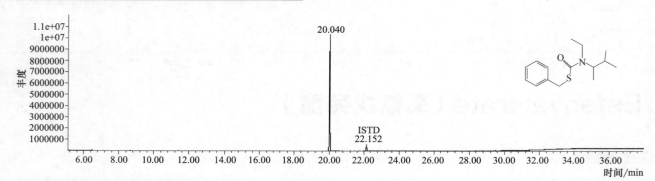

目标化合物碎片离子质谱图

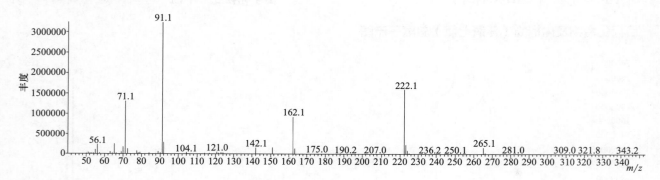

Etaconazole（乙环唑）

CAS 登录号	71245-23-3	分子量	327.1
分子式	C$_{14}$H$_{15}$Cl$_2$N$_3$O$_2$	离子化模式	EI

目标化合物及内标物（环氧七氯）总离子流图

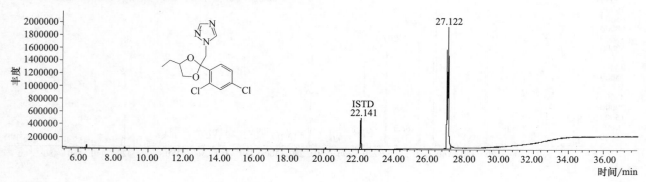

目标化合物碎片离子质谱图

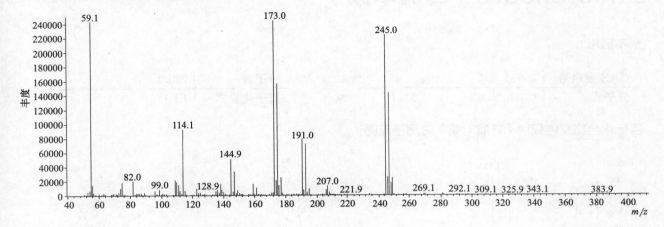

Ethalfluralin（丁烯氟灵）

基本信息

CAS 登录号	55283-68-6	分子量	333.1
分子式	$C_{13}H_{14}F_3N_3O_4$	离子化模式	EI

目标化合物及内标物（环氧七氯）总离子流图

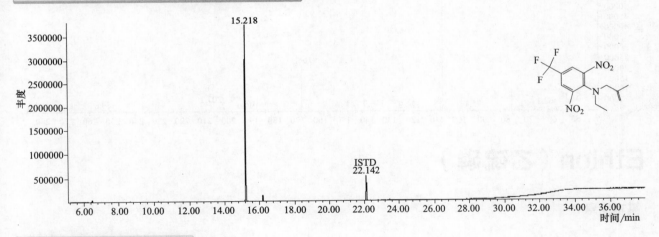

目标化合物碎片离子质谱图

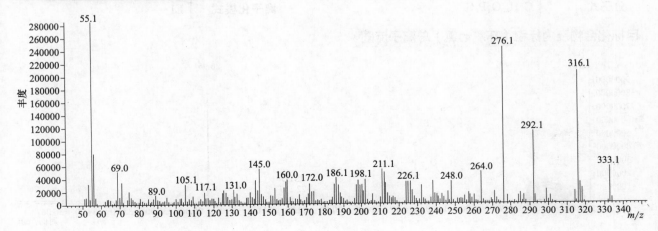

Ethiofencarb（乙硫苯威）

基本信息

CAS 登录号	29973-13-5		分子量	225.1
分子式	$C_{11}H_{15}NO_2S$		离子化模式	EI

目标化合物及内标物（环氧七氯）总离子流图

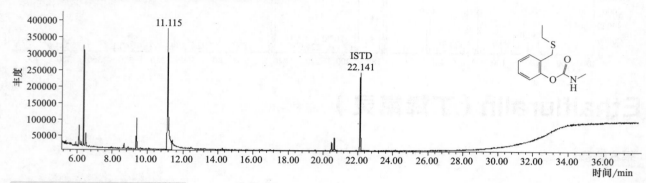

目标化合物碎片离子质谱图

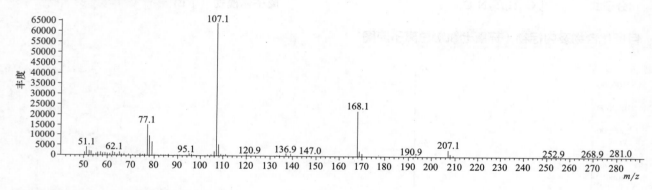

Ethion（乙硫磷）

基本信息

CAS 登录号	563-12-2		分子量	384.0
分子式	$C_9H_{22}O_4P_2S_4$		离子化模式	EI

目标化合物及内标物（环氧七氯）总离子流图

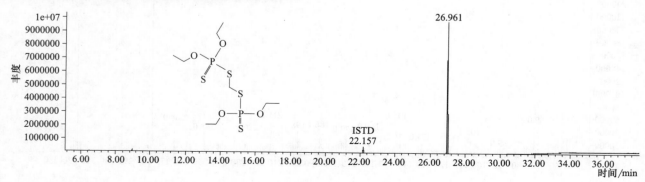

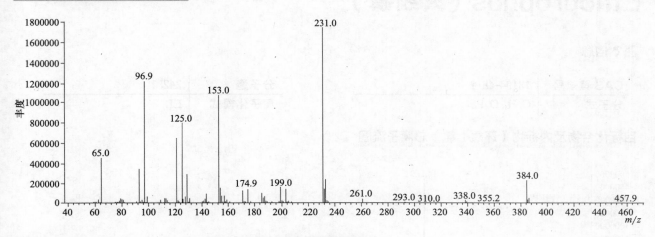

Ethofumesate（乙氧呋草黄）

基本信息

CAS 登录号	26225-79-6	分子量	286.1
分子式	$C_{13}H_{18}O_5S$	离子化模式	EI

目标化合物及内标物（环氧七氯）总离子流图

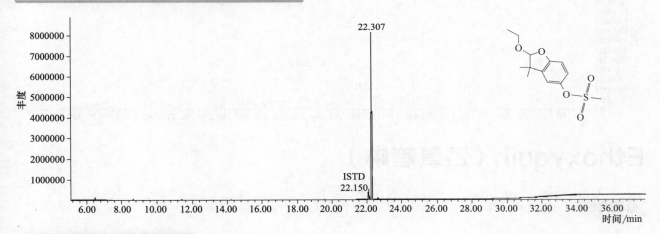

目标化合物碎片离子质谱图

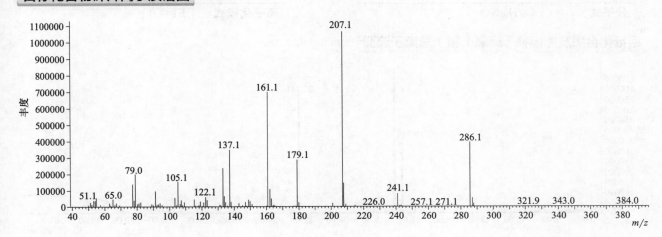

Ethoprophos（灭线磷）

基本信息

CAS 登录号	13194-48-4		分子量	242.1
分子式	$C_8H_{19}O_2PS_2$		离子化模式	EI

目标化合物及内标物（环氧七氯）总离子流图

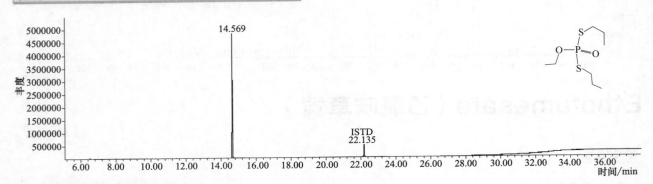

目标化合物碎片离子质谱图

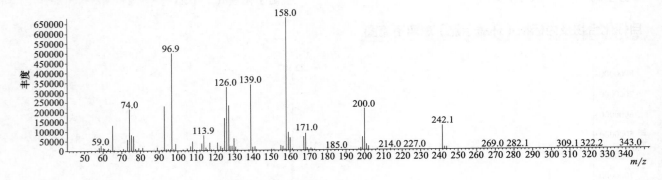

Ethoxyquin（乙氧喹啉）

基本信息

CAS 登录号	91-53-2		分子量	217.1
分子式	$C_{14}H_{19}NO$		离子化模式	EI

目标化合物及内标物（环氧七氯）总离子流图

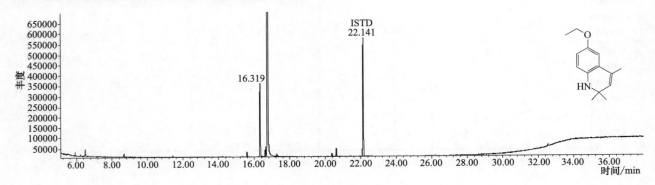

580

目标化合物碎片离子质谱图

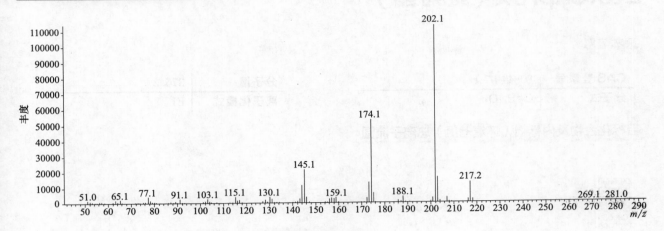

Etobenzanid（乙氧苯草胺）

基本信息

CAS 登录号	79540-50-4	分子量	339.0
分子式	$C_{16}H_{15}Cl_2NO_3$	离子化模式	EI

目标化合物及内标物（环氧七氯）总离子流图

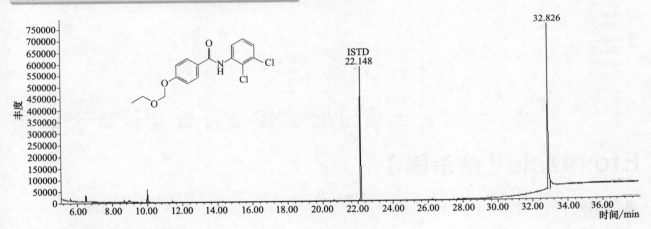

目标化合物碎片离子质谱图

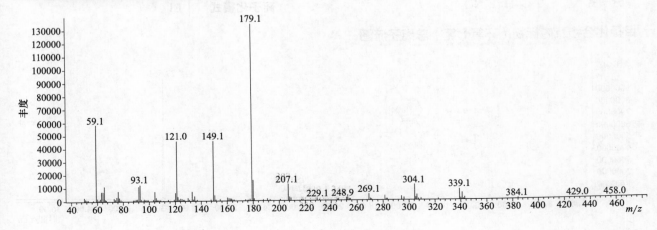

Etofenprox（醚菊酯）

基本信息

CAS 登录号	80844-07-1		分子量	376.2
分子式	$C_{25}H_{28}O_3$		离子化模式	EI

目标化合物及内标物（环氧七氯）总离子流图

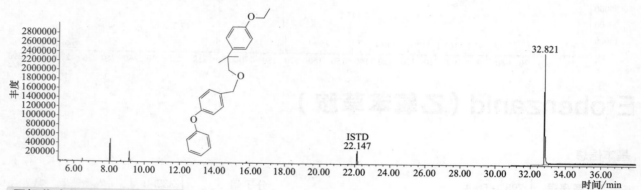

目标化合物碎片离子质谱图

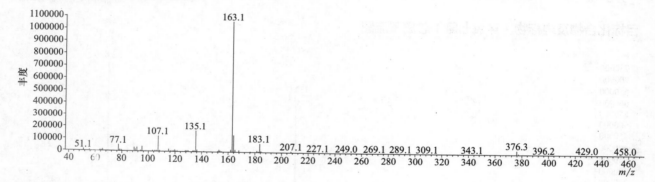

Etoxazole（依杀螨）

基本信息

CAS 登录号	153233-91-1		分子量	359.2
分子式	$C_{21}H_{23}F_2NO_2$		离子化模式	EI

目标化合物及内标物（环氧七氯）总离子流图

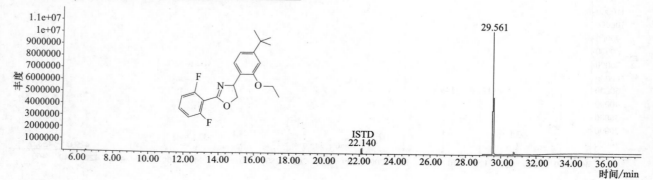

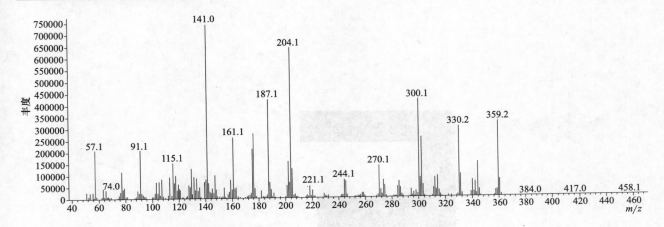

Etridiazole（土菌灵）

基本信息

CAS 登录号	2593-15-9	分子量	245.9
分子式	$C_5H_5Cl_3N_2OS$	离子化模式	EI

目标化合物及内标物（环氧七氯）总离子流图

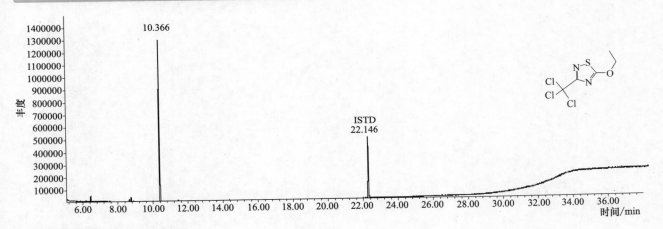

目标化合物碎片离子质谱图

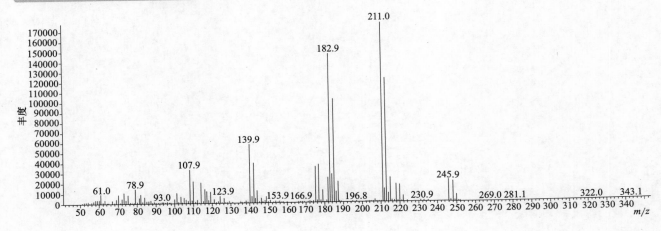

>>>> F

Famphur（伐灭磷）

基本信息

CAS 登录号	52-85-7	分子量	325.0
分子式	$C_{10}H_{16}NO_5PS_2$	离子化模式	EI

目标化合物及内标物（环氧七氯）总离子流图

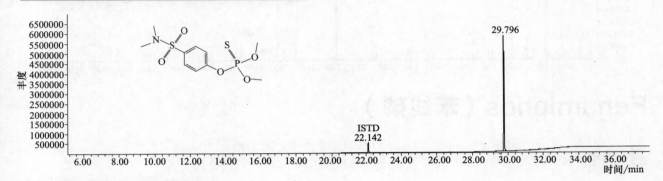

目标化合物碎片离子质谱图

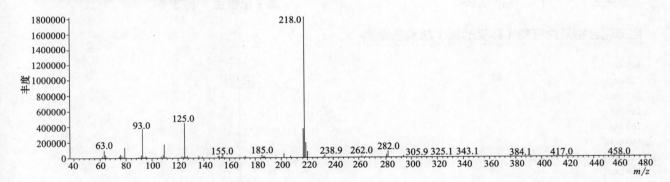

Fenamidone（咪唑菌酮）

基本信息

CAS 登录号	161326-34-7	分子量	311.1
分子式	$C_{17}H_{17}N_3OS$	离子化模式	EI

目标化合物及内标物（环氧七氯）总离子流图

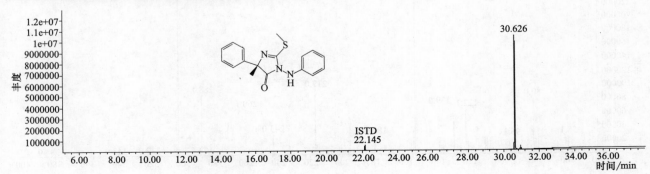

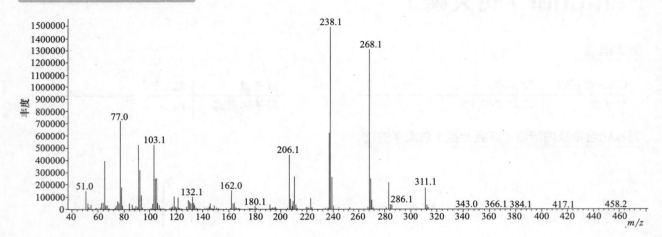

Fenamiphos（苯线磷）

基本信息

CAS 登录号	22224-92-6	分子量	303.1
分子式	$C_{13}H_{22}NO_3PS$	离子化模式	EI

目标化合物及内标物（环氧七氯）总离子流图

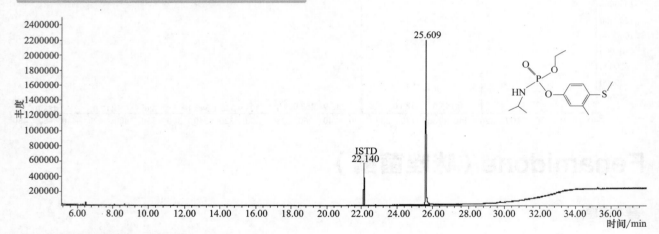

目标化合物碎片离子质谱图

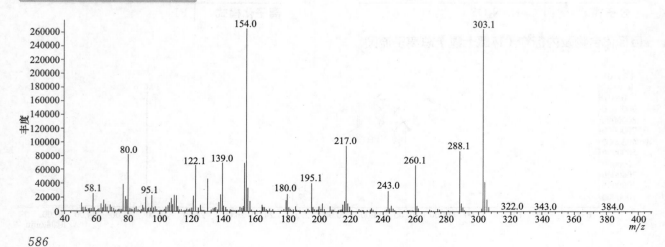

Fenamiphos sulfone（苯胺磷砜）

基本信息

CAS 登录号	31972-44-8	分子量	335.1
分子式	C$_{13}$H$_{22}$NO$_5$PS	离子化模式	EI

目标化合物及内标物（环氧七氯）总离子流图

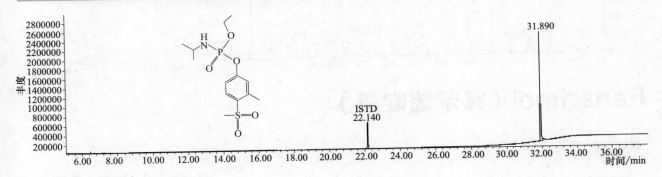

目标化合物碎片离子质谱图

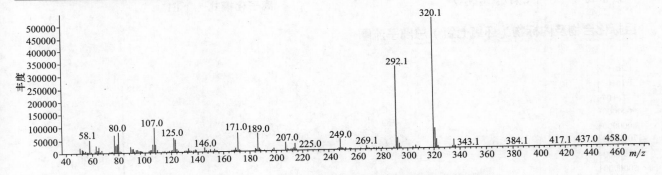

Fenamiphos sulfoxide（苯线磷亚砜）

基本信息

CAS 登录号	31972-43-7	分子量	319.1
分子式	C$_{13}$H$_{22}$NO$_4$PS	离子化模式	EI

目标化合物及内标物（环氧七氯）总离子流图

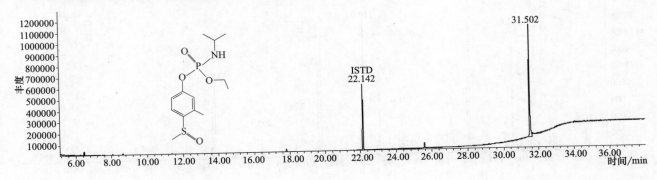

目标化合物碎片离子质谱图

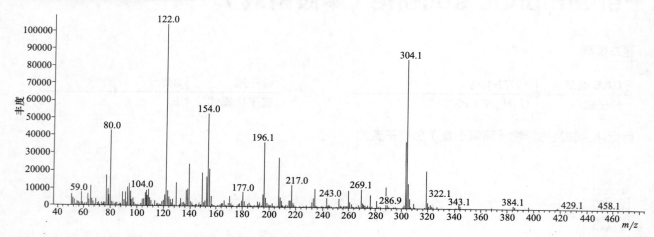

Fenarimol（氯苯嘧啶醇）

基本信息

CAS 登录号	60168-88-9		分子量	330.0
分子式	$C_{17}H_{12}Cl_2N_2O$		离子化模式	EI

目标化合物及内标物（环氧七氯）总离子流图

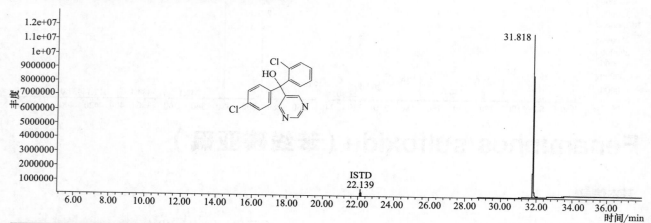

目标化合物碎片离子质谱图

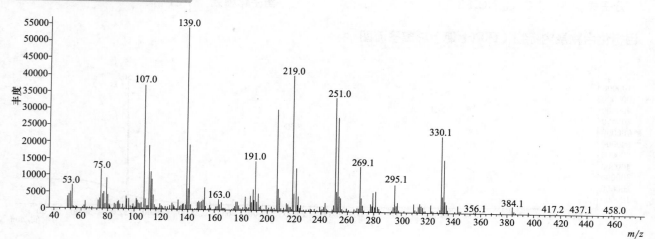

Fenazaflor（抗螨唑）

基本信息

CAS 登录号	14255-88-0	分子量	374.0
分子式	$C_{15}H_7Cl_2F_3N_2O_2$	离子化模式	EI

目标化合物及内标物（环氧七氯）总离子流图

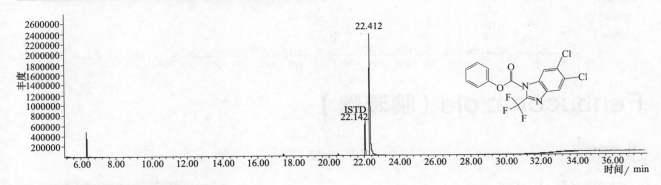

目标化合物碎片离子质谱图

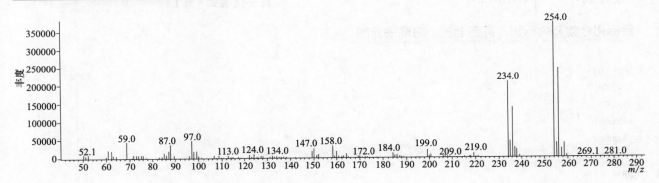

Fenazaquin（喹螨醚）

基本信息

CAS 登录号	120928-09-8	分子量	306.2
分子式	$C_{20}H_{22}N_2O$	离子化模式	EI

目标化合物及内标物（环氧七氯）总离子流图

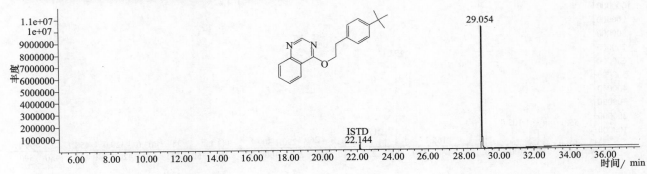

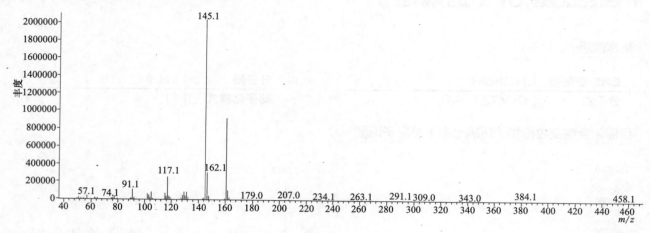

Fenbuconazole（腈苯唑）

基本信息

CAS 登录号	114369-43-6	分子量	336.1
分子式	$C_{19}H_{17}ClN_4$	离子化模式	EI

目标化合物及内标物（环氧七氯）总离子流图

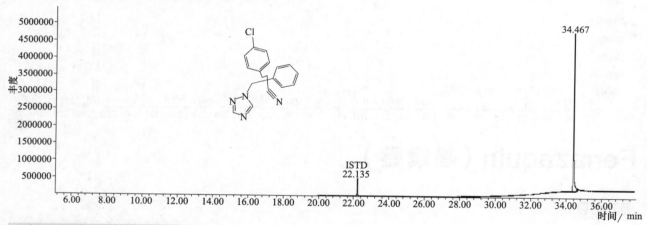

目标化合物碎片离子质谱图

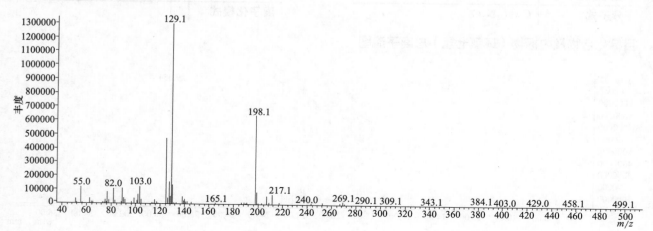

Fenchlorphos（皮蝇磷）

基本信息

CAS 登录号	299-84-3	分子量	319.9
分子式	C$_8$H$_8$Cl$_3$O$_3$PS	离子化模式	EI

目标化合物及内标物（环氧七氯）总离子流图

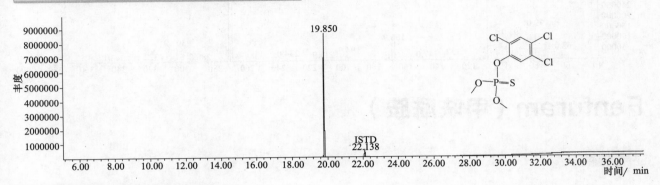

目标化合物碎片离子质谱图

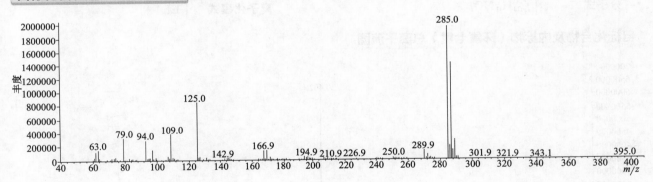

Fenchlorphos oxon（氧皮蝇磷）

基本信息

CAS 登录号	3983-45-7	分子量	303.9
分子式	C$_8$H$_8$Cl$_3$O$_4$P	离子化模式	EI

目标化合物及内标物（环氧七氯）总离子流图

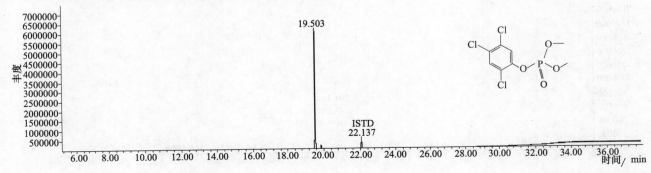

591

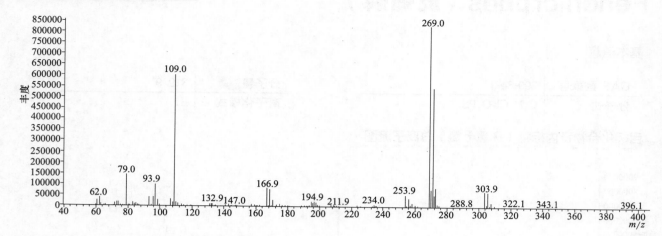

Fenfuram（甲呋酰胺）

基本信息

CAS 登录号	24691-80-3	分子量	201.1
分子式	$C_{12}H_{11}NO_2$	离子化模式	EI

目标化合物及内标物（环氧七氯）总离子流图

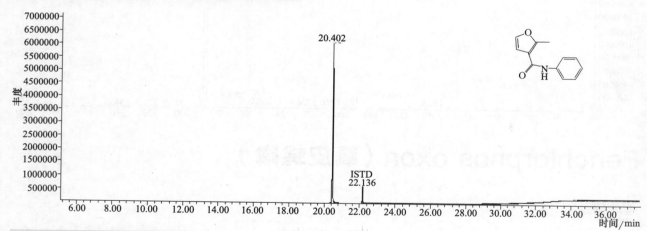

目标化合物碎片离子质谱图

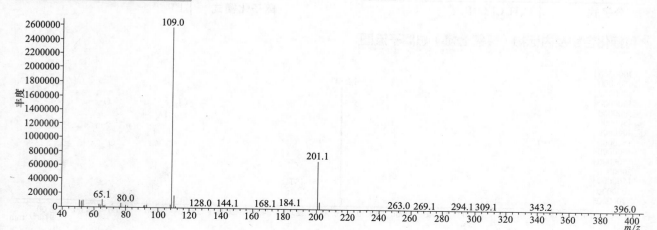

Fenitrothion（杀螟硫磷）

基本信息

CAS 登录号	122-14-5		分子量	277.0
分子式	$C_9H_{12}NO_5PS$		离子化模式	EI

目标化合物及内标物（环氧七氯）总离子流图

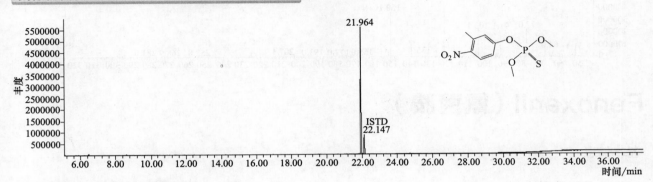

目标化合物碎片离子质谱图

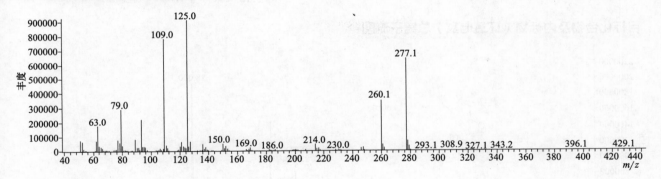

Fenobucarb（仲丁威）

基本信息

CAS 登录号	3766-81-2		分子量	207.1
分子式	$C_{12}H_{17}NO_2$		离子化模式	EI

目标化合物及内标物（环氧七氯）总离子流图

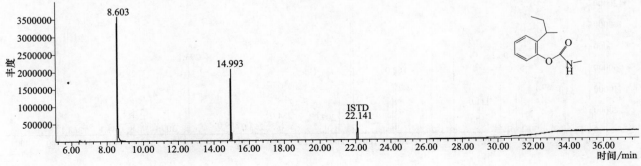

593

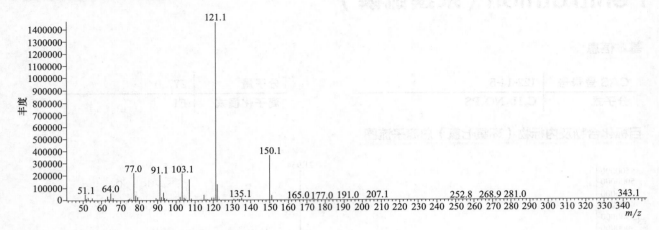

Fenoxanil（氰菌胺）

基本信息

CAS 登录号	115852-48-7	分子量	328.1
分子式	$C_{15}H_{18}Cl_2N_2O_2$	离子化模式	EI

目标化合物及内标物（环氧七氯）总离子流图

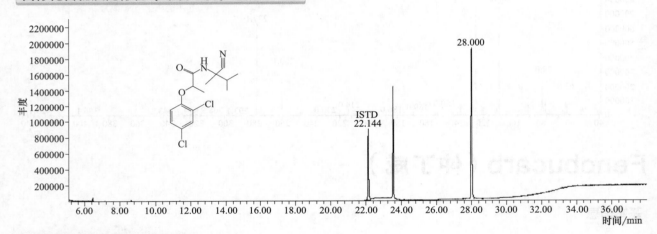

目标化合物碎片离子质谱图

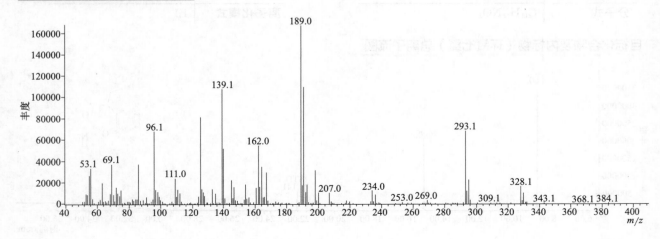

Fenoxaprop-ethyl（噁唑禾草灵）

基本信息

CAS 登录号	82110-72-3	分子量	361.1
分子式	C$_{18}$H$_{16}$ClNO$_5$	离子化模式	EI

目标化合物及内标物（环氧七氯）总离子流图

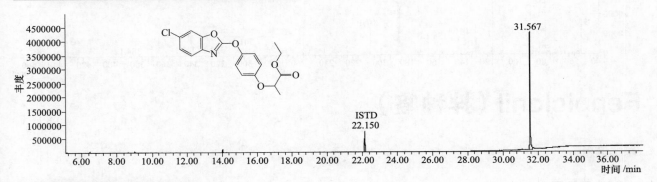

目标化合物碎片离子质谱图

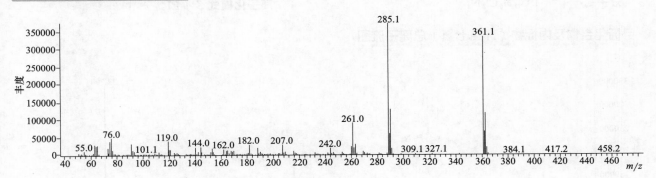

Fenoxycarb（苯氧威）

基本信息

CAS 登录号	74290-01-8	分子量	301.1
分子式	C$_{17}$H$_{19}$NO$_4$	离子化模式	EI

目标化合物及内标物（环氧七氯）总离子流图

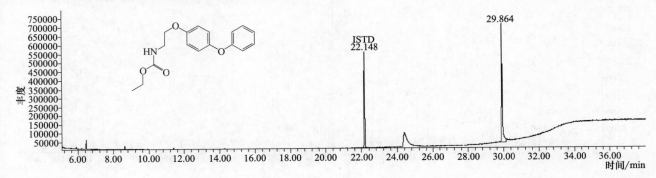

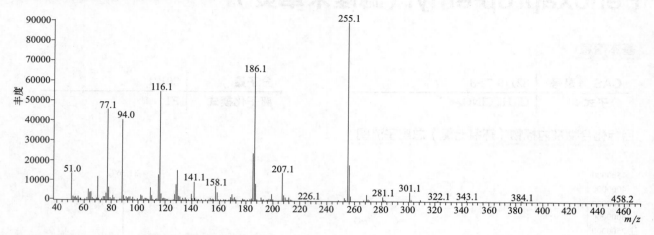

Fenpiclonil（拌种咯）

基本信息

CAS 登录号	74738-17-3		分子量	236.0
分子式	$C_{11}H_6Cl_2N_2$		离子化模式	EI

目标化合物及内标物（环氧七氯）总离子流图

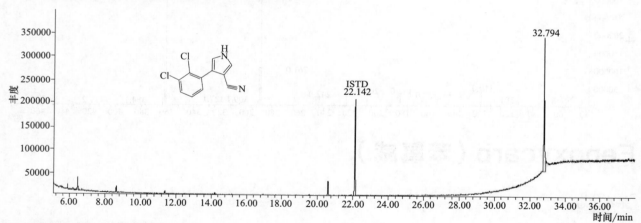

目标化合物碎片离子质谱图

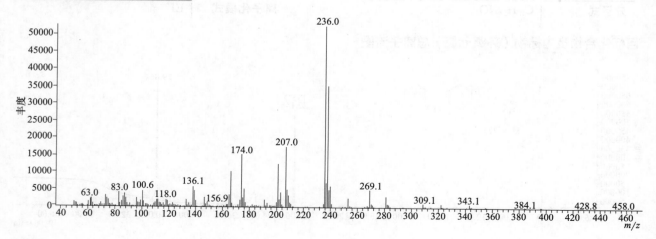

Fenpropidin（苯锈啶）

基本信息

CAS 登录号	67306-00-7	分子量	273.2
分子式	$C_{19}H_{31}N$	离子化模式	EI

目标化合物及内标物（环氧七氯）总离子流图

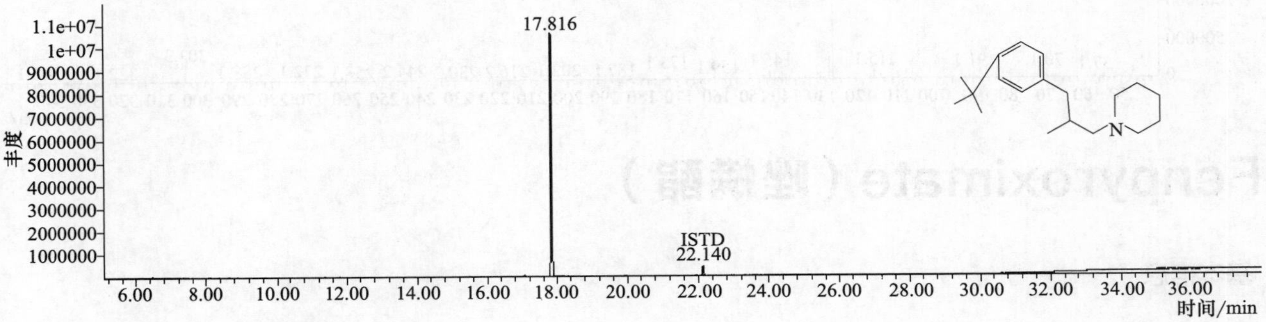

目标化合物碎片离子质谱图

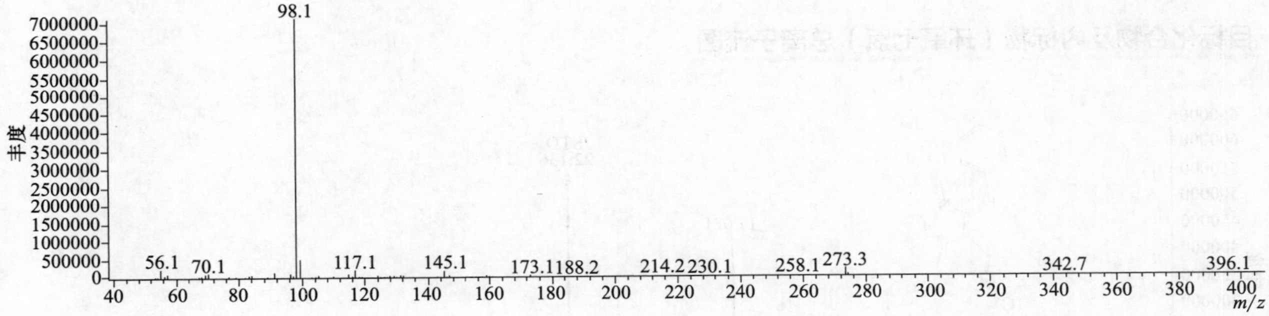

Fenpropimorph（丁苯吗啉）

基本信息

CAS 登录号	67564-91-4	分子量	303.3
分子式	$C_{20}H_{33}NO$	离子化模式	EI

目标化合物及内标物（环氧七氯）总离子流图

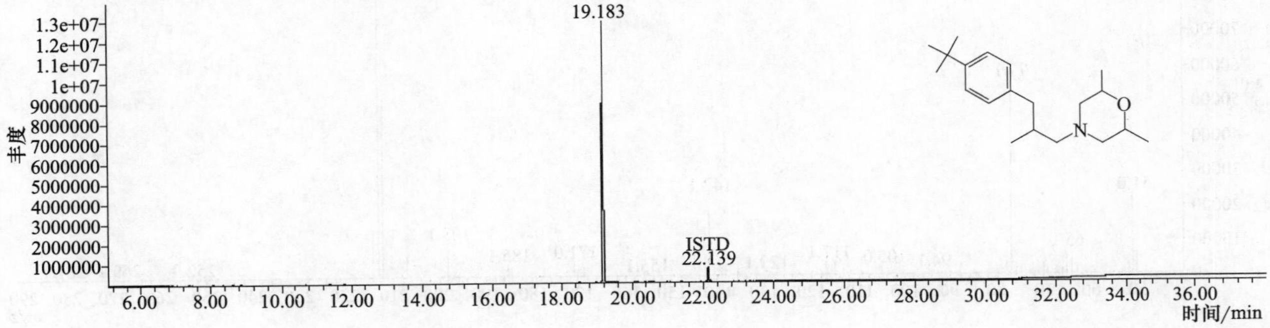

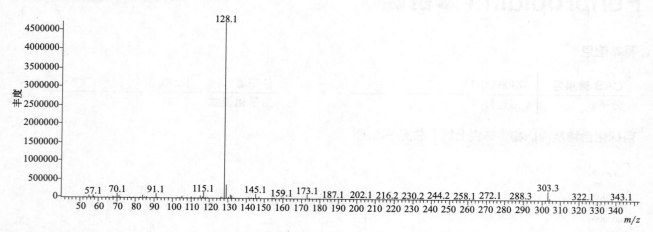

Fenpyroximate（唑螨酯）

基本信息

CAS 登录号	134098-61-6 或 111812-58-9	分子量	421.2
分子式	$C_{24}H_{27}N_3O_4$	离子化模式	EI

目标化合物及内标物（环氧七氯）总离子流图

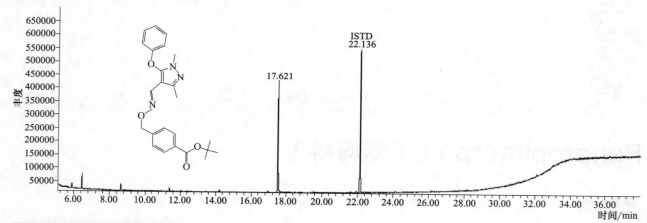

目标化合物碎片离子质谱图

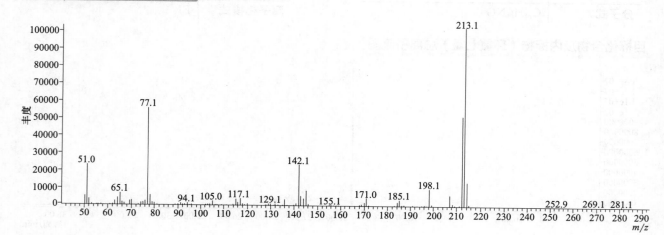

Fenson（除螨酯）

基本信息

CAS 登录号	80-38-6	分子量	268. 0
分子式	C₁₂H₉ClO₃S	离子化模式	EI

分子式 $C_{12}H_9ClO_3S$

目标化合物及内标物（环氧七氯）总离子流图

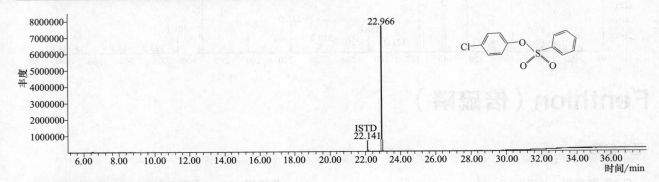

目标化合物碎片离子质谱图

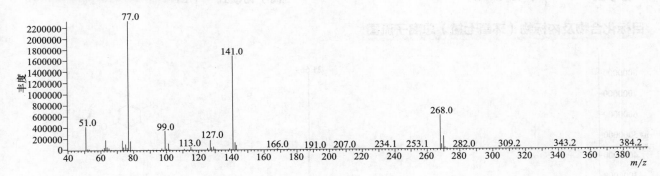

Fensulfothion（丰索磷）

基本信息

CAS 登录号	115-90-2	分子量	308. 0
分子式	C₁₁H₁₇O₄PS₂	离子化模式	EI

分子式 $C_{11}H_{17}O_4PS_2$

目标化合物及内标物（环氧七氯）总离子流图

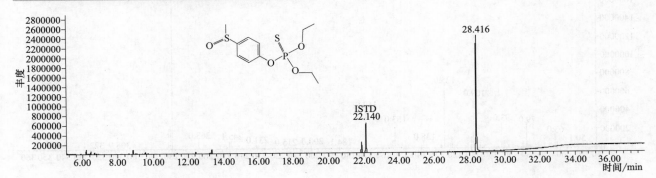

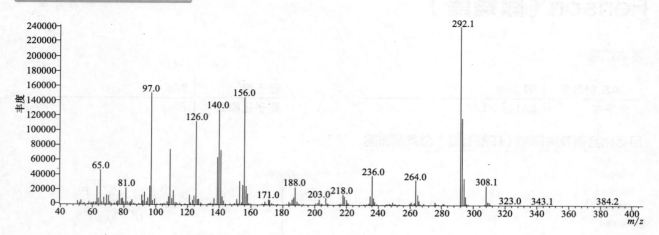

Fenthion（倍硫磷）

CAS 登录号	55-38-9	分子量	310.0
分子式	$C_{10}H_{15}O_3PS_2$	离子化模式	EI

目标化合物及内标物（环氧七氯）总离子流图

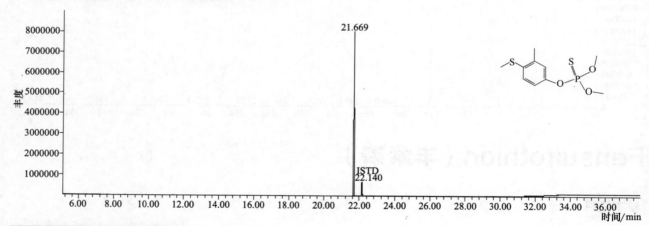

目标化合物碎片离子质谱图

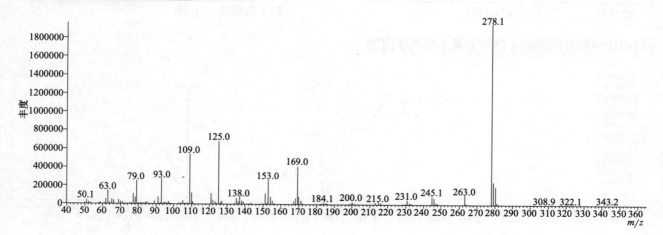

Fenthion sulfone（倍硫磷砜）

基本信息

CAS 登录号	3761-42-0	分子量	310.0
分子式	$C_{10}H_{15}O_5PS_2$	离子化模式	EI

目标化合物及内标物（环氧七氯）总离子流图

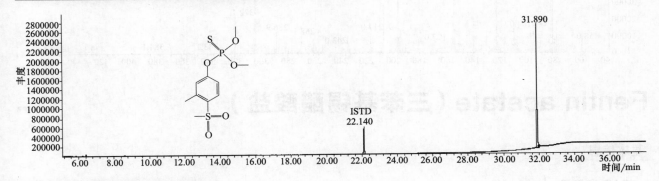

目标化合物碎片离子质谱图

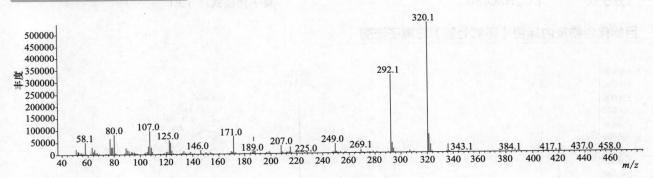

Fenthion sulfoxide（倍硫磷亚砜）

基本信息

CAS 登录号	3761-41-9	分子量	294.0
分子式	$C_{10}H_{15}O_4PS_2$	离子化模式	EI

目标化合物及内标物（环氧七氯）总离子流图

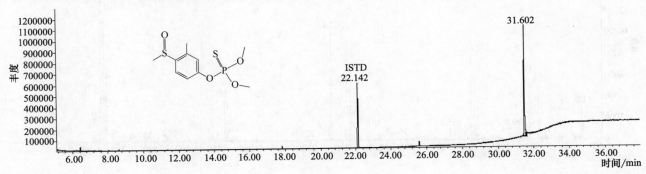

目标化合物碎片离子质谱图

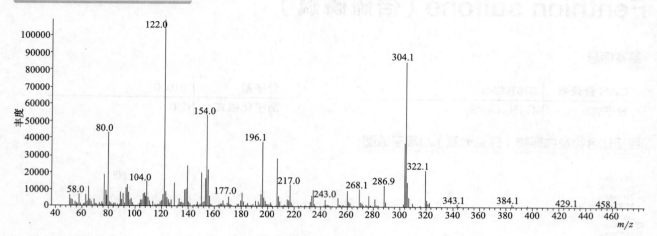

Fentin acetate（三苯基锡醋酸盐）

基本信息

CAS 登录号	900-95-8	分子量	410.0
分子式	$C_{20}H_{18}O_2Sn$	离子化模式	EI

目标化合物及内标物（环氧七氯）总离子流图

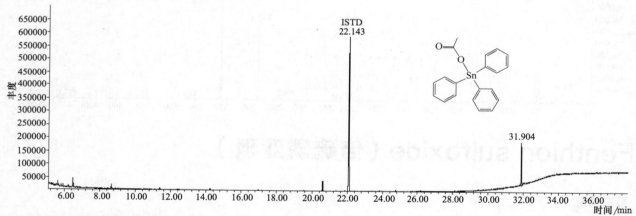

目标化合物碎片离子质谱图

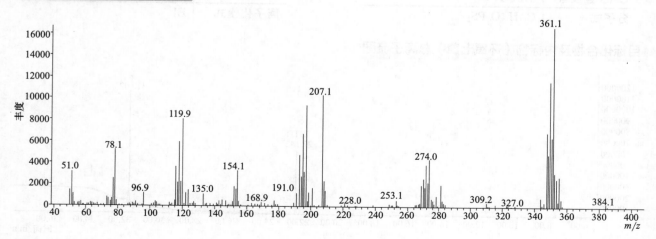

Fenuron（非草隆）

基本信息

CAS 登录号	101-42-8	分子量	164.1
分子式	$C_9H_{12}N_2O$	离子化模式	EI

目标化合物及内标物（环氧七氯）总离子流图

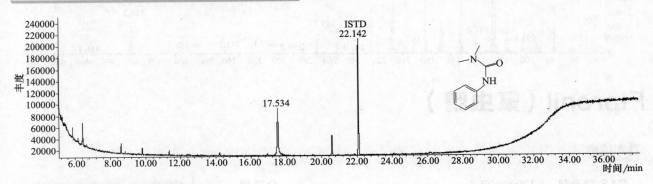

目标化合物碎片离子质谱图

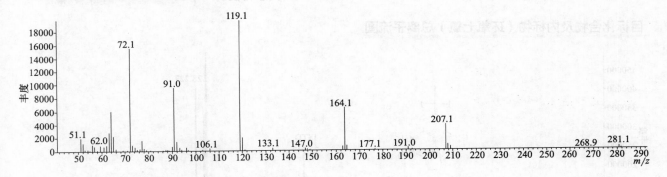

Fenvalerate（氰戊菊酯）

基本信息

CAS 登录号	51630-58-1	分子量	419.1
分子式	$C_{25}H_{22}ClNO_3$	离子化模式	EI

目标化合物及内标物（环氧七氯）总离子流图

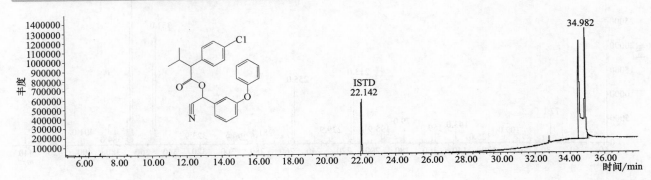

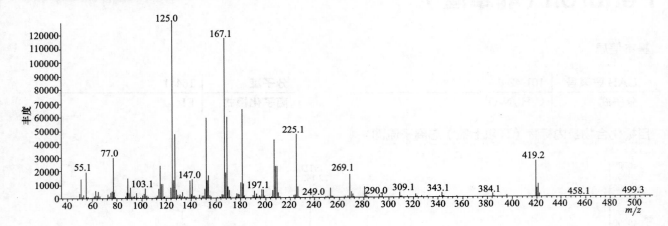

Fipronil（氟虫腈）

基本信息

CAS 登录号	120068-37-3	分子量	435.9
分子式	$C_{12}H_4Cl_2F_6N_4OS$	离子化模式	EI

目标化合物及内标物（环氧七氯）总离子流图

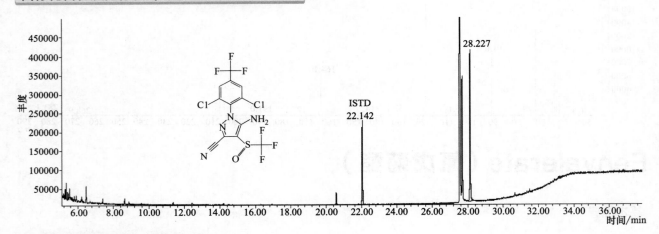

目标化合物碎片离子质谱图

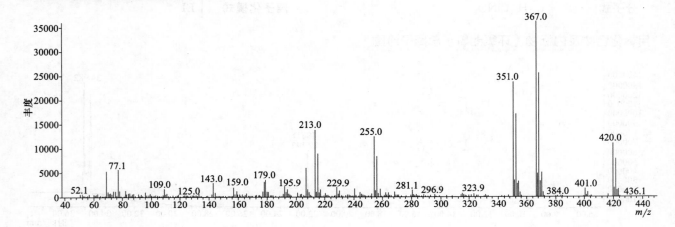

Flamprop-isopropyl（麦草氟异丙酯）

基本信息

CAS 登录号	52756-22-6	分子量	363.1
分子式	$C_{19}H_{19}ClFNO_3$	离子化模式	EI

目标化合物及内标物（环氧七氯）总离子流图

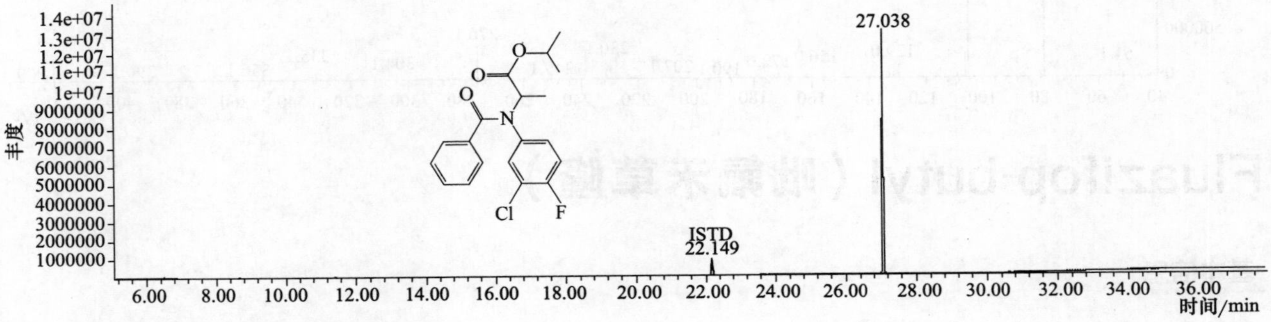

目标化合物碎片离子质谱图

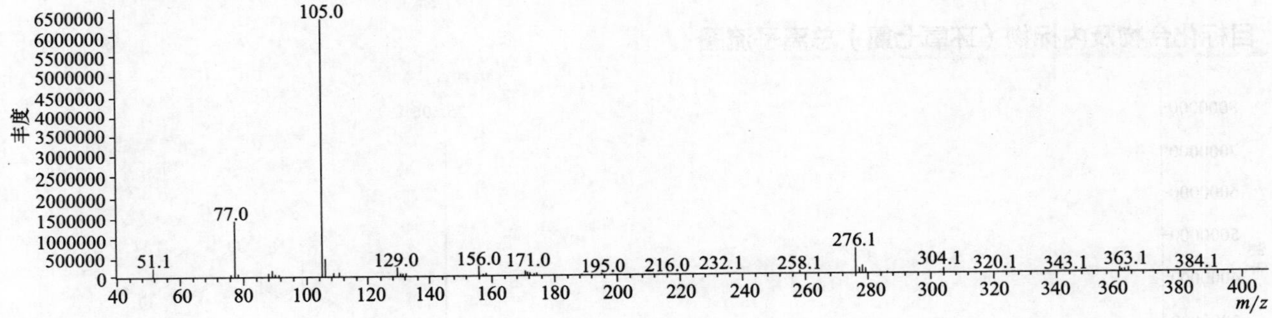

Flamprop-methyl（麦草氟甲酯）

基本信息

CAS 登录号	52756-25-9	分子量	335.1
分子式	$C_{17}H_{15}ClFNO_3$	离子化模式	EI

目标化合物及内标物（环氧七氯）总离子流图

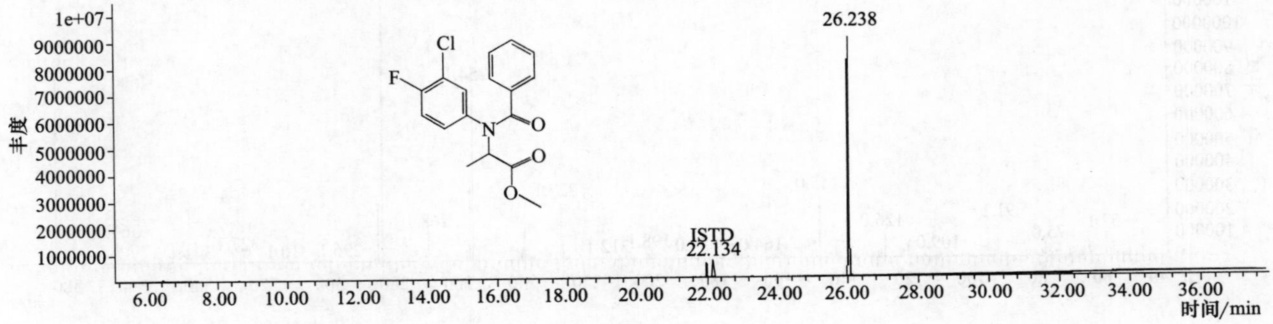

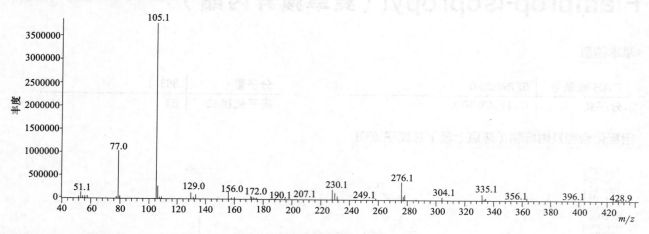

Fluazifop-butyl（吡氟禾草隆）

基本信息

CAS 登录号	69806-50-4	分子量	383.1
分子式	$C_{19}H_{20}F_3NO_4$	离子化模式	EI

目标化合物及内标物（环氧七氯）总离子流图

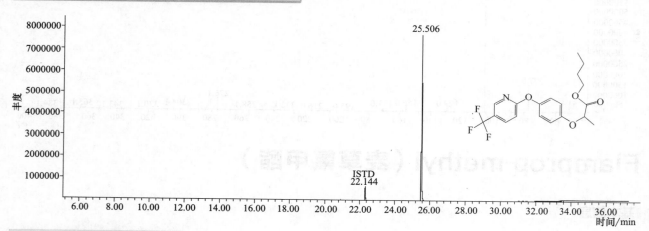

目标化合物碎片离子质谱图

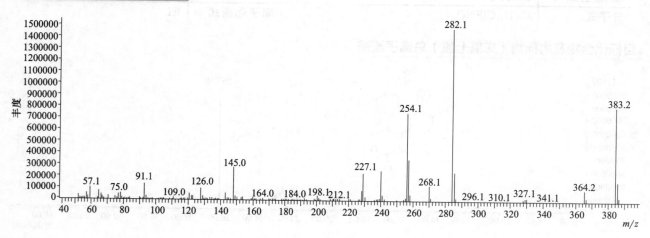

606

Fluazinam（氟啶胺）

基本信息

CAS 登录号	79622-59-6	分子量	464.0
分子式	$C_{13}H_4Cl_2F_6N_4O_4$	离子化模式	EI

目标化合物及内标物（环氧七氯）总离子流图

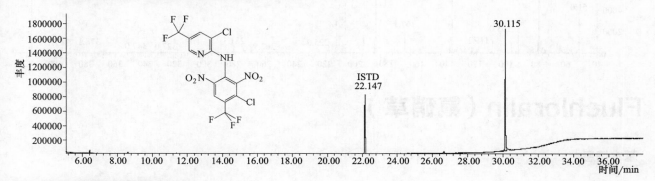

目标化合物碎片离子质谱图

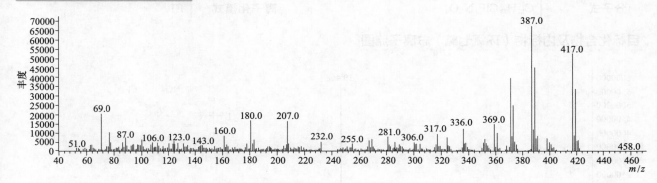

Flubenzimine（嘧唑螨）

基本信息

CAS 登录号	37893-02-0	分子量	416.1
分子式	$C_{17}H_{10}F_6N_4S$	离子化模式	EI

目标化合物及内标物（环氧七氯）总离子流图

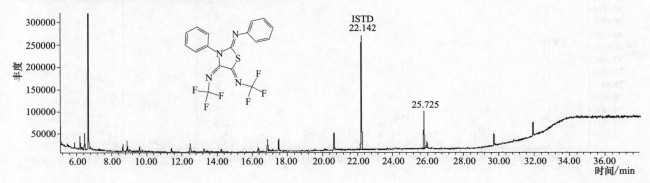

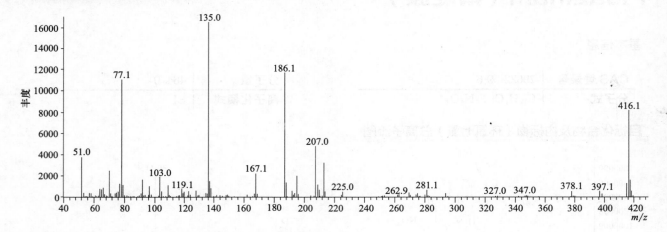

Fluchloralin（氟硝草）

基本信息

CAS 登录号	33245-39-5	分子量	355.1
分子式	$C_{12}H_{13}ClF_3N_3O_4$	离子化模式	EI

目标化合物及内标物（环氧七氯）总离子流图

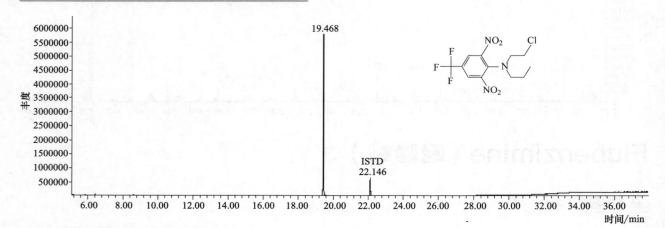

目标化合物碎片离子质谱图

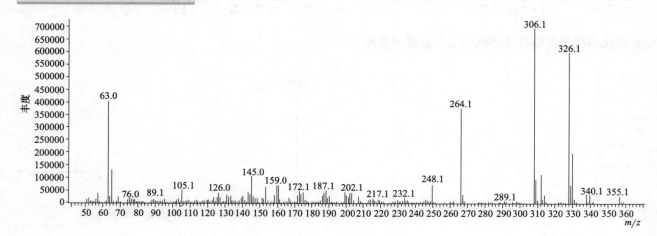

Flucythrinate（氟氰戊菊酯）

基本信息

CAS 登录号	70124-77-5		分子量	451.2
分子式	C₂₆H₂₃F₂NO₄		离子化模式	EI

目标化合物及内标物（环氧七氯）总离子流图

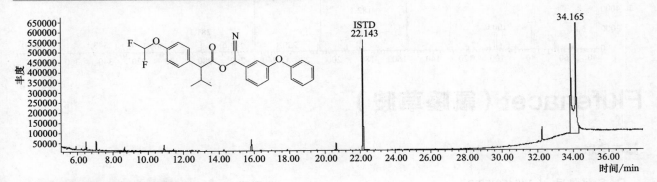

目标化合物碎片离子质谱图

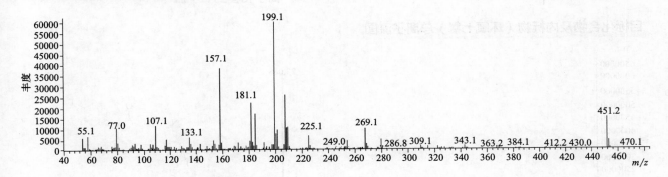

Fludioxonil（咯菌腈）

基本信息

CAS 登录号	131341-86-1		分子量	248.0
分子式	C₁₂H₆F₂N₂O₂		离子化模式	EI

目标化合物及内标物（环氧七氯）总离子流图

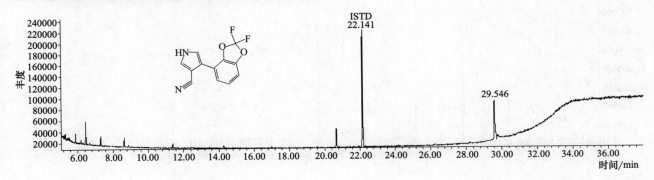

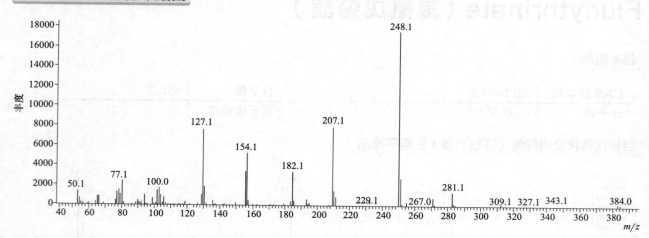

Flufenacet（氟噻草胺）

CAS 登录号	142459-58-3	分子量	363.1
分子式	$C_{14}H_{13}F_4N_3O_2S$	离子化模式	EI

目标化合物及内标物（环氧七氯）总离子流图

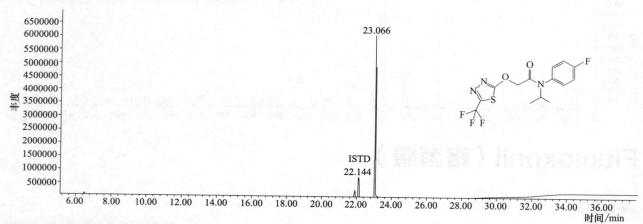

目标化合物碎片离子质谱图

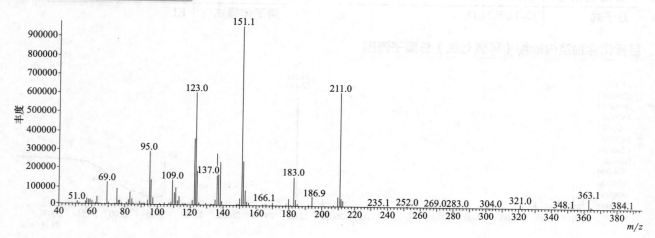

Flufenoxuron（氟虫脲）

基本信息

CAS 登录号	101463-69-8	分子量	488.0
分子式	$C_{21}H_{11}ClF_6N_2O_3$	离子化模式	EI

目标化合物及内标物（环氧七氯）总离子流图

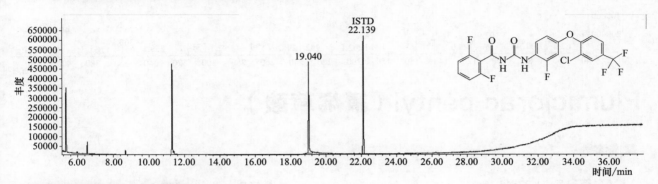

目标化合物碎片离子质谱图

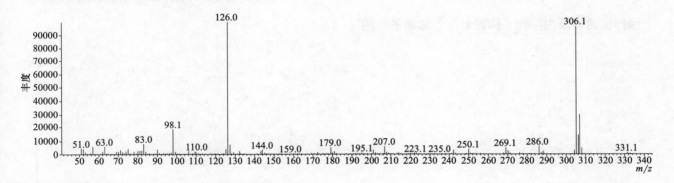

Flumetralin（氟节胺）

基本信息

CAS 登录号	62924-70-3	分子量	421.0
分子式	$C_{16}H_{12}ClF_4N_3O_4$	离子化模式	EI

目标化合物及内标物（环氧七氯）总离子流图

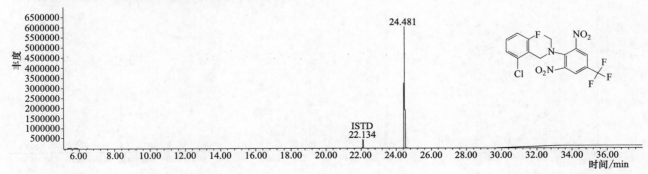

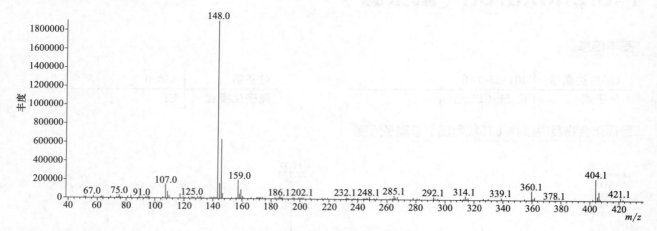

Flumiclorac-pentyl（氟烯草酸）

基本信息

CAS 登录号	87546-18-7		分子量	423.1
分子式	C$_{21}$H$_{23}$ClFNO$_5$		离子化模式	EI

目标化合物及内标物（环氧七氯）总离子流图

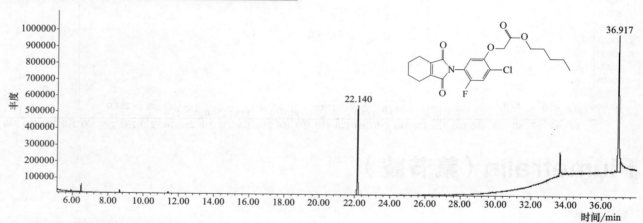

目标化合物碎片离子质谱图

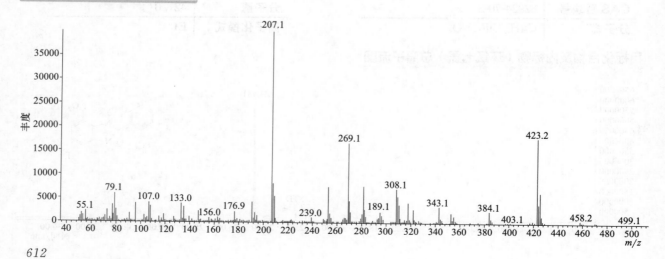

Flumioxazin（丙炔氟草胺）

基本信息

CAS 登录号	103361-09-7	分子量	354.1
分子式	C$_{19}$H$_{15}$FN$_2$O$_4$	离子化模式	EI

目标化合物及内标物（环氧七氯）总离子流图

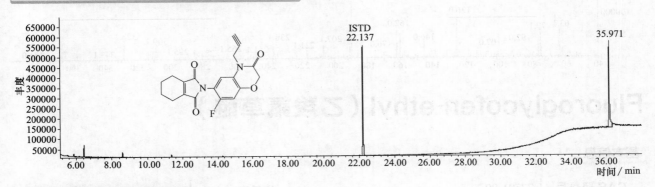

目标化合物碎片离子质谱图

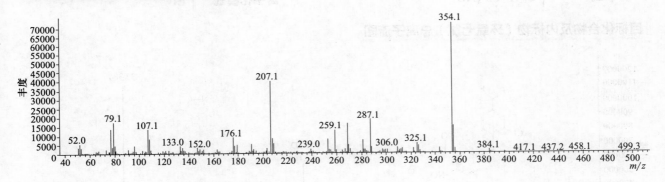

Fluorodifen（消草醚）

基本信息

CAS 登录号	15457-05-3	分子量	328.0
分子式	C$_{13}$H$_7$F$_3$N$_2$O$_5$	离子化模式	EI

目标化合物及内标物（环氧七氯）总离子流图

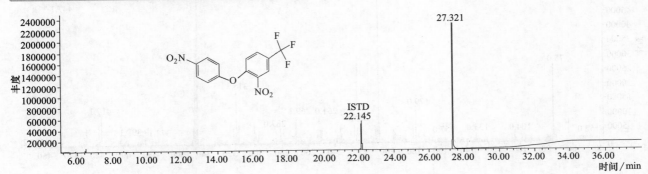

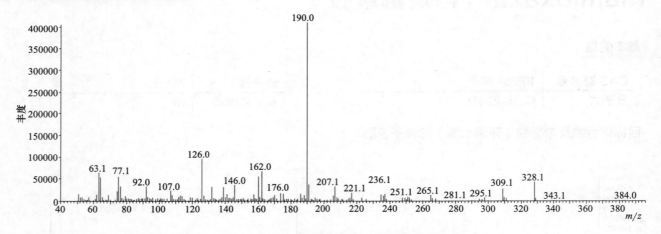

Fluoroglycofen-ethyl（乙羧氟草醚）

基本信息

CAS 登录号	77501-90-7	分子量	447.0
分子式	$C_{18}H_{13}ClF_3NO_7$	离子化模式	EI

目标化合物及内标物（环氧七氯）总离子流图

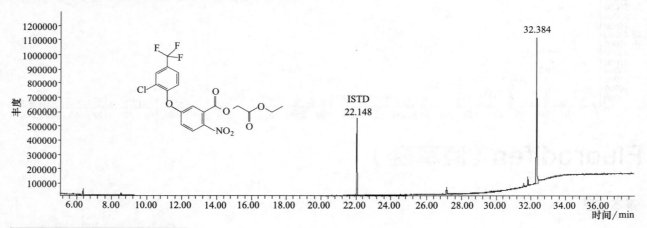

目标化合物碎片离子质谱图

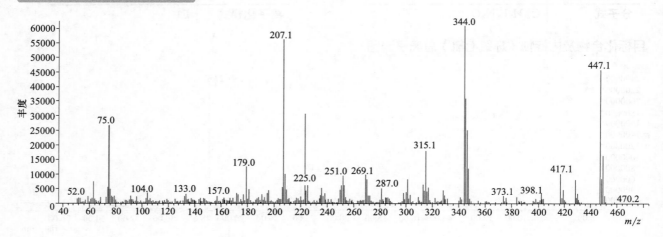

Fluoroimide（唑呋草）

基本信息

CAS 登录号	41205-21-4	分子量	259.0
分子式	$C_{10}H_4Cl_2FNO_2$	离子化模式	EI

目标化合物及内标物（环氧七氯）总离子流图

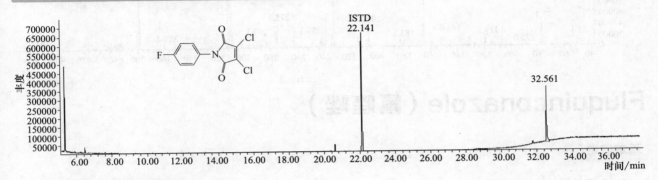

目标化合物碎片离子质谱图

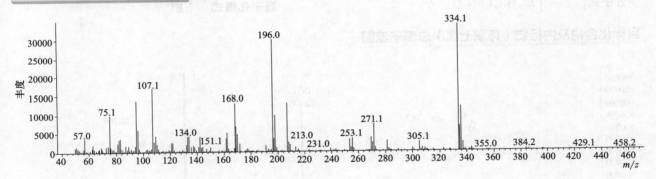

Fluotrimazole（三氟苯唑）

基本信息

CAS 登录号	31251-03-3	分子量	379.1
分子式	$C_{22}H_{16}F_3N_3$	离子化模式	EI

目标化合物及内标物（环氧七氯）总离子流图

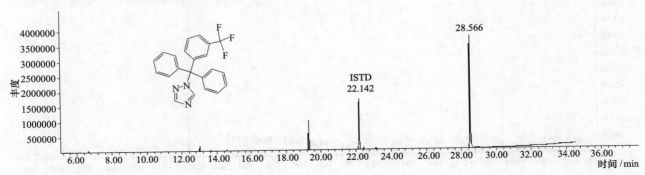

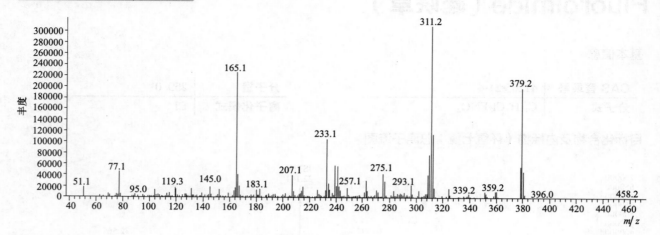

Fluquinconazole（氟喹唑）

基本信息

CAS 登录号	136426-54-5	分子量	375.0
分子式	$C_{16}H_8Cl_2FN_5O$	离子化模式	EI

目标化合物及内标物（环氧七氯）总离子流图

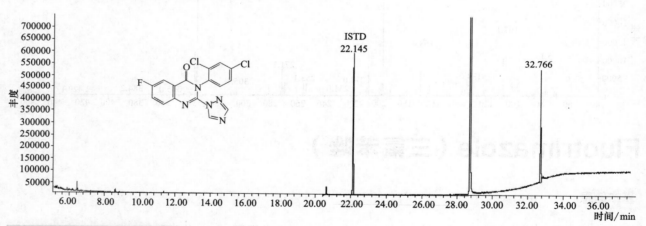

目标化合物碎片离子质谱图

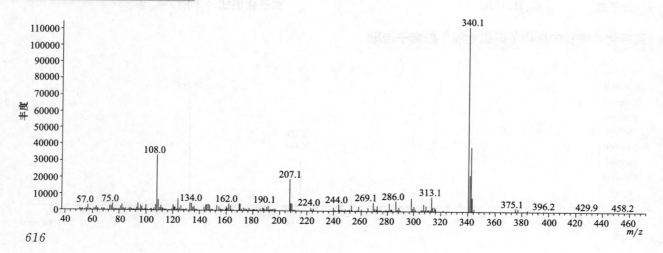

Fluridone（氟啶草酮）

基本信息

CAS 登录号	59756-60-4	分子量	329.1
分子式	C$_{19}$H$_{14}$F$_3$NO	离子化模式	EI

目标化合物及内标物（环氧七氯）总离子流图

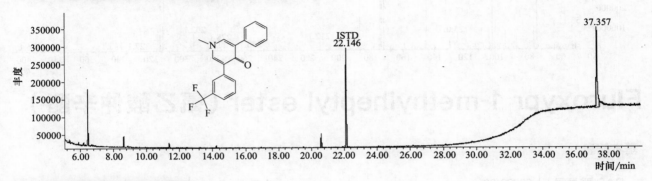

目标化合物碎片离子质谱图

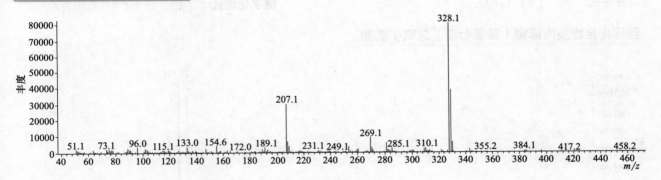

Flurochloridone（氟咯草酮）

基本信息

CAS 登录号	61213-25-0	分子量	311.0
分子式	C$_{12}$H$_{10}$Cl$_2$F$_3$NO	离子化模式	EI

目标化合物及内标物（环氧七氯）总离子流图

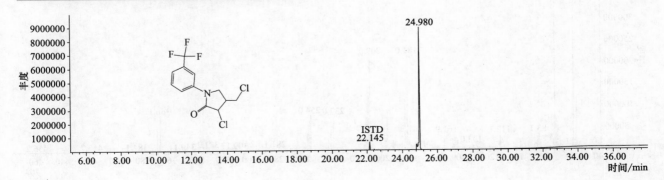

617

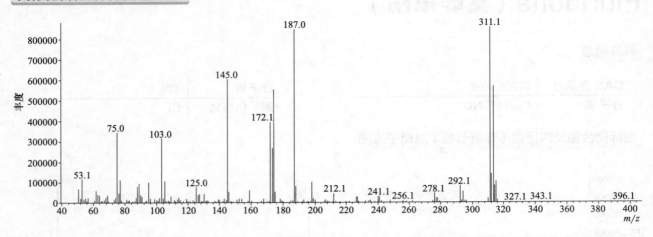

Fluroxypr 1-methylheptyl ester（氰乙酸仲辛酯）

基本信息

CAS 登录号	52688-08-1	分子量	197.1
分子式	$C_{11}H_{19}NO_2$	离子化模式	EI

目标化合物及内标物（环氧七氯）总离子流图

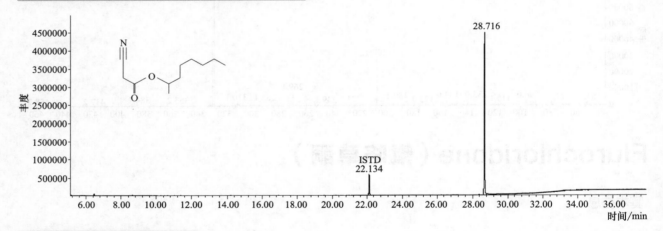

目标化合物碎片离子质谱图

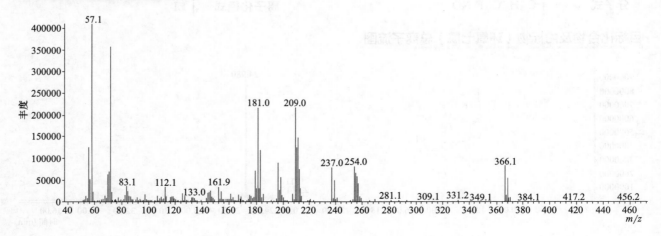

Fluroxypyr-meptyl（氟草烟-1-甲基庚基酯）

基本信息

CAS 登录号	81406-37-3		分子量	366.1
分子式	$C_{15}H_{21}Cl_2FN_2O_3$		离子化模式	EI

目标化合物及内标物（环氧七氯）总离子流图

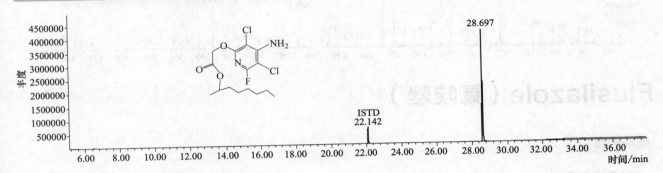

目标化合物碎片离子质谱图

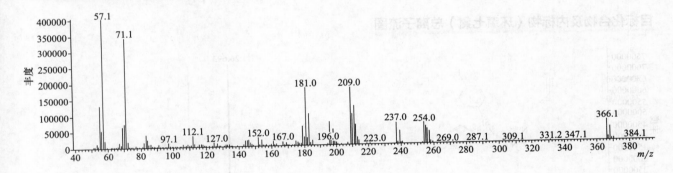

Flurtamone（呋草酮）

基本信息

CAS 登录号	96525-23-4		分子量	333.1
分子式	$C_{18}H_{14}F_3NO_2$		离子化模式	EI

目标化合物及内标物（环氧七氯）总离子流图

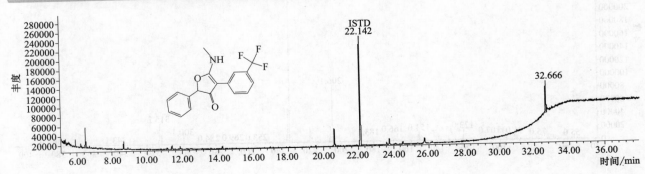

619

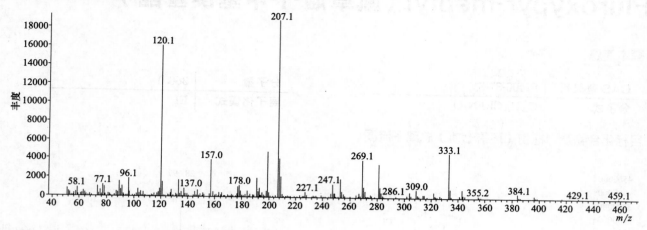

Flusilazole（氟哇唑）

基本信息

CAS 登录号	85509-19-9	分子量	315.1
分子式	$C_{16}H_{15}F_2N_3Si$	离子化模式	EI

目标化合物及内标物（环氧七氯）总离子流图

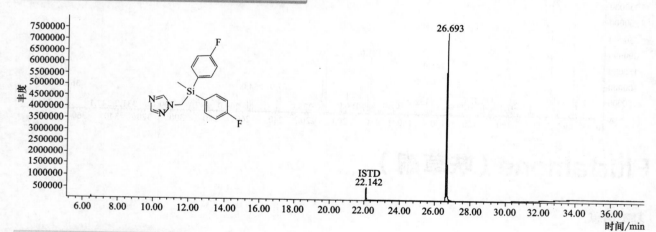

目标化合物碎片离子质谱图

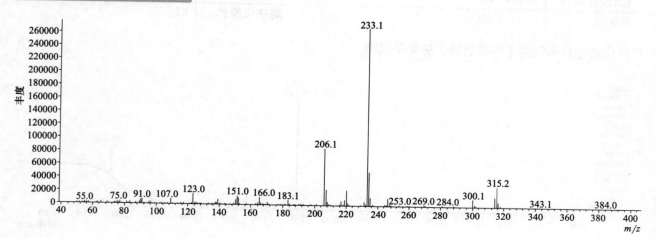

Flutolanil（氟酰胺）

基本信息

CAS 登录号	66332-96-5	分子量	323.1
分子式	C₁₇H₁₆F₃NO₂	离子化模式	EI

分子式：$C_{17}H_{16}F_3NO_2$

目标化合物及内标物（环氧七氯）总离子流图

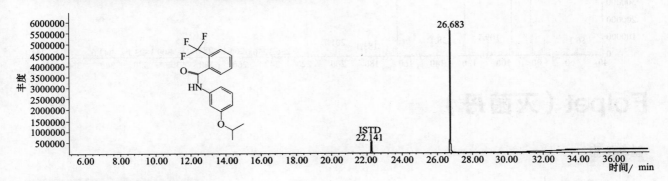

目标化合物碎片离子质谱图

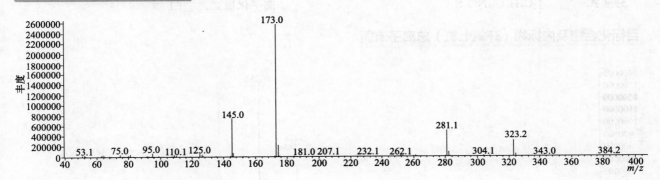

Flutriafol（粉唑醇）

基本信息

CAS 登录号	76674-21-0	分子量	301.1
分子式	C₁₆H₁₃F₂N₃O	离子化模式	EI

分子式：$C_{16}H_{13}F_2N_3O$

目标化合物及内标物（环氧七氯）总离子流图

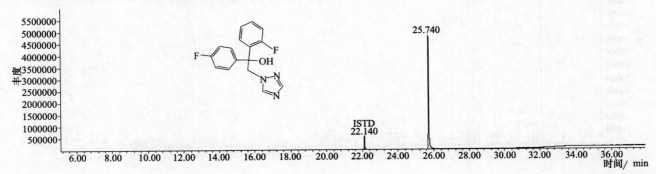

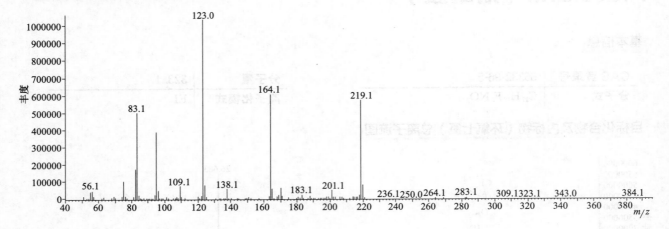

目标化合物碎片离子质谱图

Folpet（灭菌丹）

基本信息

CAS 登录号	133-07-3	分子量	294.9
分子式	$C_9H_4Cl_3NO_2S$	离子化模式	EI

目标化合物及内标物（环氧七氯）总离子流图

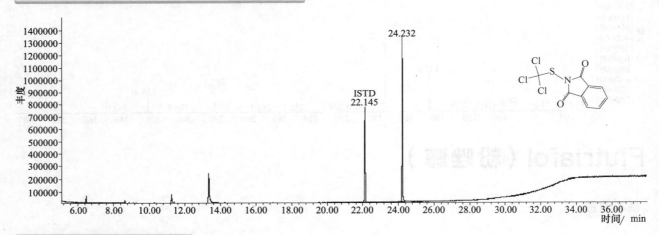

目标化合物碎片离子质谱图

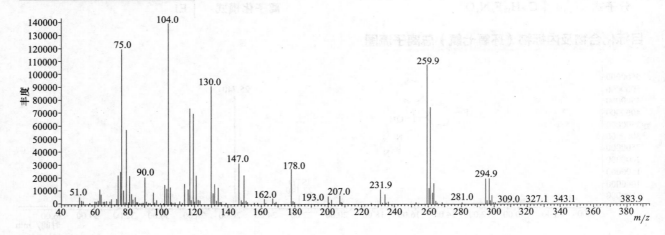

Fonofos（地虫硫磷）

基本信息

CAS 登录号	994-22-9		分子量	246.0
分子式	C₁₀H₁₅OPS₂		离子化模式	EI

CAS 登录号	994-22-9
分子式	$C_{10}H_{15}OPS_2$

分子量	246.0
离子化模式	EI

目标化合物及内标物（环氧七氯）总离子流图

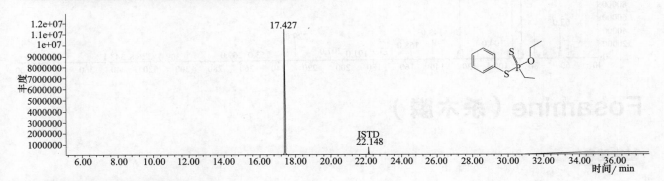

目标化合物碎片离子质谱图

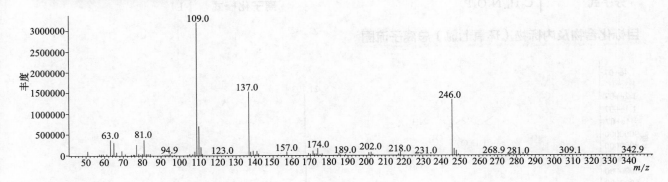

Formothion（安果）

基本信息

CAS 登录号	2540-82-1
分子式	$C_6H_{12}NO_4PS_2$

分子量	257.0
离子化模式	EI

目标化合物及内标物（环氧七氯）总离子流图

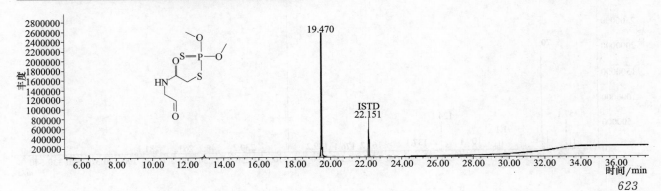

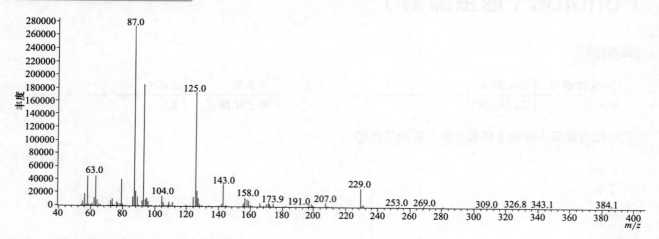

Fosamine（杀木膦）

基本信息

CAS 登录号	25954-13-6	分子量	170.0
分子式	$C_3H_{11}N_2O_4P$	离子化模式	EI

目标化合物及内标物（环氧七氯）总离子流图

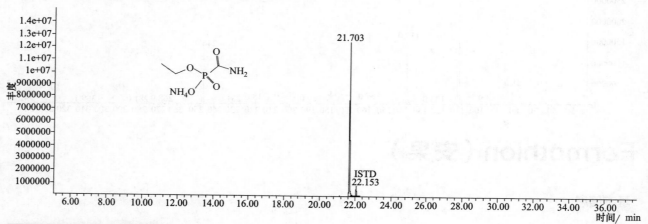

目标化合物碎片离子质谱图

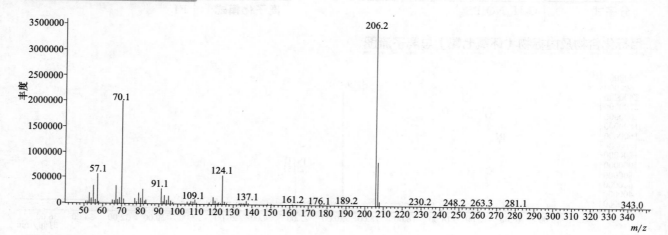

Fosthiazate（噻唑磷）

基本信息

CAS 登录号	98886-44-3	分子量	283.0
分子式	$C_9H_{18}NO_3PS_2$	离子化模式	EI

目标化合物及内标物（环氧七氯）总离子流图

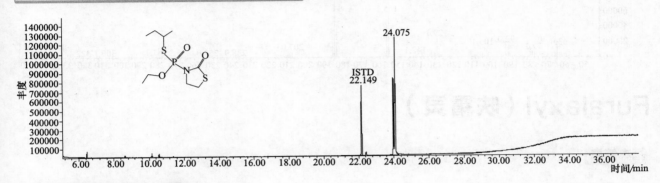

目标化合物碎片离子质谱图

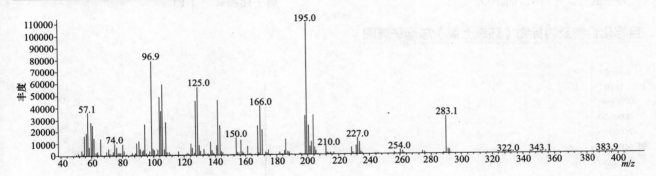

Fuberidazole（麦穗灵）

基本信息

CAS 登录号	3878-19-1	分子量	184.1
分子式	$C_{11}H_8N_2O$	离子化模式	EI

目标化合物及内标物（环氧七氯）总离子流图

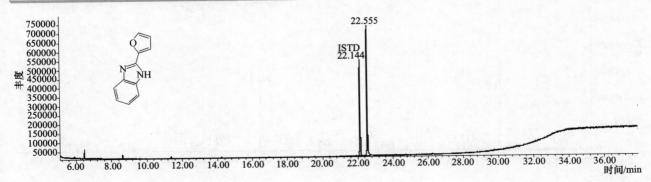

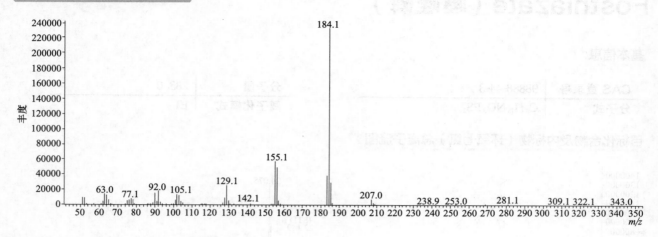

Furalaxyl（呋霜灵）

基本信息

CAS 登录号	57646-30-7		分子量	301. 1
分子式	$C_{17}H_{19}NO_4$		离子化模式	EI

目标化合物及内标物（环氧七氯）总离子流图

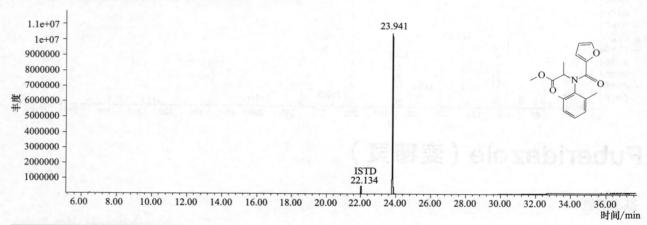

目标化合物碎片离子质谱图

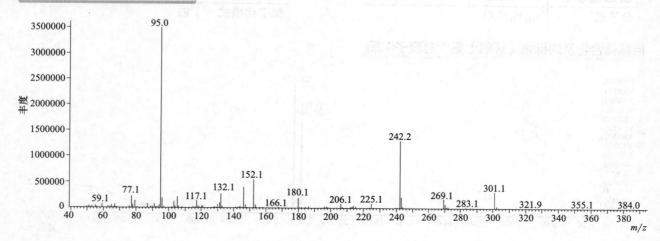

Furathiocarb（呋线威）

基本信息

CAS 登录号	65907-30-4	分子量	382.2
分子式	$C_{18}H_{26}N_2O_5S$	离子化模式	EI

目标化合物及内标物（环氧七氯）总离子流图

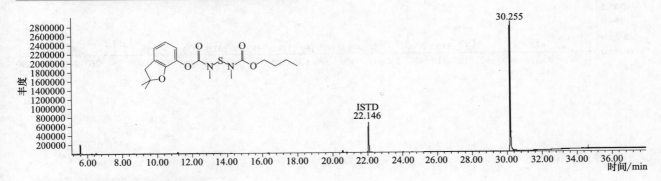

目标化合物碎片离子质谱图

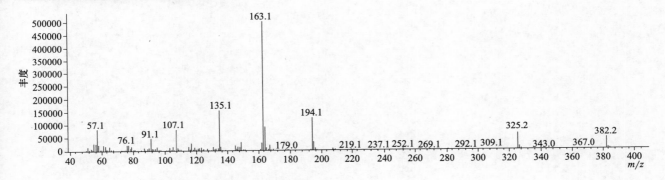

Furmecyclox（拌种胺）

基本信息

CAS 登录号	60568-05-3	分子量	251.2
分子式	$C_{14}H_{21}NO_3$	离子化模式	EI

目标化合物及内标物（环氧七氯）总离子流图

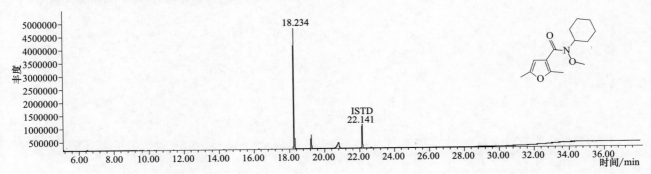

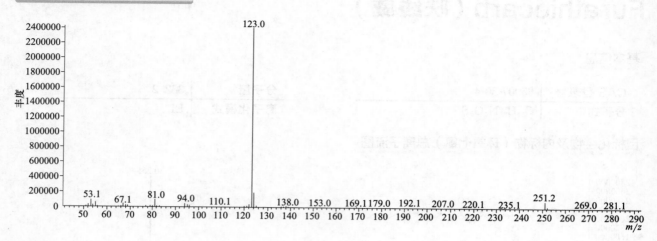

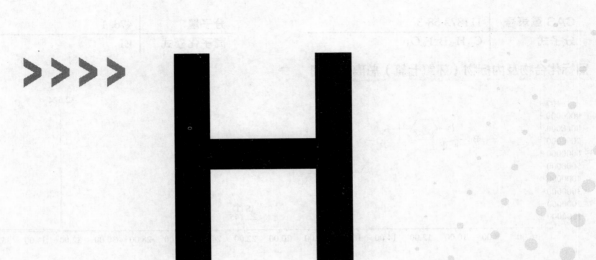

Halfenprox（苄螨醚）

基本信息

CAS 登录号	111872-58-3		分子量	476. 1
分子式	$C_{24}H_{23}BrF_2O_3$		离子化模式	EI

目标化合物及内标物（环氧七氯）总离子流图

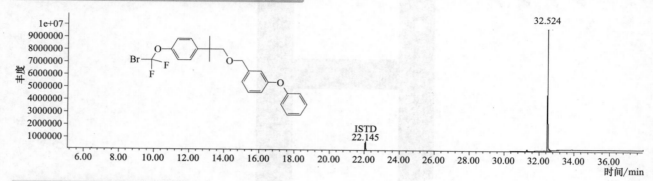

目标化合物碎片离子质谱图

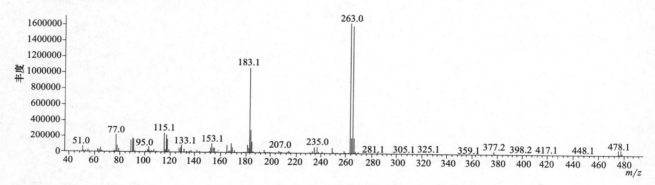

Haloxyfop-ethoxyethyl（氟吡乙禾灵）

基本信息

CAS 登录号	87237-48-7		分子量	433. 1
分子式	$C_{19}H_{19}ClF_3NO_5$		离子化模式	EI

目标化合物及内标物（环氧七氯）总离子流图

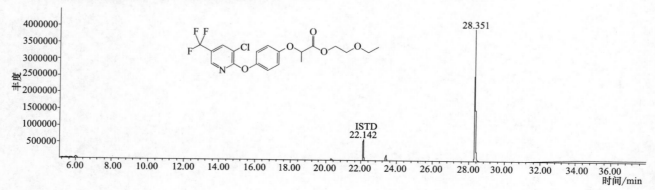

目标化合物碎片离子质谱图

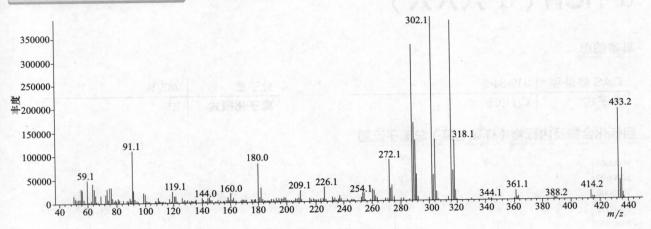

Haloxyfop-methyl（氟吡甲禾灵）

基本信息

CAS 登录号	69806-40-2	分子量	375.0
分子式	$C_{16}H_{13}ClF_3NO_4$	离子化模式	EI

目标化合物及内标物（环氧七氯）总离子流图

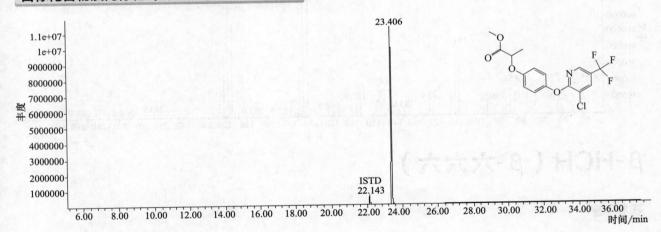

目标化合物碎片离子质谱图

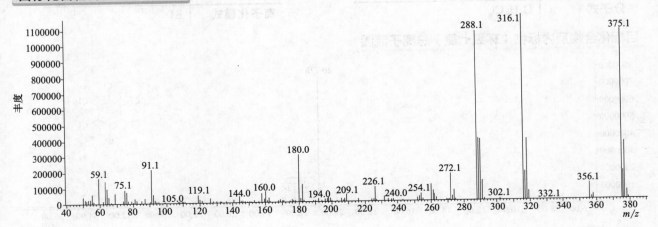

α-HCH（α-六六六）

基本信息

CAS 登录号	319-84-6	分子量	287.9
分子式	$C_6H_6Cl_6$	离子化模式	EI

目标化合物及内标物（环氧七氯）总离子流图

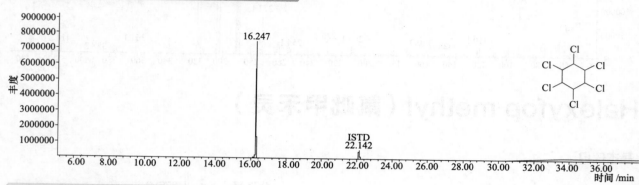

目标化合物碎片离子质谱图

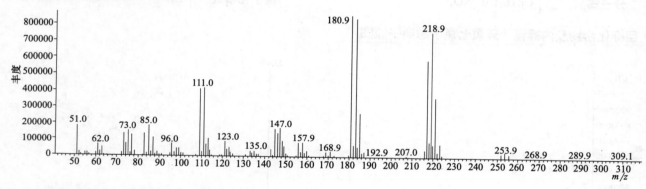

β-HCH（β-六六六）

基本信息

CAS 登录号	319-85-7	分子量	287.9
分子式	$C_6H_6Cl_6$	离子化模式	EI

目标化合物及内标物（环氧七氯）总离子流图

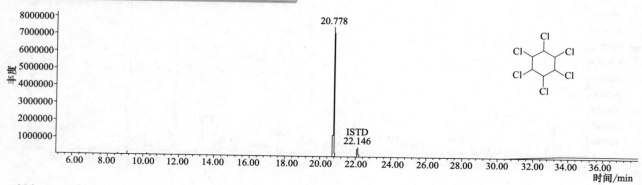

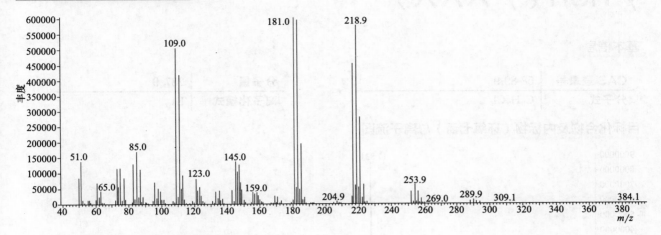

δ-HCH（δ-六六六）

基本信息

CAS 登录号	319-86-8	分子量	287.9
分子式	C₆H₆Cl₆	离子化模式	EI

分子式 $C_6H_6Cl_6$

目标化合物及内标物（环氧七氯）总离子流图

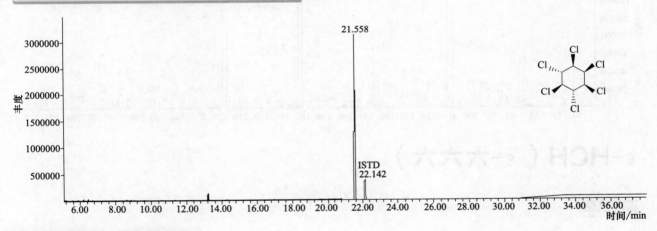

目标化合物碎片离子质谱图

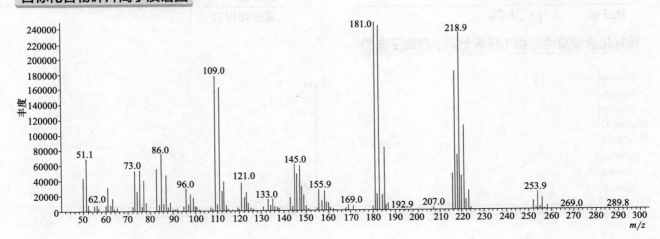

γ-HCH（γ-六六六）

基本信息

CAS 登录号	58-89-9		分子量	287. 9
分子式	$C_6H_6Cl_6$		离子化模式	EI

目标化合物及内标物（环氧七氯）总离子流图

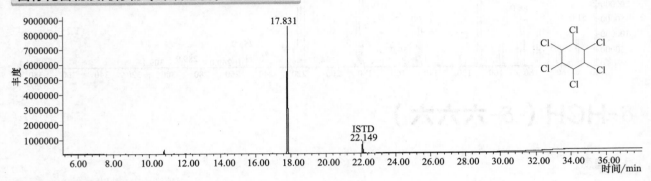

目标化合物碎片离子质谱图

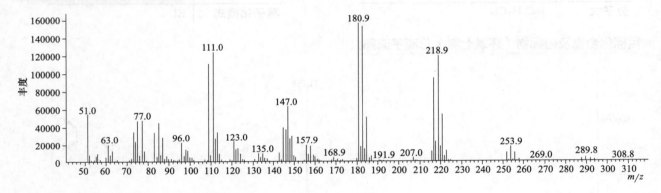

ε-HCH（ε-六六六）

基本信息

CAS 登录号	6108-10-7		分子量	287. 9
分子式	$C_6H_6Cl_6$		离子化模式	EI

目标化合物及内标物（环氧七氯）总离子流图

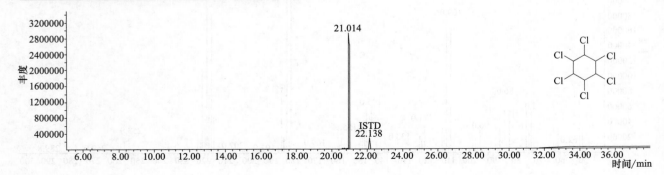

目标化合物碎片离子质谱图

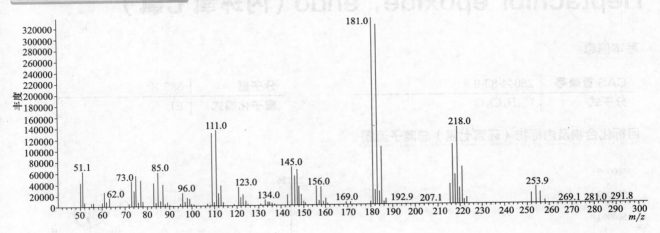

Heptachlor（七氯）

基本信息

CAS 登录号	76-44-8	分子量	369.8
分子式	$C_{10}H_5Cl_7$	离子化模式	EI

目标化合物及内标物（环氧七氯）总离子流图

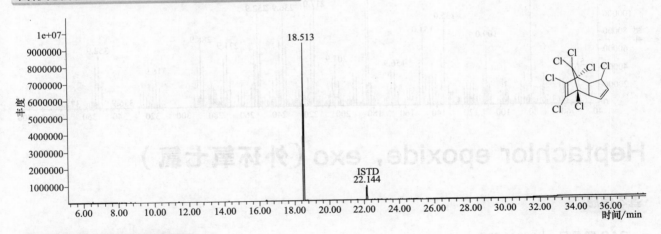

目标化合物碎片离子质谱图

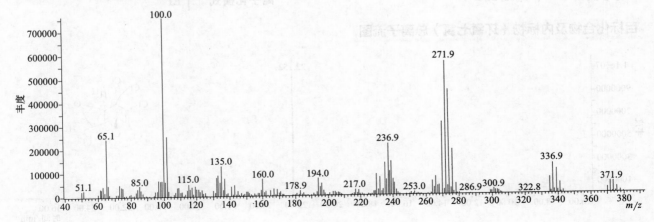

Heptachlor epoxide，endo（内环氧七氯）

基本信息

CAS 登录号	28044-83-9		分子量	385.8
分子式	$C_{10}H_5Cl_7O$		离子化模式	EI

目标化合物及内标物（环氧七氯）总离子流图

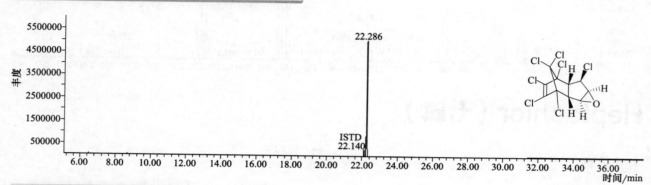

目标化合物碎片离子质谱图

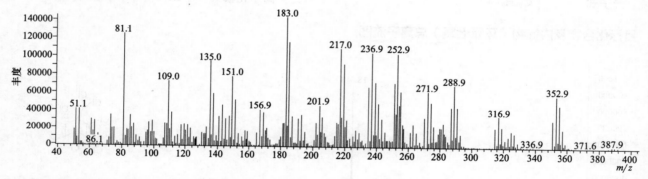

Heptachlor epoxide，exo（外环氧七氯）

基本信息

CAS 登录号	28044-83-9		分子量	385.8
分子式	$C_{10}H_5Cl_7O$		离子化模式	EI

目标化合物及内标物（环氧七氯）总离子流图

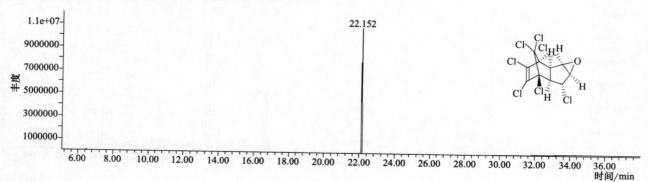

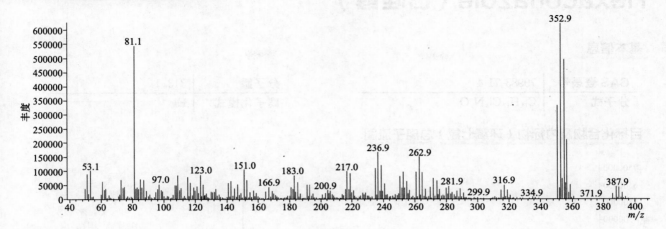

Hexachlorobenzene（六氯苯）

基本信息

CAS 登录号	118-74-1	分子量	281. 8
分子式	C_6Cl_6	离子化模式	EI

目标化合物及内标物（环氧七氯）总离子流图

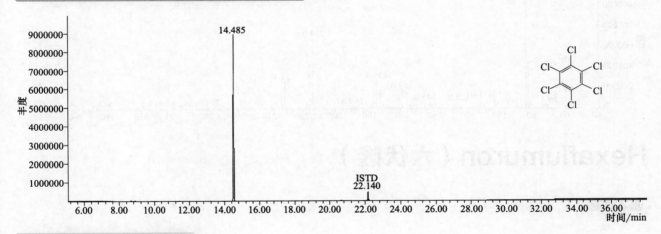

目标化合物碎片离子质谱图

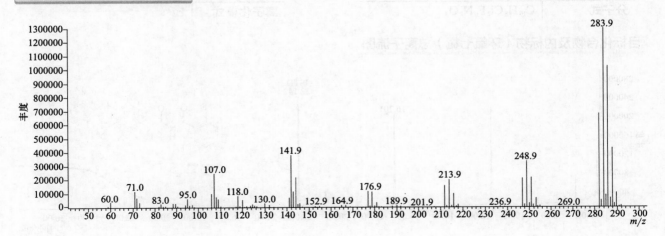

Hexaconazole（己唑醇）

CAS 登录号	79983-71-4	分子量	313. 1
分子式	$C_{14}H_{17}Cl_2N_3O$	离子化模式	EI

目标化合物及内标物（环氧七氯）总离子流图

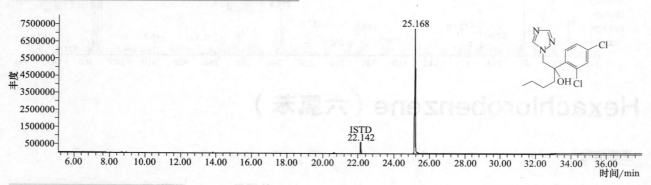

目标化合物碎片离子质谱图

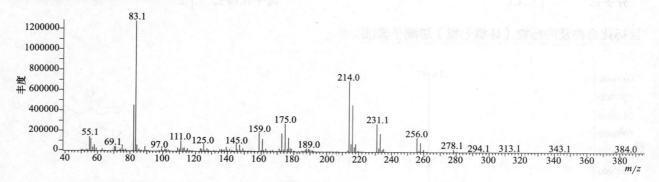

Hexaflumuron（六伏隆）

基本信息

CAS 登录号	86479-06-3	分子量	460. 0
分子式	$C_{16}H_8Cl_2F_6N_2O_3$	离子化模式	EI

目标化合物及内标物（环氧七氯）总离子流图

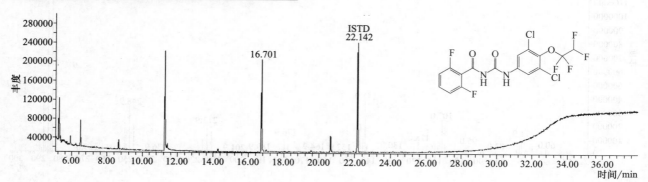

目标化合物碎片离子质谱图

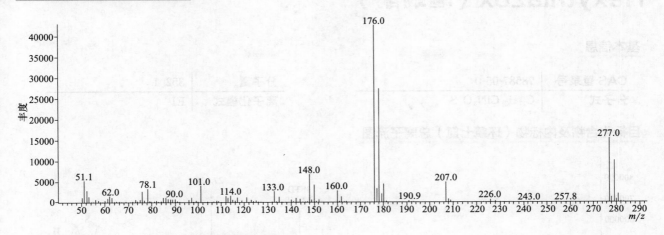

Hexazinone（环嗪酮）

基本信息

CAS 登录号	51235-04-2	分子量	252.2
分子式	$C_{12}H_{20}N_4O_2$	离子化模式	EI

目标化合物及内标物（环氧七氯）总离子流图

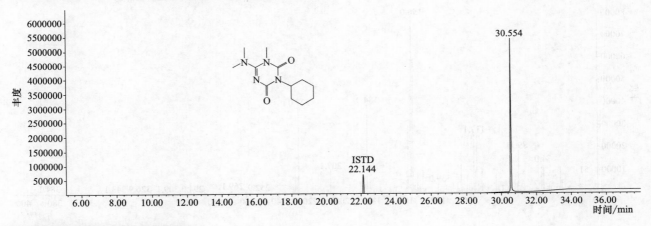

目标化合物碎片离子质谱图

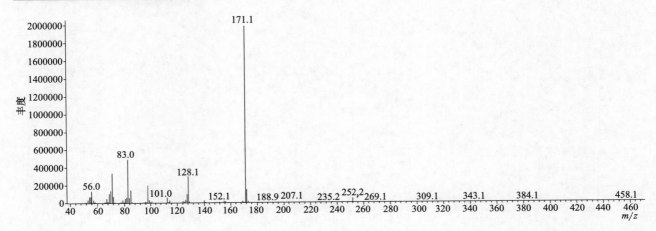

Hexythiazox（噻螨酮）

基本信息

CAS 登录号	78587-05-0	分子量	352.1
分子式	$C_{17}H_{21}ClN_2O_2S$	离子化模式	EI

目标化合物及内标物（环氧七氯）总离子流图

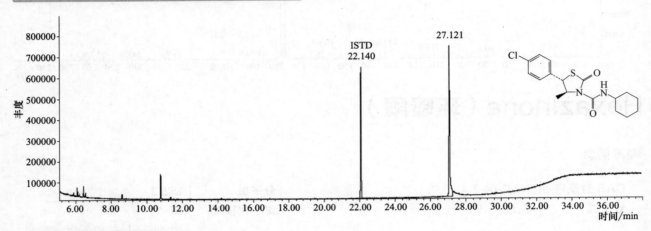

目标化合物碎片离子质谱图

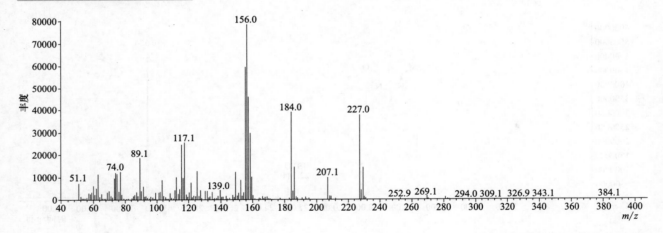

640

> > > >

Imazalil（抑霉唑）

基本信息

CAS 登录号	35554-44-0		分子量	296. 0
分子式	C$_{14}$H$_{14}$Cl$_2$N$_2$O		离子化模式	EI

目标化合物及内标物（环氧七氯）总离子流图

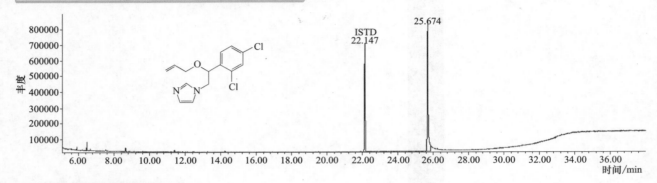

目标化合物碎片离子质谱图

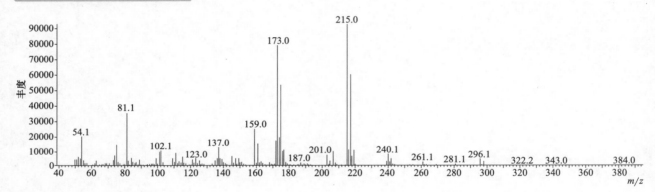

Imazamethabenz-methyl（咪草酸）

基本信息

CAS 登录号	81405-85-8		分子量	288. 1
分子式	C$_{16}$H$_{20}$N$_2$O$_3$		离子化模式	EI

目标化合物及内标物（环氧七氯）总离子流图

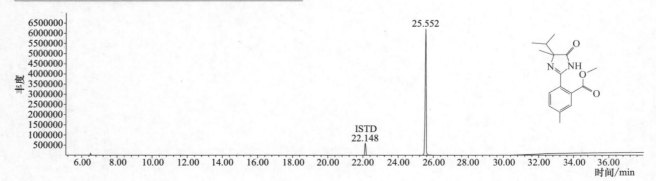

目标化合物碎片离子质谱图

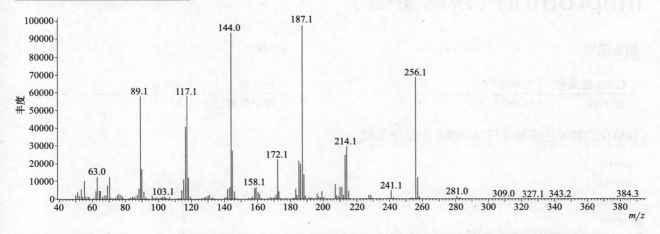

Imibenconazole-des-benzyl（脱苯甲基亚胺唑）

基本信息

CAS 登录号	199338-48-2		分子量	286.0
分子式	$C_{10}H_8Cl_2N_4S$		离子化模式	EI

目标化合物及内标物（环氧七氯）总离子流图

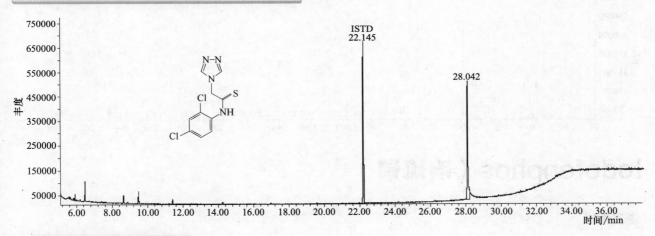

目标化合物碎片离子质谱图

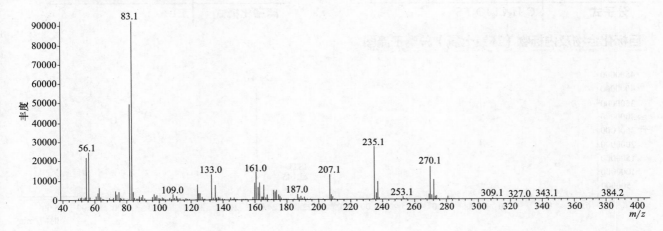

Imiprothrin（炔咪菊酯）

基本信息

CAS 登录号	72963-72-5	分子量	318.2
分子式	$C_{17}H_{22}N_2O_4$	离子化模式	EI

目标化合物及内标物（环氧七氯）总离子流图

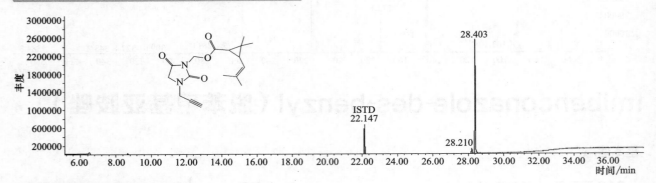

目标化合物碎片离子质谱图

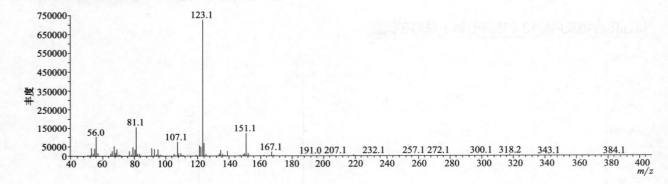

Iodofenphos（碘硫磷）

基本信息

CAS 登录号	18181-70-9	分子量	411.8
分子式	$C_8H_8Cl_2IO_3PS$	离子化模式	EI

目标化合物及内标物（环氧七氯）总离子流图

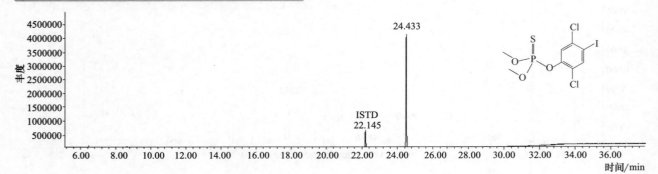

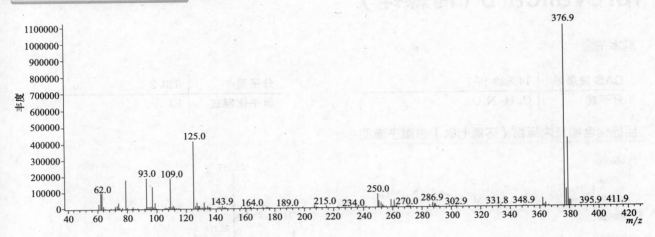

Iprobenfos（异稻瘟净）

基本信息

CAS 登录号	26087-47-8	分子量	288.1
分子式	$C_{13}H_{21}O_3PS$	离子化模式	EI

目标化合物及内标物（环氧七氯）总离子流图

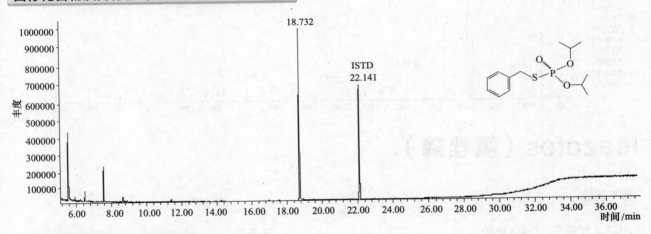

目标化合物碎片离子质谱图

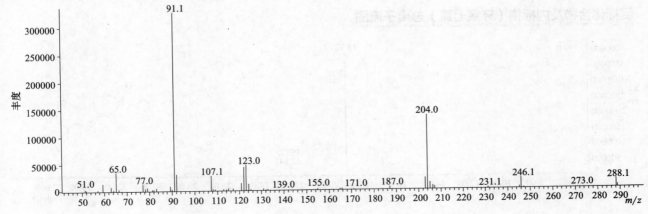

Iprovalicarb（丙森锌）

CAS 登录号	140923-17-7		分子量	320. 2
分子式	$C_{18}H_{28}N_2O_3$		离子化模式	EI

目标化合物及内标物（环氧七氯）总离子流图

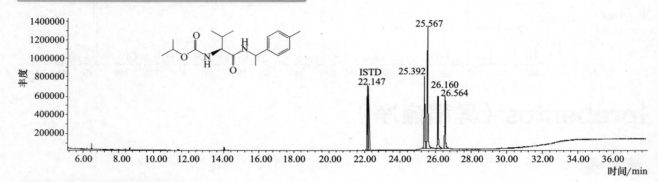

目标化合物碎片离子质谱图

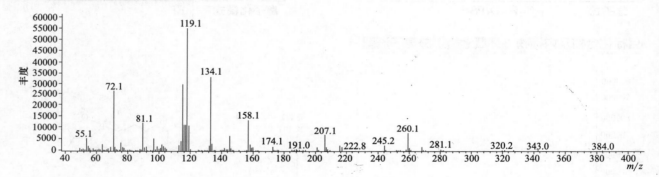

Isazofos（氯唑磷）

CAS 登录号	42509-80-8		分子量	313. 0
分子式	$C_9H_{17}ClN_3O_3PS$		离子化模式	EI

目标化合物及内标物（环氧七氯）总离子流图

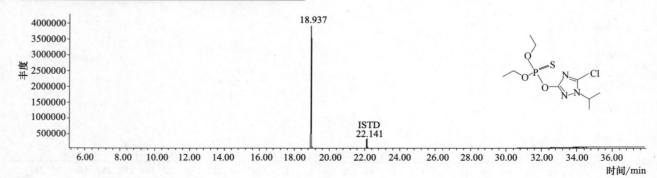

目标化合物碎片离子质谱图

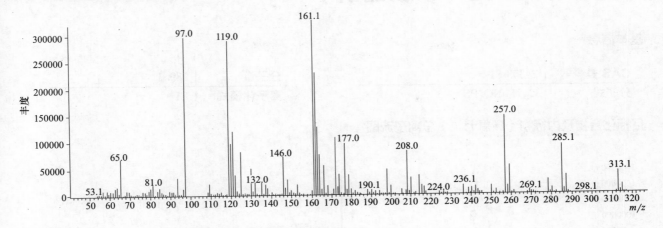

Isocarbamid（丁咪酰胺）

基本信息

CAS 登录号	30979-48-7	分子量	185.1
分子式	$C_8H_{15}N_3O_2$	离子化模式	EI

目标化合物及内标物（环氧七氯）总离子流图

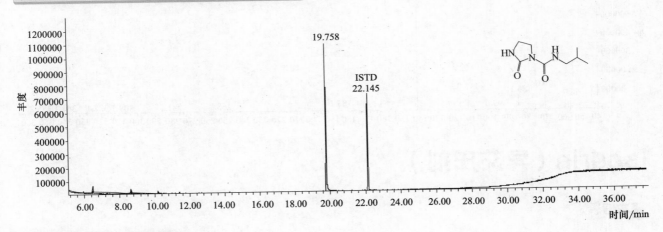

目标化合物碎片离子质谱图

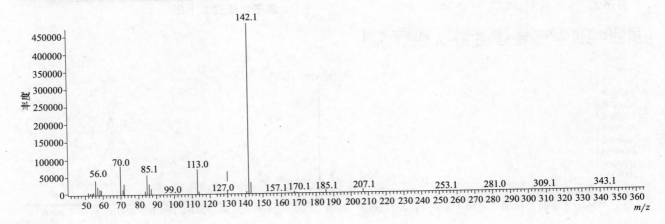

Isocarbophos（水胺硫磷）

基本信息

CAS 登录号	24353-61-5		分子量	289.1
分子式	$C_{11}H_{16}NO_4PS$		离子化模式	EI

目标化合物及内标物（环氧七氯）总离子流图

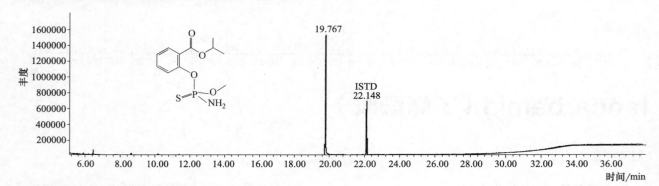

目标化合物碎片离子质谱图

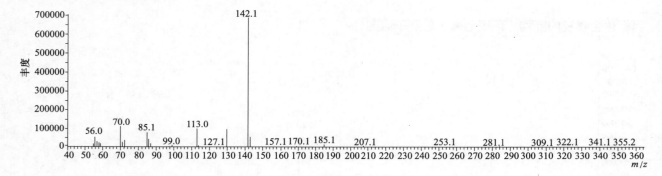

Isodrin（异艾氏剂）

基本信息

CAS 登录号	465-73-6		分子量	361.9
分子式	$C_{12}H_8Cl_6$		离子化模式	EI

目标化合物及内标物（环氧七氯）总离子流图

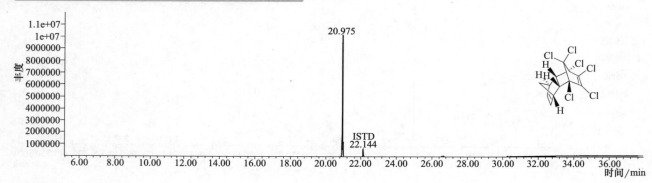

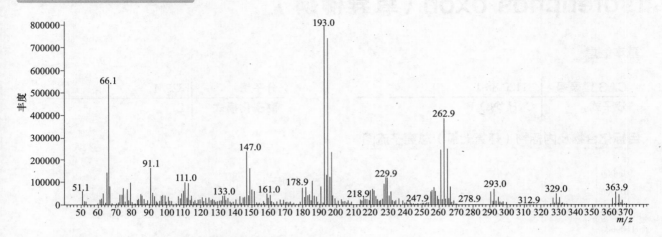

Isofenphos（异柳磷）

CAS 登录号	25311-71-1	分子量	345.1
分子式	$C_{15}H_{24}NO_4PS$	离子化模式	EI

目标化合物及内标物（环氧七氯）总离子流图

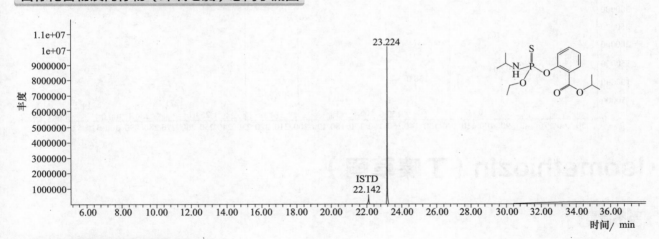

目标化合物碎片离子质谱图

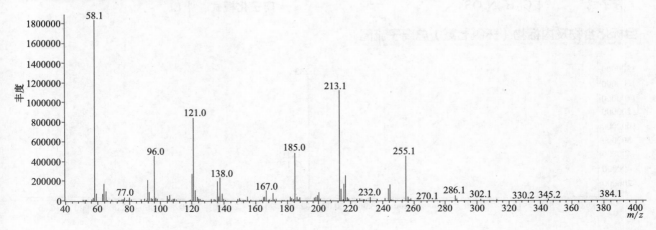

Isofenphos oxon（氧异柳磷）

基本信息

CAS 登录号	31120-85-1		分子量	329.1
分子式	C₁₅H₂₄NO₅P		离子化模式	EI

目标化合物及内标物（环氧七氯）总离子流图

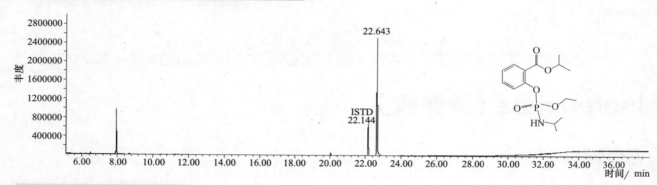

目标化合物碎片离子质谱图

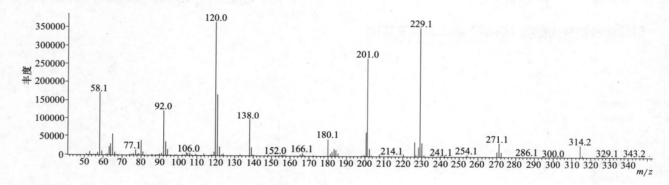

Isomethiozin（丁嗪草酮）

基本信息

CAS 登录号	57052-04-7		分子量	268.1
分子式	C₁₂H₂₀N₄OS		离子化模式	EI

目标化合物及内标物（环氧七氯）总离子流图

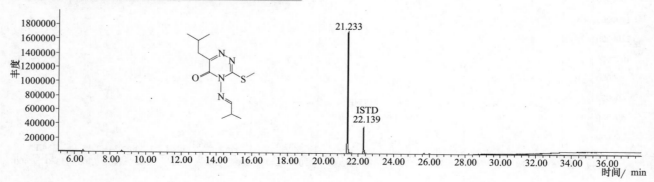

目标化合物碎片离子质谱图

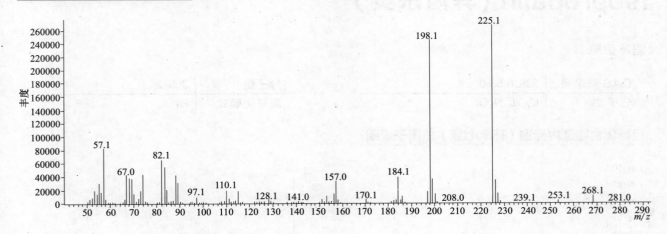

Isoprocarb（异丙威）

基本信息

CAS 登录号	2631-40-5	分子量	193.1
分子式	$C_{11}H_{15}NO_2$	离子化模式	EI

目标化合物及内标物（环氧七氯）总离子流图

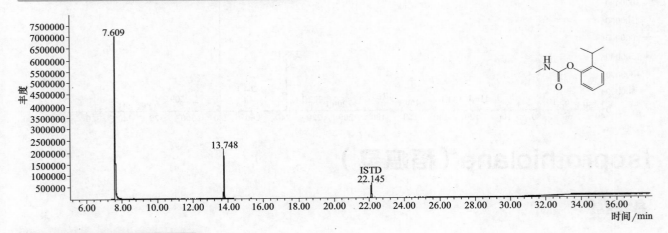

目标化合物碎片离子质谱图

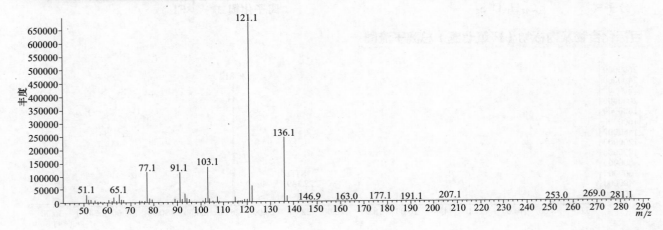

651

Isopropalin（异丙乐灵）

基本信息

CAS 登录号	33820-53-0	分子量	309.2
分子式	$C_{15}H_{23}N_3O_4$	离子化模式	EI

目标化合物及内标物（环氧七氯）总离子流图

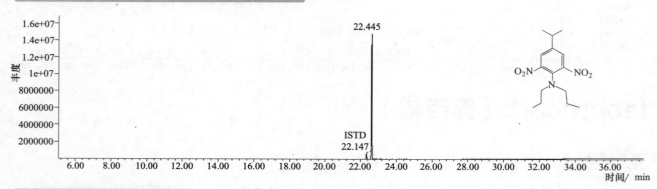

目标化合物碎片离子质谱图

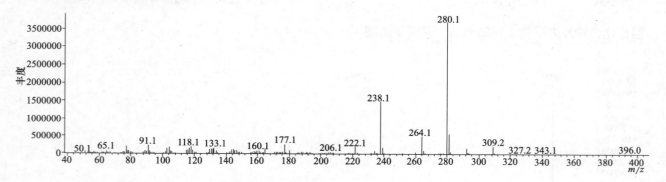

Isoprothiolane（稻瘟灵）

基本信息

CAS 登录号	50512-35-1	分子量	290.1
分子式	$C_{12}H_{18}O_4S_2$	离子化模式	EI

目标化合物及内标物（环氧七氯）总离子流图

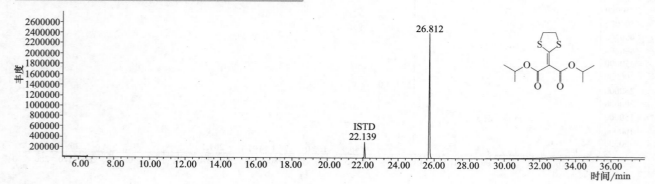

目标化合物碎片离子质谱图

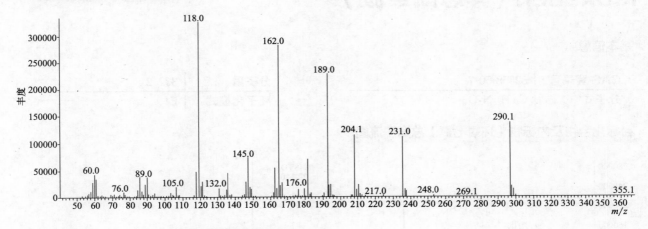

Isoproturon（异丙隆）

基本信息

CAS 登录号	34123-59-6	分子量	206.1
分子式	$C_{12}H_{18}N_2O$	离子化模式	EI

目标化合物及内标物（环氧七氯）总离子流图

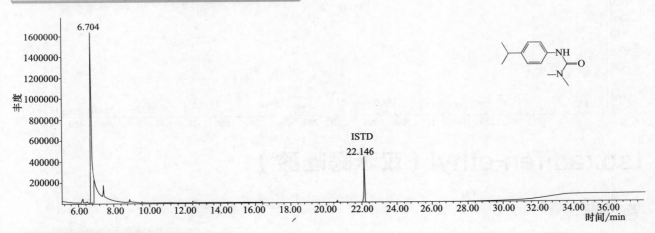

目标化合物碎片离子质谱图

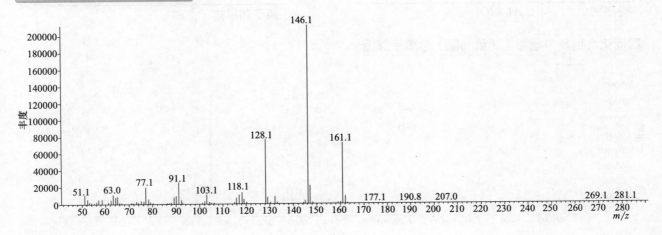

Isoxaben（异恶酰草胺）

基本信息

CAS 登录号	82558-50-7		分子量	332. 2
分子式	$C_{18}H_{24}N_2O_4$		离子化模式	EI

目标化合物及内标物（环氧七氯）总离子流图

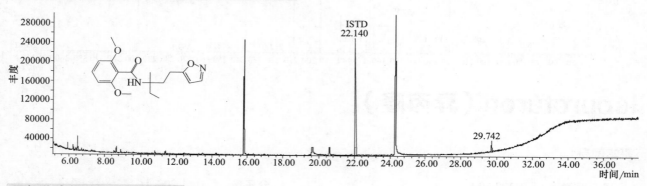

目标化合物碎片离子质谱图

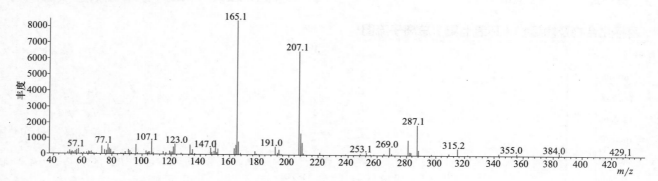

Isoxadifen-ethyl（双苯恶唑酸）

基本信息

CAS 登录号	163520-33-0		分子量	295. 1
分子式	$C_{18}H_{17}NO_3$		离子化模式	EI

目标化合物及内标物（环氧七氯）总离子流图

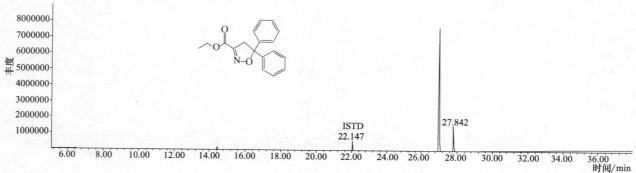

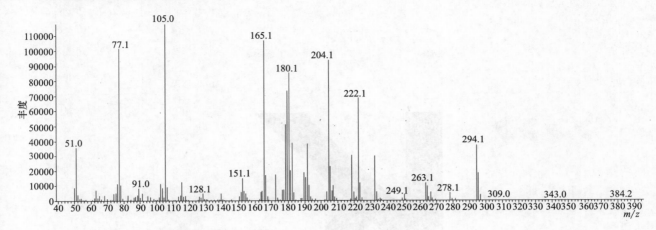

Isoxathion（噁唑磷）

基本信息

CAS 登录号	18854-01-8	分子量	313.1
分子式	C$_{13}$H$_{16}$NO$_4$PS	离子化模式	EI

目标化合物及内标物（环氧七氯）总离子流图

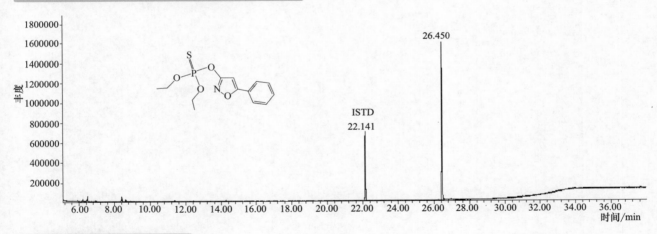

目标化合物碎片离子质谱图

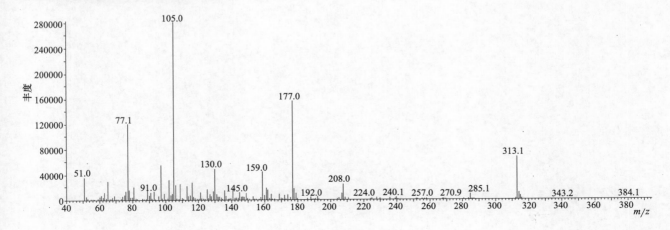

Kresoxim-methyl（醚菌酯）

基本信息

CAS 登录号	143390-89-0	分子量	313.1
分子式	$C_{18}H_{19}NO_4$	离子化模式	EI

目标化合物及内标物（环氧七氯）总离子流图

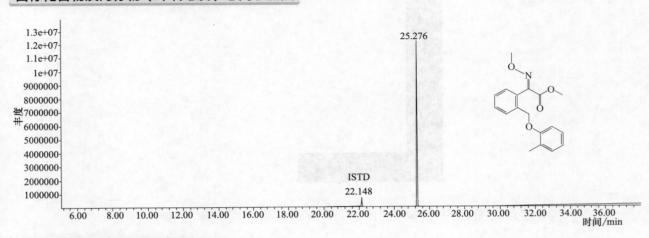

目标化合物碎片离子质谱图

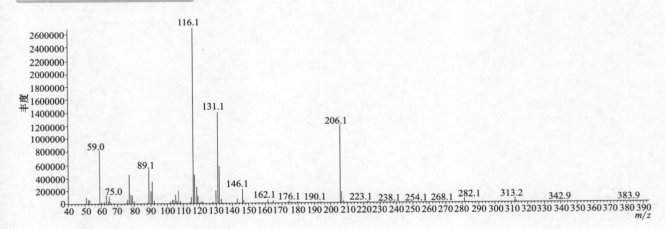

Lactofen（乳氟禾草灵）

基本信息

CAS 登录号	77501-63-4	分子量	461.0
分子式	$C_{19}H_{15}ClF_3NO_7$	离子化模式	EI

目标化合物及内标物（环氧七氯）总离子流图

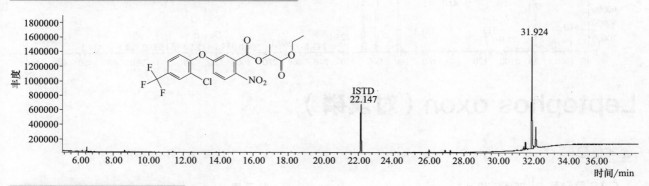

目标化合物碎片离子质谱图

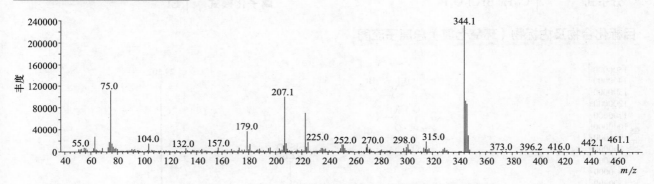

Lambda-cyhalothrin（高效氯氟氰菊酯）

基本信息

CAS 登录号	91465-08-6	分子量	449.1
分子式	$C_{23}H_{19}ClF_3NO_3$	离子化模式	EI

目标化合物及内标物（环氧七氯）总离子流图

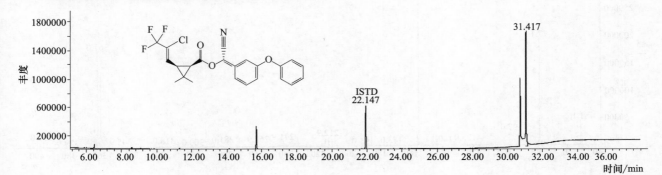

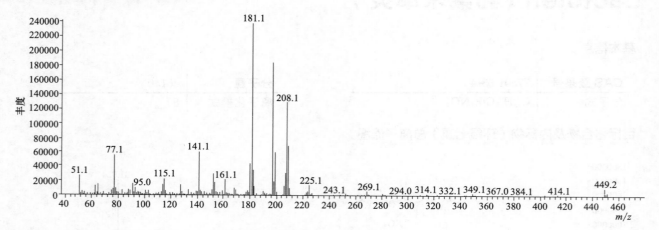

Leptophos oxon（对溴磷）

基本信息

CAS 登录号	25006-32-0	分子量	393.9
分子式	$C_{13}H_{10}BrCl_2O_3P$	离子化模式	EI

目标化合物及内标物（环氧七氯）总离子流图

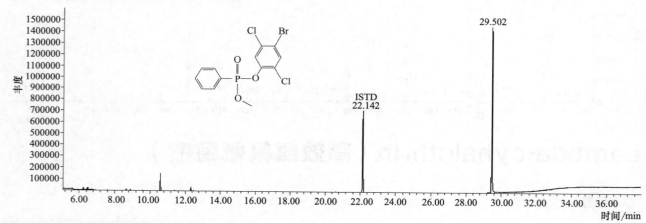

目标化合物碎片离子质谱图

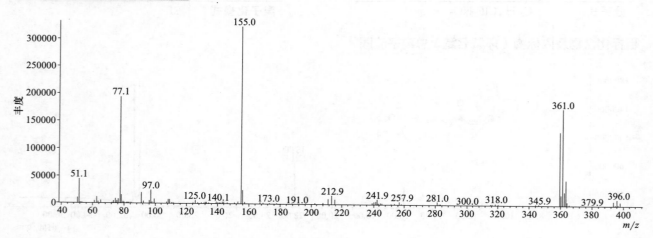

Linuron（利谷隆）

基本信息

CAS 登录号	330-55-2	分子量	248.0
分子式	$C_9H_{10}Cl_2N_2O_2$	离子化模式	EI

目标化合物及内标物（环氧七氯）总离子流图

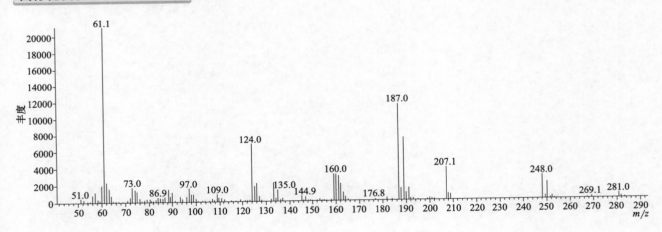

目标化合物碎片离子质谱图

>>>>> M

Malaoxon（马拉氧磷）

基本信息

CAS 登录号	1634-78-2	分子量	314.1
分子式	$C_{10}H_{19}O_7PS$	离子化模式	EI

目标化合物及内标物（环氧七氯）总离子流图

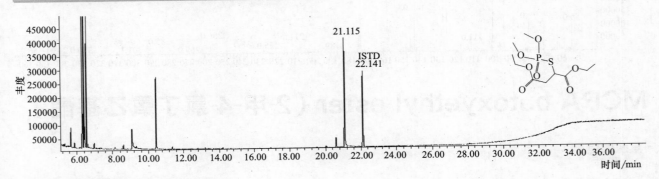

目标化合物碎片离子质谱图

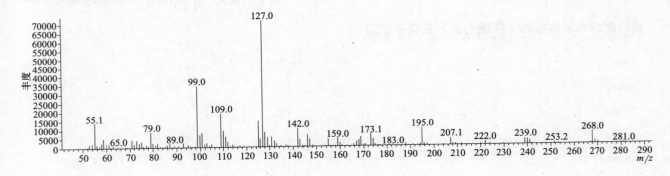

Malathion（马拉硫磷）

基本信息

CAS 登录号	121-75-5	分子量	330.0
分子式	$C_{10}H_{19}O_6PS_2$	离子化模式	EI

目标化合物及内标物（环氧七氯）总离子流图

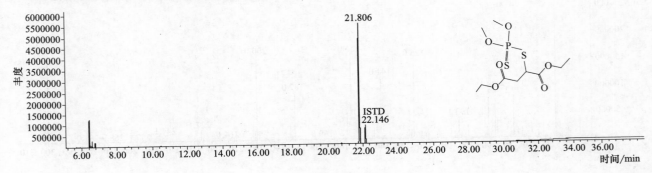

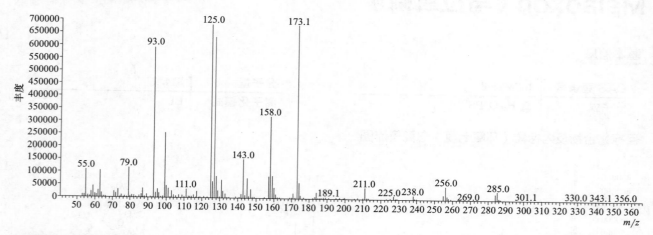

MCPA butoxyethyl ester（2-甲-4-氯丁氧乙基酯）

基本信息

CAS 登录号	19480-43-4	分子量	300. 1
分子式	$C_{15}H_{21}ClO_4$	离子化模式	EI

目标化合物及内标物（环氧七氯）总离子流图

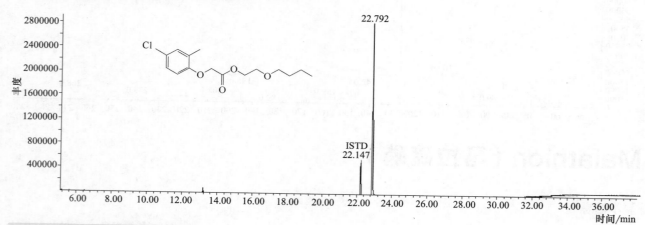

目标化合物碎片离子质谱图

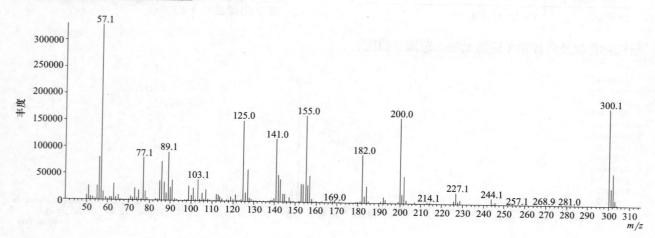

MCPA（2-甲基-4-氯苯氧乙酸）

基本信息

CAS 登录号	94-74-6	分子量	200.0
分子式	C₉H₉ClO₃	离子化模式	EI

CAS 登录号: 94-74-6　　分子量: 200.0

分子式: $C_9H_9ClO_3$　　离子化模式: EI

目标化合物及内标物（环氧七氯）总离子流图

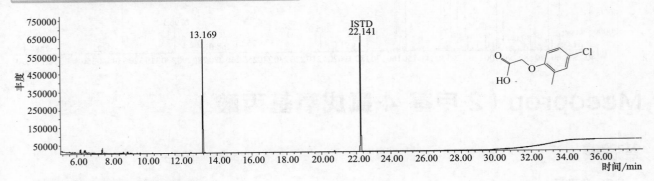

目标化合物碎片离子质谱图

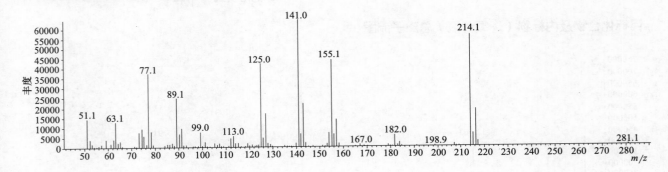

Mecarbam（灭蚜磷）

基本信息

CAS 登录号	2595-54-2	分子量	329.1
分子式	C₁₀H₂₀NO₅PS₂	离子化模式	EI

CAS 登录号: 2595-54-2　　分子量: 329.1

分子式: $C_{10}H_{20}NO_5PS_2$　　离子化模式: EI

目标化合物及内标物（环氧七氯）总离子流图

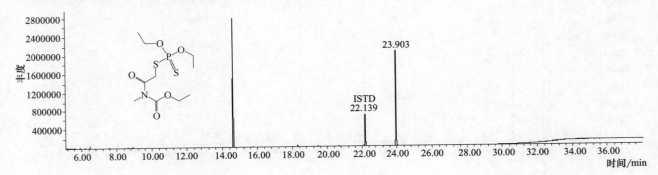

665

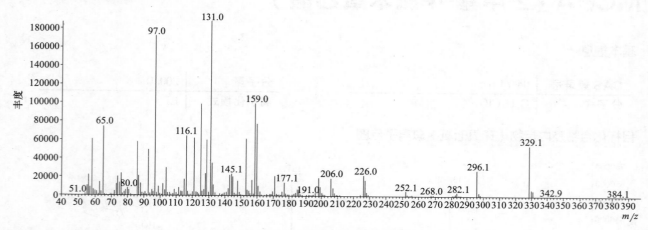

Mecoprop（2-甲基-4-氯戊氧基丙酸）

基本信息

CAS 登录号	7085-19-0	分子量	214.0
分子式	$C_{10}H_{11}ClO_3$	离子化模式	EI

目标化合物及内标物（环氧七氯）总离子流图

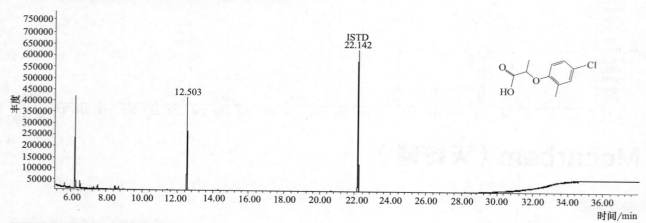

目标化合物碎片离子质谱图

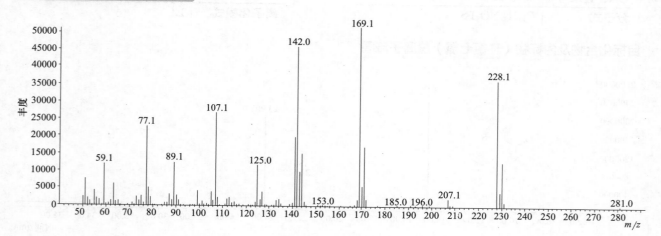

Mefenacet（苯噻酰草胺）

基本信息

CAS 登录号	73250-68-7	分子量	298. 1
分子式	$C_{16}H_{14}N_2O_2S$	离子化模式	EI

目标化合物及内标物（环氧七氯）总离子流图

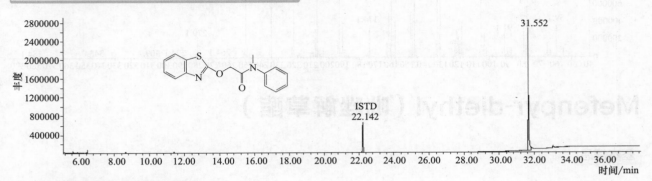

目标化合物碎片离子质谱图

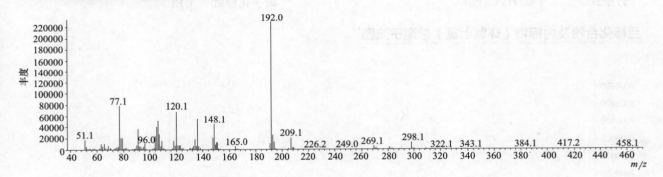

Mefenoxam（精甲霜灵）

基本信息

CAS 登录号	70630-17-0	分子量	279. 1
分子式	$C_{15}H_{21}NO_4$	离子化模式	EI

目标化合物及内标物（环氧七氯）总离子流图

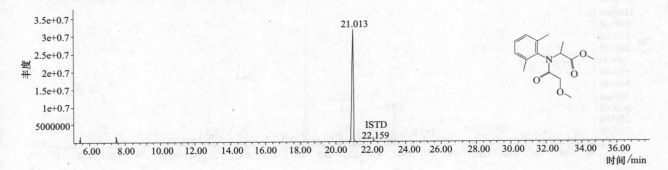

667

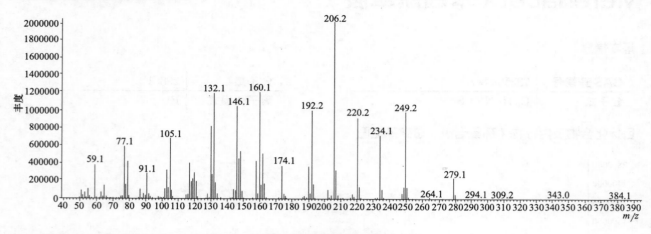

Mefenpyr-diethyl（吡唑解草酯）

基本信息

CAS 登录号	135590-91-9	分子量	372. 1
分子式	$C_{16}H_{18}Cl_2N_2O_4$	离子化模式	EI

目标化合物及内标物（环氧七氯）总离子流图

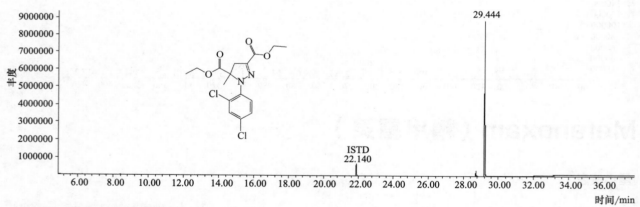

目标化合物碎片离子质谱图

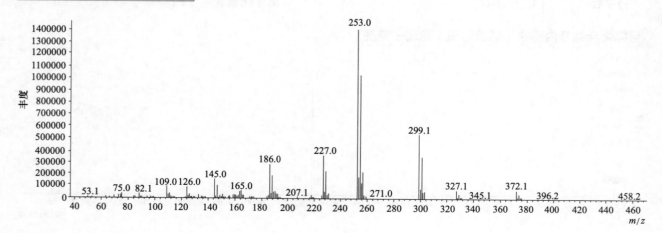

Mepanipyrim（嘧菌胺）

基本信息

CAS 登录号	110235-47-7	分子量	223.1
分子式	$C_{14}H_{13}N_3$	离子化模式	EI

目标化合物及内标物（环氧七氯）总离子流图

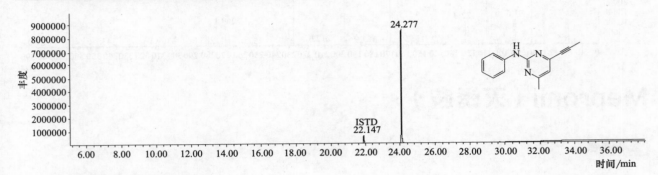

目标化合物碎片离子质谱图

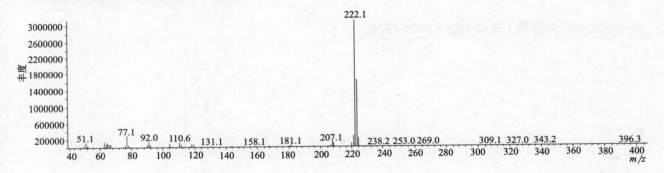

Mephosfolan（地胺磷）

基本信息

CAS 登录号	950-10-7	分子量	269.0
分子式	$C_8H_{16}NO_3PS_2$	离子化模式	EI

目标化合物及内标物（环氧七氯）总离子流图

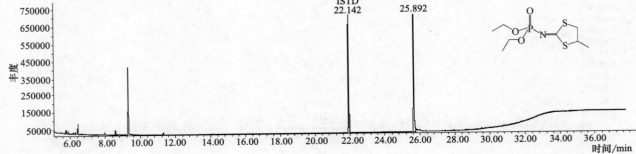

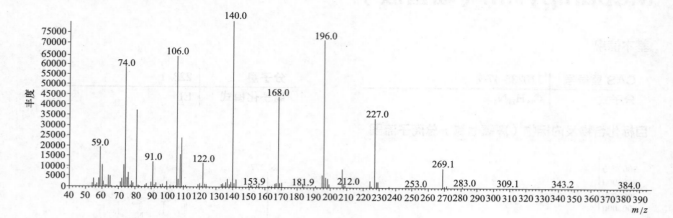

Mepronil（灭锈胺）

基本信息

CAS 登录号	55814-41-0	分子量	269.1
分子式	$C_{17}H_{19}NO_2$	离子化模式	EI

目标化合物及内标物（环氧七氯）总离子流图

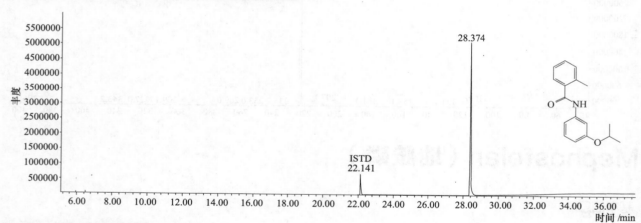

目标化合物碎片离子质谱图

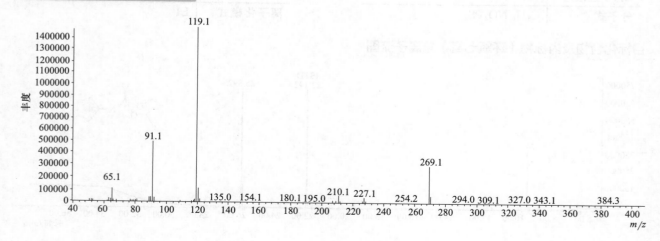

Merphos（脱叶亚磷）

基本信息

CAS 登录号	150-50-5	分子量	298. 1
分子式	$C_{12}H_{27}PS_3$	离子化模式	EI

目标化合物及内标物（环氧七氯）总离子流图

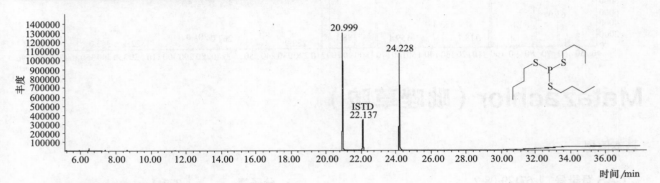

目标化合物碎片离子质谱图

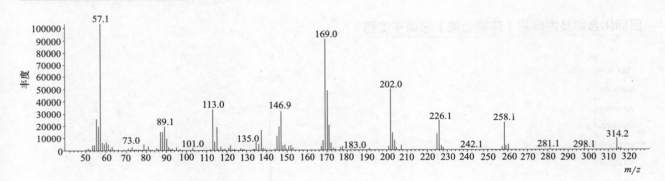

Metamitron（苯嗪草酮）

基本信息

CAS 登录号	41394-05-2	分子量	202. 1
分子式	$C_{10}H_{10}N_4O$	离子化模式	EI

目标化合物及内标物（环氧七氯）总离子流图

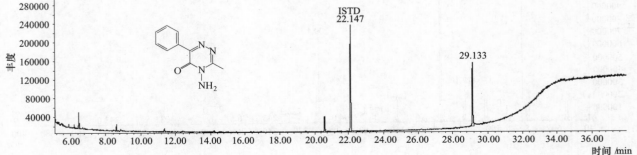

671

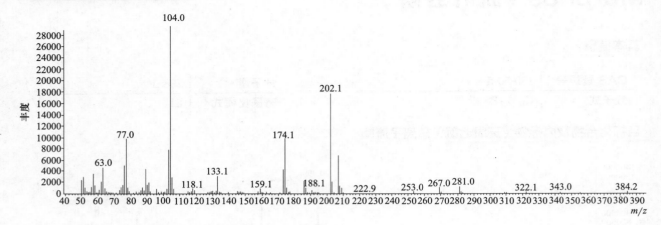

Metazachlor（吡唑草胺）

基本信息

CAS 登录号	67129-08-2	分子量	277.1
分子式	$C_{14}H_{16}ClN_3O$	离子化模式	EI

目标化合物及内标物（环氧七氯）总离子流图

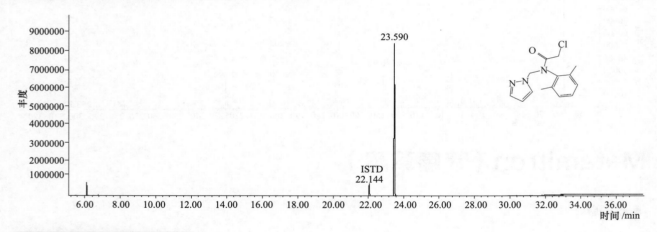

目标化合物碎片离子质谱图

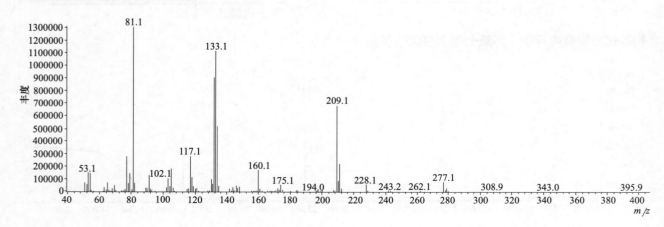

Metconazole（叶菌唑）

基本信息

CAS 登录号	125116-23-6	分子量	319.1
分子式	$C_{17}H_{22}ClN_3O$	离子化模式	EI

目标化合物及内标物（环氧七氯）总离子流图

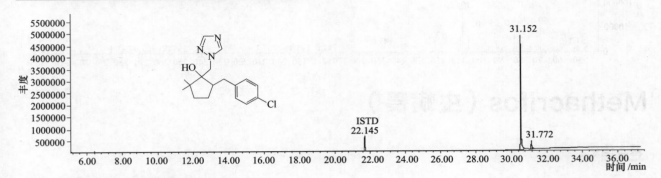

目标化合物碎片离子质谱图

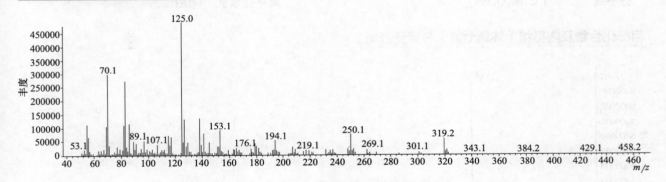

Methabenzthiazuron（甲基苯噻隆）

基本信息

CAS 登录号	18691-97-9	分子量	221.1
分子式	$C_{10}H_{11}N_3OS$	离子化模式	EI

目标化合物及内标物（环氧七氯）总离子流图

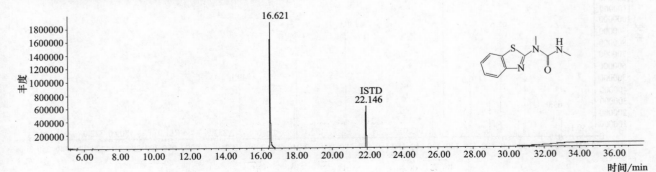

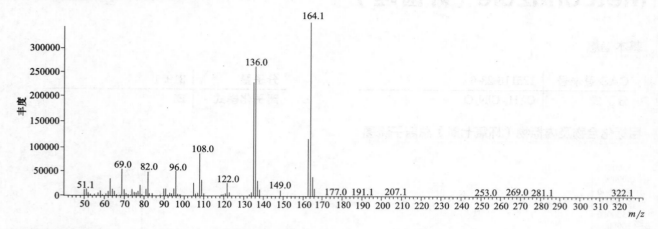

Methacrifos（虫螨畏）

基本信息

CAS 登录号	62610-77-9	分子量	240.0
分子式	$C_7H_{13}O_5PS$	离子化模式	EI

目标化合物及内标物（环氧七氯）总离子流图

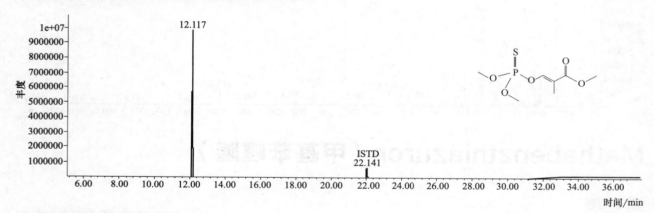

目标化合物碎片离子质谱图

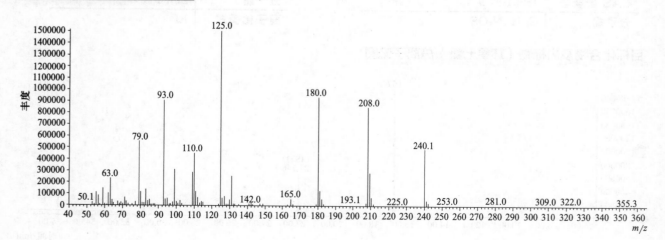

Methamidophos（甲胺磷）

基本信息

CAS 登录号	10265-92-6	分子量	141.0
分子式	$C_2H_8NO_2PS$	离子化模式	EI

目标化合物及内标物（环氧七氯）总离子流图

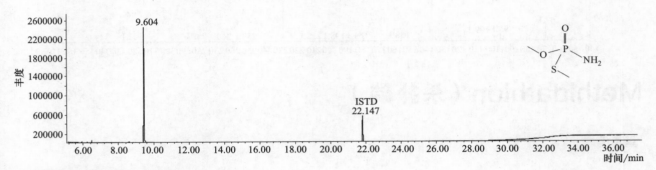

目标化合物碎片离子质谱图

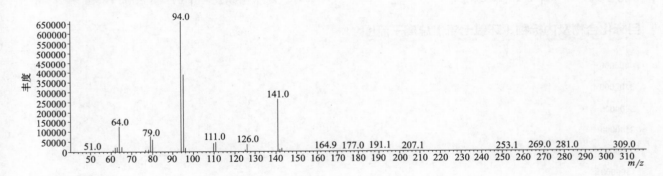

Methfuroxam（呋菌胺）

基本信息

CAS 登录号	28730-17-8	分子量	229.1
分子式	$C_{14}H_{15}NO_2$	离子化模式	EI

目标化合物及内标物（环氧七氯）总离子流图

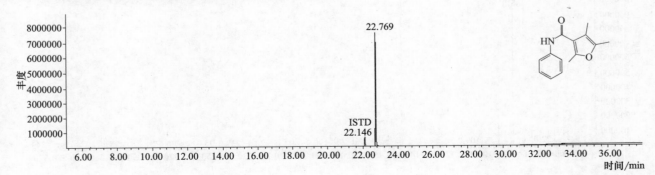

目标化合物碎片离子质谱图

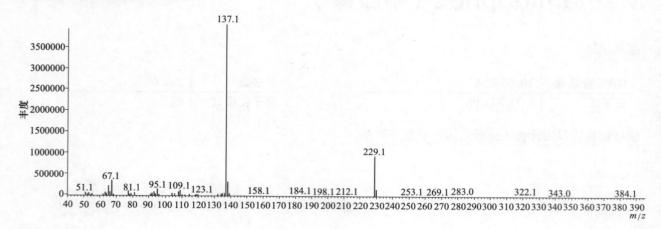

Methidathion（杀扑磷）

基本信息

CAS 登录号	950-37-8	分子量	302.0
分子式	$C_6H_{11}N_2O_4PS_3$	离子化模式	EI

目标化合物及内标物（环氧七氯）总离子流图

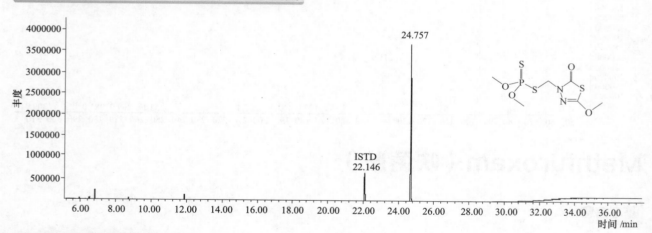

目标化合物碎片离子质谱图

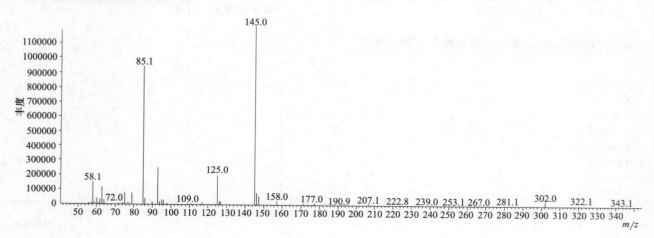

676

Methiocarb（甲硫威）

基本信息

CAS 登录号	2032-65-7	分子量	225.1
分子式	$C_{11}H_{15}NO_2S$	离子化模式	EI

目标化合物及内标物（环氧七氯）总离子流图

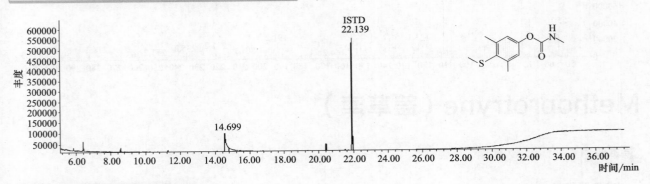

目标化合物碎片离子质谱图

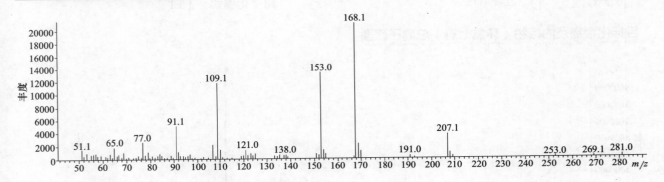

Methoprene（烯虫丙酯）

基本信息

CAS 登录号	40596-69-8	分子量	310.3
分子式	$C_{19}H_{34}O_3$	离子化模式	EI

目标化合物及内标物（环氧七氯）总离子流图

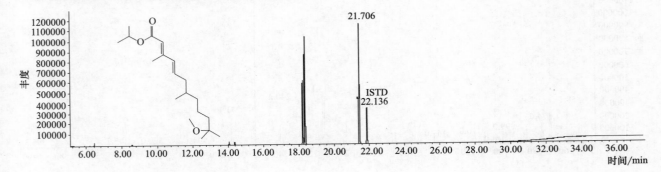

677

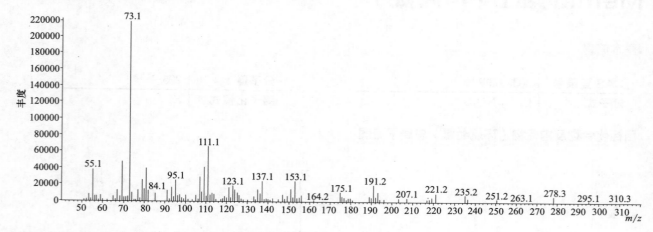

Methoprotryne（盖草津）

基本信息

CAS 登录号	841-06-5	分子量	271.1
分子式	$C_{11}H_{21}N_5OS$	离子化模式	EI

目标化合物及内标物（环氧七氯）总离子流图

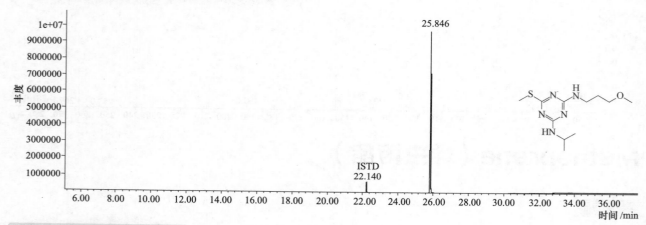

目标化合物碎片离子质谱图

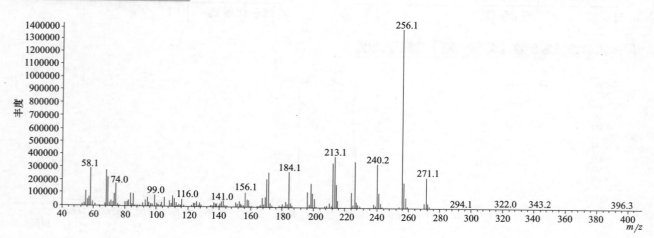

Methothrin（4-甲氧甲基苄基菊酸酯）

基本信息

CAS 登录号	34388-29-9		分子量	302.2
分子式	$C_{19}H_{26}O_3$		离子化模式	EI

目标化合物及内标物（环氧七氯）总离子流图

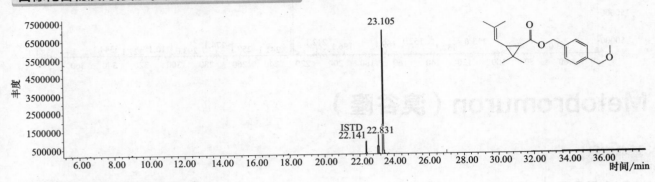

目标化合物碎片离子质谱图

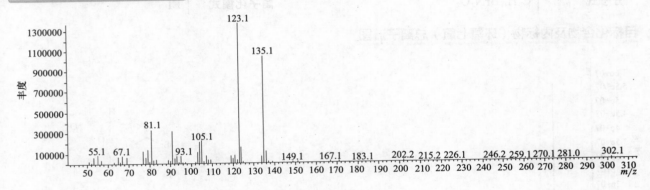

Methoxychlor（甲氧滴滴涕）

基本信息

CAS 登录号	72-43-5		分子量	344.0
分子式	$C_{16}H_{15}Cl_3O_2$		离子化模式	EI

目标化合物及内标物（环氧七氯）总离子流图

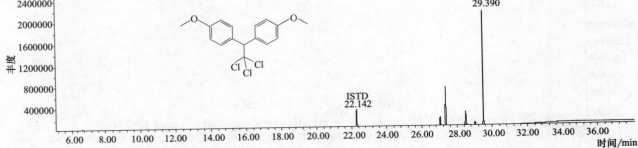

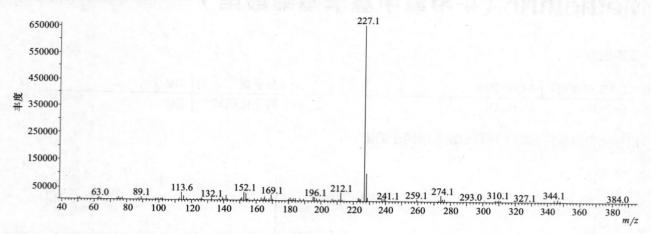

Metobromuron（溴谷隆）

基本信息

CAS 登录号	3060-89-7	分子量	258.0
分子式	$C_9H_{11}BrN_2O_2$	离子化模式	EI

目标化合物及内标物（环氧七氯）总离子流图

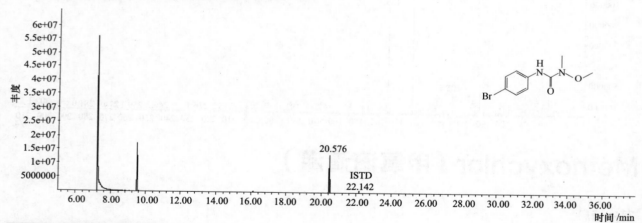

目标化合物碎片离子质谱图

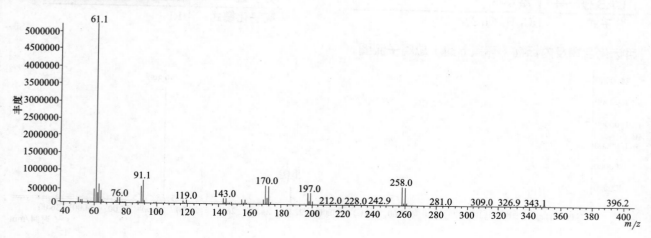

Metolachlor（异丙甲草胺）

基本信息

CAS 登录号	51218-45-2	分子量	283.1
分子式	$C_{15}H_{22}ClNO_2$	离子化模式	EI

目标化合物及内标物（环氧七氯）总离子流图

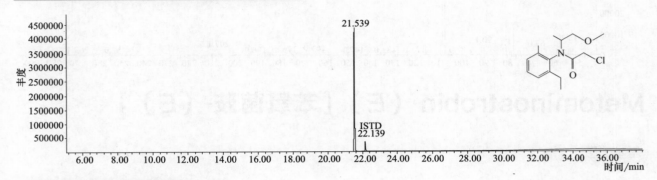

目标化合物碎片离子质谱图

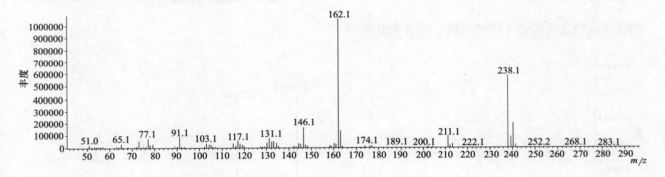

Metolcarb（速灭威）

基本信息

CAS 登录号	1129-41-5	分子量	165.1
分子式	$C_9H_{11}NO_2$	离子化模式	EI

目标化合物及内标物（环氧七氯）总离子流图

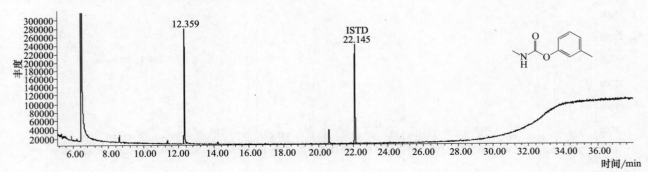

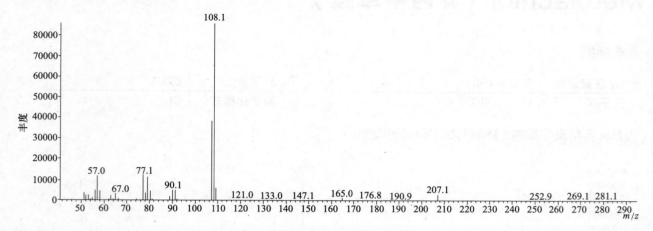

Metominostrobin-（*E*）［苯氧菌胺-（*E*）］

基本信息

CAS 登录号	133408-50-1	分子量	284.1
分子式	$C_{16}H_{16}N_2O_3$	离子化模式	EI

目标化合物及内标物（环氧七氯）总离子流图

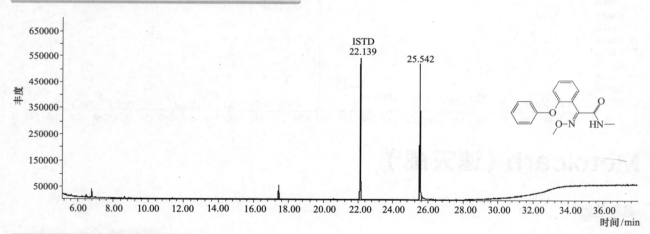

目标化合物碎片离子质谱图

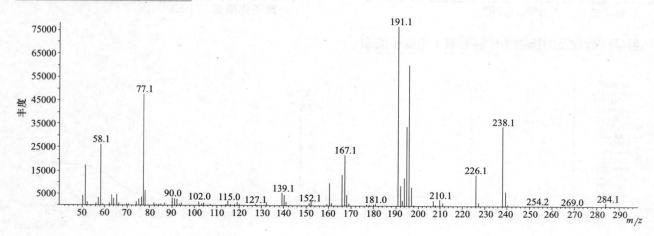

Metominostrobin-（Z）[苯氧菌胺-（Z）]

基本信息

CAS 登录号	133408-51-2	分子量	284. 1
分子式	C₁₆H₁₆N₂O₃	离子化模式	EI

目标化合物及内标物（环氧七氯）总离子流图

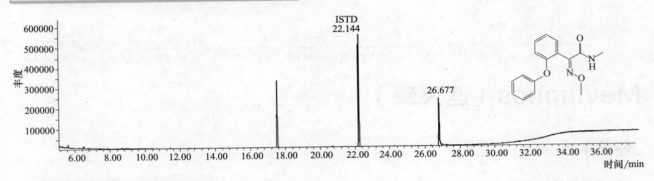

目标化合物碎片离子质谱图

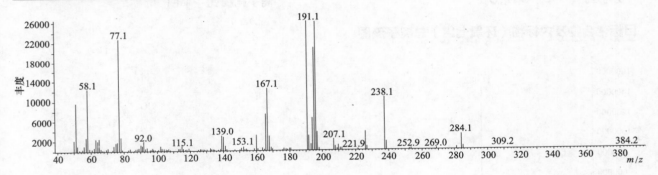

Metribuzin（嗪草酮）

基本信息

CAS 登录号	21087-64-9	分子量	214. 1
分子式	C₈H₁₄N₄OS	离子化模式	EI

目标化合物及内标物（环氧七氯）总离子流图

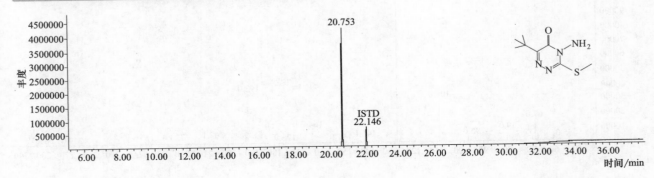

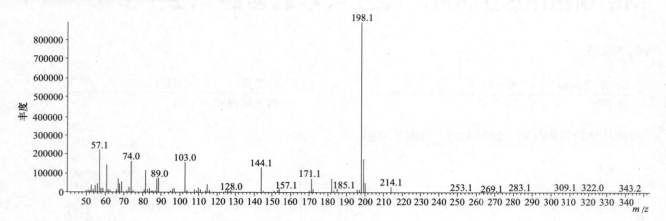

Mevinphos（速灭磷）

基本信息

CAS 登录号	7786-34-7	分子量	224.0
分子式	$C_7H_{13}O_6P$	离子化模式	EI

目标化合物及内标物（环氧七氯）总离子流图

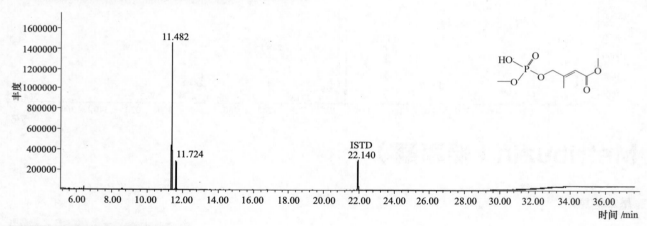

目标化合物碎片离子质谱图

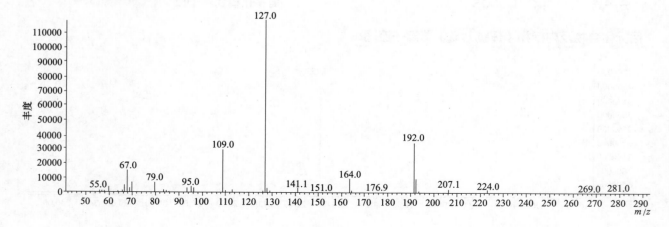

Mexacarbate（兹克威）

基本信息

CAS 登录号	315-18-4	分子量	222.1
分子式	$C_{12}H_{18}N_2O_2$	离子化模式	EI

目标化合物及内标物（环氧七氯）总离子流图

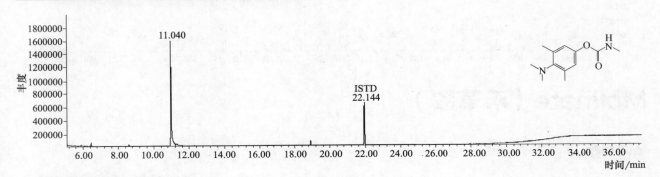

目标化合物碎片离子质谱图

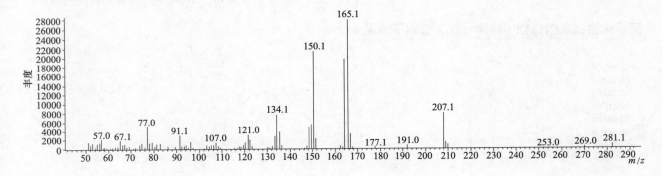

Mirex（灭蚁灵）

基本信息

CAS 登录号	2385-85-5	分子量	539.6
分子式	$C_{10}Cl_{12}$	离子化模式	EI

目标化合物及内标物（环氧七氯）总离子流图

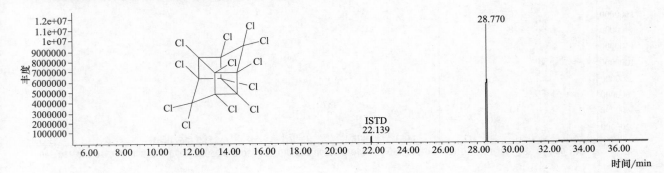

目标化合物碎片离子质谱图

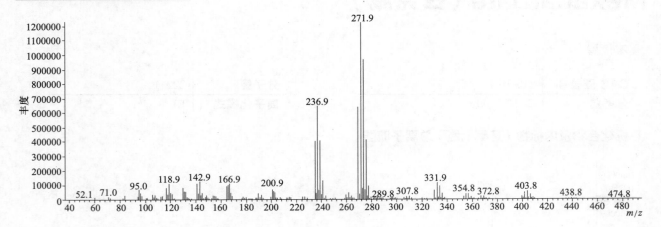

Molinate（禾草敌）

基本信息

CAS 登录号	2212-67-1	分子量	187.1
分子式	$C_9H_{17}NOS$	离子化模式	EI

目标化合物及内标物（环氧七氯）总离子流图

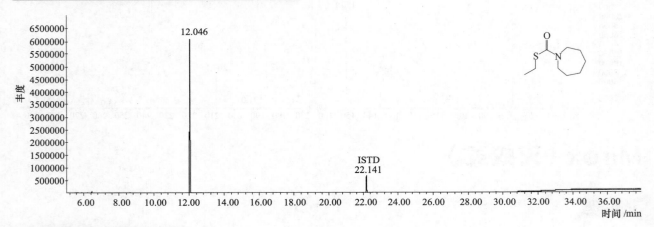

目标化合物碎片离子质谱图

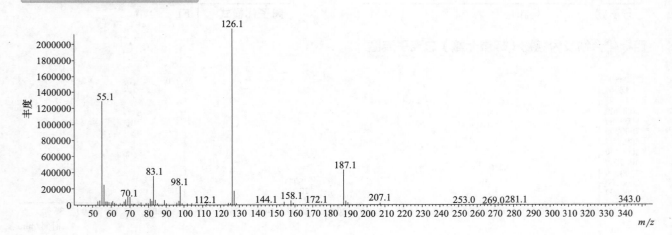

Monalide（庚酰草胺）

基本信息

CAS 登录号	7287-36-7	分子量	239.1
分子式	C$_{13}$H$_{18}$ClNO	离子化模式	EI

目标化合物及内标物（环氧七氯）总离子流图

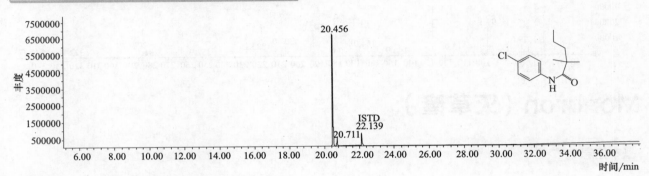

目标化合物碎片离子质谱图

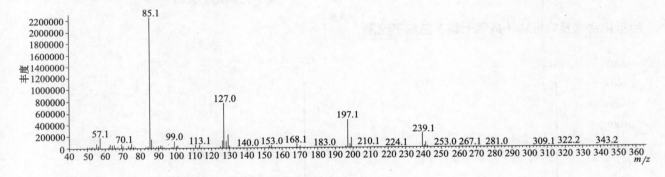

Monocrotophos（久效磷）

基本信息

CAS 登录号	6923-22-4	分子量	223.1
分子式	C$_7$H$_{14}$NO$_5$P	离子化模式	EI

目标化合物及内标物（环氧七氯）总离子流图

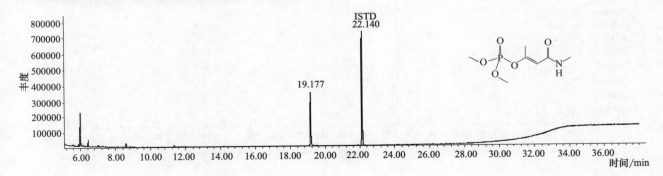

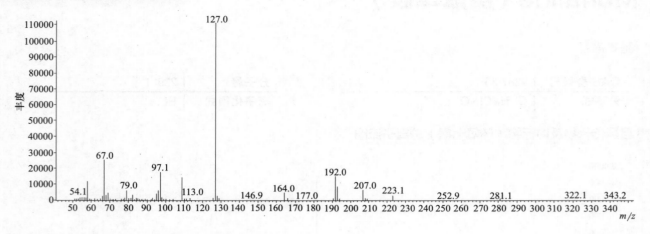

Monuron（灭草隆）

基本信息

CAS 登录号	150-68-5	分子量	198. 1
分子式	$C_9H_{11}ClN_2O$	离子化模式	EI

目标化合物及内标物（环氧七氯）总离子流图

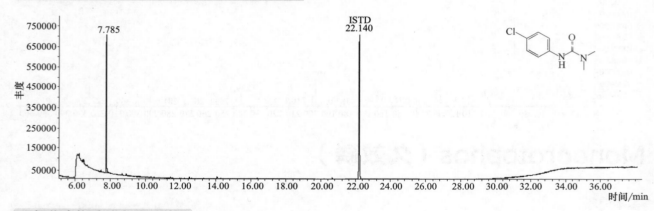

目标化合物碎片离子质谱图

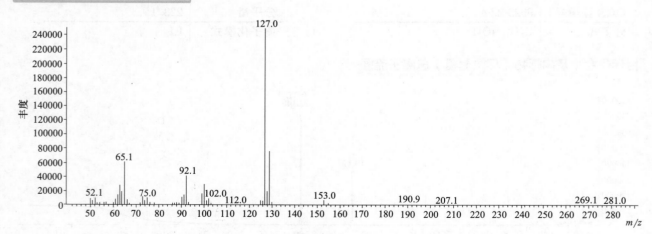

Musk amberette（葵子麝香）

CAS 登录号	83-66-9	分子量	268.1
分子式	$C_{12}H_{16}N_2O_5$	离子化模式	EI

目标化合物及内标物（环氧七氯）总离子流图

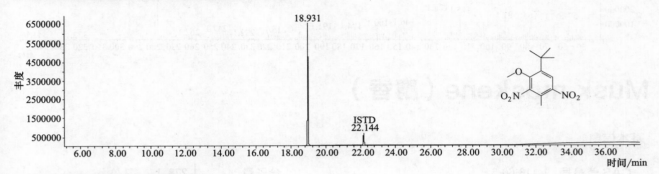

目标化合物碎片离子质谱图

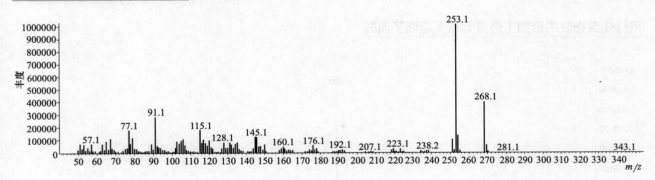

Musk ketone（酮麝香）

CAS 登录号	81-14-1	分子量	294.1
分子式	$C_{14}H_{18}N_2O_5$	离子化模式	EI

目标化合物及内标物（环氧七氯）总离子流图

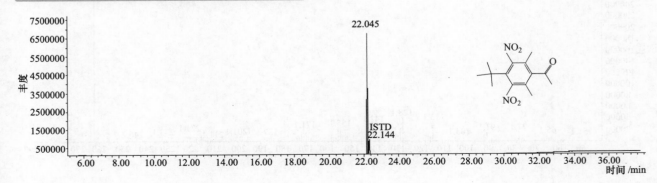

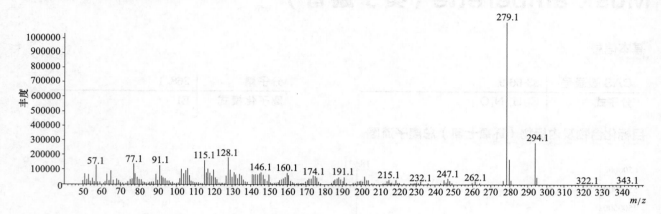

Musk moskene（麝香）

基本信息

CAS 登录号	116-66-5	分子量	278.1
分子式	$C_{14}H_{18}N_2O_4$	离子化模式	EI

目标化合物及内标物（环氧七氯）总离子流图

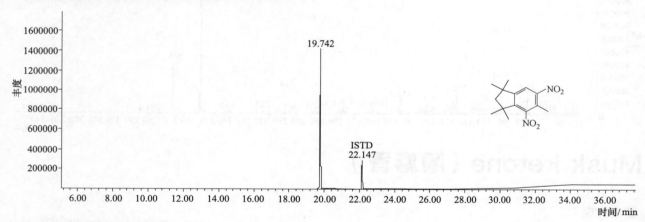

目标化合物碎片离子质谱图

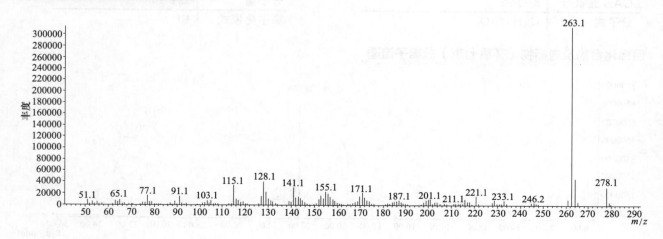

690

Musk tibetene（西藏麝香）

基本信息

CAS 登录号	145-39-1		分子量	266.1
分子式	$C_{13}H_{18}N_2O_4$		离子化模式	EI

目标化合物及内标物（环氧七氯）总离子流图

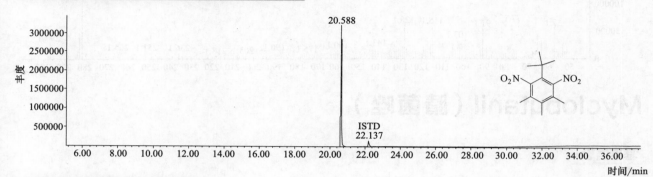

目标化合物碎片离子质谱图

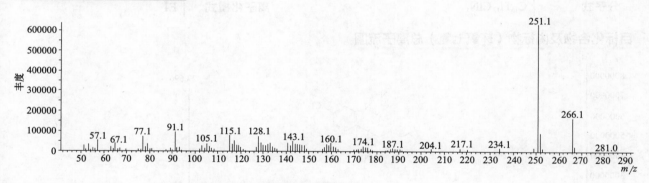

Musk xylene（二甲苯麝香）

基本信息

CAS 登录号	81-15-2		分子量	297.1
分子式	$C_{12}H_{15}N_3O_6$		离子化模式	EI

目标化合物及内标物（环氧七氯）总离子流图

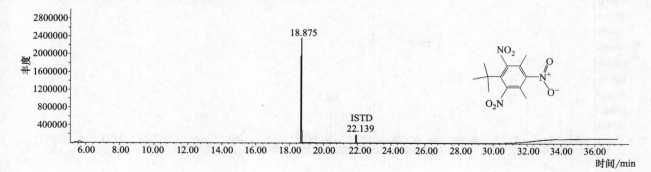

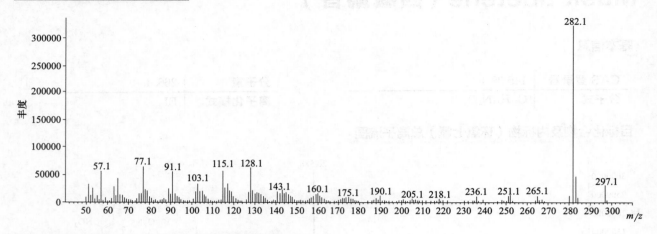

Myclobutanil（腈菌唑）

基本信息

CAS 登录号	88761-89-0	分子量	288.1
分子式	$C_{15}H_{17}ClN_4$	离子化模式	EI

目标化合物及内标物（环氧七氯）总离子流图

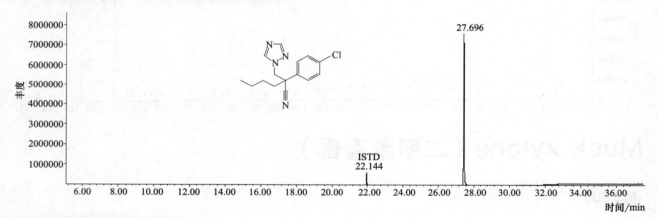

目标化合物碎片离子质谱图

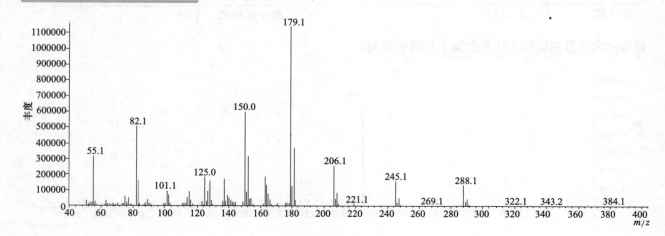

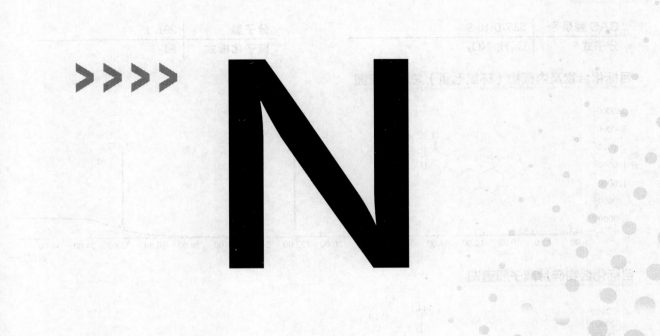

N

Naproanilide（萘丙胺）

基本信息

CAS 登录号	52570-16-8	分子量	291.1
分子式	$C_{19}H_{17}NO_2$	离子化模式	EI

目标化合物及内标物（环氧七氯）总离子流图

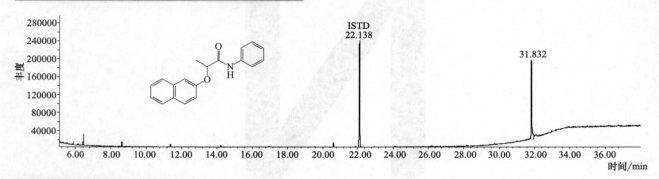

目标化合物碎片离子质谱图

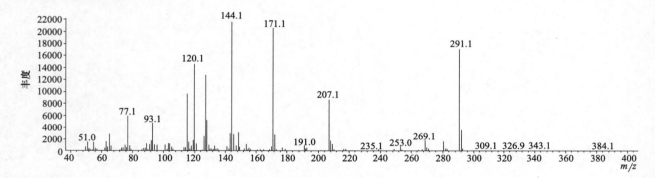

Napropamide（敌草胺）

基本信息

CAS 登录号	15299-99-7	分子量	271.2
分子式	$C_{17}H_{21}NO_2$	离子化模式	EI

目标化合物及内标物（环氧七氯）总离子流图

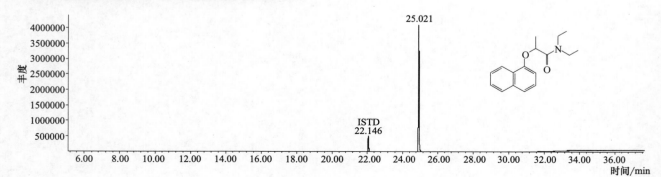

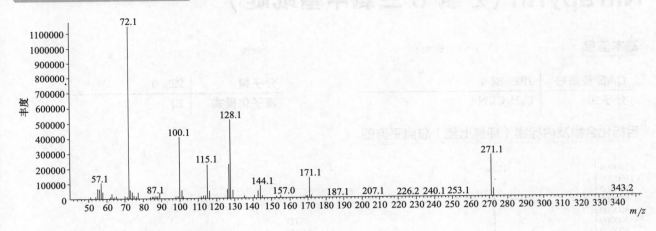

Nitralin（甲磺乐灵）

基本信息

CAS 登录号	4726-14-1	分子量	345.1
分子式	$C_{13}H_{19}N_3O_6S$	离子化模式	EI

目标化合物及内标物（环氧七氯）总离子流图

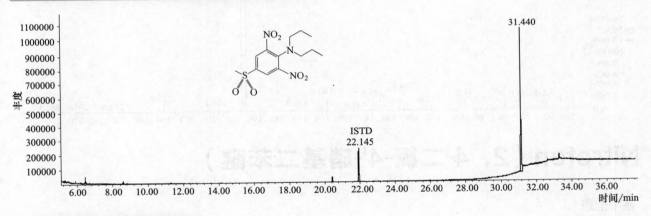

目标化合物碎片离子质谱图

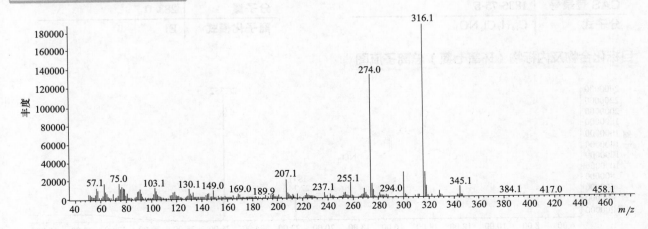

695

Nitrapyrin（2-氯-6-三氯甲基吡啶）

基本信息

CAS 登录号	1929-82-4	分子量	228.9
分子式	C$_6$H$_3$Cl$_4$N	离子化模式	EI

目标化合物及内标物（环氧七氯）总离子流图

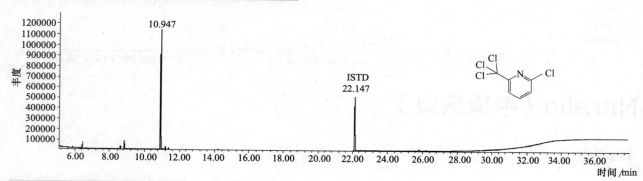

目标化合物碎片离子质谱图

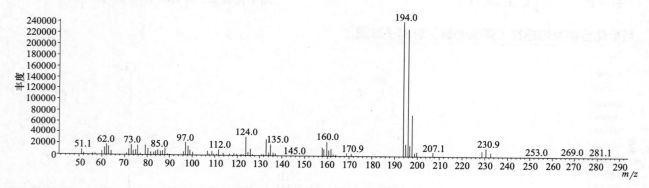

Nitrofen（2，4-二氯-4'-硝基二苯醚）

基本信息

CAS 登录号	1836-75-5	分子量	283.0
分子式	C$_{12}$H$_7$Cl$_2$NO$_3$	离子化模式	EI

目标化合物及内标物（环氧七氯）总离子流图

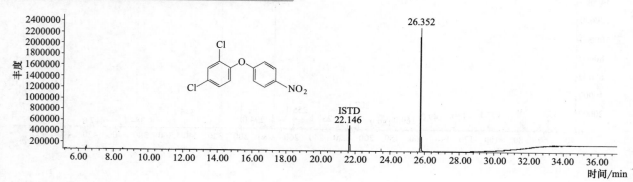

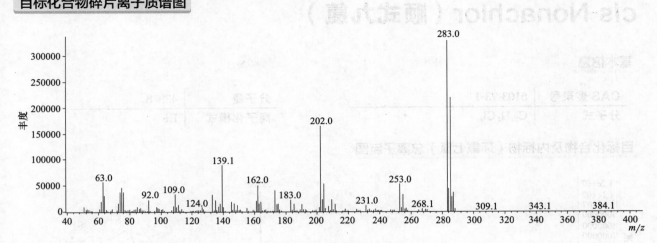

Nitrothal-isopropyl（酞菌酯）

基本信息

CAS 登录号	10552-74-6	分子量	295.1
分子式	$C_{14}H_{17}NO_6$	离子化模式	EI

目标化合物及内标物（环氧七氯）总离子流图

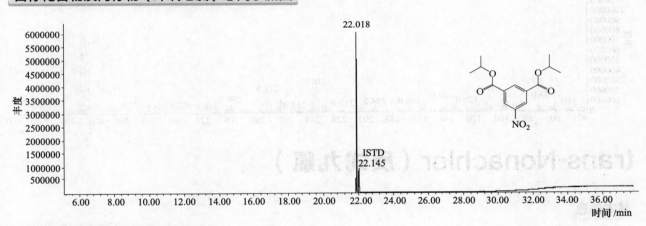

目标化合物碎片离子质谱图

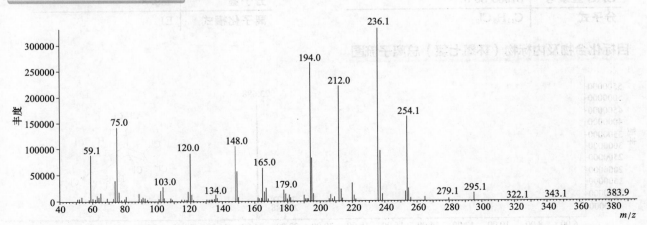

cis-Nonachlor（顺式九氯）

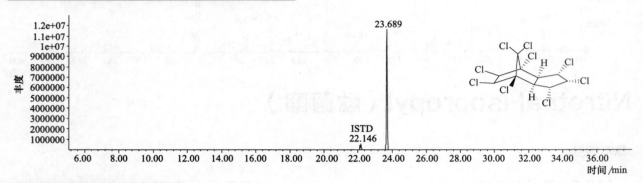

基本信息

CAS 登录号	5103-73-1	分子量	439.8
分子式	$C_{10}H_5Cl_9$	离子化模式	EI

目标化合物及内标物（环氧七氯）总离子流图

目标化合物碎片离子质谱图

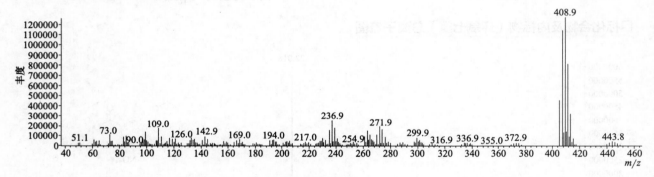

trans-Nonachlor（反式九氯）

基本信息

CAS 登录号	37965-80-5	分子量	439.8
分子式	$C_{10}H_5Cl_9$	离子化模式	EI

目标化合物及内标物（环氧七氯）总离子流图

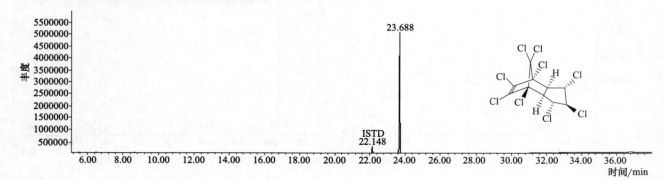

698

目标化合物碎片离子质谱图

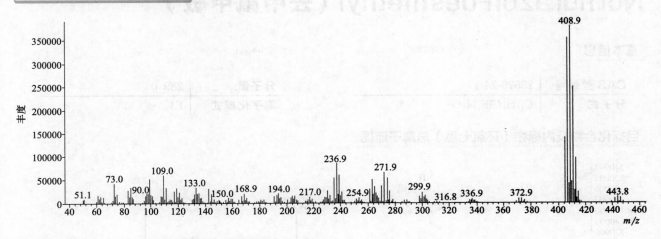

Norflurazon（氟草敏）

基本信息

CAS 登录号	27314-13-2	分子量	303.0
分子式	$C_{12}H_9ClF_3N_3O$	离子化模式	EI

目标化合物及内标物（环氧七氯）总离子流图

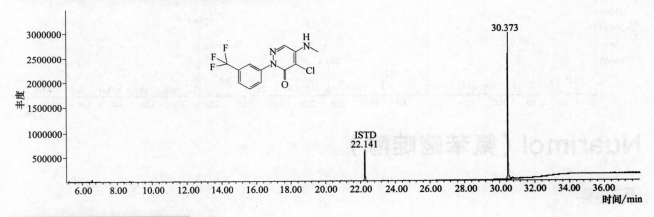

目标化合物碎片离子质谱图

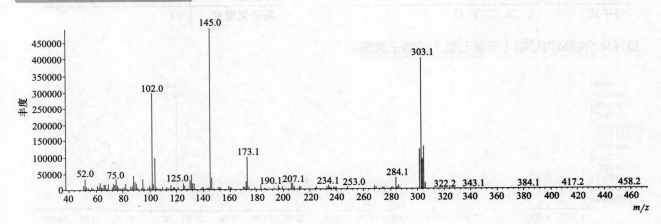

Norflurazon-desmethyl（去甲氟甲敏）

基本信息

CAS 登录号	23576-24-1	分子量	289.0
分子式	$C_{11}H_7ClF_3N_3O$	离子化模式	EI

目标化合物及内标物（环氧七氯）总离子流图

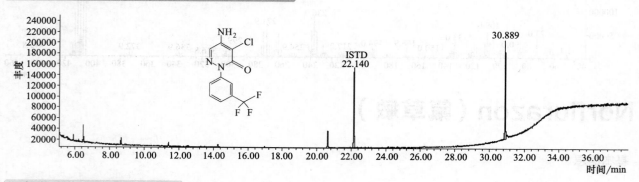

目标化合物碎片离子质谱图

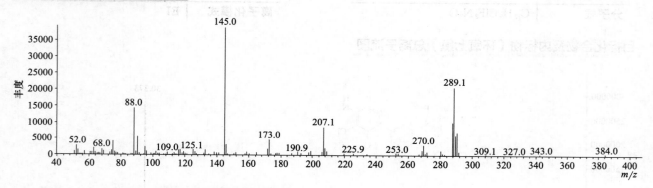

Nuarimol（氟苯嘧啶醇）

基本信息

CAS 登录号	63284-71-9	分子量	314.1
分子式	$C_{17}H_{12}ClFN_2O$	离子化模式	EI

目标化合物及内标物（环氧七氯）总离子流图

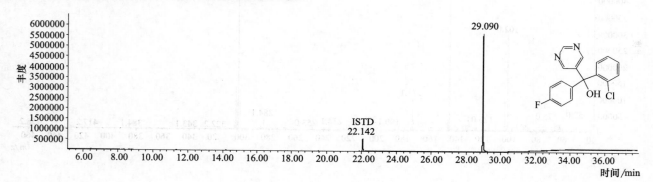

目标化合物碎片离子质谱图

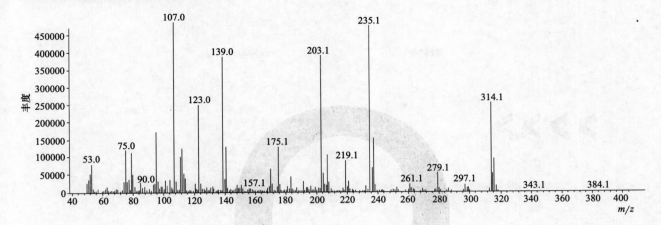

Octachlorodipropyl ether（八氯二丙醚）

基本信息

CAS 登录号	127-90-2	分子量	373.8
分子式	$C_6H_6Cl_8O$	离子化模式	EI

目标化合物及内标物（环氧七氯）总离子流图

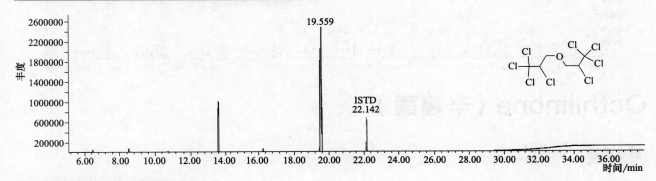

目标化合物碎片离子质谱图

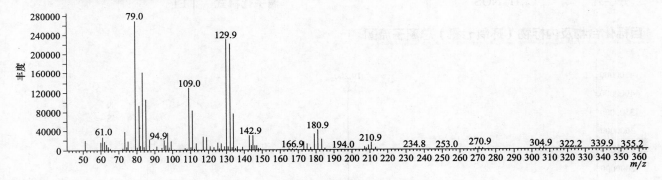

Octachlorostyrene（八氯苯乙烯）

基本信息

CAS 登录号	29082-74-4	分子量	375.8
分子式	C_8Cl_8	离子化模式	EI

目标化合物及内标物（环氧七氯）总离子流图

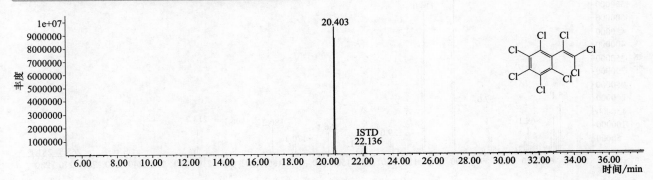

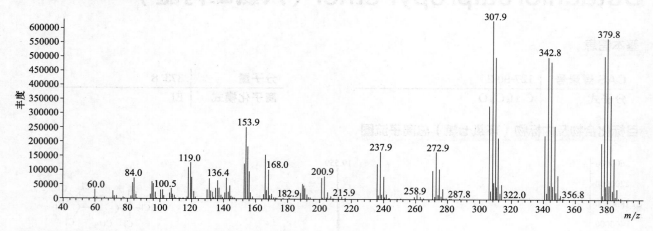

Octhilinone（辛噻酮）

基本信息

CAS 登录号	26530-20-1	分子量	213.1
分子式	$C_{11}H_{19}NOS$	离子化模式	EI

目标化合物及内标物（环氧七氯）总离子流图

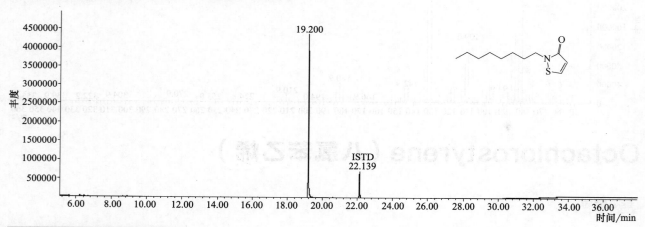

目标化合物碎片离子质谱图

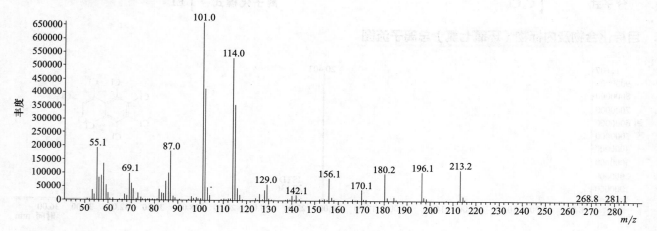

704

Ofurace（呋酰胺）

基本信息

CAS 登录号	58810-48-3	分子量	281.1
分子式	$C_{14}H_{16}ClNO_3$	离子化模式	EI

目标化合物及内标物（环氧七氯）总离子流图

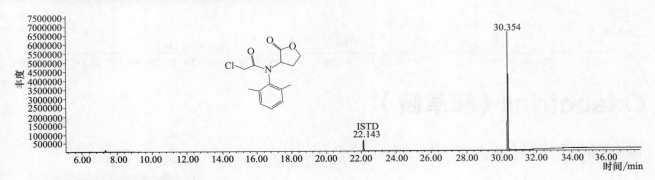

目标化合物碎片离子质谱图

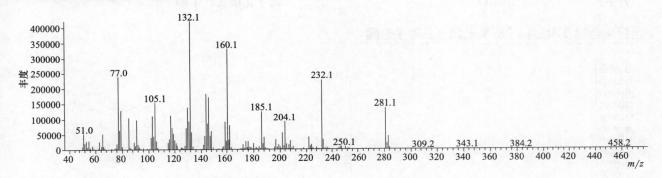

Omethoate（氧乐果）

基本信息

CAS 登录号	1113-02-6	分子量	213.0
分子式	$C_5H_{12}NO_4PS$	离子化模式	EI

目标化合物及内标物（环氧七氯）总离子流图

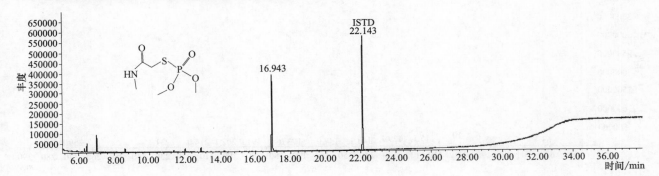

705

目标化合物碎片离子质谱图

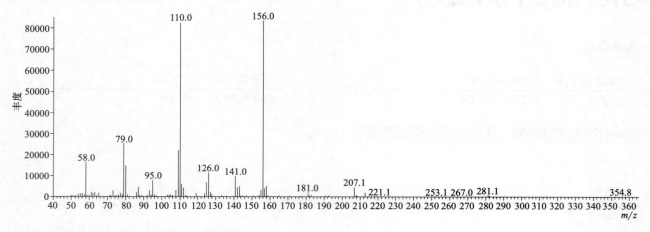

Oxabetrinil（解草腈）

基本信息

CAS 登录号	74782-23-3	分子量	232. 1
分子式	$C_{12}H_{12}N_2O_3$	离子化模式	EI

目标化合物及内标物（环氧七氯）总离子流图

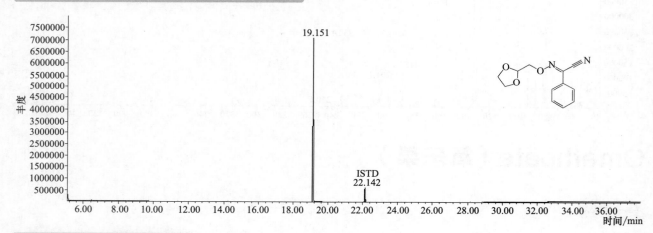

目标化合物碎片离子质谱图

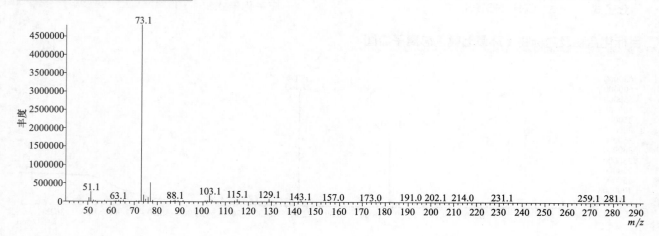

Oxadiazone（恶草酮）

基本信息

CAS 登录号	19666-30-9		分子量	344. 1
分子式	$C_{15}H_{18}Cl_2N_2O_3$		离子化模式	EI

目标化合物及内标物（环氧七氯）总离子流图

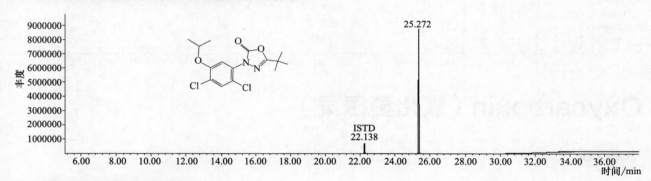

目标化合物碎片离子质谱图

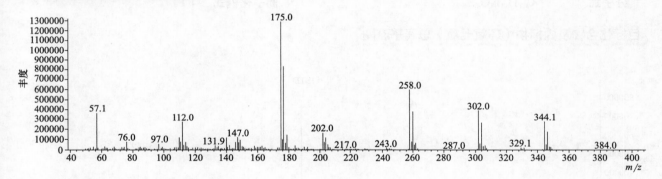

Oxadixyl（噁霜灵）

基本信息

CAS 登录号	77732-09-3		分子量	278. 1
分子式	$C_{14}H_{18}N_2O_4$		离子化模式	EI

目标化合物及内标物（环氧七氯）总离子流图

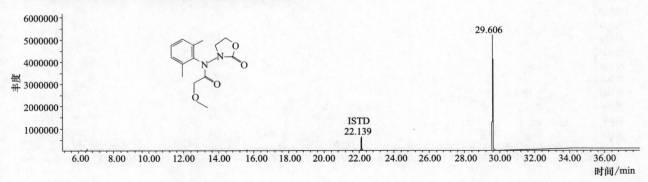

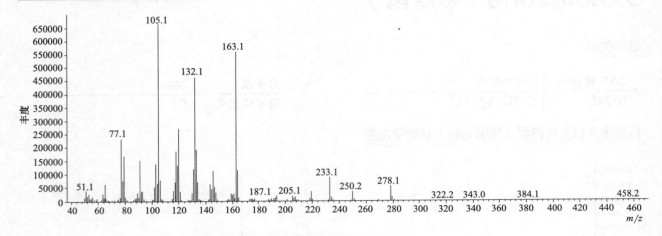

Oxycarboxin（氧化萎锈灵）

基本信息

CAS 登录号	5259-88-1	分子量	267.1
分子式	C₁₂H₁₃NO₄S	离子化模式	EI

目标化合物及内标物（环氧七氯）总离子流图

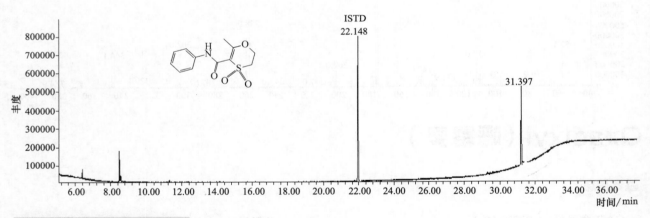

目标化合物碎片离子质谱图

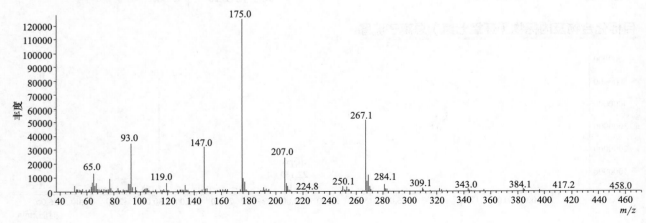

708

Oxychlordane（氧化氯丹）

基本信息

CAS 登录号	27304-13-8		分子量	419.8
分子式	$C_{10}H_4Cl_8O$		离子化模式	EI

目标化合物及内标物（环氧七氯）总离子流图

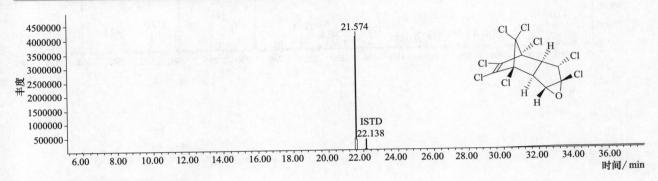

目标化合物碎片离子质谱图

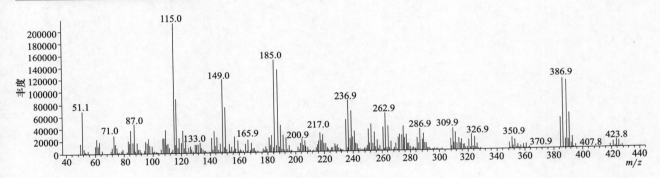

Oxyfluorfen（乙氧氟草醚）

基本信息

CAS 登录号	42874-03-3		分子量	361.0
分子式	$C_{15}H_{11}ClF_3NO_4$		离子化模式	EI

目标化合物及内标物（环氧七氯）总离子流图

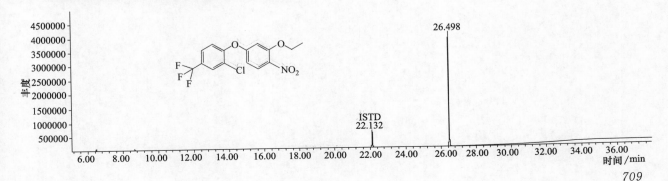

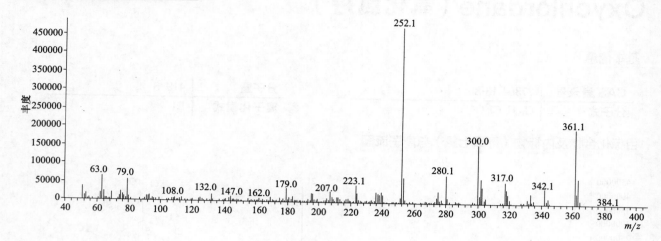

>>>> P

Paclobutrazol（多效唑）

基本信息

CAS 登录号	76738-62-0		分子量	293.1
分子式	C₁₅H₂₀ClN₃O		离子化模式	EI

目标化合物及内标物（环氧七氯）总离子流图

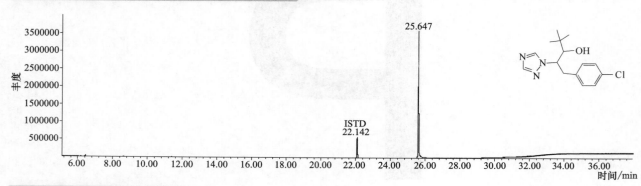

目标化合物碎片离子质谱图

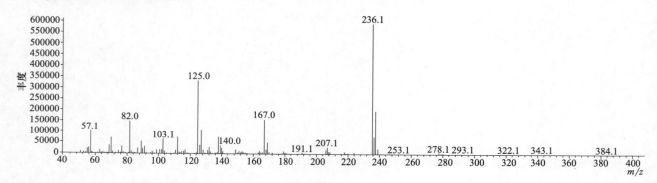

Paraoxon-ethyl（对氧磷）

基本信息

CAS 登录号	311-45-5		分子量	275.1
分子式	C₁₀H₁₄NO₆P		离子化模式	EI

目标化合物及内标物（环氧七氯）总离子流图

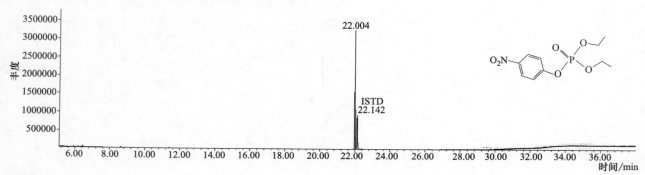

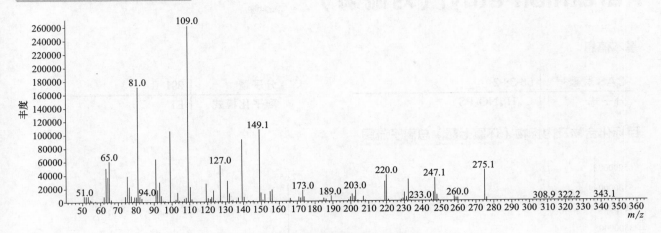

Paraoxon-methyl（甲基对氧磷）

基本信息

CAS 登录号	950-35-6	分子量	247.0
分子式	$C_8H_{10}NO_6P$	离子化模式	EI

目标化合物及内标物（环氧七氯）总离子流图

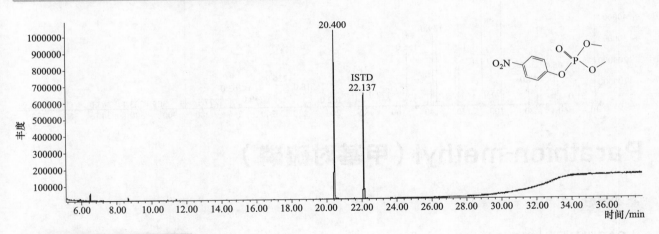

目标化合物碎片离子质谱图

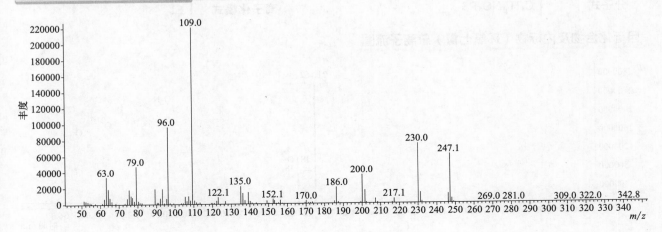

Parathion-ethyl（对硫磷）

基本信息

CAS 登录号	56-38-2		分子量	291.0
分子式	$C_{10}H_{14}NO_5PS$		离子化模式	EI

目标化合物及内标物（环氧七氯）总离子流图

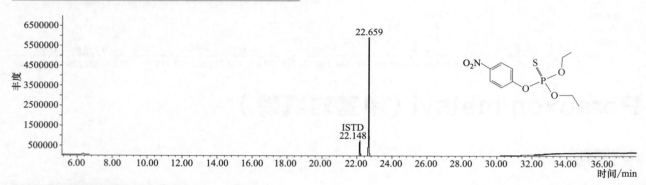

目标化合物碎片离子质谱图

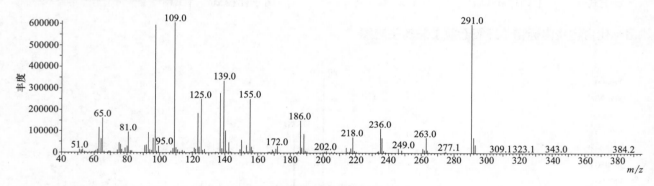

Parathion-methyl（甲基对硫磷）

基本信息

CAS 登录号	298-00-0		分子量	263.0
分子式	$C_8H_{10}NO_5PS$		离子化模式	EI

目标化合物及内标物（环氧七氯）总离子流图

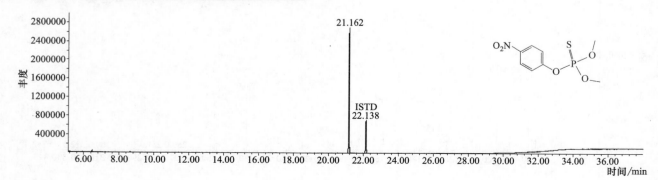

714

目标化合物碎片离子质谱图

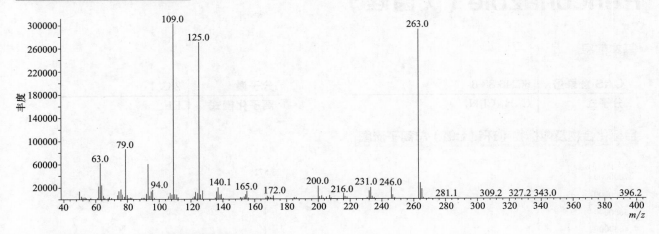

Pebulate（克草敌）

基本信息

CAS 登录号	1114-71-2	分子量	203.1
分子式	$C_{10}H_{21}NOS$	离子化模式	EI

目标化合物及内标物（环氧七氯）总离子流图

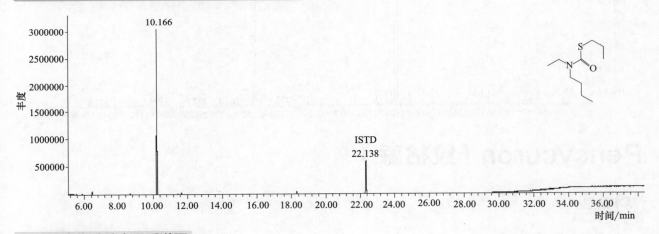

目标化合物碎片离子质谱图

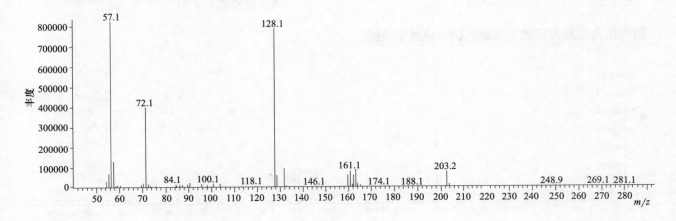

Penconazole（戊菌唑）

基本信息

CAS 登录号	66246-88-6	分子量	283.1
分子式	$C_{13}H_{15}Cl_2N_3$	离子化模式	EI

目标化合物及内标物（环氧七氯）总离子流图

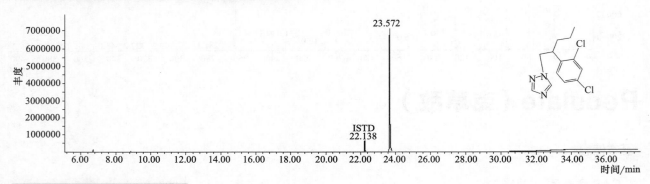

目标化合物碎片离子质谱图

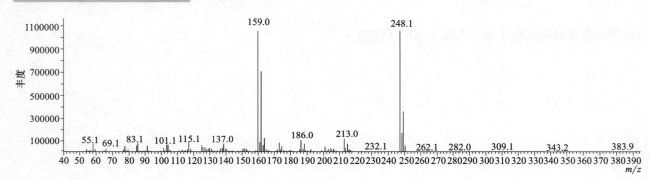

Pencycuron（纹枯脲）

基本信息

CAS 登录号	66063-05-6	分子量	328.1
分子式	$C_{19}H_{21}ClN_2O$	离子化模式	EI

目标化合物及内标物（环氧七氯）总离子流图

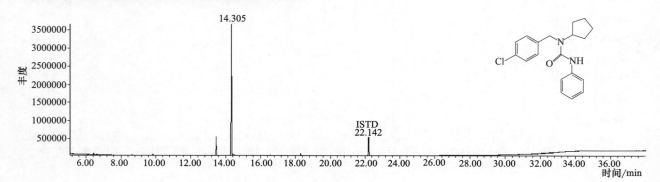

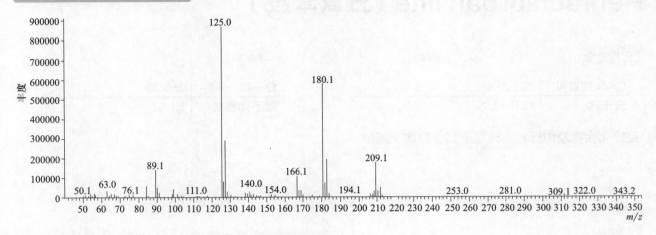

Pendimethalin（胺硝草）

基本信息

CAS 登录号	40487-42-1	分子量	281.1
分子式	$C_{13}H_{19}N_3O_4$	离子化模式	EI

目标化合物及内标物（环氧七氯）总离子流图

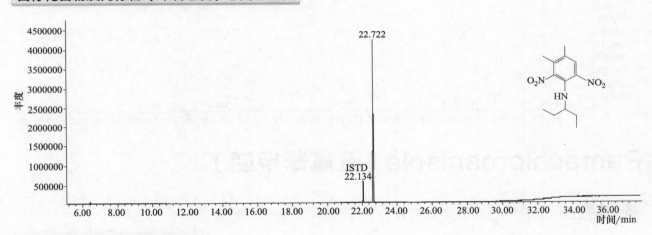

目标化合物碎片离子质谱图

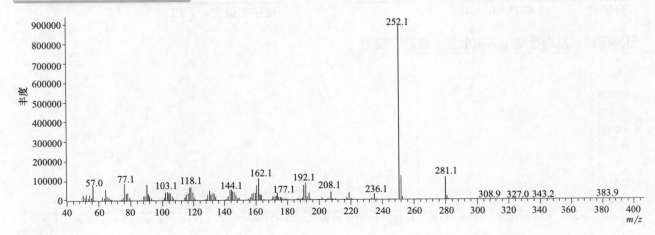

Pentachloroaniline（五氯苯胺）

基本信息

CAS 登录号	527-20-8	分子量	265.35
分子式	$C_6H_2Cl_5N$	离子化模式	EI

目标化合物及内标物（环氧七氯）总离子流图

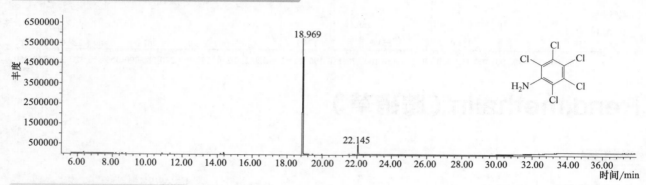

目标化合物碎片离子质谱图

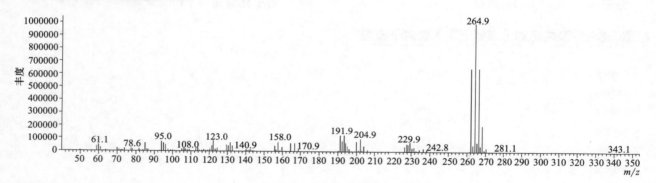

Pentachloroanisole（五氯苯甲醚）

基本信息

CAS 登录号	1825-21-4	分子量	277.9
分子式	$C_7H_3Cl_5O$	离子化模式	EI

目标化合物及内标物（环氧七氯）总离子流图

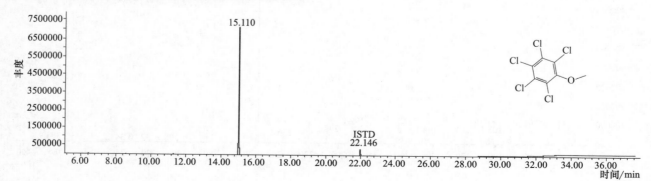

目标化合物碎片离子质谱图

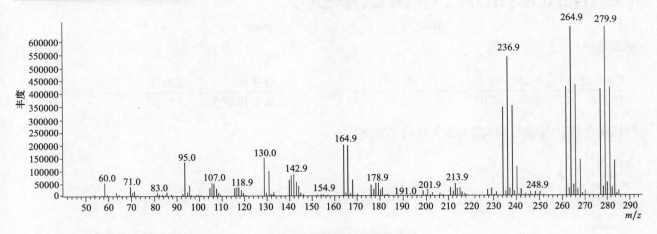

Pentachlorobenzene（五氯苯）

基本信息

CAS 登录号	608-93-5	分子量	247.9
分子式	C₆HCl₅	离子化模式	EI

目标化合物及内标物（环氧七氯）总离子流图

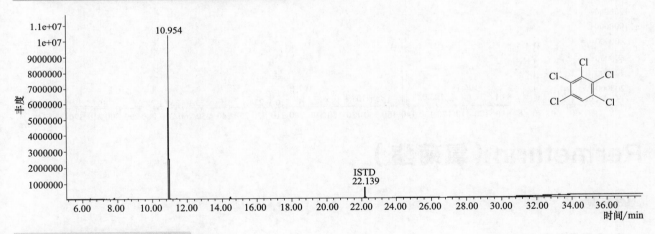

目标化合物碎片离子质谱图

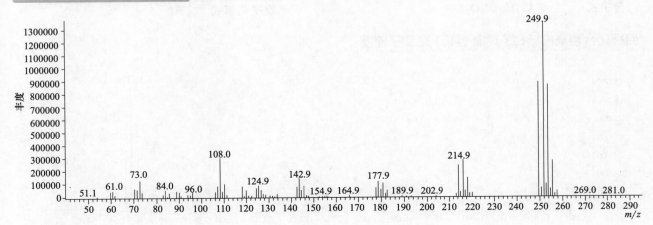

Pentanochlor（甲氯酰草胺）

基本信息

CAS 登录号	2307-68-8	分子量	239.1
分子式	$C_{13}H_{18}ClNO$	离子化模式	EI

目标化合物及内标物（环氧七氯）总离子流图

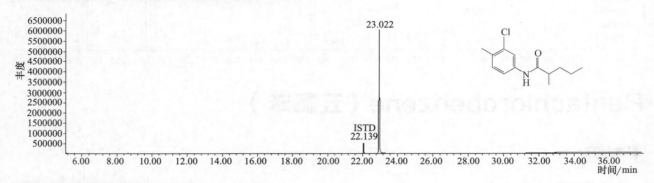

目标化合物碎片离子质谱图

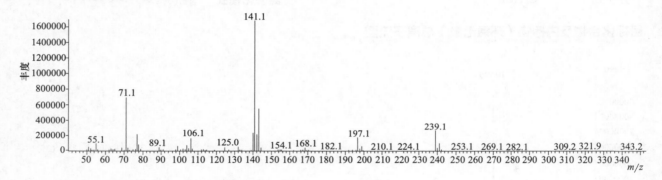

Permethrin（氯菊酯）

基本信息

CAS 登录号	52645-53-1	分子量	390.1
分子式	$C_{21}H_{20}Cl_2O_3$	离子化模式	EI

目标化合物及内标物（环氧七氯）总离子流图

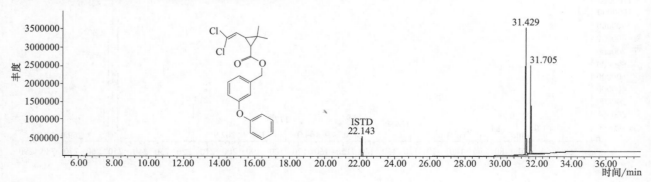

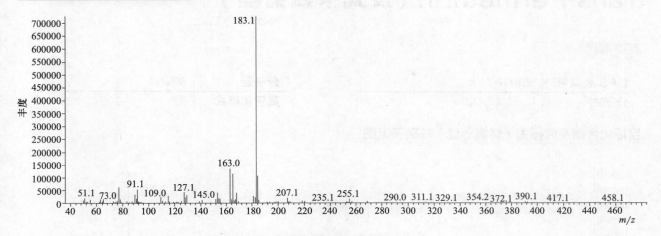

cis-Permethrin（顺式苄氯菊酯）

基本信息

CAS 登录号	61949-76-6	分子量	390.1
分子式	$C_{21}H_{20}Cl_2O_3$	离子化模式	EI

目标化合物及内标物（环氧七氯）总离子流图

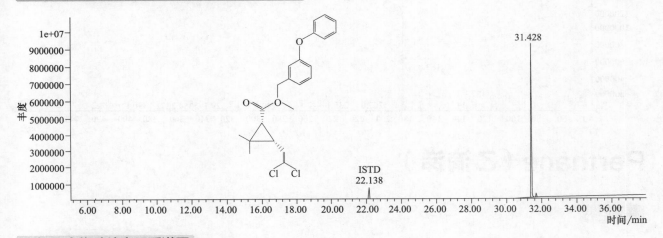

目标化合物碎片离子质谱图

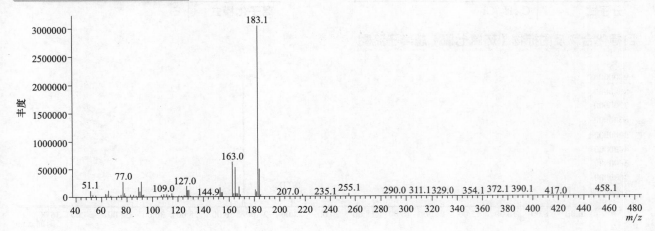

trans-Permethrin（反式苄氯菊酯）

基本信息

CAS 登录号	551877-74-8	分子量	390.1
分子式	$C_{21}H_{20}Cl_2O_3$	离子化模式	EI

目标化合物及内标物（环氧七氯）总离子流图

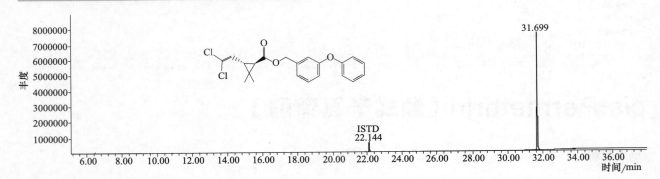

目标化合物碎片离子质谱图

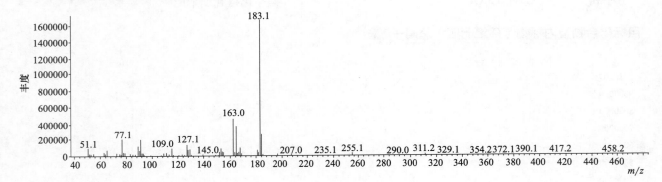

Perthane（乙滴涕）

基本信息

CAS 登录号	72-56-0	分子量	306.1
分子式	$C_{18}H_{20}Cl_2$	离子化模式	EI

目标化合物及内标物（环氧七氯）总离子流图

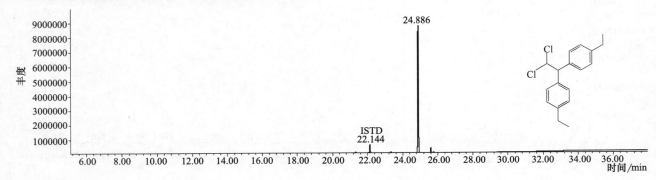

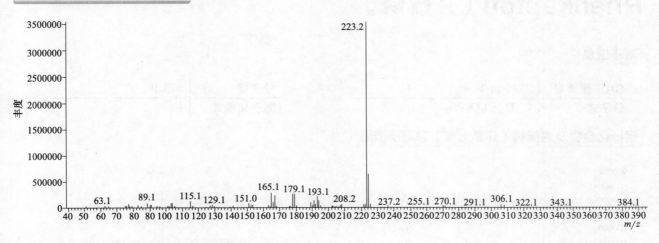

Phenanthrene（菲）

基本信息

CAS 登录号	85-01-8	分子量	178.1
分子式	$C_{14}H_{10}$	离子化模式	EI

目标化合物及内标物（环氧七氯）总离子流图

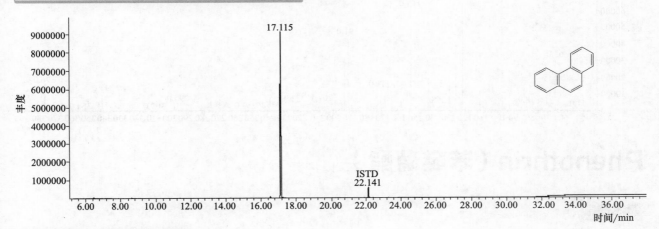

目标化合物碎片离子质谱图

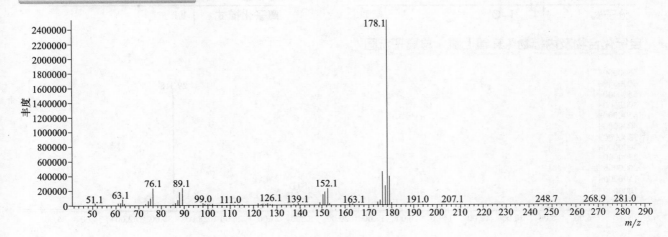

723

Phenkapton（芬硫磷）

基本信息

CAS 登录号	2275-14-1		分子量	375.9
分子式	$C_{11}H_{15}Cl_2O_2PS_3$		离子化模式	EI

目标化合物及内标物（环氧七氯）总离子流图

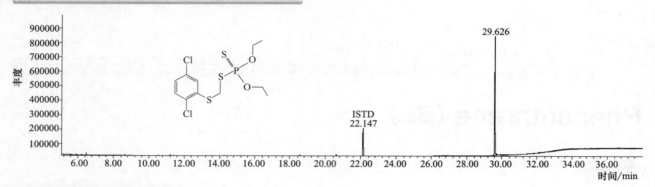

目标化合物碎片离子质谱图

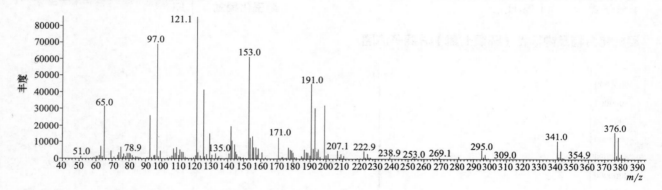

Phenothrin（苯醚菊酯）

基本信息

CAS 登录号	26002-80-2		分子量	350.2
分子式	$C_{23}H_{26}O_3$		离子化模式	EI

目标化合物及内标物（环氧七氯）总离子流图

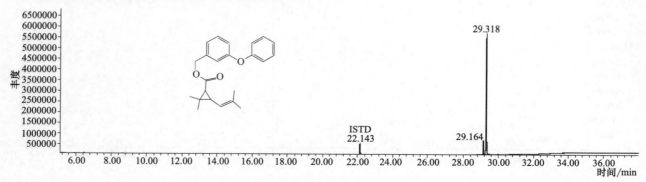

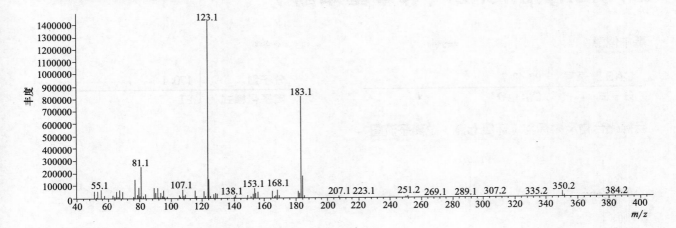

目标化合物碎片离子质谱图

Phenthoate（稻丰散）

基本信息

CAS 登录号	2597-03-7	分子量	320.0
分子式	$C_{12}H_{17}O_4PS_2$	离子化模式	EI

目标化合物及内标物（环氧七氯）总离子流图

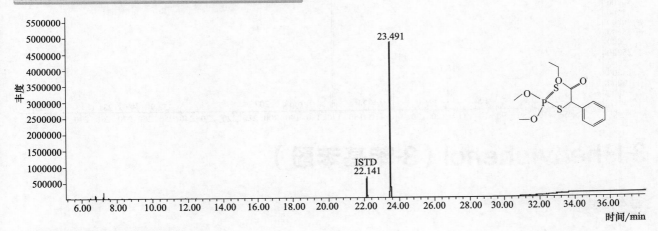

目标化合物碎片离子质谱图

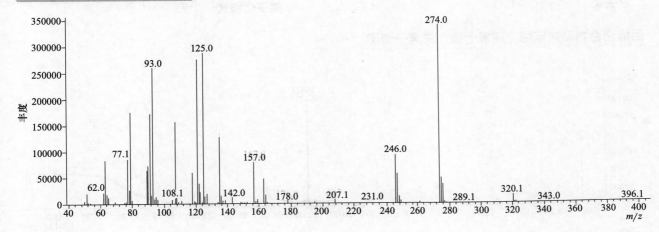

725

2-Phenylphenol（邻苯基苯酚）

基本信息

CAS 登录号	90-43-7		分子量	170. 1
分子式	$C_{12}H_{10}O$		离子化模式	EI

目标化合物及内标物（环氧七氯）总离子流图

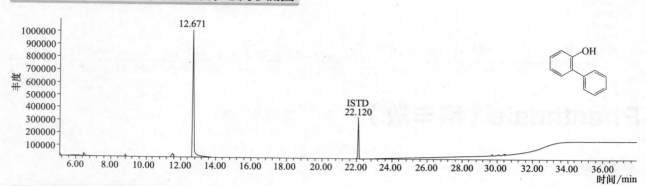

目标化合物碎片离子质谱图

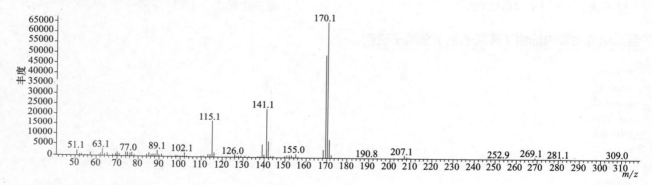

3-Phenylphenol（3-苯基苯酚）

基本信息

CAS 登录号	580-51-8		分子量	170. 1
分子式	$C_{12}H_{10}O$		离子化模式	EI

目标化合物及内标物（环氧七氯）总离子流图

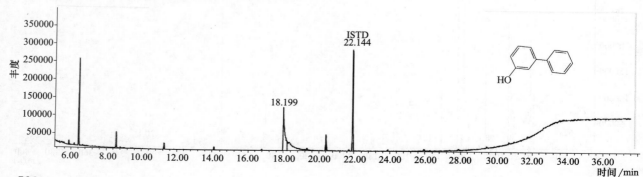

目标化合物碎片离子质谱图

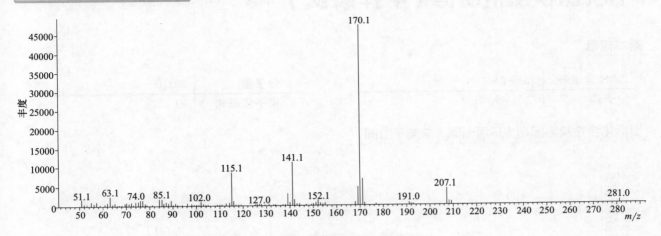

Phorate sulfoxide（甲拌磷亚砜）

基本信息

CAS 登录号	2588-03-6	分子量	276.0
分子式	$C_7H_{17}O_3PS_3$	离子化模式	EI

目标化合物及内标物（环氧七氯）总离子流图

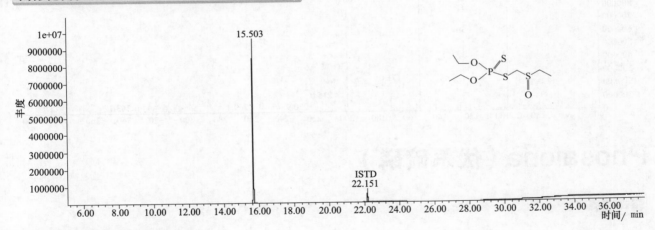

目标化合物碎片离子质谱图

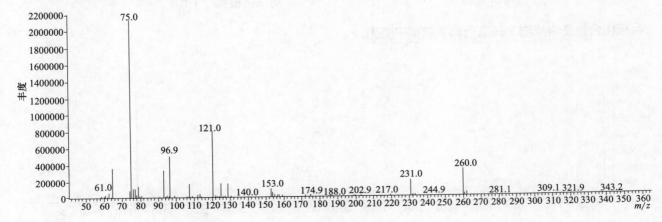

Phorate sulfone（甲拌磷砜）

基本信息

CAS 登录号	2588-04-7	分子量	292.0
分子式	$C_7H_{17}O_4PS_3$	离子化模式	EI

目标化合物及内标物（环氧七氯）总离子流图

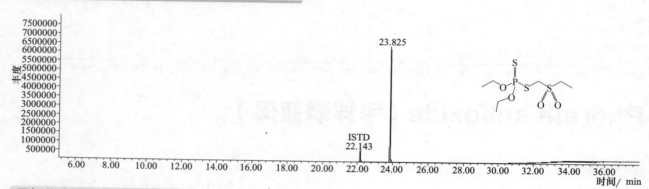

目标化合物碎片离子质谱图

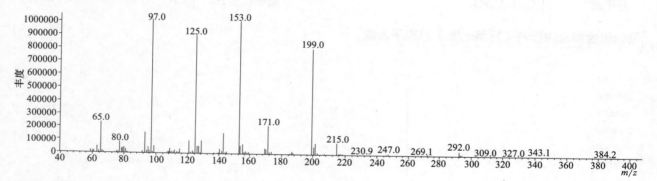

Phosalone（伏杀硫磷）

基本信息

CAS 登录号	2310-17-0	分子量	367.0
分子式	$C_{12}H_{15}ClNO_4PS_2$	离子化模式	EI

目标化合物及内标物（环氧七氯）总离子流图

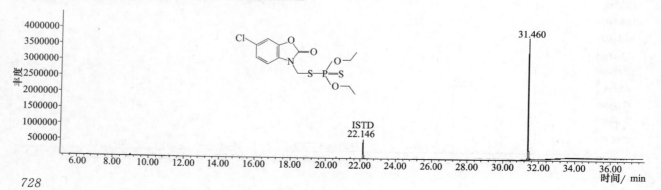

目标化合物碎片离子质谱图

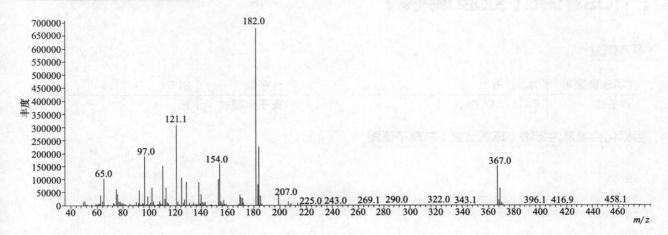

Phosfolan（硫环磷）

基本信息

CAS 登录号	947-02-4	分子量	255.0
分子式	$C_7H_{14}NO_3PS_2$	离子化模式	EI

目标化合物及内标物（环氧七氯）总离子流图

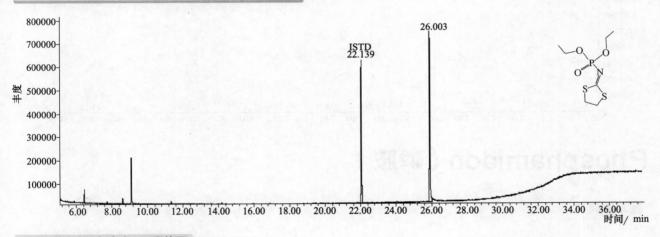

目标化合物碎片离子质谱图

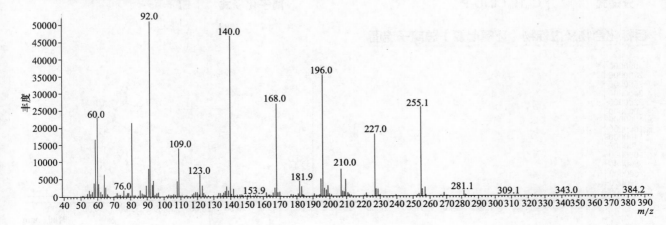

729

Phosmet（亚胺硫磷）

基本信息

CAS 登录号	732-11-6	分子量	317.0
分子式	$C_{11}H_{12}NO_4PS_2$	离子化模式	EI

目标化合物及内标物（环氧七氯）总离子流图

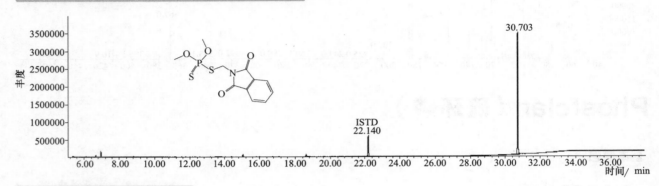

目标化合物碎片离子质谱图

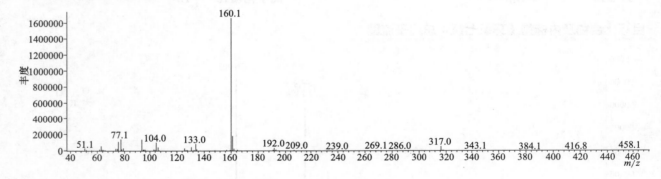

Phosphamidon（磷胺）

基本信息

CAS 登录号	13171-21-6	分子量	299.1
分子式	$C_{10}H_{19}ClNO_5P$	离子化模式	EI

目标化合物及内标物（环氧七氯）总离子流图

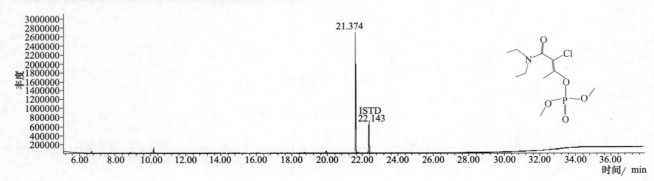

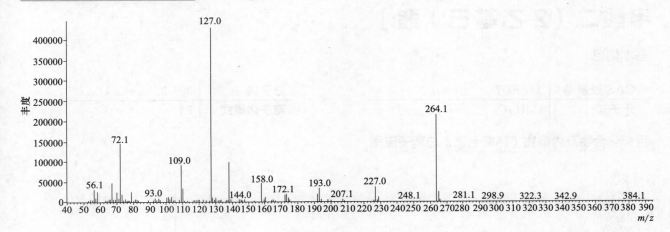

Phthalic acid，benzyl butyl ester（邻苯二甲酸丁苄酯）

基本信息

CAS 登录号	85-68-7	分子量	312.1
分子式	$C_{19}H_{20}O_4$	离子化模式	EI

目标化合物及内标物（环氧七氯）总离子流图

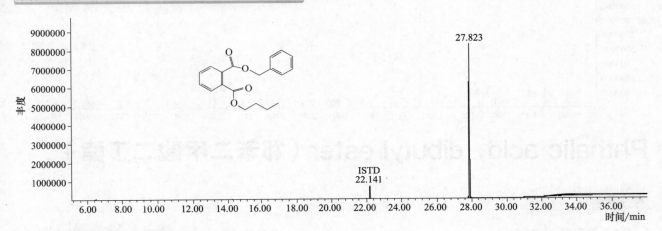

目标化合物碎片离子质谱图

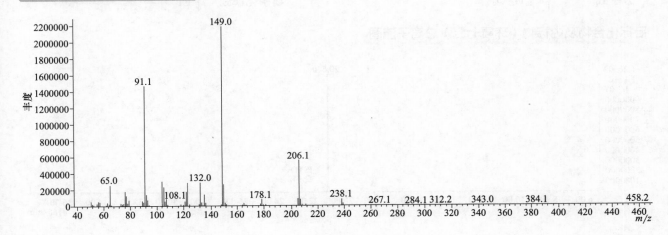

Phthalic acid，di-（2-ethylhexyl）ester［邻苯二甲酸二（2-乙基己）酯］

基本信息

CAS 登录号	117-81-7		分子量	390.3
分子式	$C_{24}H_{38}O_4$		离子化模式	EI

目标化合物及内标物（环氧七氯）总离子流图

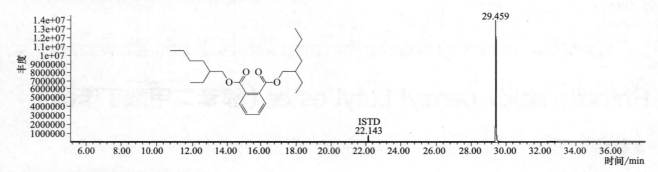

目标化合物碎片离子质谱图

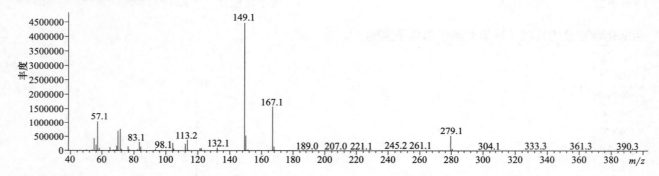

Phthalic acid，dibutyl ester（邻苯二甲酸二丁酯）

基本信息

CAS 登录号	84-74-2		分子量	278.2
分子式	$C_{16}H_{22}O_4$		离子化模式	EI

目标化合物及内标物（环氧七氯）总离子流图

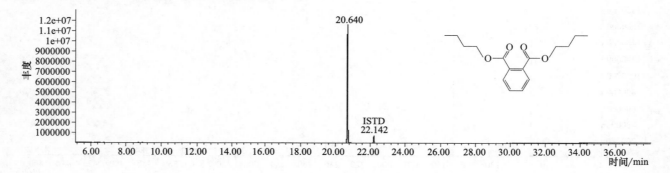

目标化合物碎片离子质谱图

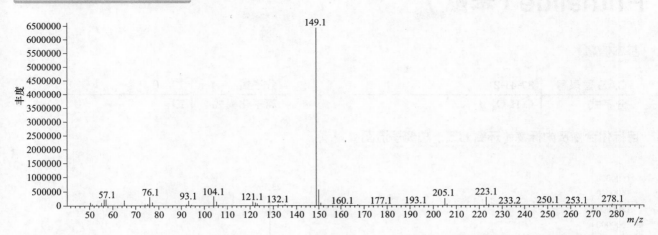

Phthalic acid, dicyclohexyl ester（邻苯二甲酸二环己酯）

基本信息

CAS 登录号	84-61-7	分子量	330.2
分子式	$C_{20}H_{26}O_4$	离子化模式	EI

目标化合物及内标物（环氧七氯）总离子流图

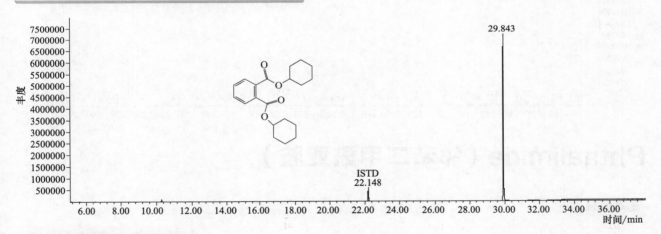

目标化合物碎片离子质谱图

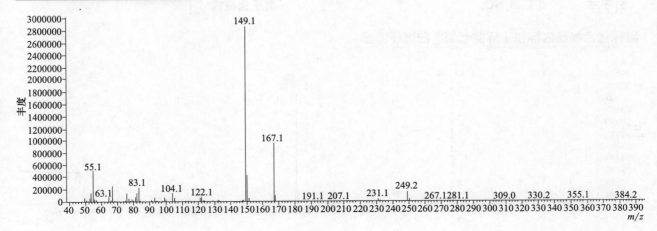

Phthalide（苯酞）

基本信息

CAS 登录号	87-41-2	分子量	134. 0
分子式	C₈H₆O₂	离子化模式	EI

目标化合物及内标物（环氧七氯）总离子流图

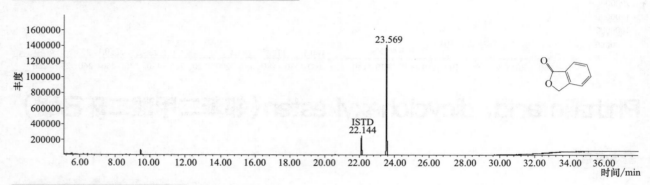

目标化合物碎片离子质谱图

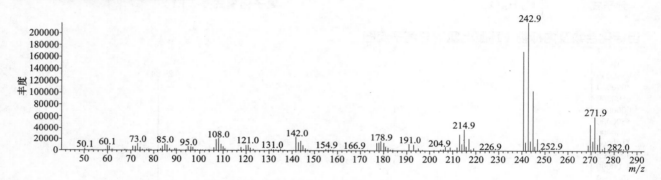

Phthalimide（邻苯二甲酰亚胺）

基本信息

CAS 登录号	85-41-6	分子量	147. 0
分子式	C₈H₅NO₂	离子化模式	EI

目标化合物及内标物（环氧七氯）总离子流图

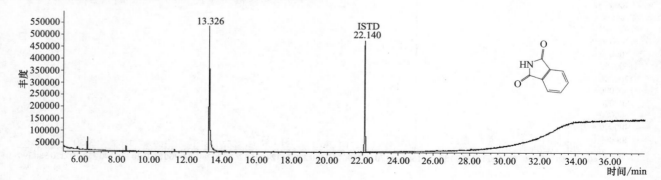

目标化合物碎片离子质谱图

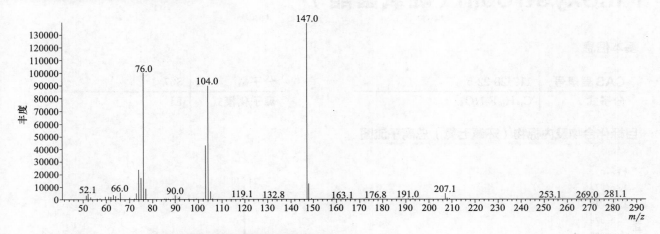

Picolinafen（氟吡酰草胺）

基本信息

CAS 登录号	137641-05-5	分子量	376.1
分子式	$C_{19}H_{12}F_4N_2O_2$	离子化模式	EI

目标化合物及内标物（环氧七氯）总离子流图

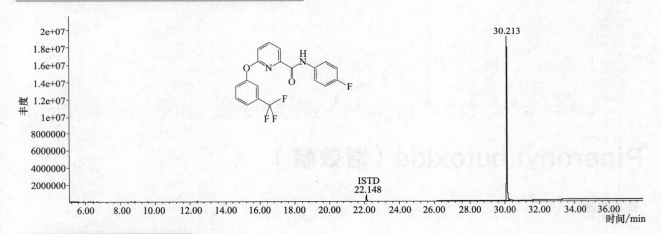

目标化合物碎片离子质谱图

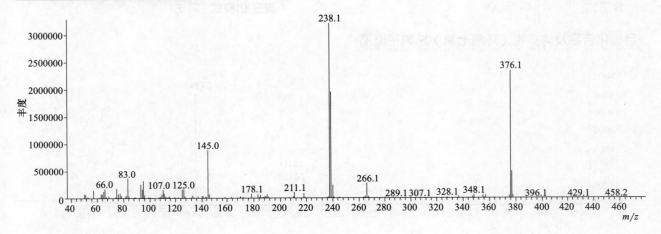

Picoxystrobin（啶氧菌酯）

基本信息

CAS 登录号	117428-22-5	分子量	367.1
分子式	C₁₈H₁₆F₃NO₄	离子化模式	EI

目标化合物及内标物（环氧七氯）总离子流图

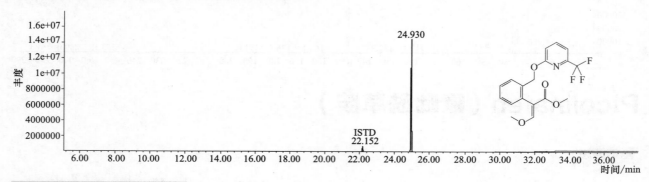

目标化合物碎片离子质谱图

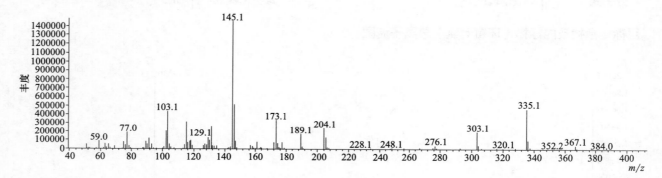

Piperonyl butoxide（增效醚）

基本信息

CAS 登录号	51-03-6	分子量	338.2
分子式	C₁₉H₃₀O₅	离子化模式	EI

目标化合物及内标物（环氧七氯）总离子流图

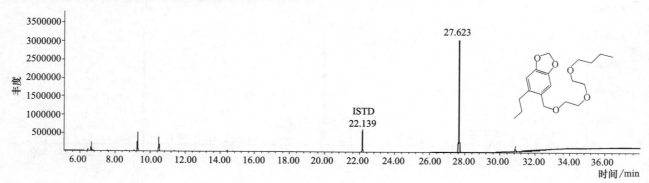

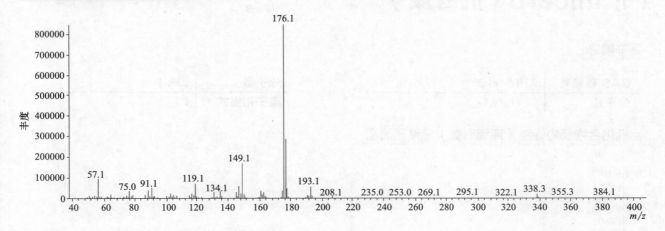

Piperophos（哌草磷）

基本信息

CAS 登录号	24151-93-7	分子量	353.1
分子式	$C_{14}H_{28}NO_3PS_2$	离子化模式	EI

目标化合物及内标物（环氧七氯）总离子流图

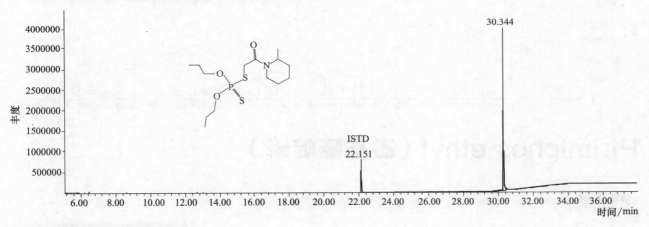

目标化合物碎片离子质谱图

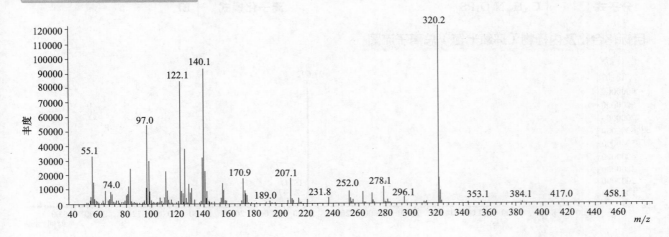

Pirimicarb（抗蚜威）

基本信息

CAS 登录号	23103-98-2	分子量	238.1
分子式	$C_{11}H_{18}N_4O_2$	离子化模式	EI

目标化合物及内标物（环氧七氯）总离子流图

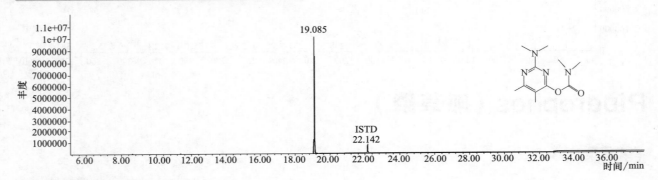

目标化合物碎片离子质谱图

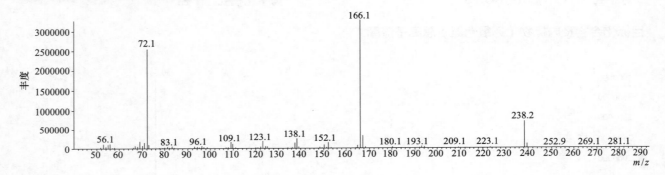

Pirimiphos-ethyl（乙基嘧啶磷）

基本信息

CAS 登录号	23505-41-1	分子量	333.1
分子式	$C_{13}H_{24}N_3O_3PS$	离子化模式	EI

目标化合物及内标物（环氧七氯）总离子流图

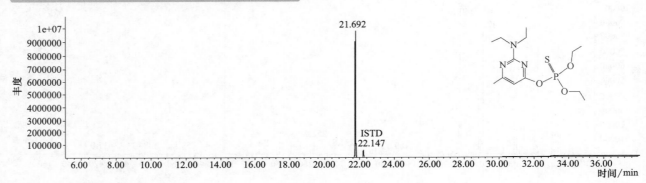

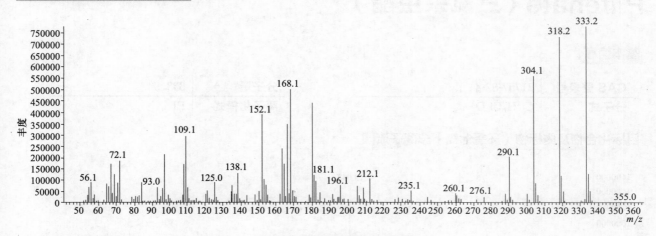

Pirimiphos-methyl（甲基嘧啶磷）

基本信息

CAS 登录号	29232-93-7	分子量	305.1
分子式	$C_{11}H_{20}N_3O_3PS$	离子化模式	EI

目标化合物及内标物（环氧七氯）总离子流图

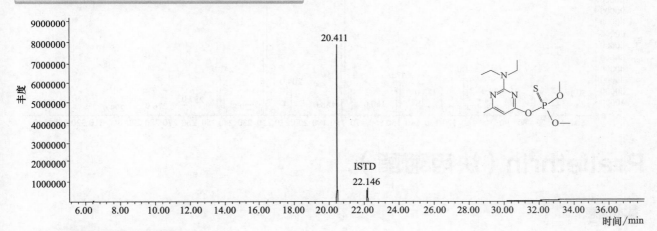

目标化合物碎片离子质谱图

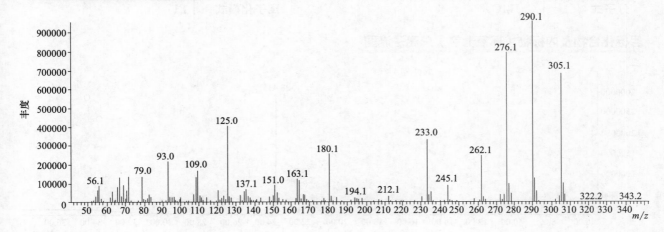

Plifenate（三氯杀虫酯）

基本信息

CAS 登录号	21757-82-4		分子量	333. 9
分子式	$C_{10}H_7Cl_5O_2$		离子化模式	EI

目标化合物及内标物（环氧七氯）总离子流图

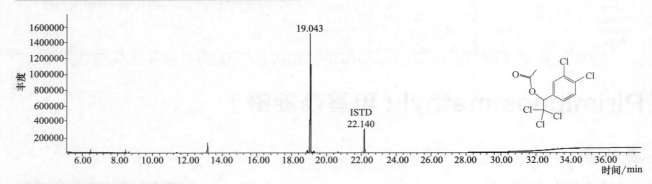

目标化合物碎片离子质谱图

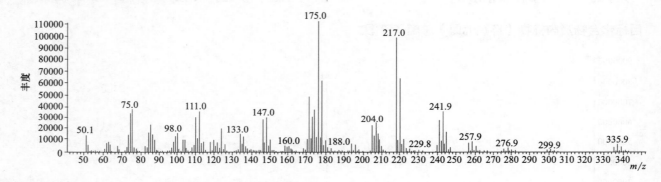

Prallethrin（炔丙菊酯）

基本信息

CAS 登录号	23031-36-9		分子量	300. 2
分子式	$C_{19}H_{24}O_3$		离子化模式	EI

目标化合物及内标物（环氧七氯）总离子流图

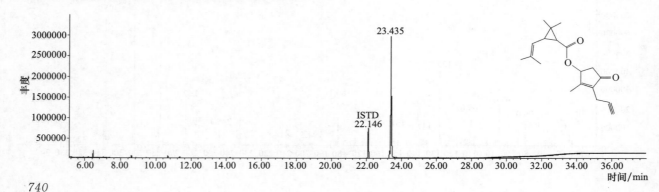

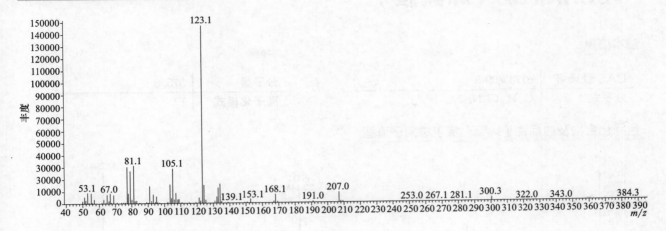

Pretilachlor（丙草胺）

基本信息

CAS 登录号	51218-49-6	分子量	311. 2
分子式	$C_{17}H_{26}ClNO_2$	离子化模式	EI

目标化合物及内标物（环氧七氯）总离子流图

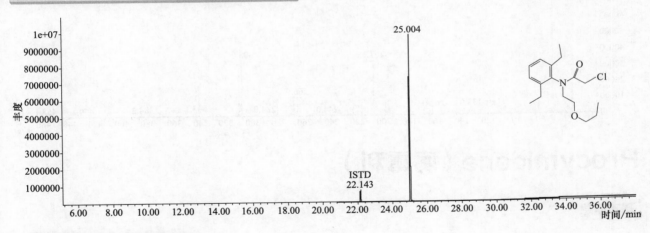

目标化合物碎片离子质谱图

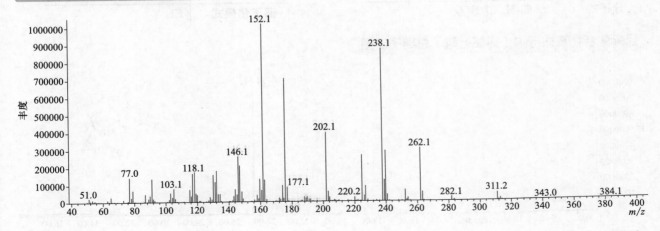

Prochloraz（咪酰胺）

基本信息

CAS 登录号	67747-09-5		分子量	375.0
分子式	$C_{15}H_{16}Cl_3N_3O_2$		离子化模式	EI

目标化合物及内标物（环氧七氯）总离子流图

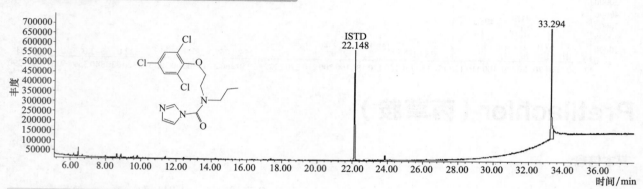

目标化合物碎片离子质谱图

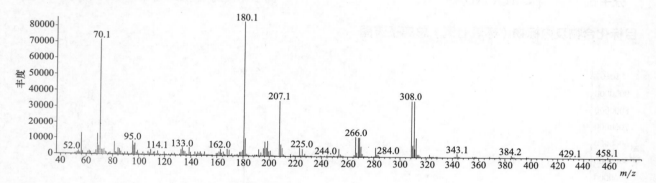

Procymidone（腐霉利）

基本信息

CAS 登录号	32809-16-8		分子量	283.0
分子式	$C_{13}H_{11}Cl_2NO_2$		离子化模式	EI

目标化合物及内标物（环氧七氯）总离子流图

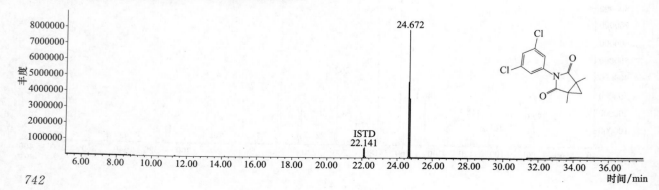

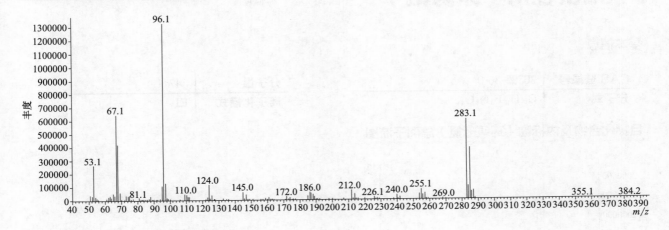

Profenofos（丙溴磷）

基本信息

CAS 登录号	41198-08-7	分子量	371.9
分子式	$C_{11}H_{15}BrClO_3PS$	离子化模式	EI

目标化合物及内标物（环氧七氯）总离子流图

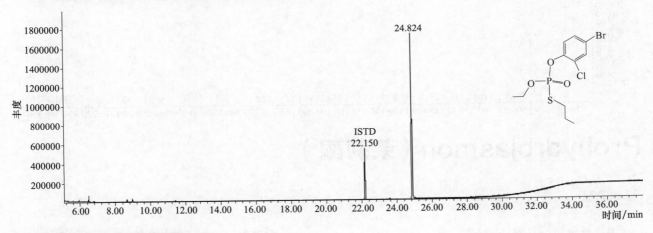

目标化合物碎片离子质谱图

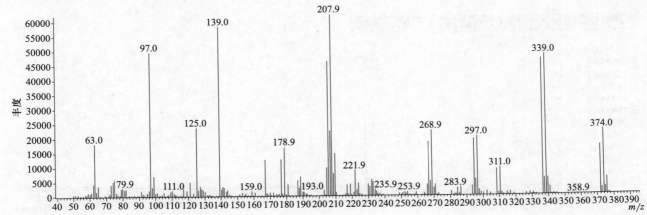

Profluralin（环丙氟）

基本信息

CAS 登录号	26399-36-0	分子量	347.1
分子式	$C_{14}H_{16}F_3N_3O_4$	离子化模式	EI

目标化合物及内标物（环氧七氯）总离子流图

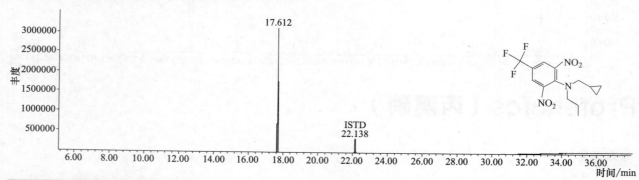

目标化合物碎片离子质谱图

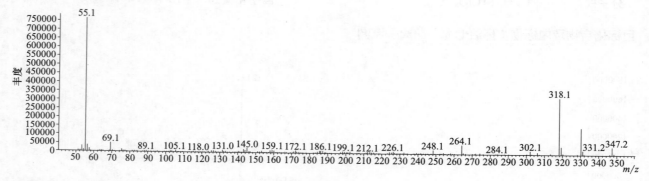

Prohydrojasmon（茉莉酮）

基本信息

CAS 登录号	158474-72-7	分子量	254.2
分子式	$C_{15}H_{26}O_3$	离子化模式	EI

目标化合物及内标物（环氧七氯）总离子流图

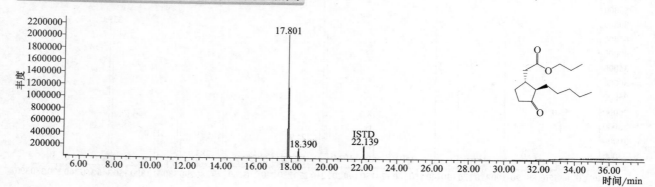

744

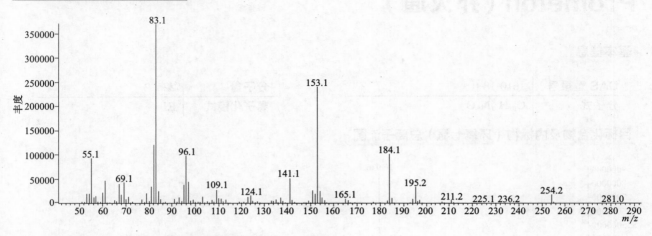

Promecarb（猛杀威）

基本信息

CAS 登录号	2631-37-0	分子量	207.1
分子式	$C_{12}H_{17}NO_2$	离子化模式	EI

目标化合物及内标物（环氧七氯）总离子流图

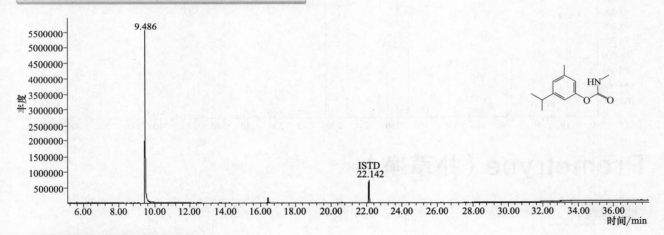

目标化合物碎片离子质谱图

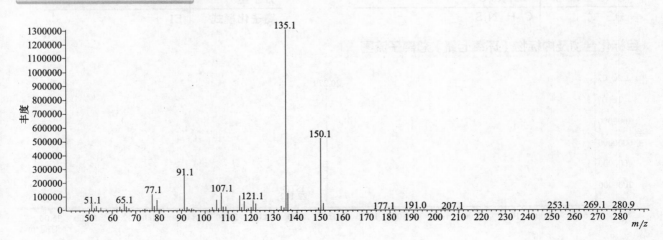

745

Prometon（扑灭通）

基本信息

CAS 登录号	1610-18-0	分子量	225. 2
分子式	$C_{10}H_{19}N_5O$	离子化模式	EI

目标化合物及内标物（环氧七氯）总离子流图

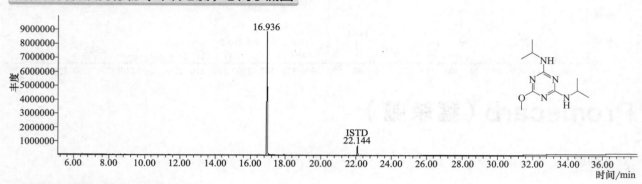

目标化合物碎片离子质谱图

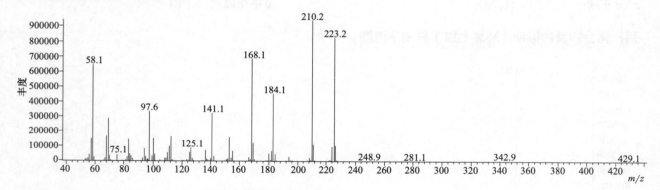

Prometryne（扑草净）

基本信息

CAS 登录号	7287-19-6	分子量	241. 1
分子式	$C_{10}H_{19}N_5S$	离子化模式	EI

目标化合物及内标物（环氧七氯）总离子流图

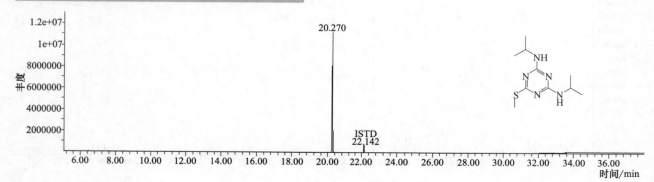

目标化合物碎片离子质谱图

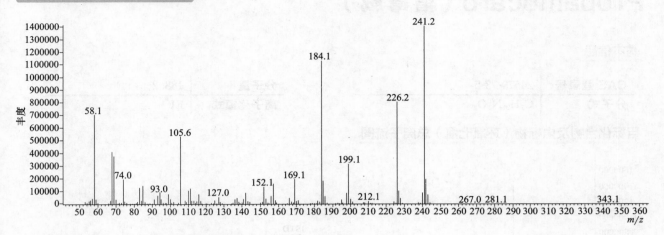

Propachlor（毒草安）

基本信息

CAS 登录号	1918-16-7		分子量	211.1
分子式	$C_{11}H_{14}ClNO$		离子化模式	EI

目标化合物及内标物（环氧七氯）总离子流图

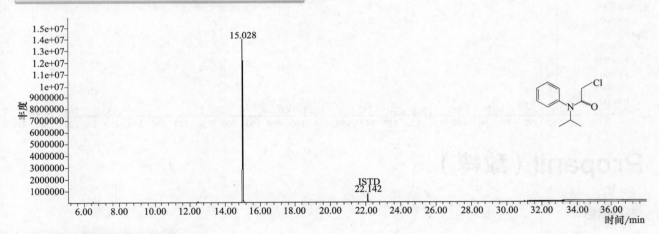

目标化合物碎片离子质谱图

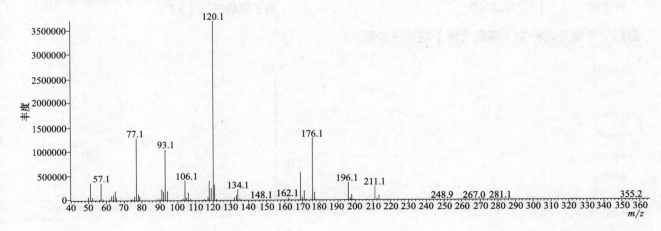

Propamocarb（霜霉威）

基本信息

CAS 登录号	24579-73-5	分子量	188.2
分子式	$C_9H_{20}N_2O_2$	离子化模式	EI

目标化合物及内标物（环氧七氯）总离子流图

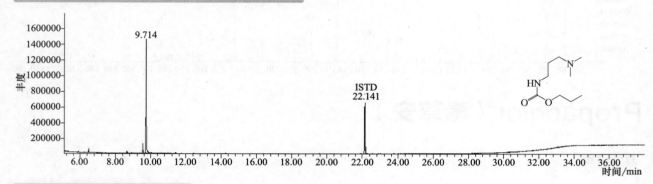

目标化合物碎片离子质谱图

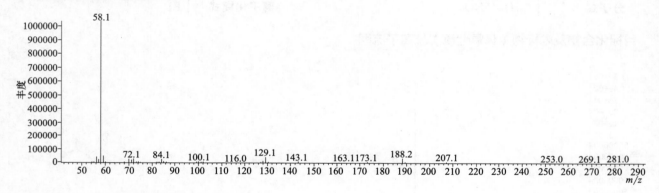

Propanil（敌稗）

基本信息

CAS 登录号	709-98-8	分子量	217.0
分子式	$C_9H_9Cl_2NO$	离子化模式	EI

目标化合物及内标物（环氧七氯）总离子流图

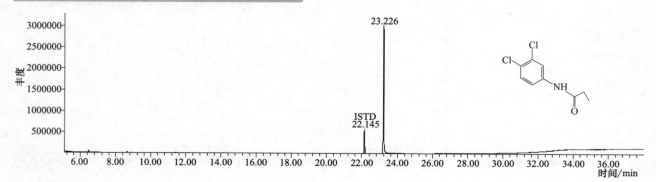

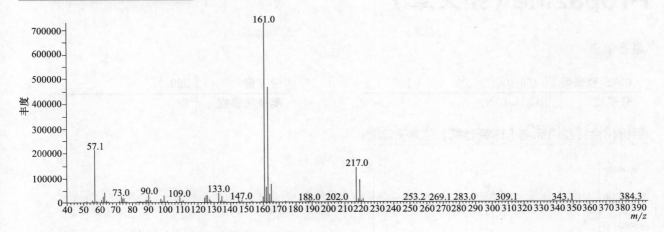

Propargite（炔螨特）

基本信息

CAS 登录号	2312-35-8		分子量	350.2
分子式	$C_{19}H_{26}O_4S$		离子化模式	EI

目标化合物及内标物（环氧七氯）总离子流图

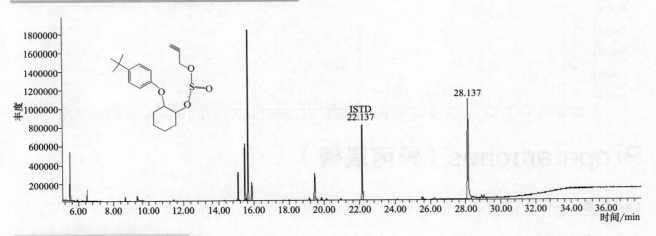

目标化合物碎片离子质谱图

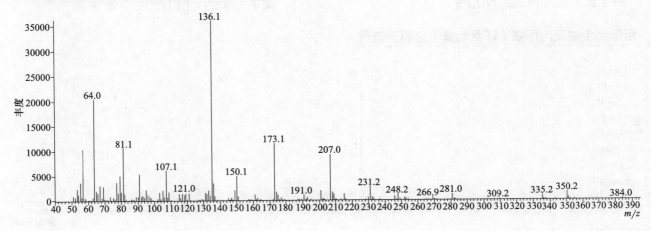

Propazine（扑灭津）

基本信息

CAS 登录号	139-40-2	分子量	229.1
分子式	C₉H₁₆ClN₅	离子化模式	EI

分子式 $C_9H_{16}ClN_5$

分子量 229.1

离子化模式 EI

目标化合物及内标物（环氧七氯）总离子流图

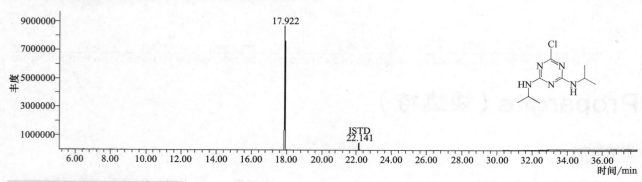

目标化合物碎片离子质谱图

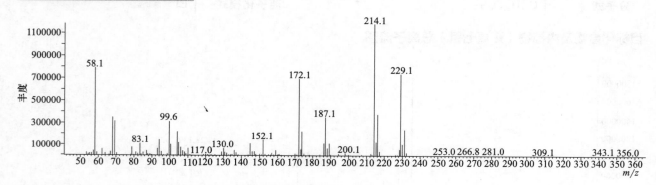

Propetamphos（异丙氧磷）

基本信息

CAS 登录号	31218-83-4	分子量	281.1
分子式	C₁₀H₂₀NO₄PS	离子化模式	EI

分子式 $C_{10}H_{20}NO_4PS$

分子量 281.1

离子化模式 EI

目标化合物及内标物（环氧七氯）总离子流图

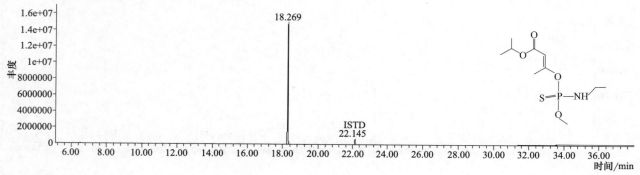

目标化合物碎片离子质谱图

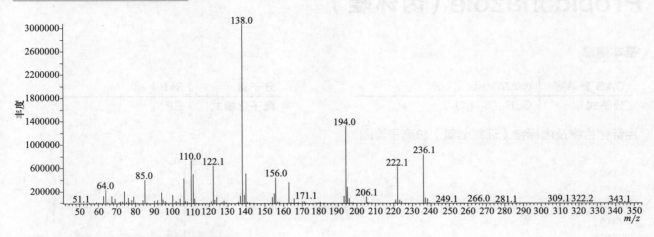

Propham（苯胺灵）

基本信息

CAS 登录号	122-42-9	分子量	179.1
分子式	$C_{10}H_{13}NO_2$	离子化模式	EI

目标化合物及内标物（环氧七氯）总离子流图

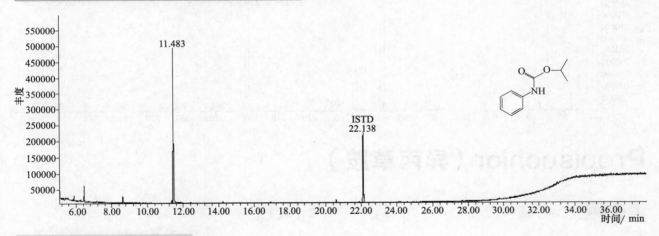

目标化合物碎片离子质谱图

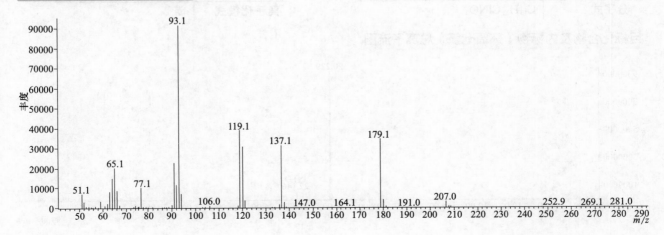

Propiconazole（丙环唑）

CAS 登录号	60207-90-1		分子量	341.1
分子式	$C_{15}H_{17}Cl_2N_3O_2$		离子化模式	EI

目标化合物及内标物（环氧七氯）总离子流图

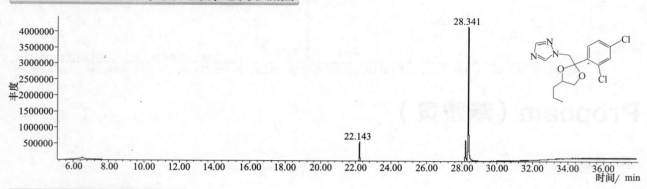

目标化合物碎片离子质谱图

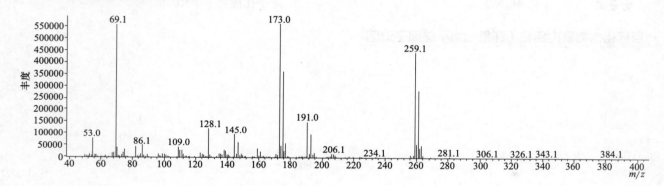

Propisochlor（异丙草胺）

基本信息

CAS 登录号	86763-47-5		分子量	283.1
分子式	$C_{15}H_{22}ClNO_2$		离子化模式	EI

目标化合物及内标物（环氧七氯）总离子流图

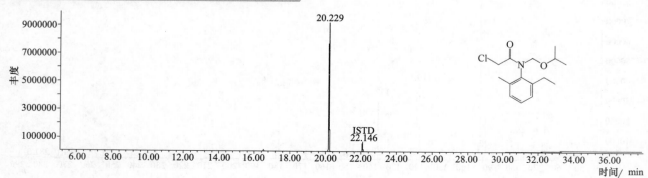

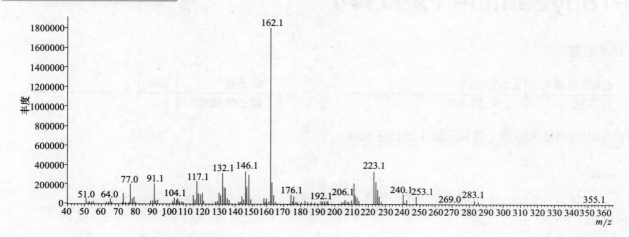

Propoxur（残杀威）

基本信息

CAS 登录号	114-26-1	分子量	209.1
分子式	$C_{11}H_{15}NO_3$	离子化模式	EI

目标化合物及内标物（环氧七氯）总离子流图

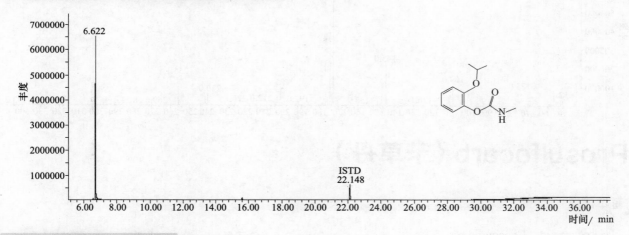

目标化合物碎片离子质谱图

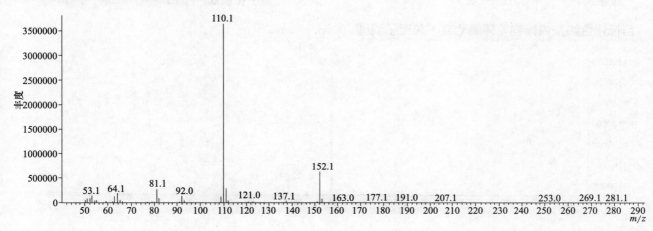

Propyzamide（炔敌稗）

基本信息

CAS 登录号	23950-58-5	分子量	255.0
分子式	$C_{12}H_{11}Cl_2NO$	离子化模式	EI

目标化合物及内标物（环氧七氯）总离子流图

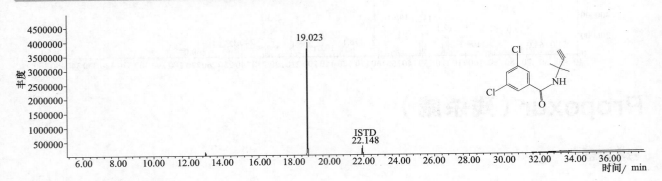

目标化合物碎片离子质谱图

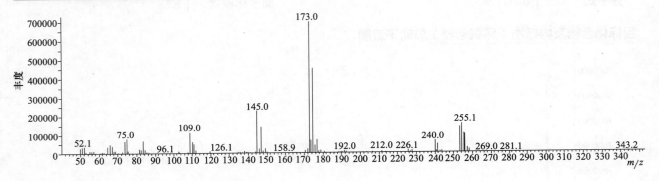

Prosulfocarb（苄草丹）

基本信息

CAS 登录号	52888-80-9	分子量	251.1
分子式	$C_{14}H_{21}NOS$	离子化模式	EI

目标化合物及内标物（环氧七氯）总离子流图

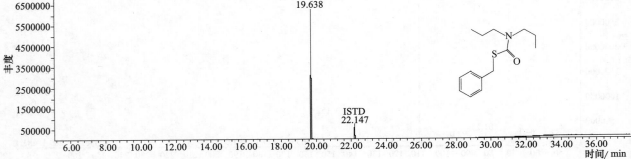

目标化合物碎片离子质谱图

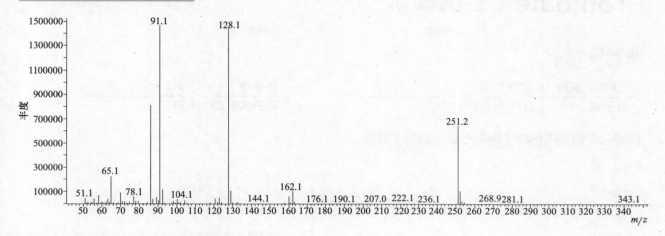

Prothiofos（丙硫磷）

基本信息

CAS 登录号	34643-46-4	分子量	344.0
分子式	$C_{11}H_{15}Cl_2O_2PS_2$	离子化模式	EI

目标化合物及内标物（环氧七氯）总离子流图

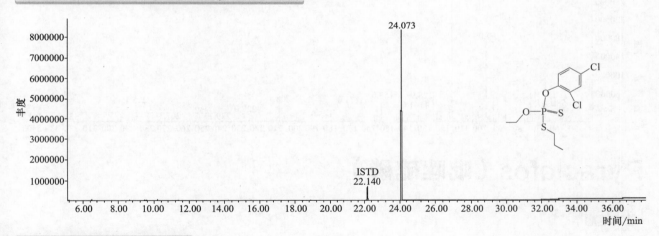

目标化合物碎片离子质谱图

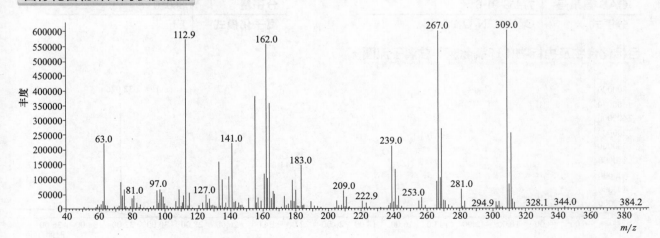

755

Prothoate（发硫磷）

基本信息

CAS 登录号	2275-18-5		分子量	285.1
分子式	$C_9H_{20}NO_3PS_2$		离子化模式	EI

目标化合物及内标物（环氧七氯）总离子流图

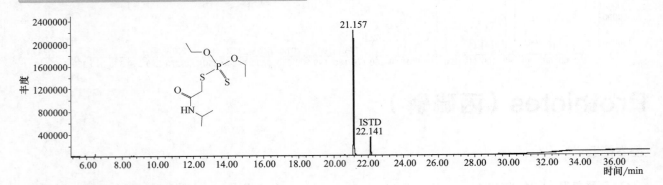

目标化合物碎片离子质谱图

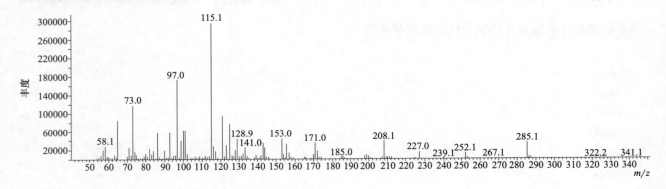

Pyraclofos（吡唑硫磷）

基本信息

CAS 登录号	77458-01-6		分子量	360.0
分子式	$C_{14}H_{18}ClN_2O_3PS$		离子化模式	EI

目标化合物及内标物（环氧七氯）总离子流图

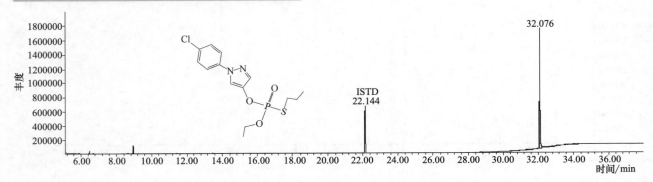

756

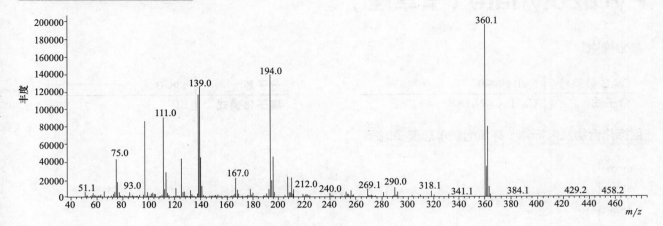

Pyraflufen ethyl（吡草醚）

基本信息

CAS 登录号	129630-17-7	分子量	412.0
分子式	$C_{15}H_{13}Cl_2F_3N_2O_4$	离子化模式	EI

目标化合物及内标物（环氧七氯）总离子流图

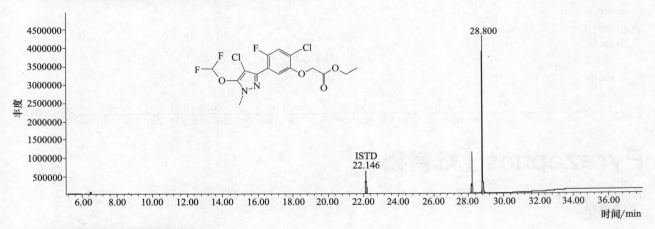

目标化合物碎片离子质谱图

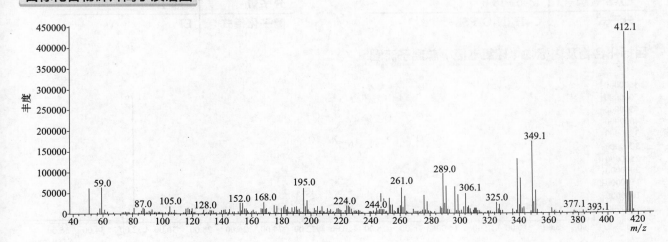

Pyrazolynate（苄草唑）

基本信息

CAS 登录号	58011-68-0	分子量	438.0
分子式	$C_{19}H_{16}Cl_2N_2O_4S$	离子化模式	EI

目标化合物及内标物（环氧七氯）总离子流图

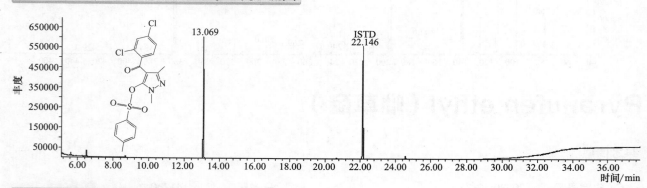

目标化合物碎片离子质谱图

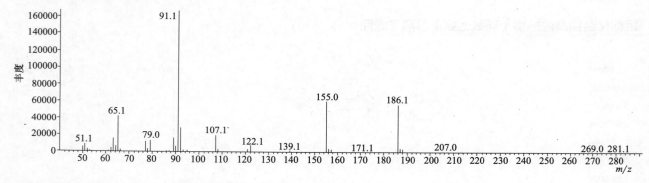

Pyrazophos（吡菌磷）

基本信息

CAS 登录号	13457-18-6	分子量	373.1
分子式	$C_{14}H_{20}N_3O_5PS$	离子化模式	EI

目标化合物及内标物（环氧七氯）总离子流图

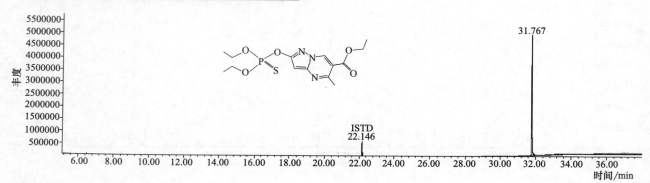

758

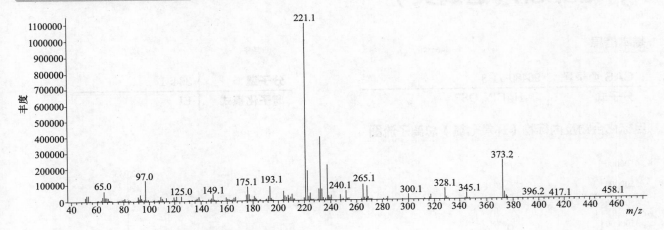

Pyributicarb (稗草丹)

基本信息

CAS 登录号	88678-67-5	分子量	330.1
分子式	$C_{18}H_{22}N_2O_2S$	离子化模式	EI

目标化合物及内标物（环氧七氯）总离子流图

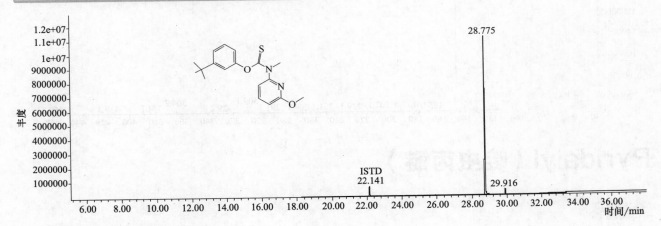

目标化合物碎片离子质谱图

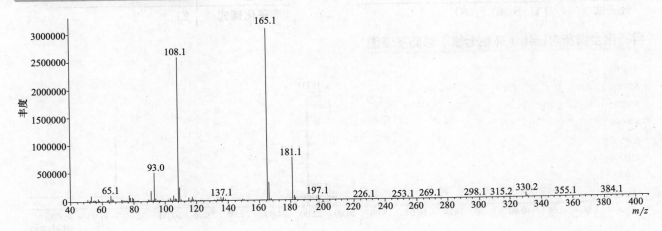

Pyridaben（达螨灵）

基本信息

CAS 登录号	96489-71-3		分子量	364. 1
分子式	$C_{19}H_{25}ClN_2OS$		离子化模式	EI

目标化合物及内标物（环氧七氯）总离子流图

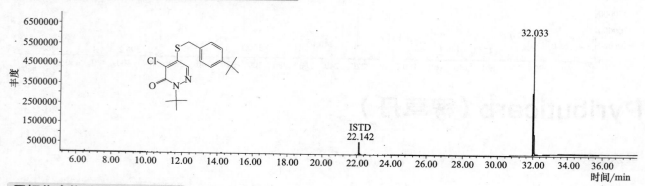

目标化合物碎片离子质谱图

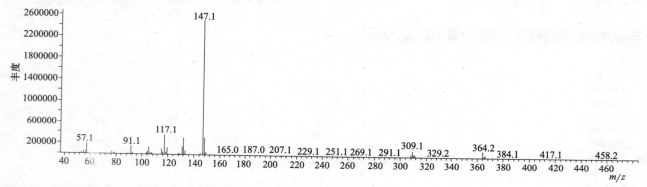

Pyridalyl（啶虫丙醚）

基本信息

CAS 登录号	179101-81-6		分子量	489. 0
分子式	$C_{18}H_{14}Cl_4F_3NO_3$		离子化模式	EI

目标化合物及内标物（环氧七氯）总离子流图

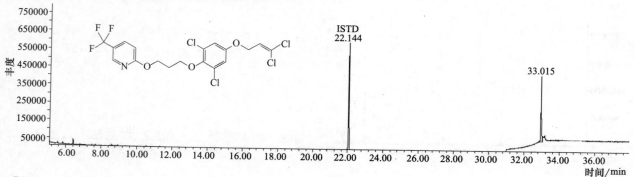

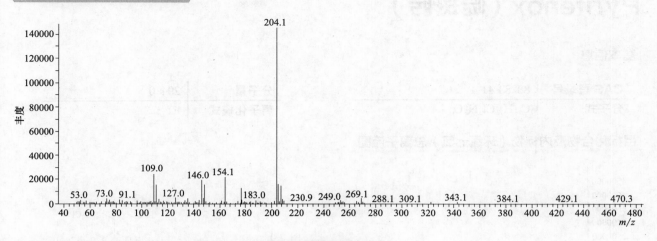

Pyridaphenthion（哒嗪硫磷）

基本信息

CAS 登录号	119-12-0	分子量	340.1
分子式	$C_{14}H_{17}N_2O_4PS$	离子化模式	EI

目标化合物及内标物（环氧七氯）总离子流图

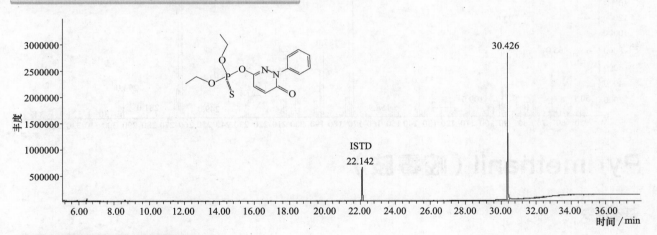

目标化合物碎片离子质谱图

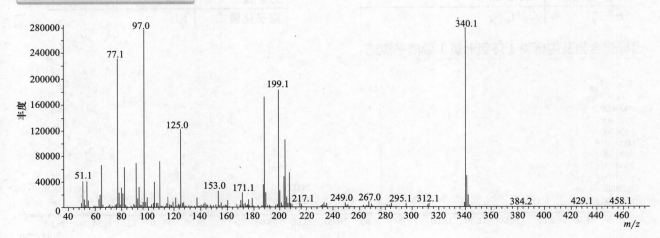

Pyrifenox（啶斑肟）

基本信息

CAS 登录号	88283-41-4	分子量	294.0
分子式	$C_{14}H_{12}Cl_2N_2O$	离子化模式	EI

目标化合物及内标物（环氧七氯）总离子流图

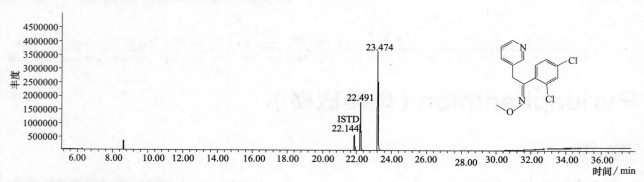

目标化合物碎片离子质谱图

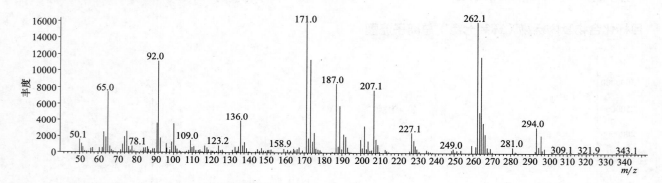

Pyrimethanil（嘧霉胺）

基本信息

CAS 登录号	53112-28-0	分子量	199.1
分子式	$C_{12}H_{13}N_3$	离子化模式	EI

目标化合物及内标物（环氧七氯）总离子流图

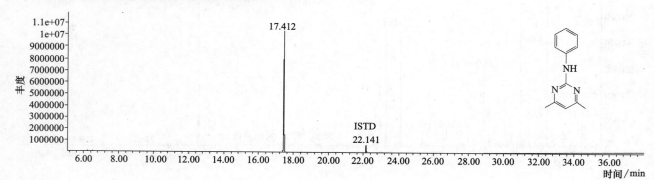

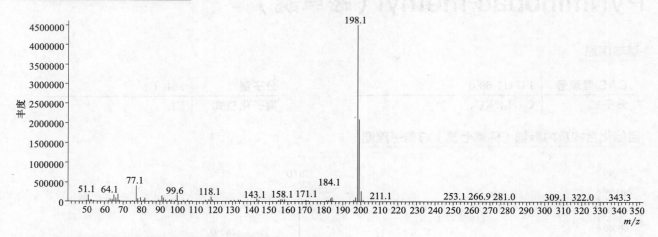

Pyrimidifen（嘧螨醚）

基本信息

CAS 登录号	105779-78-0	分子量	377.2
分子式	$C_{20}H_{28}ClN_3O_2$	离子化模式	EI

目标化合物及内标物（环氧七氯）总离子流图

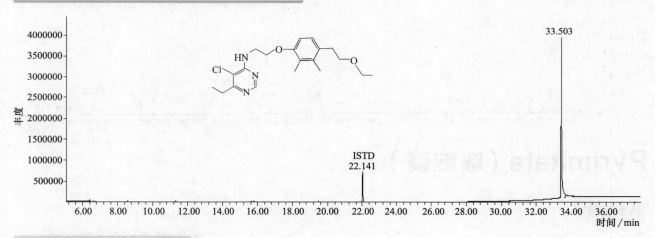

目标化合物碎片离子质谱图

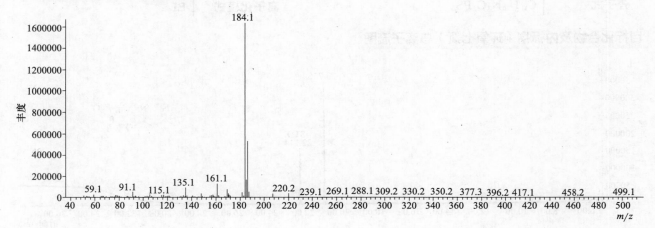

Pyriminobac-methyl（嘧草醚）

基本信息

CAS 登录号	147411-69-6	分子量	361.1
分子式	$C_{17}H_{19}N_3O_6$	离子化模式	EI

目标化合物及内标物（环氧七氯）总离子流图

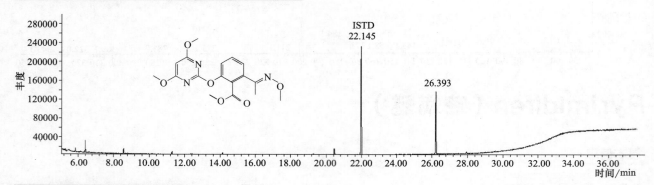

目标化合物碎片离子质谱图

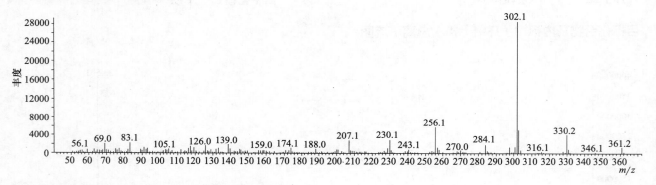

Pyrimitate（嘧啶磷）

基本信息

CAS 登录号	5221-49-8	分子量	305.1
分子式	$C_{11}H_{20}N_3O_3PS$	离子化模式	EI

目标化合物及内标物（环氧七氯）总离子流图

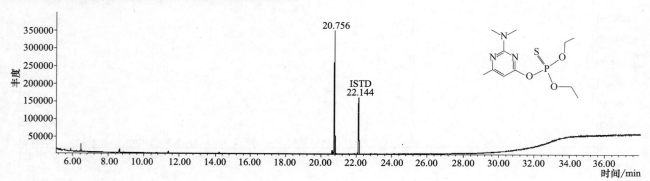

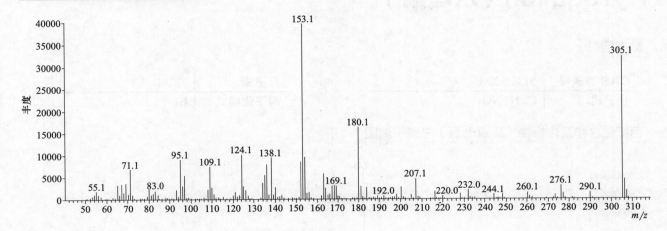

Pyriproxyfen（吡丙醚）

基本信息

CAS 登录号	95737-68-1	分子量	321.1
分子式	$C_{20}H_{19}NO_3$	离子化模式	EI

目标化合物及内标物（环氧七氯）总离子流图

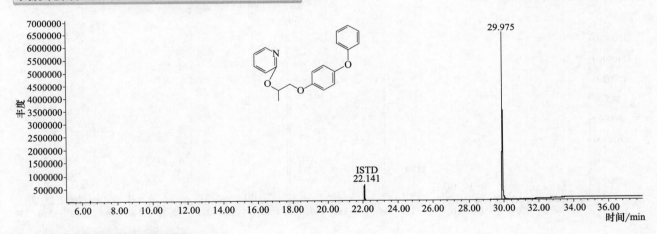

目标化合物碎片离子质谱图

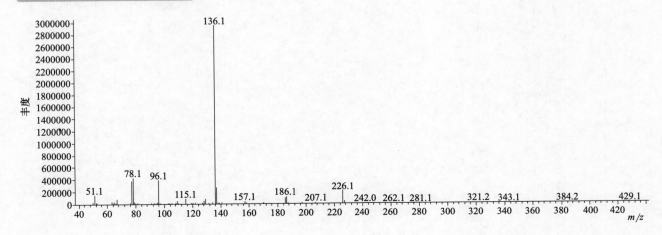

Pyroquilon（乐喹酮）

基本信息

CAS 登录号	57369-32-1	分子量	173. 1
分子式	$C_{11}H_{11}NO$	离子化模式	EI

目标化合物及内标物（环氧七氯）总离子流图

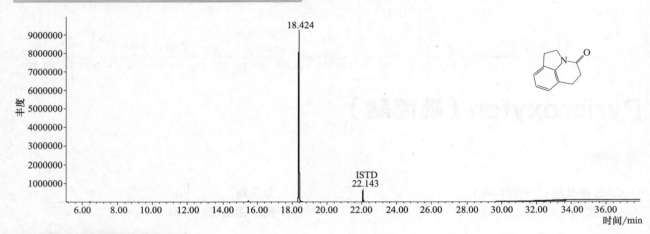

目标化合物碎片离子质谱图

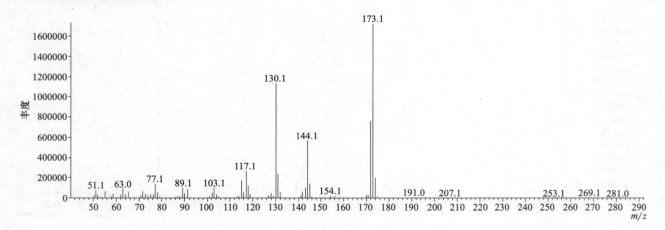

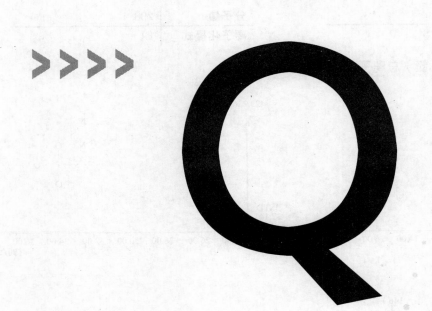

Q

Quinalphos（喹硫磷）

基本信息

CAS 登录号	13593-03-8		分子量	298. 1
分子式	$C_{12}H_{15}N_2O_3PS$		离子化模式	EI

目标化合物及内标物（环氧七氯）总离子流图

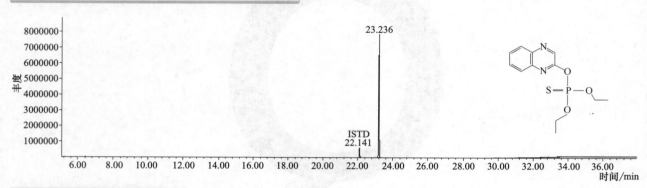

目标化合物碎片离子质谱图

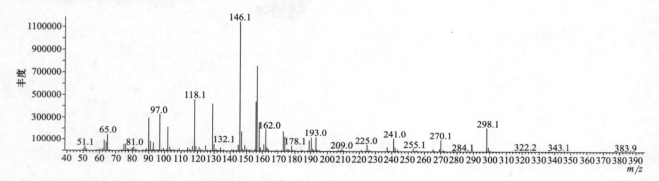

Quinoclamine（灭藻醌）

基本信息

CAS 登录号	2797-51-5		分子量	207. 0
分子式	$C_{10}H_6ClNO_2$		离子化模式	EI

目标化合物及内标物（环氧七氯）总离子流图

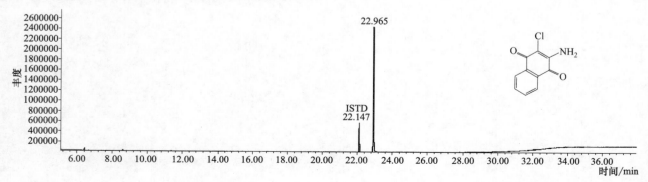

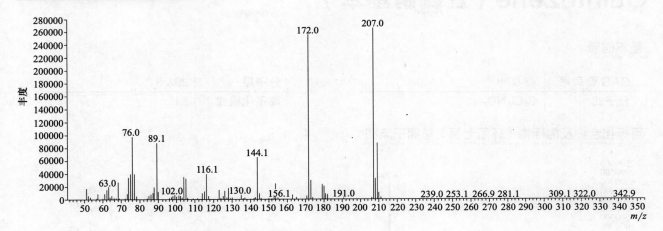

Quinoxyphen（苯氧喹啉）

基本信息

CAS 登录号	124495-18-7	分子量	307.0
分子式	$C_{15}H_8Cl_2FNO$	离子化模式	EI

目标化合物及内标物（环氧七氯）总离子流图

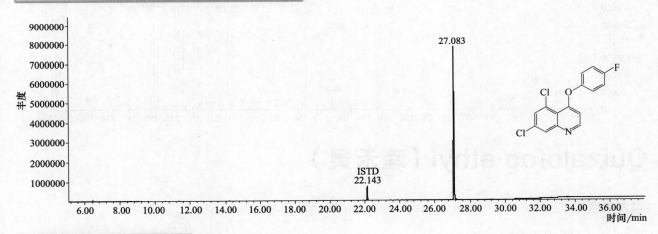

目标化合物碎片离子质谱图

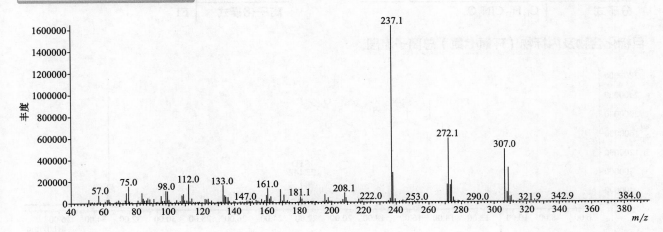

Quintozene（五氯硝基苯）

基本信息

CAS 登录号	82-68-8	分子量	292.8
分子式	$C_6Cl_5NO_2$	离子化模式	EI

目标化合物及内标物（环氧七氯）总离子流图

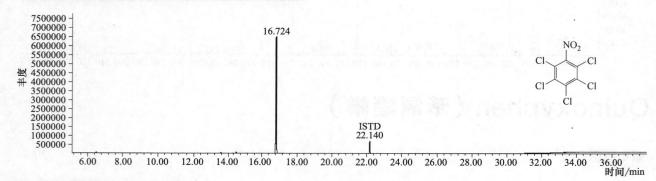

目标化合物碎片离子质谱图

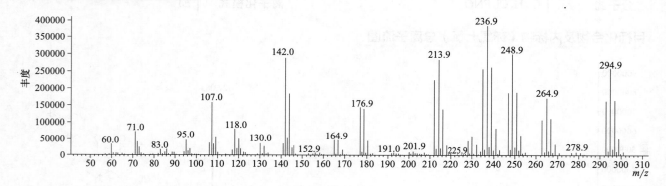

Quizalofop-ethyl（喹禾灵）

基本信息

CAS 登录号	76578-14-8	分子量	372.1
分子式	$C_{19}H_{17}ClN_2O_4$	离子化模式	EI

目标化合物及内标物（环氧七氯）总离子流图

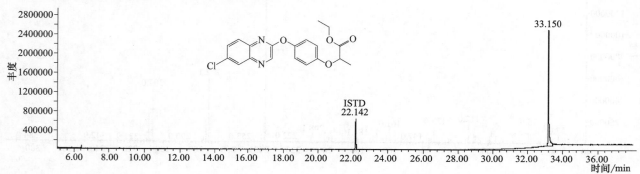

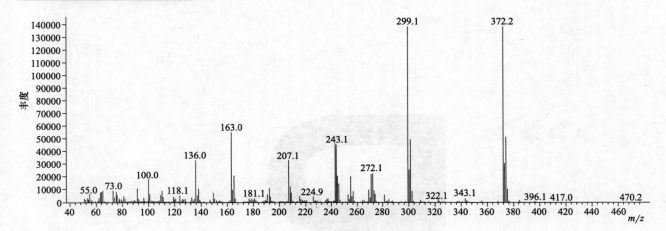

目标化合物碎片离子质谱图

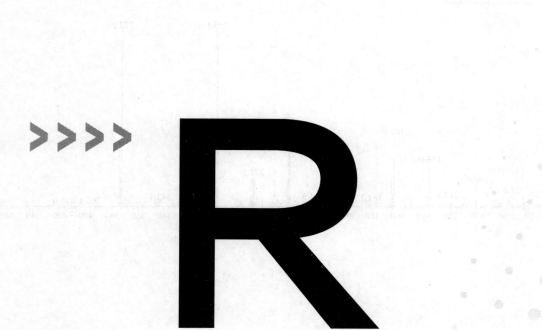

Rabenzazole（吡咪唑）

基本信息

CAS 登录号	40341-04-6	分子量	212.1
分子式	$C_{12}H_{12}N_4$	离子化模式	EI

目标化合物及内标物（环氧七氯）总离子流图

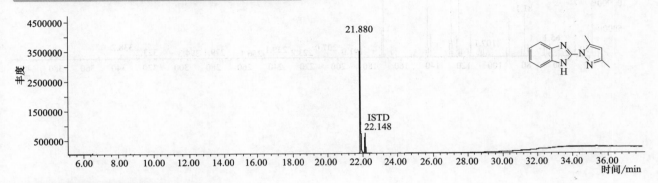

目标化合物碎片离子质谱图

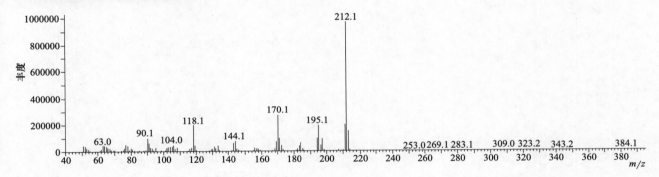

Resmethrin（苄蚨菊酯）

基本信息

CAS 登录号	10453-86-8	分子量	338.2
分子式	$C_{22}H_{26}O_3$	离子化模式	EI

目标化合物及内标物（环氧七氯）总离子流图

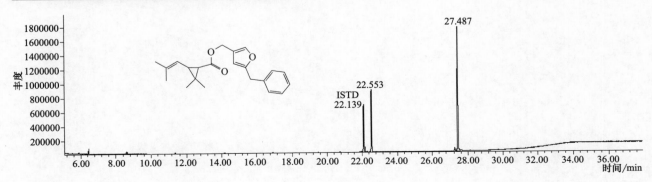

目标化合物碎片离子质谱图

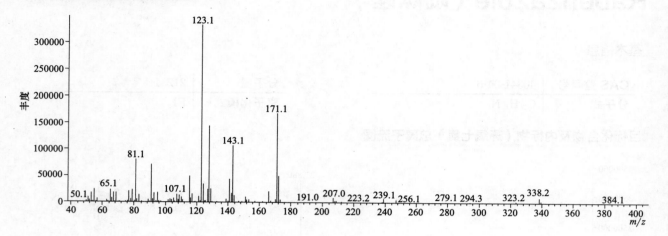

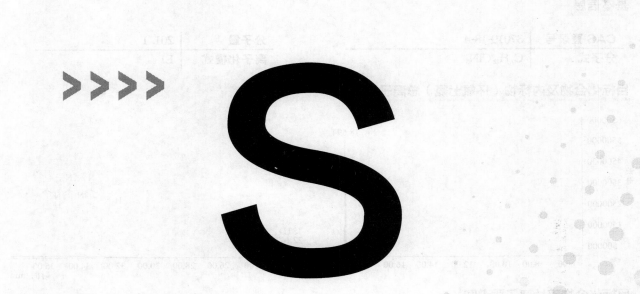

S

Sebuthylazine-desethyl（脱乙基另丁津）

基本信息

CAS 登录号	37019-18-4	分子量	201.1
分子式	C₇H₁₂ClN₅	离子化模式	EI

目标化合物及内标物（环氧七氯）总离子流图

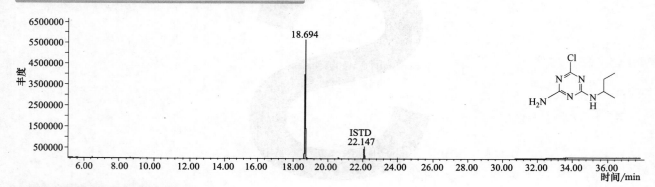

目标化合物碎片离子质谱图

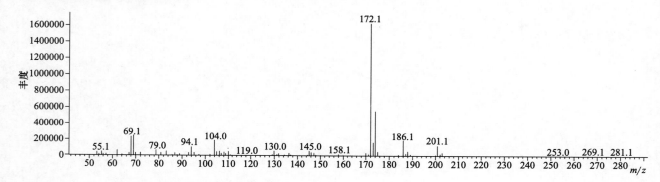

Secbumeton（密草通）

基本信息

CAS 登录号	26259-45-0	分子量	225.2
分子式	C₁₀H₁₉N₅O	离子化模式	EI

目标化合物及内标物（环氧七氯）总离子流图

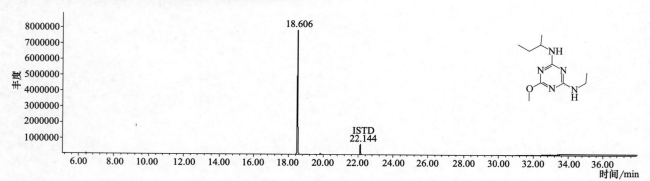

目标化合物碎片离子质谱图

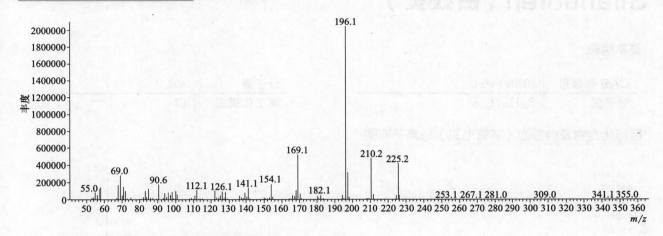

Sethoxydim（稀禾啶）

基本信息

CAS 登录号	74051-80-2	分子量	327.2
分子式	$C_{17}H_{29}NO_3S$	离子化模式	EI

目标化合物及内标物（环氧七氯）总离子流图

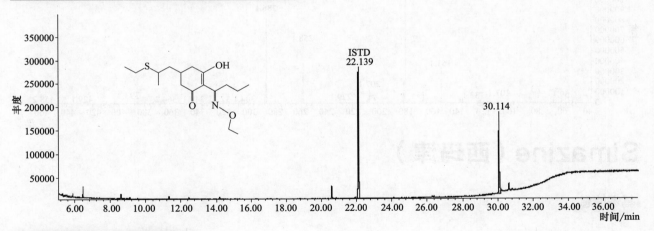

目标化合物碎片离子质谱图

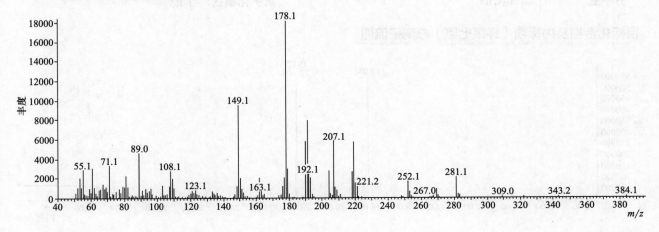

Silafluofen（白蚁灵）

基本信息

CAS 登录号	105024-66-6		分子量	408.2
分子式	$C_{25}H_{29}FO_2Si$		离子化模式	EI

目标化合物及内标物（环氧七氯）总离子流图

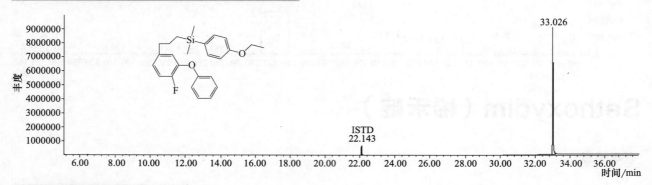

目标化合物碎片离子质谱图

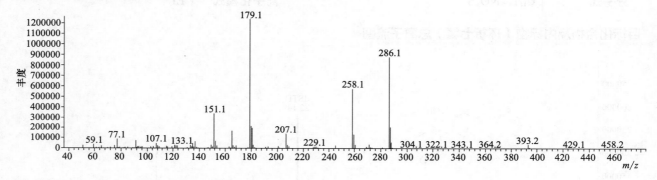

Simazine（西玛津）

基本信息

CAS 登录号	122-34-9		分子量	201.1
分子式	$C_7H_{12}ClN_5$		离子化模式	EI

目标化合物及内标物（环氧七氯）总离子流图

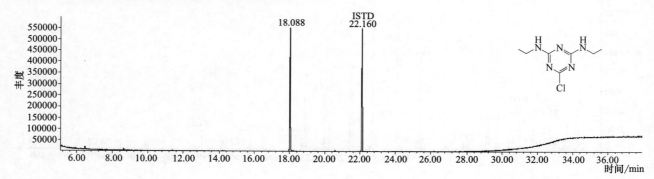

目标化合物碎片离子质谱图

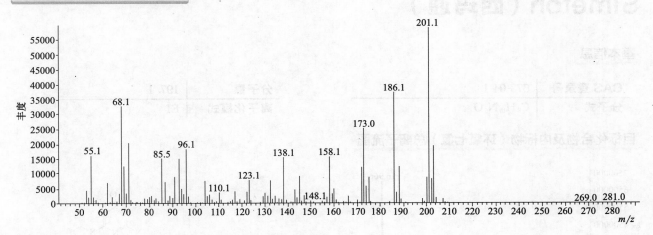

Simeconazole（硅氟唑）

基本信息

CAS 登录号	149508-90-7	分子量	293. 1
分子式	C$_{14}$H$_{20}$FN$_3$OSi	离子化模式	EI

目标化合物及内标物（环氧七氯）总离子流图

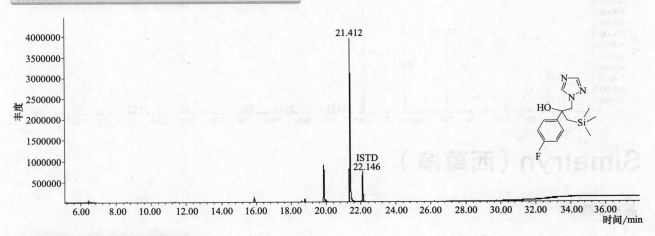

目标化合物碎片离子质谱图

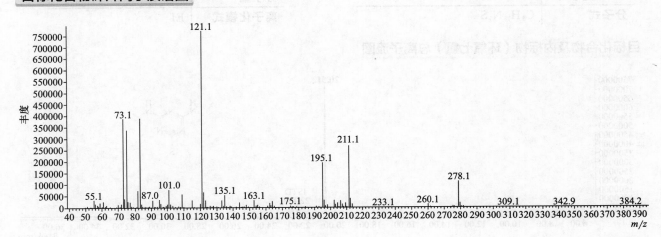

Simeton（西玛通）

基本信息

CAS 登录号	673-04-1		分子量	197.1
分子式	$C_8H_{15}N_5O$		离子化模式	EI

目标化合物及内标物（环氧七氯）总离子流图

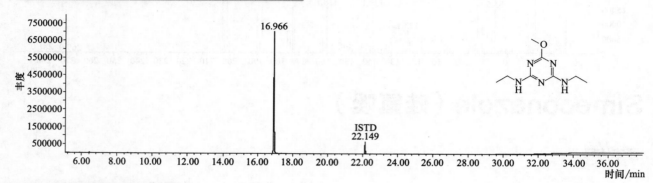

目标化合物碎片离子质谱图

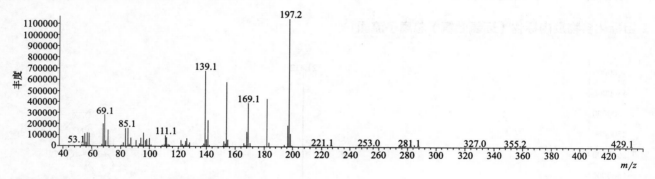

Simetryn（西草净）

基本信息

CAS 登录号	1014-70-6		分子量	213.1
分子式	$C_8H_{15}N_5S$		离子化模式	EI

目标化合物及内标物（环氧七氯）总离子流图

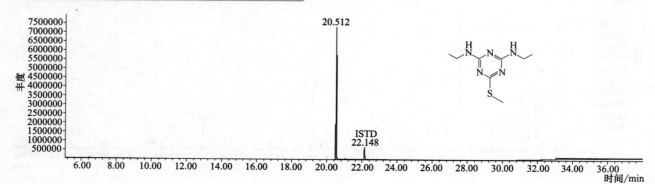

780

目标化合物碎片离子质谱图

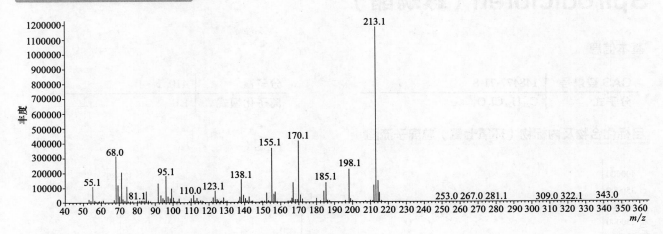

Sebuthylazine（另丁津）

基本信息

CAS 登录号	7286-69-3	分子量	229.1
分子式	$C_9H_{16}ClN_5$	离子化模式	EI

目标化合物及内标物（环氧七氯）总离子流图

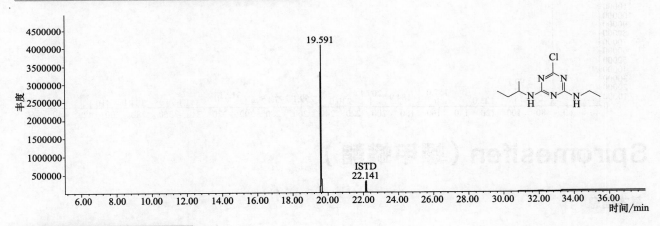

目标化合物碎片离子质谱图

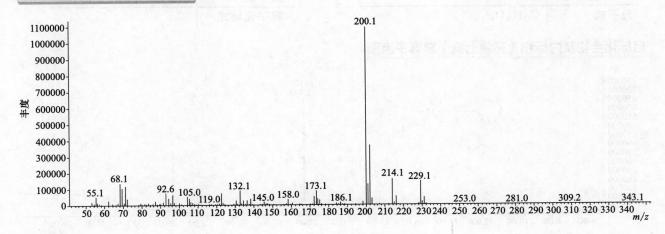

Spirodiclofen（螺螨酯）

基本信息

CAS 登录号	148477-71-8		分子量	410.1
分子式	$C_{21}H_{24}Cl_2O_4$		离子化模式	EI

目标化合物及内标物（环氧七氯）总离子流图

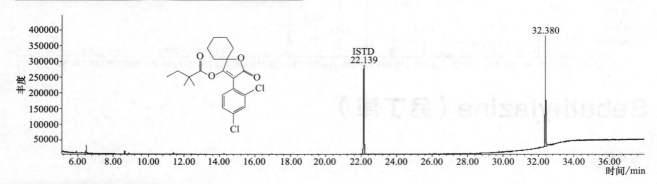

目标化合物碎片离子质谱图

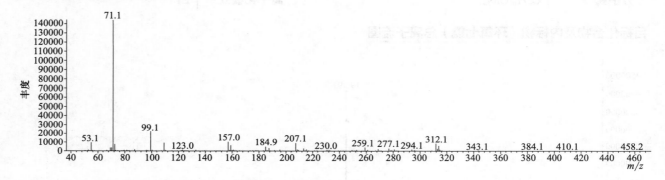

Spiromesifen（螺甲螨酯）

基本信息

CAS 登录号	283594-90-1		分子量	370.2
分子式	$C_{23}H_{30}O_4$		离子化模式	EI

目标化合物及内标物（环氧七氯）总离子流图

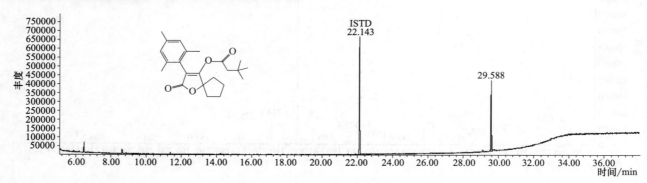

目标化合物碎片离子质谱图

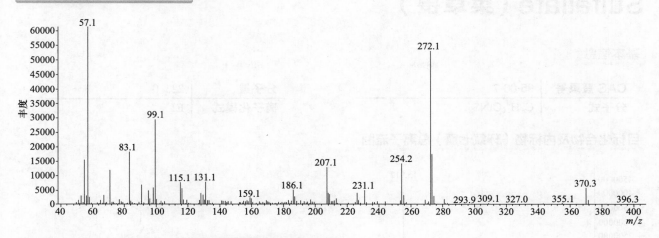

Spiroxamine（螺噁茂胺）

基本信息

CAS 登录号	118134-30-8	分子量	297.3
分子式	$C_{18}H_{35}NO_2$	离子化模式	EI

目标化合物及内标物（环氧七氯）总离子流图

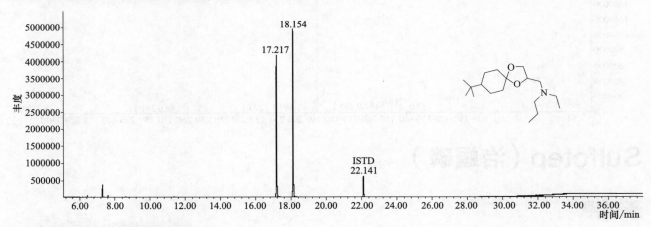

目标化合物碎片离子质谱图

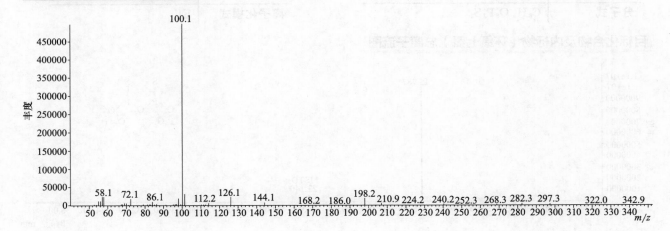

Sulfallate（菜草畏）

CAS 登录号	95-06-7		分子量	223.0
分子式	C$_8$H$_{14}$ClNS$_2$		离子化模式	EI

目标化合物及内标物（环氧七氯）总离子流图

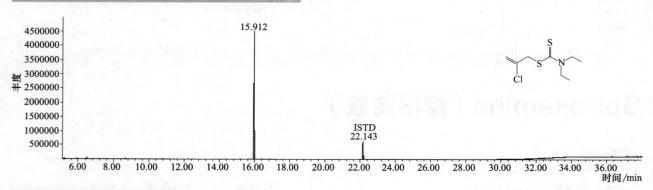

目标化合物碎片离子质谱图

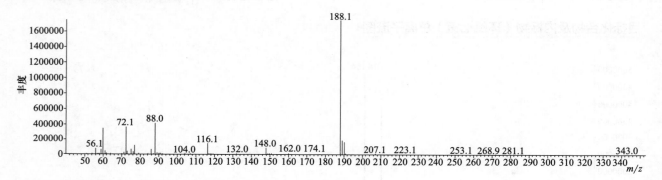

Sulfotep（治螟磷）

基本信息

CAS 登录号	3689-24-5		分子量	322.0
分子式	C$_8$H$_{20}$O$_5$P$_2$S$_2$		离子化模式	EI

目标化合物及内标物（环氧七氯）总离子流图

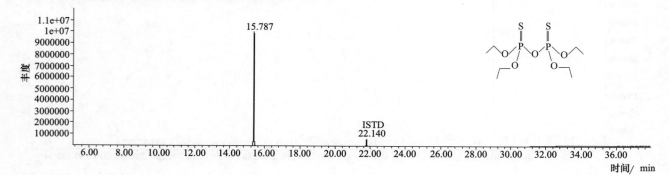

目标化合物碎片离子质谱图

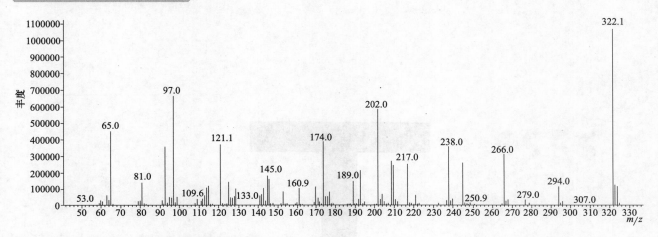

Sulprofos（硫丙磷）

基本信息

CAS 登录号	35400-43-2	分子量	322. 0
分子式	$C_{12}H_{19}O_2PS_3$	离子化模式	EI

目标化合物及内标物（环氧七氯）总离子流图

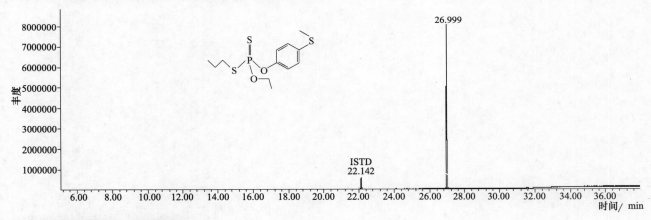

目标化合物碎片离子质谱图

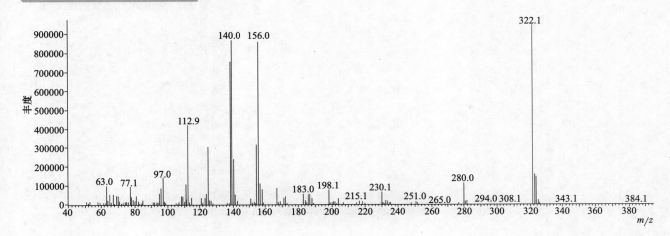

>>>>> T

TCMTB（2-苯并噻唑）

基本信息

CAS 登录号	21564-17-0		分子量	238.0
分子式	C$_9$H$_6$N$_2$S$_3$		离子化模式	EI

目标化合物及内标物（环氧七氯）总离子流图

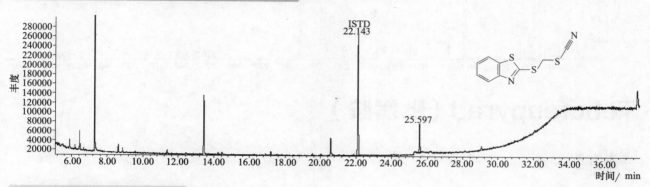

目标化合物碎片离子质谱图

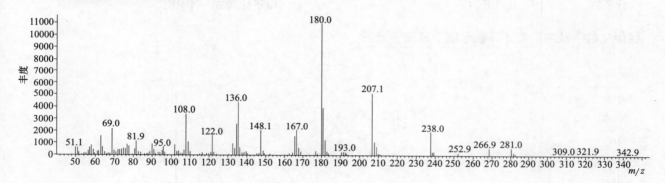

Tebuconazole（戊唑醇）

基本信息

CAS 登录号	107534-96-3		分子量	307.1
分子式	C$_{16}$H$_{22}$ClN$_3$O		离子化模式	EI

目标化合物及内标物（环氧七氯）总离子流图

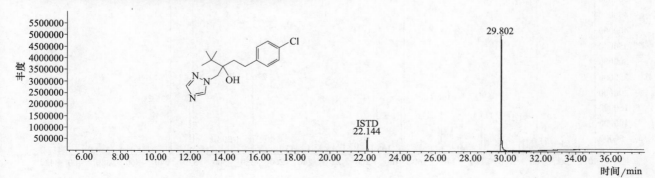

目标化合物碎片离子质谱图

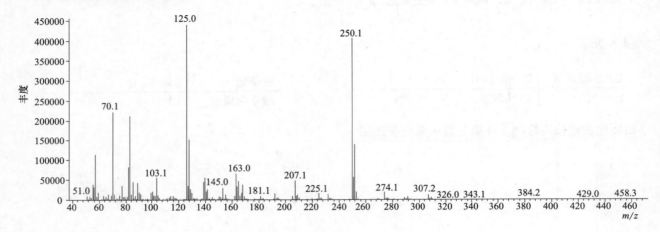

Tebufenpyrad（吡螨胺）

基本信息

CAS 登录号	119168-77-3		分子量	333.2
分子式	$C_{18}H_{24}ClN_3O$		离子化模式	EI

目标化合物及内标物（环氧七氯）总离子流图

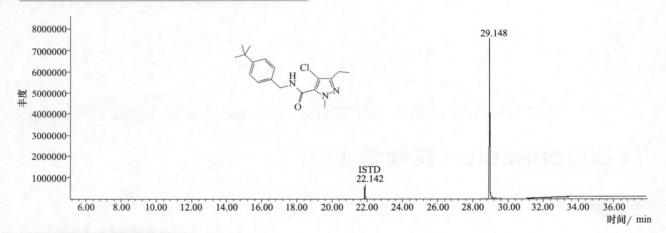

目标化合物碎片离子质谱图

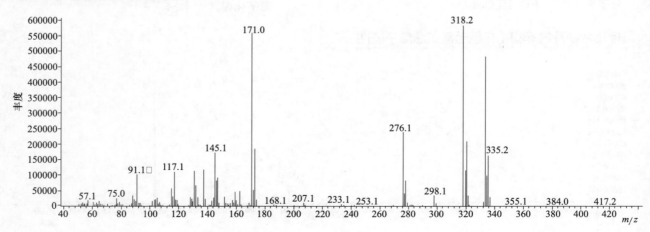

Tebupirimfos（丁基嘧啶磷）

基本信息

CAS 登录号	96182-53-5	分子量	318.1
分子式	$C_{13}H_{23}N_2O_3PS$	离子化模式	EI

目标化合物及内标物（环氧七氯）总离子流图

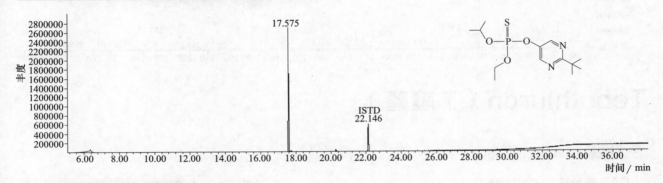

目标化合物碎片离子质谱图

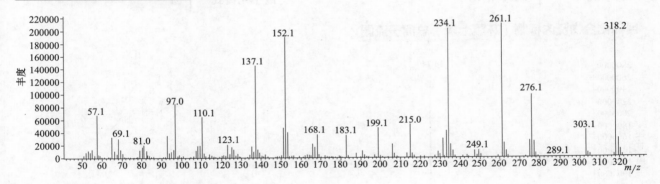

Tebutam（牧草胺）

基本信息

CAS 登录号	35256-85-0	分子量	233.2
分子式	$C_{15}H_{23}NO$	离子化模式	EI

目标化合物及内标物（环氧七氯）总离子流图

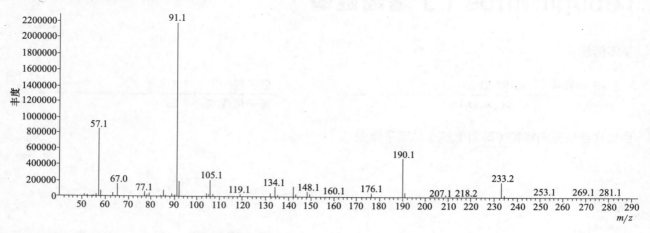

目标化合物碎片离子质谱图

Tebuthiuron（丁噻隆）

基本信息

CAS 登录号	34014-18-1		分子量	228. 1
分子式	$C_9H_{16}N_4OS$		离子化模式	EI

目标化合物及内标物（环氧七氯）总离子流图

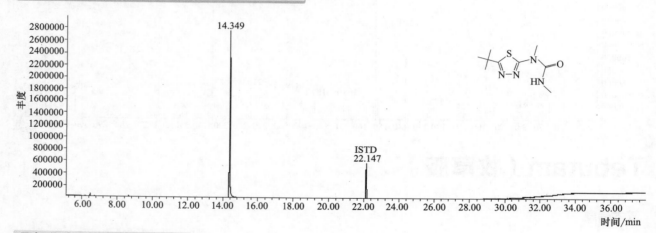

目标化合物碎片离子质谱图

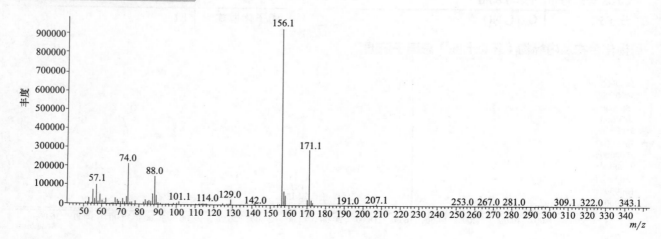

Terbutryne（特丁净）

CAS 登录号	886-50-0	分子量	241.1
分子式	$C_{10}H_{19}N_5S$	离子化模式	EI

目标化合物及内标物（环氧七氯）总离子流图

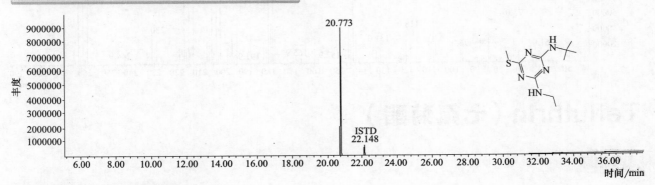

目标化合物碎片离子质谱图

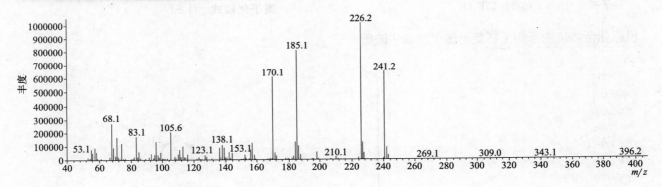

Tecnazene（四氯硝基苯）

基本信息

CAS 登录号	117-18-0	分子量	258.9
分子式	$C_6HCl_4NO_2$	离子化模式	EI

目标化合物及内标物（环氧七氯）总离子流图

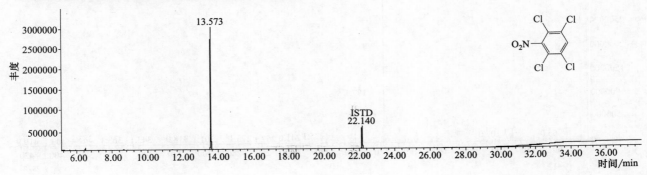

目标化合物碎片离子质谱图

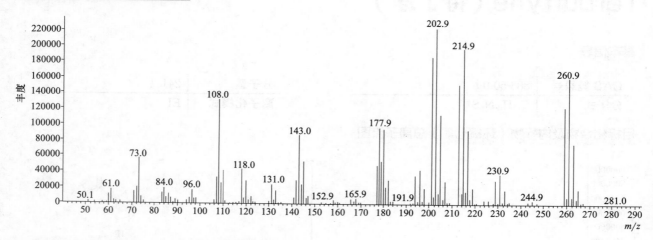

Tefluthrin（七氟菊酯）

基本信息

CAS 登录号	79538-32-2	分子量	418.1
分子式	$C_{17}H_{14}ClF_7O_2$	离子化模式	EI

目标化合物及内标物（环氧七氯）总离子流图

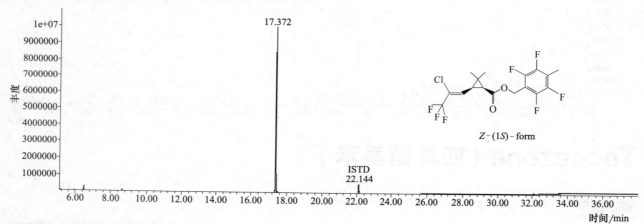

Z-(1S)-form

目标化合物碎片离子质谱图

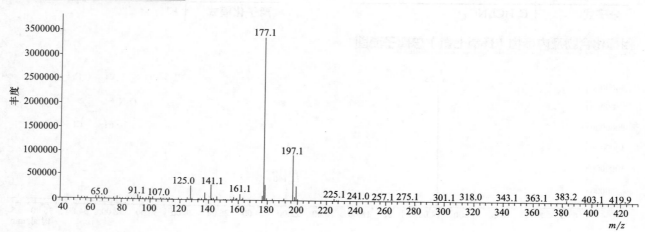

Terbufos（特丁硫磷）

基本信息

CAS 登录号	13071-79-9	分子量	288.0
分子式	$C_9H_{21}O_2PS_3$	离子化模式	EI

目标化合物及内标物（环氧七氯）总离子流图

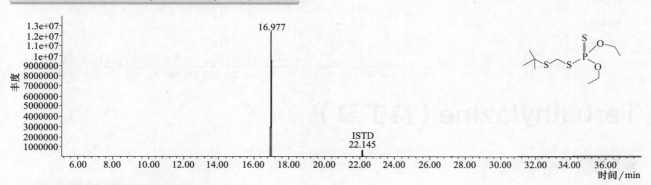

目标化合物碎片离子质谱图

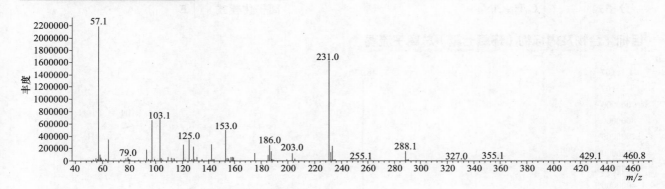

Terbumeton（特丁通）

基本信息

CAS 登录号	33693-04-8	分子量	225.2
分子式	$C_{10}H_{19}N_5O$	离子化模式	EI

目标化合物及内标物（环氧七氯）总离子流图

793

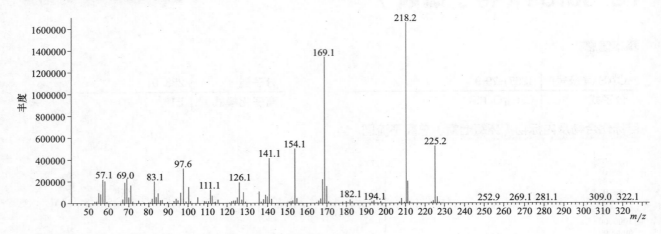

Terbuthylazine（特丁津）

基本信息

CAS 登录号	5915-41-3	分子量	229.1
分子式	$C_9H_{16}ClN_5$	离子化模式	EI

目标化合物及内标物（环氧七氯）总离子流图

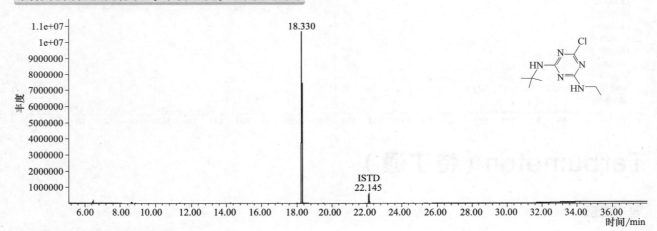

目标化合物碎片离子质谱图

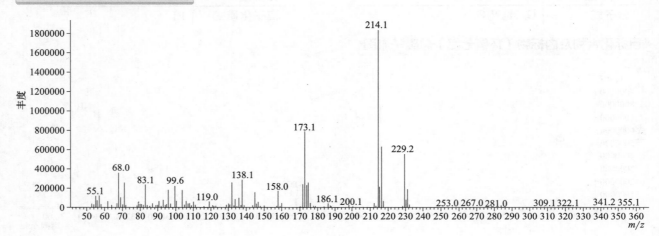

tert-Butyl-4-hydroxyanisole（叔丁基-4-羟基苯甲醚）

基本信息

CAS 登录号	25013-16-5	分子量	180.1
分子式	$C_{11}H_{16}O_2$	离子化模式	EI

目标化合物及内标物（环氧七氯）总离子流图

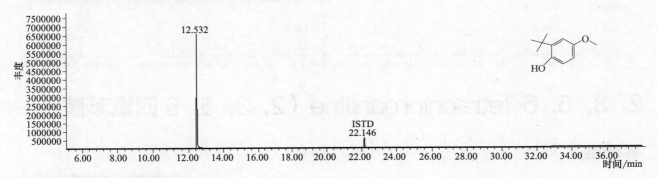

目标化合物碎片离子质谱图

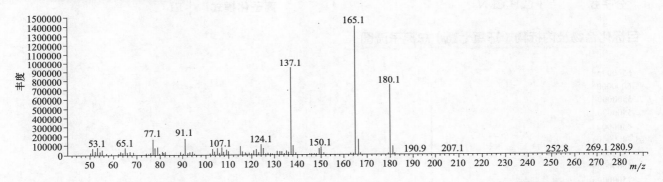

2，3，4，5-Tetrachloroaniline（2，3，4，5-四氯苯胺）

基本信息

CAS 登录号	634-83-3	分子量	228.9
分子式	$C_6H_8Cl_4N$	离子化模式	EI

目标化合物及内标物（环氧七氯）总离子流图

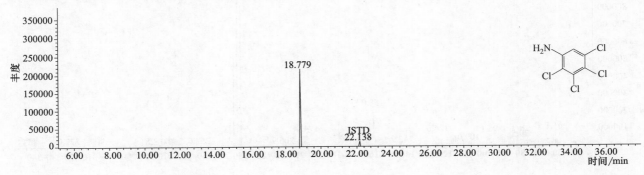

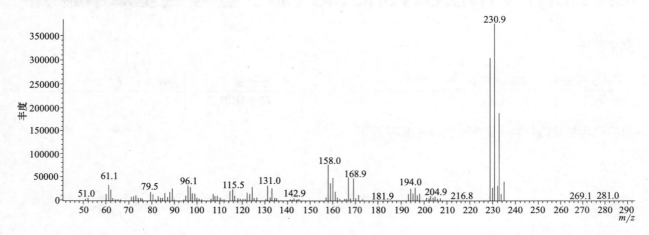

2, 3, 5, 6-Tetrachloroaniline（2, 3, 5, 6-四氯苯胺）

基本信息

CAS 登录号	3481-20-7	分子量	228. 9
分子式	$C_6H_3Cl_4N$	离子化模式	EI

目标化合物及内标物（环氧七氯）总离子流图

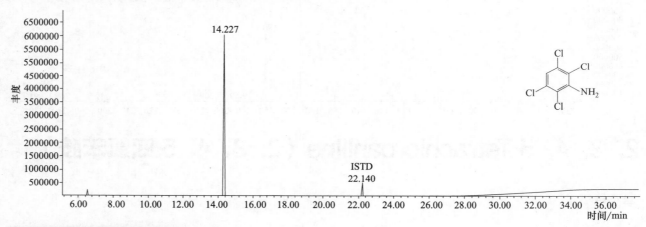

目标化合物碎片离子质谱图

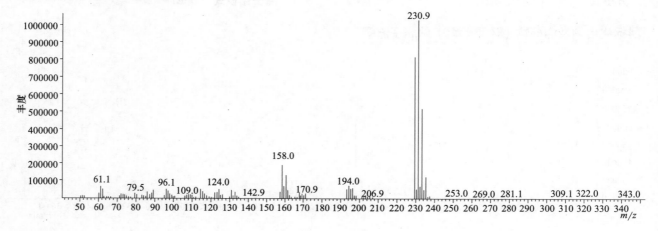

2, 3, 4, 5-Tetrachloroanisole（2, 3, 4, 5-四氯甲氧基苯）

基本信息

CAS 登录号	938-86-3	分子量	243.9
分子式	$C_7H_4Cl_4O$	离子化模式	EI

目标化合物及内标物（环氧七氯）总离子流图

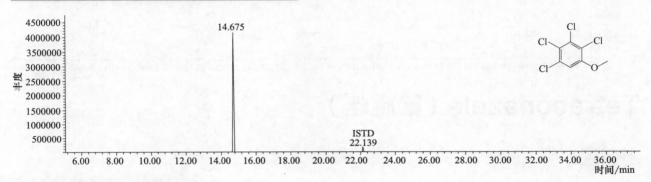

目标化合物碎片离子质谱图

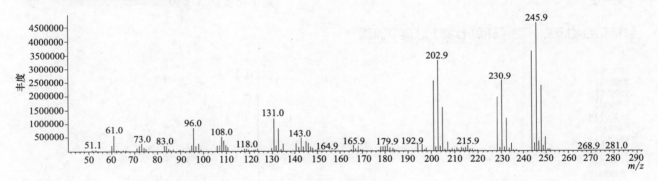

Tetrachlorvinphos（杀虫畏）

基本信息

CAS 登录号	22248-79-9	分子量	363.9
分子式	$C_{10}H_9Cl_4O_4P$	离子化模式	EI

目标化合物及内标物（环氧七氯）总离子流图

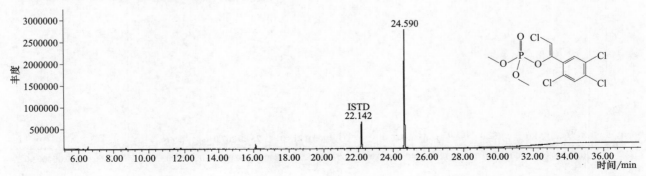

797

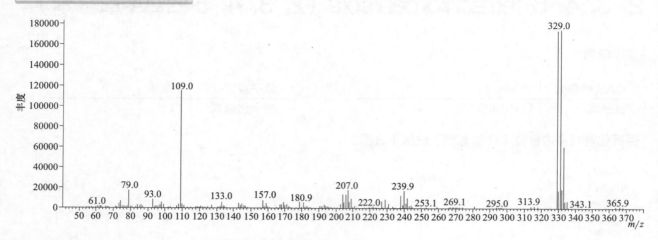

Tetraconazole（氟醚唑）

基本信息

CAS 登录号	112281-77-3	分子量	371.0
分子式	$C_{13}H_{11}Cl_2F_4N_3O$	离子化模式	EI

目标化合物及内标物（环氧七氯）总离子流图

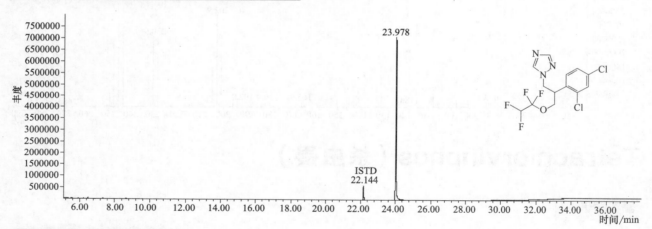

目标化合物碎片离子质谱图

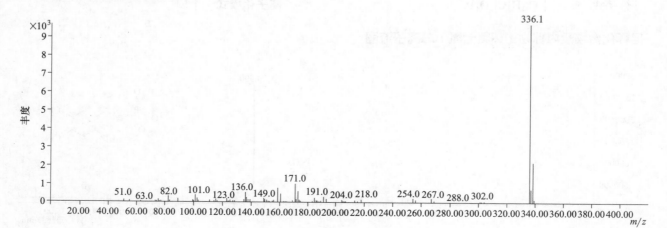

Tetradifon（三氯杀螨砜）

基本信息

CAS 登录号	116-29-0	分子量	353.9
分子式	$C_{12}H_6Cl_4O_2S$	离子化模式	EI

目标化合物及内标物（环氧七氯）总离子流图

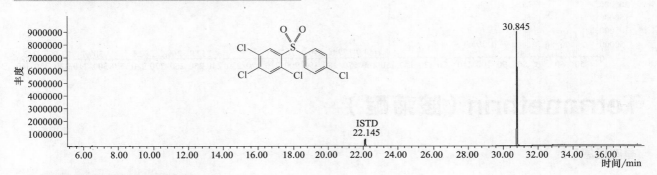

目标化合物碎片离子质谱图

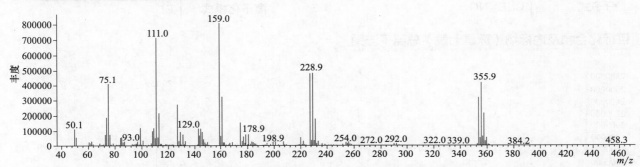

cis-1，2，3，6-Tetrahydrophthalimide（1，2，3，6-四氢邻苯二甲酰亚胺）

基本信息

CAS 登录号	27813-21-4	分子量	151.1
分子式	$C_8H_9NO_2$	离子化模式	EI

目标化合物及内标物（环氧七氯）总离子流图

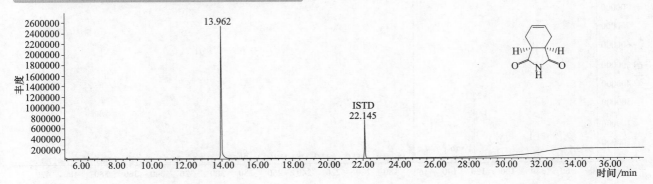

799

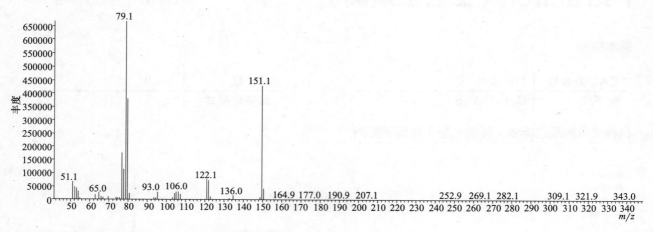

Tetramethrin（胺菊酯）

基本信息

CAS 登录号	7696-12-0	分子量	331.2
分子式	$C_{19}H_{25}NO_4$	离子化模式	EI

目标化合物及内标物（环氧七氯）总离子流图

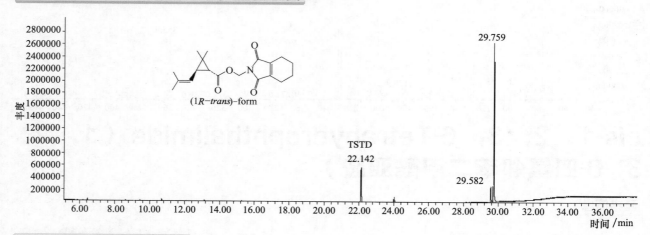

目标化合物碎片离子质谱图

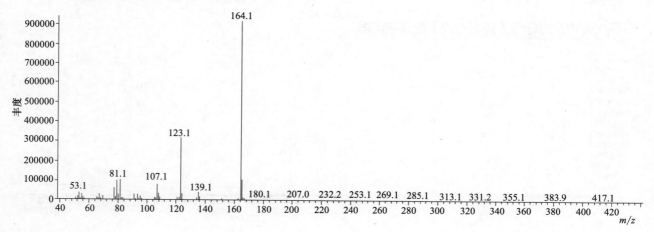

Tetrasul（杀螨好）

基本信息

CAS 登录号	2227-13-6	分子量	321.9
分子式	$C_{12}H_6Cl_4S$	离子化模式	EI

目标化合物及内标物（环氧七氯）总离子流图

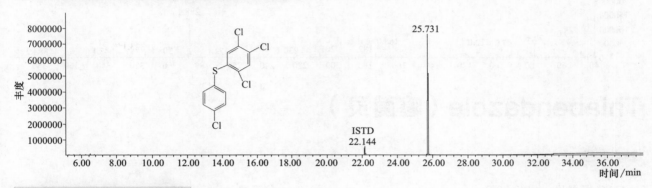

目标化合物碎片离子质谱图

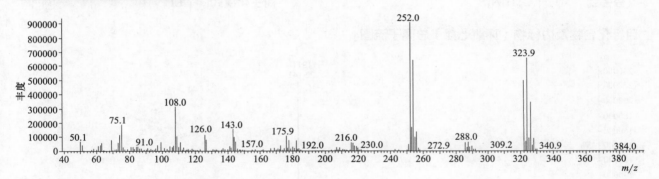

Thenylchlor（噻吩草胺）

基本信息

CAS 登录号	96491-05-3	分子量	323.1
分子式	$C_{16}H_{18}ClNO_2S$	离子化模式	EI

目标化合物及内标物（环氧七氯）总离子流图

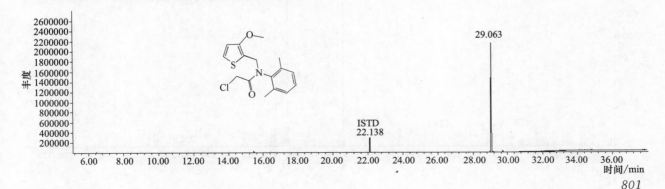

目标化合物碎片离子质谱图

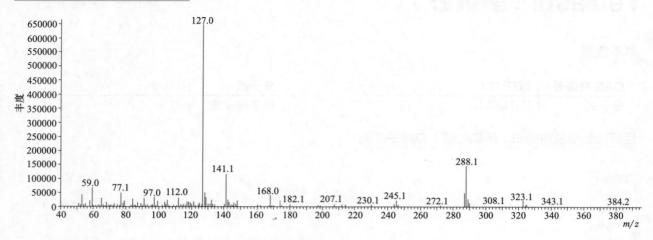

Thiabendazole（噻菌灵）

基本信息

CAS 登录号	148-79-8	分子量	201.0
分子式	$C_{10}H_7N_3S$	离子化模式	EI

目标化合物及内标物（环氧七氯）总离子流图

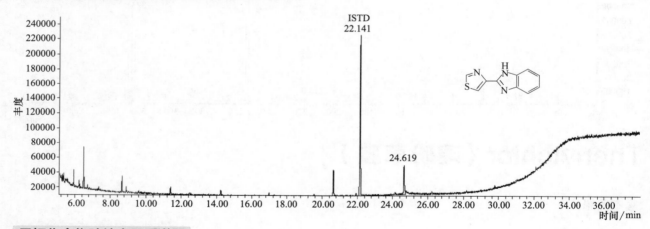

目标化合物碎片离子质谱图

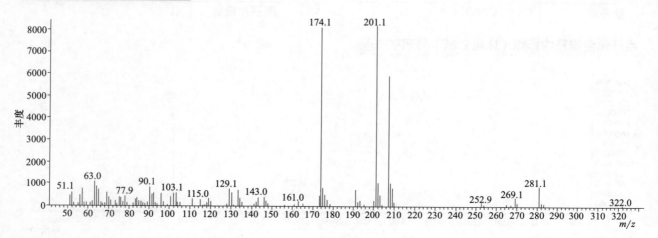

Thiamethoxam（噻虫嗪）

基本信息

CAS 登录号	153719-23-4	分子量	291.0
分子式	$C_8H_{10}ClN_5O_3S$	离子化模式	EI

目标化合物及内标物（环氧七氯）总离子流图

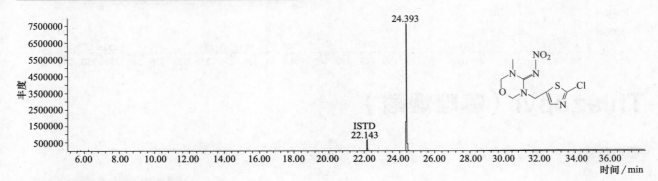

目标化合物碎片离子质谱图

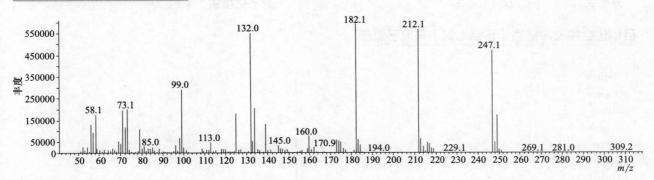

Thiazafluron（噻呋隆）

基本信息

CAS 登录号	25366-23-8	分子量	240.0
分子式	$C_6H_7F_3N_4OS$	离子化模式	EI

目标化合物及内标物（环氧七氯）总离子流图

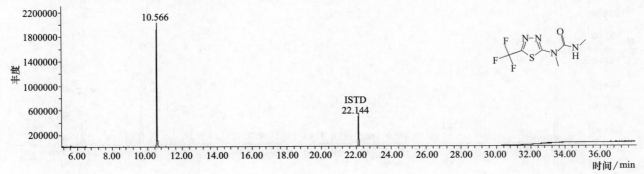

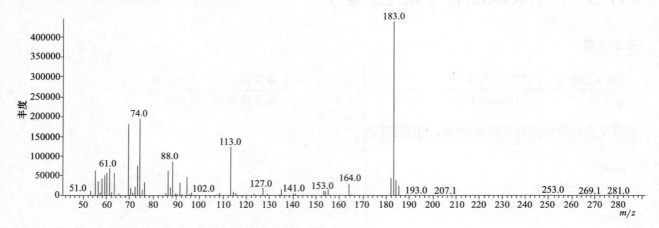

Thiazopyr（噻唑烟酸）

基本信息

CAS 登录号	117718-60-2	分子量	396.1
分子式	$C_{16}H_{17}F_5N_2O_2S$	离子化模式	EI

目标化合物及内标物（环氧七氯）总离子流图

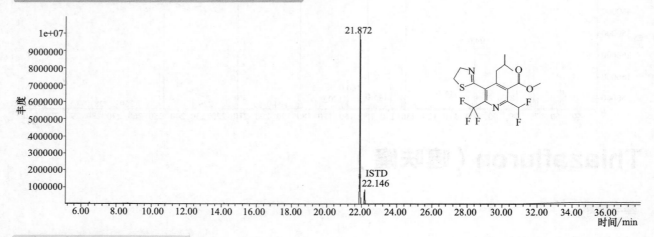

目标化合物碎片离子质谱图

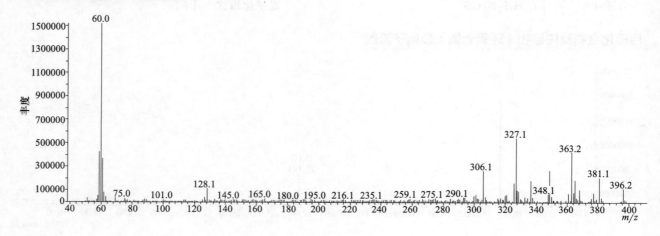

2，4，5-Trichlorophenoxyacetic acid（2，4，5-三氯苯氧乙酸）

基本信息

CAS 登录号	93-76-5	分子量	253.9
分子式	C₈H₅Cl₃O₃	离子化模式	EI

分子式：$C_8H_5Cl_3O_3$　分子量：253.9

目标化合物及内标物（环氧七氯）总离子流图

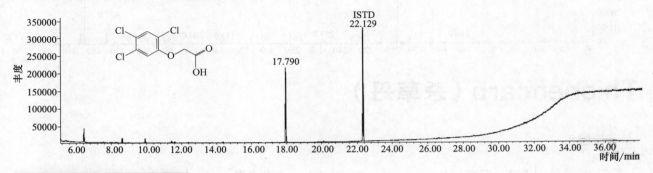

目标化合物碎片离子质谱图

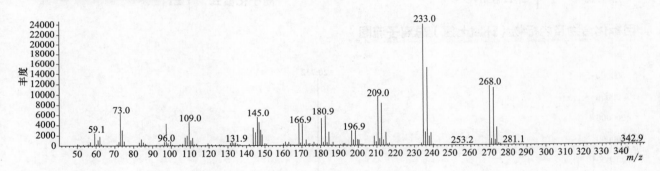

Thifluzamide（噻氟菌胺）

基本信息

CAS 登录号	130000-40-7	分子量	525.8
分子式	C₁₃H₆Br₂F₆N₂O₂S	离子化模式	EI

分子式：$C_{13}H_6Br_2F_6N_2O_2S$　分子量：525.8

目标化合物及内标物（环氧七氯）总离子流图

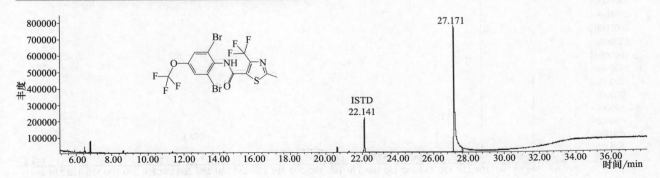

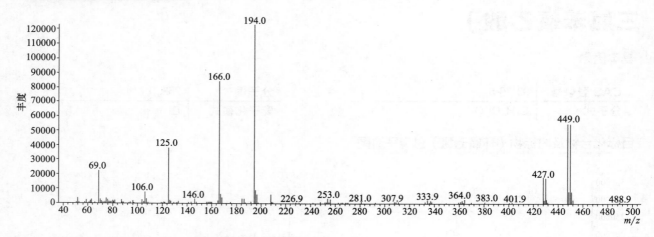

Thiobencarb（杀草丹）

基本信息

CAS 登录号	28249-77-6	分子量	257.1
分子式	C₁₂H₁₆ClNOS	离子化模式	EI

目标化合物及内标物（环氧七氯）总离子流图

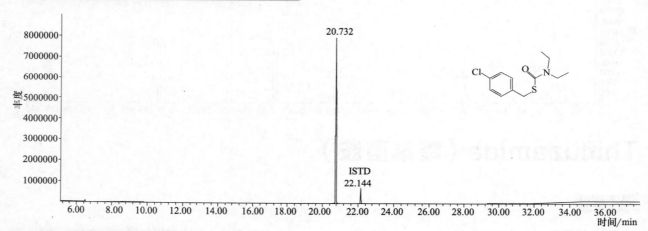

目标化合物碎片离子质谱图

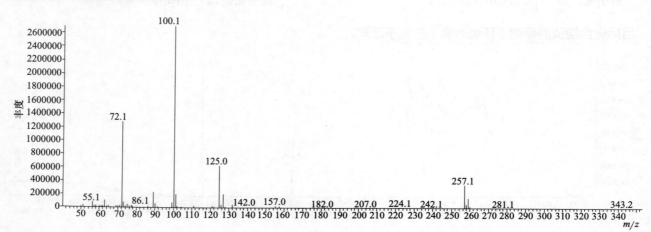

Thiocyclam（杀虫环）

基本信息

CAS 登录号	31895-21-3	分子量	181.0
分子式	$C_5H_{11}NS_3$	离子化模式	EI

目标化合物及内标物（环氧七氯）总离子流图

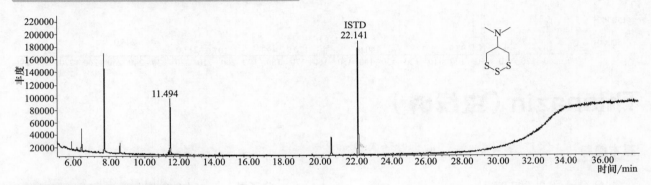

目标化合物碎片离子质谱图

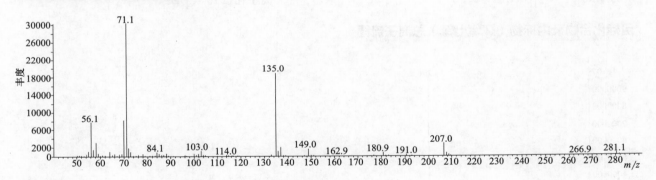

Thiometon（甲基乙拌磷）

基本信息

CAS 登录号	640-15-3	分子量	246.0
分子式	$C_6H_{15}O_2PS_3$	离子化模式	EI

目标化合物及内标物（环氧七氯）总离子流图

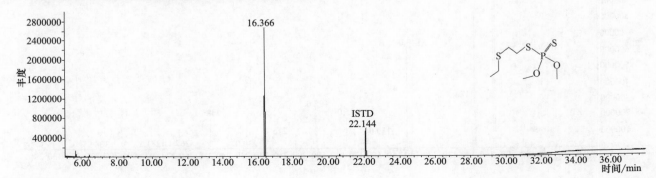

807

目标化合物碎片离子质谱图

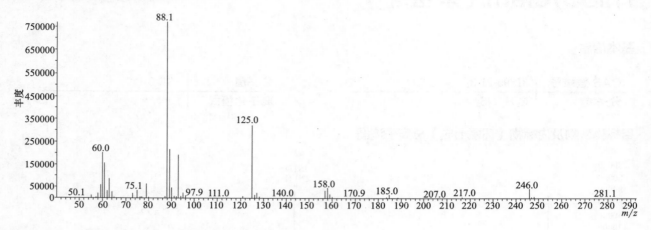

Thionazin（虫线磷）

基本信息

CAS 登录号	297-97-2	分子量	248.0
分子式	$C_8H_{13}N_2O_3PS$	离子化模式	EI

目标化合物及内标物（环氧七氯）总离子流图

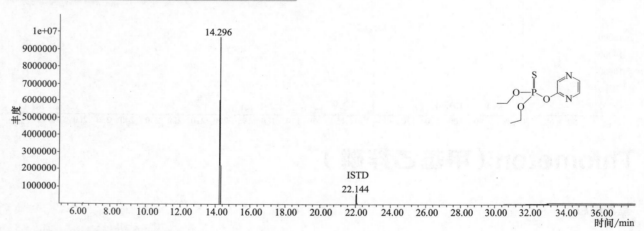

目标化合物碎片离子质谱图

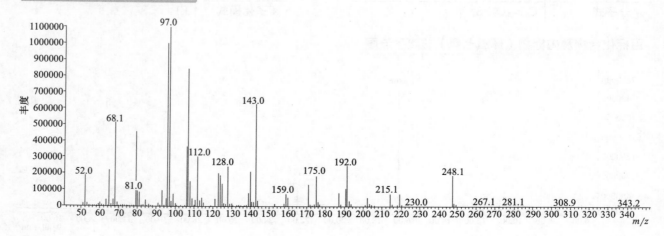

Tiamulin-fumerate（延胡索酸泰妙菌素）

基本信息

CAS 登录号	89708-74-7	分子量	609.3
分子式	$C_{32}H_{51}NO_8S$	离子化模式	EI

目标化合物及内标物（环氧七氯）总离子流图

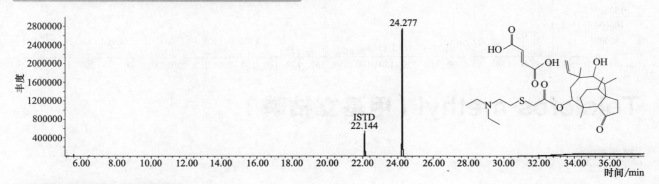

目标化合物碎片离子质谱图

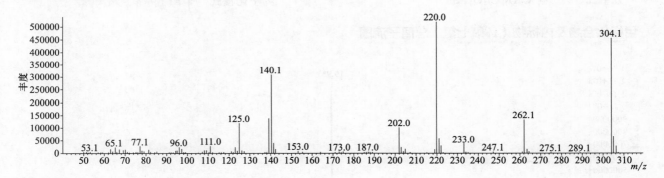

Tiocarbazil（仲草丹）

基本信息

CAS 登录号	36756-79-3	分子量	279.2
分子式	$C_{16}H_{25}NOS$	离子化模式	EI

目标化合物及内标物（环氧七氯）总离子流图

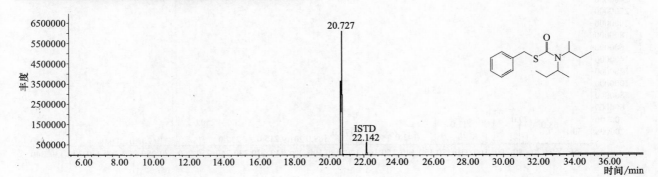

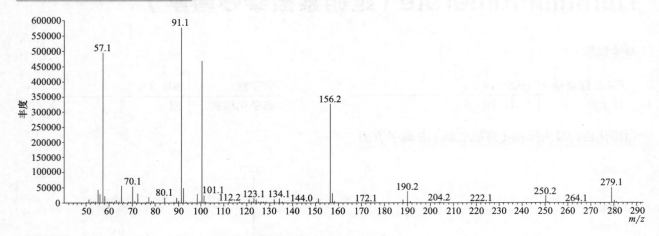

Tolclofos-methyl（甲基立枯磷）

基本信息

CAS 登录号	57018-04-9	分子量	300. 0
分子式	$C_9H_{11}Cl_2O_3PS$	离子化模式	EI

目标化合物及内标物（环氧七氯）总离子流图

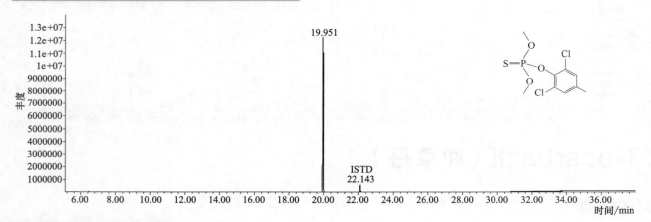

目标化合物碎片离子质谱图

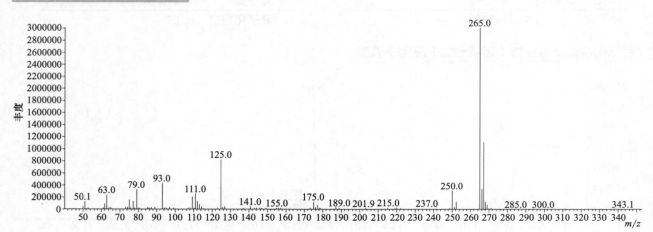

Tolfenpyrad（唑虫酰胺）

基本信息

CAS 登录号	129558-76-5	分子量	383.1
分子式	$C_{21}H_{22}ClN_3O_2$	离子化模式	EI

目标化合物及内标物（环氧七氯）总离子流图

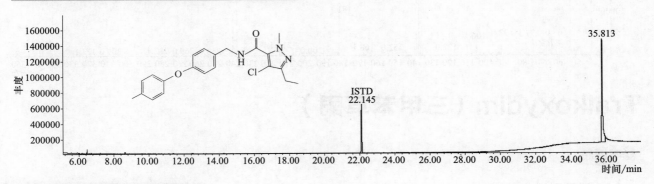

目标化合物碎片离子质谱图

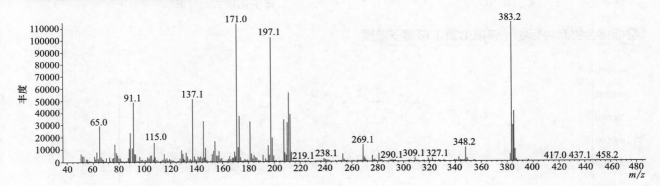

Tolylfluanid（对甲抑菌灵）

基本信息

CAS 登录号	731-27-1	分子量	346.0
分子式	$C_{10}H_{13}Cl_2FN_2O_2S_2$	离子化模式	EI

目标化合物及内标物（环氧七氯）总离子流图

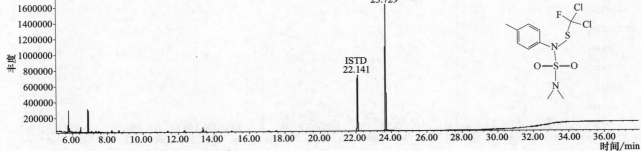

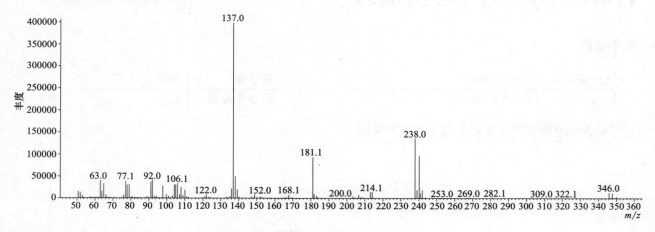

Tralkoxydim（三甲苯草酮）

基本信息

CAS 登录号	87820-88-0	分子量	329.2
分子式	$C_{20}H_{27}NO_3$	离子化模式	EI

目标化合物及内标物（环氧七氯）总离子流图

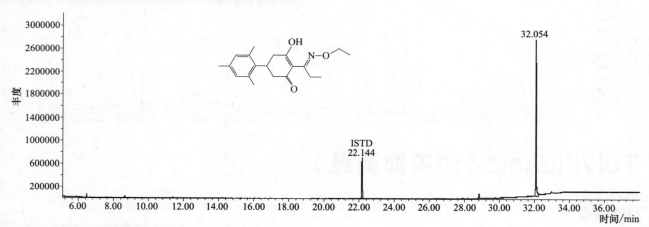

目标化合物碎片离子质谱图

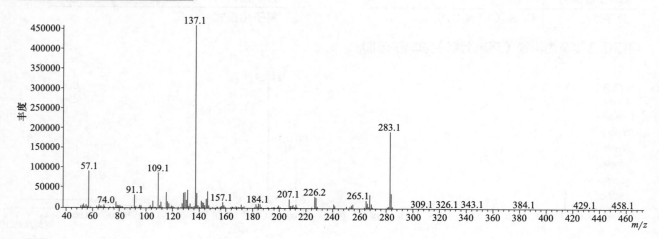

Tralomethrin（四溴菊酯）

基本信息

CAS 登录号	66841-25-6		分子量	660.8
分子式	$C_{22}H_{19}Br_4NO_3$		离子化模式	EI

目标化合物及内标物（环氧七氯）总离子流图

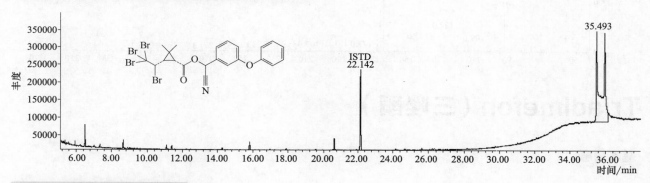

目标化合物碎片离子质谱图

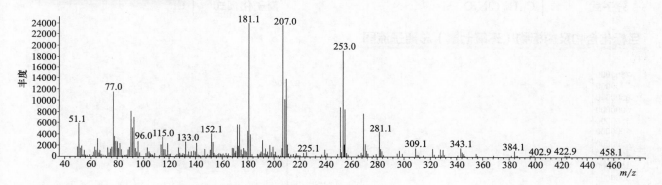

Transfluthrin（四氟苯菊酯）

基本信息

CAS 登录号	118712-89-3		分子量	370.0
分子式	$C_{15}H_{12}Cl_2F_4O_2$		离子化模式	EI

目标化合物及内标物（环氧七氯）总离子流图

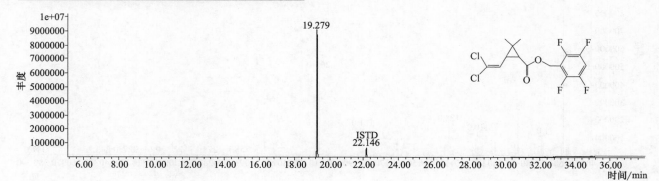

目标化合物碎片离子质谱图

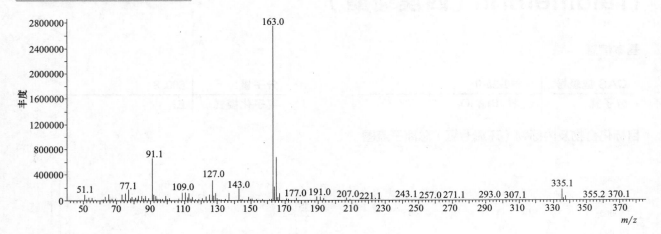

Triadimefon（三唑酮）

基本信息

CAS 登录号	43121-43-3	分子量	293.1
分子式	$C_{14}H_{16}ClN_3O_2$	离子化模式	EI

目标化合物及内标物（环氧七氯）总离子流图

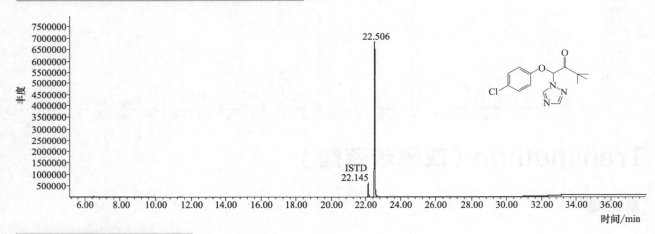

目标化合物碎片离子质谱图

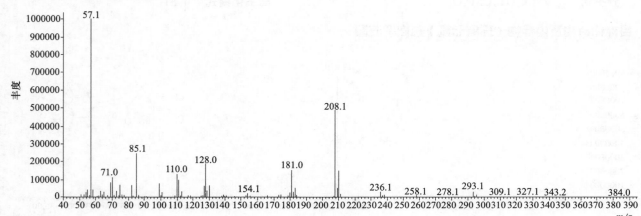

814

Triadimenol（三唑醇）

基本信息

CAS 登录号	55219-65-3		分子量	295. 1
分子式	$C_{14}H_{18}ClN_3O_2$		离子化模式	EI

目标化合物及内标物（环氧七氯）总离子流图

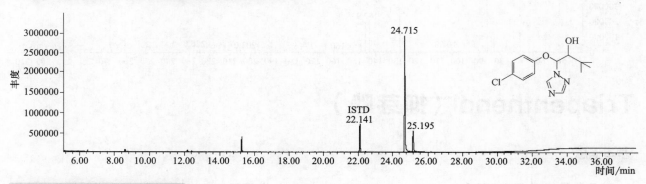

目标化合物碎片离子质谱图

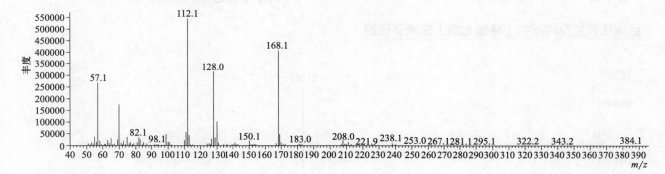

Tri-allate（野麦畏）

基本信息

CAS 登录号	2303-17-5		分子量	303. 0
分子式	$C_{10}H_{16}Cl_3NOS$		离子化模式	EI

目标化合物及内标物（环氧七氯）总离子流图

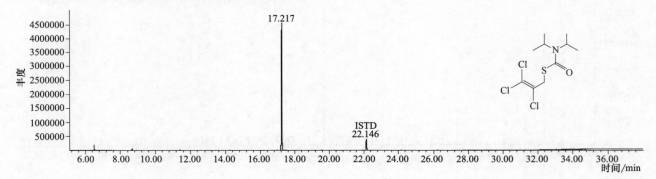

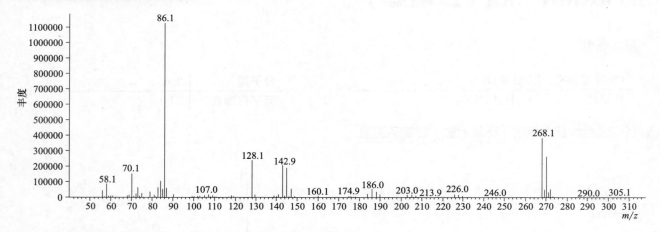

Triapenthenol（抑芽唑）

基本信息

CAS 登录号	76608-88-3	分子量	263. 2
分子式	C$_{15}$H$_{25}$N$_3$O	离子化模式	EI

目标化合物及内标物（环氧七氯）总离子流图

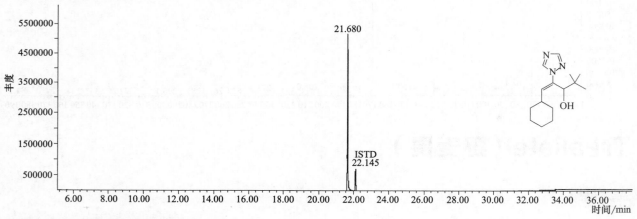

目标化合物碎片离子质谱图

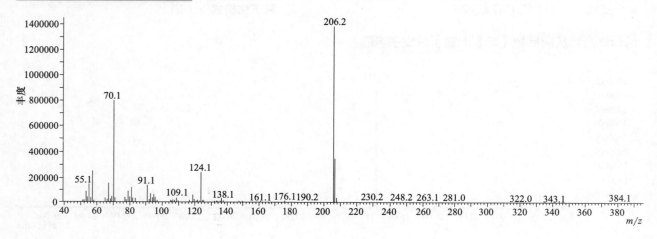

Triazophos（三唑磷）

基本信息

CAS 登录号	24017-47-8		分子量	313.1
分子式	$C_{12}H_{16}N_3O_3PS$		离子化模式	EI

目标化合物及内标物（环氧七氯）总离子流图

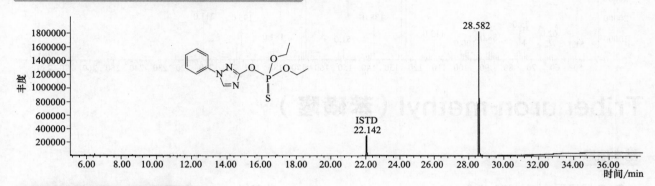

目标化合物碎片离子质谱图

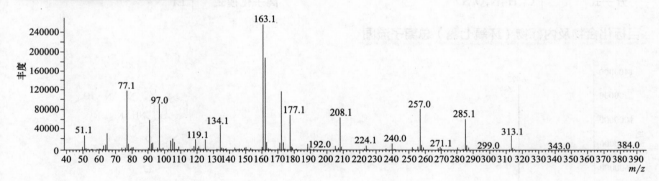

Triazoxide（咪唑嗪）

基本信息

CAS 登录号	72459-58-6		分子量	247.0
分子式	$C_{10}H_6ClN_5O$		离子化模式	EI

目标化合物及内标物（环氧七氯）总离子流图

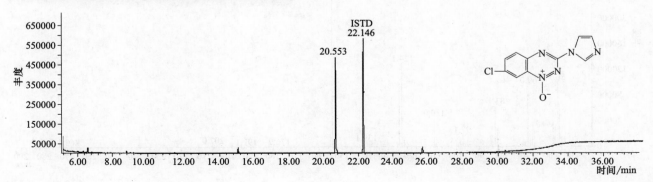

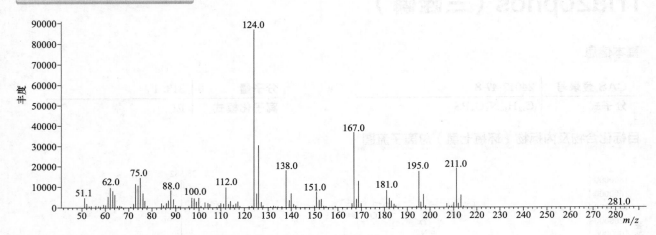

Tribenuron-methyl（苯磺隆）

基本信息

CAS 登录号	101200-48-0	分子量	395.1
分子式	$C_{15}H_{17}N_5O_6S$	离子化模式	EI

目标化合物及内标物（环氧七氯）总离子流图

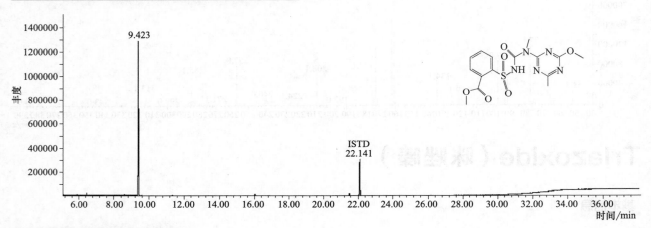

目标化合物碎片离子质谱图

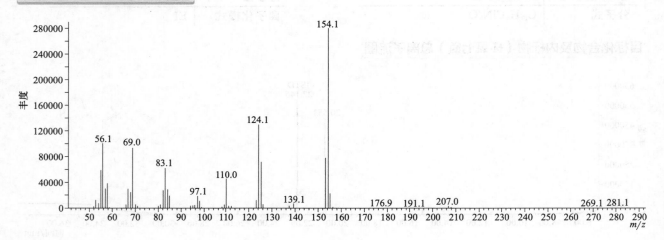

Trichloronat（壤虫磷）

基本信息

CAS 登录号	327-98-0	分子量	331.9
分子式	$C_{10}H_{12}Cl_3O_2PS$	离子化模式	EI

目标化合物及内标物（环氧七氯）总离子流图

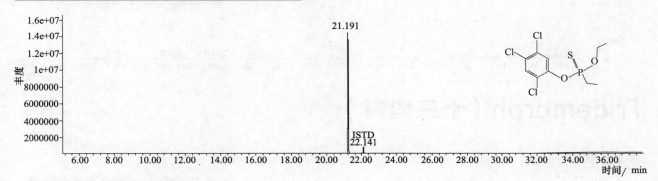

目标化合物碎片离子质谱图

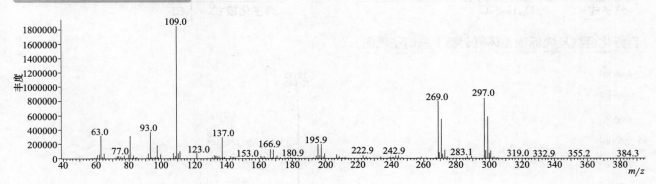

Tricyclazole（三环唑）

基本信息

CAS 登录号	41814-78-2	分子量	189.0
分子式	$C_9H_7N_3S$	离子化模式	EI

目标化合物及内标物（环氧七氯）总离子流图

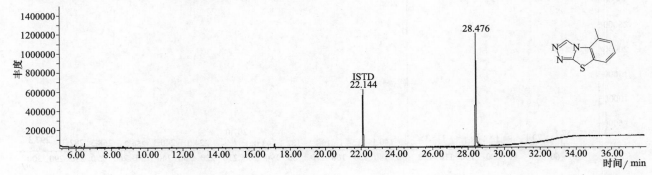

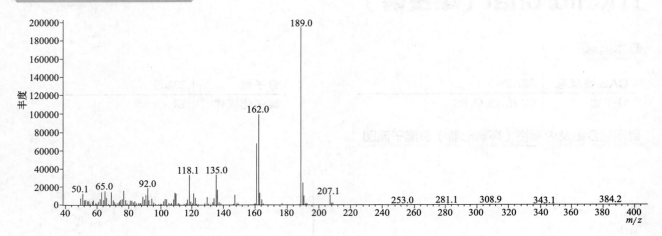

Tridemorph（十三吗啉）

基本信息

CAS 登录号	24602-86-6	分子量	297.3
分子式	$C_{19}H_{39}NO$	离子化模式	EI

目标化合物及内标物（环氧七氯）总离子流图

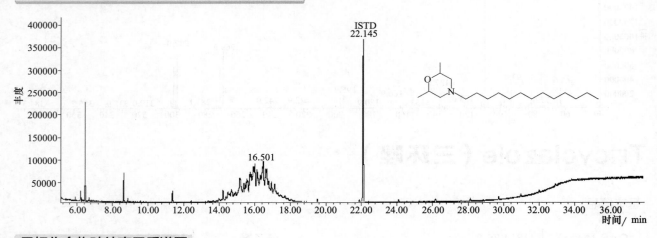

目标化合物碎片离子质谱图

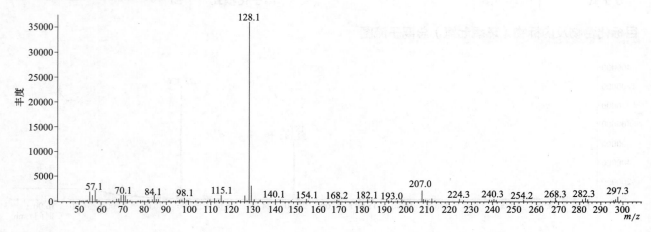

Tridiphane（灭草环）

基本信息

CAS 登录号	58138-08-2	分子量	317.9
分子式	$C_{10}H_7Cl_5O$	离子化模式	EI

目标化合物及内标物（环氧七氯）总离子流图

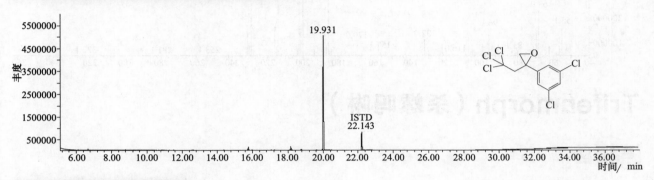

目标化合物碎片离子质谱图

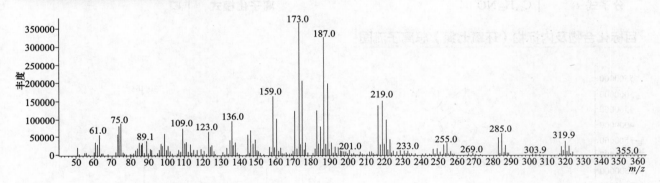

Trietazine（草达津）

基本信息

CAS 登录号	1912-26-1	分子量	229.1
分子式	$C_9H_{16}ClN_5$	离子化模式	EI

目标化合物及内标物（环氧七氯）总离子流图

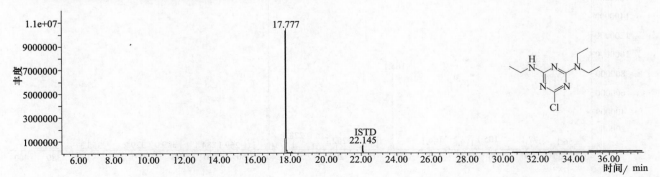

目标化合物碎片离子质谱图

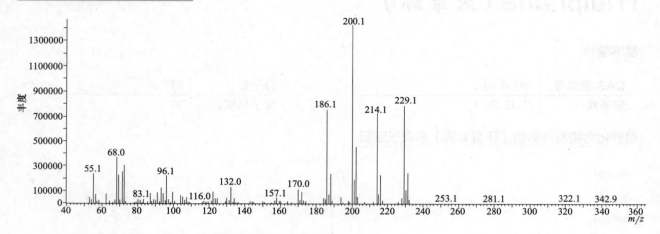

Trifenmorph（杀螺吗啉）

基本信息

CAS 登录号	1420-06-0		分子量	329.2
分子式	$C_{23}H_{23}NO$		离子化模式	EI

目标化合物及内标物（环氧七氯）总离子流图

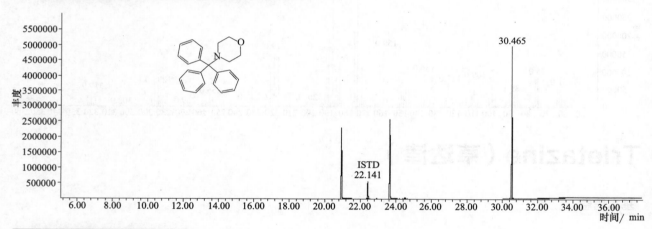

目标化合物碎片离子质谱图

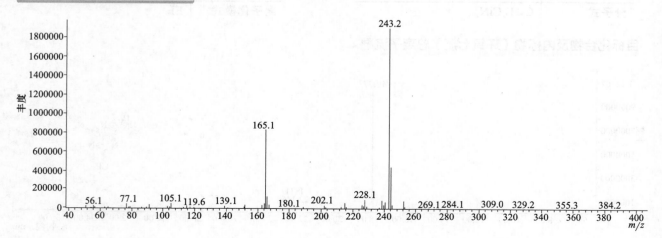

Trifloxystrobin（肟菌酯）

基本信息

CAS 登录号	141517-21-7	分子量	408. 1
分子式	$C_{20}H_{19}F_3N_2O_4$	离子化模式	EI

目标化合物及内标物（环氧七氯）总离子流图

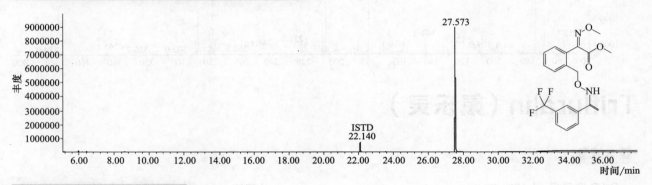

目标化合物碎片离子质谱图

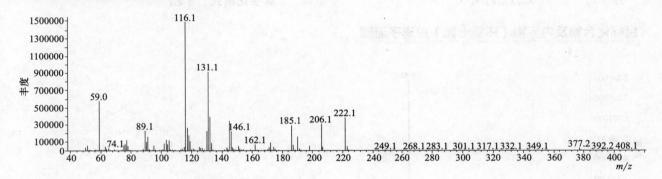

Triflumizole（氟菌唑）

基本信息

CAS 登录号	99387-89-0	分子量	345. 1
分子式	$C_{15}H_{15}ClF_3N_3O$	离子化模式	EI

目标化合物及内标物（环氧七氯）总离子流图

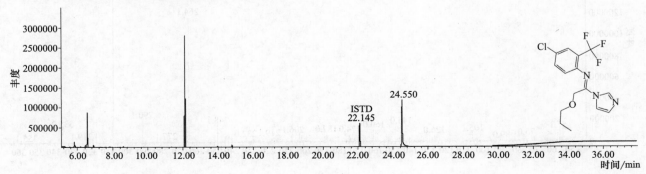

目标化合物碎片离子质谱图

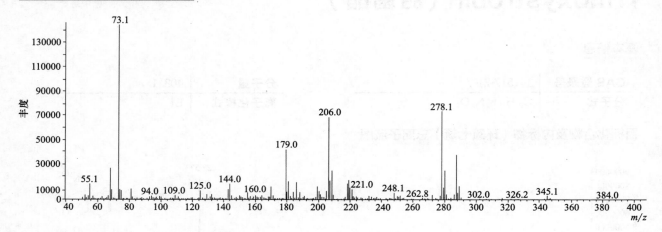

Trifluralin（氟乐灵）

基本信息

CAS 登录号	1582-09-8	分子量	335.1
分子式	$C_{13}H_{16}F_3N_3O_4$	离子化模式	EI

目标化合物及内标物（环氧七氯）总离子流图

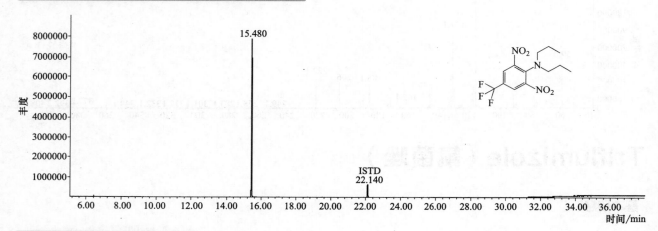

目标化合物碎片离子质谱图

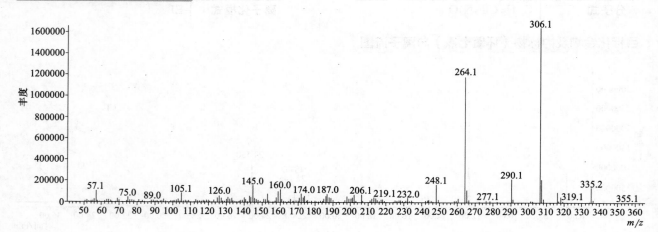

3，4，5-Trimethacarb（3，4，5-三甲威）

基本信息

CAS 登录号	2686-99-9	分子量	193.1
分子式	$C_{11}H_{15}NO_2$	离子化模式	EI

目标化合物及内标物（环氧七氯）总离子流图

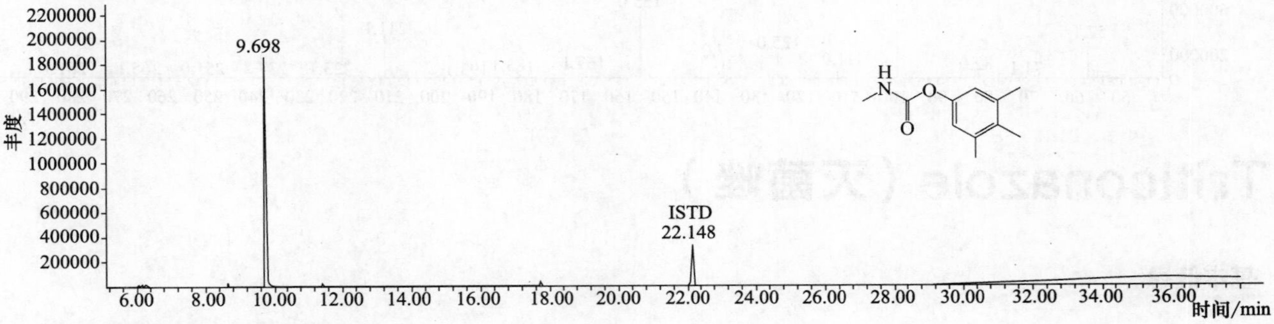

目标化合物碎片离子质谱图

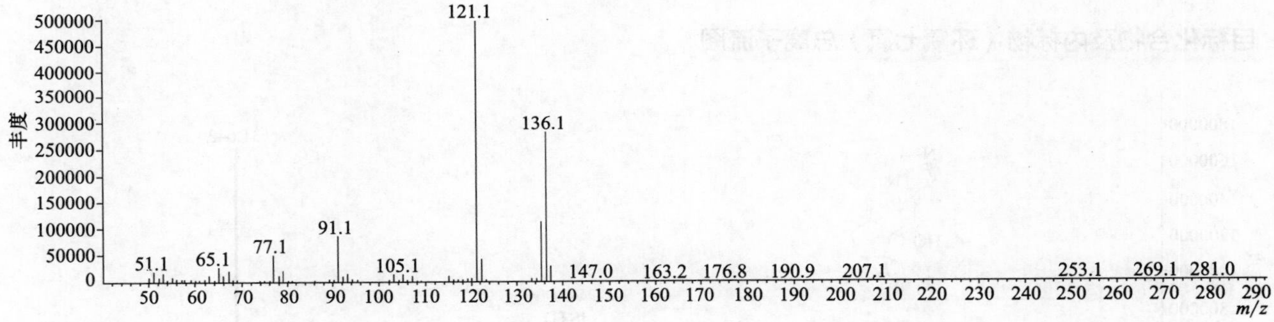

Tri-*n*-butyl phosphate（三正丁基磷酸盐）

基本信息

CAS 登录号	126-73-8	分子量	266.2
分子式	$C_{12}H_{27}O_4P$	离子化模式	EI

目标化合物及内标物（环氧七氯）总离子流图

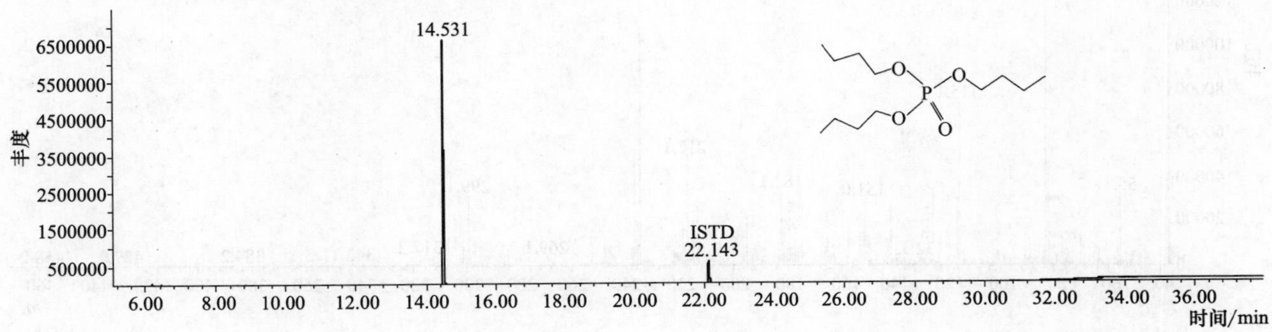

目标化合物碎片离子质谱图

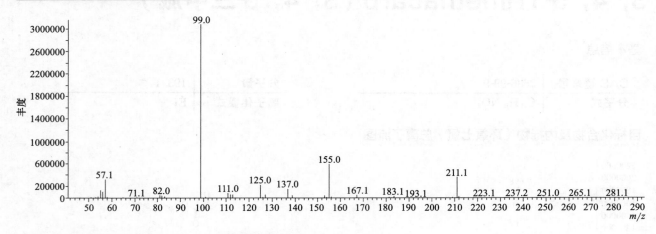

Triticonazole（灭菌唑）

基本信息

CAS 登录号	131983-72-7	分子量	317.1
分子式	$C_{17}H_{20}ClN_3O$	离子化模式	EI

目标化合物及内标物（环氧七氯）总离子流图

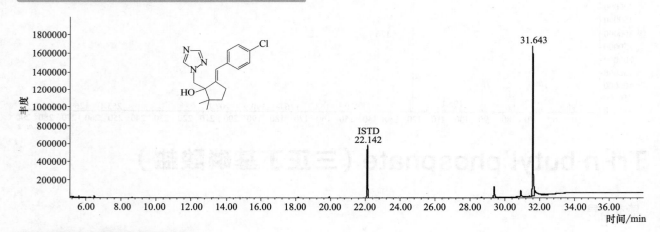

目标化合物碎片离子质谱图

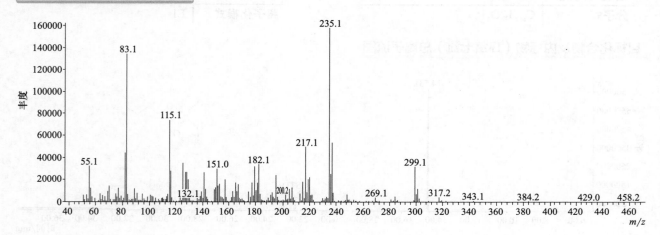

826

>>>> U

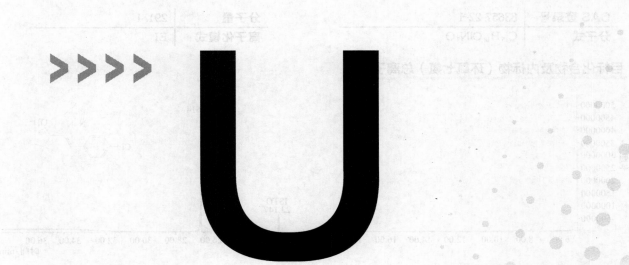

Uniconazole（烯效唑）

基本信息

CAS 登录号	83657-22-1	分子量	291.1
分子式	$C_{15}H_{18}ClN_3O$	离子化模式	EI

目标化合物及内标物（环氧七氯）总离子流图

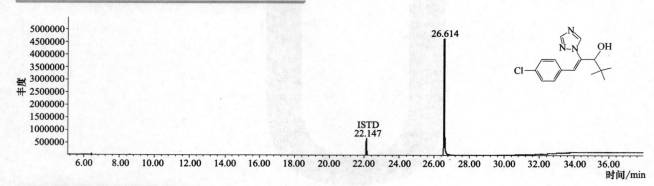

目标化合物碎片离子质谱图

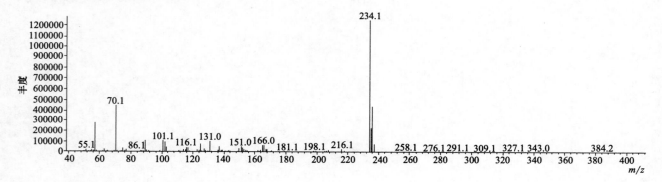

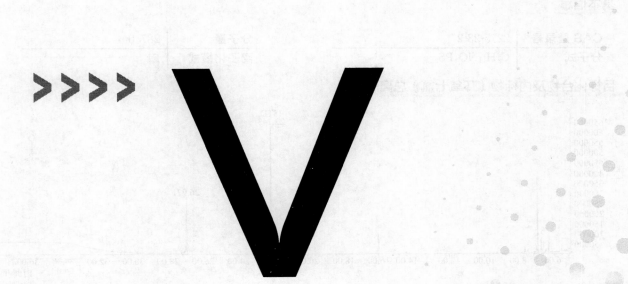

Vamidothion（蚜灭多）

基本信息

CAS 登录号	2275-23-2	分子量	287.0
分子式	$C_8H_{18}NO_4PS_2$	离子化模式	EI

目标化合物及内标物（环氧七氯）总离子流图

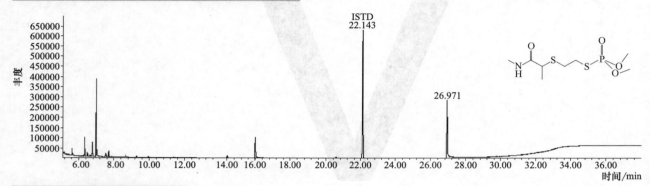

目标化合物碎片离子质谱图

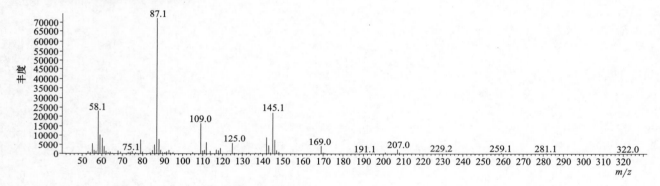

Vernolate（灭草猛）

基本信息

CAS 登录号	1929-77-7	分子量	203.1
分子式	$C_{10}H_{21}NOS$	离子化模式	EI

目标化合物及内标物（环氧七氯）总离子流图

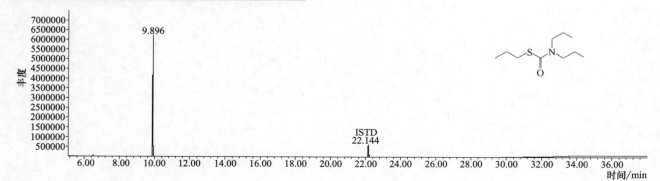

目标化合物碎片离子质谱图

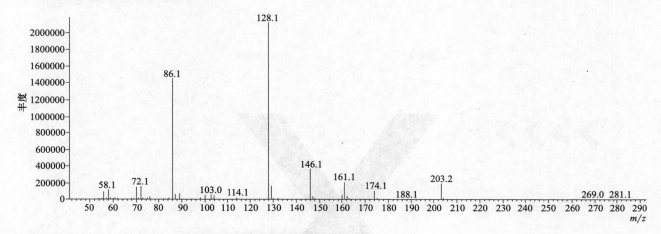

Vinclozolin（乙烯菌核利）

基本信息

CAS 登录号	50471-44-8	分子量	285.0
分子式	$C_{12}H_9Cl_2NO_3$	离子化模式	EI

目标化合物及内标物（环氧七氯）总离子流图

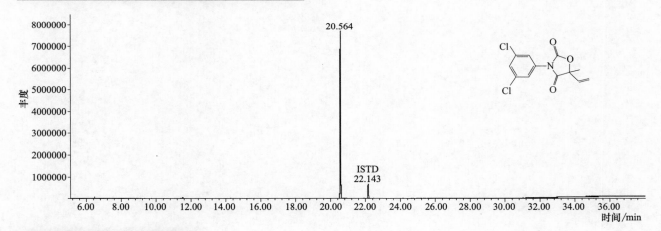

目标化合物碎片离子质谱图

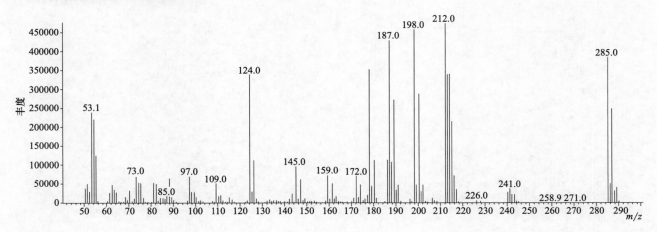

XMC（3，5-xylyl methylcarbamate）（灭除威）

基本信息

CAS 登录号	2655-14-3	分子量	179.1
分子式	$C_{10}H_{13}NO_2$	离子化模式	EI

目标化合物及内标物（环氧七氯）总离子流图

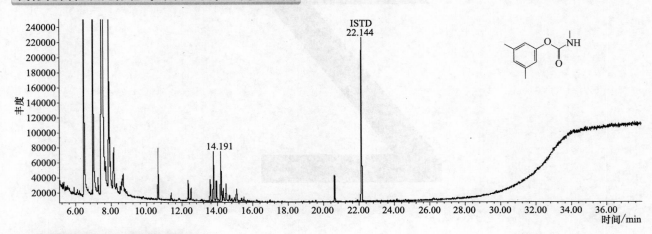

目标化合物碎片离子质谱图

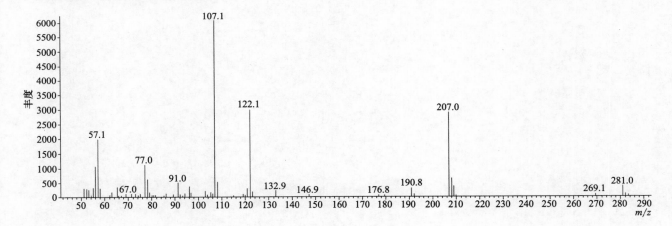

Z
>>>>

Zoxamide（苯酰菌胺）

基本信息

CAS 登录号	156052-68-5	**分子量**	335.0
分子式	C₁₄H₁₆Cl₃NO₂	**离子化模式**	EI

目标化合物及内标物（环氧七氯）总离子流图

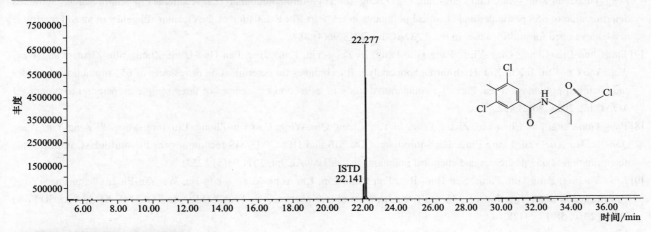

目标化合物碎片离子质谱图

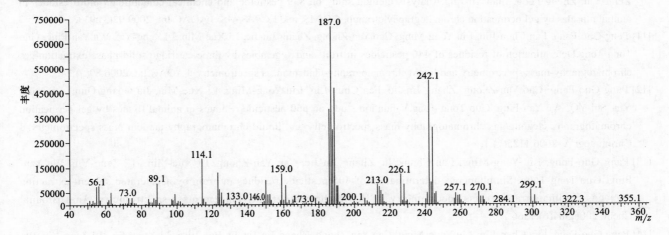

参考文献

[1] 庞国芳等. 农药残留高通量检测技术. 北京：科学出版社，2012.

[2] 庞国芳等. 农药兽药残留现代分析技术. 北京：科学出版社，2007.

[3] 庞国芳等. 常用农药残留量检测方法标准选编. 北京：中国标准出版社，2009.

[4] 庞国芳等. 常用兽药残留量检测方法标准选编. 北京：中国标准出版社，2009.

[5] Pang Guo-Fang, et al. Compilation of Official Methods Used in the People's Republic of China for the Analysis of over 800 Pesticide and Veterinary Drug Residues in Foods of Plant and Animal Origin. Beijing: Elsevier & Science Press of China, 2007.

[6] Pang Guo-Fang, Fan Chun-Lin, Chang Qiao-Ying, Li Yan, Kang Jian, Wang Wen-Wen, Cao Jing, Zhao Yan-Bin, Li Nan, Li Zeng-Yin, Chen Zong-Mao, Luo Feng-Jian, Lou Zheng-Yun.High-throughput analytical techniques for multiresidue, multiclass determination of 653 pesticides and chemical pollutants in tea. Part III: Evaluation of the cleanup efficiency of an SPE cartridge newly developed for multiresidues in tea. J AOAC Int, 2013,96(4):887.

[7] Fan Chun-Lin, Chang Qiao-Ying, Pang Guo-Fang, Li Zeng-Yin, Kang Jian, Pan Guo-Qing, Zheng Shu-Zhan, Wang Wen-Wen, Yao Cui-Cui, Ji Xin-Xin. High-throughput analytical techniques for determination of residues of 653 multiclass pesticides and chemical pollutants in tea. Part II: comparative study of extraction efficiencies of three sample preparation techniques. J AOAC Int, 2013, 96(2):432.

[8] Pang Guo-Fang, Fan Chun-Lin, Zhang Feng, Li Yan, Chang Qiao-Ying, Cao Yan-Zhong, Liu Yong-Ming, Li Zeng-Yin, Wang Qun-Jie, Hu Xue-Yan, Liang Ping. High-throughput GC/MS and HPLC/MS/MS techniques for the multiclass, multiresidue determination of 653 pesticides and chemical pollutants in tea. J AOAC Int, 2011,94(4):1253.

[9] Lian Yu-Jing, Pang Guo-Fang, Shu Huai-Rui, Fan Chun-Lin, Liu Yong-Ming, Feng Jie, Wu Yan-Ping, Chang Qiao-Ying. Simultaneous determination of 346 multiresidue pesticides in grapes by PSA-MSPD and GC-MS-SIM. J Agric Food Chem, 2010, 58(17):9428.

[10] Pang Guo-Fang, Cao Yan-Zhong, Fan Chun-Lin, Jia Guang-Qun, Zhang Jin-Jie, Li Xue-Min, Liu Yong-Ming, Shi Yu-Qiu, Li Zeng-Yin, Zheng Feng, Lian Yu-Jing.Analysis method study on 839 pesticide and chemical contaminant multiresidues in animal muscles by gel permeation chromatography cleanup, GC/MS, and LC/MS/MS. J AOAC Int, 2009,92(3):933.

[11] Pang Guo-Fang, Fan Chun-Lin, Liu Yong-Ming, Cao Yan-Zhong, Zhang Jin-Jie, Li Xue-Min, Li Zeng-Yin, Wu Yan-Ping, Guo Tong-Tong.Determination of residues of 446 pesticides in fruits and vegetables by three-cartridge solid-phase extraction-gas chromatography-mass spectrometry and liquid chromatography-tandem mass spectrometry. J AOAC Int, 2006,89(3):740.

[12] Pang Guo-Fang, Cao Yan-Zhong, Zhang Jin-Jie, Fan Chun-Lin, Liu Yong-Ming, Li Xue-Min, Jia Guang-Qun, Li Zeng-Yin, Shi YQ, Wu Yan-Ping, Guo Tong-Tong.Validation study on 660 pesticide residues in animal tissues by gel permeation chromatography cleanup/gas chromatography-mass spectrometry and liquid chromatography-tandem mass spectrometry. J Chromatogr A, 2006,1125(1):1.

[13] Pang Guo-Fang, Liu Yong-Ming, Fan Chun-Lin, Zhang Jin-Jie, Cao Yan-Zhong, Li Xue-Min, Li Zeng-Yin, Wu Yan-Ping, Guo Tong-Tong. Simultaneous determination of 405 pesticide residues in grain by accelerated solvent extraction then gas chromatography-mass spectrometry or liquid chromatography-tandem mass spectrometry. Anal Bioanal Chem, 2006,384(6):1366.

[14] Pang Guo-Fang, Fan Chun-Lin, Liu Yong-Ming, Cao Yan-Zhong, Zhang Jin-Jie, Fu Bao-Lian, Li Xue-Min, Li Zeng-Yin, Wu Yan-Ping. Multi-residue method for the determination of 450 pesticide residues in honey, fruit juice and wine by double-cartridge solid-phase extraction/gas chromatography-mass spectrometry and liquid chromatography-tandem mass spectrometry. Food Addit Contam, 2006 ,23(8):777.

[15] 李岩，郑锋，王明林，庞国芳. 液相色谱 - 串联质谱法快速筛查测定浓缩果蔬汁中的 156 种农药残留. 色谱，2009,02:127.

[16] 郑军红，庞国芳，范春林，王明林. 液相色谱 - 串联四极杆质谱法测定牛奶中 128 种农药残留. 色谱，2009,03:254.

[17] 郑锋，庞国芳，李岩，王明林，范春林. 凝胶渗透色谱净化气相色谱 - 质谱法检测河豚鱼、鳗鱼和对虾中 191 种农药残留. 色谱，2009,05:700.

[18] 纪欣欣，石志红，曹彦忠，石利利，王娜，庞国芳. 凝胶渗透色谱净化 / 液相色谱 - 串联质谱法对动物脂肪中 111 种农药残留量的同时测定. 分析测试学报，2009,12:1433.

[19] 姚翠翠，石志红，曹彦忠，石利利，王娜，庞国芳. 凝胶渗透色谱 - 气相色谱串联质谱法测定动物脂肪中 164 种农药残留. 分析试验室，2010,02:84.

[20] 曹静，庞国芳，王明林，范春林. 液相色谱 - 电喷雾串联质谱法测定生姜中的 215 种农药残留. 色谱，2010,06:579.

[21] 李南，石志红，庞国芳，范春林. 坚果中 185 种农药残留的气相色谱 - 串联质谱法测定. 分析测试学报，2011,05:513.

[22] 赵雁冰，庞国芳，范春林，石志红. 气相色谱 - 串联质谱法快速测定禽蛋中 203 种农药及化学污染物残留. 分析试验室，2011,05:8.

[23] 金春丽，石志红，范春林，庞国芳. LC-MS/MS 法同时测定 4 种中草药中 155 种农药残留. 分析试验室，2012,05:84.

[24] 庞国芳，范春林，李岩，康健，常巧英，卜明楠，金春丽，陈辉. 茶叶中 653 种农药化学品残留 GC-MS、GC-MS/MS 与 LC-MS/MS 分析方法：国际 AOAC 方法评价预研究. 分析测试学报，2012,09:1017.

[25] 赵志远，石志红，康健，彭兴，曹新悦，范春林，庞国芳，吕美玲. 液相色谱 - 四极杆 / 飞行时间质谱快速筛查与确证苹果、番茄和甘蓝中的 281 种农药残留量. 色谱，2013,04:372.

[26] GB/T 23216—2008.

[27] GB/T 23214—2008.

[28] GB/T 23211—2008.

[29] GB/T 23210—2008.

[30] GB/T 23208—2008.

[31] GB/T 23207—2008.

[32] GB/T 23206—2008.

[33] GB/T 23205—2008.

[34] GB/T 23204—2008.

[35] GB/T 23202—2008.

[36] GB/T 23201—2008.

[37] GB/T 23200—2008.

[38] GB/T 20772—2008.

[39] GB/T 20771—2008.

[40] GB/T 20770—2008.

[41] GB/T 20769—2008.

[42] GB/T 19650—2006.

[43] GB/T 19649—2006.

[44] GB/T 19648—2006.

[45] GB/T 19426—2006.

>>>> 索引

化合物中文名称索引
Index of Compound Chinese Name

咪草酸　156，642
咪酰胺　742
咪唑菌酮　119，585
咪唑嗪　287，817
醚磺隆　493
醚菊酯　116，582
醚菌酯　168，657
密草通　256，776
嘧草醚　764
嘧啶磷　764
嘧菌胺　177，669
嘧菌环胺　510
嘧菌酯　16，436
嘧螨醚　763
嘧霉胺　246，762
嘧唑螨　133，607
棉铃威　6
棉隆　513
灭草环　289，821
灭草隆　189，688
灭草猛　297，830
灭草松　22
灭除威　299，833
灭害威　10，424
灭菌丹　142，622
灭菌磷　105，563
灭菌唑　826
灭螨猛　467
灭线磷　116，580
灭锈胺　177，670
灭蚜磷　665
灭蚁灵　188，685
灭幼脲　41
灭藻醌　249，768
茉莉酮　232，744
牧草胺　266，789

N

萘丙胺　694
萘乙酸　194
1-萘乙酰胺　195
内环氧七氯　151，636
内吸磷　76，519
内吸磷-S　77，521
内吸磷-O　520

P

哌草丹　549
哌草磷　226，737

皮蝇磷　122，591
坪草丹　204
扑草净　236，746
扑草灭　113，574
扑灭津　237，750
扑灭通　233，746
普杀威　30

Q

七氟菊酯　268，792
七氯　151，635
2，2′，3，3′，4，4′，5-七氯联苯　336
2，2′，3，3′，4，4′，6-七氯联苯　336
2，2′，3，3′，4，5，5′-七氯联苯　337
2，2′，3，3′，4，5，6-七氯联苯　339
2，2′，3，3′，4，5，6′-七氯联苯　338
2，2′，3，3′，4，5′，6-七氯联苯　338
2，2′，3，3′，4′，5，6-七氯联苯　337
2，2′，3，3′，4，6，6′-七氯联苯　339
2，2′，3，3′，5，5′，6-七氯联苯　340
2，2′，3，3′，5，6，6′-七氯联苯　340
2，2′，3，4，4′，5，5′-七氯联苯　341，525
2，2′，3，4，4′，5，6-七氯联苯　341
2，2′，3，4，4′，5，6′-七氯联苯　342
2，2′，3，4，4′，5′，6-七氯联苯　342
2，2′，3，4，4′，6，6′-七氯联苯　343
2，2′，3，4，5，5′，6-七氯联苯　343
2，2′，3，4′，5，5′，6-七氯联苯　344
2，2′，3，4，5，6，6′-七氯联苯　344
2，2′，3，4′，5，6，6′-七氯联苯　345
2，3，3′，4，4′，5，5′-七氯联苯　345
2，3，3′，4，4′，5，6-七氯联苯　346
2，3，3′，4，4′，5′，6-七氯联苯　346
2，3，3′，4，5，5′，6-七氯联苯　347
2，3，3′，4′，5，5′，6-七氯联苯　347
3-羟基呋喃丹　38
嗪草酮　186，683
氰草津　500
氰氟草酯　65，505
氰菌胺　594
氰戊菊酯　130，603
氰乙酸仲辛酯　618
驱虫特　81，531
茴　491
去甲氟甲敏　700
去乙基特丁津　78
去异丙基莠去津　432
炔丙菊酯　229，740
炔草酸　59，495

844

分子式索引
Index of Molecular Formula

$C_{23}H_{30}O_4$　260，782

$C_{23}H_{32}N_2OS$　529

$C_{24}H_{23}BrF_2O_3$　147，630

$C_{24}H_{25}NO_3$　67，508

$C_{24}H_{27}N_3O_4$　598

$C_{24}H_{38}O_4$　203，732

$C_{25}H_{22}ClNO_3$　113，130

$C_{25}H_{22}ClNO_3$　575，603

$C_{25}H_{28}O_3$　116，582

$C_{25}H_{29}FO_2Si$　257，778

$C_{26}H_{21}Cl_2NO_4$　63

$C_{26}H_{21}F_6NO_5$　5，420

$C_{26}H_{22}ClF_3N_2O_3$　264

$C_{26}H_{23}F_2NO_4$　134，609

$C_{32}H_{51}NO_8S$　809

CAS 登录号索引
Index of CAS Number

1113-02-6	705		2104-64-5	112, 572
1114-71-2	210, 715		2104-96-3	28, 452
1129-41-5	185, 681		2136-99-4	356
1134-23-2	63, 502		2212-67-1	188, 686
1194-65-6	83, 533		2227-13-6	276, 801
1420-06-0	290, 822		2274-67-1	554
1420-07-1	100		2275-14-1	724
1517-22-2	217		2275-18-5	756
1563-66-2	37, 463		2275-23-2	830
1582-09-8	291, 824		2303-16-4	80, 529
1593-77-7	107, 566		2303-17-5	286, 815
1610-17-9	13, 430		2307-68-8	214, 720
1610-18-0	233, 746		2310-17-0	221, 728
1634-78-2	663		2312-35-8	237, 749
1646-88-4	6		2385-85-5	188, 685
1689-83-4	158		2425-06-1	36, 462
1689-84-5	29		2437-79-8	386
1689-99-2	29, 454		2439-01-2	467
1698-60-8	48		2463-84-5	82, 533
1702-17-6	60, 497		2497-06-5	104, 562
1704-28-5	7		2497-07-6	105, 563
1715-40-8	27, 451		2536-31-4	48, 479
1719-06-8	12, 427		2540-82-1	143, 623
1825-21-4	212, 718		2588-03-6	220, 727
1836-75-5	197, 696		2588-04-7	219, 728
1861-32-1	71, 488		2588-06-9	220
1861-40-1	20, 439		2593-15-9	117, 583
1897-45-6	51, 484		2595-54-2	665
1912-24-9	13, 430		2597-03-7	218, 725
1912-26-1	290, 821		2631-37-0	233, 745
1918-00-9	82, 532		2631-40-5	163, 651
1918-11-2	270		2636-26-2	62, 501
1918-13-4	55, 489		2642-71-9	15, 434
1918-16-7	235, 747		2655-14-3	299, 833
1928-38-7	71		2675-77-6	50, 481
1929-77-7	297, 830		2686-99-9	292, 825
1929-82-4	196, 696		2797-51-5	249, 768
1967-16-4	42, 469		2813-95-8	99, 557
1985-01-8	216		2921-88-2	53, 486
2008-41-5	459		2974-90-5	311
2008-58-4	72, 537		2974-92-7	312
2032-59-9	10, 424		3060-89-7	680
2050-67-1	311, 677		3244-90-4	428
2050-68-2	313		3424-82-6	74, 515
2051-24-3	307		3481-20-7	272, 796
2051-60-7	304		3689-24-5	261, 784
2051-61-8	304		3761-41-9	601
2051-62-9	305		3761-42-0	601
2055-46-1	240		3766-81-2	124, 593

3811-49-2	101, 557	13071-79-9	270, 793
3878-19-1	144, 625	13171-21-6	222, 730
3983-45-7	122, 591	13194-48-4	116, 580
3988-03-2	81, 531	13360-45-7	42, 469
4147-51-7	103, 561	13457-18-6	242, 758
4658-28-0	15, 435	13593-03-8	249, 768
4710-17-2	96, 565	14214-32-5	91
4726-14-1	196, 695	14255-88-0	121, 589
4824-78-6	27, 452	14437-17-3	46, 476
5103-71-9	471	14816-20-7	53, 485
5103-73-1	698	15299-99-7	195, 694
5103-74-2	43, 472	15310-01-7	21, 441
5131-24-8	105, 563	15457-05-3	137, 613
5221-49-8	764	15545-48-9	52
5234-68-4	39, 465	15862-07-4	411
5259-88-1	206, 708	15968-05-5	390
5598-13-0	54, 487	15972-60-8	5, 421
5598-15-2	54	16605-91-7	308
5598-52-7	487	16606-02-3	412, 527
5836-10-2	51, 483	16655-82-6	38
5915-41-3	271, 794	17109-49-8	109, 568
6108-10-7	150, 634	18181-70-9	157, 644
6164-98-3	44, 473	18181-80-1	28, 453
6190-65-4	14, 431	18259-05-7	379
6923-22-4	687	18530-56-8	199
6988-21-2	101, 558	18691-97-9	180, 673
6993-38-6	63	18854-01-8	166, 655
7012-37-5	411, 526	19044-88-3	204
7082-99-7	41, 468	19480-43-4	174, 664
7085-19-0	175, 666	19666-30-9	205, 707
7286-69-3	256, 781	19691-80-6	429
7287-19-6	234, 746	19750-95-9	473
7287-36-7	189, 687	20925-85-3	213
7292-16-2	236	21564-17-0	264, 787
7421-93-4	111	21725-46-2	500
7696-12-0	276, 800	21757-82-4	228, 740
7786-34-7	684	22212-55-1	22, 443
8003-34-7	243	22224-92-6	120, 586
8015-55-2	503	22248-79-9	274, 797
8065-36-9	30	22781-23-3	19, 438
8065-48-3	76, 519	22936-75-0	93, 550
101205-02-1	503	22936-86-3	67, 509
10265-92-6	181, 675	23031-36-9	229, 740
10311-84-9	79	23103-98-2	227, 738
10453-86-8	253, 773	23184-66-9	32, 456
10552-74-6	197, 697	23505-41-1	227, 738
12771-68-5	11, 425	23560-59-0	152
13029-08-8	307	23576-24-1	700
13067-93-1	62, 501	23950-58-5	234, 754

52663-72-6	334		58138-08-2	289, 821
52663-73-7	355		58810-48-3	203, 705
52663-74-8	337		59291-64-4	320
52663-75-9	354		59291-65-5	335
52663-76-0	356		59756-60-4	617
52663-77-1	350		60145-20-2	359
52663-78-2	352		60145-21-3	368
52663-79-3	349		60145-22-4	328
52688-08-1	618		60145-23-5	342
52704-70-8	318		60168-88-9	120, 588
52712-04-6	321		60207-31-0	14, 432
52712-05-7	343		60207-90-1	239, 752
52744-13-5	318		60233-24-1	397
52756-22-6	131, 605		60233-25-2	363
52756-25-9	605		60238-56-4	56, 490
52888-80-9	240, 754		60568-05-0	145
52918-63-5	76, 519		60568-05-3	627
53112-28-0	246, 762		61213-25-0	136, 617
53494-70-5	112, 572		61432-55-1	549
53555-66-1	415		61798-70-7	317
54230-22-7	397		61949-76-6	215, 721
54593-83-8	45, 474		62610-77-9	181, 674
55179-31-2	25, 448		62796-65-0	388
55215-17-3	364		62850-32-2	125
55215-18-4	316		62924-70-3	135, 611
55219-65-3	285, 815		63284-71-9	200, 700
55283-68-6	114, 577		63637-89-8	159
55285-14-8	39, 465		63837-33-2	100, 547
55290-64-7	94, 551		64249-01-0	11, 426
55290-64-7	94		64902-72-3	55
55312-69-1	362		65510-44-3	376
55335-06-3	288		65510-45-4	360
55702-45-9	410		65907-30-4	145, 627
55702-46-0	406		66063-05-6	716
55712-37-3	407		66229-12-7	57
55720-44-0	408		66230-04-4	113, 575
55814-41-0	177, 670		66246-88-6	210, 716
56030-56-9	321		66332-96-5	141, 621
56558-16-8	369		66840-71-9	96, 565
56558-17-9	377		66841-25-6	284, 813
56558-18-0	380		67129-08-2	179, 672
57018-04-9	282, 810		67306-00-7	127, 597
57052-04-7	650		67306-03-0	128
57369-32-1	247, 766		67375-30-8	66, 507
57465-28-8	381		67564-91-4	597
57646-30-7	144, 626		67747-09-5	742
57837-19-1	178		68194-04-7	388
57973-66-7	131		68194-05-8	363
58011-68-0	758		68194-06-9	369

68194-07-0	361
68194-08-1	326
68194-09-2	327
68194-10-5	375
68194-11-6	380
68194-12-7	378
68194-13-8	323
68194-14-9	324
68194-15-0	325
68194-16-1	339
68194-17-2	354
68359-37-5	64, 505
68505-69-1	20, 440
69327-76-0	31, 456
69377-81-7	139
69581-33-5	68, 511
69782-90-7	329
69782-91-8	347
69806-40-2	148, 631
69806-50-4	606
70124-77-5	134, 609
70362-41-3	372
70362-45-7	386
70362-46-8	385
70362-47-9	387
70362-48-0	394
70362-49-1	402
70362-50-4	403
70424-67-8	392
70424-68-9	372
70424-69-0	371
70424-70-3	378
70630-17-0	667
71245-23-3	576
71422-67-8	47, 478
71626-11-4	19, 438
72459-58-6	287, 817
72963-72-5	156, 644
73250-68-7	176, 667
73557-53-8	396
73575-52-7	396
73575-54-9	370
73575-55-0	365
73575-56-1	366
73575-57-2	364
74051-80-2	777
74070-46-5	4, 420
74115-24-5	495
74290-01-8	595

74338-23-1	400
74338-24-2	391
74472-33-6	392
74472-34-7	395
74472-35-8	373
74472-36-9	374
74472-37-0	375
74472-38-1	377
74472-39-2	379
74472-40-5	325
74472-41-6	322
74472-42-7	330
74472-43-8	332
74472-44-9	332
74472-45-0	333
74472-46-1	333
74472-47-2	341
74472-48-3	343
74472-49-4	344
74472-50-7	346
74472-51-8	347
74472-52-9	357
74472-53-0	357
74487-85-7	345
74712-19-9	26, 450
74738-17-3	126, 596
74782-23-3	205, 706
75736-33-3	540
76578-14-8	251, 770
76608-88-3	816
76674-21-0	141, 621
76703-62-3	65, 506
76714-88-0	97, 555
76738-62-0	208, 712
76842-07-4	371
77458-01-6	756
77501-63-4	170, 659
77501-90-7	137, 614
77732-09-3	206, 707
78587-05-0	640
79127-80-3	126
79538-32-2	268, 792
79540-50-4	581
79622-59-6	132, 607
79983-71-4	153, 638
80060-09-9	529
80844-07-1	116, 582
81405-85-8	156, 642
81406-37-3	139, 140, 619

141517-21-7	291, 823
142459-58-3	135, 610
142891-20-1	58, 492
143390-89-0	168, 657
144171-61-9	157
147411-69-6	764
148477-71-8	259, 782
149508-90-7	258, 779
149877-41-8	444
149979-41-9	269
153233-91-1	582
153719-23-4	803
156052-68-5	835
158062-67-0	132
158474-72-7	232, 744
161326-34-7	119, 585
163520-33-0	165, 654
175013-18-0	242
179101-81-6	244, 760
180409-60-3	64, 504
188425-85-6	25, 448
196791-54-5	41
199338-48-2	643
283594-90-1	260, 782
551877-74-8	215, 722